U0288232

城垣杯

规划决策支持模型设计大赛获奖作品集

2022

Planning Decision Support Model Design Compilation

北京市城市规划设计研究院
北京城垣数字科技有限责任公司
世界规划教育组织
北规院弘都规划建筑设计研究院有限公司
编

中国建筑工业出版社

图书在版编目（CIP）数据

城垣杯·规划决策支持模型设计大赛获奖作品集 = Planning Decision Support Model Design Compilation. 2022 / 北京市城市规划设计研究院等编. —北京：中国建筑工业出版社，2023.3
ISBN 978-7-112-28539-6

Ⅰ. ①城… Ⅱ. ①北… Ⅲ. ①城市规划—建筑设计—作品集—世界—现代 Ⅳ. ①TU984.2

中国国家版本馆CIP数据核字（2023）第054036号

责任编辑：陈夕涛　徐　浩
书籍设计：锋尚设计
责任校对：张惠雯

城垣杯
规划决策支持模型设计大赛获奖作品集2022
Planning Decision Support Model Design Compilation
北京市城市规划设计研究院
北京城垣数字科技有限责任公司
世界规划教育组织
北规院弘都规划建筑设计研究院有限公司
编

*

中国建筑工业出版社出版、发行（北京海淀三里河路9号）
各地新华书店、建筑书店经销
北京锋尚制版有限公司制版
北京富诚彩色印刷有限公司印刷

*

开本：889毫米×1194毫米　1/12　印张：31⅔　字数：718千字
2023年4月第一版　2023年4月第一次印刷
定价：**360.00**元
ISBN 978-7-112-28539-6
（40835）

编委会成员

序一

托举创新青年，造就未来城市

“城垣杯”规划决策支持模型设计大赛至今已经举办六届，如今，第六届“城垣杯”大赛圆满落幕，丰硕成果将集结成册。作为亲历者，我见证了这个大赛从无到有，再到枝繁叶茂的完整过程，欣喜于业界与学界对城市规划决策科学化孜孜不倦地探索，更欣喜于年青一代规划人传承与创新的蓬勃生命力。

当下，新兴技术层叠涌现，城市规划者面临着全新而巨大的挑战，城市正在发生新一轮能级质变，新一代智能、生态、人本的城市诞生，使得如何更加科学地为新一代城市创造新美好，以智慧的治理服务智慧的城市，规划决策模型的重要意义凸显。“城垣杯”正是立足于此，汇聚青年力量，为规划决策模型的发展添砖加瓦。

“城垣杯”大赛的成功举办，是行业各方协力探索达成的卓越成果，通过这样的探索，我们培养了一批未来城市的主人，发现了一批创新的青年学子和优秀的指导教师，能够把城市的明天交予这群创新的青年们，把这么多创新的想法提出、汇聚、落实，是我们整个学科和未来城市的巨大财富。

城市在变，技术在变，人群在变，创造未来美好城市的愿景不变，久久为功的创新努力不变。我想，我们新一代的规划人已经具备这样的能力：扎根于我们生活的现实中所面临的真正挑战，服务于百姓的真正需要，以全球的视野和历史的胸怀，凝结古今中外智慧，为美好梦想和未来城市而创新。

敢梦想，敢创新，更美好！

祝愿“城垣杯”大赛更发繁盛，祝愿所有的规划人更续创新，祝愿我们未来的城市更焕新生。

中国工程院院士
德国工程科学院院士
瑞典皇家工程科学院院士
世界规划教育组织主席

吴志强

壬寅年十月十五日
于天安园

序二

“一起向未来”是北京冬奥会、冬残奥会的主题口号。国土空间规划是展望未来、谋划未来、助力未来的一门科学。规划工作既需要远见卓识，高瞻远瞩，也需要脚踏实地，锐意创新。“城垣杯”规划决策支持模型设计大赛自创办伊始，初心不变，一直坚持着激励业界工作者和广大学子提出新理念，应用新方法，为未来展开前瞻性探索的初衷。随着新时期规划转型，大赛也不断探索更多维、更开放的组织形式。自2021年起，同济大学吴志强院士担任大赛主席，其牵头的世界规划教育组织加入了主办单位；同时，我们引入百度地图慧眼、中国联通智慧足迹等企业加入协办，加强与头部科技企业合作，提供国家尺度、国内多城市尺度的数据资源支撑，拓展大数据在规划决策支持量化分析领域的应用创新。

2017年至今，大赛已经连续举办了六届。吸引了中国、美国、英国、德国、荷兰、瑞士、西班牙、日本、韩国、新加坡等国家650余支参赛团队，参赛选手累计超过2500人，主要来自于高校、科研院所、规划设计机构、数字科技企业等。我们欣喜地看到，大赛搭建了一个多学科、多领域交叉融合的学术交流与创新平台，规划从业者与学者们碰撞火花、激发灵感，涌现出了不少新思路、新方法。回望过去，不少当时提出的新思路、新方法如今已开枝散叶，在全国各个城市规划工作中开展应用实践，成为当前规划工作的压舱石。

尽管受疫情的阻隔，今年大赛参赛选手无法在现场与各位业内专家面对面交流，但通过数字技术的支持，思想火花的碰撞仍能够跨越千山万水，这本作品集就是最好的体现。它汇编了今年大赛的所有获奖作品，凝聚了各位参赛选手的思想远见以及业内专家的真知灼见。

最后，我谨代表主办单位衷心感谢多年来一直关注、帮助大赛的各位专家、学者、同仁们！愿“城垣杯”大赛未来的路更宽更远！

北京市城市规划设计研究院 总规划师

2022年10月

前言

在全面落实国家创新驱动发展战略指导下，如何进一步探索认知国土空间和城市发展规律，发展研究前沿的规划理论与方法，融合互联网、大数据、人工智能等新一代信息技术，着力提升国土空间规划的战略性、科学性、权威性、协调性、操作性，从而推进国土空间和城市治理现代化，支撑经济社会持续健康发展，是规划从业者需要持续深入思考的重要议题。

自2017年起，“城垣杯”规划决策支持模型设计大赛已成功举办六届。六年来，大赛影响力和凝聚力不断提升，汇聚了国内外一大批致力于规划量化研究领域的专业学者和团队，已成为行业和学科的协同创新引领平台；大赛创新实践成果丰硕，参赛团队结合自身研究专长，注重交叉学科技术创新，大赛成果的模型与理论方法不断完善，技术服务场景不断丰富，应用实践转化不断拓展，为我国城市研究、国土空间规划和城市治理工作科学化提供了新思路、新方法、新实践。

《城垣杯·规划决策支持模型设计大赛获奖作品集2022》（以下简称《作品集》）收录了第六届大赛评选出的19项获奖作品，以飨读者。希望《作品集》的出版能为规划从业人员及学者们搭建一个交流学习、相互借鉴的知识网络和平台，也希望有更多的机构和同行参与进来，共同推动规划量化研究领域的创新实践。

编委会

2022年10月

Preface

Under the guidance of the comprehensive of the national innovation driven development strategy, how to further explore and understand the laws of territory and urban development, develop cutting edge planning theories and methods, integrate the ICT、big data、AI and other new generation information technologies, improve the strategic, scientific, authoritative、coordinated and operational nature of territory planning, so as to promote the modernization of territory and urban governance, and to support the sustainable and healthy development of the economy and society is an important issue that planners need to continuously and deeply think about.

Since 2017, Planning Decision Support Model Design Contest (Chengyuan Cup) have been successfully held for six times. Over the past six years, the influence and cohesion of the contest have been continuously improved, bringing together a large number of experts、scholars and teams who are committed to the field of quantitative planning and urban research. It has become a leading platform for the collaborative innovation in the industry and educational circles. The innovation practice achievement of the contest are fruitful. The participants focus on interdisciplinary technological innovation in combination with their own research expertise. The theoretical methods of the achievements have been continuously improved, the application scenarios have been continuously improved, and the practice transformation has been constantly expanded. The achievements of the contest have provided new ideas、new methods and new practices for urban research, territory planning and urban governance in China.

The Planning Decision Support Model Design Compilation 2022 includes 19 winning works selected in the fifth contest for readers. It is hoped that the publication of the compilation can build a platform and network for exchange, learning and mutual reference for planning practitioners and scholars, and more units and peers are expected to participate to jointly promote the innovative practice in the field of planning quantitative research.

Editorial Board

October, 2022

目录

专家采访

选手采访

影像记忆

第六届
获奖作品

CarbonVCA：微观地块尺度的城市碳排放核算、模拟及预测系统

工 作 单 位：中国地质大学（武汉）地理与信息工程学院

报 名 主 题：生态文明背景下的国土空间格局构建

研 究 议 题：生态系统提升与绿色低碳发展

技术关键词：碳排放预测、矢量元胞自动机、碳达峰、碳中和

参　赛　人：周广翔、刘晨曦、魏江玲、孙振辉、李林龙、程涛

指 导 老 师：姚尧

参赛人简介：项目成员来自中国地质大学（武汉）国家地理信息系统工程技术研究中心高性能空间智能计算实验室（HPSCIL@CUG），致力于多源时空数据挖掘、高性能空间计算和多尺度城市计算领域研究。现已投期刊：（*Environmental Modelling & Software, Cities*）。已完成基于真实地块的城市土地利用变化模拟和预测系统软件（UrbanVCA）、基于真实地块的矢量景观指数计算与分析系统软件（VecLI）、基于改进径向分布函数的三维城市纹理计算软件（UrbanTexture）与基于真实地块的城市微观尺度碳排放核算与预测系统软件（CarbonVCA）的开发。

一、研究问题

1. 研究背景及目的意义

（1）背景及意义

近年来，随着能源消耗量的急剧增长，“全球变暖”与“大气污染”等全球性生态问题日益突出，如何控制碳排放引起了广泛关注。作为影响碳排放的因素之一，土地利用方式及其变化直接或间接地影响碳通量的强度，并进一步影响区域碳循环的过程和速率。由于城市内部结构复杂，交通路网与土地利用等对区域的碳排放都有着重要影响，微观尺度碳排放的估算与预测在城市碳排放的精细化管理中变得愈加重要。

（2）国内外研究现状

土地利用碳排放是人类在土地上的经济及文化行为对陆地生态系统碳循环的影响，可分为土地利用类型转变和土地利用保持两种场景。前者是指由于森林砍伐、建设用地扩张等生态系统类型转变所产生的碳排放；后者则是由于农地耕作、草地退化等土地经营方式转变所产生的碳排放。土地利用变化的碳排放效应分为以下四类：林地、草地等土地利用类型转换产生的碳排放效应、各类建设用地相互转化产生的碳排放效应、农业生产系统产生的碳排放效应以及土地管理产生的碳排放效应。

准确量化土地利用碳排放对土地利用变化的有效模拟来讲至关重要。在土地利用变化模拟方面，地理元胞自动机模型在城市土地利用模拟中得到了广泛的应用。现实世界中的地理实体通常为不规则多边形，建立在矢量数据结构上的土地利用模拟更加合理和准确，目前，已有基于动态地块分裂的矢量元胞自动机模型（Dynamic Land Parcel Subdivision Vector-based

Cellular Automata，DLPS-VCA）、耦合卷积神经网络算法的元胞自动机模型（Convolutional Neural Networks Vector-based Cellular Automata，CNN-VCA）以及UrbanVCA。上述研究证明，矢量元胞自动机模型可以有效挖掘出城市扩张和各类土地利用变化驱动因素之间的关系，实现真实地块尺度的城市土地利用变化模拟，为城市内部更新提供决策支持。

目前，已经有部分学者针对土地利用变化对碳排放的影响展开研究。Dou等基于碳排放量化方法和参数模型的碳排放空间表征模式，实现了全球碳排放高时空的模拟精度与高时效的量化展示。Zhou等基于能源消耗碳排放和土地基本利用排放的校正系数，计算了城市不同土地利用类型的碳排放量。Lienert等将动态全球植被模型应用于概率框架和基准系统，基于观测约束不确定的模型参数，量化了土地利用变化碳排放量。然而，目前研究集中于自然过程的碳排放变化，未能进行长时序的碳排放预测，无法结合碳排放变化的空间特征协助城市规划实现"碳达峰"。

2. 研究目标及拟解决的问题

（1）研究目标与内容

为了进一步耦合土地利用变化实现碳排放的估算，并引入不同场景探讨政策对碳排放量时空分布等情况的影响，本研究提出一套自下而上的地籍地块尺度碳排放核算及预测框架（CarbonVCA）；结合矢量元胞自动机模型、随机森林模型以及多种用地类型的碳排放系数，有效模拟地块尺度下的城市碳排放变化。

（2）拟解决问题

由上文可知，目前在城市碳排放核算方面的研究主要存在以下问题。

首先，目前计算城市碳排放模型的研究虽有效考虑了能源消耗对碳排放变化的影响，然而多集中在国家、省市或区县等宏观尺度探讨减排策略对碳排放趋势的影响。其次，现有模型主要针对碳排放的时间特征与影响因素分析，无法结合碳排放变化的空间特征。最后，目前研究多数集中于自然过程的碳排放变化，未能进行长时序的碳排放预测。

因此，本研究将基于矢量元胞自动机模型进行城市发展土地利用变化，利用矢量景观指数和聚类算法，实现地块类别精细化模拟，从而准确量化多种用地类型的碳排放系数，有效模拟和预测地块尺度下的城市碳排放核算。

二、研究方法

1. 研究方法及理论依据

（1）城市土地利用模拟模型

城市土地利用模拟模型主要有三种：元胞自动机模型（Cellular Automata，CA）、土地利用及其效应模型（The Conversion of Land Use and its Effects Modelling Framework，CLUE）和多智能体系统模型（Multi-agent Systems，MAS）。许多研究表明，通过定义适当的过渡规则，CA模型可以很好地在大尺度规模上，实现模拟城市系统发展的空间复杂性和时间复杂性。CA模型一般是基于像元、斑块或矢量数据格式实现且大多取得了良好的结果，可以用于模拟城市土地利用变化过程与城市扩张过程，并且已经成为复杂城市系统模拟的重要方法。

（2）景观指数

景观指数（LIs）又称景观指标（Landscape metris），是景观生态学研究的重要基础。在景观相关研究中，景观建模经常使用LIs来测量景观空间格局并分析其时空演变。景观指数综合了各地块的大小、形状等特征，地块的地理属性可以通过景观指数来准确描述。

（3）碳排放系数确定

目前，碳排放的核算方法主要有IPCC清单法、实际测量法、质量平衡法和因素分解法四种。IPCC清单法使用的依据是《2006年IPCC国家温室气体指南》，可用于估算不同类型产业用地的碳排放量，是目前应用最为普遍的一种碳核算办法。实际测量法基于排放源实测数据，精确度更高，适用于耕地、水体等较为稳定的用地类型。质量平衡法对生产过程投入物料与产出进行分析，更适用于工业生产过程。因素分解法可以定量分析影响碳排放的相关因素，覆盖面广。以建筑为主的用地类型，其碳排放主要来源于能源消耗（如照明、空调与设备能耗等）。电力碳排放因子可以参照电力标煤折算方法进行核算。因此，本研究选用狭义建筑碳排放核算方法进行分析。

2. 技术路线及关键技术

（1）技术路线

技术路线如图2-1所示。本研究主要分为以下部分：

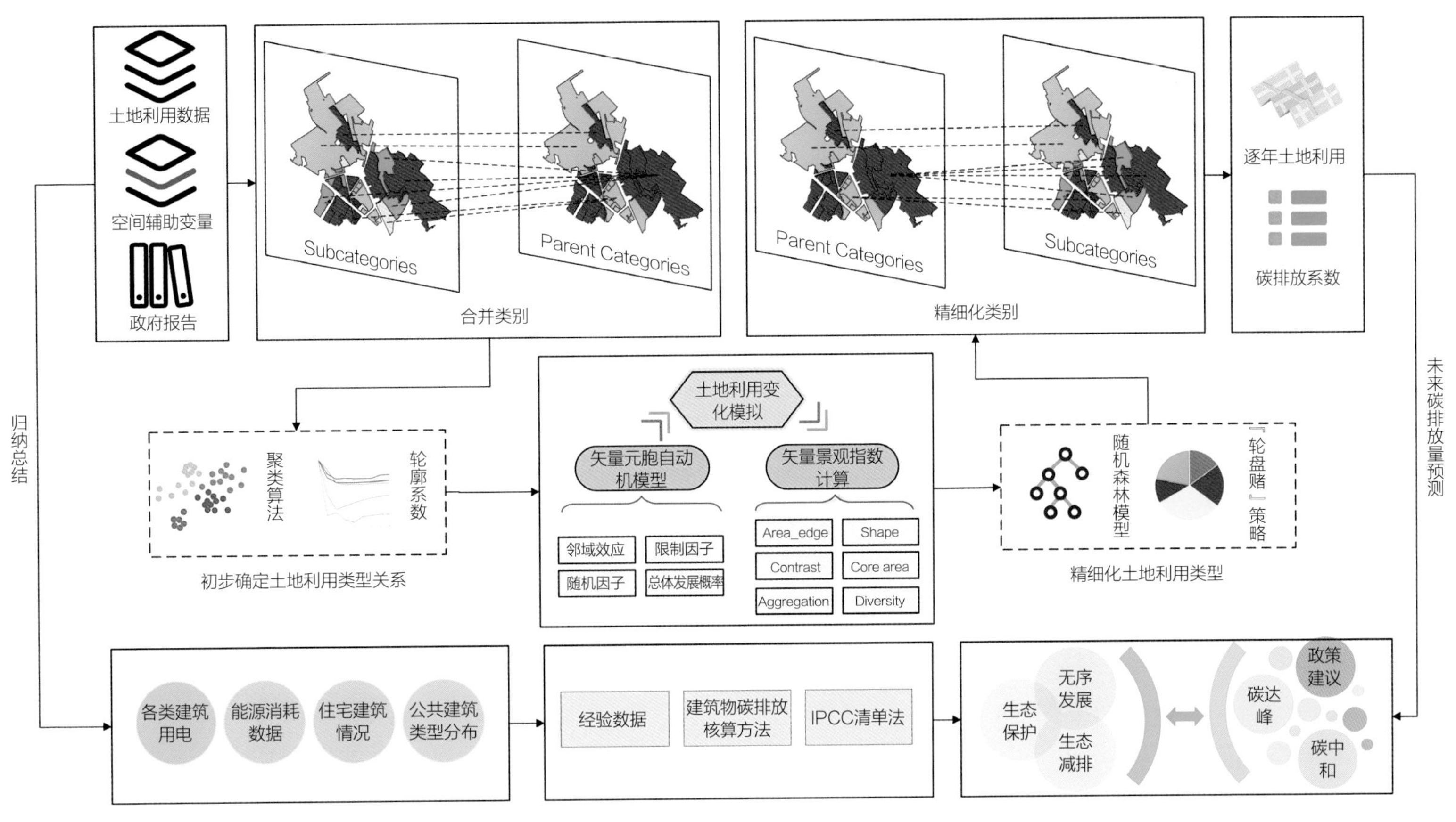

图2-1　技术路线

第一步，基于土地利用数据和空间辅助数据，计算总体发展概率、邻域概率、限制概率和随机因子，构建矢量元胞自动机模型UrbanVCA，获取地块发展概率。

第二步，计算所有地块的矢量景观指数，基于聚类算法、随机森林模型和“轮盘赌”策略，在土地利用变化模拟中完成地块的混合功能分解。

第三步，基于土地利用结构、住宅建筑情况、公共建筑类型分布与各类建筑用电情况等统计数据，确定不同类型用地的碳排放系数。

第四步，根据各类型用地碳排放系数，计算用地理论碳排放量，分析城市碳排放水平变化。

（2）关键技术

①数据准备

基础的数据清洗处理包括三个方面，即城市地块数据、城市土地利用的驱动因素数据以及碳排放清单数据。三部分数据最终被处理为大类别地块数据、灰度值栅格影像数据、碳排放系数，并作为模型的输入数据。

②土地利用变化模拟

本研究基于土地利用数据和空间辅助数据，计算总体发展概率与邻域概率，并引入限制概率和随机因子，采用迭代二分的策略对地块进行分裂，构建矢量元胞自动机模型UrbanVCA，得到每个地块的发展概率，准确模拟土地利用变化。

③矢量景观指数计算

本研究基于VecLI提供的矢量景观指数清单，选取了与地块大小、形状、多样性与聚散性有关的指标进行计算，从不同角度对地块的各种地理属性进行描述，从而达到对各地块详细描述与混合功能分解处理的目的。

④地块类别可划分性分析

本研究以单一类别内所有地块为样本，景观指数为样本特征，设定分类范围及间隔，采用Kmeans算法聚类，以分析地块类别的可划分性。研究选取最大聚类数目为10，依次计算每种聚类情况下各种用地类别的平均轮廓系数。

⑤基于随机森林模型与“轮盘赌”策略的地块精细分类

针对所确定的用地类型，本研究将地块景观指数均值定义为X，精细化用地类型定义为Y，构建$Y=f(X)$随机森林模型，并将地块落入各类精细化类别Y_i的概率，作为地块实际为某种精细化类别的概率P_m。加以采用“轮盘赌”策略确定最终的精细化类别。

⑥碳排放系数的确定

本研究选用狭义建筑碳排放核算方法进行分析，基于土地利用结构、住宅建筑情况等统计数据，进一步计算得到公共服务用地、居住用地、商业用地以及工业用地的碳排放系数。

⑦多场景地块尺度碳排放量核算

本研究设计了三种长时序发展模式：无序发展场景、生态保护场景与生态减排场景。根据各类型用地碳排放系数，利用马尔可夫链算法，预测用地理论碳排放量，分析城市碳排放水平变化。

无序发展场景中，所有用地类型之间可以相互转化。

生态保护场景中，生态红线范围内的土地禁止发展为建设用地。目前我国生态环境总体仍比较脆弱，生态安全形势十分严峻。《关于划定并严守生态保护红线的若干意见》[1]指出，生态保护是贯彻落实主体功能区制度、实施生态空间用途管制的重要举措，是提高生态产品供给能力和生态系统服务功能、构建国家生态安全格局的有效手段，是健全生态文明制度体系、推动绿色发展的有力保障。

生态减排场景中，工业用地与商业用地的碳排放系数会随着时间衰减，用于模拟能源结构的调整等政策因素推动节能减排。“十四五”节能减排综合工作方案[2]要求，深入打好污染防治攻坚战，加快建立健全绿色低碳循环发展经济体系，推进经济社会发展全面绿色转型，助力实现碳达峰、碳中和目标。

⑧精度评价

本研究基于区县尺度真实碳排放数据，计算均方根误差（Root Mean Square Error，RMSE）和平均百分比误差（Mean Absolute Percentage Error，MAPE）指数以评估碳排放模拟结果。

三、数据说明

1. 数据内容及类型

本系统以广东省深圳市为研究区，其位于中国南部珠三角地带，是中国首批经济特区。[3]本系统所采用的数据包括：研究区土地利用数据、驱动因素数据、碳排放清单数据与空间辅助变量数据等。

（1）土地利用数据

土地利用是影响碳排放的重要因素。本研究使用的土地利用数据来源于深圳市规划和自然资源局（https://pnr.sz.gov.cn）的地籍土地利用数据。本研究采用2009—2014年的土地覆盖数据，将其划分为5种土地利用类型，包括公共管理服务用地、居住用地、商业用地、工业用地和未建设用地。

（2）驱动因素数据

本研究考虑的城市土地利用的驱动因素主要包括地形、交通和工业等，数据来源于高德POI数据、OpenStreetMap数据以及遥感影像产品数据，数据年份为2018年（表3-1）。

驱动因素数据表　　表3-1

地点编号	地点类型	所在市
1	购物服务；专卖店；专营店	深圳市
2	公司企业；公司	深圳市
3	购物服务；家居建材市场；建材五金市场	深圳市
……	……	……
228410	公司企业；公司	深圳市
228411	购物服务；家电电子卖场；手机销售	深圳市

（3）碳排放清单数据

本研究选择了相关社会统计指标（土地利用结构、住宅建筑情况、公共建筑类型分布与用电情况等）来辅助计算与土地利用相关的碳排放系数（表3-2）。这些社会统计数据取自《深圳市土地利用总体规划》[4]《深圳市统计年鉴》[5]与《深圳市大型公共建筑能耗监测情况报告》，所有数据来源于2020年（表3-2）。

1　国务院办公厅印发《关于划定并严守生态保护红线的若干意见》[EB/OL].[2017-02-07] http://www.gov.cn/zhengce/2017-02/07/content_5166291.htm.
2　“十四五”节能减排综合工作方案.
3　深圳市统计年鉴2021 [EB/OL].[2021-12-30] http://tjj.sz.gov.cn/zwgk/zfxxgkml/tjsj/content/post_9491388.html.
4　深圳市土地利用总体规划（2006—2020年）[EB/OL].[2013-03-25] http://www.sz.gov.cn/cn/xxgk/zfxxgj/ghjh/csgh/zt/content/post_1344740.html.
5　同3.

此外，本研究还获取了深圳市2010年至2017年的区级碳排放清单，用于验证本研究核算的碳排放量。

平均用电量　表3-2

一级类别	二级类别	单位用电量（kWh/m^2）	面积（km^2）	总用电量（kWh）	碳排放系数（kg（C）·m^{-2}·a^{-1}）
公共管理服务建筑	机关办公建筑	78.8	291	229 308 000	63.37096
	文化教育建筑	71.7	197	141 249 000	57.66114
	综合建筑	80.0	963	770 400 000	64.336
	其他建筑	96.5	194	187 210 000	77.6053
商业建筑	商业办公建筑	82.1	1 134	931 014 000	66.02482
	商场建筑	168.9	443	748 227 000	135.82938
	餐饮建筑	112	234	262 080 000	90.0704

2. 数据预处理技术与成果

本研究对深圳市土地利用数据进行预处理，将研究区土地利用分为5大类型，并将历年土地利用模式进行对比，可视化结果如图3-1所示。

本研究基于高德POI数据、OpenStreetMap数据以及遥感影像产品数据等共构建空间辅助数据14类，如图3-2所示，将其形成欧氏距离的高斯核密度数据（Wand and Jones 1994），分辨率设置为30m，所有辅助变量数据归一化为0～1。

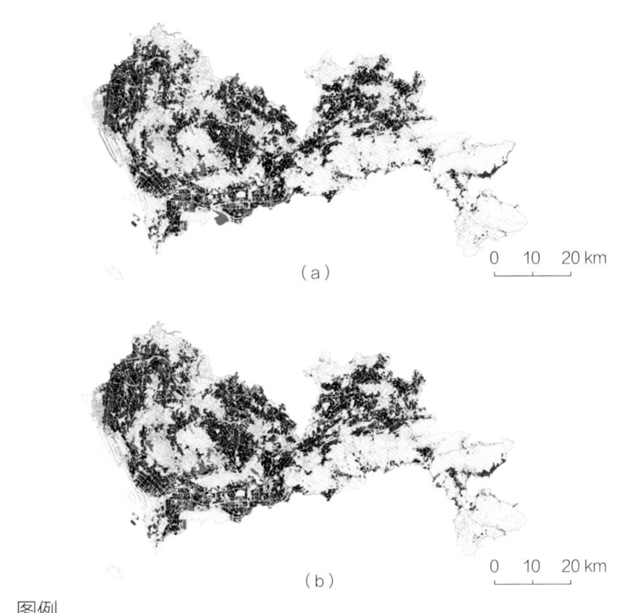

图3-1　本文研究区及历年土地利用模式：（a）2009年；（b）2014年

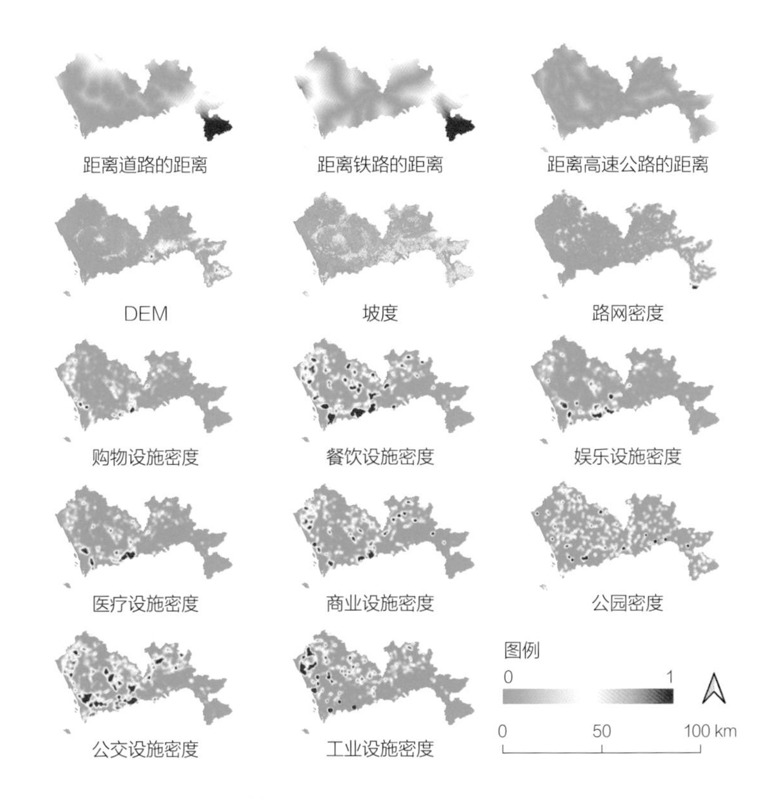

图3-2　空间辅助变量数据

四、模型算法

1. 模型算法流程及相关数学公式

（1）土地利用变化模拟

如何有效挖掘土地利用转化规则是土地利用模拟的关键，本研究中元胞的发展概率由四部分组成：总体发展概率P_g、邻域效应Ω、限制因子Pr与随机因素RA。

本研究基于迭代二分的策略分裂地块，生成基于元胞的土地利用数据。将分裂后地块的空间驱动变量均值定义为X，土地利用转变后的用地类型定义为Y，基于随机森林算法构建$Y=f(X)$模型，并将初始年份地块落入各类转换类型Yi的概率，作为地块土地利用转换的总体发展概率P_g。

邻域效应Ω由邻域范围内土地利用类型的数量和分布决定，本研究以每个地块为研究区，采用质心截取缓冲区方法获得各地块的邻域效应。限制因子Pr控制模拟过程中土地利用类型是否可以发生转变，本研究将限制发展区域的限制因子设置为0，适宜发展区的限制因子设置为1。此外，土地利用变化过程存在不确定性，我们引入了随机因素$RA=1+(-lny)^a$，其中a是介于1和10之间的参数，y为介于0和1之间的随机值。

因此，每个地块的发展概率为：

$$P_i^{k,t}=P_{gi}^{k,t}\times\Omega_i^{k,t}\times P_{ri}^t\times RA \tag{4-1}$$

式中，$P_i^{k,t}$为地块i在t时刻发展为第k类土地利用类型的发展概率，$P_{gi}^{k,t}$为地块i在t时刻发展为第k类土地利用类型的总体发展概率，$\Omega_i^{k,t}$为地块i在t时刻受到的邻域效应，P_{ri}^t为地块i发展的限制因子，RA为随机因素。

（2）“场景重构”——地块混合功能分解

城市土地利用变化模拟中，各类型用地之间存在众多非线性的相互影响机制，为确保模拟精度，元胞单元与某一种类别完全对应。然而，部分用地类别内部差异较大，存在更为精细的土地利用类型组合，碳排放水平也存在差异。为了区分各用地类别内部结构对碳排放的影响，本研究需要考虑实现各地块的混合功能分解。

①矢量景观指数计算

本研究基于VecLI提供的矢量景观指数清单，选取了部分与地块大小、形状、多样性与聚散性有关的指标进行计算。相关指标见表7-1。

②基于聚类算法的地块类内可划分性分析

聚类分析可以根据土地利用模式景观上的相似性和差异性，将各土地利用模式客观地组合在一起。为了进一步确定不同土地利用类型之间的包含关系，本研究根据每种地块的景观特征讨论其对应的实际类别，基于轮廓系数（Silhouette Coefficient）检验聚类效果。轮廓系数有效结合了聚类的凝聚性与分离性特点，已被广泛应用于评价聚类效果。

假设聚类后存在n个簇｛1, 2, …, n｝，向量j属于簇p，则轮廓系数的计算方法为：

$$S_j=\frac{b_{pj}-a_{pj}}{max\left\{a_{pj},b_{pj}\right\}} \tag{4-2}$$

$$b_{pj}=min\left\{b_{qj}\right\}\ q=1,2,\cdots,n\ \ and\ \ q\neq p \tag{4-3}$$

式中，S_j表示向量j的轮廓系数，a_{pj}表示向量j到簇P其他向量的平均距离，b_{qj}表示向量j到其他簇中的向量的平均距离，b_{pj}表示b_{qj}的最小值。

则最终的平均轮廓系数为：

$$S=\frac{1}{N}\sum_{j=1}^{N}S_j \tag{4-4}$$

式中，S为平均轮廓系数，N为向量总数。S范围在-1到1之间，且越接近1，聚类效果越好。

③基于随机森林模型与“轮盘赌”策略的地块精细分类

本研究基于随机森林模型，将地块景观指数均值定义为X，精细化用地类型定义为Y，构建$Y=f(X)$模型，并将地块落入各类精细化类别Y_i的概率，作为地块实际为某种精细化类别的概率P_m。由于用地类型是个复杂的混沌体系，存在部分景观格局较为特殊的地块。因此，本研究采用“轮盘赌”策略确定最终的精细化类别，地块不仅有较大的可能确定为某种精细化土地利用类型，而且仍有机会确定为其他的精细化土地利用类型。

（3）碳排放系数的确定

对于以建筑为主的用地类型，其碳排放主要来源于能源消耗（如照明、空调与设备能耗等）。电力碳排放因子可以参照电力标煤折算方法进行核算。本研究选用狭义建筑碳排放核算方法进行分析，其公式如下所示：

$$P_b=\sum\mu_k\cdot V\cdot T \tag{4-5}$$

式中，P_b为建筑碳排放量，μ_k为电力碳排放因子，V为建筑单位使用时间用电量，T为建筑使用时间。

根据每种类型用地的碳排放量以及相关统计指标，可以进一步计算得到公共服务用地、居住用地、商业用地以及工业用地的碳排放系数，公式如下所示：

$$\delta=\frac{P}{S\times T} \tag{4-6}$$

式中，δ为该类别用地的碳排放系数，P为不同用地的碳排放量，T为总使用时间，S为总面积。

（4）多场景地块尺度碳排放量核算

各土地利用类型地块与自然环境之间的碳交换主要分为碳排放和碳吸收两种模式，其对应碳排放系数分别赋以正值和负值。本研究基于不同类型用地的碳排放系数分别计算每个地块的最终碳排放量预测值，计算公式如下：

$$E_i=\delta_j\times S_i\times T \tag{4-7}$$

式中，E_i为地块i在T时间内的碳排放量，S_i为地块i的面积，δ_j为第j种土地利用方式的碳排放系数。

为了探讨现有生态保护政策对城市碳排放的影响，本研究设计了三种发展模式：无序发展场景、生态保护场景与生态减排场景。无序发展场景中，所有用地类型之间可以相互转化；生态保护场景中，生态红线范围内的土地被禁止发展为建设用地；生态减排场景中，工业用地与商业用地的碳排放系数会随着时间衰减，用于模拟能源结构的调整等政策因素。

（5）精度评价

本研究基于区级尺度真实碳排放数据，采用*RMSE*和*MAPE*对碳排放模拟结果进行评估。

$$RMSE=\sqrt{\frac{1}{n}\sum_{i=1}^{n}\left(\hat{y}_i-y_i\right)^2} \quad (4\text{-}8)$$

$$MAPE=\frac{100\%}{n}\sum_{i=1}^{n}\left|\frac{\hat{y}_i-y_i}{y_i}\right| \quad (4\text{-}9)$$

式中，n是所有样本的数量，y_i是真实值，$\hat{y}_i$是预测值。

2. 系统构建相关支撑技术

系统构建相关支撑技术见表4-1。

系统构建相关支撑技术表　　表 4-1

开发硬件环境	CPU：Intel Xeon W-2123 CPU 3.60GHz 内存：32GB 显卡：NVIDIA 1080 Ti
软件环境	Visual Studio 2019 Professional
开发系统	Windows 10
开发语言	C++
开发平台	Microsoft Visual C++ 2019 Redistributable
依赖库	QT/QGIS/GDAL/Alglib/OpenCV/Eigen

CarbonVCA提供了一种基于真实地块的城市微观尺度碳排放核算与预测方法，也可基于真实地块与矢量元胞自动机模拟和预测城市土地利用变化，计算景观指数，分析不同城市之间的景观相似度。可提供基础数据展示与漫游、土地利用变化模拟、矢量景观指数计算与碳排放核算与预测等模块。

五、实践案例

1. 模型应用实证及结果解读

本研究创新性地提出了一套自下而上的地籍地块尺度碳排放核算及预测框架。该框架精确量化了城市多种用地类型的碳排放系数，并对深圳市地块尺度的碳排放进行精细化模拟。从城市区县尺度来看，深圳市总体*MAPE*达到了1.605%，区县尺度*MAPE*达到了21.919%，龙岗区与南山区的*MAPE*达到2.255%与8.257%，证实了所提出的框架有效性。同时，预测结果表明，深圳市需要采用生态减排场景，才可以有效控制碳排放年均增长率，于2025年至2030年间实现“碳达峰”目标。

通过各个区县的模拟精度可以发现，龙岗区、南山区达到了最佳的模拟精度，宝安区与罗湖区次之，而福田区与盐田区的模拟精度较低。各个区县的模拟精度与相应的碳排放总量有着密切关系，区域碳排放总量越低，对其碳排放模拟精度越低。这一有趣的现象是由于碳排放量较低区域的产业支柱以文化、高新技术和金融为主，这些产业间的空间分布变化较快，且所对应的碳排放系数远低于工业、商贸等产业，这为碳排放核算与模拟带来了较大的挑战。

从城市实现“碳达峰”的发展过程来看，无序发展和生态保护两种场景下仅罗湖区和盐田区可以在2035年左右达到“碳达峰”，但无法显著降低研究区的碳排放量。我国正处于城市化发展的快速阶段，城市的扩张使得碳排放会一直保持增长态势，必须通过政策干预才能促使实现“碳达峰”。其中，福田区、罗湖区与龙岗区碳排放较其他区县最早出现下降趋势，这是由于这些区域是深圳市行政、文化、金融与高新技术的重要区域，具有良好的生态环境和建设宜居城市的基本优势，极大降低了城市碳排放量。而盐田区与大鹏新区的碳排放量在实现“碳达峰”过程中出现了明显的大幅度震荡现象，这与其近年来快速发展变化密不可分。盐田区与大鹏新区未来快速的城市化使得土地利用空间分布不断变化，对应的地块碳排放量也将随之大幅变动，进而出现了大幅震荡现象。因此，在发展低碳经济的目标框架下，特别需要注意国家重点开发区域，促进经济与产业的快速转型，实现协调发展。然而对于发展程度较高的区域，在推行现有政策的同时，可以通过对部分老旧设施进行拆除重建以及优化布局等措施，因地制宜实施节能减排的有效政策。

本研究还存在一定的不足。首先，基于机器学习算法对土地利用模拟结果进行混合功能分解，存在一定的计算误差，后续可以进一步研究地块景观特征与精细类别之间的影响机理。其次，碳排放估算方面，本研究对建筑类用地的碳排放仅考虑了电力的排放，未来可以考虑更多的能源消费，同时结合调研等方法，进一步提升碳排放量核算的准确性。最后，城市碳排放量的降低不仅局限于绿色能源的使用，未来可以考虑设置更多的发展场景，为城市减排政策提供更多参考。

2. 模型应用案例可视化表达

（1）土地利用变化模拟结果及精度评价

本研究对深圳市2009年到2014年的土地利用变化进行模拟，通过表5-1可以明显看出UrbanVCA模型对深圳市及其各行政区的模拟精度极佳。其中，深圳市整体FoM精度高达0.239，龙华区、光明区与宝安区等行政区的FoM精度更是高于0.25且PA与UA高于0.38。大量研究表明FoM精度高于0.2，即可证明模型具有极强的模拟能力。因此，本研究基于UrbanVCA的土地利用变化模拟结果具有有效性。

深圳市及其各区模拟精度表　　表 5-1

Area	FoM	PA	UA
深圳市	0.239	0.370	0.399
南山区	0.111	0.134	0.387
罗湖区	0.214	0.376	0.327
福田区	0.169	0.389	0.230
盐田区	0.232	0.323	0.452
大鹏区	0.168	0.244	0.349
坪山区	0.220	0.357	0.363
龙岗区	0.244	0.444	0.349
龙华区	0.293	0.420	0.483
宝安区	0.254	0.384	0.420
光明区	0.265	0.382	0.457

（2）地块混合功能分解结果与碳排放系数

①地块精细化类别确定

本研究选取最大聚类数目为10，依次计算了每种聚类情况下，各种用地类别的平均轮廓系数，如图5-1所示。

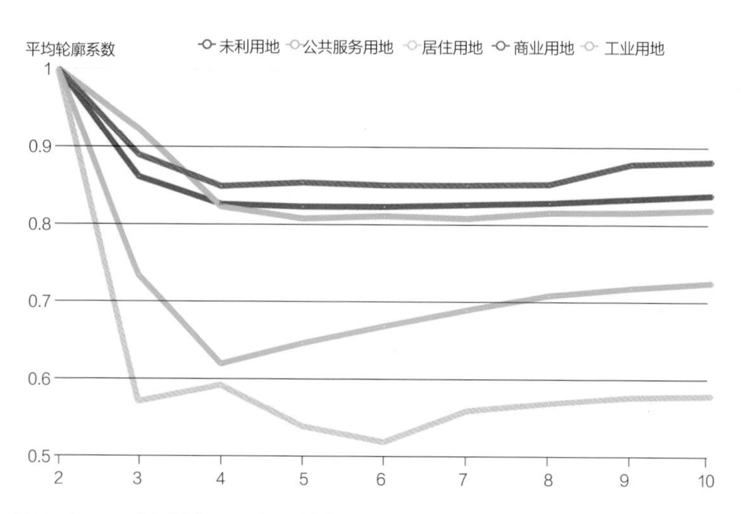

图5-1　不同聚类情况下各用地类型的平均轮廓系数变化

随着聚类数目的增加，居住用地和工业用地的平均轮廓系数大幅度下降，未建设用地、公共服务用地与商业用地的平均轮廓系数小幅度下降后趋于平缓。结合各类型用地的景观指数特征，深圳市未建设用地、公共服务用地与商业用地的类别具备可分性，可精细化分为3类或者4类。

因此，根据《深圳市土地利用总体规划》，本研究将现有土地利用情况进一步分为13个类别，如表5-2所示。

土地利用混合功能分解表　　表5-2

一级类别	二级类别
未建设用地	耕地、园林、草地、水体
公共管理服务用地	公园与风景名胜用地、机关办公建筑用地 文化教育建筑用地、综合建筑用地
居住用地	居住用地
商业用地	商业办公用地、商场用地、餐饮设施用地
工业用地	工业用地

②地块碳排放系数确定

本研究中，耕地、园林、草地、水体、道路、公园与风景名胜用地结构固定，与自然环境之间的碳交换能力稳定，因此该类用地的碳排放系数采用其他学者的数据，如表5-3所示。

稳定型土地利用碳排放系数表 表5-3

土地类型	参考值	单位
耕地	0.0422	kg（C）· m^{-2} · a^{-1}
园林	−0.6125	kg（C）· m^{-2} · a^{-1}
草地	−0.0205	kg（C）· m^{-2} · a^{-1}
水体	−0.0252	kg（C）· m^{-2} · a^{-1}

对于除公园与风景名胜外的公共服务用地、居住用地以及商业用地，主要建筑类型涵盖了住宅建筑、商业办公建筑、商场建筑、餐饮建筑、机关办公建筑、文化教育建筑、医疗卫生建筑、体育建筑、综合建筑以及其他建筑等。2020年深圳市全市城乡居民生活用电15 452 520 000 kWh，住房面积为398 171 204m^2。

经计算，深圳市商业建筑与公共服务建筑的用电量与面积详见表5-4。

深圳市接入能耗监测平台的
商业建筑与公共服务建筑能耗数据统计表 表 5-4

一级类别	二级类别	单位用电量（kWh/m^2）	面积（m^2）	总用电量（kWh）
公共管理服务建筑	机关办公建筑	78.8	2 910 000	229 308 000
	文化教育建筑	71.7	1 970 000	141 249 000
	综合建筑	80.0	9 630 000	770 400 000
	其他建筑	96.5	1 940 000	187 210 000
商业建筑	商业办公建筑	82.1	11 340 000	931 014 000
	商场建筑	168.9	4 430 000	748 227 000
	餐饮建筑	112.0	2 340 000	262 080 000

依据《2019年度减排项目中国区域电网基准线排放因子》，选取南方区域电网基准线排放因子（0.2193kg（C）/kWh）作为深圳市的电力碳排放因子。计算可得建筑类用地碳排放系数，由于公共服务用地中各类型建筑单位用电量接近，本研究通过加权平均法将其合并为一个类别计算其碳排放系数。表5-5展示了各类建筑用地碳排放系数。

各类建筑土地利用碳排放系数表 表5-5

土地类型	参考值	单位
公共管理服务用地	17.7066	kg（C）· m^{-2} · a^{-1}
商业办公用地	18.0049	kg（C）· m^{-2} · a^{-1}
商场用地	37.0407	kg（C）· m^{-2} · a^{-1}
餐饮用地	24.5622	kg（C）· m^{-2} · a^{-1}
居住用地	8.5109	kg（C）· m^{-2} · a^{-1}

关于道路用地的碳排放系数，Chen等基于PHEM模型获取了深圳市各类型道路排放因子，构建了城市机动车碳排放核算模型并验证其有效性。本研究选取了部分道路用地碳排放系数。经统计，深圳市机动车每天排放二氧化碳约23 000t，全市道路面积约为224 265 196.1m^2，由此可得，深圳市道路用地碳排放系数为10.2091kg（C）· m^{-2} · a^{-1}。此外，2020年深圳市工业用地为278 940 000m^2，共消耗原煤7 532 679.74t，石油及其附属品415 886.58t，天然气2 732 311 400m^3。经计算，深圳市工业用地碳排放系数为26.491 2kg（C）· m^{-2} · a^{-1}。

③地块碳排放量有效性验证

本研究基于深圳市各区2015年至2017年的碳排放清单，对于模型模拟碳排放量进行评估。由于清单中行政区是根据2010年中国的县域划分，因此本研究以2010年行政区划作为标准进行统计。表5-6结果表明，本研究模拟的碳排放量符合实际情况，从城市整体或区县角度来看，具备较高的拟合精度（*MAPE*＝19.017%，*RMSE*＝0.175）。宝安区、龙岗区、南山区和罗湖区取得了较高的拟合精度，福田区和盐田区拟合精度一般。

深圳市各区碳模拟排放量与真实值比较表　　表 5-6

行政区	年份	真实碳排放量 Mtpa（C）	模拟碳排放量 Mtpa（C）	*MAPE*	*RMSE*
宝安区	2015	3.849	4.236	10.059%	0.387
	2016	3.926	4.267	8.675%	0.341
	2017	3.725	4.228	13.859%	0.502
罗湖区	2015	0.545	0.455	16.501%	0.089
	2016	0.557	0.454	18.428%	0.103
	2017	0.531	0.438	17.594%	0.094
福田区	2015	0.456	0.589	29.299%	0.134
	2016	0.465	0.593	27.508%	0.128
	2017	0.443	0.590	33.380%	0.148
南山区	2015	1.063	0.955	10.109%	0.107
	2016	1.084	0.976	10.024%	0.109
	2017	1.033	0.986	4.639%	0.048
龙岗区	2015	3.466	3.421	1.268%	0.044
	2016	3.556	3.521	0.973%	0.034
	2017	3.407	3.561	4.525%	0.154
盐田区	2015	0.410	0.137	66.628%	0.273
	2016	0.430	0.164	61.794%	0.266
	2017	0.419	0.169	59.663%	0.250
深圳市	2015	9.788	9.794	0.062%	0.006
	2016	10.018	9.975	0.432%	0.043
	2017	9.558	9.971	4.321%	0.413

④地块碳排放变化预测

从深圳市及其区县碳排放量变化趋势来看，无序发展场景和生态保护场景下仅罗湖区和盐田区可以在2035年左右达到“碳达峰”。采用生态保护场景可以使城市发展更加聚集，降低城市资源的配置成本，但无法显著降低研究区的碳排放量，实现“碳达峰”必须依靠节能减排政策的推行。

当前，我国单位能耗二氧化碳强度年下降率约为1.2%，假定未来深圳市碳结构强度可以延续这个趋势，结合深圳市化石能源占比，我们将生态减排场景中工业用地与商业用地的碳排放系数的年衰减率定义为0.6%。研究结果表明，生态减排场景下，深圳市所有区县碳排放量均低于另外两种场景，各区域均可实现“碳达峰”。其中，2025年之前深圳市碳排放量逐年上升，年增长率约为0.274%；2025年至2030年，深圳市碳排放量变化幅度较小，实现“碳达峰”；2030年后，深圳市碳排放量逐年降低，年下降率约为0.211%。

图5-2展示了深圳市各区县碳排放量变化情况，从区县角度看，福田区与罗湖区从2020年碳排放量已经出现下降趋势，龙岗区预计可以在2025年左右实现“碳达峰”。宝安区、南山区与龙华区的发展模式较为接近，碳排放量变化均呈现出先缓慢上升再下降的趋势，实现“碳达峰”的时间分别为2025年、2026年与2034年。光明区和坪山区的碳排放量经过短暂上升后逐渐稳定，实现“碳达峰”的时间分别为2035年和2030年。盐田区和大鹏的碳排放量经过震荡后稳定，实现“碳达峰”的时间分别为2037年和2039年。

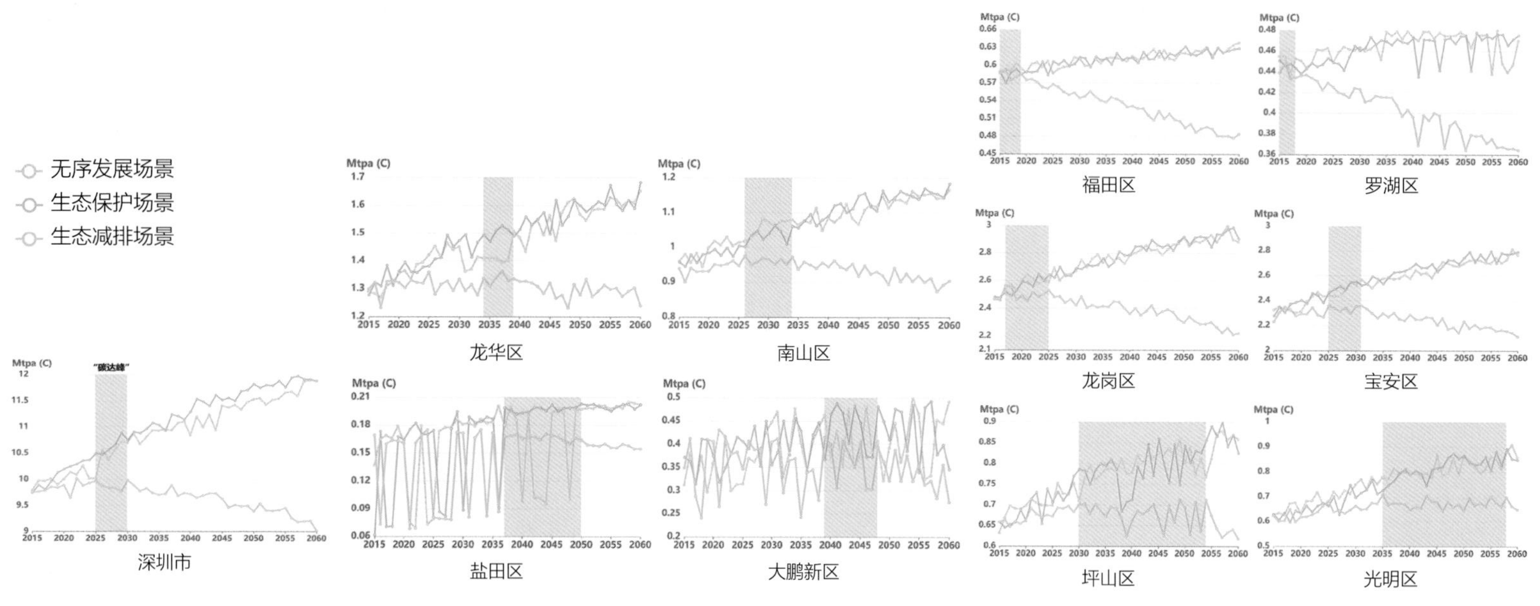

图5-2　深圳市各区碳排放量变化情况

深圳市碳排放量分布情况如图5-3所示。在生态保护和生态减排两种场景下，坪山区的碳排放量明显较无序发展场景降低，而大鹏新区的北部出现部分碳排放量增高区域。这一现象说明了两种保护场景都将促进坪山的工业迁移至大鹏新区，并使得工业产业分布更为集中。值得注意的是，生态减排场景下盐田区、大鹏新区、光明新区等工业为主的地区均存在较大的碳吸收区域，这更进一步反映了生态减排场景不仅可使得工业产业集聚化，并能有效控制降低工业的碳排放量，有利于城市进行合理减排。

（3）CarbonVCA系统构建

如何合理设置功能模块，实现碳排放核算与未来预测模型的工程化，降低模型使用门槛并提高人机交互性是亟须解决的可视化表达问题。本模型的系统架构如图5-4所示。

主界面提供了工作区文件目录树显示、矢量栅格文件显示、模型日志与结果显示等功能，提高用户交互性的同时，使软件结果运行更加直观可见。如图5-5～图5-8所示。

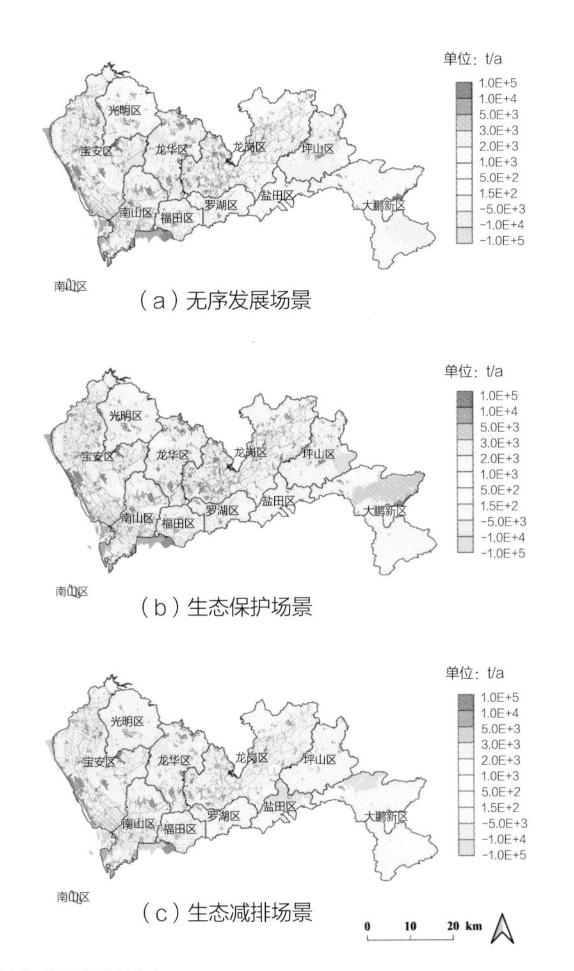

图5-3 深圳市碳排放量分布

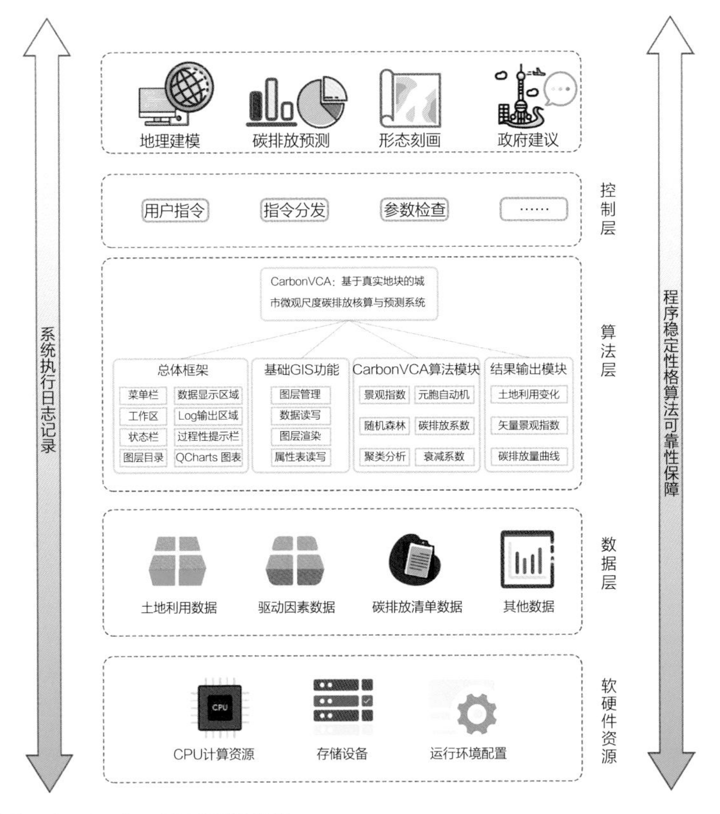

图5-4 CarbonVCA系统架构

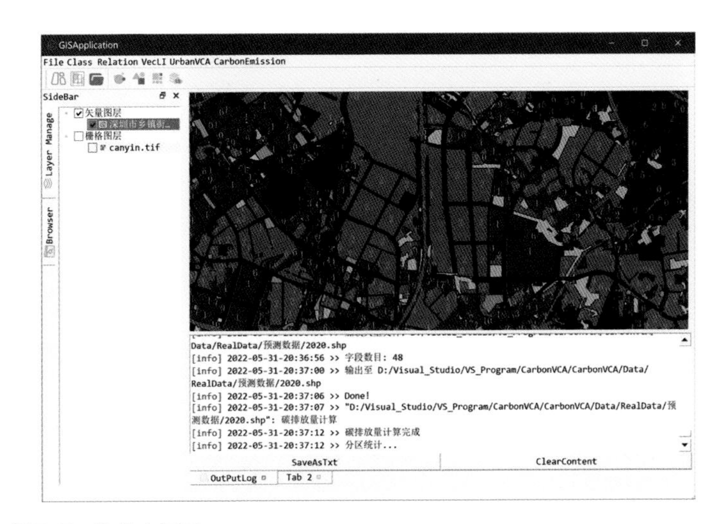

图5-5 软件主界面

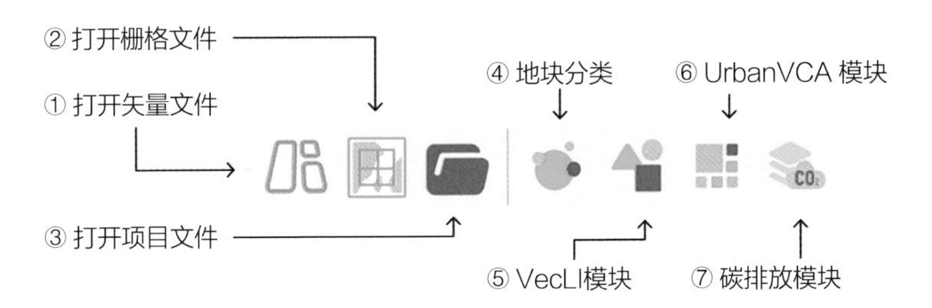

图5-6 系统功能栏

土地类型重分类模块采用树状形式直观展现土地大类别以及小类别映射关系，并可以直接修改对应的小类别碳排放系数，如图5-9所示。

矢量景观指数计算模块提供了训练文件设置、地块类型字段设置、ECON计算文件设置与输出文件夹设置功能，可以帮助使用者根据已有的训练文件计算地块矢量景观指数以刻画地块特征，如图5-10所示。

Attribute Table of "深圳市乡镇街道_1.shp"

	ORIG_FID	AREA_1	GYRATE	PARA	FRAC	CIRCLE	NCA	CAI	ECON	ENN	SIMI	PROX	SHDI	SIDI	MSIDI	SHEI	SIEI	MSIEI	NewTypeID	CarbonFact	Ca
1	1	2.379	43.849	0.024	1.013	0.339	1.000	76.726	0.000	1097.950	0.000	548.578	5.615	5.615	0.254	0.294	0.000	0.280	0	0	0
2	1	1.720	119.570	0.111	1.290	0.957	3.000	7.994	97.879	1097.950	0.000	-2147483.648	79.864	79.864	0.024	0.024	0.000	0.026	0	0	0
3	1	0.882	26.857	0.040	1.016	0.404	1.000	63.026	0.000	-2147483.648	0.000	0.000	0.000	0.000	0.000	0.000	0.000	0.000	0	0	0
4	1	7.880	79.767	0.013	1.005	0.184	1.000	87.374	0.000	1219.870	0.000	0.000	0.000	0.000	0.000	0.000	0.000	0.000	0	0	0
5	1	0.059	8.185	0.178	1.065	0.574	0.000	0.000	0.000	17.217	6.160	6.422	3.970	3.970	0.307	0.367	0.000	0.337	0	0	0
6	1	0.181	15.435	0.128	1.116	0.781	2.000	4.261	0.000	17.217	2.146	2.777	4.733	4.733	0.275	0.321	0.000	0.302	0	0	0
7	1	0.077	9.599	0.188	1.118	0.747	0.000	0.000	0.000	79.398	0.306	2.153	6.073	6.073	0.232	0.264	0.000	0.255	0	0	0
8	1	0.076	8.417	0.142	1.032	0.505	1.000	6.173	0.000	821.982	0.000	0.010	1.638	1.638	0.476	0.648	0.000	0.524	0	0	0
9	1	0.892	58.744	0.161	1.320	0.947	1.000	0.001	74.185	7.983	1862.320	78757.296	0.863	0.863	0.705	1.223	0.000	0.776	0	0	0
10	1	0.432	22.117	0.090	1.124	0.636	1.000	31.032	67.691	3.019	374.112	279646.016	2.806	2.806	0.383	0.484	0.000	0.422	0	0	0
11	1	0.341	20.867	0.139	1.205	0.793	1.000	4.281	79.408	3.019	474.885	281631.008	1.763	1.763	0.481	0.657	0.000	0.529	0	0	0
12	1	0.116	11.346	0.132	1.070	0.630	1.000	4.107	0.000	11.032	201.403	318.538	1.226	1.226	0.588	0.888	0.000	0.647	0	0	0
13	1	0.251	19.045	0.100	1.089	0.743	1.000	13.276	0.000	3.883	209336.000	268251.008	7.374	7.374	0.211	0.237	0.000	0.232	0	0	0
14	1	0.082	9.699	0.166	1.089	0.644	0.000	0.000	0.000	11.032	30.141	126.156	1.246	1.246	0.585	0.881	0.000	0.644	0	0	0
15	1	11.868	108.241	0.016	1.085	0.514	1.000	86.092	58.795	7.657	1125.150	69175.400	0.811	0.811	0.719	1.269	0.609	0.791	0	0	0
16	1	0.715	26.201	0.048	1.032	0.405	1.000	56.287	100.000	14.625	14759.700	51134.500	4.184	4.184	0.314	0.377	0.000	0.345	0	0	0
17	1	0.134	48.660	0.773	1.577	0.984	0.000	0.000	100.000	1.257	37112.200	78911.000	0.829	0.829	0.707	1.230	0.000	0.778	0	0	0
18	1	0.581	48.298	0.102	1.181	0.902	2.000	11.588	48.729	236.570	0.092	278096.992	1.775	1.775	0.479	0.653	0.000	0.527	0	0	0
19	1	0.021	4.232	0.285	1.061	0.401	0.000	0.000	100.000	13.811	300.198	103005.000	1.167	1.167	0.611	0.944	0.000	0.672	0	0	0
20	1	0.178	19.604	0.147	1.150	0.833	0.000	0.000	0.000	13.325	940.471	94526.704	6.698	6.698	0.226	0.257	0.000	0.249	0	0	0

图5-7　矢量数据属性表的显示和编辑界面

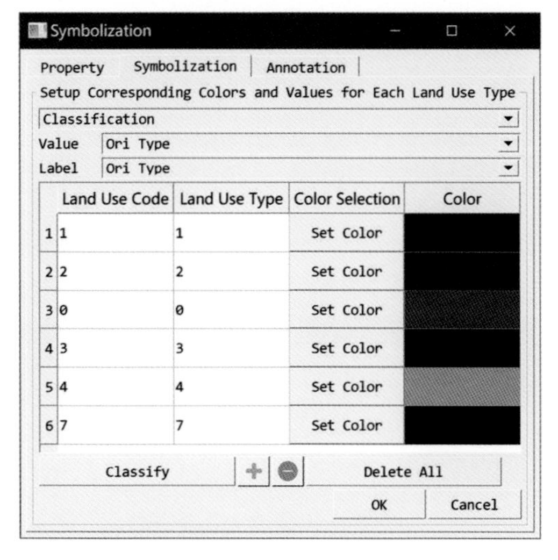

图5-8　符号化渲染及字符标注界面

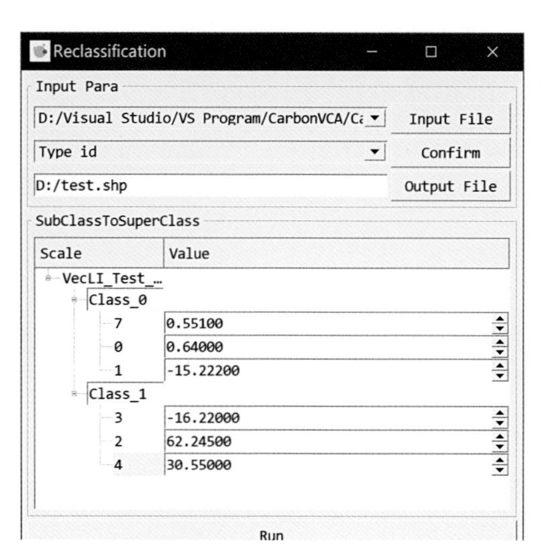

图5-9　土地类型重分类界面

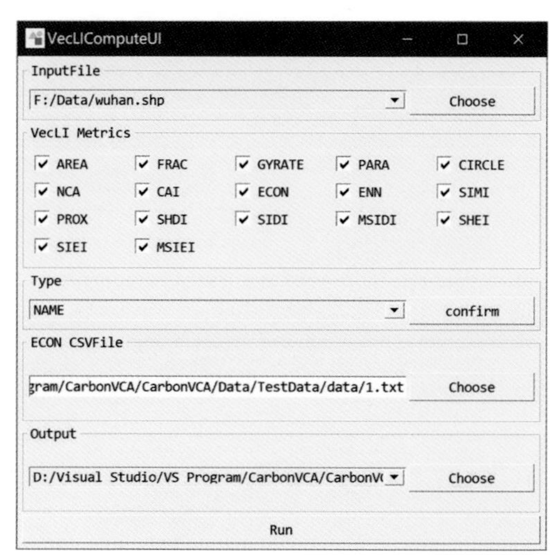

图5-10　矢量景观指数计算界面

土地利用模拟模块提供了预测轮数设置、预测时间间隔设置、发展规则二次约束限制、土地利用数据导入与分时段土地利用结果展示功能，可以帮助使用者完成对该研究区域不同时段的土地利用情况的预测，以便得到不同场景下的地块发展预期效果，如图5-11所示。

碳排放核算及预测模块提供了模型训练参数设置、精细类别字段、父类类别字段、碳排放因素字段设置、地块边界文件设置、分区统计字段设置、碳衰减土地类型与碳衰减因子设置功能，使用者可以根据自身需求进行随机森林模型的自定义输入，完成在不同政策、不同尺度下的地块混合功能分解任务，如图5-12所示。

结果图表横轴代表预测年份，纵轴代表预测的碳排放预测结果，该城市的不同地区用不同颜色的曲线表示，如图5-13所示。

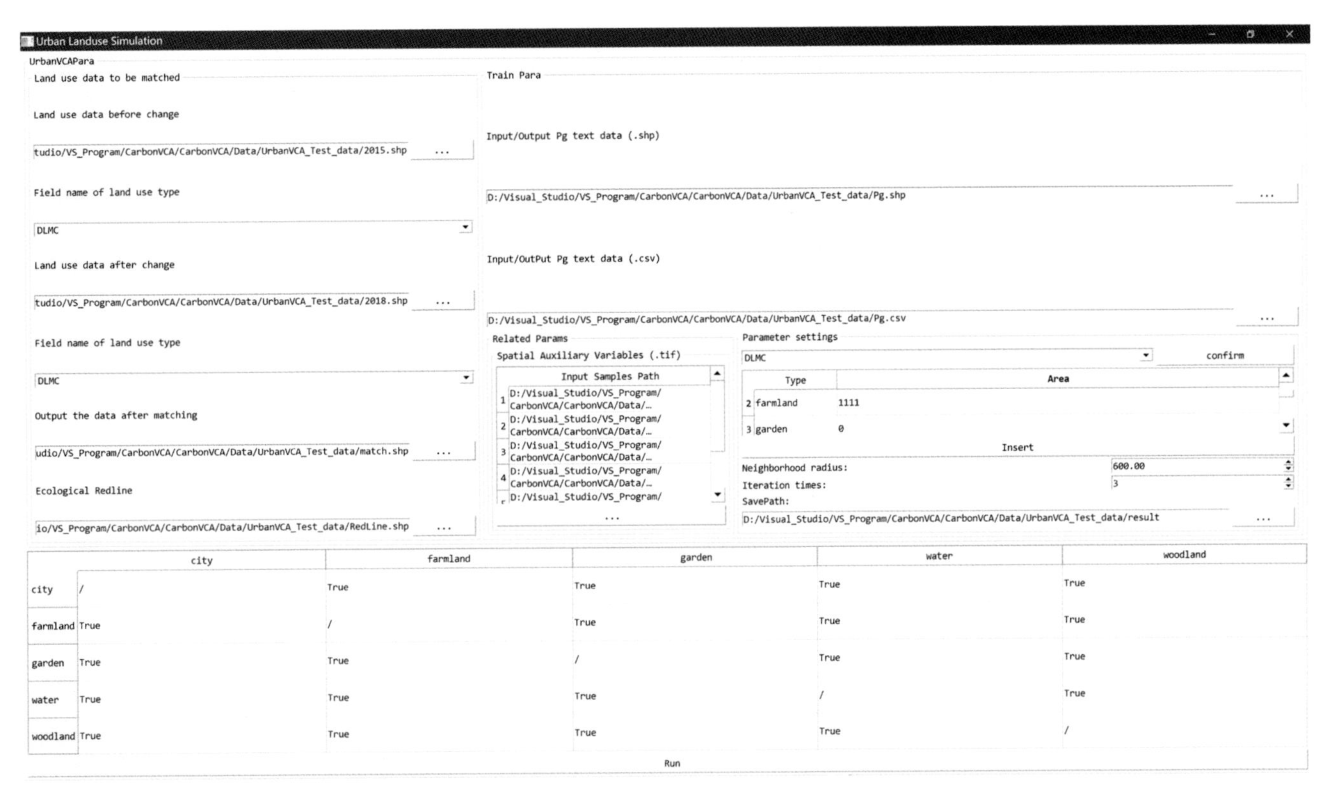

图5-11　UrbanVCA土地利用变化模拟界面

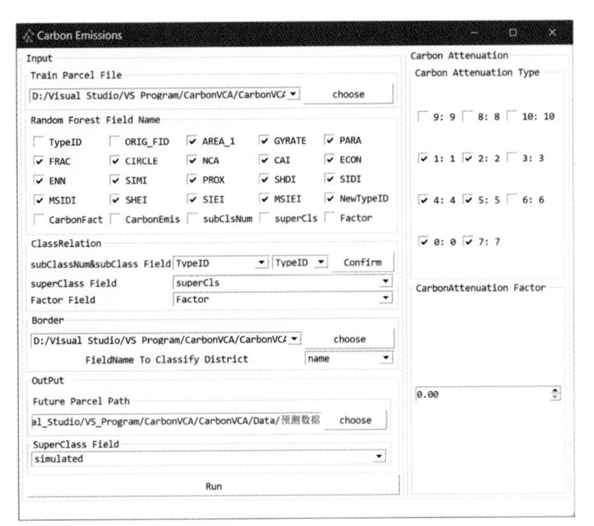

图5-12　碳排放量核算及预测界面

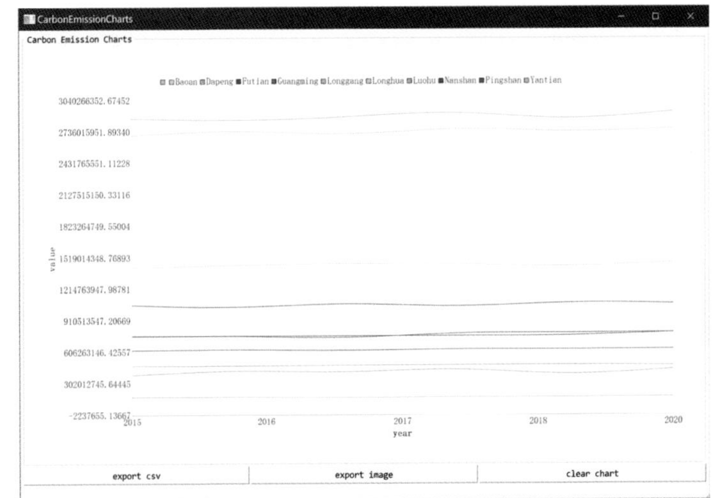

图5-13　模型预测结果展示界面

本研究基于前文的研究数据，选取数据标准差以及变异系数作为参照，对深圳市10个行政区域2016年至2021年间进行了10轮重复测试。其中，深圳市市总体6年平均变异系数值为0.005 07，其每年总体碳排放预测值的标准差与变异系数数据，如表5-7所示。

系统稳定性测试结果表　　表5-7

区域	年份	标准差	变异系数
深圳市	2016	40 410 458.78	0.0038
	2017	60 083 348.68	0.0056
	2018	56 387 144.93	0.0052
	2019	59 171 508.80	0.0054
	2020	72 153 790.60	0.0067
	2021	37 901 662.71	0.0034

六、研究总结

1. 模型设计特点

（1）基于微观地块尺度的精细化碳排放核算

本研究提出了一套自下而上的地籍地块尺度碳排放核算及预测框架，可以有效模拟地块尺度下的城市土地利用变化，提高碳排放模拟的时空分辨率。本研究基于精细土地利用类别，结合矢量元胞自动机模型、随机森林模型，考虑多种主流的碳排放的核算方法，根据用地类别的碳排放来源与强度差异，精细量化了多种用地类型的碳排放系数，从而实现了地块尺度下的城市碳排放核算，为后续碳排放研究提供了一套有效的理论方法。

（2）面向长时序与多场景的碳排放预测

本研究构建了多场景下的碳排放核算与预测方法，提供给用户基于矢量数据格式的城市碳排放预测平台，解决了模型技术细节复杂难以应用的问题。本研究可以有效地进行长时序的碳排放预测，涉及无序发展场景、生态保护场景与生态减排场景三种长时序情形，更具有实际意义，能及时发现碳排放过量、用地发展不平衡等相关问题，为政府、企业等相关部门及时提供建议，帮助实现城市“碳达峰”与“碳中和”目标。

2. 应用方向或应用前景

（1）低碳目标下的城市规划场景应用

本研究提出的微观地块尺度碳排放核算及预测框架，可以进行微观地块尺度的碳排放核算及未来预测。该框架支持分析现有的城市发展模式对未来城市碳排放的影响。预测结果可以在确保城市空间资源的有效配置和土地合理利用的基础上，引领城市各土地类型用地协调发展，着重区域土地利用类型规划设计，指导城市空间结构优化，合理设置城市各区碳排放配额，构建绿色低碳导向型城市，实现城市“碳达峰”与“碳中和”目标。

（2）碳排放与土地利用变化作用机制研究应用

本研究提出的微观地块尺度碳排放核算及预测框架，可以有效模拟地块尺度下的多种场景下的城市土地利用类型变化，如生态保护、耕地保护等，并根据“场景重构”方法进行土地利用混合功能分解，更加准确地量化多种用地类型的碳排放系数，核算并预测多场景下地块尺度的碳排放量。通过预测城市未来碳排放变化，可以直观地发现不同城市规划策略下，土地利用变化与碳排放量间的变化关系。未来研究中，我们将进一步考虑不同地域的城市发展模式，构建大城市微观尺度精细化碳排放预测平台，准确评估农业碳减排、建设用地碳减排，土地生态补偿机制构建等不同用地策略的碳排放特征，探究并分析两者间作用机制，给出有场景特色的优化策略，助力精准实现“碳中和”。

七、附表

本研究选用的矢量景观指数表　　表7-1

Metric type	Metric	Description
Area_edge①	Area	Area of Parcel
	GYRATE	Perimeter-Area Ratio
Shape①	PARA	Perimeter-Area Ratio
	FRAC	Fractal Dimension Index
	CIRCLE	Related Circumscribing Circle
Core area①	NCORE	Number of Core Areas
	CAI	Core Area Index
Contrast①	ECON	Edge Contrast Index

续表

Metric type	Metric	Description
Aggregation[①]	ENN	Euclidean Nearest-Neighbor Distance
	PROX	Proximity Index
	SIMI	Similarity Index
Diversity[②]	SHDI	Shannon's Diversity Index
	SIDI	Simpson's Diversity Index
	MSIDI	Modified Simpson's Diversity Index
	SHEI	Shannon's Evenness Index
	SIEI	Simpson's Evenness Index
	MSIEI	Modified Simpson's Evenness Index

注：①：涉及的指数均为Parcel-level;
②：本文用的地块多样性指数均作了缓冲区处理，对于研究区内的所有地块，在设定的缓冲区内单独求多样性指数，因此可以看成Parcel-level

参考文献

[1] Akadiri S S, Bekun F V, Taheri E, et al. Carbon emissions, energy consumption and economic growth：a causality evidence [J]. International Journal of Energy Technology and Policy, 2019, 15 (2-3)：320-336.

[2] Houghton R A, Nassikas A A. Global and regional fluxes of carbon from land use and land cover change 1850—2015 [J]. Global Biogeochemical Cycles, 2017, 31 (3)：456-472.

[3] Zhu E, Deng J, Zhou M, et al. Carbon emissions induced by land-use and land-cover change from 1970 to 2010 in Zhejiang, China [J]. Science of the Total Environment, 2019, 646：930-939.

[4] Tao J, Shihao Y, Xin L I, et al. Computation of carbon emissions of residential buildings in Wuhan and its spatiotemporal analysis [J]. Journal of Geo-information Science, 2020, 22 (5)：5001063.

[5] Liu Y, Hu X, Wu H, et al. Spatiotemporal Analysis of Carbon Emissions and Carbon Storage Using National Geography Census Data in Wuhan, China [J]. ISPRS International Journal of Geo-Information, 2018, 8 (1)：7.

[6] Paustian K, Ravindranath N H, van Amstel A R. 2006 IPCC guidelines for national greenhouse gas inventories [J]. 2006.

[7] Zhao X C, Zhu X, Zhou Y Y. Effects of land uses on carbon emissions and their spatial-temporal patterns in Hunan Province [J]. Acta Sci. Circumstantiae, 2013, 333：941-949.

[8] Yang G, Shang P, He L, et al. Interregional carbon compensation cost forecast and priority index calculation based on the theoretical carbon deficit：China as a case [J]. Science of the Total Environment, 2019, 654：786-800.

[9] Clarke K C, Hoppen S, Gaydos L. A self-modifying cellular automaton model of historical urbanization in the San Francisco Bay area [J]. Environment and planning B：Planning and design, 1997, 24 (2)：247-261.

[10] Batty M. Urban evolution on the desktop：simulation with the use of extended cellular automata [J]. Environment and planning A, 1998, 30 (11)：1943-1967.

[11] Sant E I E S, Garc I A A E S M, Miranda D, et al. Cellular automata models for the simulation of real-world urban processes：A review and analysis [J]. Landscape and urban planning, 2010, 96 (2)：108-122.

[12] Dahal K R, Chow T E. Characterization of neighborhood sensitivity of an irregular cellular automata model of urban growth [J]. International Journal of Geographical Information Science, 2015, 29 (3)：475-497.

[13] Li X, Chen Y, Liu X, et al. Experiences and issues of using cellular automata for assisting urban and regional planning in China [J]. International Journal of Geographical Information Science, 2017, 31 (8)：1606-1629.

[14] Lu Y, Cao M, Zhang L. A vector-based Cellular Automata model for simulating urban land use change [J]. Chinese Geographical Science, 2015, 25 (1)：74-84.

[15] Yao Y, Liu X, Li X, et al. Simulating urban land-use changes at a large scale by integrating dynamic land parcel subdivision and vector-based cellular automata [J]. International Journal

of Geographical Information Science, 2017, 31 (12): 2452–2479.

[16] Zhai Y, Yao Y, Guan Q, et al. Simulating urban land use change by integrating a convolutional neural network with vector-based cellular automata [J]. International Journal of Geographical Information Science, 2020, 34 (7): 1475–1499.

[17] Yao Y, Li L, Liang Z, et al. UrbanVCA: a vector-based cellular automata framework to simulate the urban land-use change at the land-parcel level [J]. arXiv preprint arXiv: 2103.08538, 2021.

[18] Ying L, Xian-jin H, Feng Z. Effects of land use patterns on carbon emission in Jiangsu Province [J]. Trans. Chin. Soc. Agric. Eng, 2008, 24: 102–107.

[19] Xu J, Pan H, Huang P. Carbon emission and ecological compensation of main functional areas in Sichuan Province based on LUCC [J]. Chin. J. Eco-Agric, 2019, 27: 142–152.

[20] Dou X, Wang Y, Ciais P, et al. Near-real-time global gridded daily CO_2 emissions [J]. The Innovation, 2022, 3 (1): 100182.

[21] Zhou Y, Chen M, Tang Z, et al. Urbanization, land use change, and carbon emissions: Quantitative assessments for city-level carbon emissions in Beijing-Tianjin-Hebei region [J]. Sustainable Cities and Society, 2021, 66: 102701.

[22] Lienert S, Joos F. A Bayesian ensemble data assimilation to constrain model parameters and land-use carbon emissions [J]. Biogeosciences, 2018, 15 (9): 2909–2930.

[23] Chopard B, Droz M. Cellular automata (Vol. 1) [Z]. Berlin, Germany: Springer, 1998.

[24] Veldkamp A, Fresco L O. CLUE: a conceptual model to study the conversion of land use and its effects [J]. Ecological modelling, 1996, 85 (2-3): 253–270.

[25] Olfati-Saber R, Fax J A, Murray R M. Consensus and cooperation in networked multi-agent systems [J]. Proceedings of the IEEE, 2007, 95 (1): 215–233.

[26] Chen Y, Li X, Liu X, et al. Capturing the varying effects of driving forces over time for the simulation of urban growth by using survival analysis and cellular automata [J]. Landscape and Urban Planning, 2016, 152: 59–71.

[27] Feng Y, Tong X. Incorporation of spatial heterogeneity-weighted neighborhood into cellular automata for dynamic urban growth simulation [J]. GIScience \& Remote Sensing, 2019, 56 (7): 1024–1045.

[28] Barredo J I, Demicheli L, Lavalle C, et al. Modelling future urban scenarios in developing countries: an application case study in Lagos, Nigeria [J]. Environment and Planning B: Planning and Design, 2004, 31 (1): 65–84.

[29] Clarke K C, Hoppen S, Gaydos L. A self-modifying cellular automaton model of historical urbanization in the San Francisco Bay area [J]. Environment and planning B: Planning and design, 1997, 24 (2): 247–261.

[30] Sant E I E S, Garc I A A E S M, Miranda D, et al. Cellular automata models for the simulation of real-world urban processes: A review and analysis [J]. Landscape and urban planning, 2010, 96 (2): 108–122.

[31] Dahal K R, Chow T E. Characterization of neighborhood sensitivity of an irregular cellular automata model of urban growth [J]. International Journal of Geographical Information Science, 2015, 29 (3): 475–497.

[32] Chen Y, Li X, Liu X, et al. Modeling urban land-use dynamics in a fast developing city using the modified logistic cellular automaton with a patch-based simulation strategy [J]. International Journal of Geographical Information Science, 2014, 28 (2): 234–255.

[33] Liu Y, Phinn S R. Modelling urban development with cellular automata incorporating fuzzy-set approaches [J]. Computers, Environment and Urban Systems, 2003, 27 (6): 637–658.

[34] Kang J, Fang L, Li S, et al. Parallel cellular automata Markov model for land use change prediction over MapReduce framework [J]. ISPRS International Journal of Geo-Information, 2019, 8 (10): 454.

[35] Tian G, Ma B, Xu X, et al. Simulation of urban expansion and encroachment using cellular automata and multi-agent system

model—A case study of Tianjin metropolitan region, China [J]. Ecological indicators, 2016, 70: 439-450.

[36] Chen Y, Li X, Liu X, et al. Simulating urban growth boundaries using a patch-based cellular automaton with economic and ecological constraints [J]. International Journal of Geographical Information Science, 2019, 33 (1): 55-80.

[37] Alaei Moghadam S, Karimi M, Habibi K. Simulating urban growth in a megalopolitan area using a patch-based cellular automata [J]. Transactions in GIS, 2018, 22 (1): 249-268.

[38] Liu Y. Modelling urban development with geographical information systems and cellular automata [M]. CRC Press, 2008.

[39] Frazier A E, Kedron P. Landscape metrics: past progress and future directions [J]. Current Landscape Ecology Reports, 2017, 2 (3): 63-72.

[40] Liu T, Yang X. Monitoring land changes in an urban area using satellite imagery, GIS and landscape metrics [J]. Applied geography, 2015, 56: 42-54.

[41] Sklenicka P, Zouhar J. Predicting the visual impact of onshore wind farms via landscape indices: A method for objectivizing planning and decision processes [J]. Applied Energy, 2018, 209: 445-454.

[42] Wang G, Han Q, Others. Assessment of the relation between land use and carbon emission in Eindhoven, the Netherlands [J]. Journal of environmental management, 2019, 247: 413-424.

[43] Paustian K, Ravindranath N H, van Amstel A R. 2006 IPCC guidelines for national greenhouse gas inventories [J]. 2006.

[44] Eggleston H S, Buendia L, Miwa K, et al. 2006 IPCC guidelines for national greenhouse gas inventories [J]. 2006.

[45] Chen Y, Lu H, Li J, et al. Effects of land use cover change on carbon emissions and ecosystem services in Chengyu urban agglomeration, China [J]. Stochastic Environmental Research and Risk Assessment, 2020, 34 (8): 1197-1215.

[46] Schwarzb O Ck T, Aschenbrenner P, Spacek S, et al. An alternative method to determine the share of fossil carbon in solid refuse-derived fuels—Validation and comparison with three standardized methods [J]. Fuel, 2018, 220: 916-930.

[47] Ehrlich P R, Holdren J P. Impact of Population Growth: Complacency concerning this component of man's predicament is unjustified and counterproductive. [J]. Science, 1971, 171 (3977): 1212-1217.

[48] Sun J. Accounting for energy use in China, 1980—94 [J]. Energy, 1998, 23 (10): 835-849.

[49] York R, Rosa E A, Dietz T. STIRPAT, IPAT and ImPACT: analytic tools for unpacking the driving forces of environmental impacts [J]. Ecological economics, 2003, 46 (3): 351-365.

[50] Ang B W. The LMDI approach to decomposition analysis: a practical guide [J]. Energy policy, 2005, 33 (7): 867-871.

[51] Shen L, Wu Y, Lou Y, et al. What drives the carbon emission in the Chinese cities? A case of pilot low carbon city of Beijing [J]. Journal of Cleaner Production, 2018, 174: 343-354.

[52] Chen J, Gao M, Cheng S, et al. County-level CO2 emissions and sequestration in China during 1997—2017 [J]. Scientific data, 2020, 7 (1): 1-12.

[53] Abolhasani S, Taleai M, Karimi M, et al. Simulating urban growth under planning policies through parcel-based cellular automata (ParCA) model [J]. International Journal of Geographical Information Science, 2016, 30 (11): 2276-2301.

[54] Liang X, Guan Q, Clarke K C, et al. Mixed-cell cellular automata: A new approach for simulating the spatio-temporal dynamics of mixed land use structures [J]. Landscape and Urban Planning, 2021, 205: 103960.

[55] Ducret R E L, Lemari E B, Roset A. Cluster analysis and spatial modeling for urban freight. Identifying homogeneous urban zones based on urban form and logistics characteristics [J]. Transportation Research Procedia, 2016, 12: 301-313.

[56] Zheng Z, Du S, Wang Y, et al. Mining the regularity of landscape-structure heterogeneity to improve urban land-cover mapping [J]. Remote Sensing of Environment, 2018, 214: 14-32.

[57] Rousseeuw P J. Silhouettes: a graphical aid to the interpretation

and validation of cluster analysis [J]. Journal of computational and applied mathematics, 1987, 20: 53–65.

[58] Campello R J, Hruschka E R. A fuzzy extension of the silhouette width criterion for cluster analysis [J]. Fuzzy Sets and Systems, 2006, 157 (21): 2858–2875.

[59] Chen Y, Li X, Liu X, et al. Modeling urban land–use dynamics in a fast developing city using the modified logistic cellular automaton with a patch–based simulation strategy [J]. International Journal of Geographical Information Science, 2014, 28 (2): 234–255.

[60] Luck M, Wu J. A gradient analysis of urban landscape pattern: a case study from the Phoenix metropolitan region, Arizona, USA [J]. Landscape ecology, 2002, 17 (4): 327–339.

[61] Shi H X, Mu X M, Zhang Y L, et al. Effects of different land use patterns on carbon emission in Guangyuan city of sichuan province [J]. Bull. Soil Water Conserv, 2012, 32 (3): 101.

[62] Zhang R S, Pu L J, Wen J Q, et al. Hypothesis and validation on the kuznets curve of construction land expansion and carbon emission effect [J]. J Nat Resour, 2012, 5: 723–733.

[63] Zhao R, Huang X, Zhong T, et al. Carbon effect evaluation and low–carbon optimization of regional land use [J]. Transactions of the Chinese Society of Agricultural Engineering, 2013, 29 (17): 220–229.

[64] CHEN W, DUAN Z, SONG J, et al. Establishment of the Urban Vehicle Fuel Consumption and Emission Inventory Platform: A Case Study in Shenzhen [J]. Urban Transport of China, 2018, 5: 64–70.

[65] Hu A G. China's goal of achieving carbon peak by 2030 and its main approaches [J]. Journal of Beijing University of Technology (Social Sciences Edition), 2021, 21 (3): 1–15.

基于线上线下融合视角的生活圈服务设施评价与预测模型

工作单位：南京大学建筑与城市规划学院
报名主题：面向高质量发展的城市综合治理
研究议题：城市品质提升与生活圈建设
技术关键词：时空行为分析、机器学习、空间自相关
参 赛 人：魏玺、黄伊婧、邹思聪、肖徐玏、欧亚根、李晟
指导老师：甄峰、张姗琪
参赛人简介：团队成员来自南京大学建筑与城市规划学院智城至慧研究团队。团队长期关注大数据在智慧城市规划中的应用、基于居民时空行为的城市社区研究与规划等方向，正在开展“移动互联网应用对城市日常生活服务供需匹配影响机理研究”“基于居民时空行为网络建模的社区公共服务设施布局研究”等国家级基金项目的研究。在城市居民活动空间、智慧城市理论与规划方法及城市社区治理方面取得了系列成果，先后获得多项国家级和省级奖项。

一、研究问题

1. 研究背景及目的意义

随着国民经济的飞速增长，居民的生活观念与方式发生了较大的改变，这对城市生活空间建设及多元化生活设施配套规划提出了更高的要求。住房和城乡建设部于2018年出台《城市居住区规划设计标准》GB 50180—2018，将社区生活圈引入居住区规划，提出打造便民的5、10、15min社区生活圈，旨在实现居民日常生活需求和设施空间供给的精准化配置。同时，随着信息技术的普及与发展，线上服务广泛融入居民日常生活，服务获取方式的改变减少了线下设施服务的时空局限性，进而影响了传统视角下社区生活圈的空间组织模式。新冠肺炎疫情期间，线下社区服务方式基本被线上服务所替代。在这一背景下，构建线上线下融合的社区生活圈在未来将成为保障居民生活质量的重要发展模式。

规划学界与业界在社区生活圈理念解读、发展趋势、线下实体设施规划方法以及线上社区生活圈的整体性框架等方面已进行了相应探索。部分学者通过问卷调查，探讨不同类型居民线下设施使用需求的差异，却忽视了不同类型居民日常活动出行能力的差异及日常线上服务使用习惯的差异。此外，目前对线上线下生活圈融合水平分析的关注度较低。因此，需要从不同居民需求偏好出发，建立线上线下生活圈相结合的设施供给水平量化的新方法。

2. 研究目标及拟解决的问题

本研究旨在建立一套针对城市内不同类型人群线上、线下设施供需情况进行评估与分析的模型，拟解决的核心问题如下：

（1）如何识别不同类型社区居民的线上、线下设施供需水平？

（2）如何综合评价线上、线下设施的供需关系？

（3）如何构建社区生活圈生活服务设施类型预测模型？

（4）如何根据生活圈的综合效益及规划目标，制定设施优化配置方案？

针对上述问题，研究基于对不同类型居民多样化需求的计算，对社区生活服务设施实际需求进行校正，分析设施的线上、线下设施供给水平的空间分布，并基于线上线下融合的视角进行供需关系评价与类型划分，建立社区生活圈生活服务设施类型预测模型。从而有效识别社区服务配套设施“缺口”，实现线上线下社区生活圈设施配置的优化，以及多元化、高质量的线上线下融合生活圈的建设。

二、研究方法

1. 研究方法及理论依据

（1）理论基础

本研究的理论包括马斯洛需求理论及行动区位论。

依据马斯洛提出的“需求层次理论”，人的需求类型可以分为五个级别，且与个体属性相关。属性相似的群体内部由于主导需求相似，行为特征相对一致；而不同年龄段、不同社会收入的居民对日常活动的需求截然不同。因此，在考虑设施使用偏好时应进行分类讨论。

行动区位论从时间地理学与行为地理学的视角出发，关注人类时空间行为，提出基于高精度数据采集技术精准刻画居民实际需求，与中心地理论相比更适用于微观生活空间结构的解析，为量化个体的城市空间提供了理论依据与方法。

（2）研究方法

① GIS空间分析方法

GIS（Geographic Information System）是基于计算机，将具有地理属性的空间数据作为处理对象的技术，运用系统工程和信息科学理论，实现地理信息及产品的采集、存储、管理、显示、处理、分析和输出。其可视化地理信息的功能在分析、预测地理现象中发挥着重要价值。

② 机器学习

本文主要采用了聚类算法和分类两种机器学习技术。聚类作为一种经典的无监督学习方法，目标是通过对无标记训练样本的学习，发掘和揭示数据集本身潜在的结构和规律，不依赖于训练数据集的类标记信息对已有样本进行分组划定。而分类过程属于有监督的机器学习技术，其目标数据库中有些类别是已知的，分类过程需要将新样本归类至已有类别中。

2. 技术路线及关键技术

如图2-1所示，本文分析的技术路线主要包括以下五个步骤：

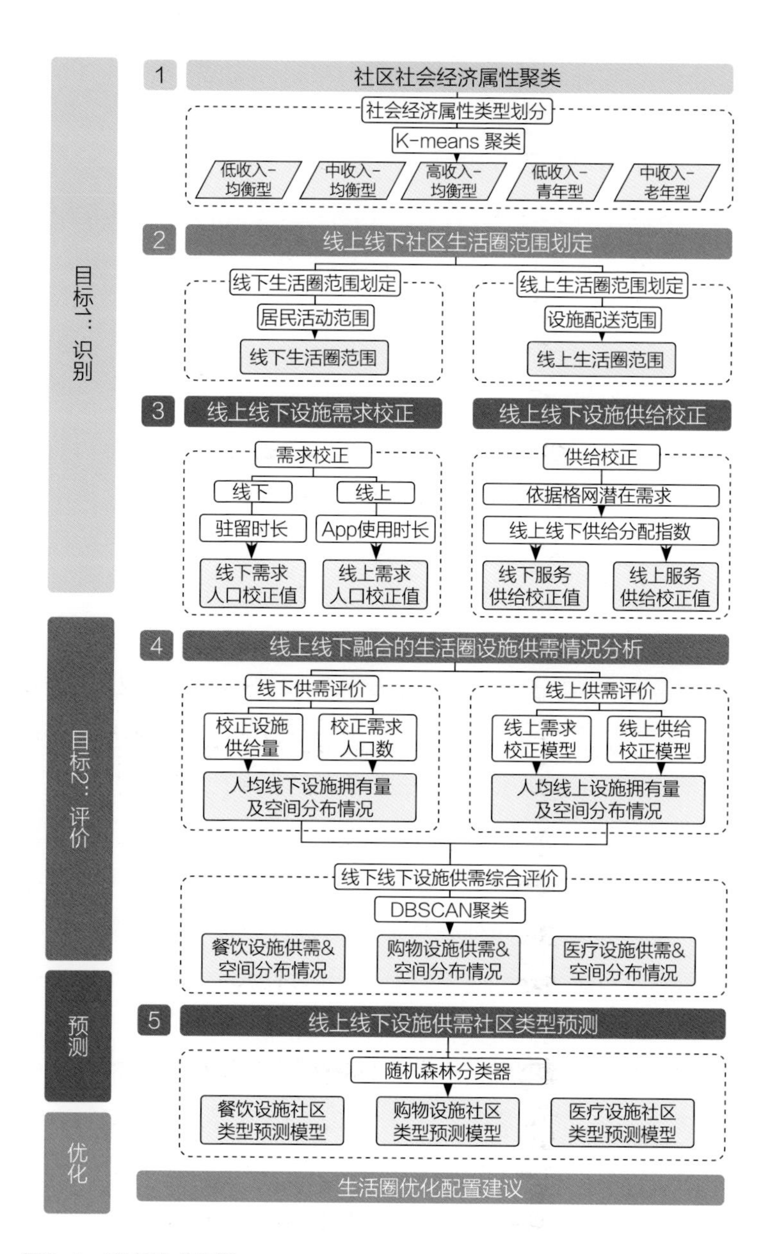

图2-1 研究技术路线

（1）社区社会经济属性聚类

基于各格网人群年龄和收入水平进行聚类，得到研究范围内主要人群类型，根据人群类型总结相应设施需求偏好，作为后续开展分析的前提。

（2）社区线上、线下生活圈范围划定模型

基于人群行为数据和网络开源数据，以格网为研究单元，综合利用GIS等空间分析技术，从时空视角划定社区线上线下生活圈。

①基于时空行为的线下生活圈划定模型

利用手机信令数据，通过分析居民出行时空行为，确定居民日常活动范围进而划定线下生活圈范围，弥补传统生活圈划定中以社区为中心，忽略居民行为特征的不足。

②基于路径规划的线上生活圈生成与划定模型

根据已有研究，线上服务供给通常采用配送等单程运输方式，因此，相应设施服务半径可拓展至传统线下生活圈的两倍（30min），且社区的线上生活圈半径与设施配送半径相同（图2-2）。本文通过调用高德地图路径规划API接口划定以社区为中心的等时圈，近似作为社区线上生活圈范围，弥补了传统生活圈对于线上设施考虑的不足。具体模型划定思路详见第四部分模型算法。

（3）社区线上、线下设施供给、需求校正模型

①基于居民行为活动特征的设施需求重分配模型

居民设施使用情况是设施使用需求的间接体现。结合居民线下驻留时间和居民使用不同类型App的时长分别进行线下、线上需求重分配，识别设施需求更加突出的空间热点区域，辅助精准配置。

②基于线上线下服务共享的设施供给重分配模型（图2-3）

本模型中，同一设施提供的服务会被可达范围内的多个居住格网同时共享，且在设施服务能力一定的情况下，各格网能够获取的设施供给依据格网潜在需求进行空间分配。将同一类型各格网的居民活动驻留时长、使用设施相关App总时长分别作为线下、线上设施供给量的分配依据，为评估供需匹配情况提供数据基础。

（4）线上、线下融合的生活圈设施供需关系分析模型

传统研究在对生活圈的分析中，较少考虑线上线下生活圈的融合情况。本模型基于DBSCAN聚类方法，进行线上线下生活圈融合分析，得到线上线下生活圈匹配情况的不同类型，结合人群设施使用偏好，为空间优化方案提供参考。

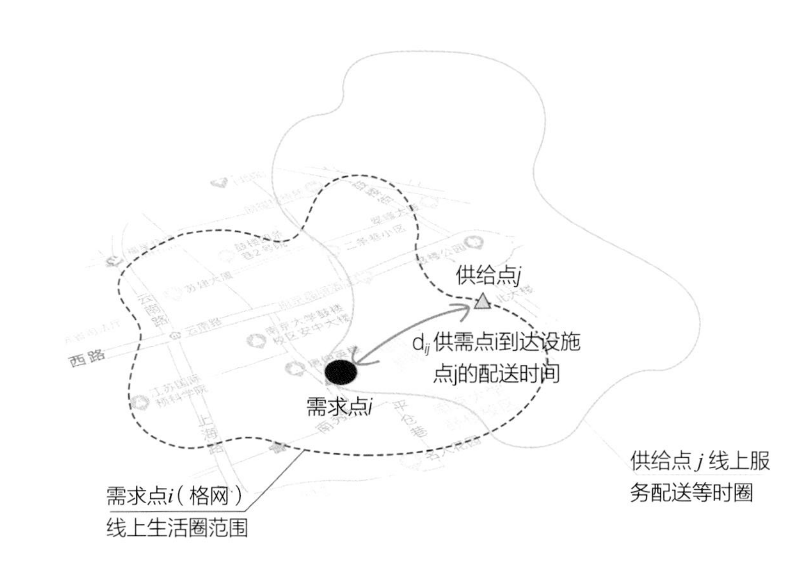

图2-2　线上生活圈划定思路

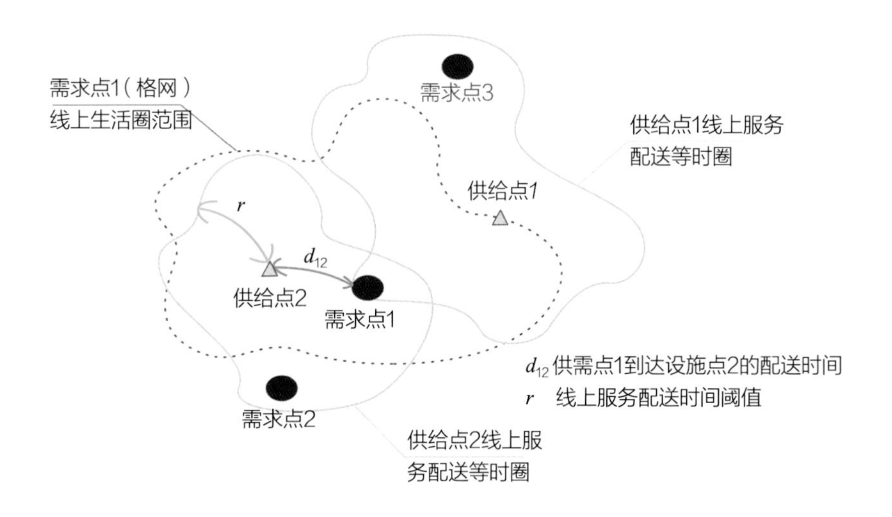

图2-3　设施供给分配思路

（5）社区线上、线下设施供需关系类型预测模型

本研究基于随机森林分类算法，以现有样本为基础，形成具有普适性高、拟合度高等优点的预测模型，为高效识别特定社区线上线下生活圈匹配情况提供技术支撑。

三、数据说明

1. 数据内容及类型

本研究主要涉及以下五类数据源：基础地理空间数据、手机信令数据、美团数据、POI数据及房价数据（表3-1）。

（1）基础地理空间数据

本研究以南京市中心城区为研究区域，以250m格网为研究单元，研究区域边界以《南京市城市总体规划（2011—2020）》中"一主三副"核心区范围为依据划定，包括南京市主城区和江北、东山、仙林三个副城。城市行政区划边界、路网与河流等基础地理空间数据来自中国科学院资源环境科学与数据中心。

（2）手机信令数据

数据自购于联通数据Dass平台，为2019年6月一整月汇总数据，范围为南京市市域，具体涵盖人口属性、App使用信息、驻留时长等方面的信息。

（3）美团数据

数据来源于官网，数据时间为2020年4月，具体包含店铺名称、评分等信息。对原始数据进行清洗、剔除缺省无效值，整理得到有效信息18 363条。

（4）POI数据

数据来源于高德地图网站，采集时间为2021年3月，具体包含设施点名称、经纬度、设施点分类、地址等信息。经过筛选处理后，得到有效信息73 492条。

（5）房价数据

数据采集自"链家网"平台，采集时间为2020年3月，通过清洗筛选，得到共计5 177条有效数据。数据内容包含小区名称、位置、房屋类型等字段，本研究以房价数据表征社区整体社会经济属性。

数据内容及类型　　表3-1

类型	内容	使用目的及在模型中的作用
地理空间数据	南京市主城区基础地理空间数据	研究基本单元
手机信令数据	人口属性信息统计	反映250m格网尺度的人口分布与年龄分段情况
	月度到访驻留时间统计数据	线下设施使用需求程度分析
	App使用信息统计数据	线上服务使用需求程度分析
美团数据	美团平台店铺信息数据	线上设施供给程度分析
POI数据	POI设施点数据	线下设施供给程度分析
房价数据	房价数据	居民社会经济属性分析

2. 数据预处理技术与成果

本研究的数据预处理技术主要涉及手机信令数据的清洗，以及POI与美团数据的筛选与分类等内容。

（1）手机信令数据处理

选取南京市市域范围内2019年6月手机信令数据，剔除数据中存在的缺失值、无效值等，并提取线上App使用时长、线下设施空间驻留时长以及人口属性等信息，对线上线下服务设施按照类型进行区分，并依据年龄、经济水平等人群属性进行汇总，作为后续分析的基础。

（2）美团数据处理

对美团公司提供的南京市域范围内店铺数据进行筛选处理，汇总得到能够提供外卖配送服务的线上店铺的相关信息。依据设施点规模、类型等属性，将数据划分为线上餐饮、线上购物、线上药店三类。其中线上餐饮共计12 298个设施点、线上购物共计4 785个设施点、线上药店共计1 280个设施点。

（3）POI数据处理

类似地，对高德POI数据进行筛选清洗与分类处理，将数据划分为线下餐饮、线下购物、线下药店三类。其中，线下餐饮共计56 223个设施点、线下购物共计15 331个设施点、线下药店共计1 938个设施点。

四、模型算法

1. 社区线上、线下生活圈划定模型

（1）基于时空行为的线下生活圈范围划定模型

以居民活动范围为原则，将居民实际活动空间确定为线下生活圈范围（图4-1）。

①构建居住地—日常活动点样本集

创建用户居住点汇总表，统计各居住点用户前往不同驻留点的月平均出行频次。依据出行目的为"到访"，且空间距离在3km以内（相关研究表明一般居民平均愿意花费30min的步行时间来获取社区周边公共服务设施，因此，按照居民步行6km/h的平均速度，确定距离阈值），构建用户从居住地到日常活动地且出行目的为"到访"的样本集。

②划定居民线下日常活动空间

参考已有研究对社区居民日常活动规律和活动空间圈层结构

的总结，将居住在各社区用户的日常活动点，按照月平均出行频次进行加权，生成置信度为68%的标准置信椭圆，可反映出居民日常活动空间范围。

（2）基于路径规划的线上生活圈范围划定模型

基于配送可达原则，将社区的线上生活圈半径确定为设施服务配送半径，通过设置配送时间阈值与路径规划得到社区线上生活圈范围（图4-2）。

①构建路径规划起点集

以社会经济属性聚类后的社区格网中心点坐标作为原始数据，生成路径规划起点数据集。

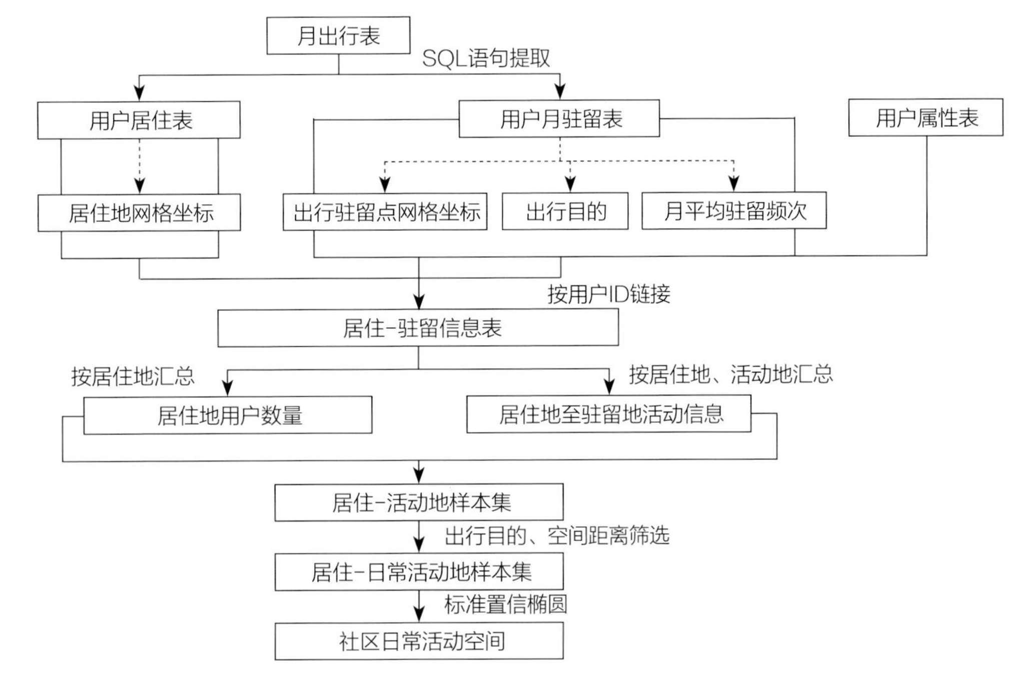

图4-1　线下活动空间范围划定模型

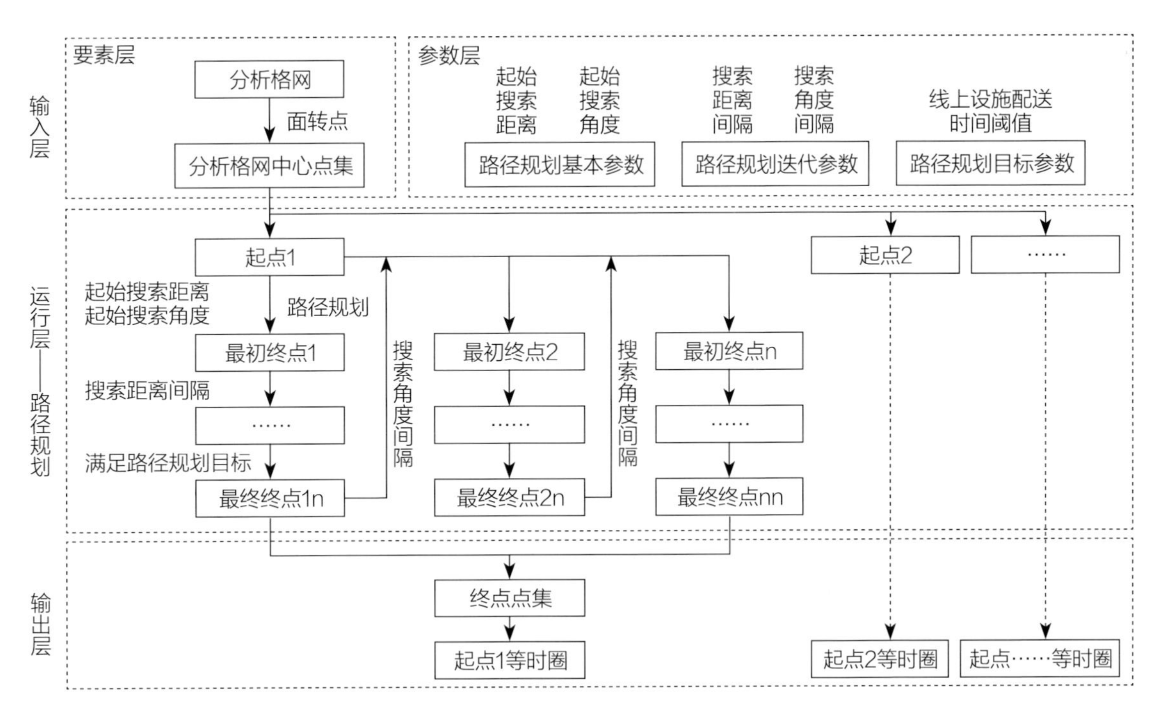

图4-2　基于路径规划的线上生活圈划定模型

②设置路径规划参数与目标

根据起点集，设置起始搜索距离与起始搜索角度；设置搜索距离间隔和搜索角度间隔。以线上设施配送时间阈值（本模型中设置为30min）作为每次迭代过程中的路径规划时间目标，若达成此目标，将进行下轮迭代。

③遍历搜索，记录终点坐标

调用高德路径规划API接口，通过角度迭代进行转圈搜索，记录各起点在不同角度方位时，既定时间阈值范围内能够到达的最远终点坐标。

④连接不同角度的最远终点形成等时圈

将各搜索角度的最远点连接形成闭合曲线，即为设定时间阈值下的等时线。等时线围合范围为该时间阈值下格网的线上生活圈范围。

2. 社区线上、线下设施需求校正模型

（1）基于线下驻留时长的需求人口校正模型

从居民的实际时空行为视角出发，将居民活动驻留时长纳入模型考量，对需求人口数量进行系数校正（图4-3）。

首先，假设单元i内的线下设施校正权重为C_weight_i，则：

$$LT_I = Average\left(\sum_{i \in I} \frac{CT_i}{Pop_i}\right) \qquad (4-1)$$

$$C\_weight_i = \frac{CT_i / Pop_i}{LT_i} \qquad (4-2)$$

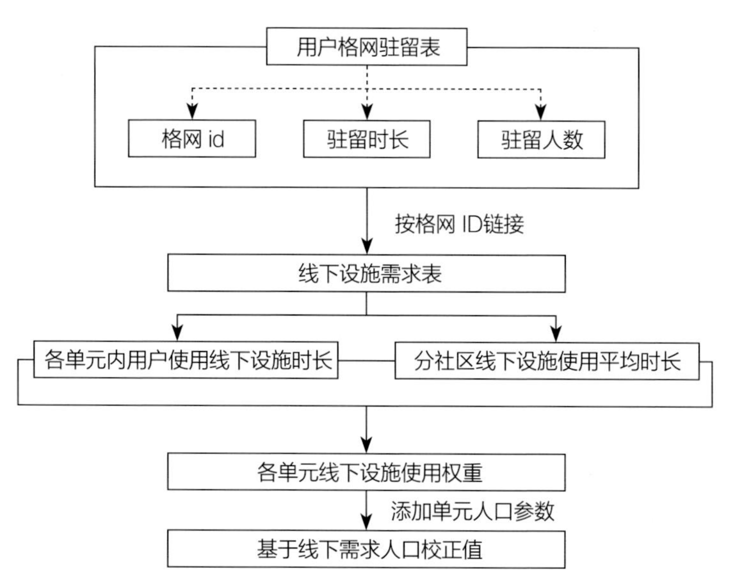

图4-3　基于线下设施需求的人口校正模型

式中，Pop_i为单元i内的实际驻留人口，CT_i为单元i内居民的驻留时长，LT_i为第i类社区内平均人均驻留时长。

其次，将校正后的权重与单位内的居住人口数量相乘，即可得到单元i内校正需求人数C_Req_i为：

$$C\_Req_i = C\_weight_i \times Pop_i \qquad (4-3)$$

（2）基于线上App使用时长的需求人口校正模型

从居民的App使用行为视角出发，根据线上App与线上设施类型之间的对应关系（表4-1），将居民3类线上设施对应的App使用时长纳入模型考量，分别计算校正系数，对需求人口数量进行校正（图4-4）。

App名称、代号与大类属性　　表4-1

App分类	App名称
餐饮	美团外卖
	大众点评
	美团
购物	淘宝
	拼多多
	京东
药店	美团外卖

首先，计算各居住单元内各类App的总使用时长。

其次，计算三类线上设施在同一类型社区中的权重。T_i为单元i内线上设施的使用时长，其中T_i，$T \in$［CY, CS, YD］，$i \in I$，

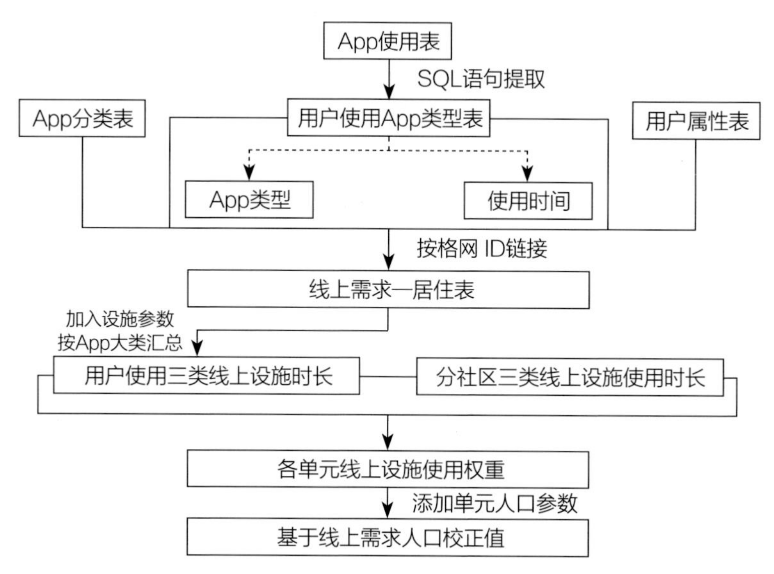

图4-4　基于线上设施需求的人口校正模型

$T_i weight$为该单元中设施校正权重，则：

$$T_{i_{weight}} = \frac{CY_i / pop_i}{\left(\sum_{i\in I} T_i\right) / \left(\sum_{i\in I} pop_i\right)} \quad (4\text{-}4)$$

最后，引入单元人口参数，进而分类别计算得到单元i内基于线上设施使用的需求人口$T_{i_{request}}$，T_i，$T\in$［CY, CS, YD］。

3. 社区线上、线下设施供给校正模型

社区线上、线下设施供给校正模型考虑生活圈线上及线下服务设施存在被多个居住格网共享的情况，需要依据格网潜在需求进行设施供给重分配，以反映真实供给水平（图4–5）。

（1）确定社区格网可达设施与设施提供服务的社区格网

根据线上线下设施服务特征，确定社区格网与可获取服务的设施点之间的对应关系。以判断函数为依据，确定各社区格网可达的设施点编号和各设施点服务范围内的社区格网编号。

（2）计算设施在社区格网处的服务供给分配指数

以计算线上服务设施供给分配指数为例，计算不同社区格网内居民使用设施对应的时长占此设施可服务范围内的所有格网App使用总时长的比例，得到各格网居民使用此设施服务的概率，作为此设施在格网处的服务供给分配指数。

（3）统计格网内设施总供给量

以社区格网为统计单元，对社区格网可达范围内的所有设施的服务供给分配指数进行汇总，得到格网内设施总供给情况。

为提高计算效率，本次实验中通过ArcGIS中的Model Builder工具建立了设施供给分配模型工具箱，能够实现供给分配结果自动输出（图4–6）。

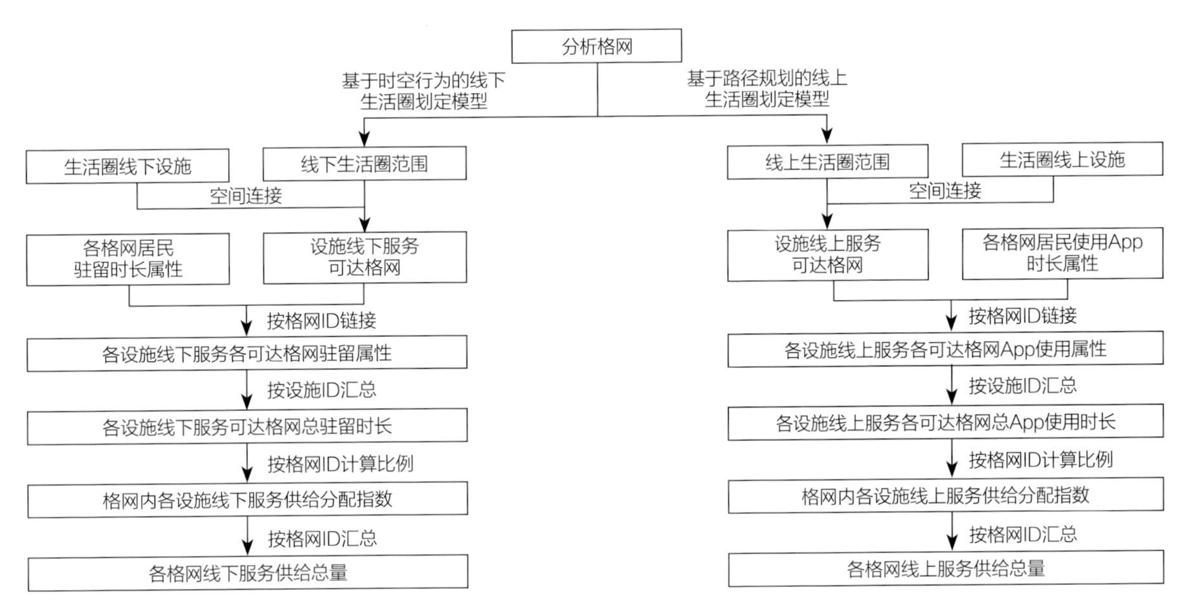

图4–5　基于线上线下服务共享的设施供给分配模型

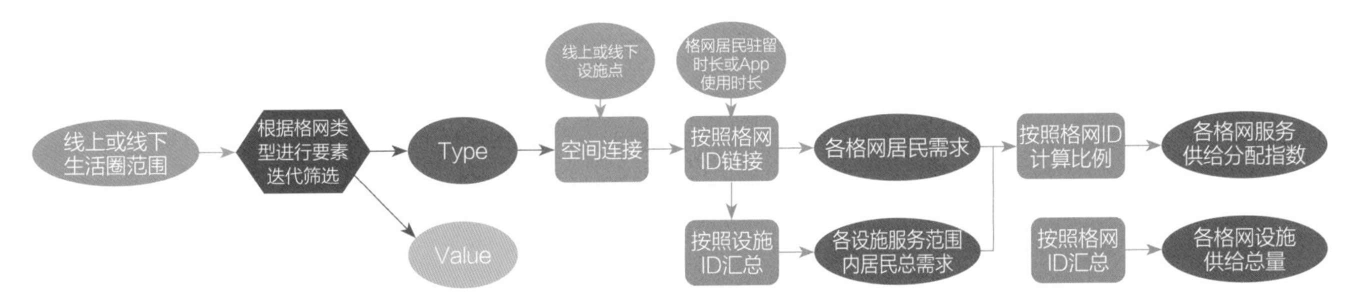

图4–6　基于线上线下服务共享的设施供给分配模型（Model　Builder流程）

4. 线上、线下融合的生活圈设施供需关系分析模型

（1）社区经济社会属性类型划定模型

本模型使用K-means聚类方法对社区社会经济属性类型进行类型划定。K-means聚类方法是基于样本集合划分的聚类算法，算法思想为：数据集内包含n个数据点$\{x_1, x_2, x_3 \cdots x_n\}$，找到K个簇的K个聚类中心$\{\lambda_1, \lambda_2, \lambda_3 \cdots \lambda_k\}$，通过迭代使每个数据点与最近的聚类中心距离平方和最小。具体公式如下：

$$J=\sum_{k=1}^{K}\sum_{x_i\in C_k}\left|x_i-\lambda_k\right|^2 \tag{4-5}$$

式中，J为所有数据点的平方误差总和，x_i为簇C_k内的数据点，λ_k为簇C_k内的中心。

子模型经过比选，选择社区房价、19～39岁人群比例、60岁以上人群比例3个聚类变量，通过肘部法则确定K值为5（图4–7）。

（2）社区线上线下设施供需情况类型划定模型

本模型使用DBSCAN聚类方法在考虑空间分布的情况下对社区线上线下设施供需情况进行划定。DBSCAN聚类算法思想为：首先任意选择空间一个点，找到该点Eps（半径）范围内所有点，如果距离在Eps内的数据点个数大于Minpts（最小样本数目），则这个点被标记为核心样本，并被分配一个新的集群标签，然后算法会返回一个密度相连的集合，将这个集合内的所有对象都表示为同一集群。否则将标记成噪声点，即离群值。

本模型设置餐饮、购物、医疗三类设施的线上线下供需特征聚类子模型。每个模型选择格网中心点经度、格网中心点纬度、线上设施人均校正占有量、线下设施人均校正占有量4个聚类变量，通过轮廓系数确定各设施Eps和min_samples值（表4–2）。由于DBSCAN聚类对空间分布较为敏感，不同类型的格网可能仅存在空间分布差异，为准确表述聚类结果的统计学特征，对上述类型根据类型中设施供需特征均值进行进一步归并，在此不再赘述。

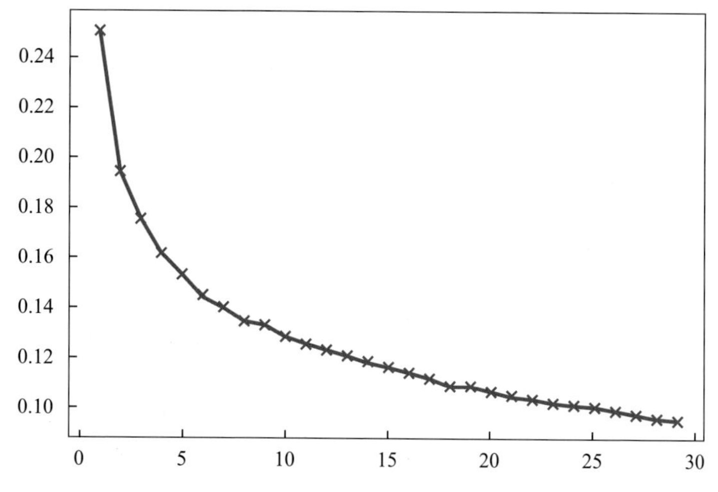

图4–7 社区社会经济属性聚类肘部法则可视化图

设施参数 表4–2

设施参数	Eps	min_samples	最终聚类数目（含噪声点）
餐饮设施	0.32	7	29
购物设施	0.21	7	37
医疗设施	0.24	8	32

5. 社区线上、线下设施供需关系类型预测模型

以DBSCAN聚类结果为分类标签，格网中心点经度、格网中心点纬度、线上设施人均校正占有量、线下设施人均校正占有量4个变量作为分类变量，分别对三类设施构建分类预测模型。

①使用train_test_split函数按照4：1的比例划分训练集、测试集，其中训练集共计2 506个样本、测试集共计627个样本。

②选取KneighborsClassifier、DecisionTreeClassifier等9个分类器，在未调参情况下对训练集、测试集进行训练，根据准确率选取RandomForestClassifier作为分类器（图4–8）。其主要参数有n_estimators（基于评估器的数量）、boostrap（抽样参数）、max_depth（树的最大深度）、min_samples_leaf（节点所需的最小样本数）等。

③使用GridSearchCV函数对RandomForestClassifier进行调参。三类设施的最优参数分别如表4–3所示。

随机森林分类器调参结果 表4–3

	餐饮设施	购物设施	医疗设施
bootstrap	False	False	False
criterion	gini	gini	gini
max_depth	None	None	None
max_features	1	1	1
min_samples_leaf	1	1	1
min_samples_split	2	2	2
max_features	100	500	100

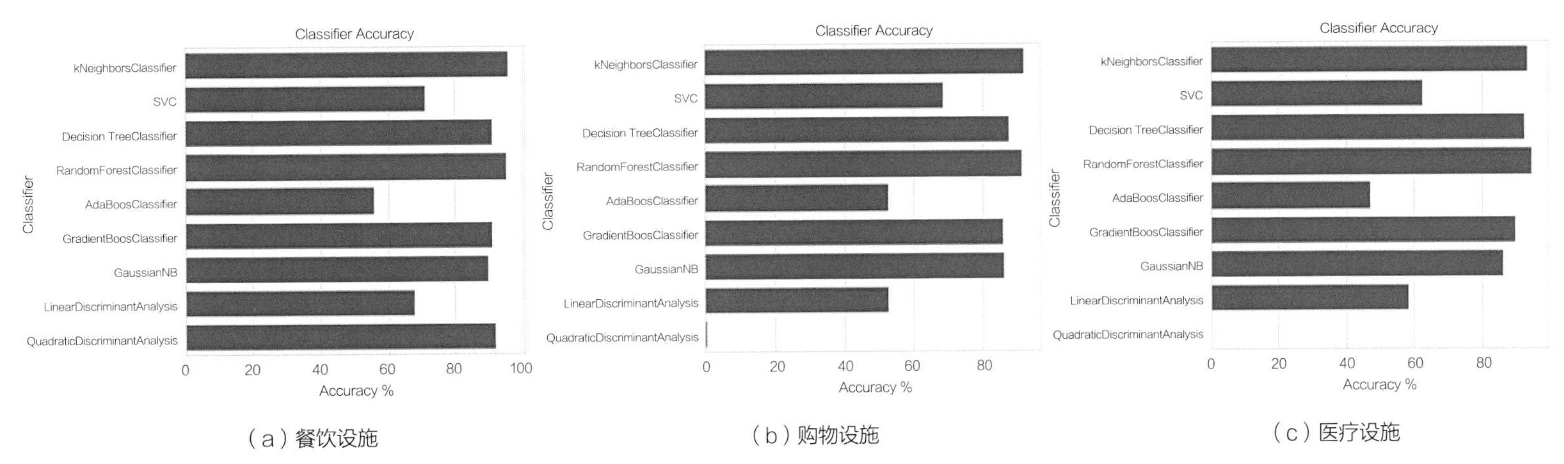

（a）餐饮设施　（b）购物设施　（c）医疗设施

图4-8　设施分类器选择可视化图

④采用交叉验证方式（$k=10$）对调参后的模型进行评估，其中餐饮设施分类器得分0.946 5，餐饮设施分类器得分0.932 2，医疗设施分类器得分0.949 7。三个分类器均达到较好的预测结果。

6. 模型算法相关支撑技术

模型开发基于Windows10系统以及以Jupyter Notebook为编译器的Python语言进行开发，主要操作流程中运用的软件如下：

社区经济社会属性类型划分：①数据清洗及汇总、K-means聚类运用Jupyter Notebook编译器，程序开发语言为Python。②社区经济社会属性聚类结果及其可视化运用ArcGIS10.4。

线上线下设施供给、需求校正计算：①数据清洗及汇总、供给及需求权重计算程序开发语言为Python。②等时圈计算调用高德地图路径规划程序开发语言为Python。③标准差椭圆、线上线下设施供给分配运用ArcGIS10.4中的Model Builder工具。④供需评价结果及其可视化运用ArcGIS10.4。

社区线上线下设施供需情况类型划分及预测：①数据清洗及汇总、DBSCAN聚类、社区类型预测程序开发语言为Python。②社区经济社会属性聚类结果及其可视化运用ArcGIS10.4。

五、实践案例

1. 研究区域概况

南京是我国东部地区重要的中心城市，城镇化率已达到83.2%，步入了城镇化中后期转型提升阶段，城市与社区建设品质正在不断提高。2021年，南京入选全国首批城市一刻钟便民生活圈试点名单，成为引领国内生活圈建设的风向标。因此，在现实发展阶段与政策要求的双重推进下，从线上线下设施融合视角分析南京市生活圈建设情况并提出相应的规划决策方案有较强现实意义。本模型结合数据可获取性、区域典型性等因素，选取南京主城和东山、仙林、江北（除六合）3个副城为研究区域（图5-1，图5-2），涵盖了南京的主要建成区，面积共769.9km^2。考虑到生活圈的尺度，本模型以250m格网为研究基本单元，研究区域内共计12 048个单元。结合研究区域内居住小区分布情况，筛选与居住小区空间位置一致的3 103个格网，作为最终统计单元。

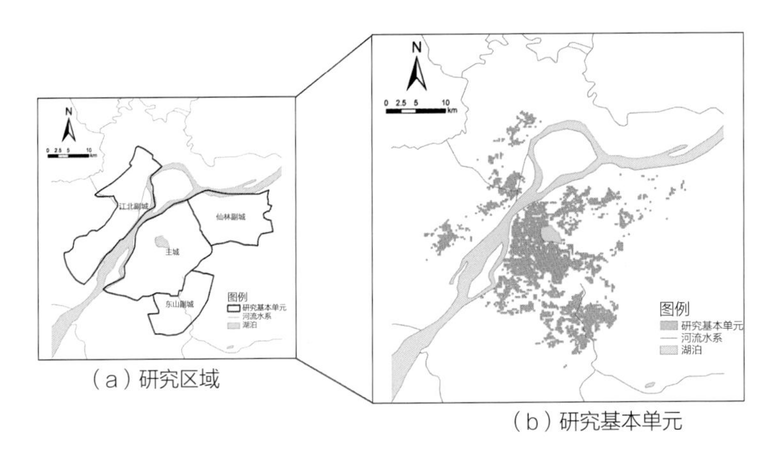

（a）研究区域　（b）研究基本单元

图5-1　研究区域概况

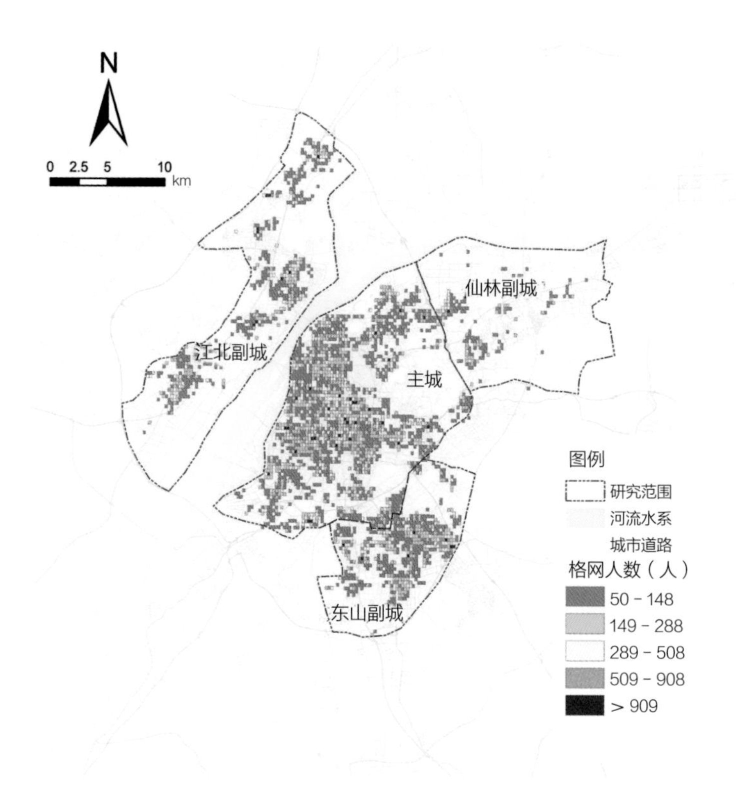

图5-2 研究区域居住人口分布

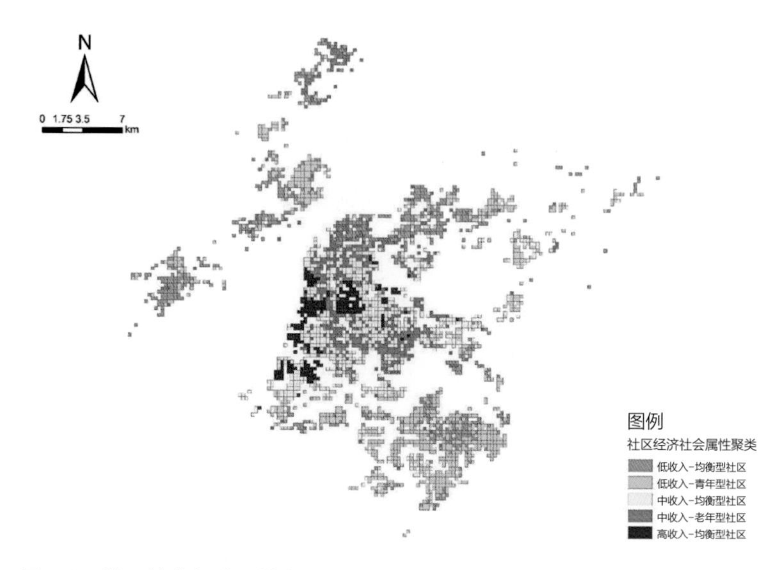

图5-3 社区社会经济属性类型划分

2. 社区社会经济属性聚类

如图5-3所示，根据居民年龄结构和小区房价数据，研究区域内的格网被划分为5类，分别代表“低收入—均衡型”“低收入—青年型”“中收入—均衡型”“中收入—老年型”“高收入—均衡型”，各类型社区格网数量呈现低收入型>中收入型>高收入型，各类型格网内居住人口数量大体近似。社会经济属性方面，低、中、高收入型社区房价均值分别在20 000～30 000元、30 000～40 000元和60 000元以上；青年型、均衡型、老年型社区中老年人口占比分别为低于3%，6%左右和高于10%。空间分布上，中高收入、老年型社区分布在城市中心，均衡型社区均衡分布，低收入型、青年型社区分布在城市外围，与南京市设施布局近似。其中，“低收入—均衡型”社区主要分布在江北、燕子矶，东山街道等城市新区核心地区；“低收入—青年型”社区主要分布在沿江，尧化，淳化街道等城市新区外围区域；“中收入—均衡型”社区在城市中心区呈均匀分布态势；“中收入—老年型”社区主要分布在主城区夫子庙、大光路街道等传统居住片区；“高收入—均衡型”社区主要分布在主城区五老村、华侨路街道等传统城市核心区和河西新城新城市核心区（表5-1）。总体上，各类型格网在经济社会属性及空间分布上具有显著的差异性，涵盖不同类型的社区发展情景。

社区社会经济属性统计特征　　表5-1

类型	类型解释	房价均值（元）	19～39岁人口比例均值	60岁以上人口比例均值	平均居住人口（人）	格网个数（个）
0	低收入—均衡型社区	24 233.36	0.617	0.049	170	736
1	低收入—青年型社区	27 060.07	0.759	0.022	201	980
2	中收入—均衡型社区	38 774.21	0.640	0.058	204	664
3	中收入—老年型社区	32 723.29	0.534	0.112	191	535
4	高收入—均衡型社区	62 775.66	0.603	0.068	217	218

3. 基于居民行为活动特征的设施需求分析

（1）社区线下设施需求分析

如图5-4所示，居民线下设施需求的热值（高值的集聚分布区域）分布呈现出显著的单中心格局，在新街口片区显现出了极强的集聚性。居民线下需求的冷值点则分布于主城外围和新城。从居民年龄结构来看，不同年龄群体对线下设施的需求存在差异。老年型社区对线下服务设施的需求较高，青年型社区对线下服务设施的需求较低。从居民收入水平来看，中高收入社区对线下服务设施需求较高，低收入社区则较低。

（2）社区线上设施需求分析

如图5-5～图5-7所示，居民对三类设施的需求量总体上均呈现出从主城区向外围逐渐递减的趋势。线上需求热点多集中在新街口周边1～5km圈层；线上需求冷点集聚区主要分布于南京市外围区域。线上餐饮需求呈现出“新街口—东山”双中心格局分布。线上购物需求高值与药店需求高值则主要集中在主城区新街口片区附近，呈现单中心格局。

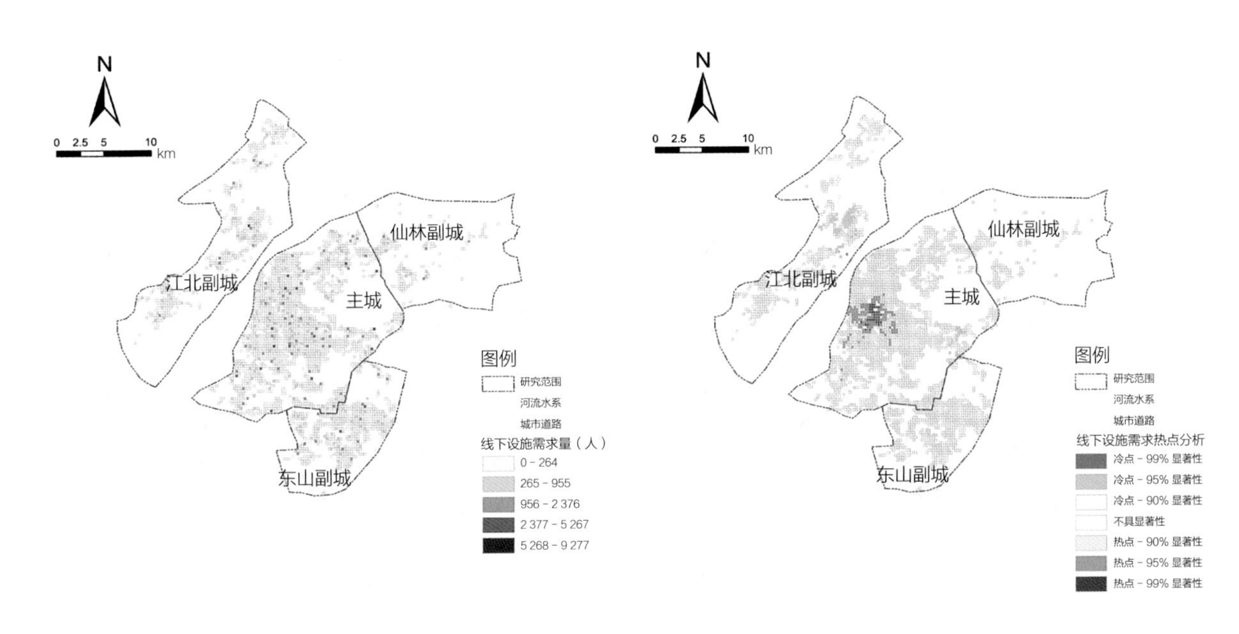

图5-4 线下设施需求情况及热点分析

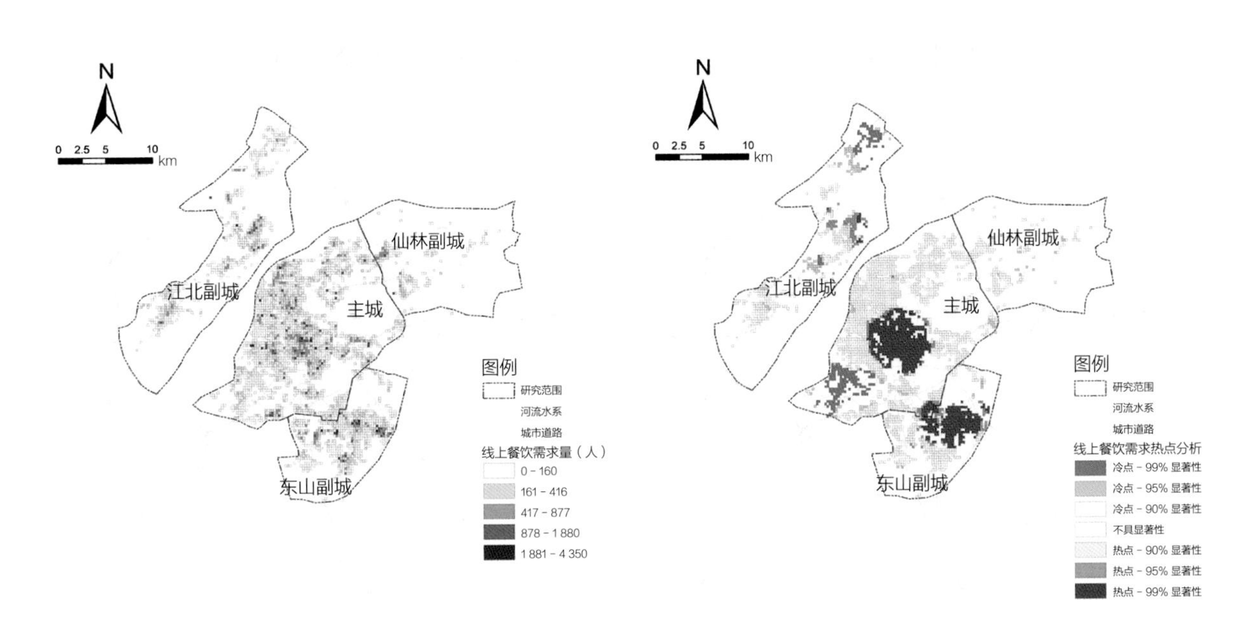

图5-5 线上餐饮需求情况及热点分析

从社区年龄结构看，均衡型社区和青年型社区线上需求普遍高于老年型社区。青年型社区和均衡型社区的线上餐饮需求相较于购物与药店更为旺盛。老年型社区的线上需求在类型上没有明确偏好。从居民收入水平看，中高收入社区无明显线上设施需求偏好，低收入社区对线上餐饮需求有较高偏好。

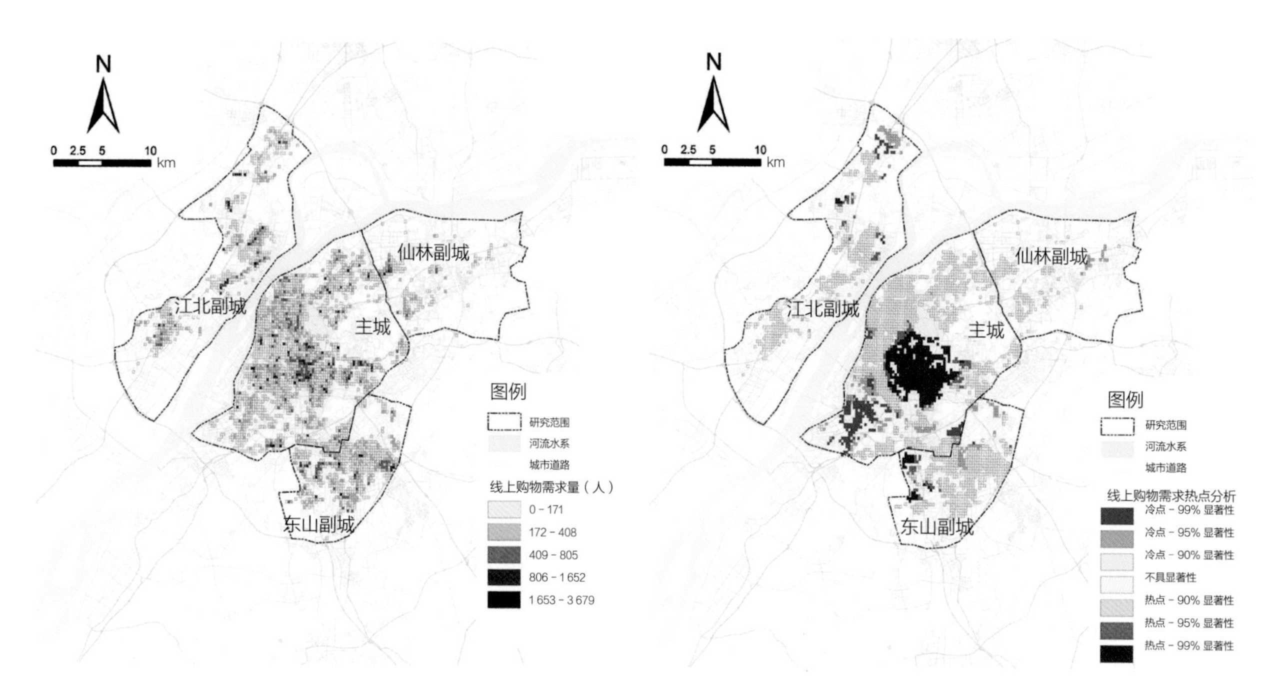

图5-6 线上购物需求情况及热点分析

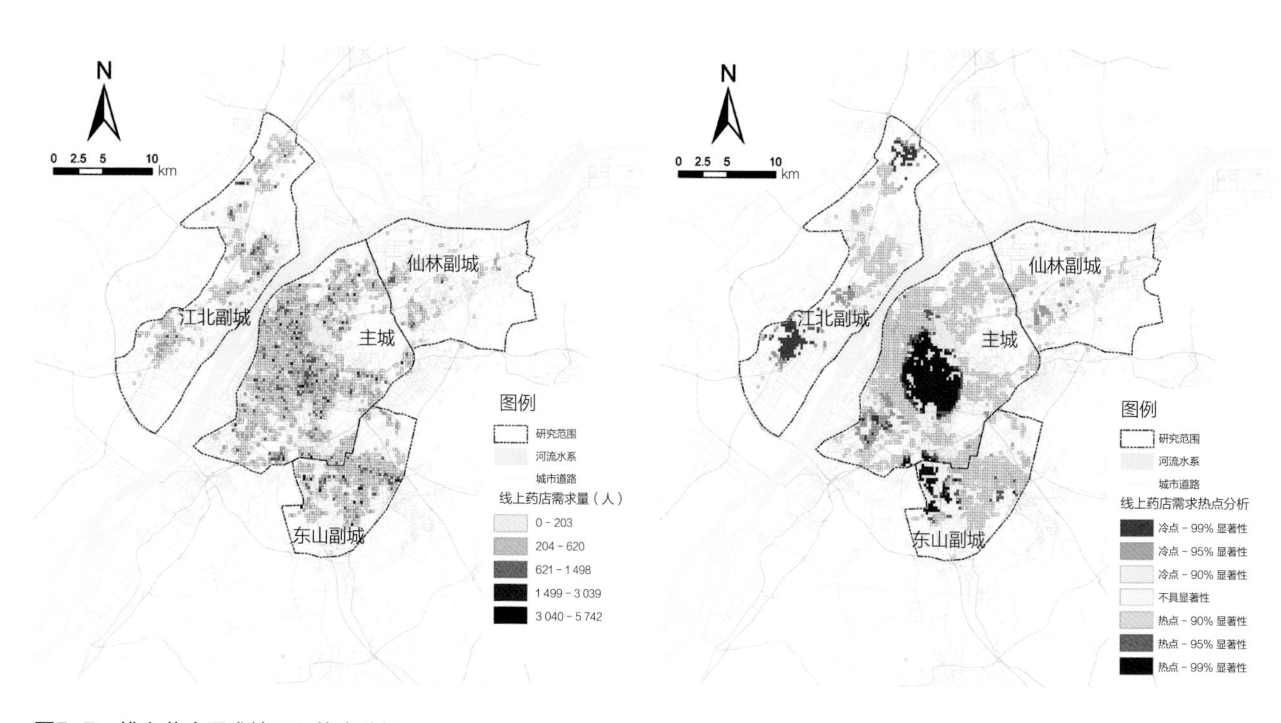

图5-7 线上药店需求情况及热点分析

4. 基于服务共享的设施供给分析

（1）社区线下设施供给分析

如图5-8～图5-10所示，三类设施供给高值集聚区的空间分布存在较高的一致性。即在主城新街口地区周边3～5km圈层形成了面积较大的热点集聚区。供给低值点的集聚区空间分布较为分散。线下药店与购物设施在其内部形成了较为明显的空间集聚，但线下餐饮设施则无明显特征。

图5-8　线下餐饮供给情况及热点分析

图5-9　线下购物供给情况及热点分析

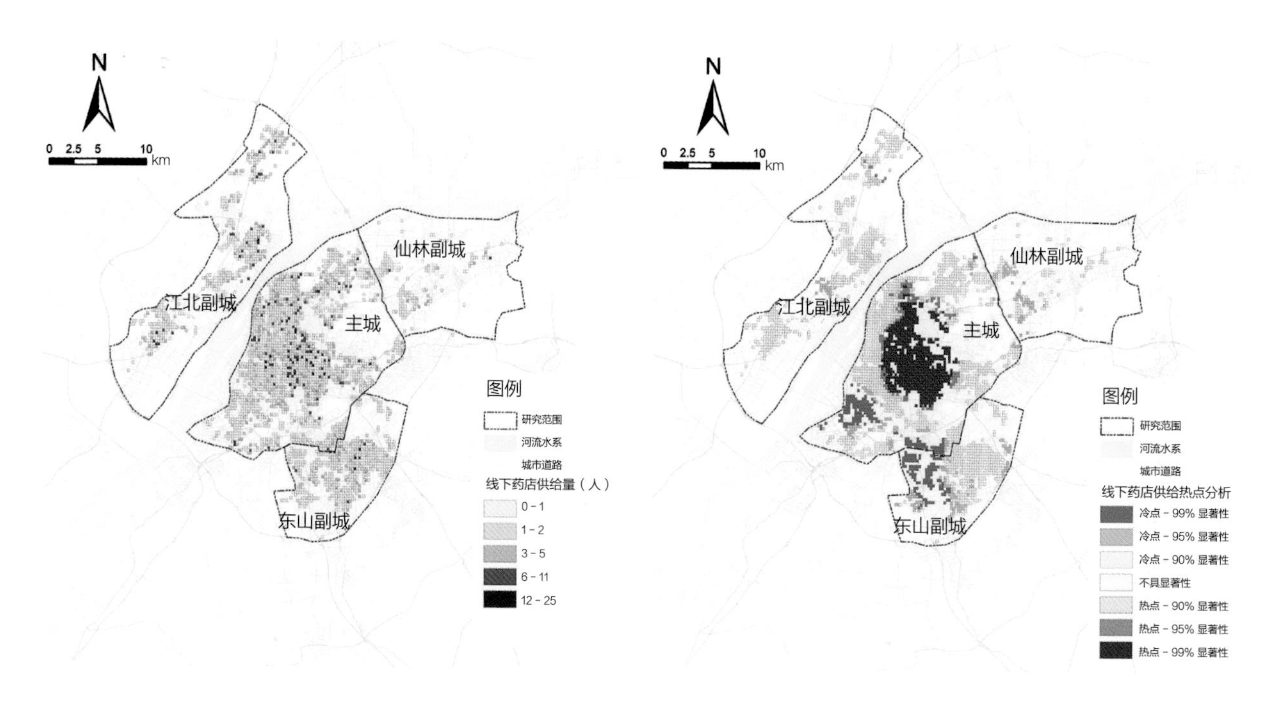

图5-10　线下药店供给情况及热点分析

（2）社区线上设施供给分析

如图5-11～图5-13所示，三类设施线上供给的集聚区都呈现从主城区向外围递减的趋势。线上设施供给高值点集聚在新街口周边1～3km圈层。线上设施供给低值点集聚在南京市外围区域，如江浦、秣陵、燕子矶、迈皋桥等地。就不同类型的线上设施服务供给情况而言，线上餐饮服务供给在空间分布上更加集中于新街口地区，在副城无明显集聚。线上购物服务供给热点范围相比餐饮服务有所扩大，在仙林、马群街道均存在一定的高值集聚区。相比餐饮服务与购物服务，线上医疗服务供给高值集聚主要位于主城偏北，主要为中等收入、老年型社区。

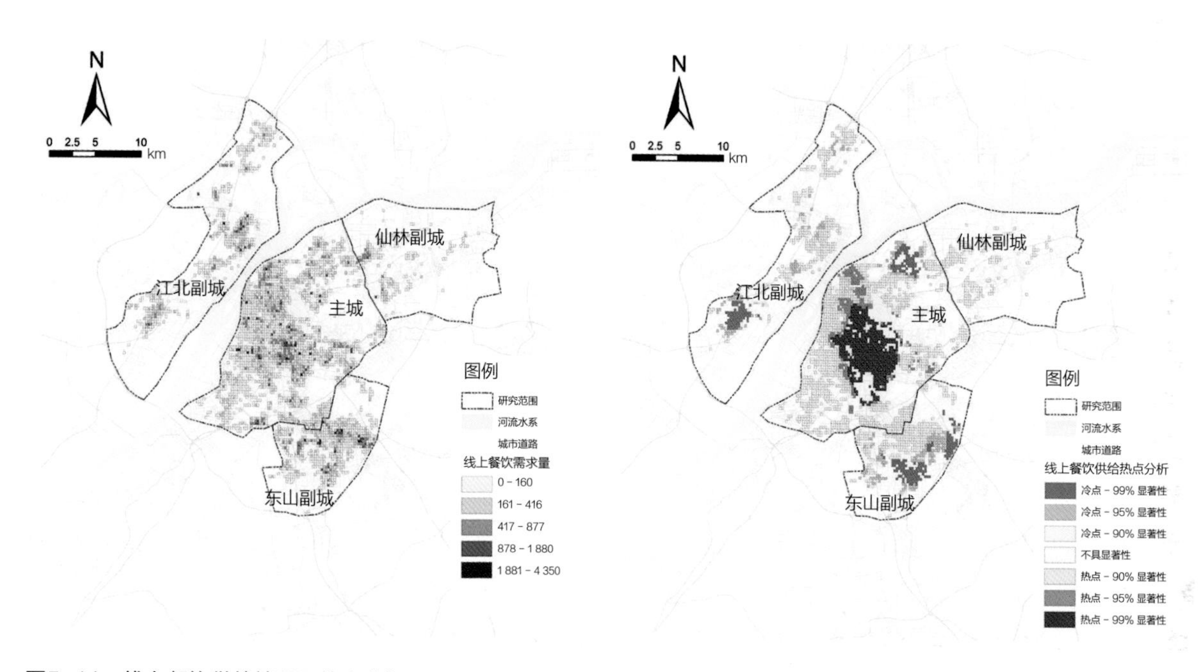

图5-11　线上餐饮供给情况及热点分析

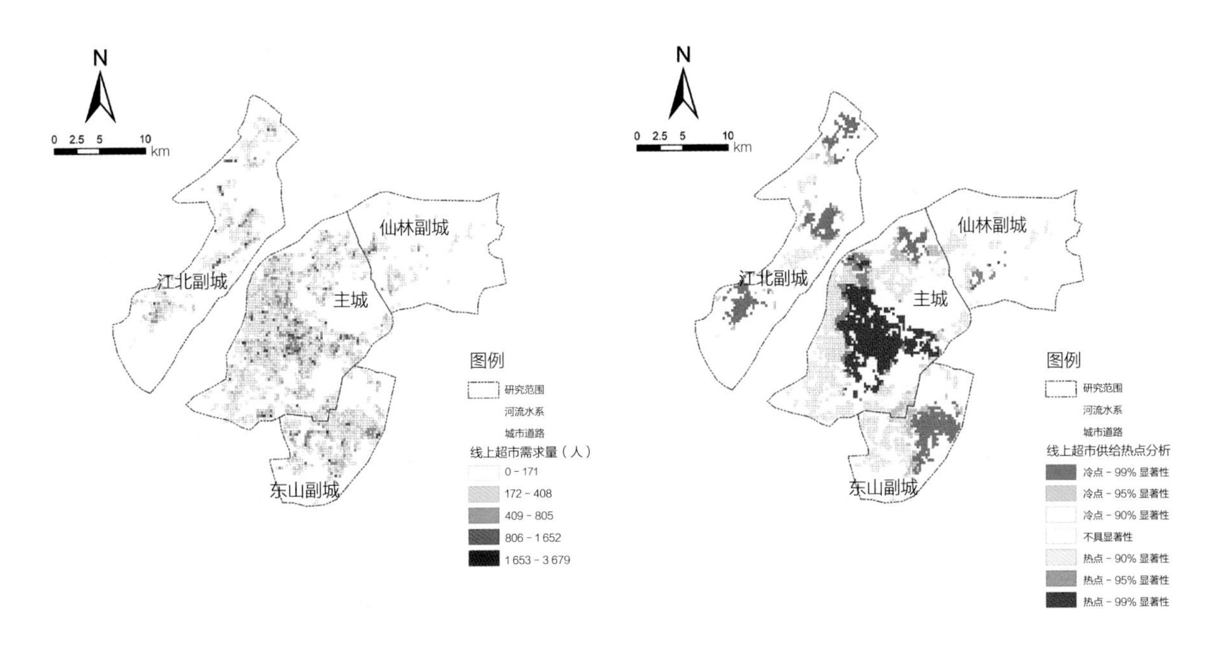

图5-12　线上购物供给情况及热点分析

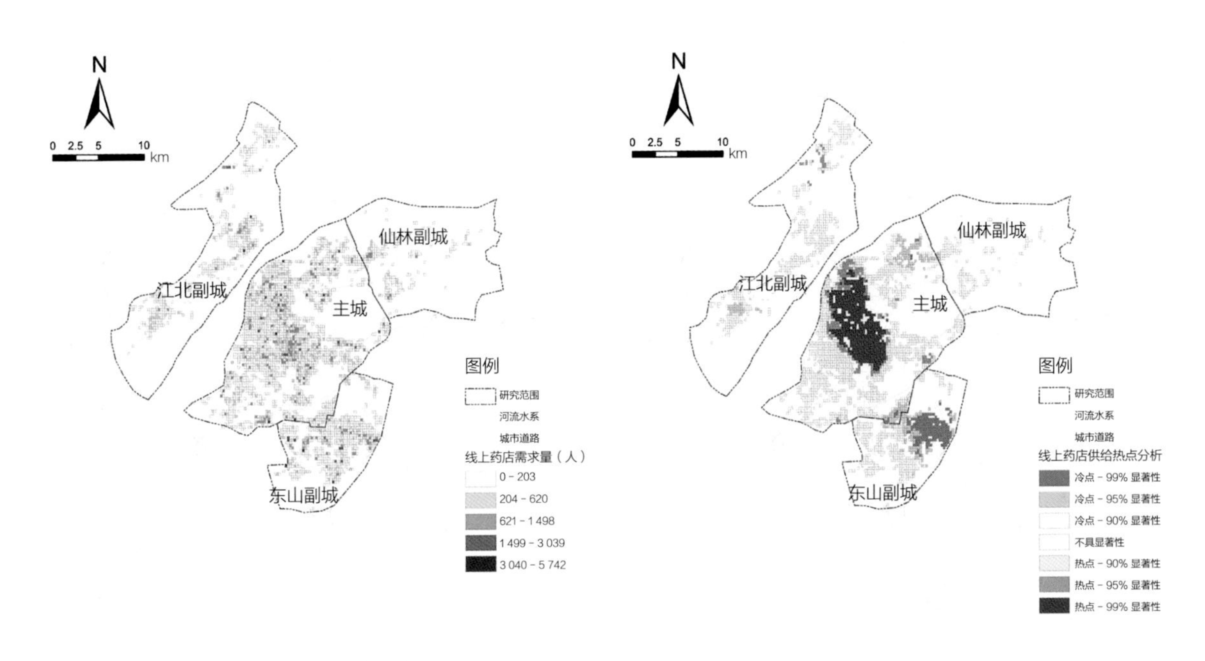

图5-13　线上药店供给情况及热点分析

5. 社区设施供需关系评价及类型划分

（1）社区线下设施供需评价分析

基于供给分配与需求校正模型的计算结果，计算线下生活圈服务设施的人均拥有量，进一步对人均拥有量进行热点分析，得到其空间聚类特征，结果如图5-14 ~ 图5-16所示。

结果表明：线下药店、购物、餐饮设施的人均拥有量存在显著空间分异，整体上呈现由城市中心向外围递减的趋势。位于主城中心的新街口片区形成了热点集聚区域；与设施供给热点布局相比，供需评价的热点范围普遍较小；线下购物和药店设施在河西新城中部形成了冷点集聚。

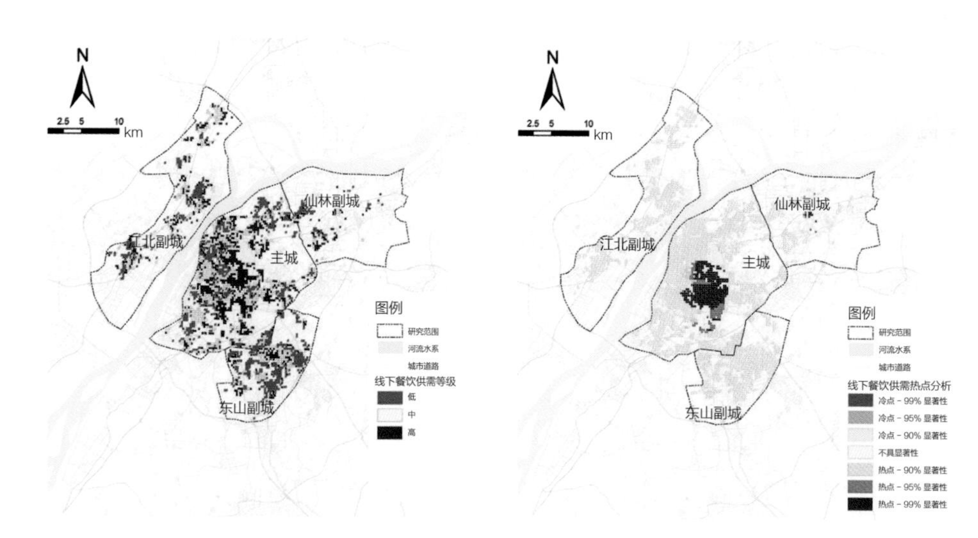

图5-14　线下餐饮供需情况及热点分析

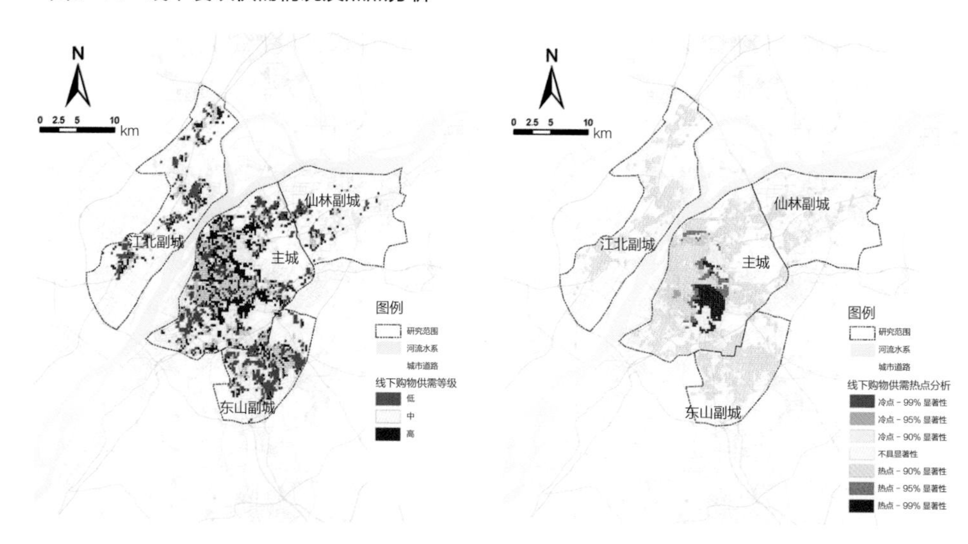

图5-15　线下购物供需情况及热点分析

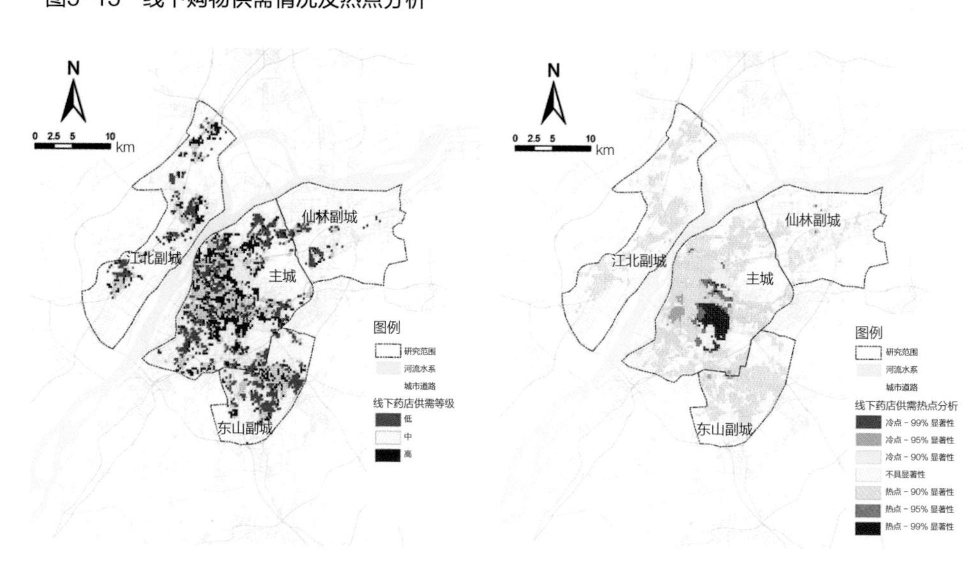

图5-16　线下药店供需关系情况及热点分析

（2）社区线上设施供需评价分析

由于线上设施人均拥有量数值较小，因此进行数据缩放后再进行热点分析，以得到直观的空间聚类特征，结果如图5-17～图5-19所示。结果表明：线上服务供需关系存在显著空间分异，以新街口等为代表的主城仍为高值集聚区，副城及城市边缘地带多为低值集聚区。对比线上供给情况，三类服务设施的原有供给冷点区（迈皋桥、鱼嘴片区）人均设施拥有量相对较高，这是由于上述供给冷点多为城市新区，居住人口相对较少，因此少量线上设施即可满足日常需求。

此外，三类线上服务的供需关系存在差异，表现为：线上购物服务的热点集聚区域范围最大，主城的大部分区域和仙林大学城附近的线上购物服务能够满足大部分居民的需求。线上餐饮与医疗服务在东山副城的江宁开发区周边都存在较为明显的需求缺口。此外，线上医疗服务在安德门片区也存在人均设施拥有量不足情况。

（3）社区线上、线下设施供需关系类型划分

餐饮设施供需关系如图5-20所示。在主城内，多分布为“线上低—线下中”的供需水平格网，在市中心的北部和南部（如“江东街道—凤凰街道—华侨路街道—湖南路街道—锁金村街道”等）呈东西向条带状分布。在三个副城内，多分布为“线上中—线下中”和“线上低—线下中”的格网，设施建设水平相对落后。

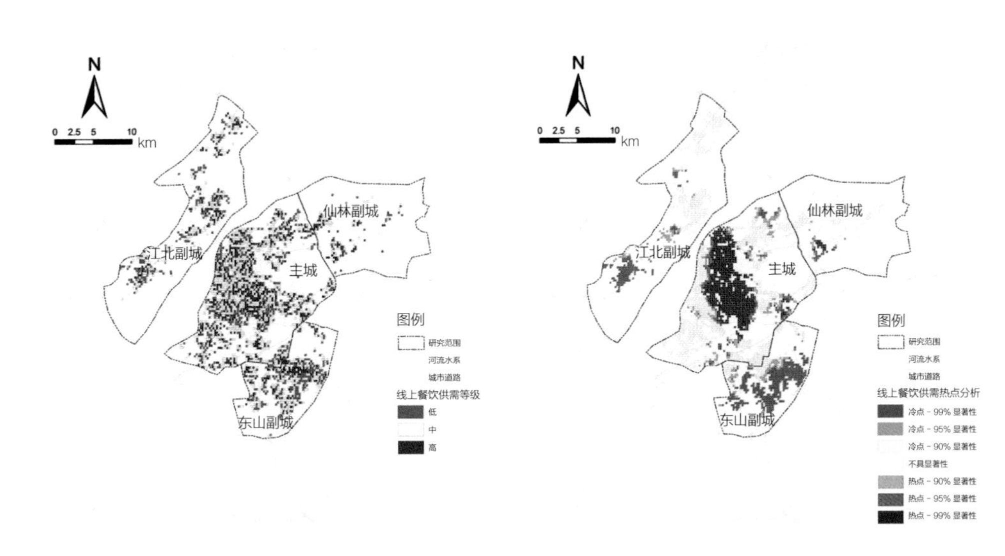

图5-17 线上餐饮设施供需关系及热点分析

图5-18 线上购物设施供需关系及热点分析

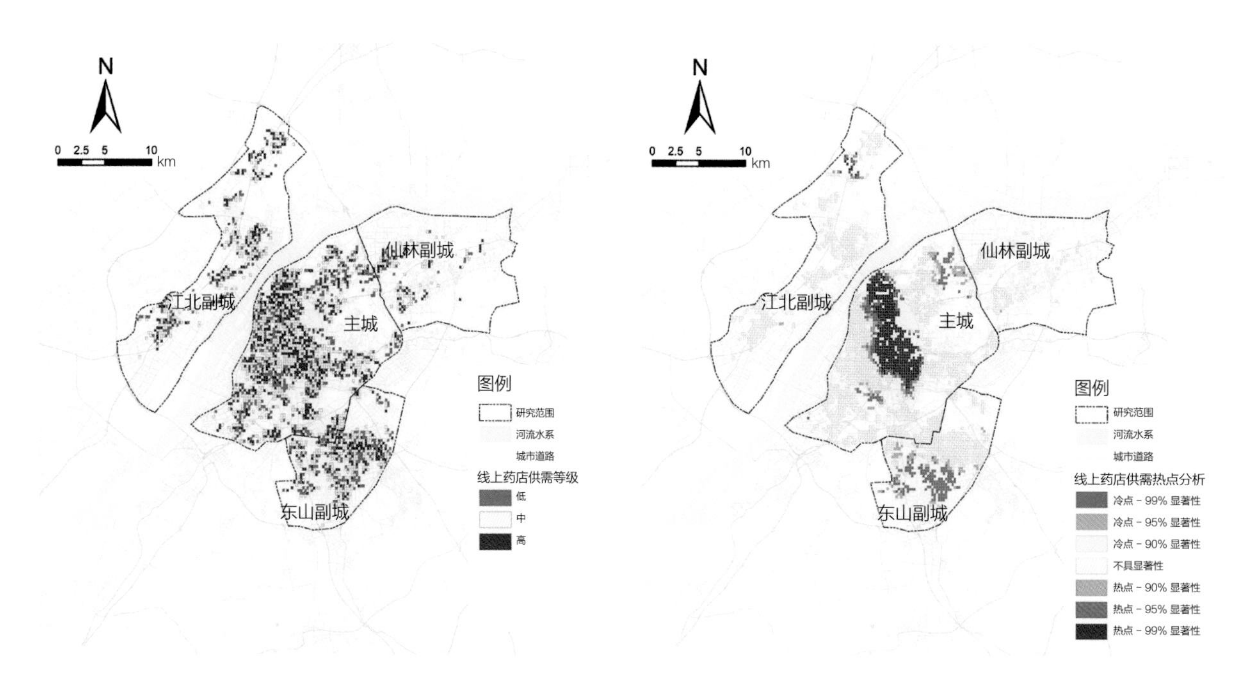

图5-19　线上药店设施供需关系及热点分析

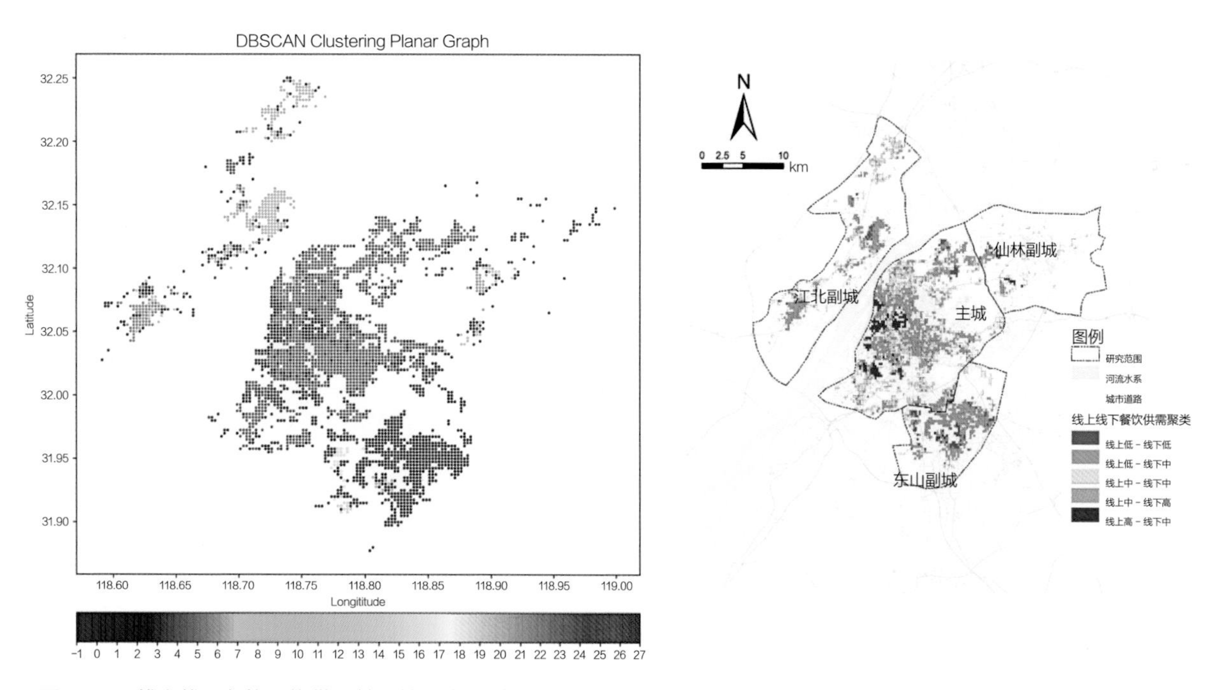

图5-20　线上线下餐饮设施供需关系社区类型划分

购物设施供需关系如图5-21所示。在主城内整体呈圈层状布局，市中心为“线上低—线下中”供需关系，市中心外围多分布“线上中—线下高”和“线上高—线下中”的格网。东山副城的线上线下服务均存在明显的需求缺口，江北、仙林副城的人均设施拥有量较高，尤其在江北副城北部形成了线下购物设施的中高值集聚区。

药店设施供需关系如图5-22所示。在主城内，“线上线下双高”格网与“线上低—线下中”的格网交错分布。三个副城均有大量“线上低—线下中”及“线上低—线下低”格网，这可能缘于边缘地区设施建设相对滞后。

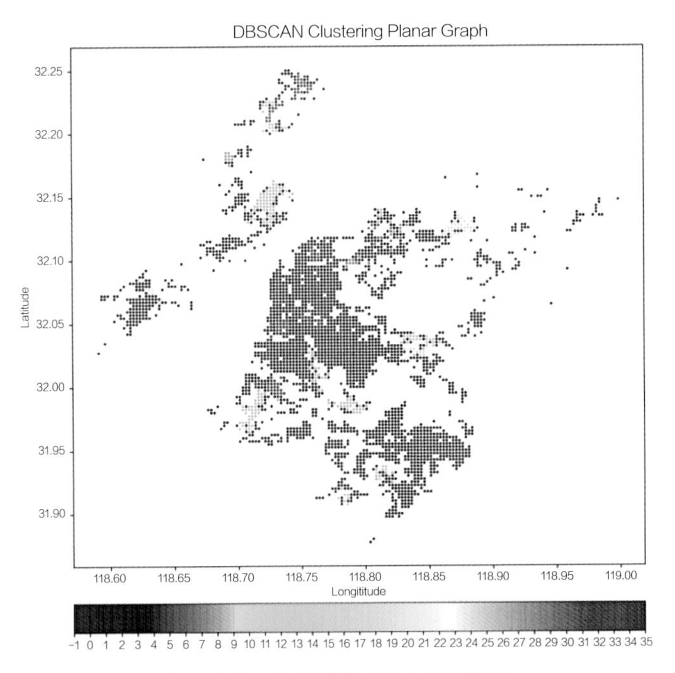

图5-21　线上线下购物设施供需关系社区类型划分

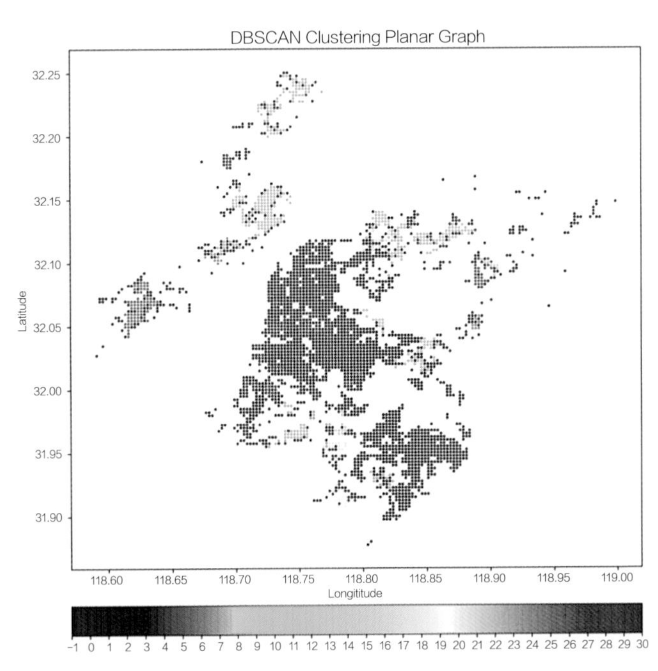

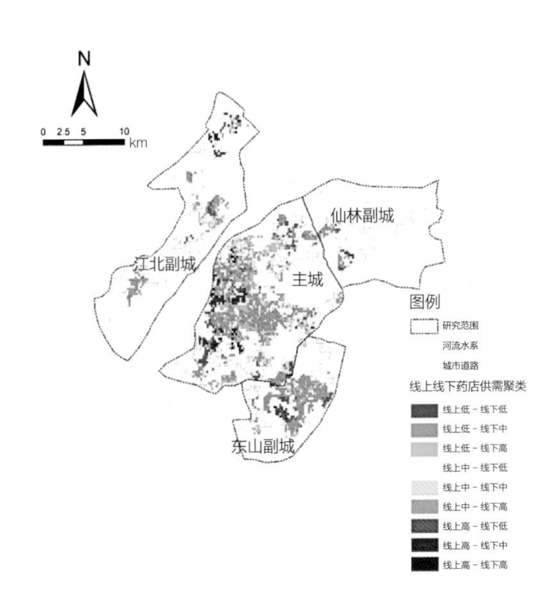

图5-22　线上线下药店设施供需关系社区类型划分

梳理上述结果发现：主城内，设施配置的高值和低值区域交错分布，社区类型以中高收入、均衡或老年社区为主，不同类型社区的需求偏好存在差异，设施配置存在一定的错配问题；在副城内，多分布为设施配置低值区，社区类型以低收入、青年型社区为主，这表明副城区当前的发展水平不平衡，一些低收入群体集聚区的线上线下设施供给水平均低于地区均值；江北副城北部出现了特殊的高值区域，这是因为该地以工业园区为主，在城市建设时配套了基本的公服务设施，但职住分离导致区域内居民较少，因此会出现人均设施拥有量较高的特殊情况。

6. 社区线上、线下设施供需关系类型预测

采用RandomForestClassifier进行分类，三类设施的分类预测准确率（图5-23）分别达到了94.65%、93.22%、94.97%，总体预测结果较好，可以将本模型评价结果通过预测模型推广至南京市主城区居住格网线上—线下设施供需关系的实时监测中，便于构建统一的评价标准准确判断南京市线上线下相融合的生活圈建设情况与优化方向。

对于各变量的特征重要性而言（表5-2），各变量的重要程度在各类设施分类模型中大体相近，未出现明显的重要变量。但比较各类设施线上、线下人均占有量的特征重要性而言，线上设施人均占有量对分类结果的影响重要性要高于线下设施人均占有量，在一定程度上可以说明不同居住格网线下设施的供需差异情况要低于线上设施的供需差异情况。

分类模型变量特征重要性统计　　表5-2

	经度X	纬度Y	线上设施人均占有量	线下设施人均占有量
餐饮设施	0.230	0.303	0.257	0.210
购物设施	0.231	0.283	0.276	0.211
医疗设施	0.232	0.284	0.258	0.226

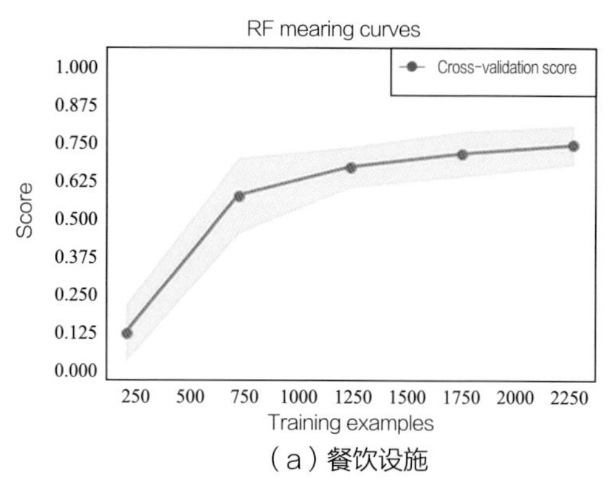

（a）餐饮设施

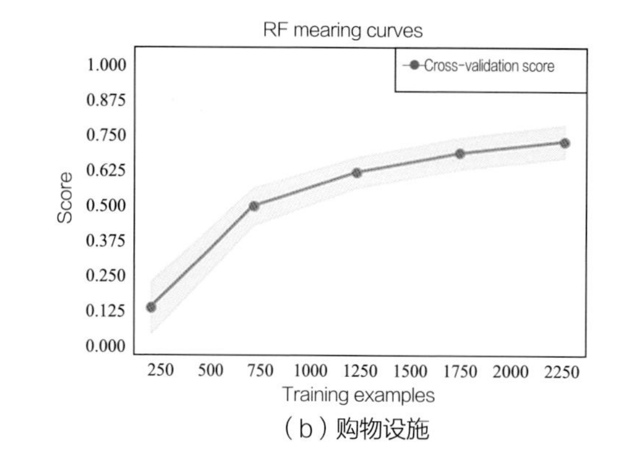

（b）购物设施

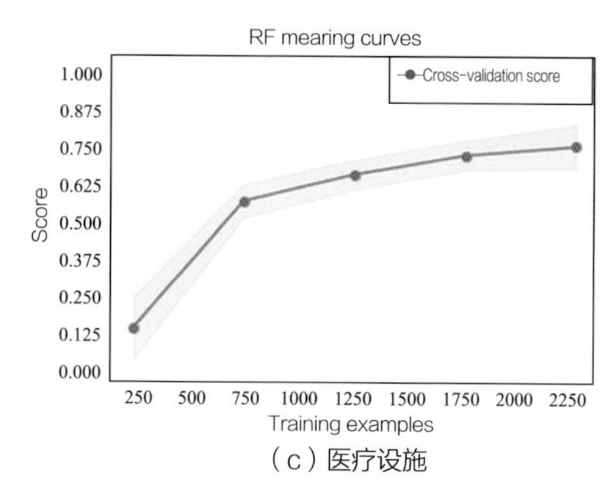

（c）医疗设施

图5-23　社区格网类型预测学习曲线

7. 生活圈优化配置方案

（1）注重线上线下相结合的社区生活圈建设

随着城市与居民信息化水平的日益提升，线上线下生活圈逐渐成为信息时代社区生活空间的新发展模式。就生活圈设施类型而言，餐饮、购物、医疗等线上化水平较高的设施类型已逐渐出现与线下设施相融合的趋势，政府、养老等服务也逐渐引入线上要素。从研究结果来看，线上设施对线下设施起到了一定的补充作用，一定程度上减缓了线下生活圈建设的压力。未来需要逐步提升线上、线下生活圈的覆盖率，满足居民对社区公共服务设施的需求。对于线下设施供给相对滞后的区域（江北新区江浦街道、主城区燕子矶街道等地区）可以建设片区性线上餐饮、购物、医疗服务设施供给中心，特别对于城市新区等建设时间较短的片区，可优先采用线上生活圈设施配置方式，补足线下设施建设滞后问题，提升居民日常生活品质。此外，在今后的研究与规划中需要考虑不同尺度的设施建设方式，以实现更加精准的生活圈配置。

（2）统筹主城区内不同片区生活圈的建设情况

线上、线下生活圈建设情况在城市内部均存在显著的差异情况，且其组合情况也存在空间分异现象，一定程度上影响了城市生活圈建设的整体性与公平性。从研究结果来看，中心城区（如主城区华侨路街道）多为线上、线下设施密集分布区域；城市新区（如江北新区江浦街道、主城区燕子矶街道）多为线上、线下设施分布较少区域；城市次中心则存在传统次中心（如东山片区东山街道）线下设施密集，新城次中心（如仙林片区尧化街道）线上设施密集、线下设施稀疏的特征。未来，需要针对不同片区制定不同的生活圈优化方案，对于中心城区以服务升级、线上线下融合为主要目标；对于城市新区则主要采用线上设施优先集中布局、线下设施逐渐补充的规划策略；对于城市传统次中心需要以线下设施线上化为主要发展策略；对于新城次中心则主要考虑优化线下设施配置。

（3）协调不同社会经济属性人群线上线下设施需求情况

首先，传统生活圈划定方法多以15min步行范围为主，但现实中不同社会经济属性人群的设施获取范围与15min步行范围存在一定差距，在未来的生活圈划定中，需要充分考虑居民时空行为特点，在15min步行范围基础上以居民实际活动范围对生活圈范围进行校正。其次，低收入社区主要分布的片区也是线上、线下设施配置相对稀疏的区域，在市场力量介入动力不足的情况下，需要以规划指标等方式完善线上、线下设施配置，提升生活圈建设的公平性；老年型社区主要分布的片区集中于主城区的核心及其外围区域，考虑到老年人口对线上设施的使用熟练度，需要重点提升线下设施的配置品质，并向医疗、购物等设施倾斜（图5-24）。

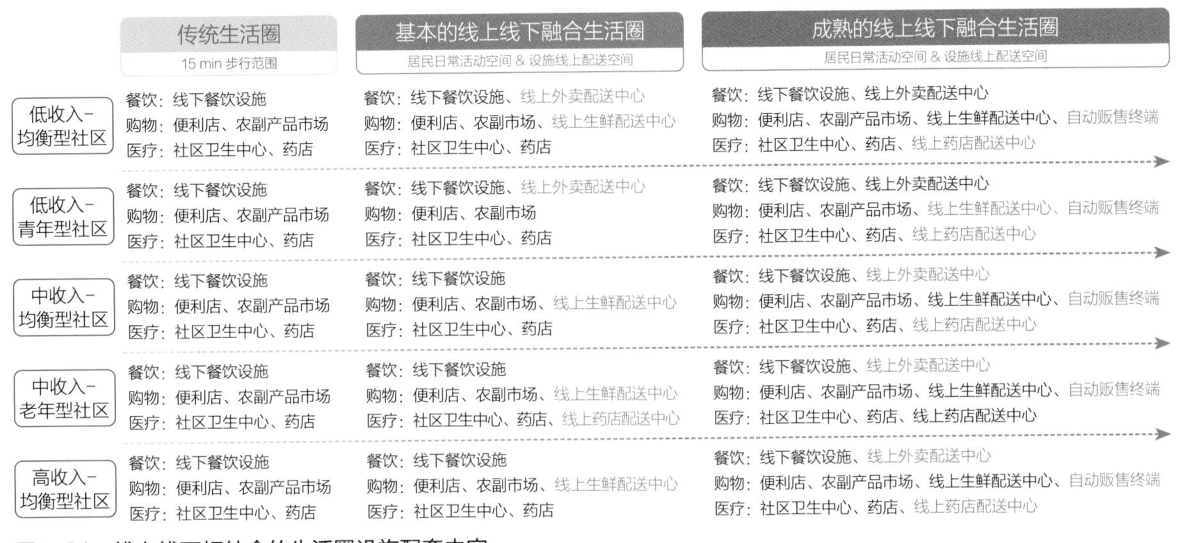

图5-24　线上线下相结合的生活圈设施配套内容

六、研究总结

1. 模型设计特点

相较于传统研究，本模型在技术方法、数据获取和研究视角上有以下特点。

在研究视角上，从线上线下融合视角切入，提出线上线下生活圈融合分析模型。在线上服务供给方面，以供给者视角确定线上生活圈范围；在线下服务供给方面，以需求者视角确定线下生活圈范围。在线上线下需求方面，基于社会经济属性划分不同社区，并基于模型进行需求校正。

在技术方法上，在生活圈范围划定方面，采用基于时空行为的线下生活圈划定技术和基于路径规划的线上生活圈划定技术，提高了生活圈空间范围判定的准确性。其中，线下生活圈基于手机信令数据，采用标准置信椭圆法，按照活动点的月平均出行频次和分布密度确定居民日常活动的生活圈范围。线上生活圈范围基于高德地图路径规划，提升了模型效率与算法准确率；在居民需求方面，基于对不同社会经济属性社区居民需求偏好，计算校正参数，对设施需求进行校正；在设施供给方面，对设施供给量重新加权分配，更加精准地获取线上线下服务设施供给情况；在供需评价方面，采用DBSCAN聚类算法，对社区线上、线下设施的格局进行综合分析评价；最后，本模型建立社区线上线下生活圈类型预测模型，便于进行社区建设的实时监测。

2. 应用方向

本模型的构建可以用于以下领域的应用：一是线上、线下生活圈范围划定。通过居民时空行为，精确划分不同属性社区线上、线下生活圈范围。二是居民生活圈设施需求计算。通过居民时空行为，根据居民需求偏好校正社区生活圈设施需求总量。三是生活圈设施供给分配。考虑设施共享性问题，根据居民偏好准确划分人均设施占有量。四是生活圈类型划分与预测。对不同社区的生活圈类型进行划分，进而提出针对性的规划政策建议。并将分类原则与方法进行推广，构建分类预测模型，实时监测社区生活圈建设情况。

本研究模型具有一定的可推广性，研究成果可为未来社区生活圈设施配置优化提供科学化、精细化决策支持。在后续应用上可以转化为规划决策辅助系统，进一步实现模块化建设或集成至系统平台，解决社区生活圈规划评估与建设问题，为政府相关部门在进行设施配给优化决策过程提供辅助参考。

参考文献

[1] 张文佳，柴彦威．居住空间对家庭购物出行决策的影响［J］．地理科学进展，2009，28（3）：362-369.

[2] 韩增林，李源，刘天宝，等．社区生活圈公共服务设施配置的空间分异分析：以大连市沙河口区为例［J］．地理科学进展，2019，38（11）：1701-1711.

[3] 于一凡．从传统居住区规划到社区生活圈规划［J］．城市规划，2019，43（5）：17-22.

[4] 柴彦威，张雪，孙道胜．基于时空行为的城市生活圈规划研究：以北京市为例［J］．城市规划学刊，2015（3）：61-69.

[5] 邹思聪，张姗琪，甄峰．基于居民时空行为的社区日常活动空间测度及活力影响因素研究：以南京市沙洲、南苑街道为例［J］．地理科学进展，2021，40（4）：580-596.

[6] 孙道胜，柴彦威．城市社区生活圈体系及公共服务设施空间优化：以北京市清河街道为例［J］．城市发展研究，2017，24（9）：7-14+25+2.

[7] 肖作鹏，柴彦威，张艳．国内外生活圈规划研究与规划实践进展述评［J］．规划师，2014，30（10）：89-95.

[8] 柴彦威，李春江，夏万渠，等．城市社区生活圈划定模型：以北京市清河街道为例［J］．城市发展研究，2019，26（9）：1-8+68.

[9] Jiang, J., Chen, M., & Zhang, J. Analyses of Elderly Visitors' Behaviors to Community Parks in Shanghai and the Impact Factors. Landscape Architecture Frontiers, 2020：8（5），94-109.

[10] 何继新，李原乐．"互联网+"背景下城市社区公共服务精准化供给探析［J］．广州大学学报（社会科学版），2016，15（8）：64-68.

[11] 牛强，易帅，顾重泰，等．面向线上线下社区生活圈的服务设施配套新理念新方法：以武汉市为例［J］．城市规划学刊，2019（6）：81-86.

[12] 金安楠，李钢，王建坡，等．社区化新零售的布局选址与优化发展研究：以南京市盒马鲜生为例［J］．地理科学进展，2020，39（12）：2013-2027.

[13] 温海红，王怡欢．基于个体差异的"互联网+"居家社区养老服务需求分析［J］．社会保障研究，2019（2）：40-48.

[14] 张逸姬，甄峰，张逸群．社区O2O零售业的空间特征及影响因素：以南京市为例［J］．经济地理，2019，39（11）：104-112.

[15] 牛强，朱玉蓉，姜祎笑，等．城市活动的线上线下化趋势、特征和对城市的影响［J］．城市发展研究，2021，28（12）：45-54.

[16] 康艳楠，魏文彤，王瑞瑞，等．基于马斯洛需求层次理论农村留守老年人社会支持需求评估体系的构建［J］．护理学报，2022，29（8）：1-6.

[17] 柴彦威，谭一洺，申悦，等．空间：行为互动理论构建的基本思路［J］．地理研究，2017，36（10）：1959-1970.

[18] 祝霜霜．生活圈视角下居住区公共服务设施供给水平评价及对策研究［D］．邯郸：河北工程大学，2021.

[19] 汪晓春，熊峰，王振伟，等．基于POI大数据与机器学习的养老设施规划布局：以武汉市为例［J］．经济地理，2021，41（6）：49-56.

[20] 贺建雄．西安城市居民日常生活空间供需耦合研究［D］．西安：西北大学，2018.

[21] 朱力．基于POI数据聚类方法的服务业空间布局特征研究［D］．西宁：青海大学，2021.

[22] 敬莉，杨艳凤．双循环新发展格局下沿边省区经济增长动力转换研究：基于机器学习随机森林算法［J］．天津商业大学学报，2021，41（6）：28-37.

[23] 关庆锋，任书良，姚尧，等．耦合手机信令数据和房价数据的城市不同经济水平人群行为活动模式研究［J］．地球信息科学学报，2020，22（1）：100-112.

融合社交媒体数据的城市空间应灾弹性测度

工 作 单 位：天津大学建筑学院

报 名 主 题：面向高质量发展的城市综合治理

研 究 议 题：安全韧性城市

技术关键词：机器学习、逐步层次聚类（SCA）、分层分割分析（HPA）

参　赛　人：张智茹、郭淳锐、陈彦天翔

指 导 教 师：米晓燕、孙德龙

参赛人简介：参赛人为天津大学城乡规划专业本科四年级学生，通过扎实的本科课程学习和实践锻炼，已具备优秀的设计实践能力和敏锐的城市分析能力。本项目关注城市问题，结合以城市研究与规划技术方法为导向的《设计软件实习》课程教学，在米晓燕、孙德龙两位老师指导下完成。项目以问题为导向，运用新数据和新技术，构建研究模型。研究树立以人为本的价值观，从城市现象探索开始，通过定量研究，最终落位城市空间的规划设计。

一、研究问题

1. 研究背景及目的意义

（1）研究背景

2021年7月20日，郑州遭遇特大暴雨，引发严重城市内涝。近年来，暴雨频繁发生，城市接连遭受严重内涝积水灾害侵袭，人民群众的生产生活和财产安全也受到影响和威胁。如何提升洪涝灾害下城市弹性，增强城市系统及时有效准备、响应、恢复和减轻灾害的能力，成为跨学科领域广泛关注的问题。

在郑州洪水泛滥的同时，众多救援求助信息也在社交媒体上快速传播；抖音、微博、腾讯、今日头条等平台型互联网公司，均上线了暴雨互助通道，为需要帮助和能提供帮助的人提供了彼此交换信息的渠道。《河南洪灾紧急求助信息登记》《ELE郑州暴雨避难实用信息收集》《郑州物资、交通及住宿互助资源汇总》等在线协作文档也在微信、微博等社交媒体平台中广泛传播，在灾害救援过程中发挥了巨大的作用。

（2）研究对象及意义

如何从灾害中学习，并为之后的城市建设及风险应对提供建议是本次研究的重点。而社交媒体中包含大量位置信息的文本数据，不仅能反映出灾害过程中居民真实的物质需求与行为响应模式，还能反映出居民应对灾害的情绪特征；既可以作为救灾的信息传播者，也可以作为灾害风险分析的宝贵数据源。因此，本研究以郑州7·20特大暴雨灾害为案例，通过收集研究时段（2021.7.19—7.31）内郑州市内六区范围的社交媒体数据，对居民对暴雨洪涝响应的时空格局进行分析，并融合社交媒体数据测度城市空间应灾弹性。

该研究的意义在于开发了一种雨洪灾害下，融合社交媒体数据的城市空间应灾弹性测度方法：该种方法一方面能捕捉洪涝灾害过程中社会动态和感知，从反映居民真实需求的社会角度出发，更准确地反映出城市空间适应性社会弹性。另一方面，建立了城市特征与社会需求的联系，能够识别出洪涝灾害中的风险区，并针对性地提出优化对策与规划措施；为灾前防范预警、灾害中救援、灾后修复提升等城市决策提供支持。

2. 研究目标及拟解决的问题

（1）研究目标

①社交媒体响应的时空特征可视化

根据郑州暴雨期间公众发布的社交媒体数据，可视化呈现其时空分布特征。

②基于社会需求的城市空间应灾弹性测度模型构建

暴雨灾害中社会需求预测。将郑州暴雨期间居民发布的社交媒体数据，与空间环境数据结合，探究雨洪灾害下公众的真实需求与城市空间适应性社会弹性的变化特征，分析社会需求变化的主要驱动因素；并预测洪涝灾害下的社会需求。

社会需求预测值与空间特征耦合关系建构。计算适应性社会弹性评价结果与社会需求预测结果间的耦合程度，从居民需求角度评价城市雨洪风险空间。

应灾弹性测度。综合适应性社会弹性评价结果与城市雨洪风险空间评价城市空间应灾弹性，归纳总结出一般模式。

③城市空间应灾弹性的优化设计决策

对上述结果进行总结；探究以社会需求与适应性社会弹性平衡为导向的城市弹性空间设计，为城市雨洪灾害风险空间的识别和控制提供实用建议。

（2）研究瓶颈问题及解决策略

研究瓶颈主要有以下几个方面：一是多源社交媒体信息处理。不同来源的社交媒体数据所提供的信息类型不尽相同，通过对比筛选确定研究所需字段属性，并利用自然语言处理技术，从文本数据中提取转化研究所用相关信息。此外，由于本次研究文本内容及结构类型的特殊性，构建出一套适用于雨洪灾害中社交媒体内容的情感分析词典；二是非线性模型如何预测。运用基于多元方差分析的非参数统计方法——逐步聚类分析（SCA），来判断因变量与自变量之间的复杂关系；三是如何确定各影响因子的对因变量的贡献解释量。引入层次分区分析（HPA），揭示每个SCA模型输入变量的相对贡献，以帮助了解雨洪灾害下社会需求变化的机制。

二、研究方法

1. 研究方法及理论依据

本研究融合社交媒体数据的城市空间应灾弹性测度，结合洪涝灾害动态过程中居民真实需求的数据与静态城市空间特征的数据，能够全面地反映洪涝灾害下城市空间适应性社会弹性与风险。本研究主要采用定性与定量相结合的研究方法，针对不同数据类型和特点以及该阶段目标，采取相适应的研究办法。

（1）文献分析法

（2）NLP自然语言处理法

（3）地理空间分析法

（4）无监督机器学习——逐步层次聚类

（5）SPSS数据统计分析法

Cutter在2016年提出的适应性社会弹性指标体系构建方法，发源于气象学，近年来用于生态、水文学，模拟城市内涝密度变化的逐步聚类分析（SCA）—层次划分分析（HPA）方法；以及衡量两个及以上系统之间的相互作用耦合协调度模型（Coupling Coordination Degree Model）是本研究的三大主要理论依据。

2. 技术路线及关键技术

本研究技术路线如图2-1所示。

本研究依据社交媒体响应的空间特征可视化、应灾弹性测度模型构建、设计决策建议三大研究目标分解技术路线。

融合社交媒体的应灾弹性测度模型主要包括城市空间适应性社会弹性评价、社会需求预测与影响机理探究、城市空间雨洪风险评价三大部分。研究路径为：数据收集与处理—SCA-HPA模型计算—协调耦合度指标计算—设计决策建议。

建立社交媒体数据与城市基础数据两大数据库；并计算社交媒体在洪水响应中的时空特征；构建社会响应—需求指标体系，使用社会响应指标表征雨洪情境下适应性社会弹性的动态属性，与原有基线弹性中的城市物理环境、经济社会环境等静态属性相结合，共同建立以人为核心、以灾害中市民反应动态过程为导向的城市空间适应性社会弹性评价方法。

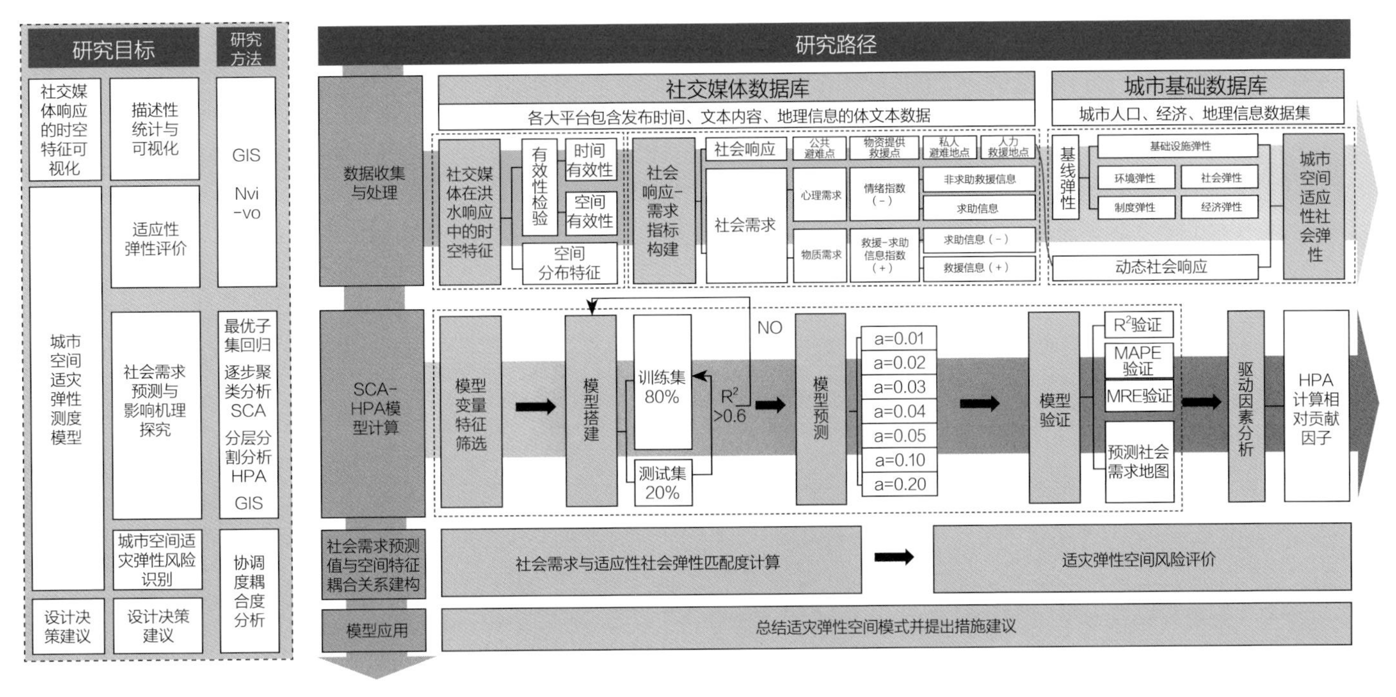

图2-1　技术路线

在SCA-HPA框架下进行变量筛选、模型预测、结果验证与驱动因素分析等步骤，完成社会需求预测与驱动因素分析。

运用耦合协调度模型识别洪涝灾害下风险区，并最终对不同风险类型空间提出措施建议。

三、数据说明

1. 数据内容及类型

模型采用的数据主要包括以下七类（表3-1）：规则空间格网、社交媒体数据、卫星影像数据、POI数据、基础空间数据、NDVI数据、城市社会数据。

数据类型及相关信息　表3-1

	数据来源	数据内容	数据格式	采集时间
规则空间格网	自建渔网	郑州市中心城区范围1000m×1000m规则格网	shp	2021.9
社交媒体数据	微博签到数据	社交媒体数据的发布时间，文本内容，发布地理位置，部分社交媒体数据有联系方式、转评赞数量、发布图片等信息	csv	2021.7.14—2021.7.19
	微信小程序数据		csv	2021.7.21—2021.8.4
	腾讯文档数据		csv	2021.7.19—2021.7.23
	ELE石墨文档数据		csv	2021.7.20—2021.7.22
	救命文档数据		csv	2021.7.19—2021.7.26
卫星影像数据	高分三号卫星影像数据	郑州市7月22日卫星影像	tif	2021.7.22
POI数据	高德地图开放平台	郑州市各类设施点数据	shp	2021.9
基础空间数据	OSM	郑州市城市道路网	shp	2021.9
		郑州市城市建筑轮廓数据	shp	2021.9
		郑州市水体数据	shp	2021.9

续表

	数据来源	数据内容	数据格式	采集时间
NDVI数据	MODIS	郑州市归一化植被指数数据	tif	2021.9
城市社会数据	第六次人口普查数据	郑州市中心城区人口数据	csv	2010.11
	八爪鱼链家数据爬取	郑州市中心城区房价数据	csv	2021.9

（1）规则空间格网

对郑州市中心城区（包含市内五区：惠济区、中原区、金水区、二七区、管城回族区）构建边长为1 000m×1 000m的规则空间格网，作为研究中的数据统计与研究单元。

（2）社交媒体数据

本研究中社交媒体数据定义：郑州暴雨期间通过社交媒体（如微博、微信、抖音等）发布和传播的信息。所选取的社交媒体数据特征详见表3-2。

社交媒体数据特征详表　表3-2

数据来源	清洗前数据量（条）	数据时间	数据描述	数据获取方法	有效研究数据时间	数据特征	数据包含类型	有效数据总量
微博签到数据	2617	7.14—7.19	签到地点在郑州全域内的微博数据	数据爬取	7/19—7/31	记录、求助、预警、救援信息分享	微博内容、发布时间、发布地理位置、转评赞数量、发布图片	8112
微信小程序数据	1626	7.21—8.4	郑州暴雨期间腾讯出行服务向公众开放的信息发布平台	图像识别		预警、救援信息分享	发布时间、发布内容、发布地点、联系方式	
腾讯文档数据	418	7.19—7.23	郑州暴雨期间央视新闻向公众开放的求助信息发布平台	数据筛选		求助	发布时间、发布姓名、发布内容、求助位置	
ELE石墨文档数据	1624	7.20—7.22	卓明救援发布的暴雨避难实用信息汇总平台《ELE郑州暴雨避难实用信息收集》	数据筛选		求助、预警、救援信息分享	发布时间（部分）、发布地点、发布内容、联系电话、发布图片	
救命文档数据	1827	7.19—7.26	志愿者发布整理的信息汇总平台	数据筛选		求助、预警、救援信息分享	发布时间（部分）、发布地点、发布内容、联系电话、发布图片	

①数据清洗

按照“研究时间为7月19日到7月31日、研究区域为郑州市中心六区”对爬取的社交媒体数据来源进行清洗，得到8 112条有效数据。

②数据提取

根据研究目的，运用命名实体提取方法对数据进行有效信息提取，包括发布时间、发布地点、发布文本内容，并统一对数据发布地点进行地理坐标转换与ArcGIS空间落位。部分社交媒体数据提取示例如表3-3所示。

部分社交媒体数据提取示例　表3-3

时间	具体信息	地点	经度	纬度
2021—07—28 19：22	小区公共区域电力8天了还没恢复，无电梯，30楼爬不动了，缺电	郑州市中原区工人路186号	113.626762	34.739309
2021—07—28 15：52	今天是停电第九天了，孩子才五个月，泡的热水都成问题。周边小区都陆续通水电了	河南省郑州市金水区金水路201号绿城水岸名郡	113.729197	34.7668551

③数据分类

根据发布文本的内容特征，对数据重新进行分类，结果如图3-1所示。

社交媒体数据分类文本内容示例如图3-2所示。

（3）卫星影像数据

运用高分三号卫星影像5景数据。

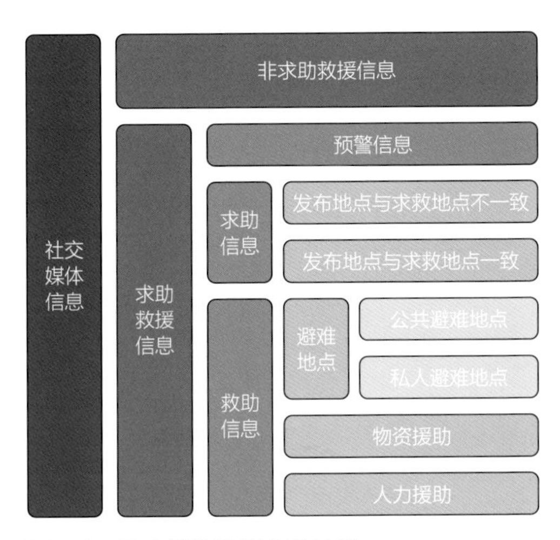

图3-1　社交媒体数据分类结果

Ⅰ级分类	Ⅱ级分类	Ⅲ级分类		数据文本内容示例
非求救信息				#郑州48小时#　不出门就不知道这场暴雨后的郑州是怎样的令人悲痛　满目疮痍的道路随处可见抛锚无人认领的车辆塌陷的路面洪水冲过的事故现场像极了生化危机后的城市　我只希望生我养我的这片土地能够早日回到原来　祈祷京广路隧道里那时的人们都弃车而逃　好好活着　一切都还有希望
求救信息	求助信息	发微博地点与求救地点不一致		我家在龙子湖街道磨李社区，我现在在学校，家里 人已经一天没联系上了。看到又一则信息说东三环以外的小区已经全部停水停电了，而且还没有信号。手机打不过去，打过去也是关机的状态。而且停水停电的话，里面据我所知也全是积水，没办法做饭，希望快快供应上物资！！！感谢——发布地点：郑州市龙子湖高校
		发微博地点与求救地点一致		我们是郑州市中原区工人路186号院，至今停水、停电梯，无法居住，老人孩子天天黑灯瞎火爬楼梯。 小区急需电力公司支援！——发布地点：中原区一工人路186号院中原新城观澜小区工人路186号院
	避险预警信息			郑州市【友谊街十六幼儿园】树木倾倒砸到树枝，压到电线，存在重大安全隐患！
	救援信息	避难点	公共避难点	①可以提供部分食物、饮水、药品、口罩等，并送到能到达的指定位置；可以接送受灾人员到指定位置：可以给部分人员安排住宿；可以提供部分救济衣物。河南省郑州市金水区通泰路与商都路 交叉口居然之家 ②欢迎灾民河南省郑州市金水区伟五路7号　河南省人民医院
			私人避难点	①自己家，可以提供小孩，孕妇，老人休息，有水，有电，楼层低方便。河南省郑州市管城回族区 二里岗南街78号紫荆 · 阳光地带 ②可以提供2名女性住宿。有电没有水河南省郑州市二七区航海中路100号齐礼阎小区5号院
		物资援助		①可以提供50个盒饭给救援队！全市都行，在哪里可以给送过去。（听说很多救援队伙食问题无法落实） ②水90件奶330件面包110件，可免费领取女性卫生用品
		人力志愿援助		①可以就近帮助大家搬运东西，也可以照顾幼小的孩子，幼师（宝妈）一名，希望前线人员也要照顾好自己。 ②一名女士，可以提供搬运物资 ③身强体壮，会游泳，愿当志愿者，请联系 15238016113

图3-2　社交媒体数据分类文本内容示例

2. 数据预处理技术与流程

（1）社交媒体在洪水响应中的时空特征

①卫星影像数据处理

本研究对7月22日的高分三号卫星影像5景数据进行水体提取，制作郑州市暴雨洪水淹没地图（图3-3）。

②社交媒体数据时间有效性检验

一是提取归类社交媒体的时间信息。对获取的社交媒体信息进行以小时为时间单位的分类整理，所采集到的社交媒体数据在7.22达到数目峰值，在之后呈现逐步递减的趋势，这与7.21至7.22郑州暴雨最为严重的时期较为重合（图3-4）。

二是梳理郑州洪水社交媒体数据时间变化特征。如图3-5所示，在一天中，社交媒体发布的时间较为集中在7时至18时，夜间社交媒体数据发布数量较低，但在灾情严重的21日、22日，夜间数量同样很高。

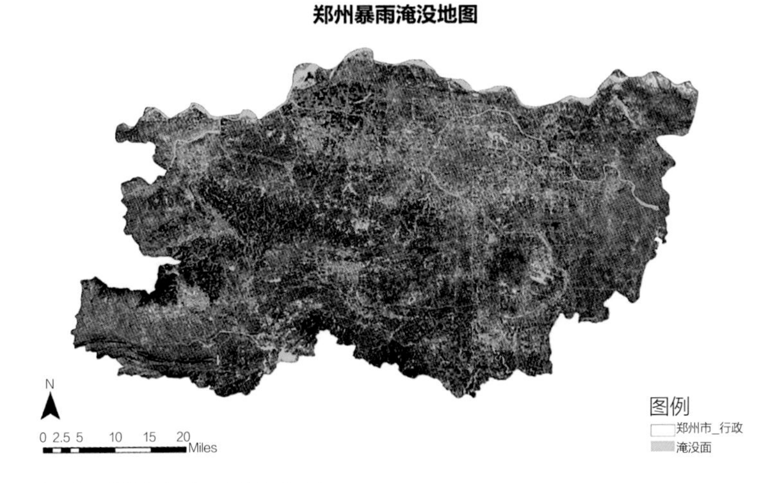

图3-3　郑州暴雨洪水淹没地图

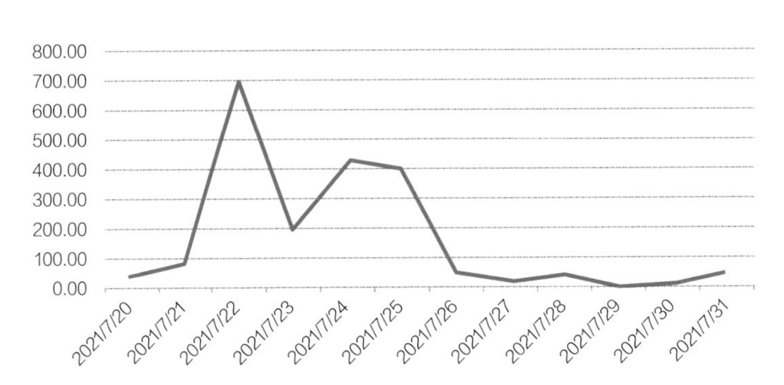

图3-4　郑州洪水社交媒体数据日期变化特征

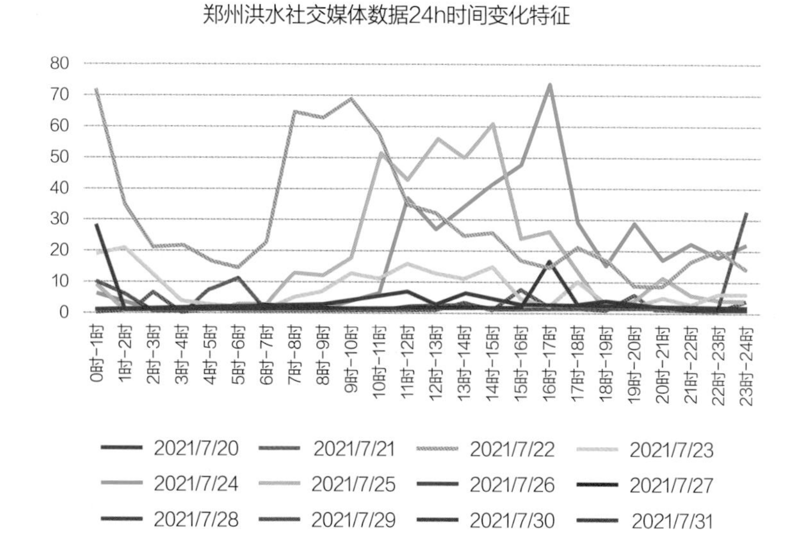

图3-5 郑州洪水社交媒体数据24h时间变化特征

三是社交媒体数据时间特征有效性检验。对20日至31日以天为单位进行验证。通过对这期间每日郑州市总降水量与社交媒体数据数量进行统计，并进行皮尔逊双变量相关性检验，得到数据呈弱负相关性。将社交媒体数据前置一天，得到检验结果为正相关性；前置两天，得到检验结果为强正相关性。可以预估社交媒体数据对灾害响应的时间间隔在1～2日，其在时间层面的响应具有一定延迟但也具有一定的有效性，如图3-6所示。

③社交媒体数据空间特征有效性检验

根据识别所得的洪水淹没地图，通过构建25m、50m、75m的淹没缓冲区，并统计落在淹没缓冲区中点占该类全部社交媒体数据点数量的比重（图3-7），对社交媒体数据在洪涝情形下的空间有效性进行检验。

统计结果如图3-8所示。随着缓冲区范围增加，落在淹没面积中的社交媒体数据点增多，25m缓冲区拟合占比约为25.5%，50m缓冲区拟合占比约为46.1%，75m缓冲区拟合占比73.6%。考虑到社交媒体数据的发布地点与洪水灾害发生地点往往存在一定距离，因此可以一定程度上反映二者在空间上的相关性。

④社交媒体数据空间分布特征

对不同类型的社交媒体数据进行渔网统计与核密度计算，从而得出其在空间层面上的分布特征。如图3-9、图3-10所示，所采集到的社交媒体数据、求助信息数据的空间分布趋同，集中分布于金水区、二七区、管城区交汇地带并形成若干个集聚点。救援信息空间分布更为均匀，较之于求助信息，其在中原区、二七区分布更为明显。预警信息以金水区、二七区为核心散点分布。

京广快速路、地铁五号线、陇海快速路作为洪水报道中受灾情况最为严重的三条受灾交通线路，如图3-11所示，各类社交媒体数据在上述区域高密度分布，且其附近情绪赋分低。也在一定程度上体现了社交媒体数据在灾情判断中的空间有效性。

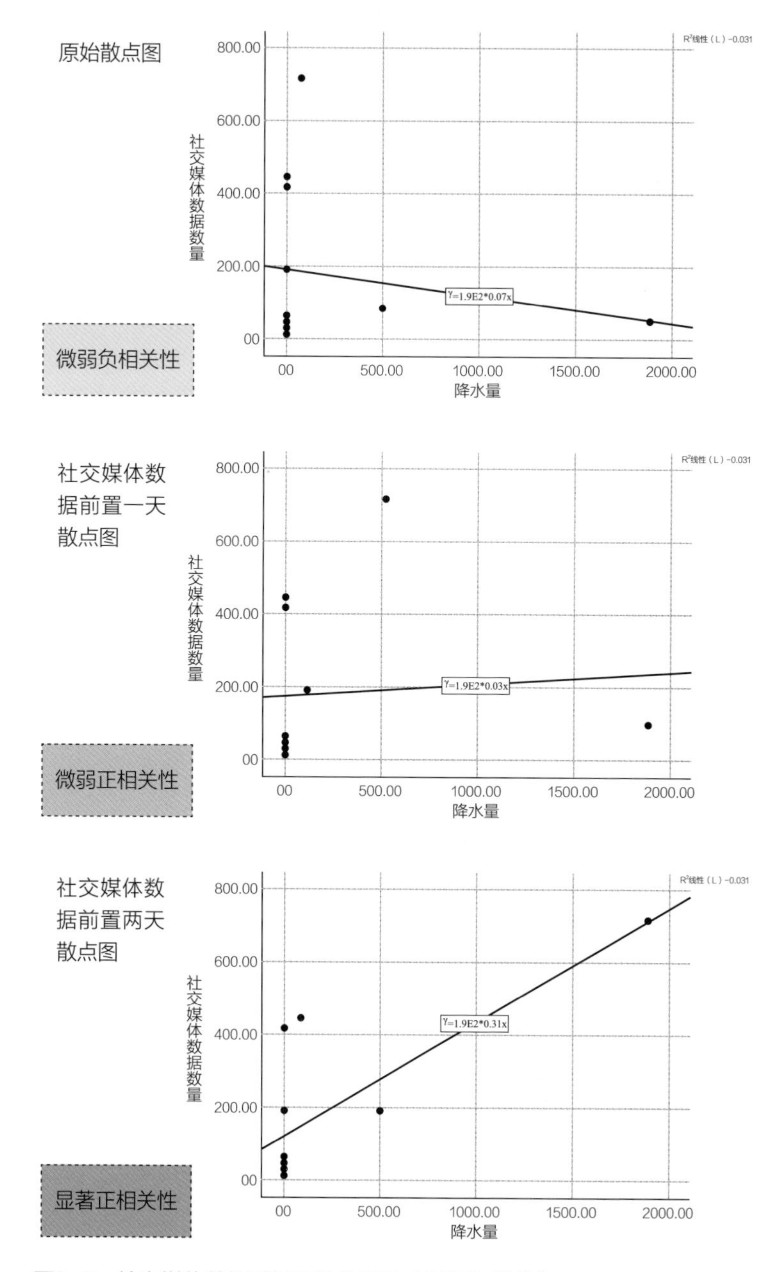

图3-6 社交媒体数据时间有效性检验（以天为单位）

图3-7　不同淹没程度下的洪水受灾情况空间模拟

非求助信息	120条		
	25m缓冲区	50m缓冲区	75m缓冲区
占比	34.2%	63.3%	77.5%
预警信息	26条		
	25m缓冲区	50m缓冲区	75m缓冲区
占比	42.3%	65.4%	76.9%
提供救援信息	750条		
	25m缓冲区	50m缓冲区	75m缓冲区
占比	21.5%	46.1%	69.3%

社交媒体数据合集	2114条		
	25m缓冲区	50m缓冲区	75m缓冲区
占比	25.5%	51.1%	73.6%

求助信息	1218条		
	25m缓冲区	50m缓冲区	75m缓冲区
占比	26.7%	52.6%	75.8%

避难场所信息	729条		
	25m缓冲区	50m缓冲区	75m缓冲区
占比	25.4%	51.4%	71.6%
公共避难场所信息	552条		
	25m缓冲区	50m缓冲区	75m缓冲区
占比	21.2%	47.5%	69.4%
私人避难场所信息	397条		
	25m缓冲区	50m缓冲区	75m缓冲区
占比	20.9%	43.3%	68.0%
物资提供信息	193条		
	25m缓冲区	50m缓冲区	75m缓冲区
占比	24.4%	54.4%	74.1%
人力救援提供信息	334条		
	25m缓冲区	50m缓冲区	75m缓冲区
占比	28.4%	54.2%	73.4%

图3-8　社交媒体数据在不同淹没缓冲区范围内的落点占比

图3-9　社交媒体数据渔网统计与核密度分析

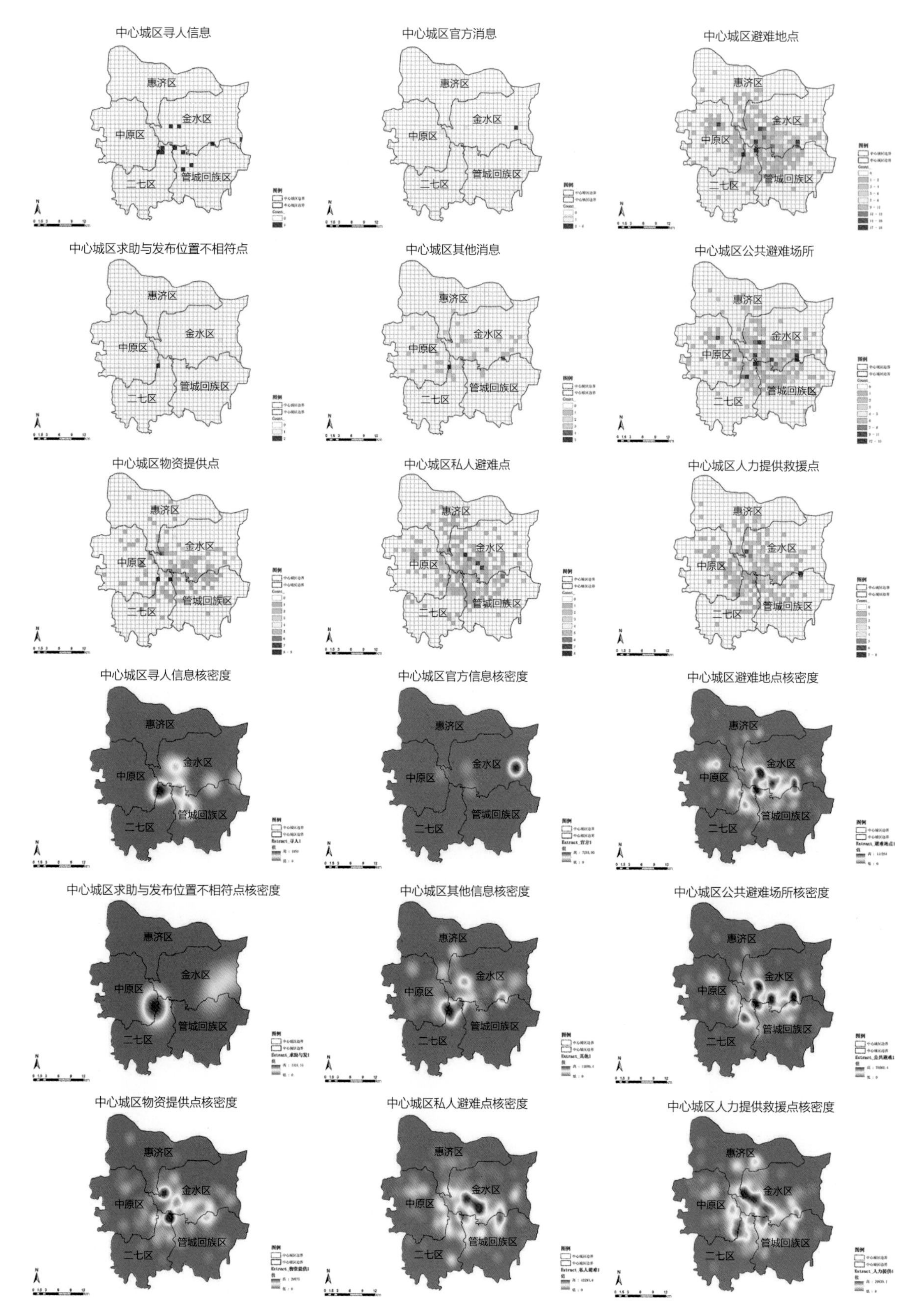

图3-10　社交媒体数据细分类别渔网统计与核密度分析

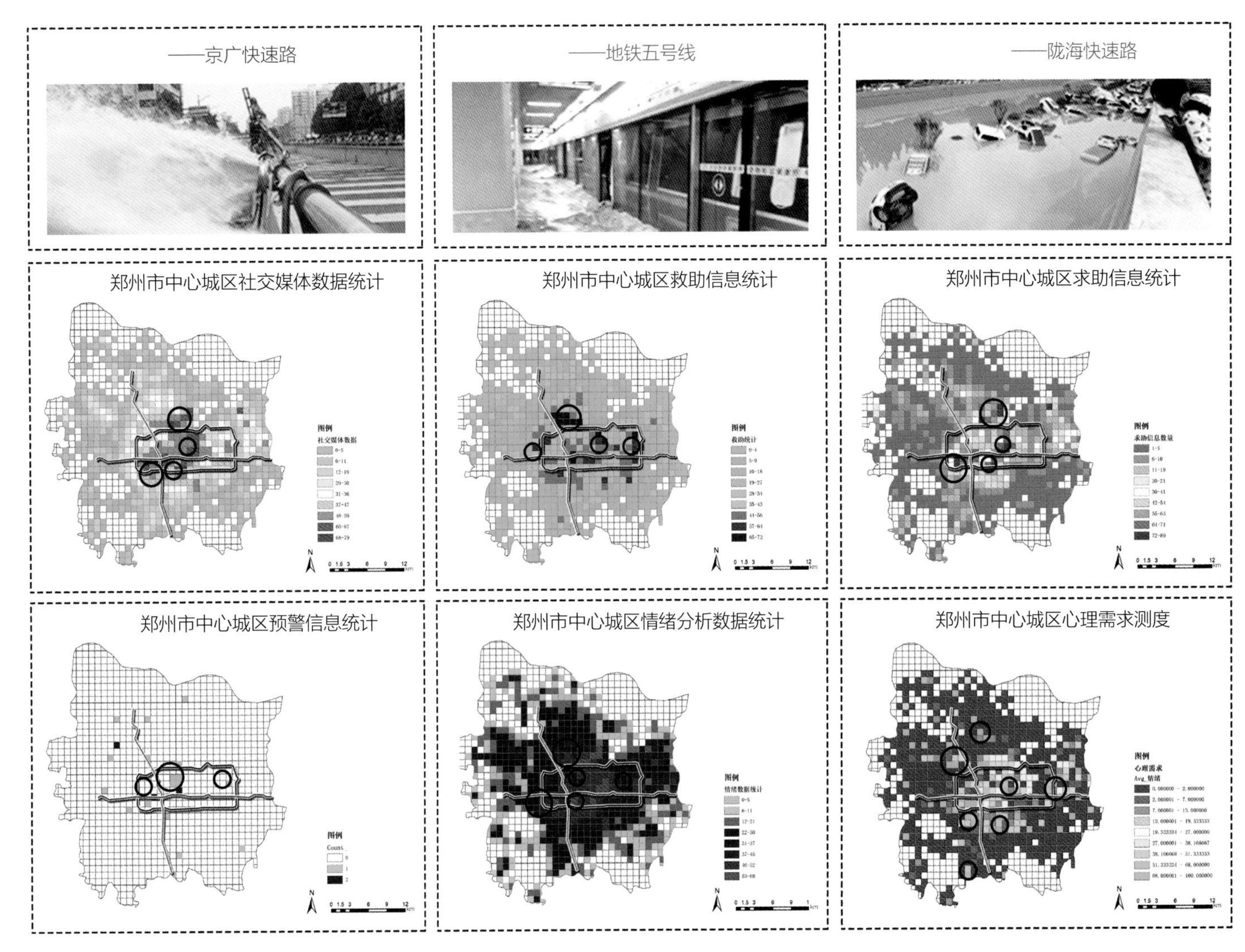

图3-11 社交媒体数据与受灾严重交通线路空间分布

（2）社会响应—需求指标体系构建

①社会响应指标

本研究以公共避难点、物资提供救援点、人力志愿救援点、私人避难地点指标共同测度郑州洪水灾害下的社会响应情况。

②社会需求指标

● 基于情绪赋分的心理需求测度

a. 提取文本内容信息关键词。

根据社交媒体数据的文本内容信息，分类对各类信息中的关键词进行词频分析（图3-12），以了解文本基本内容结构、为创建情感词典提供基础条件。

b. 构建情感词典。

依据情感词典的一般构建方法，结合关键词频分析构建基于本研究文本结构的情感词典；包含：“明显消极情绪词、明显积极情绪词、否定词表、程度词语表”四方面在内（图3-13）。其中，程度性词语表，除了传统的程度副词之外，还纳入了灾情复杂程度及紧急程度的考量。

c. 依据情感分词构建三维评价体系。

维度一：情绪维度判断。构建情感评价坐标系，从自身情绪与对外表达两个层面对文本的情绪维度进行评价（图3-14）。

维度二：灾情维度判断。依据灾情描述进行分类，构建灾情分类评价体系，如表3-4所示。针对不同的受灾情形进行赋分，即“A类：-1分、B类：-2分、C类：-1分”，并假设灾情值满足线性叠加原理，最终得出文本在灾情评价维度的得分结果。

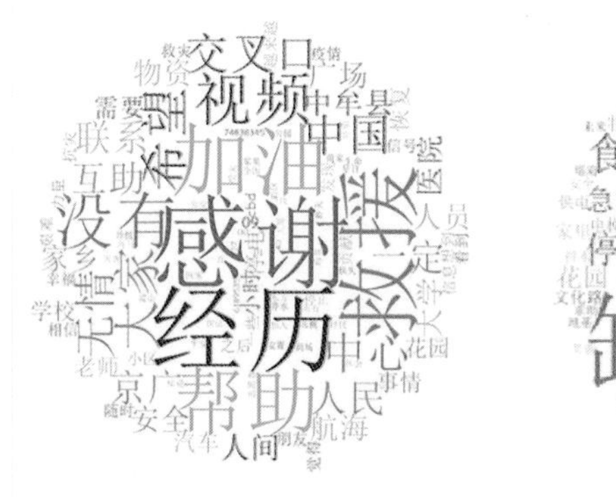

图3-12　社交媒体文本内容词频分析

积极、消极词汇
否定词、程度副词
整理加入
整理加入
输入句子
预处理
自动分词
载入
训练情感词典
判断规则
情感分类

图3-13　情感词典构建路径

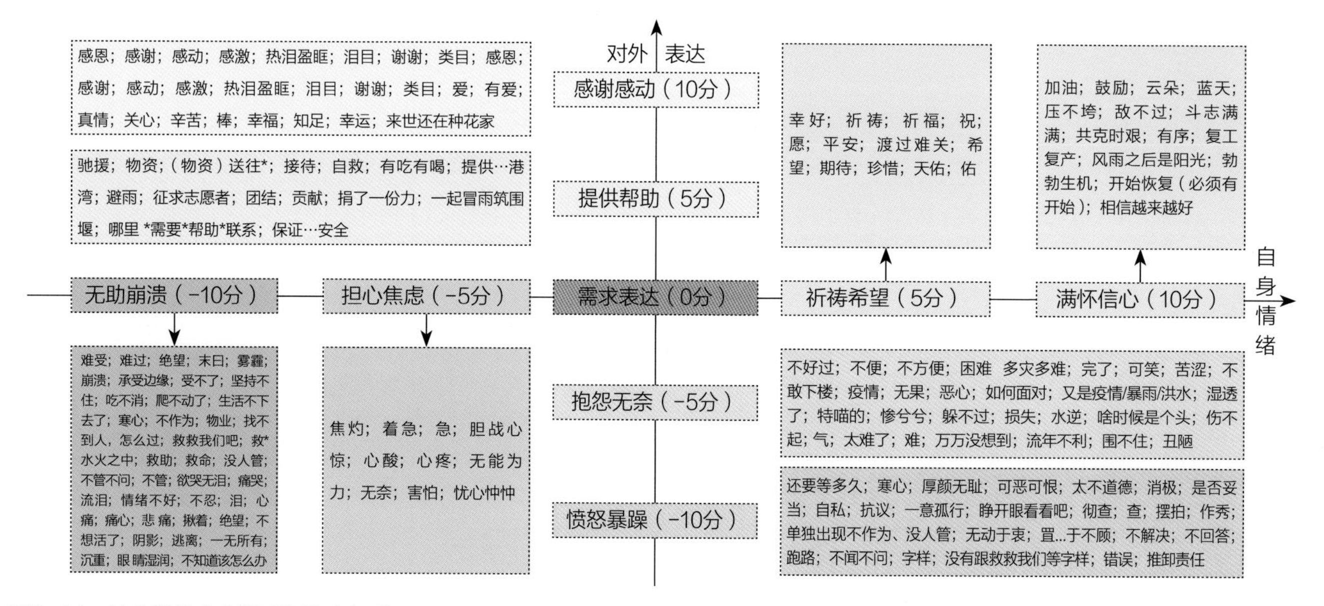

图3-14　社交媒体文本情感评价坐标系

灾情分类评价体系　　表3-4

情形分类	情形描述	情形对应关键词示例
A类（-1）	缺水	缺水；无水；没水；断水；没有水
	停电	停电；没有电；通电；停电；断电
	缺网	没网；没信号；断网
	排污	排污；
	排水	积水；漏水；排水；抽水
	异味	臭
	食物	食物；没吃的；吃的喝的
B类（-2）	塌陷	塌；坍塌；
	塌陷风险	塌陷*风险；塌*可能/担心/害怕；地基*泡水；裂缝
	失联	失联；联系不上

续表

情形分类	情形描述	情形对应关键词示例
B类（-2）	生命危险	有生命危险
	被困人数	被困人数数字
	需医疗救助	羊水破了；急需就医
	缺住宿	缺住宿
	需就医	需就医；医疗；受伤；重伤
	水位	脖子；腰；大腿；膝盖；小腿；水位+数字
C类（-1）	老人	老年人
	小孩	小孩；孩子
	病人	病人；手术
	孕妇	孕妇；孕；分娩；预产期

维度三：叠加程度副词判断。依据不同类别的文本，筛选包含水位信息在内的多种类型程度词进行词频统计，并将词频统计结果进行叠加。

d. 得出语料情绪分析结果。

依据上述三个维度叠加得出语料情绪赋分与心理需求测度指标。分数越高，其积极性情绪倾向更大，对应的心理需求越低；分数越低，其消极性情绪倾向更大，对应的心理需求越高。

● 基于救援—求助指数的物质需求

求助信息侧重于通过社交媒体内容表达受灾群众的物质需求。而救援信息指从社交媒体数据中筛选出的提供帮助的信息，是对于求助信息的一种响应，和对洪灾中受灾群众物质需求的消解。

二者综合计算得到救援—求助信息指数，经过标准化处理后转化为最终的物质需求测度指标。

● 综合心理需求与物质需求得出社会需求

综合上述得出的心理需求与物质需求，进行叠加计算后得出郑州市中心城区社交媒体数据的洪水期间社会需求（图3–15）。

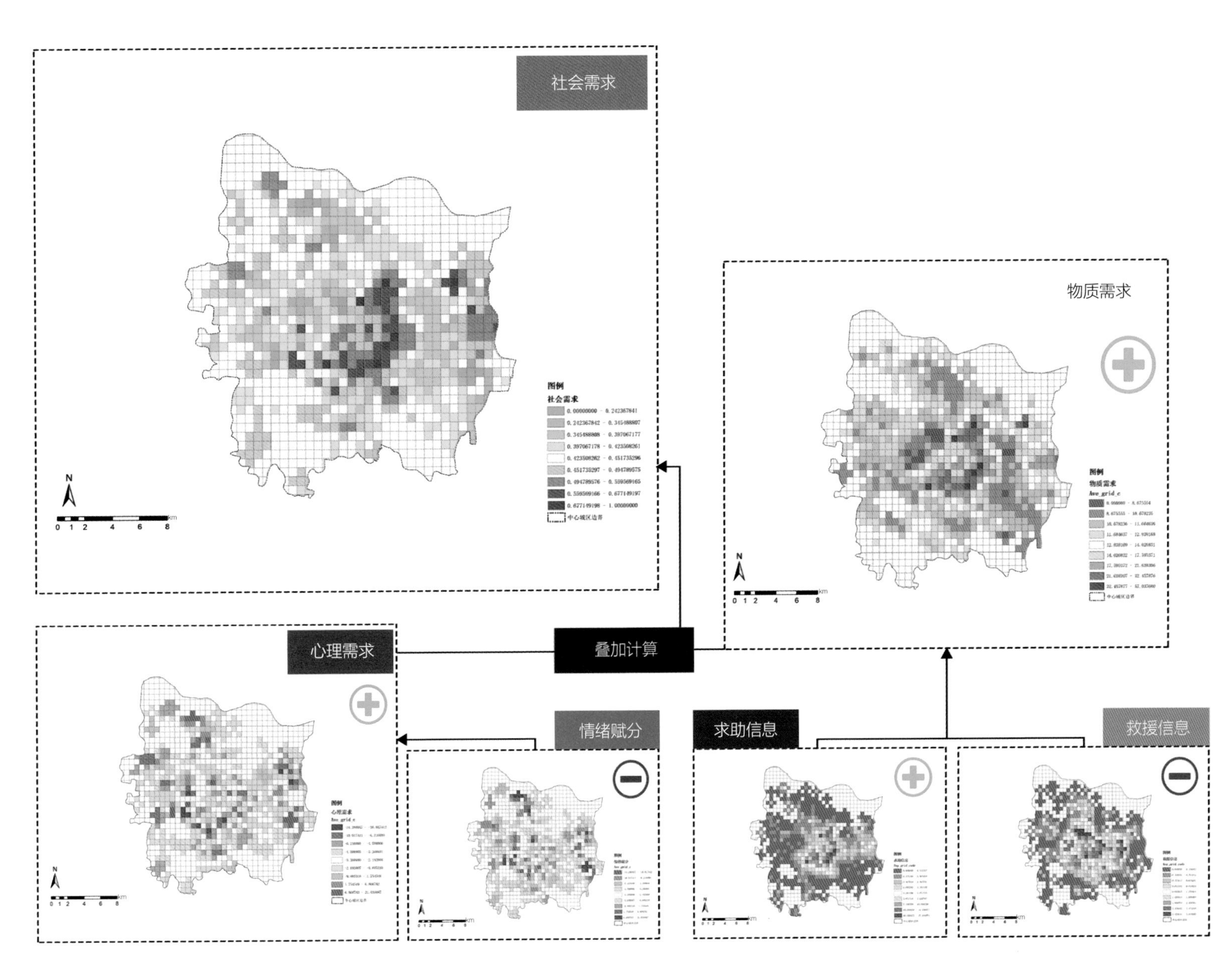

图3–15 社会需求计算示意图

（3）城市适应性社会弹性指标体系构建

①基线社会弹性指标体系

依据社区弹性指标（BRIC）构建共计22个指标的基线社会弹性指标体系图（3-16）。

②适应性社会弹性指标体系

由于基线社会弹性反映的为静态社会弹性属性。而Cutter在2016年提出“弹性指标具有动态过程和静态特征（黄色圆圈），自适应过程通常由事件触发（图3-17）。当灾害来临时，不同地区在灾害中的响应，受到灾害的程度不同，对于结果有一定的影响。因此，将弹性定义为对现有条件进行基准测试或测量事件后的适应性过程和结果”的概念。

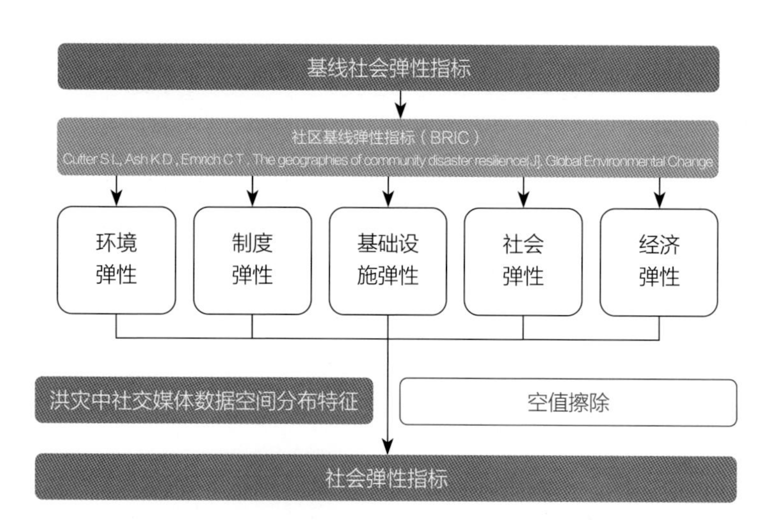

图3-16　基线社会弹性指标构建

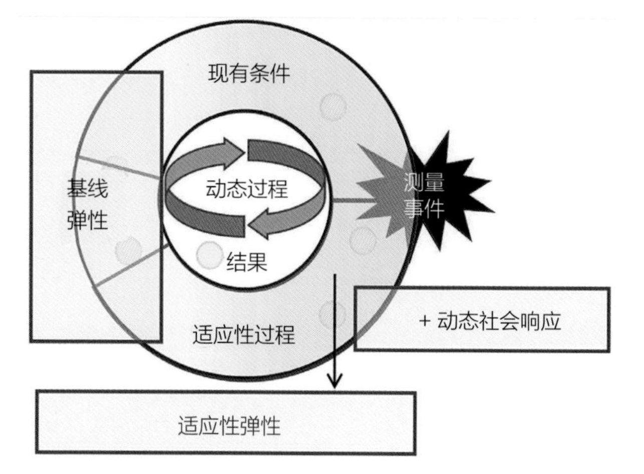

图3-17　适应性社会弹性概念示意图

图片改绘自：Cutter S. The landscape of disaster resilience indicators in the USA［J］. Natural Hazards, 2015, 80（2）:1-18.

故在基线社会弹性的基础上加入动态社会响应的四个因子，形成共计26个指标的城市空间适应性社会弹性评价体系（图3-18）。

指标体系	指标分类		计算内容	正负向	来源
动态社会响应指标体系	社会能力		x1提供的公共避难地点可达性	逆向	DROP
			x2提供的物资提供地点可达性	逆向	
			x3社区志愿提供人力的数量	正向	
			x4私人避难点密度	正向	
基线社会弹性指标体系	环境弹性		x5与水体距离	正向	—
			x6NDVI	正向	—
			x7土地径流系数	逆向	—
			x8固有水体/湿地面积（自然洪水缓冲区）	正向	—
	制度弹性		x9与行政中心的接近度	逆向	—
	基础设施弹性	住房	x10建筑密度	正向	BRIC
			x11容积率	正向	BRIC
		商业和制造机构	x12功能混合度	正向	BRIC
			x13商业类poi密度	正向	BRIC
			x14公共服务类poi密度	正向	BRIC
			x15每平方英里的铁路英里数	正向	BRIC
		交通路网	x16道路密度	正向	BRIC
			x17整合性	正向	DROP
			x18中介性	正向	DROP
		应急管理建筑物	x19与公共场所的距离	逆向	BRIC约翰逊（2007）和蒂尔尼（2009）
			x20医疗服务设施可达性	正向	Landscape DR of USA
			x21消防站可达性	正向	Landscape DR of USA
	社会弹性		x22人口年龄结构（15岁以下比例）	逆向	SOM
			x23人口年龄结构（65岁以上比例）	逆向	SOM
			x24人口性别结构（女性比例）	逆向	SOM
			x25人口密度	正向	SOM
	经济弹性		x26房价分布	正向	SOM

图3-18　适应性社会弹性指标体系

3. 数据预处理结果

基于上述数据预处理流程，得到以格网为单位的自变量与因变量。最终得到的数据规模为1 136行，每行数据包括相应格网单元编号，1个因变量（社会需求）和26个自变量。

四、模型算法

1. 模型算法流程及相关数学公式

（1）特征筛选——最优子集回归

本研究包含26个自变量，采用最优子集回归法进行特征筛选。根据计算筛选出x21消防站可达性、x20医疗服务设施可达性、x17整合性、x18中介性、x14公共服务类POI密度、x13商业类POI密度、x25人口密度、x9与行政中心的连接度、x4私人避难点密度、x7NDVI、x19与公共场所距离、x3社区志愿者数量、x22十五岁以下人群占比共十二个自变量因子参与模型预测（图4-1）。

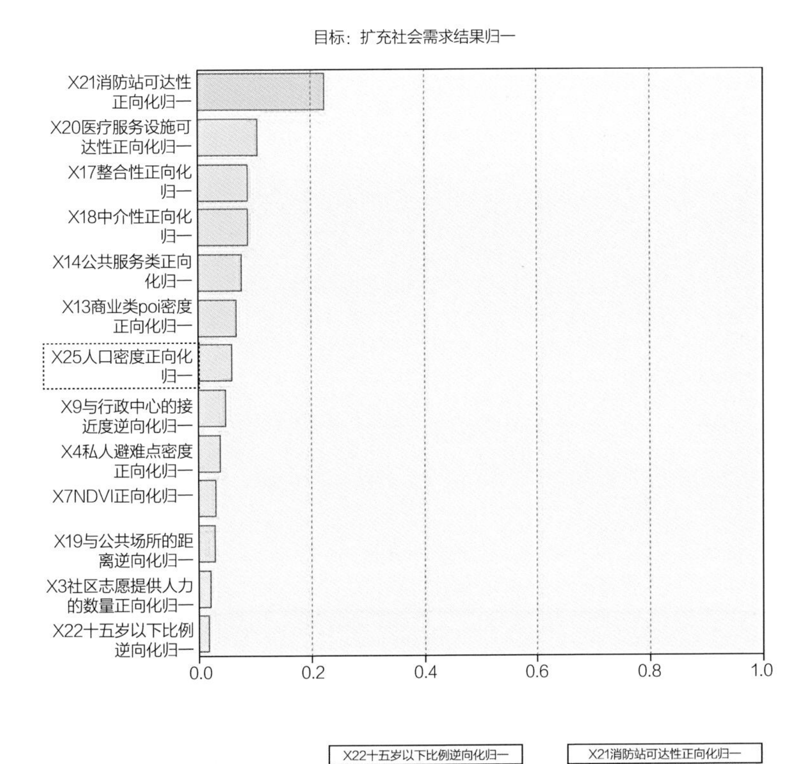

图4-1　自变量重要性排序

（2）模型构建——逐步聚类分析建模

逐步聚类分析模型（Stepwise Cluster Analysis，SCA）是一种基于方差多变量分析的非参数统计方法，可以处理来自不同测量尺度的数据。该方法在研究因变量和自变量间固有的非线性、离散关系方面具有重要优势。它通过一系列切割（将一个数据集分成两个子集）或合并（将两个子集合并为一个数据集）的操作，将因变量划分为一棵聚类树。当新的预测样本从树的顶端进入树的关联叶片时，它能够依据输入的自变量预测新的因变量（社会需求），代表了复杂的非线性关系。

与人工神经网络ANN（Artificial Neural Network）和支持向量机SVM（Support Vector Machines）等其他方法相比，它执行的聚类树结构更为透明，可以更直观地反映因变量和自变量之间复杂的关系。

本研究以城市空间适应性社会弹性指标为输入数据，观测到的社会需求为输出数据，建立社会需求预测模型，如图4-2所示。

在SCA模型中，聚类标准是基于Wilk's统计量理论的F检验。考虑具有N个样本数据集Γ，该样本可以分为两个子集：$U=(U_{ir},\ i=1,2,3\cdots N_u)$ 和$U=(V_{jr}, j=1,2,3\cdots N_v)$，其中，r是预测变量的维度；$N_u$和$N_v$是子集$U$和$V$的样本大小，并且$N_u+N_v=N_\Gamma$。根据Wilk's的似然比准则，若切割点是最优的，则Wilk's统计量的值Λ应为最小值，其中Λ由下式子得出：

$$\Lambda=\frac{|Q|}{|S|}=\frac{\sum_{i=1}^{N_u}\left(U_i-\overline{U}\right)\left(U_i-\overline{U}\right)^T+\sum_{j=1}^{N_v}\left(V_j-V\right)\left(U_j-\overline{v}\right)^T}{\frac{N_u N_v}{N_u+N_v}\left(U_i-\overline{U}\right)\left(V_j-V\right)} \tag{4-1}$$

式中，Q、S分别表示为组内矩阵{ϕij}和组间矩阵{ωij}的平方和与叉积；|Q|和|S|分别表示矩阵{ϕij}和{ωij}的行列式，$\overline{U}$和$\overline{V}$是样本U和V的平均值。当Λ的值结果很大时，这就意味着SCA模型无法进行切割操作，接着SCA模型应该执行合并操作，将子集U和V合并到更大的数据集中。采用Rao的F近似，R统计量可由下式得出：

$$R=\frac{1-\Lambda^{\frac{1}{S}}}{\Lambda^{\frac{1}{S}}}\times\frac{Z\times S-P\times\frac{K-1}{2}+1}{P\times(K-1)} \tag{4-2}$$

$$Z=n_h-1-\frac{P+K}{2} \tag{4-3}$$

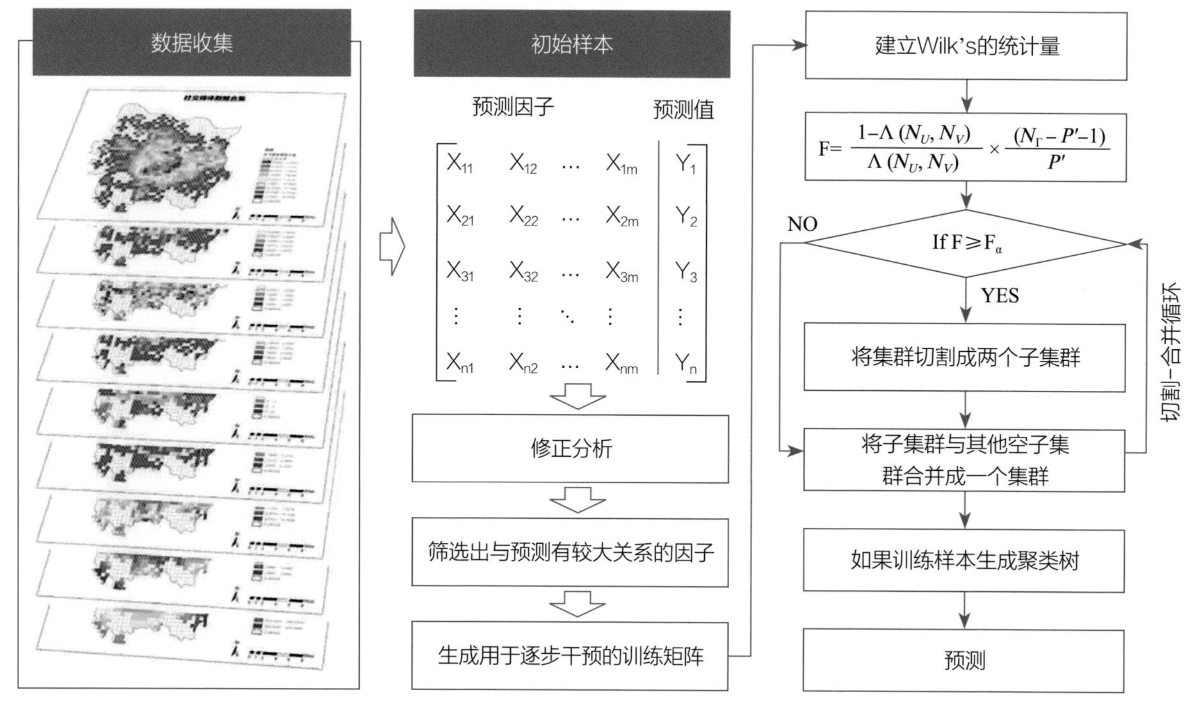

图4-2　社会需求测度模型框架图

$$S=\frac{P^2\times(K-1)^2-4}{P^2+(K-1)^2-5} \quad (4\text{-}4)$$

$$t_1=P\times(K-1) \quad (4\text{-}5)$$

$$t_2=\frac{P\times(K-1)}{2}+1 \quad (4\text{-}6)$$

统计量R近似分布为具有自由度为t_1和t_2的F变量。其中，K是组数，P是预测变量数。由于本研究中的子集数为两个（即子集U和V），因此F近似可以转化为：

$$F(P,N_\Gamma-P-1)=\frac{(1-\Lambda)}{\Lambda}\times\frac{(N_\Gamma-P-1)}{P} \quad (4\text{-}7)$$

切割和合并数据集的标准为多次的F检验。

具体地，假设一个切割点$x_{r,i}^{(\Gamma)}$以将数据集Γ分成两个子集U和V，即生成Wilk's的值Λ。然后对不同的切割点进行测试，将最小的Λ及最优切割点$x_{r^*,i^*}^{(\Gamma)}$筛选出来。根据Wilk's的似然比准则，最优切割点应满足Λ（N_U，N_V）是与任何其他切割方案相比的最小值，然后可以进行F近似测算来检验子集U和V是否显著不同。

$$F(P',N_\Gamma-P'-1)=\frac{1-\Lambda(N_U,N_V)}{\Lambda(N_U,N_V)}\times\frac{(N_r-P'-1)}{P'}\geqslant F_{\alpha-cutting} \quad (4\text{-}8)$$

若式（4-8）满足，则数据集Γ可以分为两个子集U和V。相反地，若式（4-8）不满足，则数据集Γ不能被切割。下面的步骤是测试是否应该将任何两个生成的子集合并到一个新数据集中。对于具有N_α和N_β样本的两个子集α和β，如果：

$$F(P',N_\alpha+N_\beta-P'-1)=\frac{1-\Lambda(N_\alpha+N_\beta-2,1)}{\Lambda(N_\alpha+N_\beta-2,1)}\times\frac{(N_\alpha+N_\beta)-P'-1}{P'}<F_{\alpha-merging} \quad (4\text{-}9)$$

成立，子集α和β可以合并成一个新的数据集η。否则式（4-9）不成立，这就意味着子集α和β无法合并。合并操作将持续执行，直到没有子集可以进一步合并为止。在拒绝所有进一步切割或合并的假设的切割—合并循环后，SCA模型可生成一系列节点（即等待切割合并的中间节点和终端节点）用于构建簇树进行预测。在聚类树中，分支是由预测值来刻画的，而预测值是决定新的预测样本将进入哪个终端节点。在预测一个新的样本时，需要将预测值与聚类树的每个中间节点样本值进行比较。令e′为新样品进入的尖端分支。接着，预测值$y_p=y_p^{(e')}$，其中$y_p^{(e')}$是y_p在子集e′上的均值，由下式得出：

$$y_p^{(e')} = \frac{1}{n_{e'}} \times \sum_{k=1}^{n_{e'}} y_{p,k}^{(e')} \quad (4\text{-}10)$$

（3）模型验证

为了验证模型的性能，从准确性的角度进行衡量。通过平均绝对百分比误差（*MAPE*）计算社会需求的系统偏差；用修正后的相对误差（*MRE*）表示观测到的社会需求与模型预测的社会需求之间的误差。最后以相关系数（R^2）反映观测到的社会需求与模型预测的社会需求之间的差异。其计算公式为：

$$MAPE = \frac{1}{n} \sum_{i=1}^{i} \left| \frac{WD_{obs,i} - WD_{sim,i}}{WD_{obs,i}} \right| \times 100\% \quad (4\text{-}11)$$

$$MRE = \frac{WD_{sim,i} - WD_{obs,i}}{\left(\left| WD_{obs,i} + WD_{sim,i} \right| + 1 \right)} \times 100\% \quad (4\text{-}12)$$

$$R^2 = \frac{\left(i\sum_{i=1}^{i} WD_{obs,i} \times WD_{sim,i} - \sum_{i=1}^{i} WD_{obs,i} \times \sum_{i=1}^{i} WD_{sim,i} \right)^2}{\left[i\sum_{i=1}^{i} \left(WD_{obs,i} \right)^2 - \sum_{i=1}^{i} \left(WD_{obs,i} \right)^2 \right] \times \left[i\sum_{i=1}^{i} \left(WD_{sim,i} \right)^2 - \sum_{i=1}^{i} \left(WD_{sim,i} \right)^2 \right]} \quad (4\text{-}13)$$

式中，WD_{obs}为单元i观测到的社会需求，WD_{sim}为单元i内模型预测的社会需求，$\overline{WD_{obs}}$为在所有单元中观测到的平均社会需求。R^2值越接近1，且MAPE值越接近0，模拟性能越好。

（4）模型分析

①层次划分分析（Hierarchical Partitioning Analysis，HPA）

层次分割通过考虑分析中包含的解释变量的所有可能组合，允许在独立于其他协变量解释响应变量时对协变量的重要性进行排序，将单个变量的影响从与其他变量的相关性产生的联合贡献中分离出来。本次研究用层次划分分析（HPA）法揭示每个SCA模型输入变量的相对贡献和探究影响社会需求的主要适应性社会弹性空间因素。研究使用R统计包“R-leaps”构建所有子集回归，如果SCA模型的输入变量为n，则将建立n个所有子集回归模型用于HPA。然后，HPA将输入适应性社会弹性空间矩阵（x矩阵）与社会需求矩阵（y矩阵）进行随机变换，计算各输入因子的相对重要性。

②耦合度计算

耦合度模型可用以评判适应性社会弹性与社会需求交互耦合的协调程度，其计算公式为：

$$C = 2\left\{ \frac{u_1 \times u_2}{(u_1 + u_2)^2} \right\}^{1/2} \quad (4\text{-}14)$$

式中，C为适应性社会弹性与社会需求的耦合度系数，u_1为适应性社会弹性，u_2为社会需求。耦合度系数C越大，适应性社会弹性与社会需求的耦合度越好。

③耦合协调度水平计算

采用协调发展水平来衡量适应性社会弹性与社会需求的协调发展的状况。协调发展水平越高，表征两个系统协调性越佳；反之，其失调性越大。设D为协调发展水平，其具体公式如下：

$$D = \sqrt{C \times T} \quad (4\text{-}15)$$

$$T = au_1 + bu_2 \quad (4\text{-}16)$$

式中，C为适应性社会弹性与社会需求的协调系数；T为适应性社会弹性与社会需求综合评价指数；a、b为待定系数。参考已有研究，待定系数$a=0.5$，$b=0.5$。

2. 模型算法相关支撑技术

模型开发在windows10系统下涉及城乡规划、气象、水文、统计和计算机科学等相关知识，并以如下软件平台为支撑：

（1）Python、八爪鱼、POIKit：本研究使用Python和八爪鱼软件对微博、房价数据进行爬取，使用POIKit软件连接百度地图、高德地图API，对各个类别的POI数据进行爬取。

（2）ENVI5.5：本研究通过ENVI5.5软件对高分三号卫星影像5景数据进行水体提取，制作郑州暴雨洪水淹没地图。

（3）SPSS：本研究使用SPSS软件进行特征筛选和数据分析。

（4）R-studio：本研究使用R-studio软件进行SCA模型计算、HPA计算和相关图表绘制。

（5）ArcGIS：本研究使用ArcGIS软件进行模型预测值与真实值的可视化处理和对比分析。

五、实践案例

1. 模型应用实证及结果解读

（1）社会需求预测结果

前文所构建的SCA模型，从八个显著性水平上训练和测试了数据集，以确定最适合社会需求预测的聚类树。各模型基本信息如表5-1所示。

不同显著性水平下聚类树基本信息　　表5-1

模型名称	α	节点总数	叶节点	切割操作	合并操作
modelA1	0.005	216	35	83	49
modelA2	0.01	454	79	177	99
modelA3	0.02	917	162	359	198
modelA4	0.03	1106	237	447	211
modelA5	0.04	1102	277	459	183
modelA6	0.05	1083	302	461	160
modelA7	0.1	920	342	420	79
modelA8	0.2	786	350	378	29
modelA9	0.5	717	359	358	0
modelA10	0.8	717	359	358	0

随着α值的增长，集群树进行切割的标准变得更加宽松，切割操作更加频繁，导致中间节点和叶节点的增加。但当α增加到一定水平（α>0.2）时，模型的切割和合并操作逐渐趋于稳定，α的增加对模型拟合度的提升作用减小。这表明显著性水平对聚类树结构有一定的影响。当α=0.01时，模型形成的聚类树如图5-1所示。

图5-2展现了模拟内涝灾害下社会需求在不同显著性水平下的空间分布，分析表明，在显著性处于较低水平时，由于切割合并操作太少，叶节点不足以反映城市社会需求的空间异质性，西南部及西北部大多数渔网单元具有相似的模拟值。而随着显著性水平的提高，聚类树结构趋于复杂，可以较好地反映各渔网单元的空间分异。

比较α=0.005（模型1）、α=0.1（模型7）、α=0.5（模型9）三个显著性水平下，观测到的社会需求与模拟出的社会需求，结果如图5-3所示：模拟社会需求的分布波动趋势与观测到的社会需求分布波动趋势非常相似。表明逐步聚类分析模型（SCA）能够有效捕捉洪水灾害下居民社会需求与影响因素之间的复杂机制。

（2）模型评估与验证结果

计算不同显著性水平下SCA模型的相关系数R^2，并绘制模拟和观测到的社会需求之间的拟合曲线，判断各模型拟合能力，其结果如图5-4所示：随着显著性水平的增加，R^2的值逐渐增加，模型精度逐渐上升；当显著性水平为0.1时，R^2达到最高0.718，表明模型在此显著性水平下拟合得较好。当$\alpha \geq 0.2$时，模型的切割和合并操作逐渐趋于稳定，R^2保持在0.718左右，显著性水平的提升对模型拟合性能的提高作用减弱。

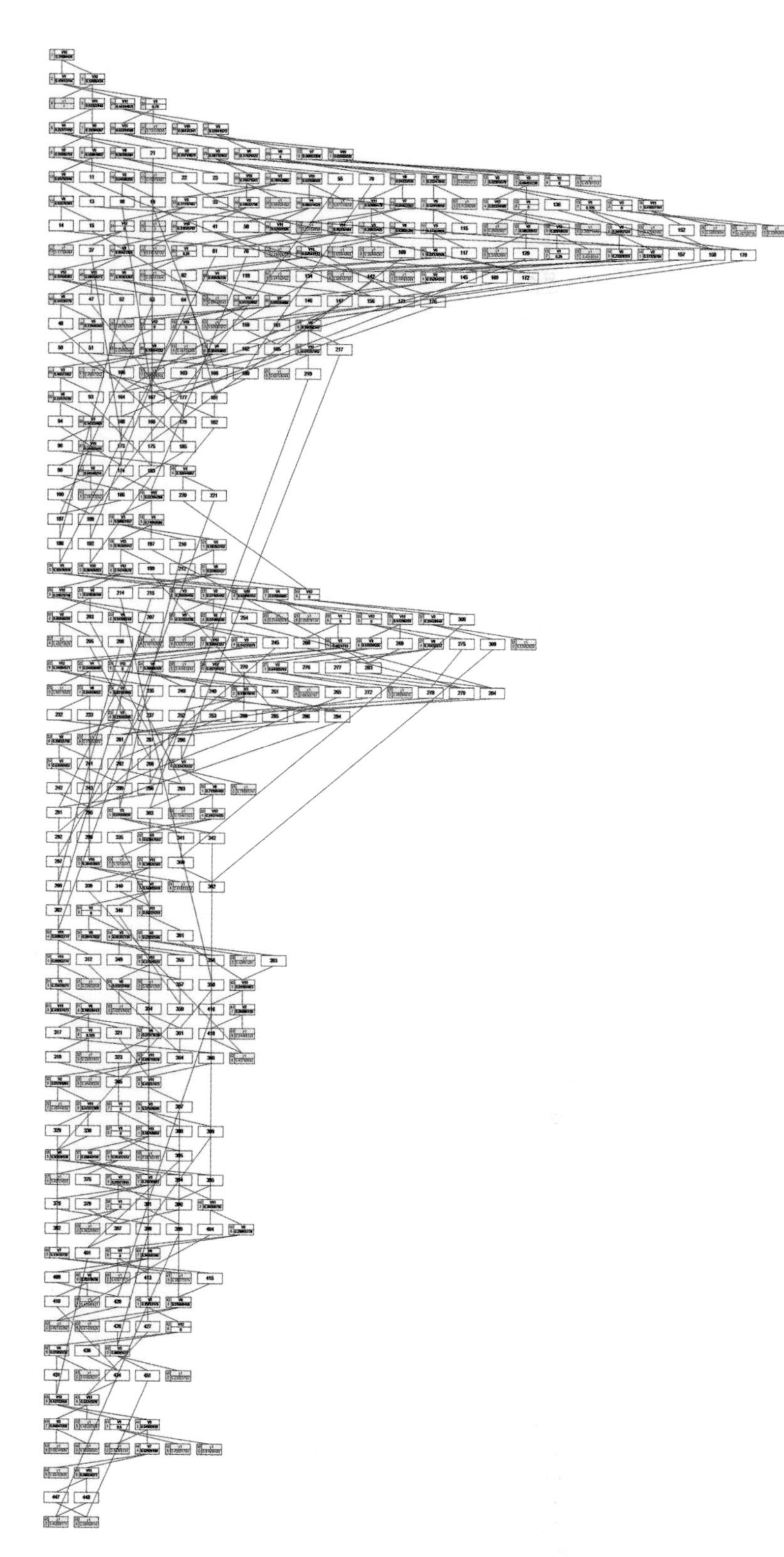

图5-1　α=0.01时的聚类树

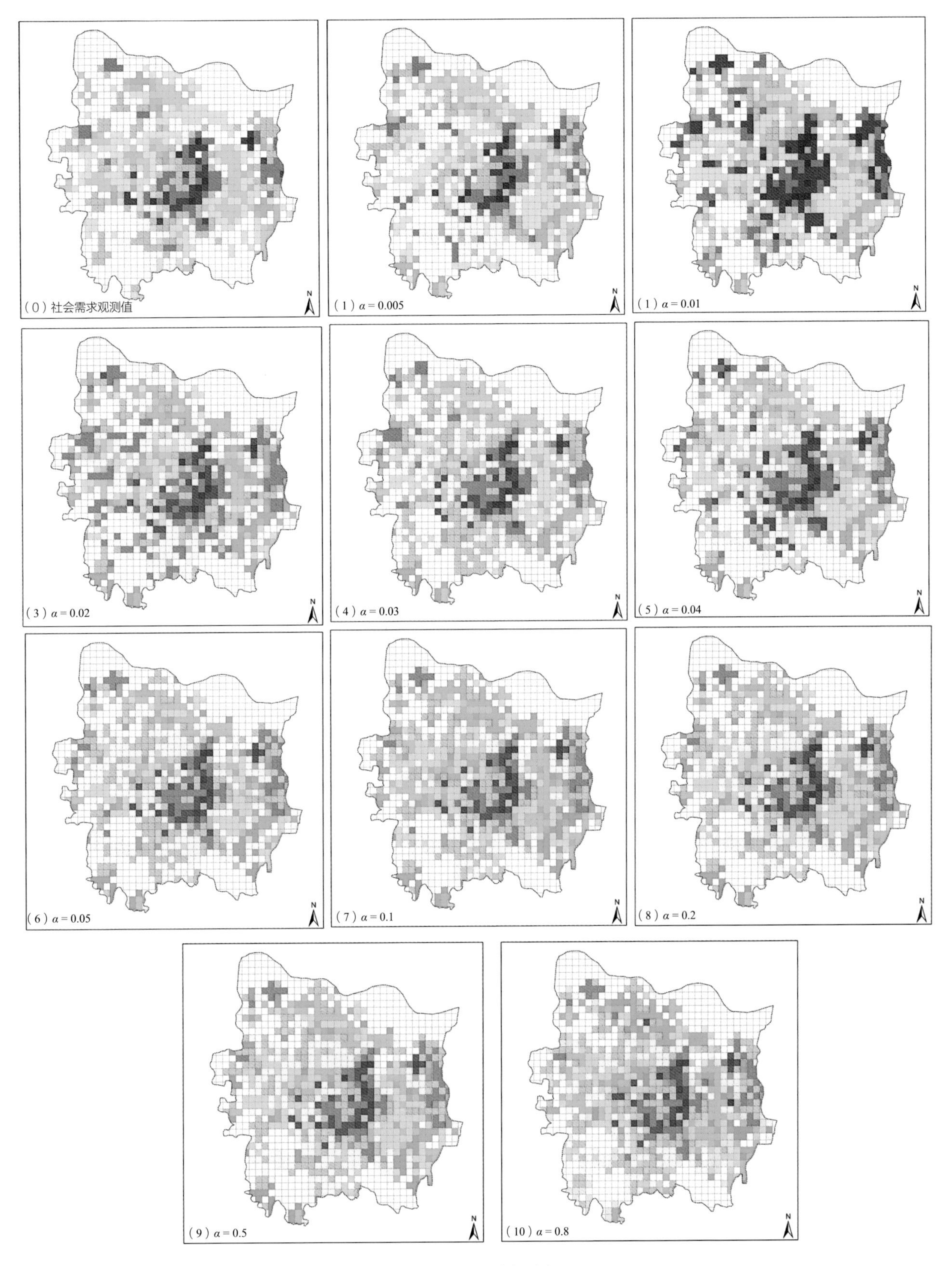

图5-2　社会需求观察值与不同显著性水平下的社会需求模拟值空间分布

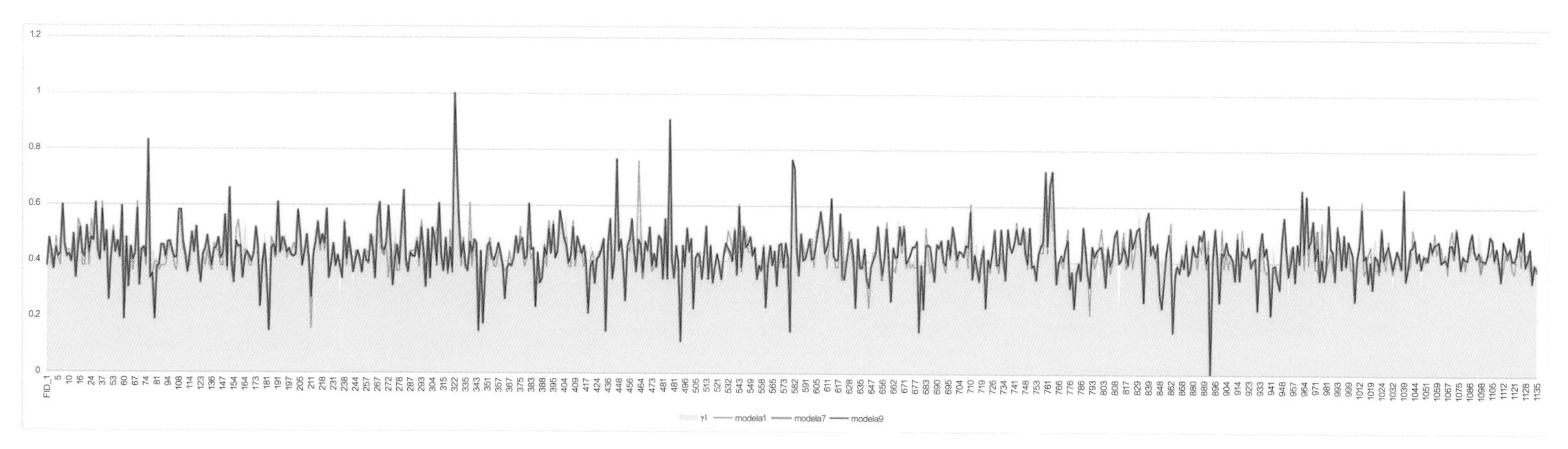

图5-3 α=0.005、α=0.1、α=0.5三个显著性水平下模拟与观测社会需求

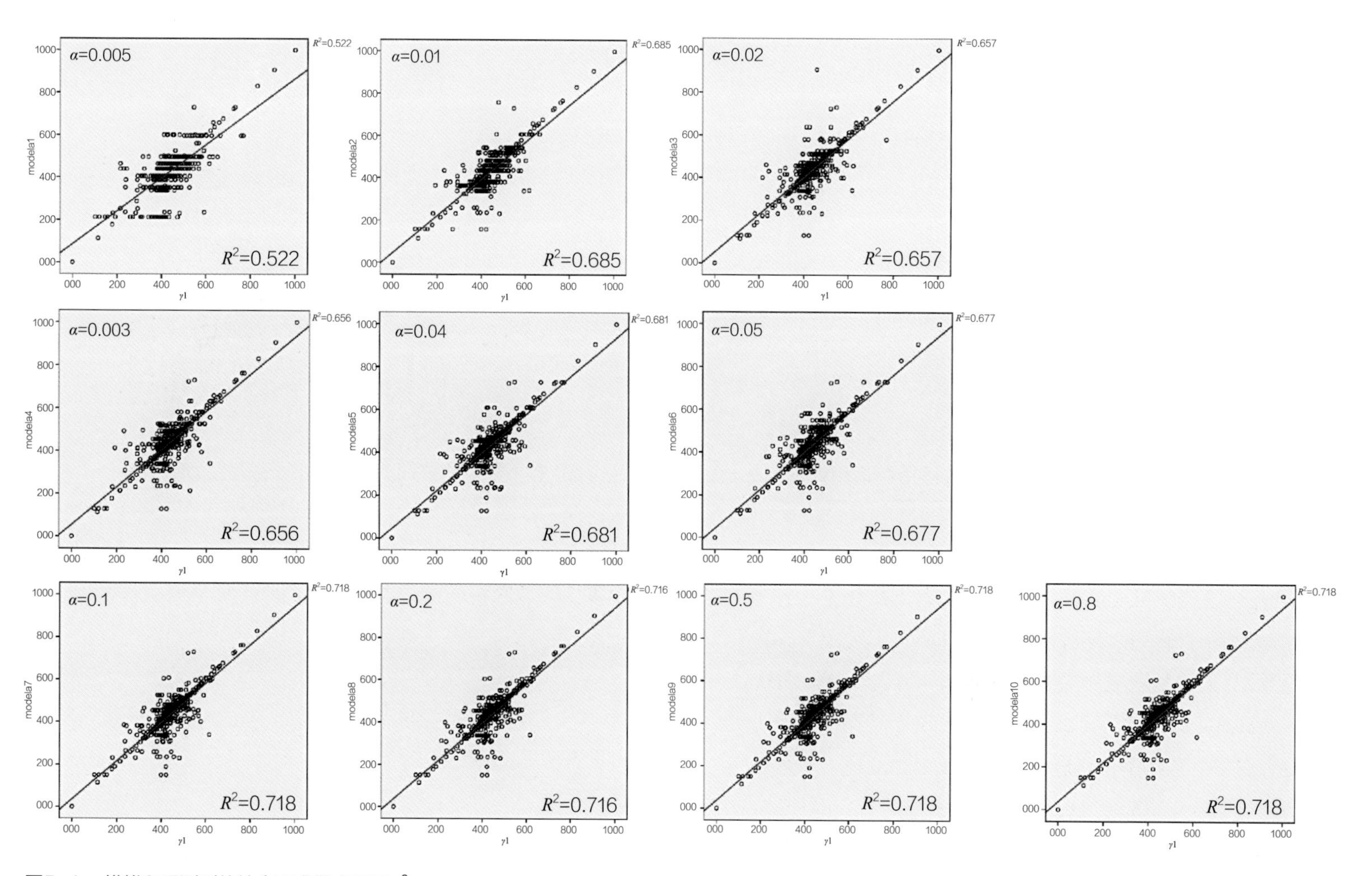

图5-4 模拟和观测到的社会需求散点图及R^2

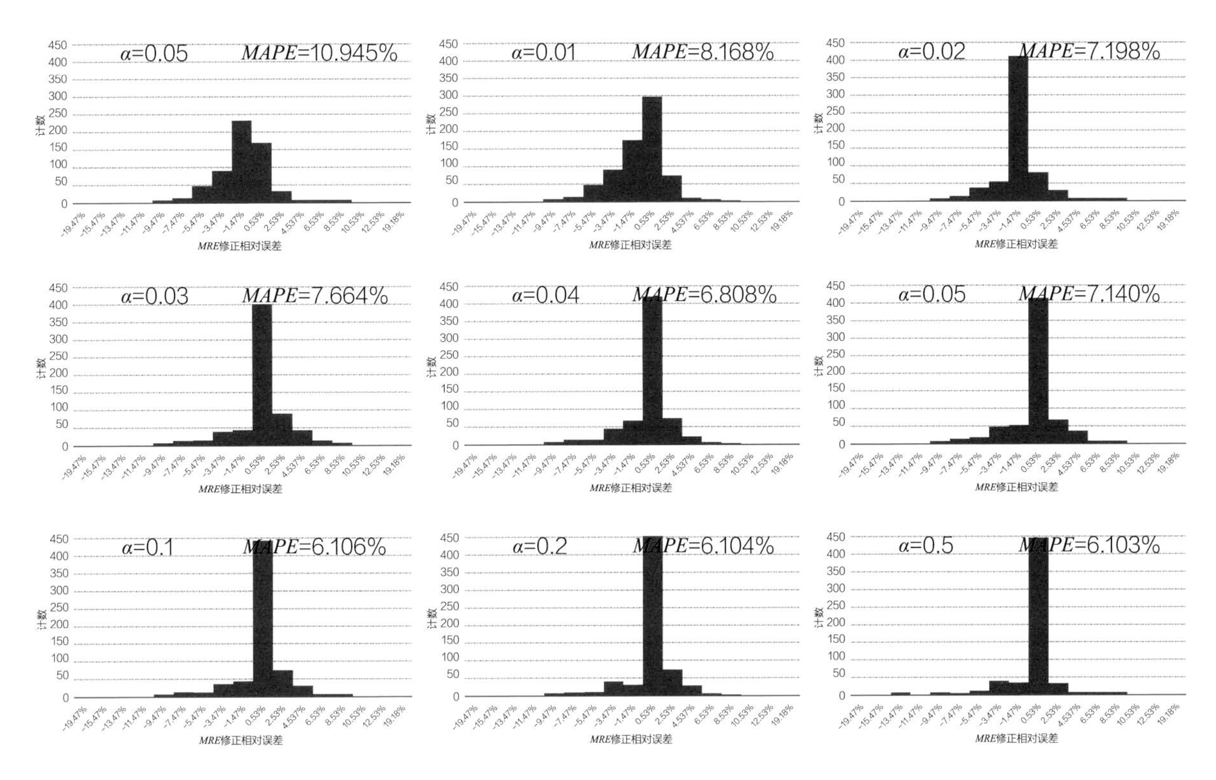

图5-5　各显著性水平下模拟社会需求值MRE及MAPE

通过比较模拟社会需求与观测到的社会需求之间的修正相对误差（*MRE*）和平均绝对百分比误差（*MAPE*），进一步判断各模型拟合性能。计算表明，当显著性水平≥0.1时，SCA模型具有较小的*MRE*和*MAPE*值：当α＝0.10时，*MRE*波动较小，小于5%的样本比例为88.6%；*MAPE*值降低到6.106%。综合R^2、*MRE*和*MAPE*的结果：均表明模型在显著性水平≥0.1时最优；由于α≥0.2时，显著性的提高对模型拟合性能的影响并不显著。因此，最终选择α＝0.10作为SCA模拟洪涝灾害下社会需求的适宜显著水平（图5-5）。

（3）驱动因素分析结果

为分析各变量对社会需求的影响因素大小，判断影响社会需求的主导因子；运用分层分析方法来量化每个输入变量对洪涝灾害下社会需求的独立影响，并计算出其相对贡献。在这些变量中，x21消防站可达性（22.37%）、x20医疗服务设施可达性（11.20%）占主导贡献率，是影响社会需求的重要因素；其次是x17道路整合性（9.25%）与x18中介性（8.51%），以及x25人口密度（8.17%）；x14公共服务设施类POI密度（7.73%）以及与x9行政中心接近度（6.83%）、x13商业类POI密度（6.71%）贡献率相对较小。由分析结果可知，当消防站可达性、医疗服务设施可达性较低；道路整合性、中介度较低时，社会需求将显著增加（图5-6，表5-2）。

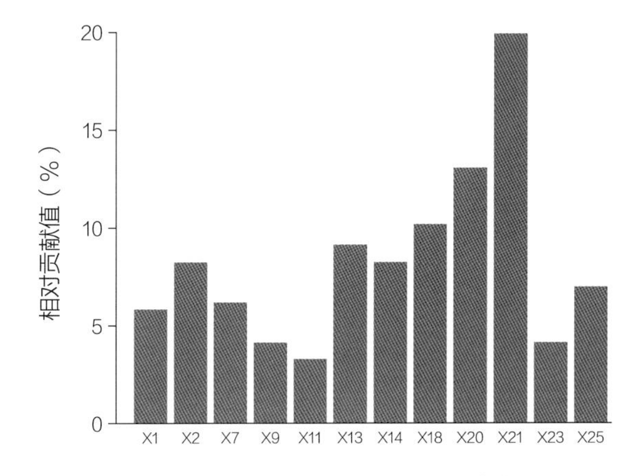

图5-6　各变量对洪涝灾害下社会需求的相对贡献直方图

各变量对洪涝灾害下社会需求的相对贡献值　　表5-2

变量	x4	x7	x9	x13	x14	x17
相对贡献（%）	5.10	3.94	6.83	6.71	7.73	9.25
变量	x18	x19	x20	x21	x22	x25
相对贡献（%）	8.51	5.54	11.20	22.37	4.63	8.17

（4）耦合协调度分析结果

图5-7展示了各地区社会需求预测值与适应性弹性之间的数据分布关系，二者大体上均呈现正态分布特点。

对于预测得出的社会需求值，为进一步探究洪涝灾害下城市空间可能面临的风险，通过耦合度与耦合协调度的计算，对比适应性社会弹性与社会需求二者之间的供需关系。

图5-8显示了社会需求与适应性社会弹性的耦合度结果，可以看出，郑州中心六区的大部分地区呈现出高适应性社会弹性下的高社会需求与低适应性社会弹性下的低社会需求的特点；适应性社会弹性与社会需求之间的供需关系较为平衡。但却面临较大的受灾风险：高适应性社会弹性的空间并不能满足该地区的社会需求；以至于这类地区社会需求仍处于较高水平。

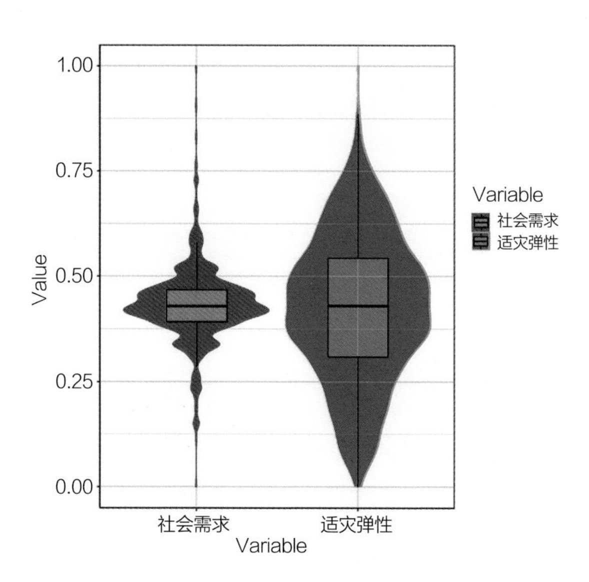

图5-7　社会需求预测值与适应性社会弹性数据分布

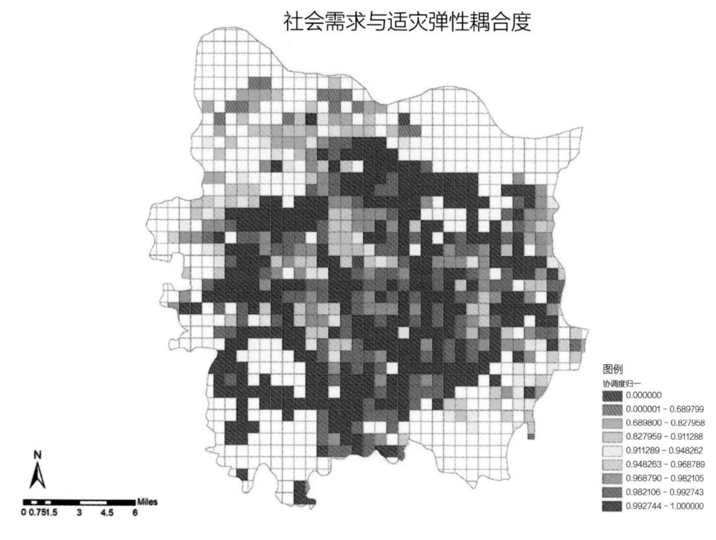

图5-8　社会需求与适应性社会弹性的耦合度

根据社会需求与适应性社会弹性耦合度与耦合协调度的计算结果，将空间分为五类，各类数据分布小提琴图如图5-9所示，各类别耦合协调水平分类标准如表5-3所示。

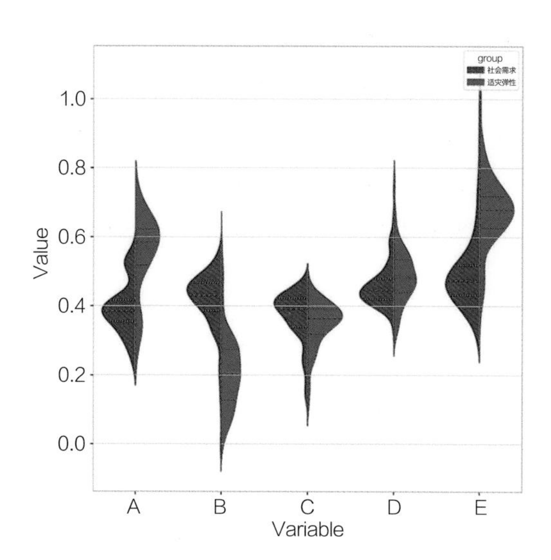

图5-9　五类空间社会需求预测值与适应性社会弹性值数据分布

五类耦合协调水平分类标准　　表5-3

类别	类别特点	耦合度	耦合协调度
A	低水平不协调（$X_{社会需求}<X_{适应性社会弹性}$）	C∈（0.47, 0.58］	D∈（0.72, 0.98］，且$X_{社会需求}<X_{适应性社会弹性}$
		C∈（0.58, 0.65］	D∈（0.93, 0.98］，且$X_{社会需求}<X_{适应性社会弹性}$
		C∈（0.65, 0.72］	D∈（0.88, 0.985］
B	低水平不协调（$X_{社会需求}>X_{适应性社会弹性}$）	C∈［0, 0.47］	D∈［0, 0.94］
		C∈（0.47, 0.58］	D∈（0.72,0.98］，$X_{社会需求}>X_{适应性社会弹性}$
		C∈（0.58,0.65］	D∈（0.93,0.98］，$X_{社会需求}>X_{适应性社会弹性}$
C	低水平耦合协调	C∈［0, 0.47］	D∈（0.94, 1］
		C∈（0.47, 0.58］	D∈（0.98, 0.99］
		C∈（0.58, 0.65］	D∈（0.98, 0.99］
D	高水平耦合协调	C∈（0.58, 0.65］	D∈（0.98, 0.99］
		C∈（0.65, 0.72］	D∈（0.985, 1］
		C∈（0.72，1］	D∈（0.996, 1］
E	高水平协调	C∈（0.72，1］	D∈（0.896, 0.996］，且$X_{社会需求}<X_{适应性社会弹性}$

A、B类空间社会需求与适应性社会弹性呈现低水平不协调特点，其中A类社会需求值相对适应性社会弹性值更低；而B类空间适应性社会弹性值更低。C类空间社会需求与适应性社会弹性呈现低水平耦合协调特点。D类空间中社会需求与适应性社会弹性呈现高水平耦合协调特点。E类空间呈现高水平不协调特点，其中适应性社会弹性相对社会需求值较高。

①风险单元适应性社会弹性评价

对五类风险空间进行适应性社会弹性各因子数据统计分析，明确各类空间适应性社会弹性特征属性。

由图5-10可知，A~E五类空间在环境弹性和经济弹性上差别较小；而在社会能力、基础弹性、社会弹性及制度弹性上差距较大。其中低水平不协调，且空间适应性社会弹性更低的B类空间中，各子维度弹性水平均较低。高水平协调，且适应性社会弹性较高的E类空间，各子维度弹性均处于较高水平。

分析各类空间在社会能力、基础设施弹性、社会弹性、制度弹性四个维度中具体因子指标，进一步明确各类空间适应性社会弹性特征属性。由图5-11可看出，A类空间公共避难点可达性、物资提供地点可达性、道路密度、商业类POI密度均较高，六十五岁以上人群占比较低；B类空间则反之，在各项可达性、密度指标中水平均较低，而十五岁以下人群占比、六十五岁以上人群占比、女性占比均较高；E类空间社区志愿者数量、私人避难点密度较高，消防站、医疗服务设施等配套设施可达性较高，与此同时，六十五岁以上人群占比、女性占比及人口密度也处于较高水平。

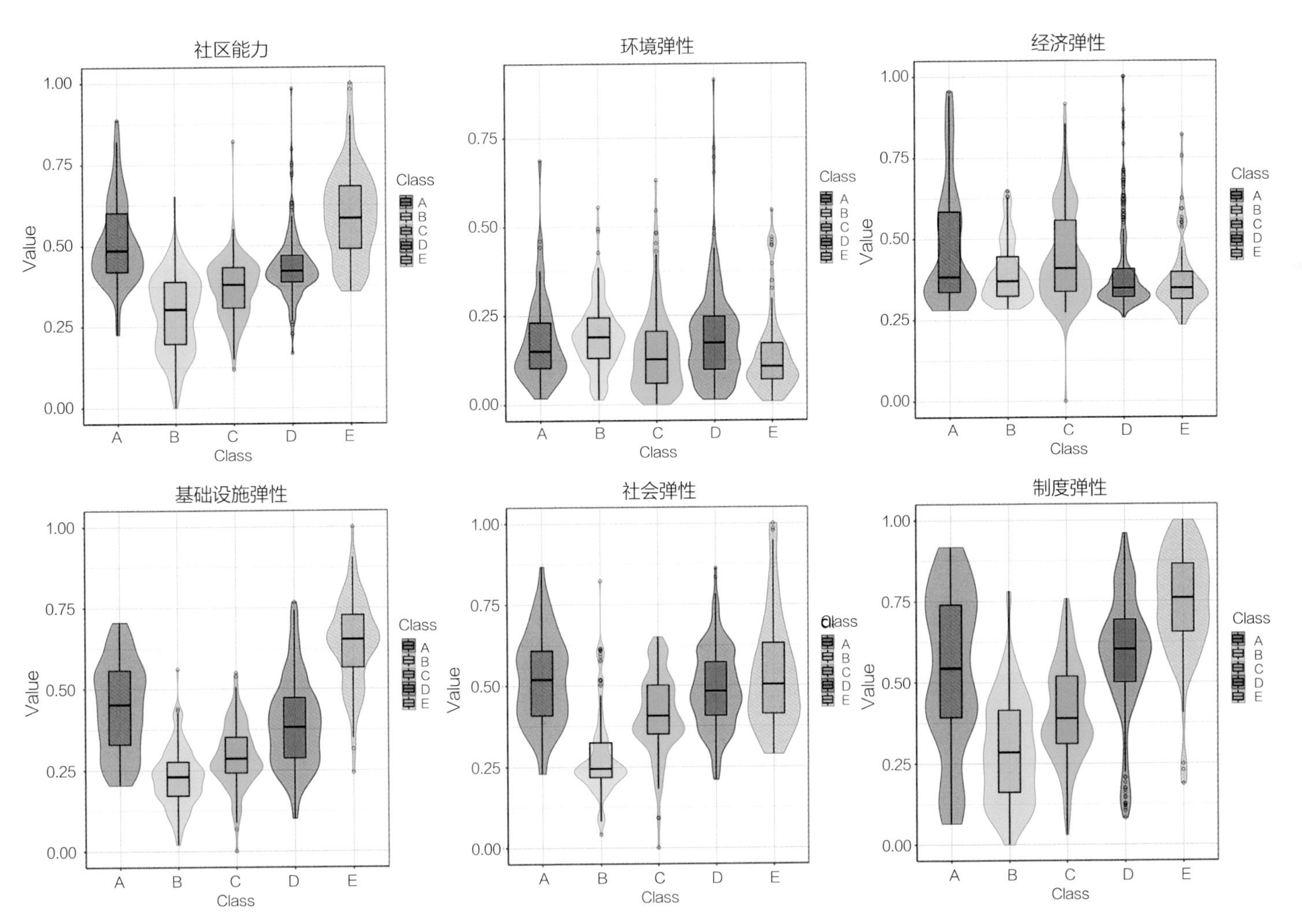

图5-10　各类空间适应性社会弹性指标特征（1）

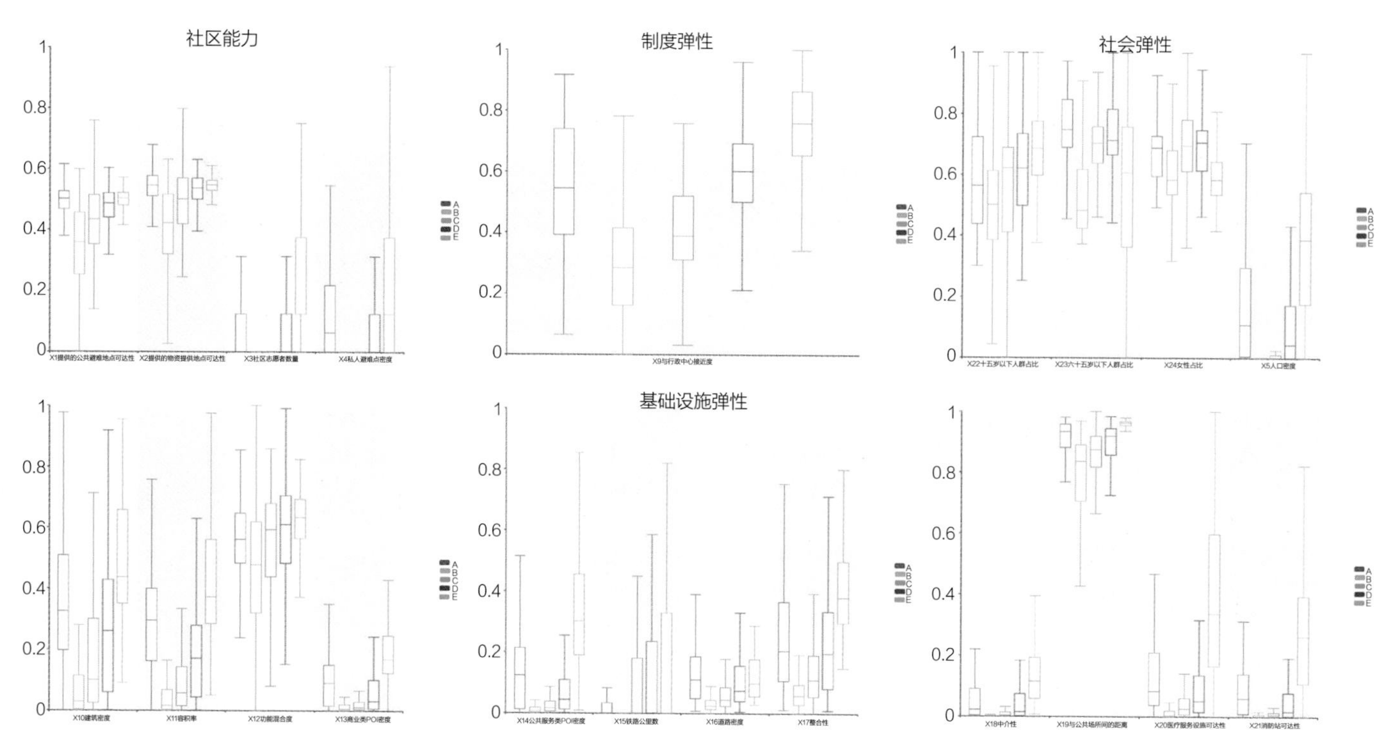

图5-11　各类空间适应性社会弹性指标特征（2）
（注：图中所有数据均为正/逆向化处理后数据）

②各风险单元物质空间及社会属性特点

五类空间在郑州中心城区分布情况如图5-12所示。分析各类空间分布特点，有助于对城市洪涝灾害下各地区弹性风险加以识别和预测，并及时作出调整管控措施。

A类空间主要分布在三环路沿线，如图5-13所示；集中在郑州北站与贾鲁河之间以家属院为主的居住片区、俭学街沿线的居住及大量校园片区，以及郑东新区如意湖街道的新建住宅片区（图5-13，图5-14）。

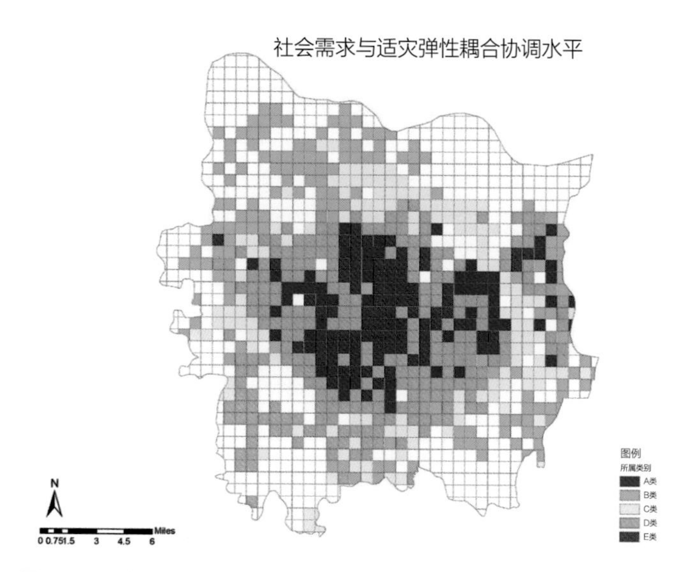

图5-12　依据耦合协调度的空间分类结果

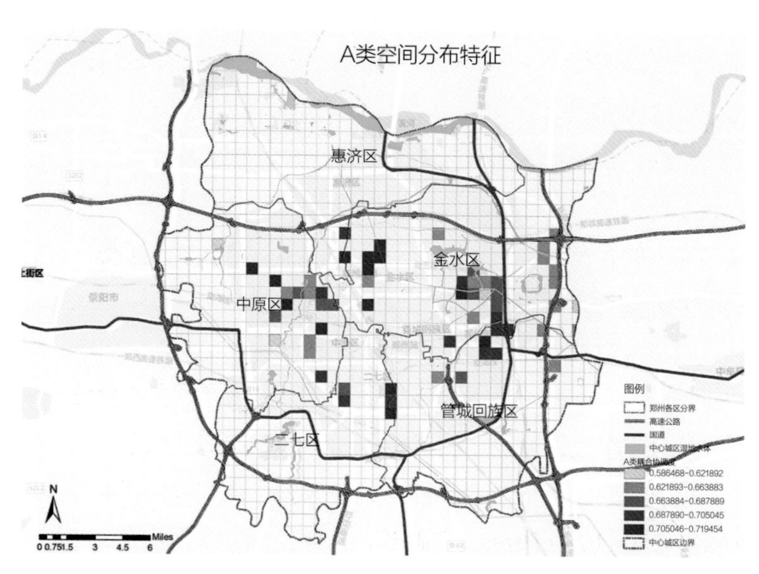

图5-13　A类空间分布特征

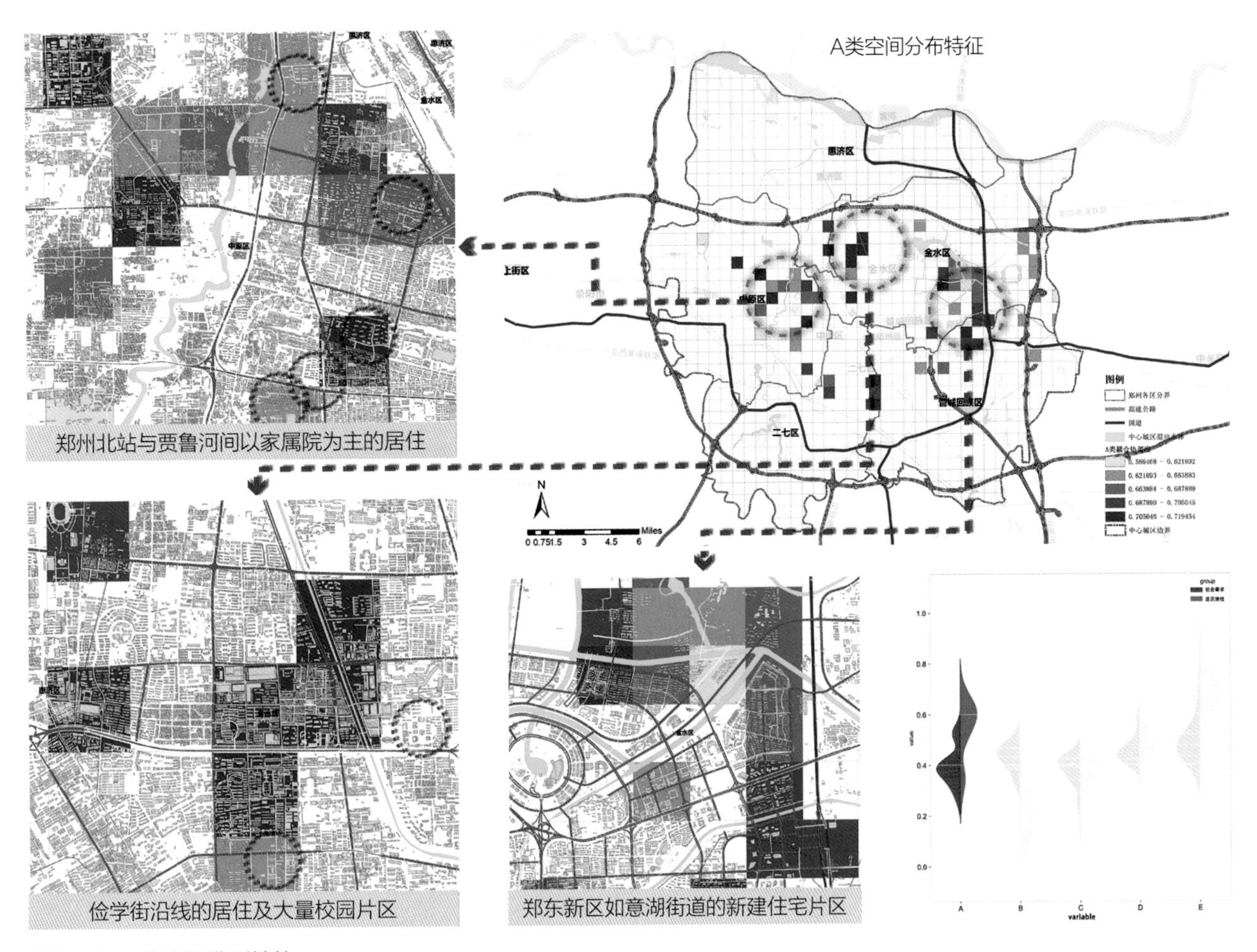

图5-14　A类空间典型地块

从物质空间属性上来看，这三处典型地块具有临近河流水网等自然洪水缓冲区的共同特点；俭学街沿线分布多个校园片区，具备大量可作为灾害中临时避难场所的优势资源；而郑东新区的住宅片区周边水网密集，住宅建设品质较高，基础设施韧性较强。

此外，从社会属性角度来看，郑州北站至贾鲁河之间片区分布包含中原铝厂家属院、宇通重工家属院以及国棉厂家属院在内的大量职工住房及老旧小区，邻里关系较为紧密，居民形成自救互助联系可能性较大；俭学街沿线分布郑州大学、农业大学等多个校园片区，居民文化水平较高，自治自救能力较强。因此，这类地区呈现出空间适应性社会弹性较高，社会需求较低特点；在面临洪涝灾害时，风险较低。

B类空间主要分布在四环路以外，主要集中在高新区须水河地区安置房高层小区附近、产业园及其周边，惠济区北部近郊村庄周边，以及滨河国际新城新建住宅小区周边（图5–15，图5–16）。

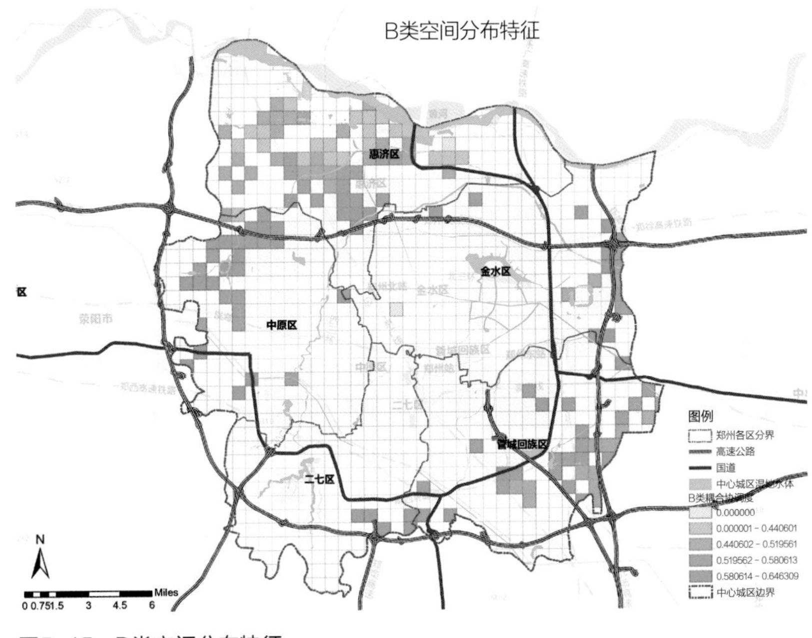

图5–15　B类空间分布特征

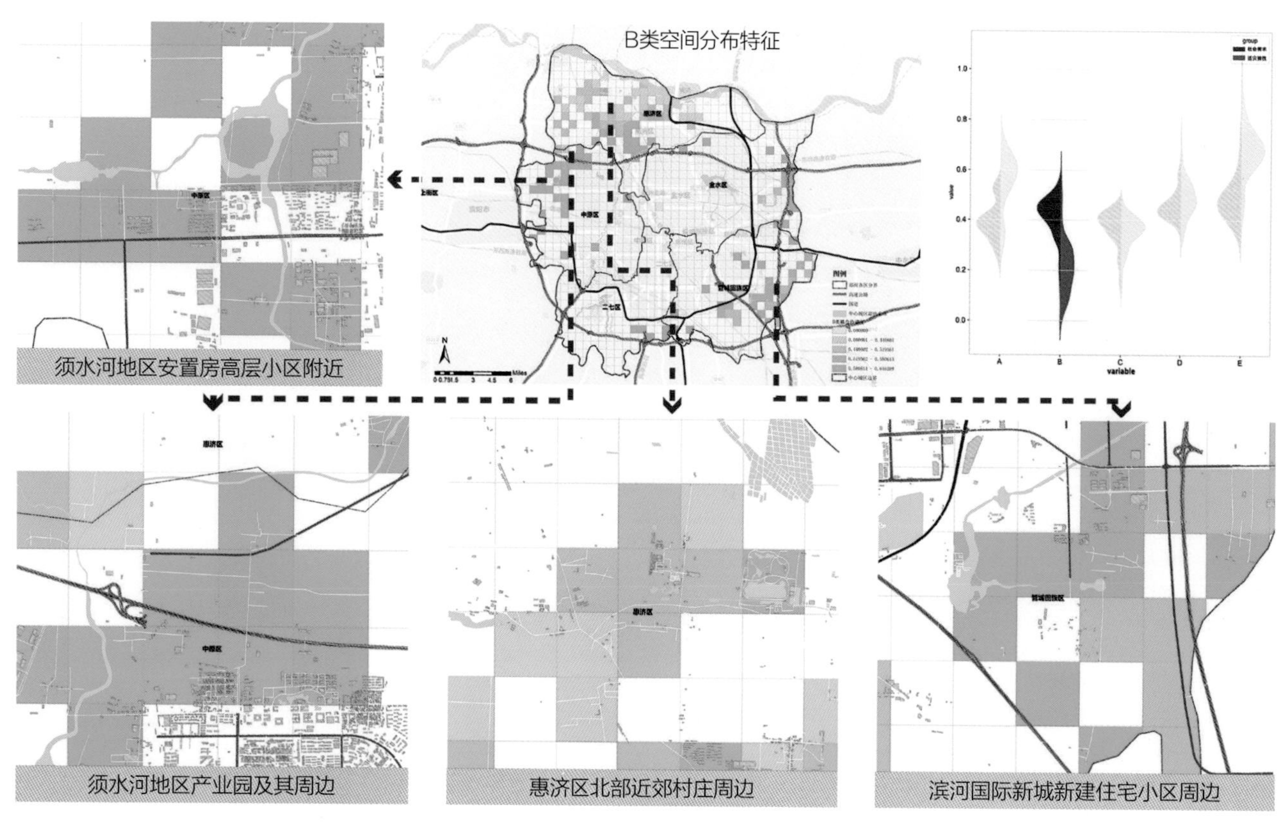

图5-16 B类空间典型地块

从物质空间属性上来看，这类空间具有水网密集、距市中心距离较远，周边配套服务缺乏或因仍在建设中尚不完善的共同特点。从社会属性角度来看，新城新建小区入住率较低，社会组织尚未形成，邻里关系疏远；同样，在产业园周边，居住人群多为附近上班族，邻里联系相对较弱；而对于安置房高层小区而言，居民的社会归属感普遍较弱，其心理适应能力也更为脆弱。

因此，这类地区呈现出空间适应性社会弹性较低，社会需求较高特点；同时沿着四环路向城市外围扩散，社会需求及适应性社会弹性逐渐降低。在面临洪涝灾害时，风险很高，应给予更多关注，做好灾情预警，提升适应性社会弹性。

C类空间主要分布在四环路沿线，集中在金水区科教园、郑东新区的博学路街道，以及郑州奥体中心附近。其社会属性特征较为突出，地块内目前大多以产业园区和安置房小区为主，配套设施尚不完善，居民社会归属感弱且人口密度相对较低。因此，这类地区呈现出社会需求和适应性社会弹性均较低的特点；在面临洪涝灾害时，风险较高（图5-17，图5-18）。

D类空间主要分布在三环路与四环路之间，是分布最为广泛的一类。从物质空间属性上来看，具有临近中心城区，能共享城市中心区各类配套设施，且开发建设强度相对较高的特点。从社会属性上来看，人口密度相对较高。因此呈现出社会需求和适应

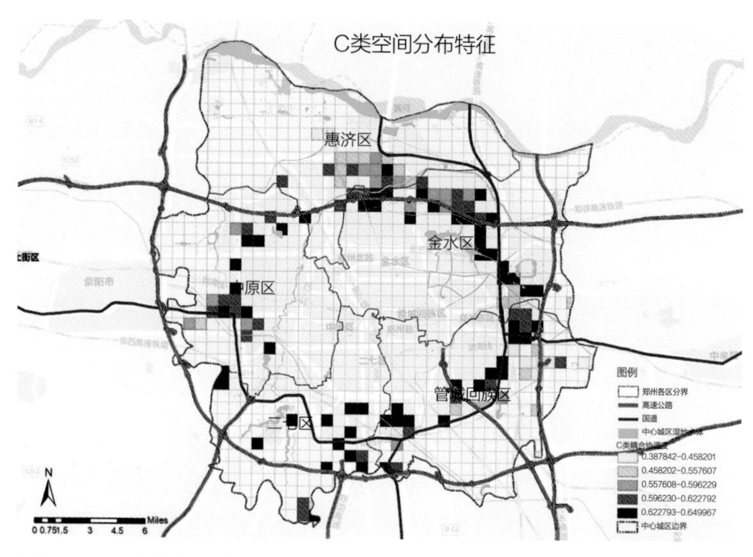

图5-17 C类空间分布特征

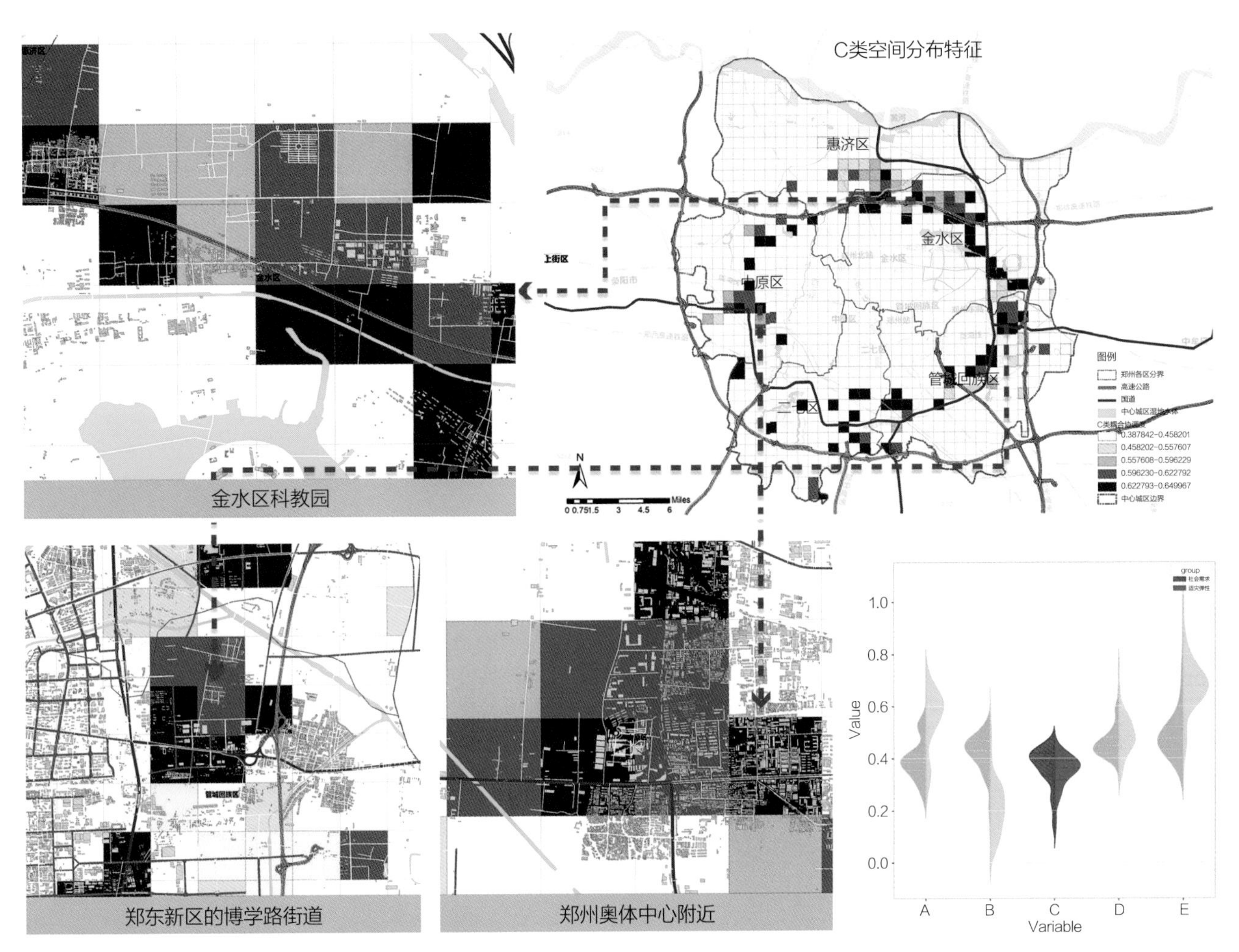

图5-18　C类空间典型地块

性社会弹性均较高的特点（图5-19）。

E类空间主要位于两主两副四大中心地区：二七广场中心地区、郑东新区中心如意湖周边、花园路副中心、碧沙岗副中心（图5-20，图5-21）。

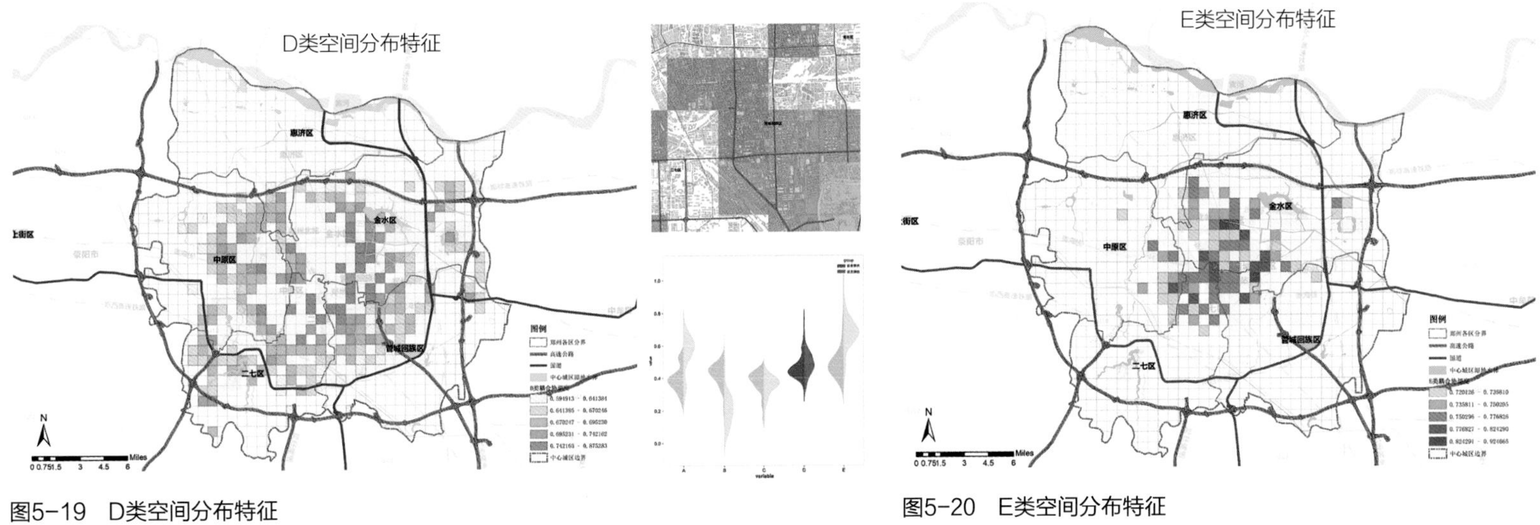

图5-19　D类空间分布特征

图5-20　E类空间分布特征

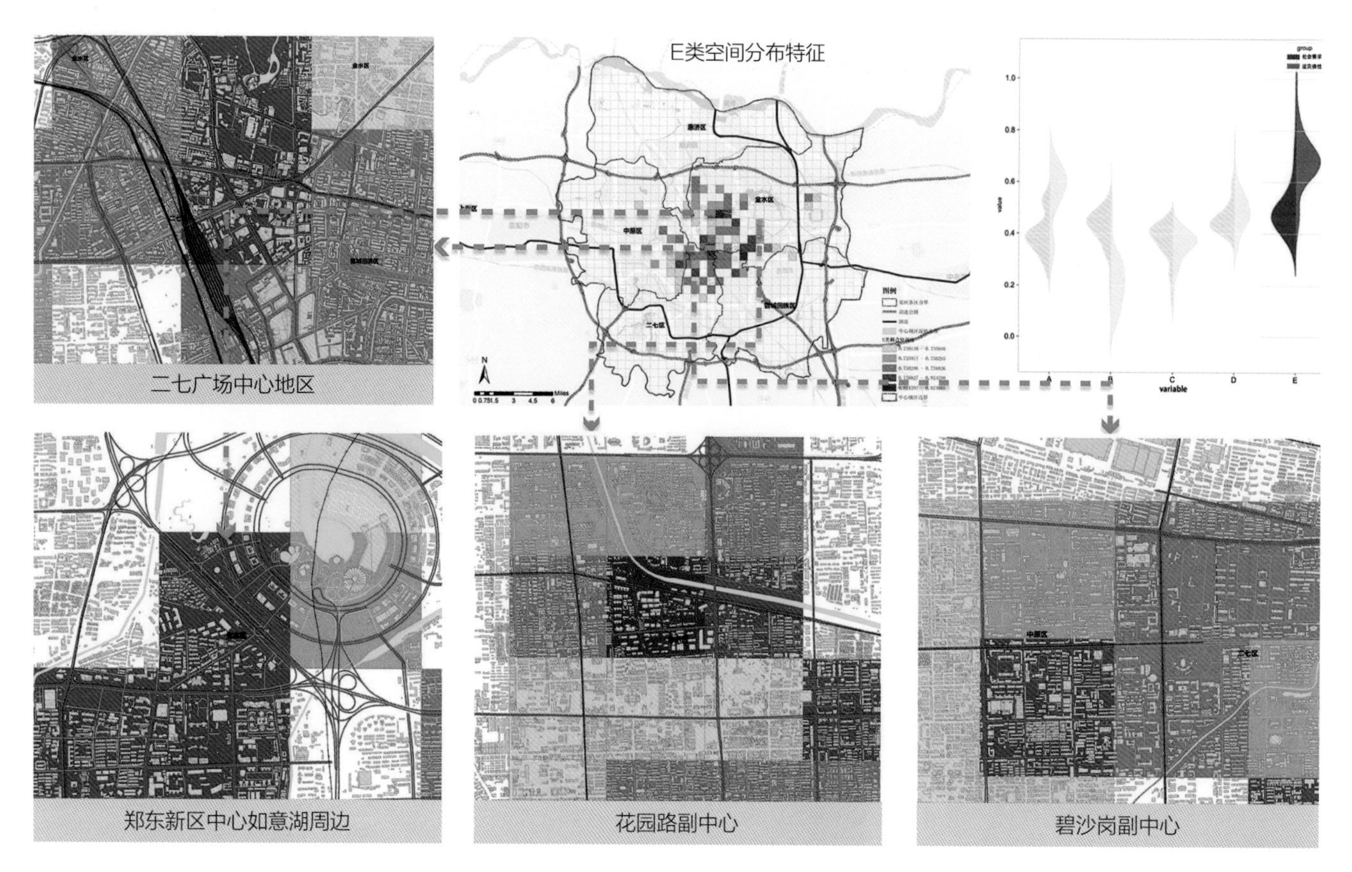

图5-21　E类空间典型地块

从物质空间属性来看，这类地区配套服务设施完善的同时开发建设强度相对较大。而从社会角度而言，这类地区由于经济水平较高，社会能力相对更强，应急救援资源较为充裕，但同时人口分布密集。因此，即使适应性社会弹性已达到高水平，其社会需求仍然呈现出较高水平。

（5）城市空间应灾弹性的优化设计决策

从上述风险单元中归纳提取出四个物质空间属性指标及五个社会空间属性指标，以探索洪涝灾害下面临不同风险的城市空间的一般模式，为其他城市提高雨洪韧性提供参考（表5-4）。

物质空间属性及社会属性评价指标　　表5-4

物质空间属性	社会属性
水网密集程度	邻里关系紧密度
开发强度	受教育程度
配套服务设施完备程度	安置房数量
路网密集程度	常住人口密度
	社会经济水平

首先总结出低风险地区理想模式：具有社会经济水平较高，居民受教育程度高且邻里关系紧密，常住人口密度适中的社会属性和具有配套服务设施完备、路网密集、水网及开发强度适宜的地区，遭遇洪涝时灾害风险较低（图5-22）。

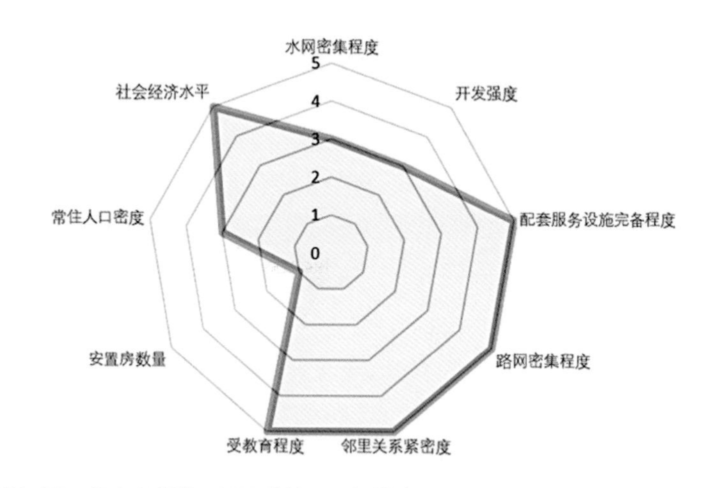

图5-22　高应灾弹性，低风险地区理想模式

总结其余各模式指标雷达图，明确各模式城市特点及面临风险等级，并与理想低风险模式雷达图（红色区域）对比，作出设计决策。

模式一：应灾弹性高，面临风险较低。主要为以家属大院等为主，邻里关系紧密且配套设施相对完善的地区。在设计决策上，应延续良好的邻里氛围，维护熟人社会关系；进一步提升完善周边配套服务设施水平。

模式二：应灾弹性低，面临高风险。主要为以安置房较多，周边水网密集，开发建设尚不完善的地区为主。在设计决策上，应加强安置房居民社会服务建设，重建社会关系增强其适应能力；完善周边配套服务设施建设。

模式三：应灾弹性低，面临高风险。主要为近郊乡村地区，邻里关系紧密，但居民受教育程度较低，开发强度及人口密度都处于较低水平。在设计决策上，提升基础配套服务建设，吸引青年人群回流，进一步提升乡村社会经济水平。

模式四：应灾弹性低，面临高风险。主要为新建产业园周边地区，常住人口数量较少邻里关系疏远，周边城市建设尚未完备。在设计决策上，吸引产业园高素质人才就近居住；加强邻里社会关系建设；加速完善周边配套服务设施。

模式五：应灾弹性较低，面临风险较高。主要为城市建设相对成熟的地区，常住人口密度及城市开发强度，配套服务设施均处于中上水平。在设计决策上，应延续和提升邻里氛围及居民受教育程度；进一步提升完善周边配套服务设施水平。

模式六：应灾弹性较低，面临潜在风险。主要为城市中心区；常住人口密度及开发强度、社会经济水平均处于较高水平；配套服务设施集中且路网密度较高。在设计决策上，应适当疏解人口密度；提升邻里关系；在灾害过程中进行动态监测，针对具体需求救援（图5-23）。

2. 模型应用案例可视化表达

利用ArcScene建立社交媒体数据空间分布3D可视化模型，直观地将各类求助、救援信息，及公众情绪的变化反映在空间上（图5-24）。未来可用于实时监测洪水灾害下各地区社会需求变化情况，便于作出救援决策。

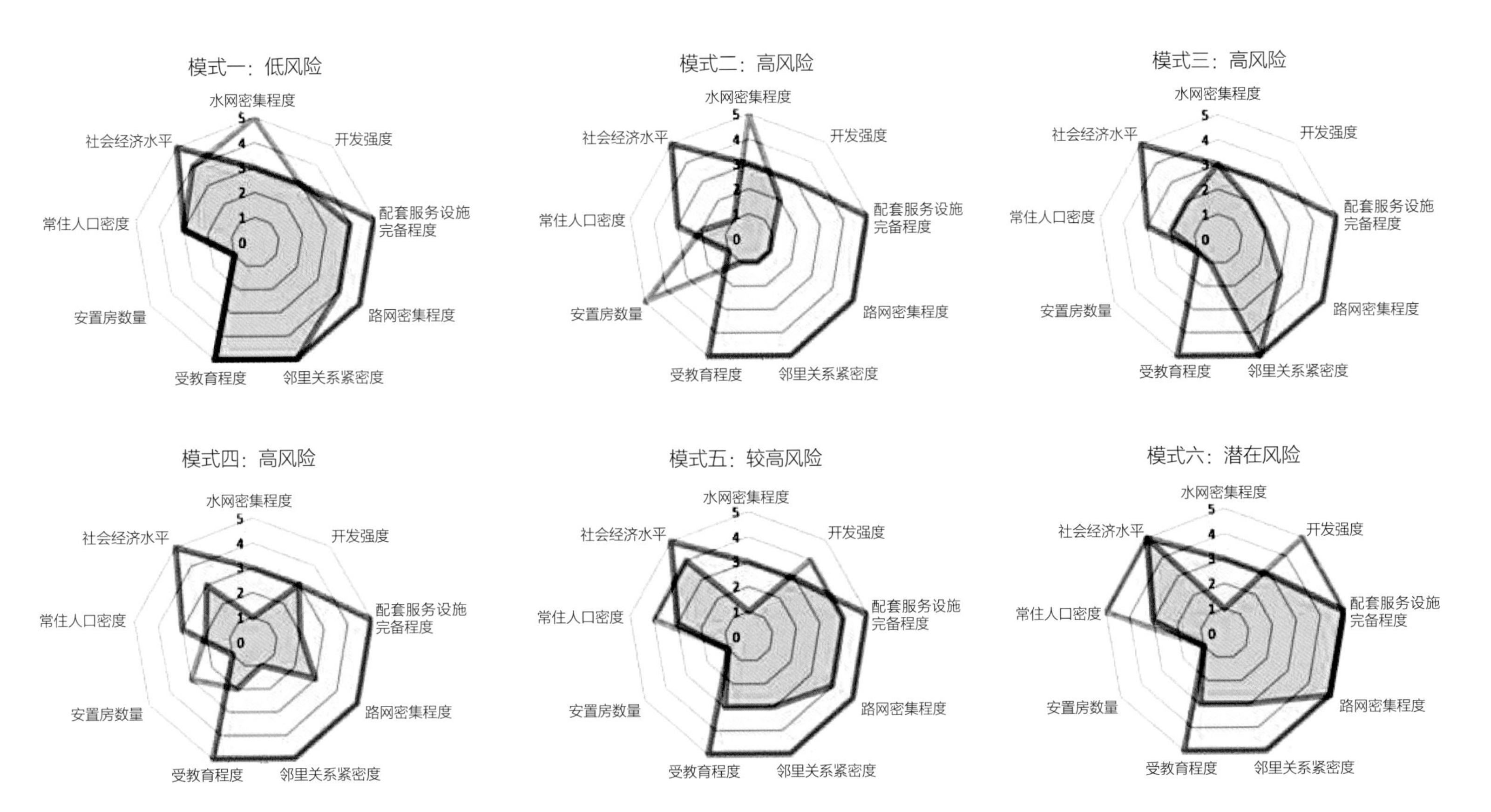

图5-23　不同应灾弹性与风险下物质空间属性与社会属性雷达图

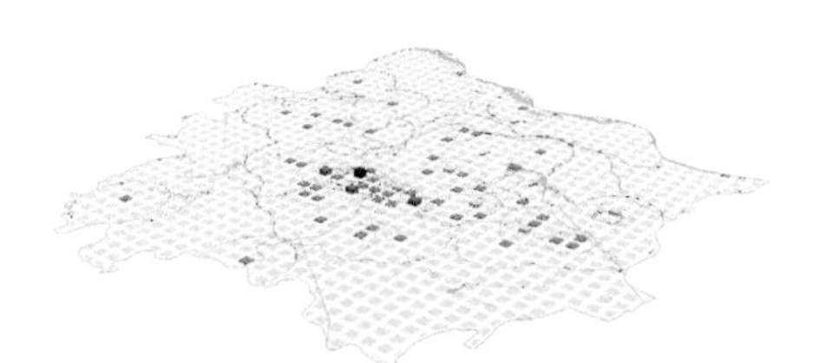
7月20日 求助信息数量可视化

7月23日 求助信息数量可视化

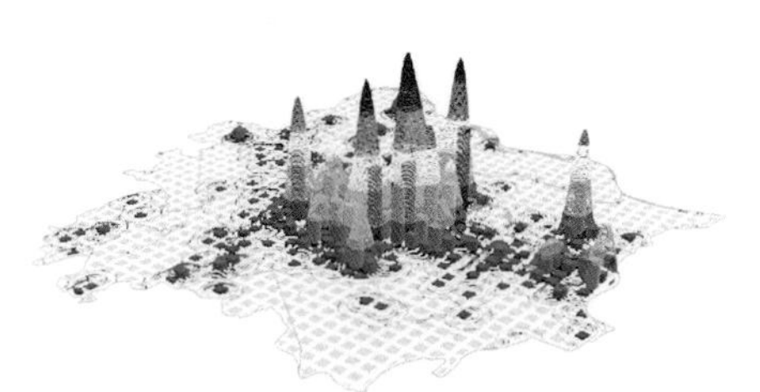
7月26日 求助信息数量可视化

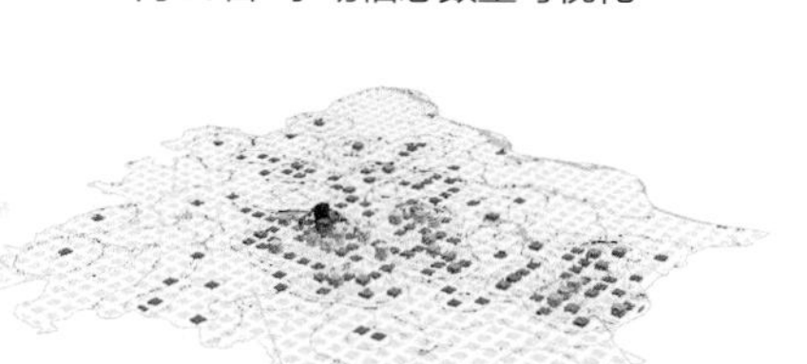
7月21日 求助信息数量可视化

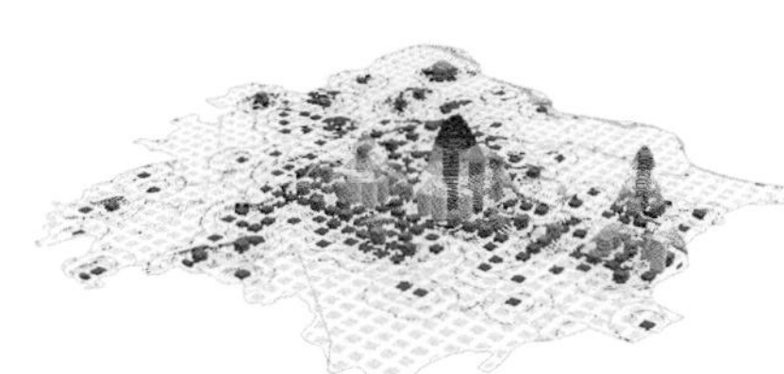
7月24日 求助信息数量可视化

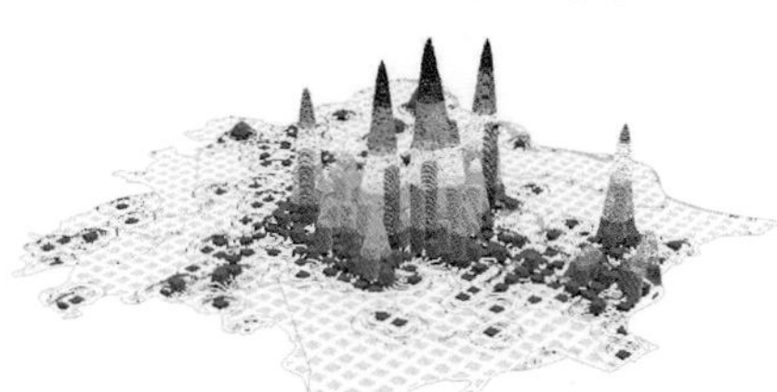
7月27日 求助信息数量可视化

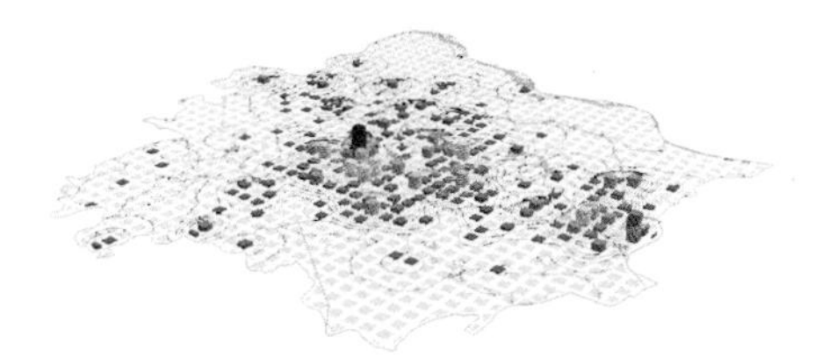
7月22日 求助信息数量可视化

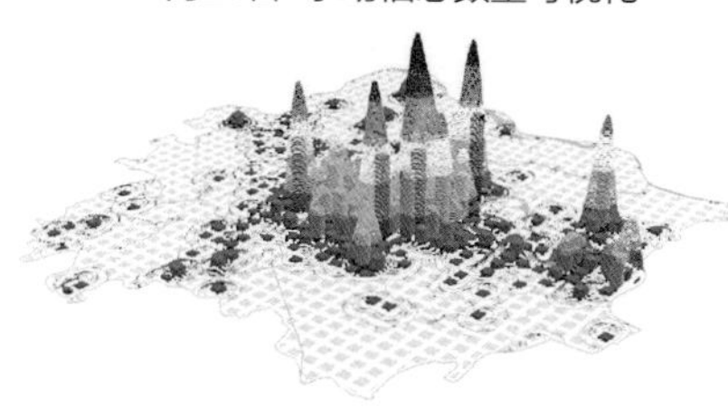
7月25日 求助信息数量可视化

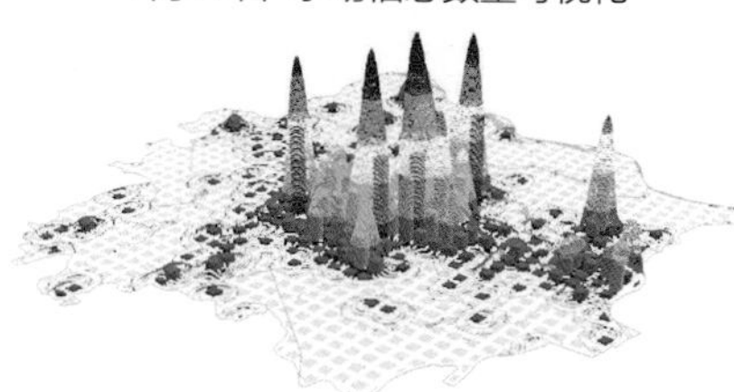
7月28日 求助信息数量可视化

图5-24 3D可视化模型

六、研究总结

1. 模型设计的特点

本模型创新点在于：

（1）社交媒体数据的运用：运用社交媒体数据构建了社会响应—需求指标体系。

（2）从社会响应视角看灾害应对：灾害来临时的危险期间，人们的感受和行为变化通常不会被官方所记录捕获。而以社交媒体数据为媒介，能反映出灾情发展过程中居民真实需求的变化特征。

（3）将社会需求与城市空间对应分析：通过探究社会需求与城市空间特征之间的关系，实现提升洪涝灾害下城市空间应灾弹性的落地决策引导。

2. 应用方向或应用前景

本模型的应用前景可体现在三个维度：

（1）社会响应—需求指标构建：本研究所构建的雨洪灾害下社交媒体数据分类及处理方法框架；以及基于雨洪内涝背景建立的情感词典，能够进行推广应用，以运用社交媒体数据构建社会响应—需求指标体系。

（2）社会需求预测：本次探究城市空间与社会需求变化影响所运用的SCA-HPA（逐步聚类分析-层次划分分析）方法，能够借助城市空间特征数据，在灾害发生前，预测该地区雨洪灾害中的社会需求，辅助进行预警、救援决策。

（3）基于雨洪韧性提升的城市空间设计决策：运用本研究提出的计算适应性社会弹性与社会需求间协调程度的方法，进行城市应灾弹性风险空间识别，从而帮助相关部门针对各类风险脆弱空间采取优化措施，优化城市更新过程中雨洪适灾弹性提升路径（图6-1）。

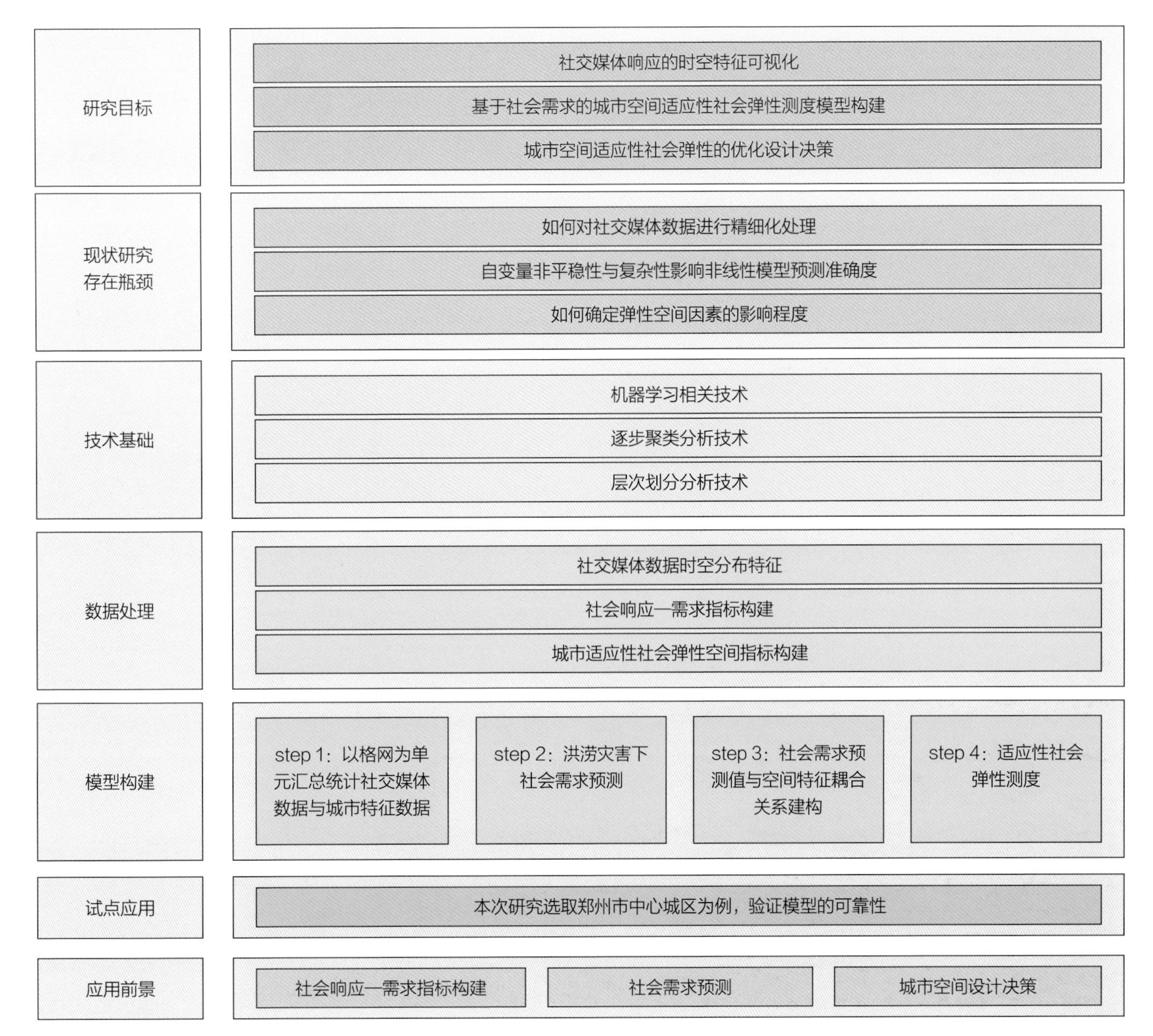
研究目标
社交媒体响应的时空特征可视化
基于社会需求的城市空间适应性社会弹性测度模型构建
城市空间适应性社会弹性的优化设计决策
现状研究
存在瓶颈
如何对社交媒体数据进行精细化处理
自变量非平稳性与复杂性影响非线性模型预测准确度
如何确定弹性空间因素的影响程度
技术基础
机器学习相关技术
逐步聚类分析技术
层次划分分析技术
数据处理
社交媒体数据时空分布特征
社会响应—需求指标构建
城市适应性社会弹性空间指标构建
模型构建
step 1：以格网为单元汇总统计社交媒体数据与城市特征数据
step 2：洪涝灾害下社会需求预测
step 3：社会需求预测值与空间特征耦合关系建构
step 4：适应性社会弹性测度
试点应用
本次研究选取郑州市中心城区为例，验证模型的可靠性
应用前景
社会响应—需求指标构建
社会需求预测
城市空间设计决策

图6-1　研究流程总结

顾及公众情绪的城市骑行空间友好度评价及选线优化研究

工 作 单 位：湖南省建筑设计院集团股份有限公司、武汉大学城市规划学院

报 名 主 题：面向高质量发展的城市综合治理主题

研 究 议 题：城市品质提升与生活圈建设

技术关键词：时空分析、深度学习 、人机对抗

参　赛　人：方立波、游想、胡鹏亮、肖勇、孙昱、段献

参赛人简介：参赛团队来自湖南省建筑设计院集团股份有限公司和武汉大学，包含城市规划、地理信息科学、计算机等专业背景，长期致力于大数据和人工智能技术在规划辅助决策及仿真模拟等方向上的应用。在核心期刊上发表多篇学术文章，取得多项软件著作权。团队曾获第四届“城垣杯·规划决策支持模型设计大赛”三等奖。

一、研究问题

1. 研究背景及目的意义

“双碳”背景下，骑行作为一种低碳的出行方式，越来越受到公众的推崇；同时，随着健康城市理念深入人心，骑行作为一种适度的体力活动，也越来越得到公众的青睐。伴随着共享单车在城市中的推广应用，城市中骑行活动的数量呈现爆发式的增长，这就对城市的骑行空间提出了较高的要求和挑战。

当前，城市骑行空间的打造主要是依托城市的绿道规划，而城市绿道的规划多采用自上而下的分析视角，多借助物理空间的静态指标进行评估，较少考虑人本视角中，对人的情绪的感知分析。且当下的绿道规划主要以生态休闲、带动消费等方面的目标为主导，缺乏以交通出行为主导的绿道规划。

基于此，此次研究提出“顾及公众情绪的城市骑行空间友好度评价及选线优化研究”，旨在通过“人机对抗—迭代反馈”的方法，模拟人的情绪感知，再结合公众的真实骑行需求，提取城市中潜在的优质骑行空间网络，为城市骑行空间的决策选线提供指导。在公众最需要的地方提供最怡人的骑行空间，以最大化地满足公众的骑行需求。

2. 研究目标及拟解决的问题

本研究拟提出一种能顾及公众情绪的骑行友好度评价框架，同时能从共享单车大数据中挖掘出公众骑行的真实需求，并能以“资源—需求”供需匹配最优为约束条件，生成最合适的骑行绿道选线方案。以下几个问题需重点剖析：

（1）如何界定城市骑行空间友好度

骑行友好度是用来描述骑行友好程度的专业表述。从狭义上理解，骑行友好度反映与骑行交通相关的物质建成空间的环境质量，仅体现骑行交通与建成环境之间的关系；从广义上来说，骑行友好度是体现环境与骑行者行为感知和体验的相互关系。本文从人的情绪感知角度给友好度加以限定。

（2）如何快速、高效地收集公众的情绪倾向

相较于传统的指标体系构建的评价方法，本文将公众对街景图像产生的对城市骑行空间的感知情绪作为评价结果。那么如何高效快速准确地收集公众的情绪倾向是关键。

（3）如何挖掘公众真实的骑行需求

本文拟从共享单车数据挖掘出骑行出行特征，反映出行的真实需求。这样需对共享单车数据进行清洗，剔除非骑行行为产生的脏数据。同时，要能准确识别骑行出行的OD热点区域；对骑行轨迹数据进行地图匹配，保证轨迹能准确地映射到路网，方便统计路段的骑行频次。

（4）如何提升骑行空间友好度

从供需匹配的角度出发，在串联骑行热点的同时，尽可能将骑行友好度高且骑行频次高的路线并入路网，这样在线路改造时工程量最少。

二、研究方法

1. 理论依据及研究方法

本文基于以下几方面的理论基础，结合研究对象的时空尺度，充分发挥时空大数据的优势，提出一套顾及公众情绪的城市骑行空间友好度评价及选线优化的方法。该方法体现了“公众参与—自下而上—供需匹配”的规划理念。具体的理论依据和技术方法介绍如下。

（1）街道城市主义

街道城市主义是由龙瀛提出的一种新数据环境下城市研究和规划设计的新思路。街道城市主义是以街道为单元的城市空间分析、统计和模拟的框架体系，寻求在结合空间活动观察统计方法、新数据交叉验证与设想发散方式的同时，积累大模型的样本体系，建立精细化设计案例和量化实证方法，以此来强化精细化研究方法对空间行为的分析，最终探求街道相关社会活动形成的理论机制。在这一套研究框架中，一方面从认识论层面，提出城市研究的视角由网格到地块到街道的转变。另一方面，从方法论的层面提出了街道研究的基本方法、手段、逻辑和过程。

街道城市主义指导下的城市量化研究在空间尺度上发生明显的转变。以往的研究局限于传统的调查数据和经验技术，研究覆盖的范围和精度往往难以两全。从小范围高精度转变为大范围低精度，而街道城市主义下的研究空间尺度聚焦于大范围高精度。精细到城市的各条街道，同时又从整个城市甚至区域、全国、全球的尺度来大范围量化研究。

在本文中，街道城市主义在评价模型构建时为如何体现模型的多尺度、高精度提供一个研究基调。同时，对评价模型所采用的数据在数据体量和粒度等方面所具有的必要性提供依据。

（2）社会感知理论

2016年有学者提出了“社会感知（social sensing）”概念及研究框架，指出社会感知是指借助于各类海量时空数据研究人类时空行为特征，进而揭示社会经济现象的时空分布、联系及过程的理论和方法。社会感知研究框架包括“人—地—时”三个基本要素。在“人”的方面，通过社会感知数据对人的移动轨迹、社交关系及情感认知等人的行为模式进行感知；在“地”的方面，基于群体的行为特征揭示空间要素的分布格局、空间单元之间的交互场所情感与语义；在“时”的方面，则强调对地理过程的演变规律规则的发现（图2-1）。

社会感知研究框架从“场所—交互—过程”三个角度对基于社会感知数据的“人地关系”进行多维度的探索，包括场所感知、交互感知和过程感知。在该研究框架中指出，场所是表达空间格局分异的基础，而场所之间的差异是交互的基础，并且两者都随时间发生演变，表达了不同的地理过程。其中，对场所的感知分为物质空间视角（形状、距离等）和人的主观视角（人的情感、体验等）。

本文中的骑行行为，按照行为过程来讲，可以分为骑行前（找车）、骑行中（用车）、骑行后（还车）三个阶段；从对象要素来分，可分为单车自身、使用主体、骑行环境三类。

本文从“人地关系”角度出发，骑行友好度定义为公众（行为主体）在复杂的城市空间（场所）进行骑行行为（交互）所产生的情感认知。它是行为主体经过地理空间认知过程得到的主观评价。

（3）地理空间认知理论

随着GIS的广泛应用及地理信息科学的发展，地理空间认知作为地理信息科学的一个重要的研究领域得到广泛重视。作为认知科学在地理信息科学中的应用，地理空间认知是在认知科学研究成果在地理学科上的特殊化研究。在国内，从20世纪90年代初开始，对地理空间认知的研究力度逐渐加大，这些年来也取得了丰硕成果。有些学者将地理空间认知定义为人类对地理空间的理解、分析与决策，包括地理知觉、地理表象、地理概念化、地理知识的心理表征和地理空间推理，涉及地理知识的获取、存储和使用。有研究从对不同空间模式的对比出发，结合认知科学与地理科学有关研究成果，将空间地理表现形式分为感知空间、认知空间和符号空间，且不同的空间形式对应着不同的空间认知方式，从认知空间的形式和认知方式的差异性，将地理空间认知模式归纳为空间特征感知、空间对象认知、空间格局认知三个层次。

人对骑行空间的认知情绪同样具有层次性，即存在对一棵树、一辆车、一个路牌等单个特征要素的感知；对所在街道空间整个视野范围的对象认知；基于抽象符号的空间格局认知。另外，对骑行空间进行地理空间认知也是经历了对地理信息的知觉、编码、存储、记忆和解码等一系列心理过程。

2. 技术路线及关键技术

（1）研究框架及主要内容

相较于通过构建评价指标体系等方法，本文搭建一种基于“人机对抗—迭代反馈”机制的打分平台，通过网络众包方式邀请志愿者面对给出的街景图像直接赋分，训练得到稳定的评分模型，从而快速获得整个研究区街道尺度的骑行友好度评分数据集。在此基础上，通过对共享单车数据进行出行链重构，针对出行OD数据，提取出骑行热点；同时，用骑行轨迹数据与路网进行地图匹配，得到骑行线路利用率。基于包含了骑行友好度和骑行线路利用率属性的路网，以提取的骑行热点为起终点，使用最短路径规划算法，得到在全局最优和局部最优两种情景下的骑行路网选线方案。

研究技术框架如图2-2所示，其中研究的主要内容有以下几个方面：

骑行友好度评价：搭建一种基于“人机对抗—迭代反馈”机制的打分平台，通过网络众包方式邀请志愿者面对给出的街景图像直接赋分，训练得到稳定的评分模型，从而快速获得整个研究区街道尺度的骑行友好度评分数据集。

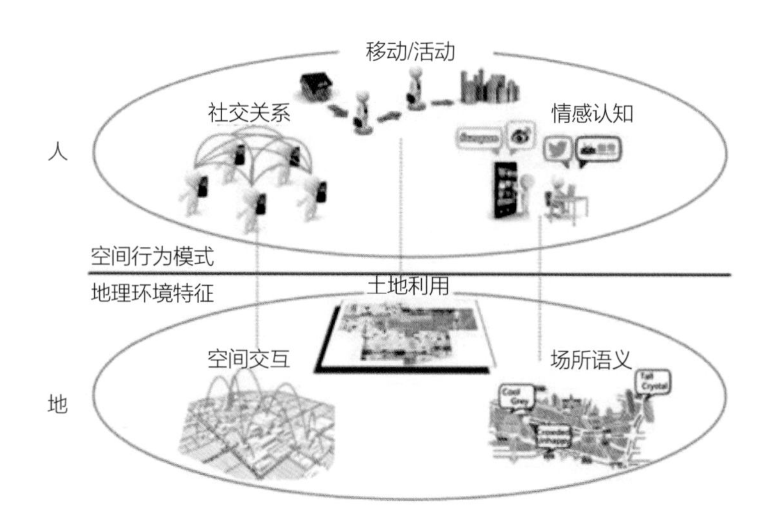

图2-1 “社会感知”研究框架

骑行出行需求分析：对共享单车数据进行出行链重构，针对出行OD数据，提取出骑行热点；同时，用骑行轨迹数据与路网进行地图匹配，得到骑行线路利用率。

骑行绿道选线优化：基于包含了骑行友好度和骑行线路利用率属性的路网，以提取的骑行热点为起终点，使用最短路径规划算法，得到在全局最优和局部最优两种情景下的骑行路网选线方案。

（2）关键技术说明

图像语义分割技术：本文用到的是PSPNet图像分割模型，该模型的核心是全局金字塔池化模块：Pyramid Pooling Module（一个不同尺度的pooling模块），其能够融合不同尺度的上下文信息，提高获取全局特征信息的能力，增加了模型的表现力。

内嵌随机森林的“人机对抗—迭代反馈”打分机制：在机器学习中，随机森林是一个包含多个决策树的分类器，其输出的类别是由个别树输出的类别的众数而定。其实从直观角度来解释，每棵决策树都是一个分类器（假设现在针对的是分类问题），那么对于一个输入样本，N棵树会有N个分类结果。而随机森林集成了所有的分类投票结果，将投票次数最多的类别指定为最终的输出。

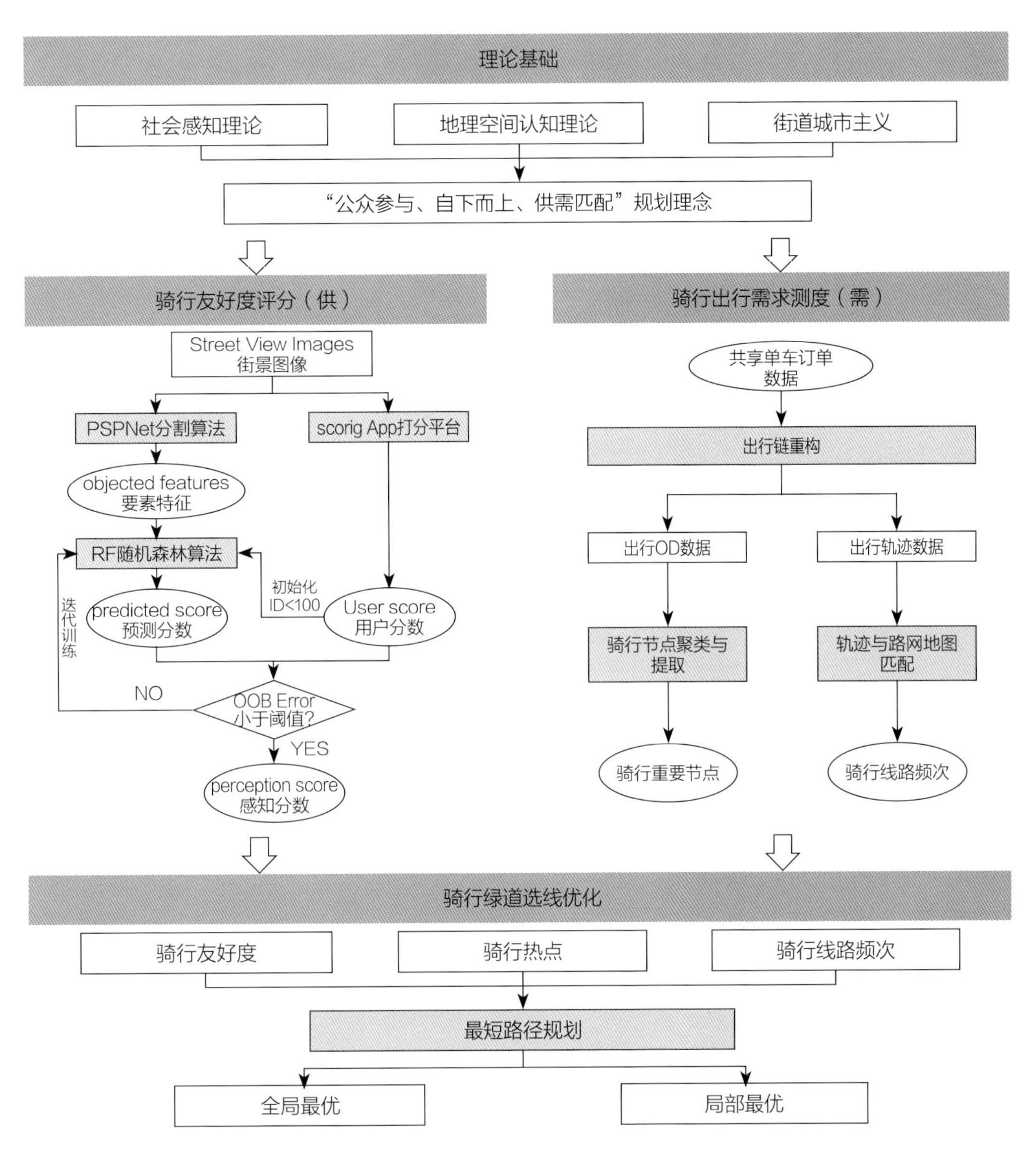

图2-2　研究技术路线图

多源数据融合技术：大数据时代的到来，也让通过获取、整合和分析在“人—环境—城市”系统中产生的多源异构大数据来解决城市面临的挑战的研究范式，成为城市计算和城市量化研究的新趋势。多源异构数据融合技术研发出来的目的是将各种不同的数据信息进行综合，吸取不同数据源的特点然后从中提取出统一的，比单一数据更好、更丰富的信息。

地图匹配技术：地图匹配定位技术是指将轨迹的经纬度采样序列与高精度地图路网匹配的过程。地图匹配定位技术将定位信息与高精度地图提供的道路位置信息进行比较，并采用适当算法确定轨迹当前的行驶路段以及在路段中的准确位置，校正定位误差。本文采用基于隐马尔科夫模型（HMM）的地图匹配技术，将一段段骑行轨迹较为准确地映射到道路上，继而统计每个路段的骑行频次。

路径规划技术：本文采用荷兰计算机科学家迪杰斯特拉于1959年提出的Dijkstra路径规划算法。它是从一个顶点到其余各顶点的最短路径算法，解决的是有权图中最短路径问题。迪杰斯特拉算法主要特点是从起始点开始，采用贪心算法的策略，每次遍历到始点距离最近且未访问过的顶点的邻接节点，直到扩展到终点为止。

三、数据说明

1. 数据内容及类型

本文使用共享单车订单和轨迹数据进行城市骑行行为时空特征分析。同时，作为骑行轨迹与路网进行道路匹配，得到不同路网的骑行频次；使用OD数据提取出骑行需求热点。在“人机对抗—迭代反馈”的打分机制中使用百度地图街景数据作为城市骑行空间的现实映射，来获取志愿者的友好度情绪值。

数据属性字段说明如表3-1所示。

使用数据属性说明　　表3-1

数据名称	数据来源	数据格式	数量	坐标系	时间
订单数据	数字中国竞赛官网	csv	2000W	WGS84	2021.12.21-12.25
轨迹数据	数字中国竞赛官网	csv	2000w	WGS84	2021.12.21-12.25
高德路网	高德地图	shp	3220	GCJ02	2021.2
百度街景图像	百度地图	png	33776	BD09	2019-2020

2. 数据预处理

（1）共享单车数据处理（图3-1）

订单OD数据处理。处理后数据格式如表3-2所示。一行记录为一次完整的OD记录。首先根据经纬度去重，计算OD直线距离、骑行时间等字段。保留同时满足以下条件的记录：骑行距离在300～6 000m；骑行时间在2～60min；骑行速度在10m/s以内。

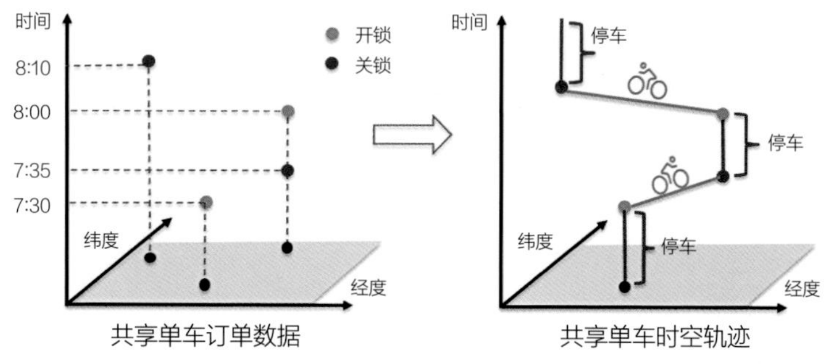

图3-1　共享单车数据处理示意图

OD记录字段说明　　表3-2

	id	slat	slon	stime	sdate	elat	elon	etime	edate	ride_time	distance	speed
266388	a4ff3f5225bce02014d33e4e64b38336	24.468533	118.085375	2020-12-25 07:00:58	2020-12-25	24.468533	118.085376	2020-12-25 07:01:28	2020-12-25	30.0	0.10	0.003333
43589	a5b6931147a3cb3cdecb6a9d0f1cf5db	24.474697	118.155095	2020-12-21 07:48:29	2020-12-21	24.474697	118.155094	2020-12-21 07:56:35	2020-12-21	486.0	0.10	0.000206
130320	2551f47d103675e3461aee2410ea895c	24.498455	118.114513	2020-12-22 08:48:47	2020-12-22	24.498455	118.114514	2020-12-22 08:55:40	2020-12-22	413.0	0.10	0.000242

轨迹数据字段说明　　表3-3

	id	time1	lat	lon	source	time2	date	day	time	hour	lineID	distance	ride_time
0	efdf62549732f4d75fb911dccffc044f	2020-12-21 06:00:12	24.521047	118.161504	CSXZGLZFJ	2020-12-21 06:00:12	2020-12-21	21.0	06:00:12	6.0	0	37.43	15.0
1	efdf62549732f4d75fb911dccffc044f	2020-12-21 06:00:27	24.520763	118.161702	CSXZGLZFJ	2020-12-21 06:00:27	2020-12-21	320	06:00:27	6.0	0	54.99	15.0

按以下步骤进行处理（表3-3）：

第一步：按单车编号聚合每天骑行轨迹点，然后根据前后间隔时间将轨迹分段；

第二步：给轨迹点按轨迹编号，同一条上的点编号相同；

第三步：计算同一轨迹前后两点距离；

第四步：计算同一条线上前后两点的时间；

第五步：保留骑行距离在300～6 000m；骑行时间在2～60min；骑行速度在10m/s内的记录；

第六步：同一轨迹线上的点依次编号；

第七步：点与线的匹配；

第八步：最后得到轨迹点和轨迹线数据。

（2）地图匹配

对骑行轨迹和路网进行地图匹配。分析每条轨迹对应的路段，从而获得路段的骑行频次。

（3）百度街景数据

街景图像作为大数据时代背景下一种典型的开源大数据具有的空间地理位置属性，对街道尺度的建成环境具有表征作用。张丽英等通过对不同数据源之间的对比分析，归纳总结了街景图像在城市环境评价中的优势。在MIT “Place Pulse” 项目中，通过网络众包方式，创建了带城市情感感知标签的城市街景图像数据集。基于此项目数据集，通过研究使用场景理解算法，得到 “Street Score”，并创建21个城市的安全感知地图。

①百度街景数据获取

使用百度地图开放的全景静态图的web服务调用API接口（http://api.map.baidu.com/panorama/v2?Ak＝yourkey&width＝512&height＝512&location＝116.313 393,40.04778&fov＝90&heading＝90&pitch＝0），在网络传输街景图像过程中，通过网络爬虫收集街景图像。相关参数如表3-4所示。路网数据则使用矢量路网数据，经过道路筛选、简化、提取中心线、拓扑检查等操作，处理成互联互通的具有拓扑结构的道路中心线。街景图像通过百度地图开放的全景静态图API接口，基于处理好的路网间隔取点，使用网络爬虫收集街景图像（图3-2）。

相关参数设置如下表　　表3-4

参数定义	参数含义描述	数据格式示例
Width	图片宽度	512px
Height	图片高度	512px
Location	全景位置点坐标	（116.362977,39.926526）
Heading	水平视角	0°，90°，180°，270°
Pitch	垂直视角	0°
Fov	水平方向范围	90°
Pano	街景点代号	10081047130307142543700
Key	百度地图开发者密钥	I2DBZ-F2NRS-KQZOH-6ZIDE-DMH6S-HMFPQ

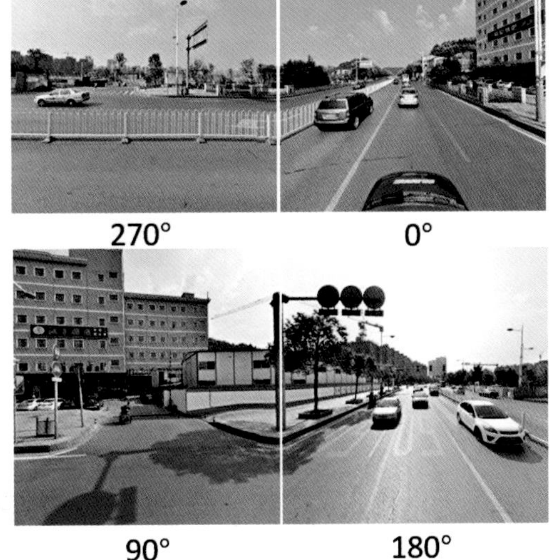

图3-2　街景数据采集示意图

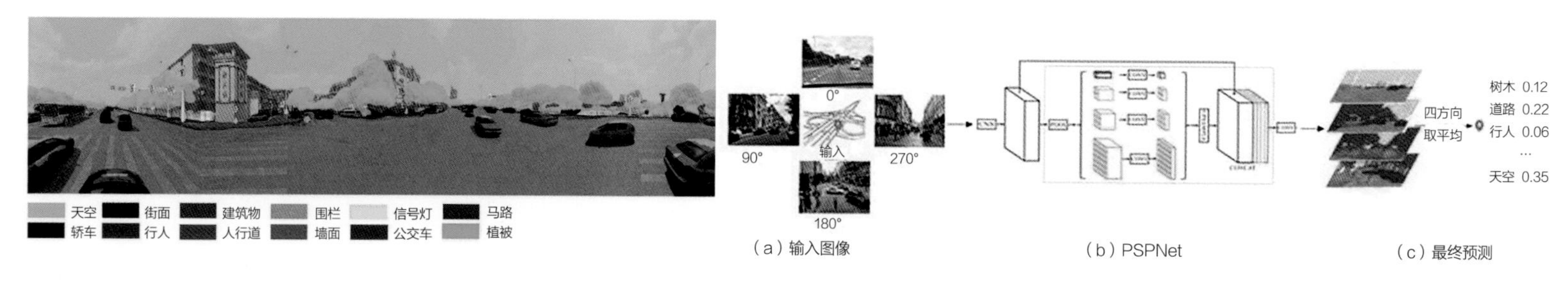

图3-3 街景数据语义分割示意

②百度街景数据语义分割

采用PSPNet模型对每个采集点前后左右四张街景图像进行要素级语义分割，取均值得到每个采集点的19类地物要素占比（图3-3）。

四、模型算法

1. 模型算法流程及相关数学公式

（1）顾及公众情绪的骑行空间友好度评价模型

本文引入一种新颖的“人机对抗—迭代反馈”评分方法。该方法基于街景图像，在人机交互打分的过程中采用深度学习技术和迭代反馈机制，旨在快速有效地评估某个区域的城市骑行空间视觉感知状况。其技术路线如图4-1所示。

基于街景图像的城市视觉环境感知评价主要分为三个步骤：

步骤1：采用PSPNet模型对街景图像进行要素级语义分割；

步骤2：使用嵌入随机森林算法迭代和“人机对抗”机制Web平台打分，获得情感感知得分的数据集；

步骤3：情感感知得分结果的分析与可视化。

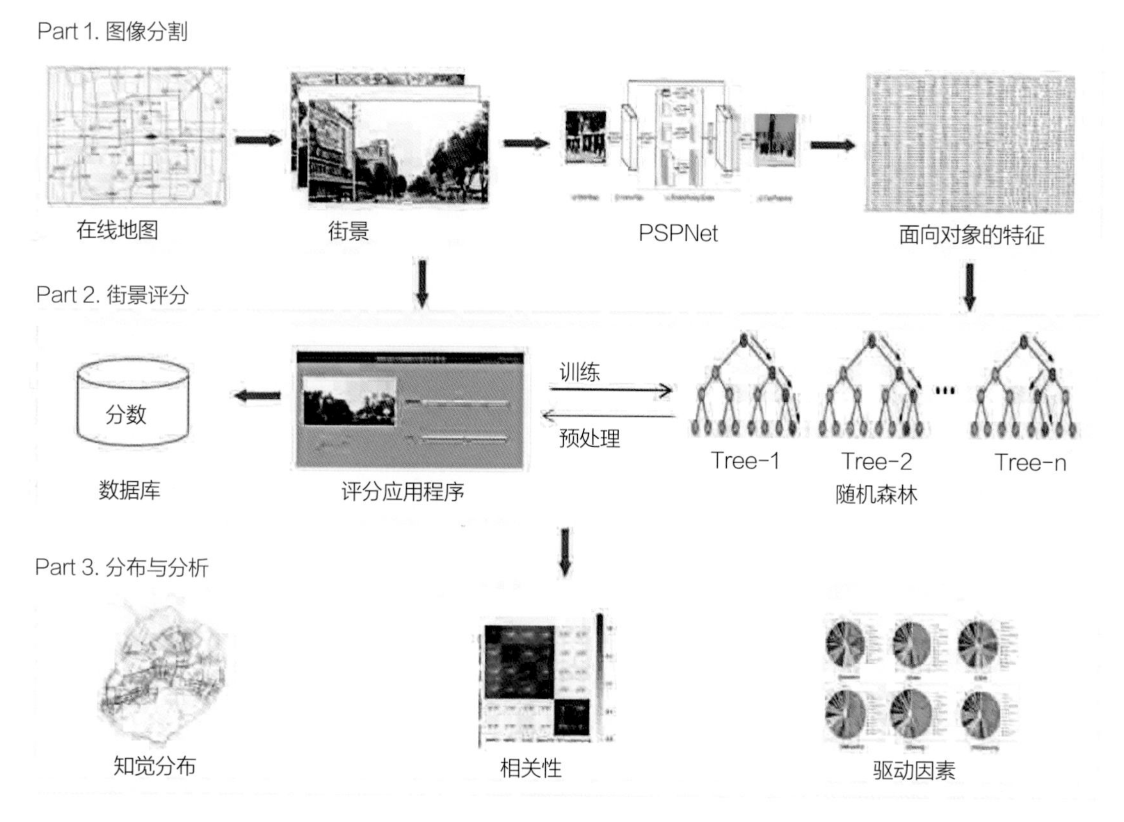

图4-1 视觉感知维度评价流程

（2）城市骑行空间选线优化模型

调用Python语言Networkx包中的all_pairs_dijkstra_path算法循环得到选中的重要节点两两之间的最短加权路径。其中Dijkstra算法是从一个顶点到其余各顶点的最短路径（单源最短路径）算法，解决的是有向图中最短路径问题。算法的主要特点是使用了广度优先搜索策略，以起始点为中心向外层层扩展，直到扩展到终点为止（图4–2）。

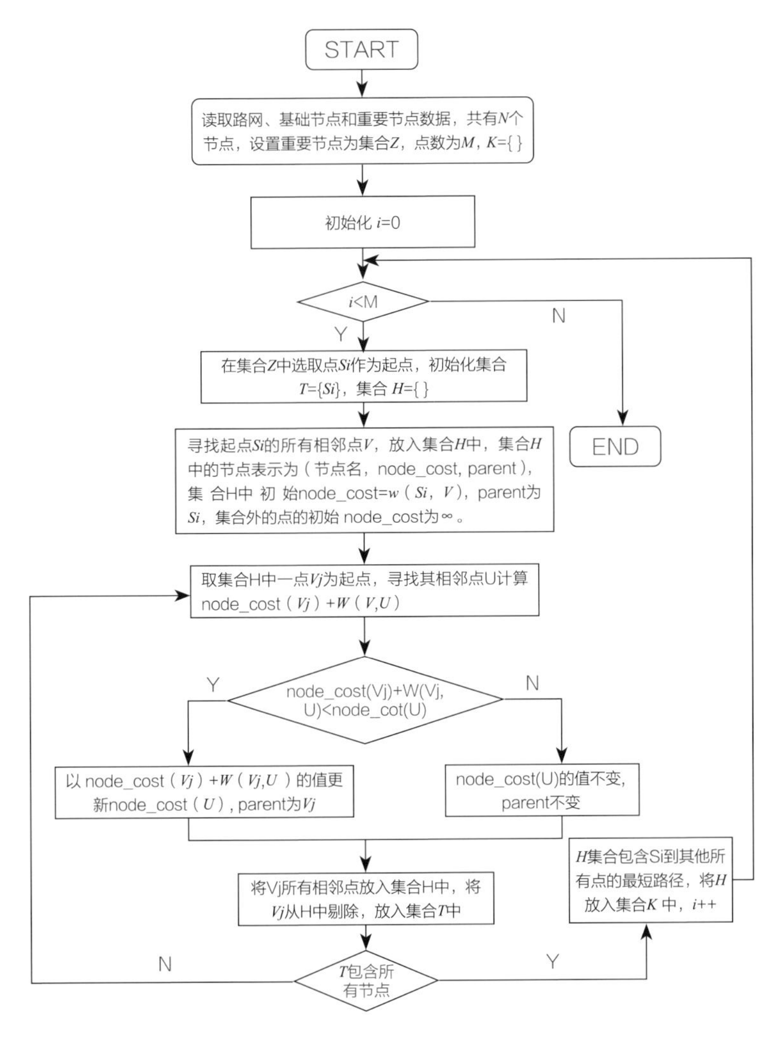

图4–2　选线技术示意

2. 模型算法相关支撑技术

开发环境：Windows10；

数据研发：Python；

打分平台：前端JavaScript，后台使用Java，服务器tomcat；

数据库：Mysql数据库。

五、实践案例

1. 模型应用实证及结果解读

本文以厦门岛为例，对模型实用性进行验证。

（1）友好度评分结果

本次研究共要求了30名志愿者，对4 000张街景图像进行骑行友好度打分。再训练得到稳定模型后，再预测得到整个区域的评分数据集。基于公众参与得到街道友好度评分，分析得知街道的平均友好度得分为0.48（0～1），其中约57%长度的道路得分在60分以上（图5–1，图5–2）。

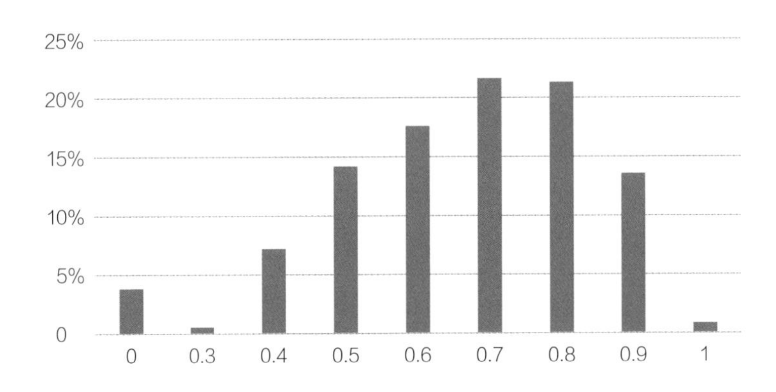

图5–1　道路得分长度占比

图5–2　街道友好度得分

（2）骑行热点和轨迹频次结果（图5-3，图5-4）

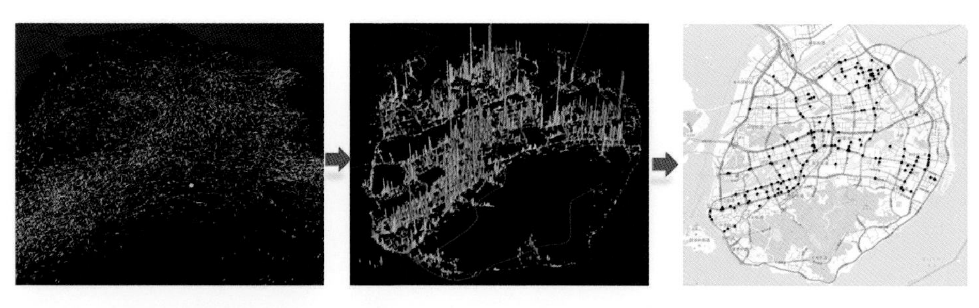
图5-3 基于OD数据的骑行热点提取

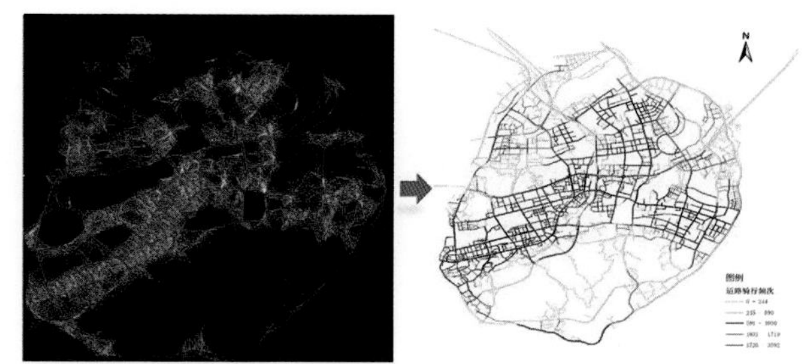
图5-4 基于轨迹数据的骑行路线频次统计

（3）友好度—骑行频次耦合分析

本实验对友好度和骑行频次按照高低划分，划分的依据是各自的平均值，共有四种情况，即友好度高，骑行频次高；友好度高，骑行频次低；友好度低，骑行频次高；友好度低，骑行频次低（图5-5）。

2. 模型应用案例可视化表达

以骑行热点为绿道建设需联通的重要节点。采用熵权法求得骑行频次与友好度的权重，加权得道路权重。以重要节点和加权道路为输入，利用绿道选线模型得出全局最优骑行绿道选线方案（图5-6）。

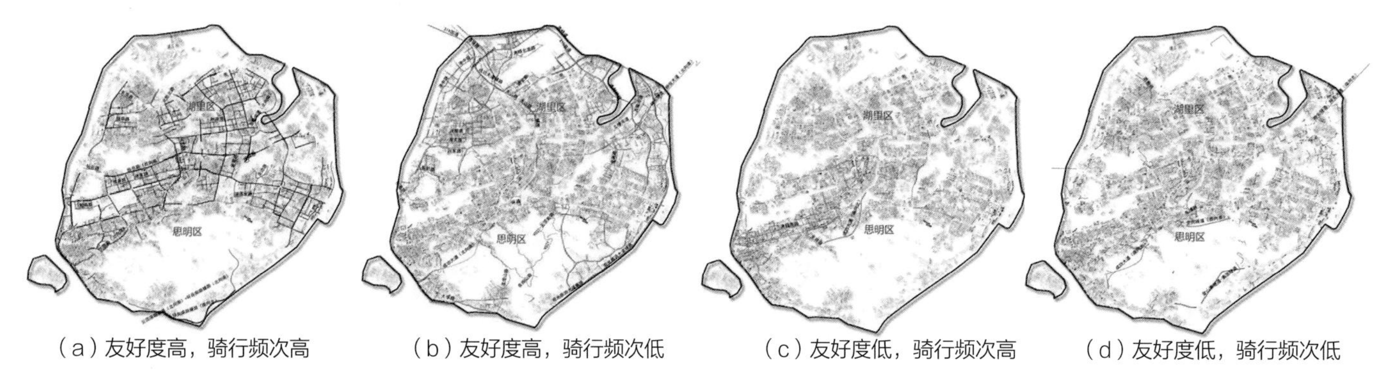

（a）友好度高，骑行频次高　（b）友好度高，骑行频次低　（c）友好度低，骑行频次高　（d）友好度低，骑行频次低

图5-5 友好度得分与骑行频次耦合分析

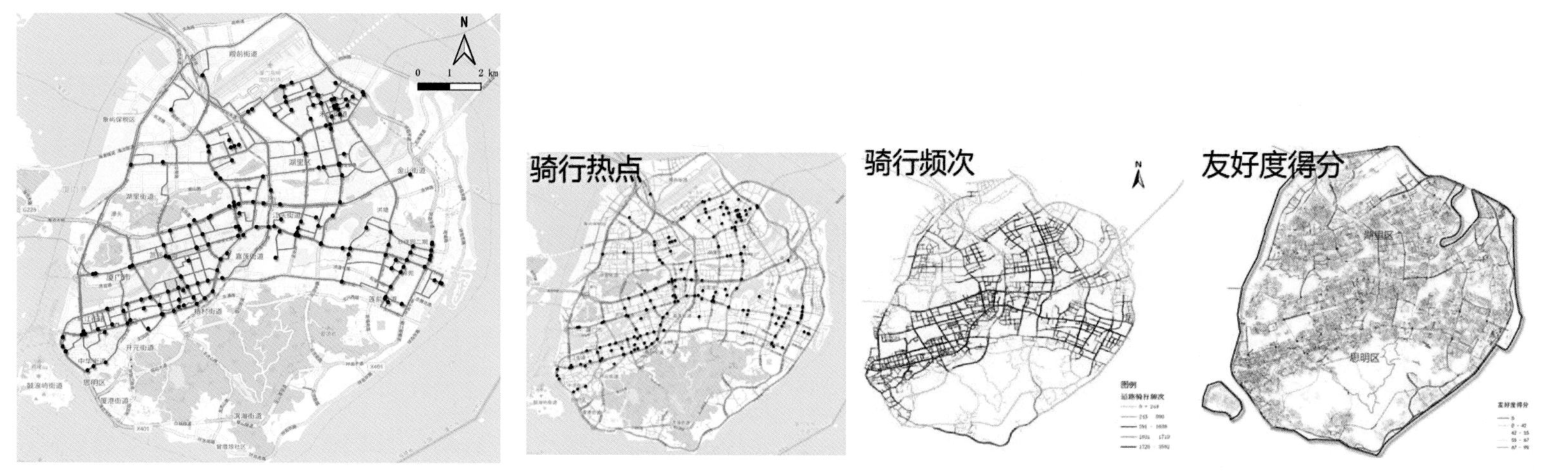

图5-6 选线模拟结果

六、研究总结

1. 模型设计的特点

本文“人地关系”理论出发，基于公众参与理念和社会感知研究框架，通过将共享单车轨迹、百度街景等网络开源大数据的有效融合，对厦门岛进行城市骑行出行特征分析及骑行友好度评价。该方法具有“低成本、广覆盖、主客观、可参与、长积累”等特点。研究主要创新点如下：

（1）模型设计理念。基于“人本主义、公众参与”理念提出一种基于“人机对抗—迭代反馈”机制的骑行友好度评分方法。能快速、高效地收集公众基于街景图像对城市骑行空间的友好度感知情绪。

（2）模型数据支撑。基于真实且大样本的个体骑行出行行为数据，提取骑行热点和高频路段，渗透了“自下而上”的规划理念，发挥数据支撑决策的优势。

（3）模型实用性。提出一种资源约束条件下的智能化绿道选线方法，为绿道布局方案的确立提供科学、明确的技术依据，且考虑全局最优和局部最优两种情景。

2. 应用方向+应用前景

（1）一种顾及公众情绪的骑行路径规划导航算法

现有地图服务商，如百度地图、高德地图、腾讯地图等，无论是在PC端还是移动端，提供的路径规划服务都是基于出行路径最短或出行时间最短考虑的，没有涉及场景的安全性、舒适性、活力度等情绪感知层面的因素。

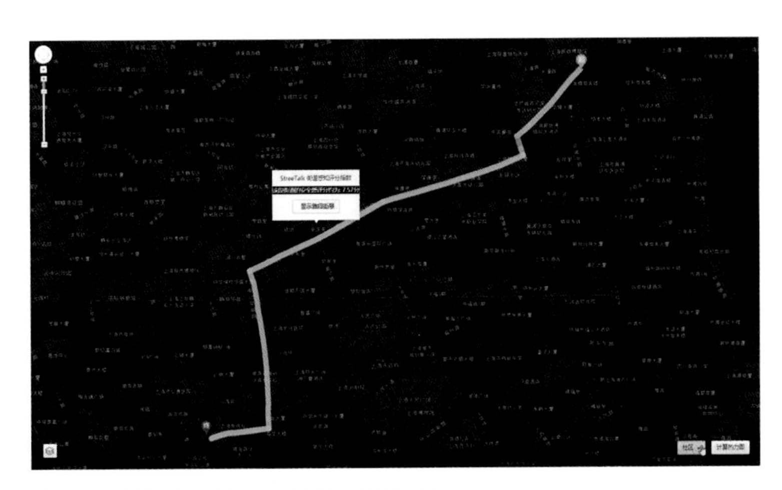

图6-1　顾及公众情绪的骑行路径规划示意
（图片来源于网络）

基于此，本文提出一种顾及公众情绪的骑行路径规划算法。在路径规划考虑的因子中，增加对骑行路段友好度值的要素。考虑不同场景下的用户需求（图6-1）。

（2）互联网新媒体下的公众参与机制

在本文的框架下，如何快速、高效、全面地收集公众的情绪倾向是关键。对此，我组成员建议共享单车运营商，在App终端用户反馈界面，能增加骑行者对本次骑行所经路段进行评价。同时，制定完整的积分奖励机制，增置用户实时上报窗口和分享交流社区，提升公共参与骑行友好环境建设治理的参与感（图6-2）。

图6-2　骑行友好度评分移动端反馈上传界面

（3）城市骑行空间“情绪感知”数据集

基于前期研究，收集了公众基于街景图像对厦门岛骑行空间友好度的感知情绪，这是一个带有地理坐标和情绪属性的数据集。基于此数据集，我们可以更进一步挖掘公众的情绪倾向，也可以复制该方法，对其他城市进行评价，从而形成中国本土的“情绪感知”数据集（图6-3）。

（4）搭建城市空间感知评分平台/社区

本次研究拟开展类似MIT Media Lab发起的Place Pulse项目一样的开源项目，搭建一个基于街景图像和社交媒体图数据的城市空间感知评分平台，通过网络众包的方式，动态更新城市空间的感知情绪可视化结果（图6-4）。

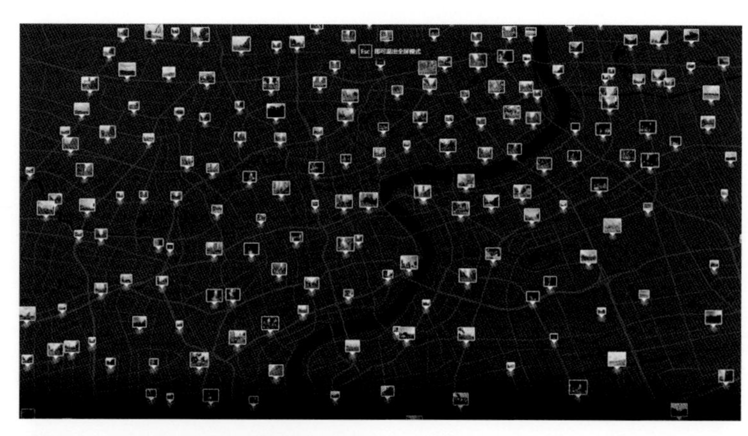

图6-3　骑行友好度评分数据集示意
图片来源：[2022-07-22].http://www.citorytech.com

图6-4　骑行友好度评分平台示意

注：除标注说明外，文中图片均为作者自绘。

参考文献

[1] 龙瀛．街道城市主义 新数据环境下城市研究与规划设计的新思路［J］．时代建筑，2016（2）：128–132.

[2] 刘瑜．社会感知视角下的若干人文地理学基本问题再思考［J］．地理学报，2016，71（4）：564–575.

[3] 王晓明，刘瑜，张晶．地理空间认知综述［J］．地理与地理信息科学，2005（6）：1–10.

[4] 鲁学军，秦承志，张洪岩，程维明．空间认知模式及其应用［J］．遥感学报，2005（3）：277–285.

[5] 郑宇．城市计算概述［J］．武汉大学学报（信息科学版），2015，40（1）：1–13.

[6] 张丽英，裴韬，陈宜金，宋辞，刘小茜．基于街景图像的城市环境评价研究综述［J］．地球信息科学学报，2019，21（1）：46–58.

[7] Naik N, Philipoom J, Raskar R, et al. Streetscore–Predicting the Perceived Safety of One Million Streetscapes［C］// IEEE Conference on Computer Vision & Pattern Recognition Workshops. IEEE Computer Society, 2014.

[8] Fan Z, Bolei Z, Liu L, et al. Measuring human perceptions of a large–scale urban region using machine learning［J］. Landscape & Urban Planning, 2018, 180：148–160.

谁造成了拥堵？
基于模拟的交通拥堵智能溯源系统与应用

工 作 单 位：同济大学建筑与城市规划学院

报 名 主 题：面向高质量发展的城市综合治理

研 究 议 题：智慧交通与公共交通引导发展

技术关键词：时空行为分析、出行需求分析、城市系统仿真

参　赛　人：涂鸿昌、陈珂苑、陈子浩、许梧桐

指 导 老 师：王德、晏龙旭

参赛人简介：参赛团队是同济大学建筑与城市规划学院城乡规划系在读研究生，4名成员都来自同济大学时空行为规划研究团队，所在团队长期从事空间与行为、城市大数据、决策模型与模拟、城市人口等领域的研究，在国内外权威期刊上发表中英文论文200余篇。参赛成员的研究方向多元复合，研究兴趣涉及地面交通拥堵及溯源研究、地铁网络拥挤及时空服务可获得性评价、远程办公与迁居偏好研究、手机信令数据准确度研究等。参赛成员掌握时空大数据挖掘、选择行为模型、时空行为规划等方法与技术，在城市定量研究和城市交通规则领域已有一定研究积累。

一、研究问题

1. 研究背景及目的意义

（1）研究背景

随着我国城市化水平不断提高，城市人口快速聚集，机动车保有量和交通需求大幅增长。同时，现代化的生活场景下人们出行需求多样化增长、出行距离也随着城市扩张不断增加，小汽车出行需求居高不下。为了满足不断增长的交通需求，城市交通基础设施持续建设，但当下大城市仍然出现了“道路建得越多，交通越堵”的情况。

以交通拥堵为代表的城市交通问题导致城市运行效率低下，居民出行时间浪费、环境污染加剧、安全事故频发等外部效应，成为制约城市可持续发展和居民生活质量提升的关键问题。诺贝尔奖得主Gary S. Becker研究发现，全球每年因拥堵造成的经济损失占总GDP的2.5%，交通拥堵给城市发展造成的负效应不容小觑。

因此，认识拥堵成因并缓解拥堵从而减少其对城市的负效应，已成为交通领域亟须解决的问题，也是城市可持续发展的热点之一。

（2）问题提出

本研究尝试从时空行为视角，以“出行需求—道路供给”的供需平衡为切入点，对上海市早高峰道路拥堵问题，进行时空溯源与成因解释，来回答“谁造成了拥堵？”这一问题，为城市制定缓堵策略提供参考，并展望了可能的交通改善方案。具体来说，本研究确定了三个基本问题：一是城市地面交通拥堵由“谁”导致？二是造成城市早高峰交通拥堵的机制是什么？三是怎样从时空行为视角出发制定城市的交通缓堵策略？

（3）研究现状

城市交通拥堵的治理离不开对拥堵的时空溯源，对拥堵成因的科学研判是缓堵策略有的放矢的重要前提。近年，国内外研究持续关注城市交通拥堵问题，并对拥堵成因、缓堵策略展开了讨论。

关于交通拥堵方面的国内研究，王振坡、薛珂等从个体感知视角分析其成因，为交通精细化治理提供决策依据；刘治彦、岳晓燕等认为迅速增长的交通需求与有限的交通供给之间的矛盾是导致交通拥堵的内在原因；陈伟以重庆市为例进行了讨论，认为高密度的土地开发导致山地城市出行极其集聚，城市空间布局不合理与交通管理水平较低是交通拥堵的重要原因。同时，一些国外学者致力于通过大数据追踪量化交通拥堵成因。美国学者Yodo、Nita认为交通拥堵的识别和量化对于决策者启动缓堵策略以提高整个交通系统的可持续性至关重要，因此，通过每日和每周的交通历史数据对当前可用的缓堵措施进行了详细说明和比较。韩国学者从交通数据中提取车辆流量，例如GPS轨迹和车辆检测器数据，并建构了可有效执行一系列分析过程的可视化系统来分析交通拥堵的原因和影响。

总结和归纳大量相关文献，发现当前已有研究主要通过以下三种方法进行拥堵溯源：一是基于手机数据出行量推断拥堵。此类方法只考虑了出行需求但未考虑道路供给，可能与实际拥堵情况不符；二是基于交通态势计算拥堵水平以表征拥堵的时空分布。此类方法只考虑了道路供给但未全面考虑出行需求，没有对拥堵进行时空溯源；三是基于车辆轨迹推断拥堵出行。此类方法基于高精度数据同时考虑了出行需求和道路供给，但由于成本高昂、算法复杂，因此不易推广，且出租车抽样数据存在样本偏差问题。

2. 研究目标及拟解决的问题

研究旨在追溯造成地面交通拥堵的个体时空行为轨迹。通过构建路网数据集、地面汽车出行的交通起止点矩阵（Origin-Destination，以下简称OD），建构一个综合多源数据、成本可行、可有效推广的智能交通拥堵溯源系统，并将该系统尝试应用于上海早高峰道路拥堵时空溯源。具体研究目标如下。

（1）溯源系统架构

设计一套低成本、可推广的交通拥堵致因识别系统，包括集成OD矩阵生成、拥堵信息获取、多源空间数据匹配、出行路径模拟等多项技术模块。

（2）拥堵时空回溯

建立拥堵机制分析的拥堵溯源指标体系，通过对城市层面的交通拥堵进行模拟溯源分析，可识别并预警对交通拥堵贡献较高的空间单元。

（3）拥堵成因解释

根据拥堵的时空分布和贡献指标所呈现的特征，对典型拥堵路段进行分类，进而分析每一类拥堵道路的形成机制。

（4）定制缓堵策略

针对不同成因的拥堵路段类型，根据其形成机制，差异化地提出缓堵策略。

二、研究方法

1. 研究方法及理论依据

（1）交通拥堵的供需理论解释

在经济学领域，Blow认为交通拥堵是一个过度使用公共资源的典型例子，其被认为是由出行需求和交通网络供给不匹配导致的，这一现象从经济学层面可解释为：忽视边际社会成本的出行个体，因为自身出行收益高于自身成本，会倾向于过度使用交通资源从而导致交通拥堵。类似地，国内学者刘志刚认为交通拥堵问题可以看作一个典型的非合作多人博弈——“囚徒困境”，即表面看来每个人的选择都是理性的，但众人的行动叠加起来的结果却呈现出非常的“不理性”。

综上，交通拥堵的原因包含个体出行需求与道路供给情况两个方面，即个体忽略边际社会成本的选择导致了出行需求超过道路供给能力，从而引发道路拥堵。

（2）改进的出行需求模拟方法

张月朋等人采用OD矩阵对早高峰拥堵溯源，基于出行需求来判断拥堵。这种方法忽略了道路拥堵情况，溯源结果可能不符合实际情况。国外学者Cloak综合使用了OpenStreetMap（以下简称OSM）路网数据和手机信令提取的OD数据，将出行需求通过交通流量分配的方式在路网上进行模拟。该方法虽然同时考虑了供给和需求，但仅通过路幅宽度推测道路供给能力，忽略了实际拥堵信息，同样可能与实际情况不符。

本研究的方法基于已有研究进行了改进：一是更真实的道路供给。加入地图网站获取的实时道路拥堵态势数据，代表道路供给情况。二是更精细的出行需求。仅筛选乘坐汽车的出行OD代表出行需求。三是可模拟的时空轨迹。运用Python的Osmnx算法包将OD模拟到路网上，模拟计算出行发生时刻前往目的地的时间最短路径（即考虑该时刻的道路通行速度）作为出行的空间需求。

出行OD和道路实际拥堵态势基于同一道路网络矢量进行匹配，因此按实际拥堵态势进行时空轨迹溯源是可行的。

2. 技术路线及关键技术

（1）技术路线

本研究技术路线共包含三个模块，每个模块又由若干技术与算法实现（图2-1）。

首先，通过联通智慧足迹手机信令数据提取上海市用户OD信息，通过OPENSTREET MAP路网获取基础路网数据集。再利用高德应用程序编程接口（Application Programming Interface，以下简称API）等开源数据为OSM道路网附加实时道路信息，构建可供出行模拟且结合研究目的和需求数据的路网数据集。

其次，采用最短时耗路径算法模拟所有出行OD的时空轨迹，将OD数据集成到1km网格单元内，且道路供给数据的构建同时结合OSM数据和在线地图API抓取的交通路况信息，最终实现出行路径模拟。

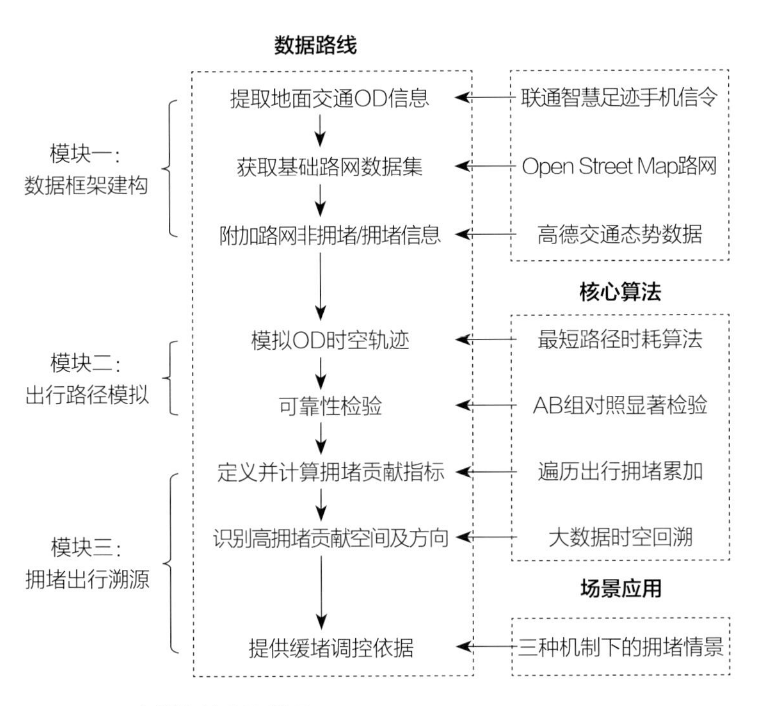

图2-1　研究模块技术路线图

再次，随机抽取模拟后结果与高德实际数据进行实验对照，对照发现模拟后的通行时耗数据与通行距离数据均通过显著性检验，证明模拟后的数据可靠。紧接着，基于模拟结果，定义并计算拥堵贡献指标，并通过大数据时空回溯的手段完成拥堵出行的溯源。

最后，挑取典型拥堵场景进行拥堵机制的总结，归纳出三种不同拥堵机制，为后续缓堵策略提供针对性的调控依据。

（2）关键技术

上述研究步骤中主要包含两个关键技术。

一是出行轨迹模拟技术。主要通过最短路径模拟算法将出行需求模拟到路网数据集上，记录所有出行的时空轨迹。并通过模拟结果的数据统计，对该模拟方法进行可靠性检验。

二是拥堵溯源技术。定义拥堵贡献指标，并按指标对轨迹数据集进行数据挖掘，为研究单元提供时空调控的缓堵依据。为了方便推广与操作，进一步搭建了面向用户的城市拥堵溯源产品的网页平台，可方便、快捷完成对拥堵路段的时空溯源。

三、数据说明

1. 数据内容及类型

（1）联通智慧足迹手机信令数据

在联通智慧足迹平台获取某连续两个工作日手机信令数据，粒度为5min，数据隐藏了个人属性以保障手机用户隐私安全。进一步提取每日早高峰时段（7：00-10：00）的OD数据，并区分通勤与非通勤行为，方便后续拥堵溯源和成因分析。

（2）OSM道路网络数据

在OSM平台下载对应年份的上海市路网数据，包含道路矢量、车道方向等信息。该路网数据是本研究的基本矢量空间载体。

（3）道路拥堵态势数据

使用Python的Request库接入高德地图驾车路径规划API，获取对应的两个工作日早高峰时段全上海市道路拥堵数据，粒度为15min。数据包括拥堵道路矢量、各路段拥堵时刻、拥堵等级（畅通、缓行、一般拥堵、严重拥堵）、拥堵速度等信息。

2. 数据预处理技术与成果

（1）提取出行OD数据

在ArcGIS中使用渔网工具覆盖上海市范围创建1km网格，并通过SQL命令在联通手机信令数据库中提取与网格相匹配的地面交通“出发—到达”（OD）信息。

参考自然资源部印发的《手机信令数据在自然资源领域的应用技术指南（征求意见稿）》，对手机信令数据进行数据清洗，识别有效用户的居住地、就业地、早高峰时段停留点构成的活动链、早高峰时段出行方式（地面交通还是地铁）。考虑到数据和人口的连续性、稳定性，本研究主要采用其中约600万本地核心用户作为研究全样本（即运营商识别其居住地在上海且当月在本地出现超过10天的用户）。

筛选早高峰时段远距离地面交通的OD数据，为保护用户隐私，将OD数据匹配到1km网格内，获得全市1km网格OD矩阵（低于5次出行的OD数据对不计入统计），并标记每个出行的出发时间、出行类型（是否为通勤出行）（表3-1，图3-1）。

OD矩阵示例表　　表3-1

出发网格编号	到达网格编号	出行数量	出发时间
100	150	15	7：00-7：05
100	203	6	7：00-7：05
101	405	11	7：05-7：10
……	……	……	……

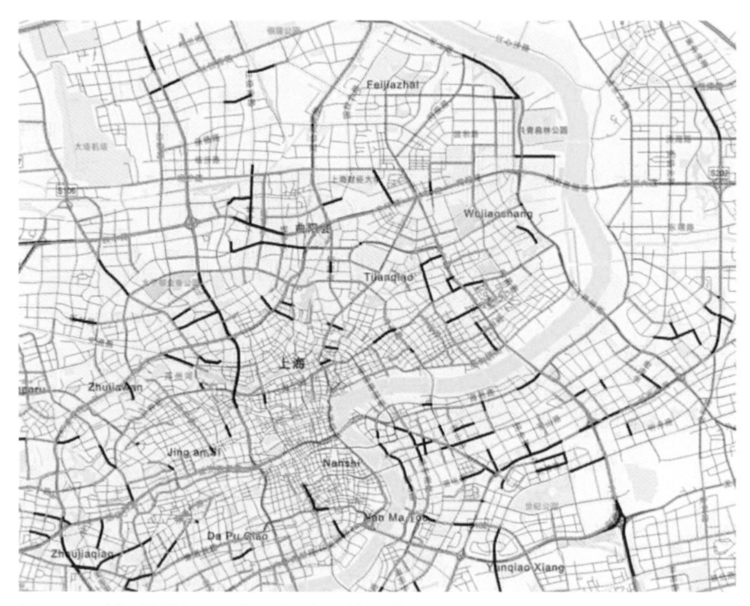

图3-1　某时刻处理后的局部路网数据集

（2）基于空间匹配的路网模型构建

此步骤包含对OSM道路网络数据、道路拥堵态势数据、实时交通速度信息的清洗、整理，以及三者的空间匹配。

首先，对OSM数据进行清洗，为减少计算量，去除网络数据集中非道路交叉口的节点，并将节点前后道路连接、合并。

其次，添加非拥堵速度到OSM路网中，将出租车轨迹的平均速度视作非拥堵时的一般通行速度，并通过空间匹配的方法对应到OSM道路上。

最后，将拥堵道路信息集成到OSM路网中，同样通过空间匹配的方法将拥堵信息附加到道路网络的对应路段上，得到早高峰道路网络拥堵情况分布的时空动态。

四、模型算法

1. 模型算法流程及相关数学公式

（1）出行路径模拟模型

出行路径模拟模型的核心是基于道路网络数据集，应用Dijkstra算法进行最短时耗路径模拟。Dijkstra算法是从一个节点到其余各节点的最短路径算法，解决的是有权图中最短路径问题（图4-1）。Dijkstra算法主要特点是从起始点开始，采用贪心算法的策略，每次遍历起始点距离最近且未访问过的顶点的邻接节点，直到扩展到终点为止。

本研究中最短时耗路径模拟是基于Dijkstra算法的运用，指定每段道路当前时刻的通行时耗为路径权重，即图4-1中路段属性值用通行时耗来代表。

（2）早高峰OD时空轨迹模拟

输入网格OD矩阵数据模拟早高峰出行时空轨迹的步骤如下：

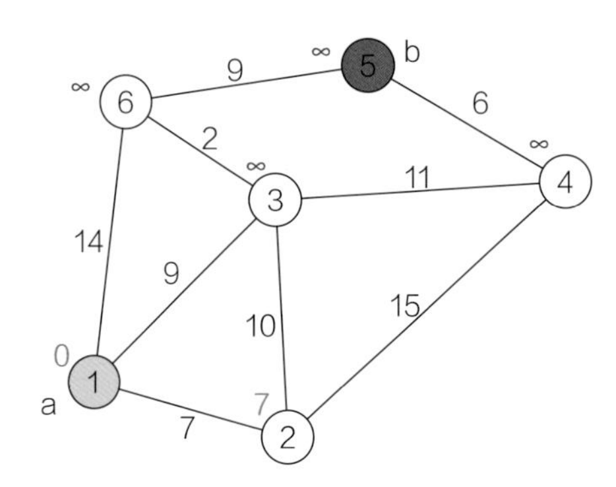

图4-1　有权图结构示意
（图片来源：百度百科）

首先，将出发点、到达点、出发时间输入道路网络模型；其次，通过最短时耗路径算法获得该出行的具体时空轨迹；最后，记录所有早高峰出行时空轨迹形成数据表（表4-1）。

时空轨迹数据集　　表4-1

出行ID	出发网格ID	到达网格ID	到达路段ID	到达路段时间	离开路段时间	当时交通状态	出行目的
1	55	780	3677	7：03：10	7：03：50	畅通	通勤
1	55	780	3679	7：03：50	7：04：28	畅通	通勤
1	55	780	3721	7：04：28	7：06：22	严重拥堵	通勤
1	55	780	3780	7：06：01	7：05：01	轻微拥堵	通勤
2	278	34	26444	7：04：13	7：05：01	畅通	非通勤
2	278	34	26442	7：05：01	7：05：22	畅通	非通勤
…	……	……	……	……	……	……	……

（3）路径模拟可靠性检验方法

路径模拟可靠性主要从两个方面进行检验：一是基于微观视角的通行速度和出行距离验证，说明方法在时间上的准确；二是基于宏观模拟结果的道路流量验证，说明方法在空间上准确。

非拥堵路段通行速度与路径检验：在不考虑拥堵的情况下，基于路网数据集随机选择1 000组OD对进行模拟，记录出行时耗和出行距离，记为实验组；再以该OD返回高德API调用的结果，作为对照组。通过线性回归，计算R方和回归方程，结果表明非拥堵路段的基础通行速度拟合良好（图4-2），方法在时间上基本准确。

路段流量验证：先以上海市越江隧桥为例，根据上海交运网发布的对应月份通行流量数据，再汇总模拟结果数据；对比发现，两者的越江流量总量和空间分配都比较相似。其次，以翔殷路为例，分时汇总道路流量；高峰时段模拟流量与实际情况基本一致。表明路径模拟的方法在路径选择和空间分配上基本可靠（图4-3）。

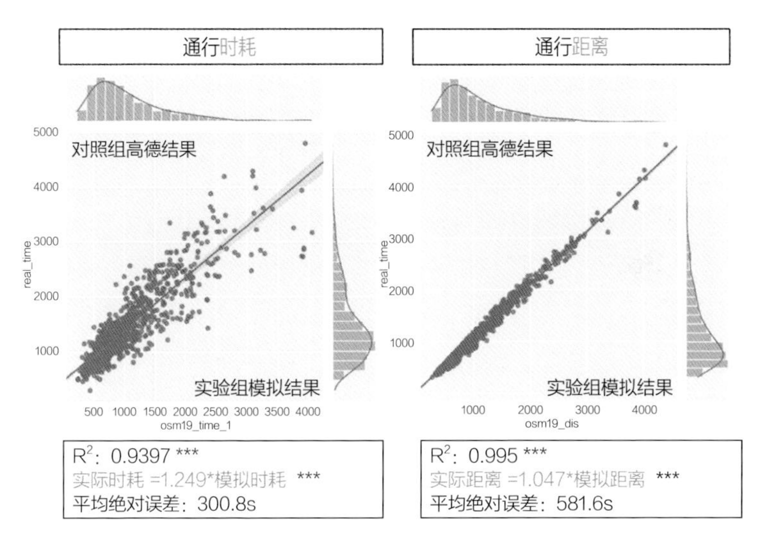

图4-2　非拥堵路段通行速度与路径检验结果

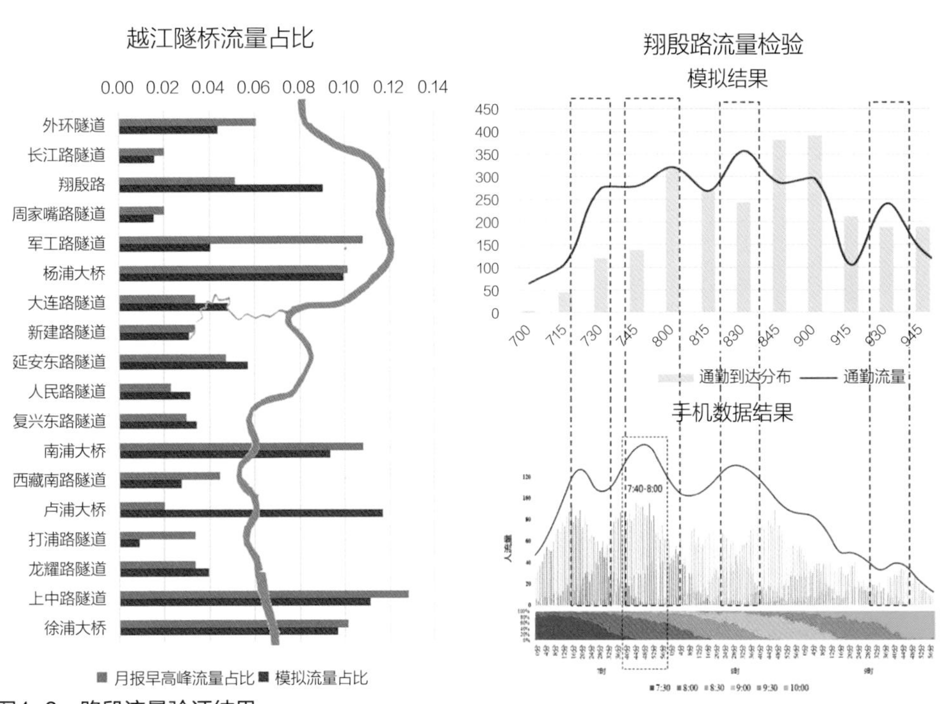

图4-3　路段流量验证结果

（4）拥堵贡献指标计算

构建三项指标从时间和空间角度定义出行对拥堵的贡献：出发/到达单元拥堵贡献用$C_i^{出发/到达}$，表示从i单元出发或到达i单元的所有出行，累计经过的拥堵路段总长度（公式4-1），值越大表示该网格贡献的拥堵越多；出行方向拥堵贡献，用C_{ij}表示，表示从i单元出发且到达j单元的所有出行，累计经过的拥堵路段总长度（公式4-2），值越大表示该方向贡献的拥堵越多。

$$C_i^{出发/到达}=\sum_{q=1}^{k}\left(\sum_{p=1}^{n}(L_{jam})\right) \tag{4-1}$$

$$C_{ij}=\sum_{q=1}^{k}\left(\sum_{p=1}^{n}(L_{jam})\right) \tag{4-2}$$

式中，i表示出发/到达网格编号（式中只有i没有j），i表示出发网格编号，j表示到达网格编号（式中同时出现i和j），q表示出行编号，p表示出行编号为q的出行的路径编号，k表示出行总数，n表示出行编号为q的出行的经过拥堵路段数量，L_{jam}表示经过该拥堵路段的长度。

2. 模型算法相关支撑技术

（1）高德API实现拥堵数据抓取

注册高德平台开发者账户后获得Web服务key，基于平台的路径规划POI接口，使用Python的request库，获取拥堵道路数据。

（2）SQL语句实现联通Daas BI平台数据库定制化建模

使用SQL语句筛选符合研究目的的出行OD数据，再使用网格建模汇总为OD矩阵导出。

（3）最短路径算法

使用Python的networkx库调用最短路径时耗算法（由Dijkstra实现），返回经过的路径节点轨迹。

（4）Python对数据进行预处理

使用Python的pandas、numpy、geopandas、osmnx等库对空间数据格式进行数据清洗、坐标转化、空间统计、数据连接等处理，最后输出shapefile文件，再用ArcGIS软件对空间数据进行可视化操作。

（5）Python对数据进行预处理

使用Python的pandas、numpy、geopandas、osmnx等库对空间数据格式进行数据清洗、坐标转化、空间统计、数据连接等处理，最后输出shapefile文件，再用ArcGIS软件对空间数据进行可视化操作。

（6）ArcGIS软件提供空间可视化工具

主要使用空间分析工具，对拥堵来源和去向进行空间统计和空间可视化。

（7）基于Node.js框架的Webgis网页开发

使用Node.js的express搭建服务框架，配合使用geoserver、postgis、postgres、leaflet等工具将数据库轨迹数据集经过处理渲染到页面显示。

五、实践案例

1. 模型应用实证及结果解读

（1）上海早高峰拥堵车辆总体来源、去向

根据公式4-1统计各单元累计的拥堵贡献，分别按出发单元统计拥堵车辆主要来源地，按到达单元统计拥堵车辆达到地。

统计结果显示，出发单元统计下的拥堵车辆主要来自浦西的南北两大方向，且呈分散分布。根据图5-1（左），拥堵车辆主要来源地有：顾村、彭浦、江湾、大宁、凉城、江桥、真新、长风、真如、武宁、长寿、天山路、新华路、虹桥镇、莘庄、古美、康健。而到达单元统计下的拥堵车辆目的地分布较为集中，主要在浦西的东西方向。根据图5-1（右）拥堵车辆主要目的地有：临空商务区、虹桥机场、长风、石泉、长寿、静安、南京西、漕河泾开发区、徐家汇、天山路、新华路、陆家嘴。

（2）通勤/非通勤拥堵车辆总体来源、去向

再按如上方式将出行目的分为通勤和非通勤两种，继续分别按出发单元统计拥堵车辆主要来源地，以及按到达单元统计拥堵车辆达到地。

统计结果显示，在通勤目的导向下（图5-2），拥堵车辆的来源地和目的地均与上述总体结果一致，可能由于通勤导向下的出行样本占总样本比例较高。而非通勤目的导向下的出行与总体结果存在部分差异（图5-3）：非通勤目的导向下的拥堵车辆来源地以中环为主且主要为商业板块，如天目山路、新华路、静安、南京西等；非通勤目的导向下的拥堵车辆目的地以内环为主，包括商业板块和虹桥机场，如天山路、新华路、徐家汇、虹桥机场等。

（3）按街道统计拥堵车辆主要方向

再根据公式4-2统计各街道矩阵累计的拥堵贡献，分别按出发单元统计拥堵车辆主要来源地，以及按到达单元统计拥堵车辆达到地。结果如图5-4所示。

统计结果显示，浦东地区两个主要拥堵方向集中在东侧，为：川沙、曹路、合庆至金桥、张江；浦西地区主要拥堵方向在南侧、西侧、北侧，分别为：浦江、莘庄、梅陇至漕河泾、虹桥、田林；江桥、新虹、徐泾、九亭至真如、长风、新泾；顾村、友谊、杨行至彭浦、大宁、五角场。综上所述，以街道为统计单元下的拥堵整体溯源结果呈现沿江两扇面且越江拥堵不明显的空间特征。

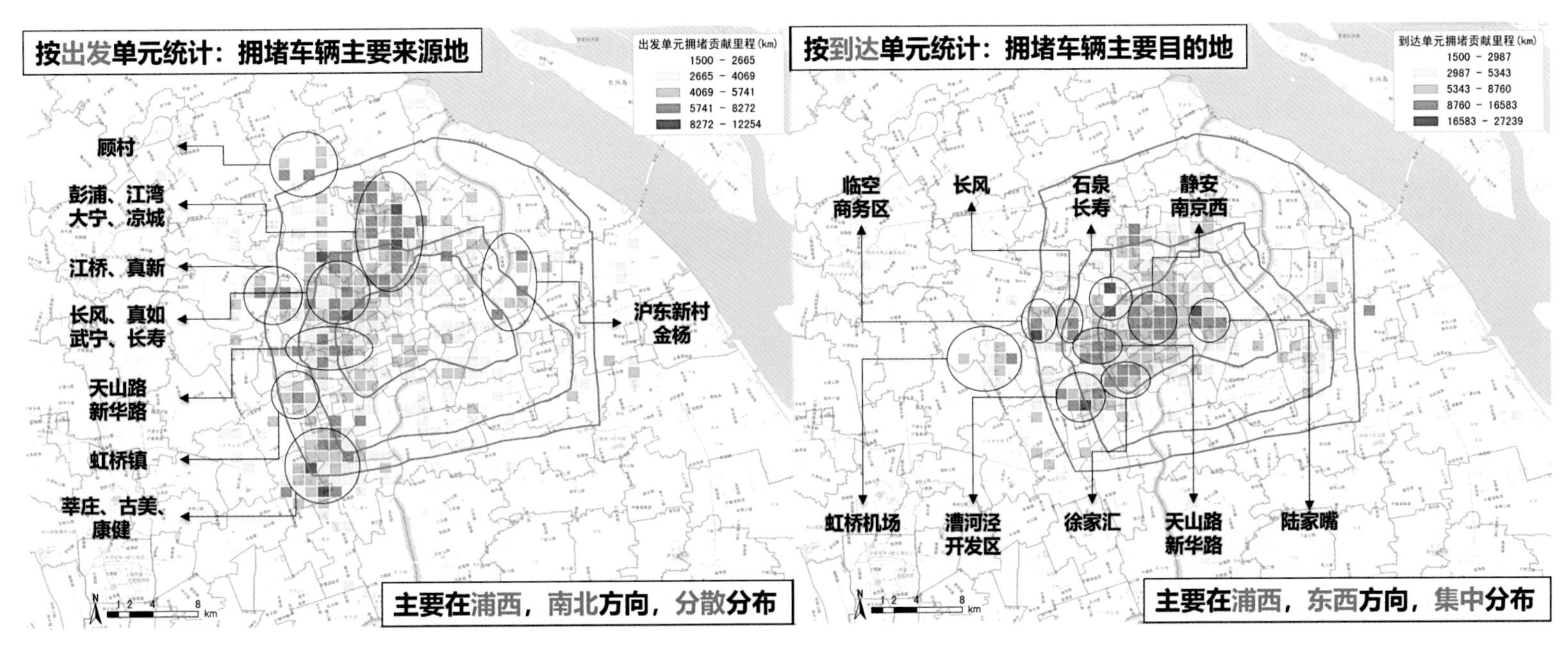

图5-1 拥堵车辆主要来源地、目的地

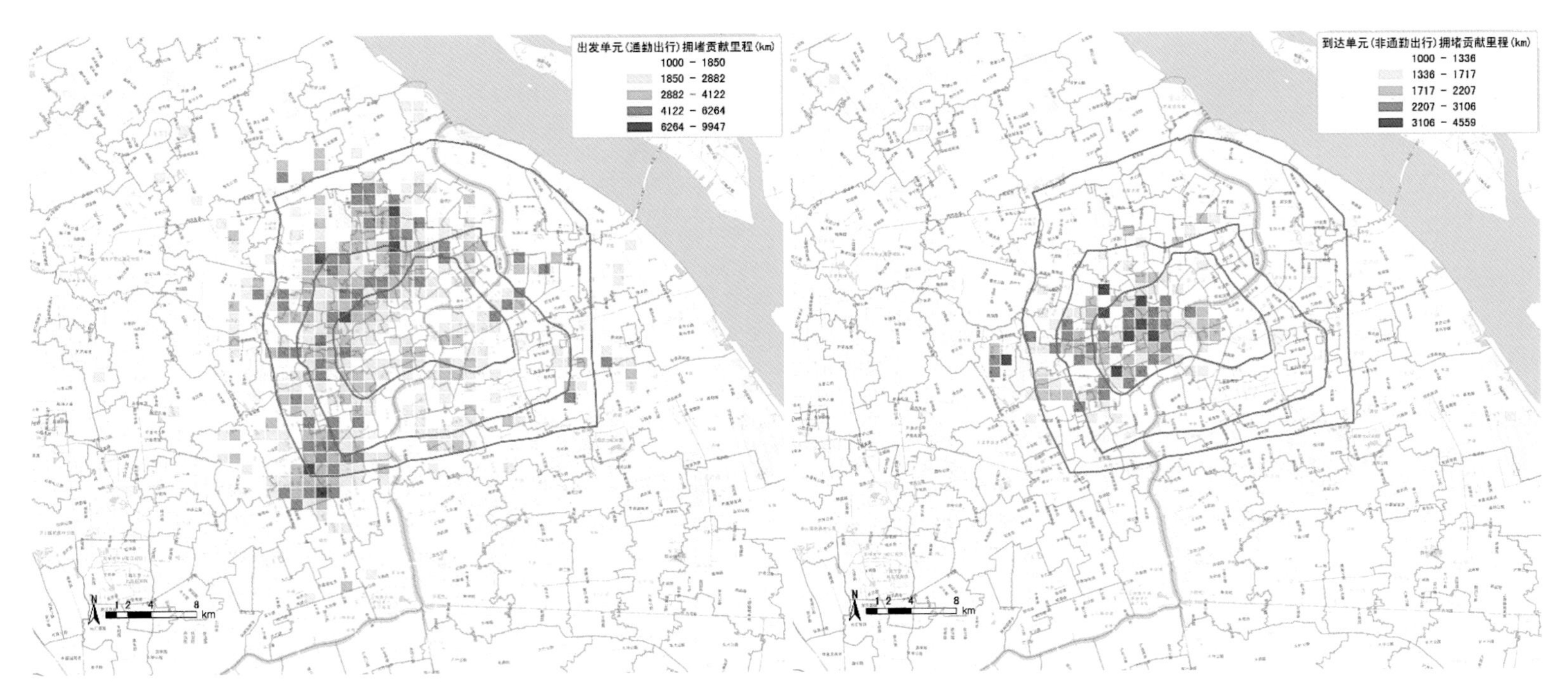

图5-2 通勤目的导向下拥堵车辆来源地、目的地

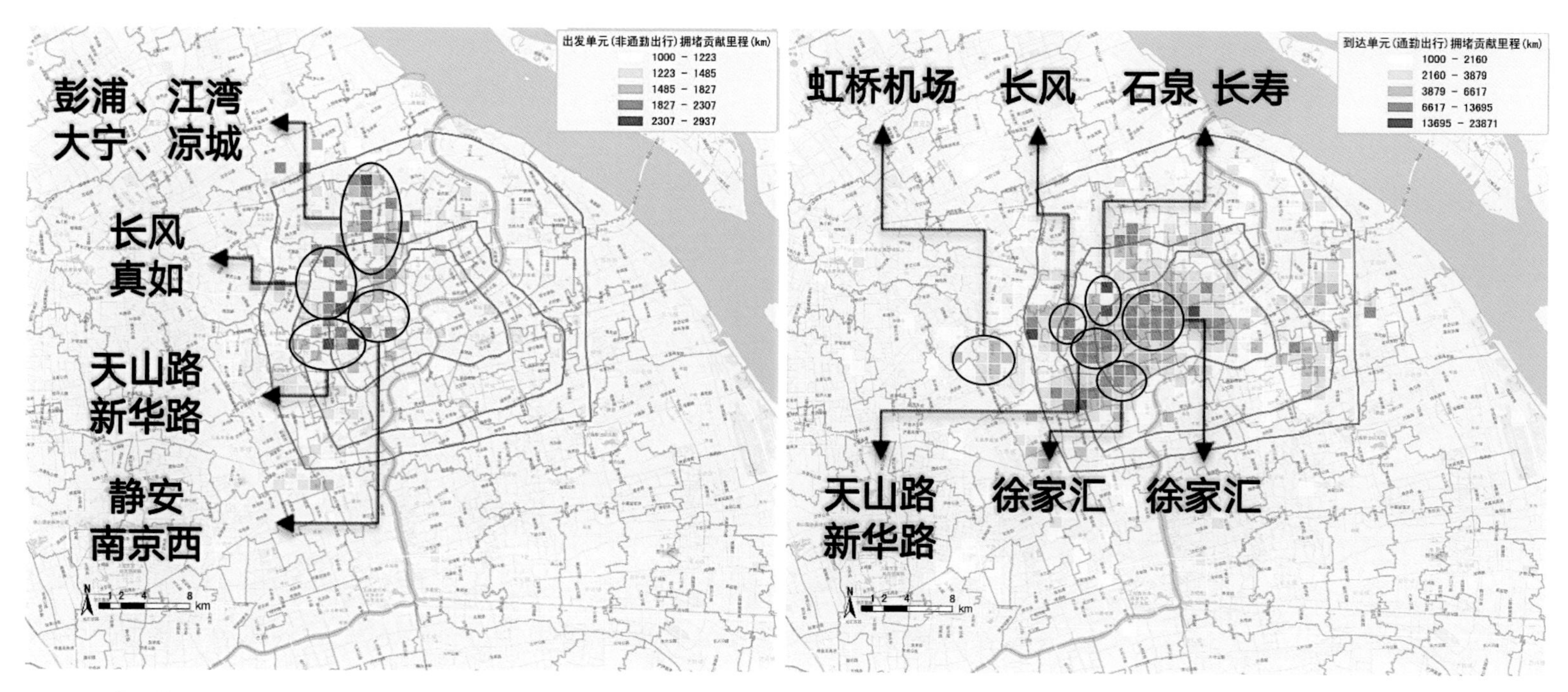

图5-3　非通勤目的导向下拥堵车辆来源地、目的地

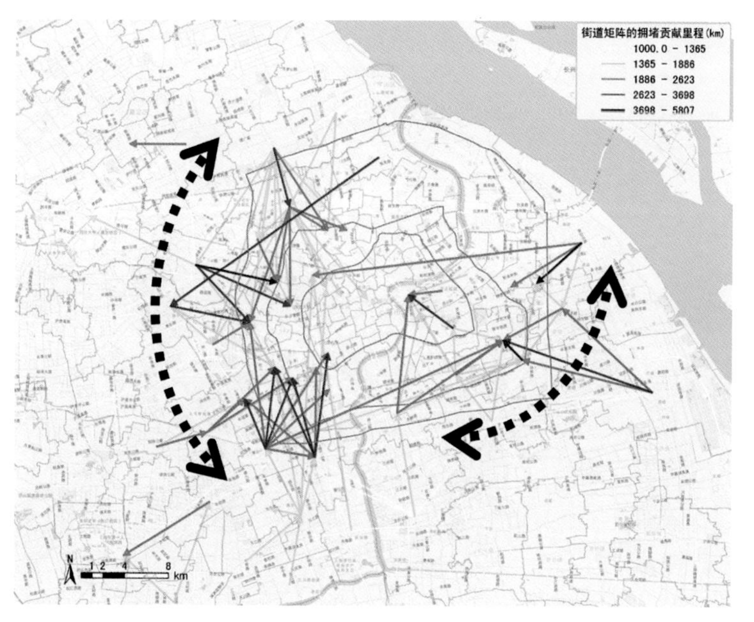

图5-4　按街道统计的主要拥堵出行方向

2. 应用案例可视化表达

（1）高拥堵贡献典型单元分析

选取典型拥堵贡献单元与方向进行案例分析，其中高拥堵贡献出发单元选取莘庄为例，高拥堵贡献到达单元选取陆家嘴为例，高拥堵贡献方向选取花木—陆家嘴方向为例。

①高拥堵贡献出发单元分析——以莘庄为例

以15min为时间颗粒度统计拥堵路段每15min莘庄出发人群数量与占比（图5-5），统计结果显示拥堵路段9:15-9:30时间段莘庄出发人群数量与出发人群占比均较高，出发人群占比超过38%，因此，调节高峰时段内莘庄人群出发时间，可缓解9:15时刻附近时间段的外环高架、沪闵高架拥堵。

②高拥堵贡献到达单元分析——以陆家嘴为例

对高拥堵贡献达到单元陆家嘴进行分析，依旧以15min粒度进行统计（图5-6），结果显示：8:00-8:50为陆家嘴人群到达时间的高峰期，此时间段内以陆家嘴为目的地的路段中约18%的路段会产生拥堵；在8:15-8:30的时段内延安高架上形成的拥堵中超过67%的拥堵由以陆家嘴为目的地的人群贡献。

③高拥堵贡献方向分析——以花木—陆家嘴为例

对花木—陆家嘴这一高拥堵贡献方向进行分析发现：7：30-8：30为花木至陆家嘴方向的出发高峰期，途中约35%的里程会产生拥堵；8：00-9：00为花木至陆家嘴方向的到达高峰期，途中约30%的里程会产生拥堵。再切换视角为上海整体，杨高中路在8：00-8：15时段内产生的拥堵由花木—陆家嘴方向出行贡献30%以上（图5-7）。

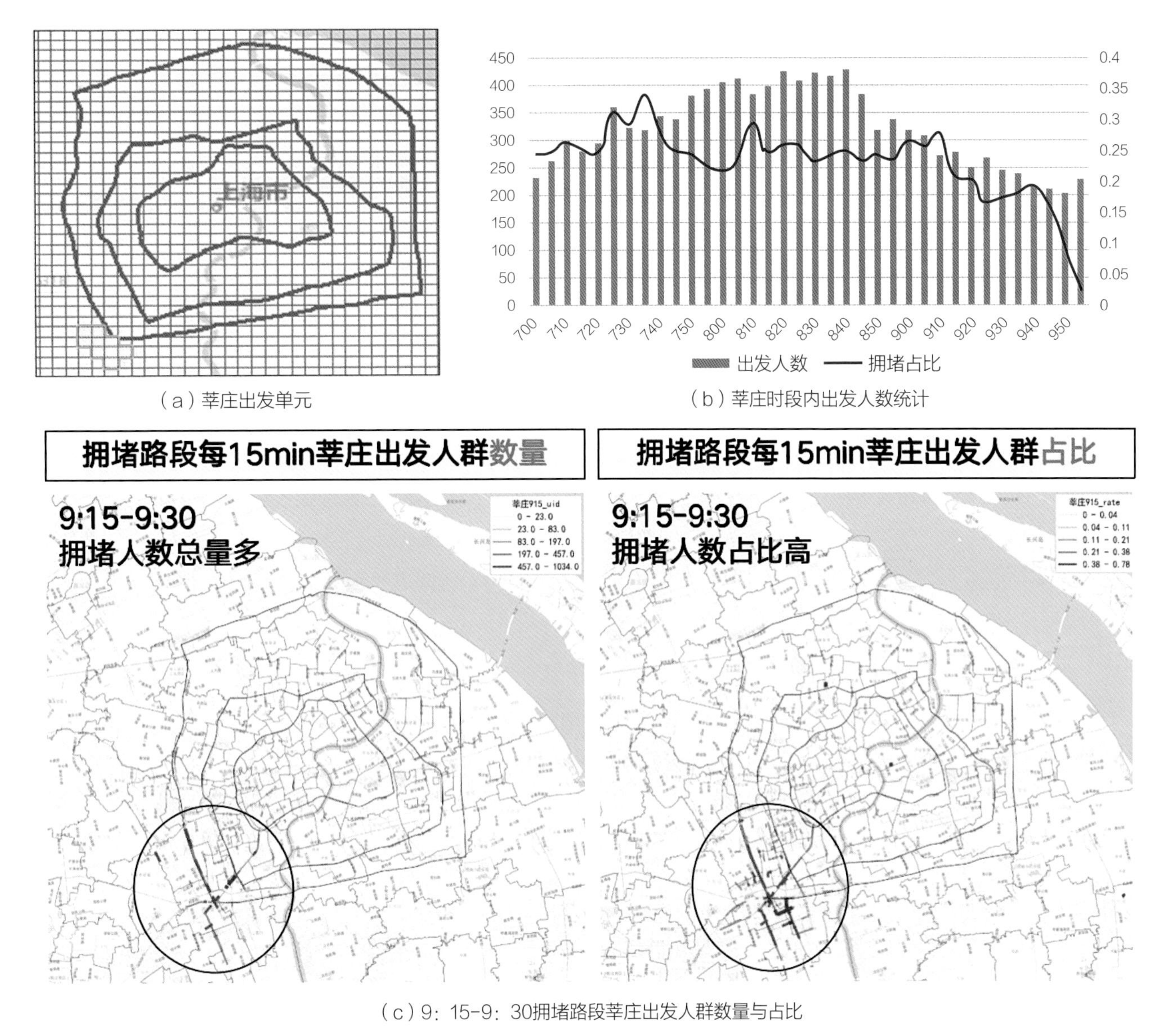

（a）莘庄出发单元

（b）莘庄时段内出发人数统计

（c）9：15-9：30拥堵路段莘庄出发人群数量与占比

图5-5　莘庄出发人群的拥堵时空溯源特征

（2）拥堵机制解析

结合案例实证研究，综合考虑时间、空间、用地性质、路网结构总结拥堵机制，将上海市道路拥堵机制提炼为时空集中型拥堵、就业约束型拥堵、交通蜂腰型拥堵三种。

①时空集中型拥堵

时空集中型拥堵即由拥堵车辆的来源地、目的地、出发时间高度集中引起的拥堵，本质上是出行者时空行为的高度一致。以川沙路为例（图5-8左），川沙路北向车道总流量远大于南向车道总流量，由于北向出发时间集中在7：45-8：00，而达到时间集中在8：30前后，因此造成拥堵。对北向拥堵溯源发现来源地集中在金桥，目的地集中在唐镇附近；而南向车道出发时刻分散，不造成拥堵。

②就业约束型拥堵

就业约束型拥堵即由拥堵车辆的目的地、到达时间集中且到达时间约束较强引起的拥堵，本质上是出行者就业地的高度重合。如图5-8中所示，由于徐家汇就业岗位密集且工作人群上班时间高度集中，其中三个达到高峰的时间点为8：00、9：00、10：00；而拥堵来源地则较分散。此种拥堵的产生主要是由于大量分散居住在各地的工作人群在通勤目的的导向及上班时间的硬约束下，在同时间段内到达就业地，由于到达时间和目的地重合在

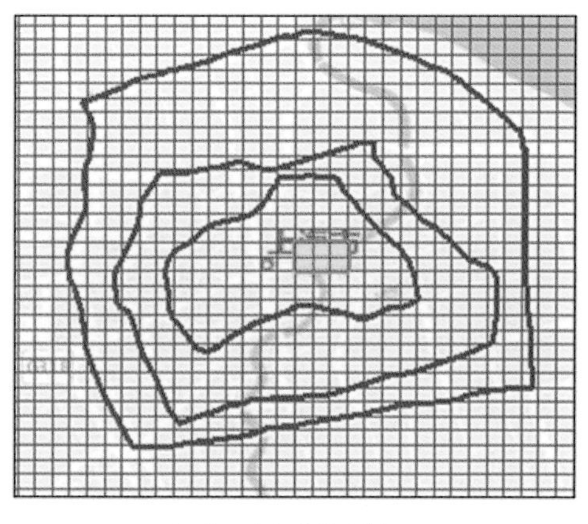

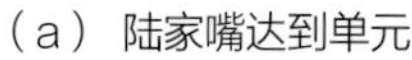

（a） 陆家嘴达到单元

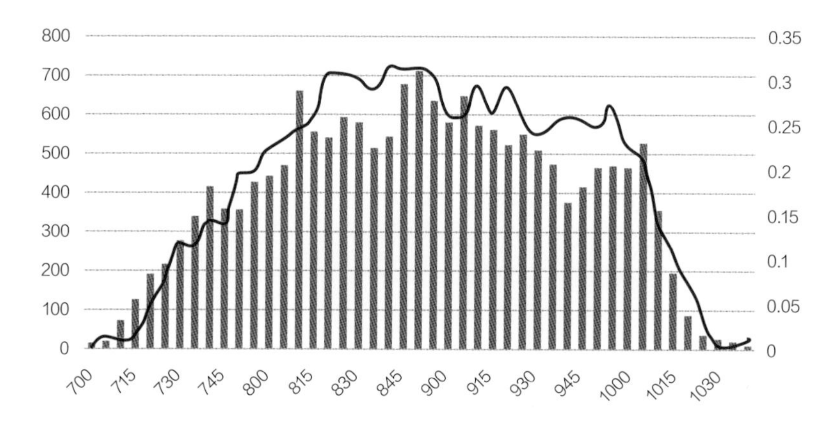

（b） 陆家嘴时段内到达人数统计

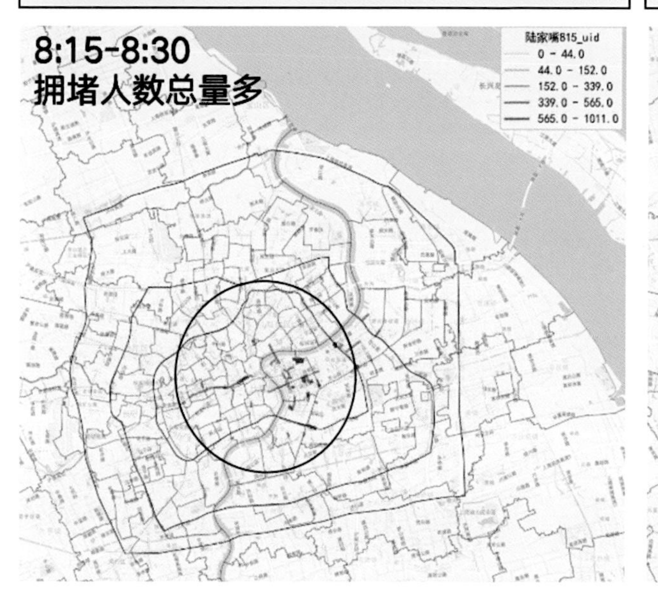

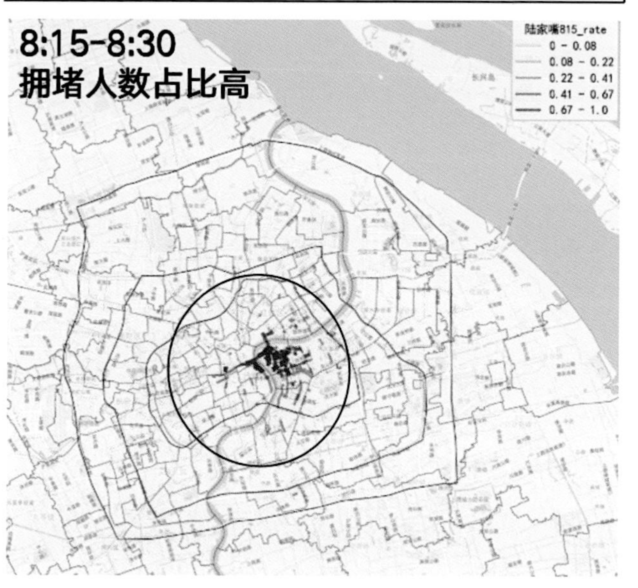

（c）拥堵路段8：15-8：30陆家嘴到达人群数量与占比

图5-6　陆家嘴到达人群的拥堵时空溯源特征

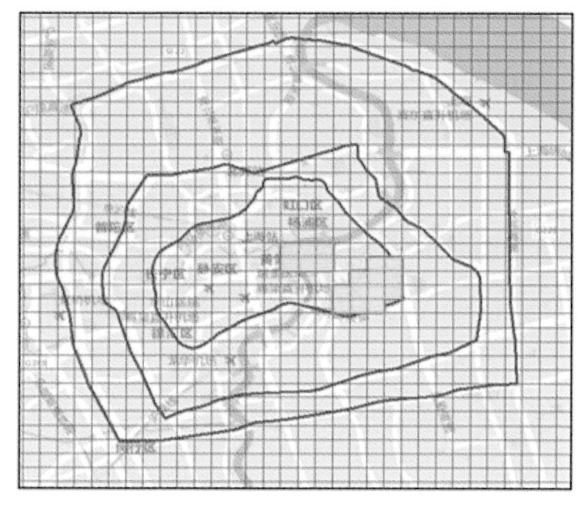

（a）花木单元与陆家嘴单元

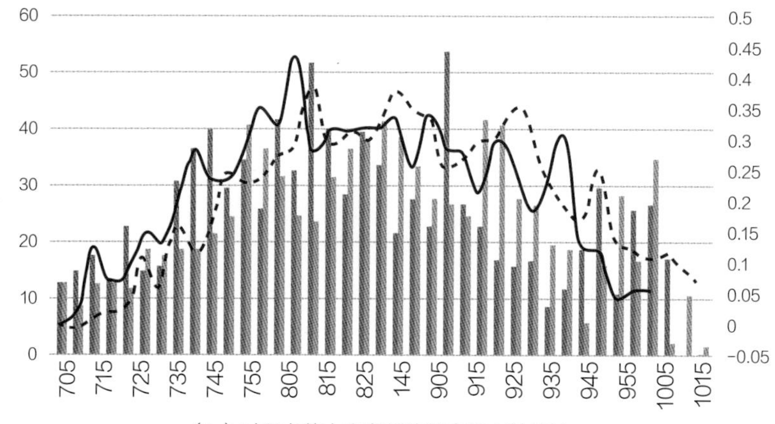

（b）时段内花木出发到达陆家嘴人数统计

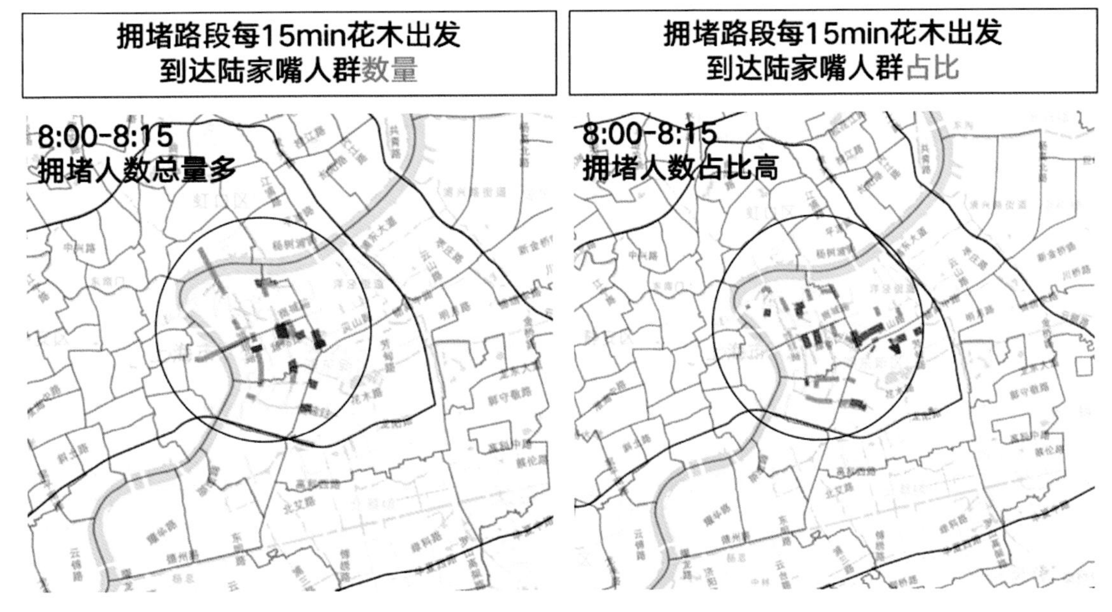

（c）拥堵路段8：00-8：15花木出发到达陆家嘴人群数量与占比

图5-7 花木出发—陆家嘴到达人群的拥堵时空溯源特征

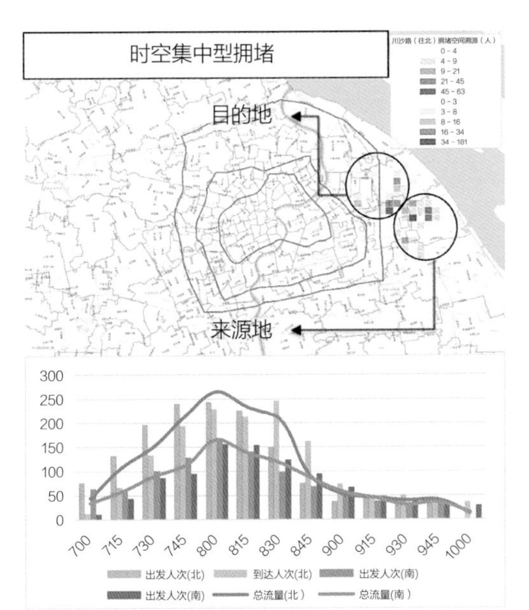

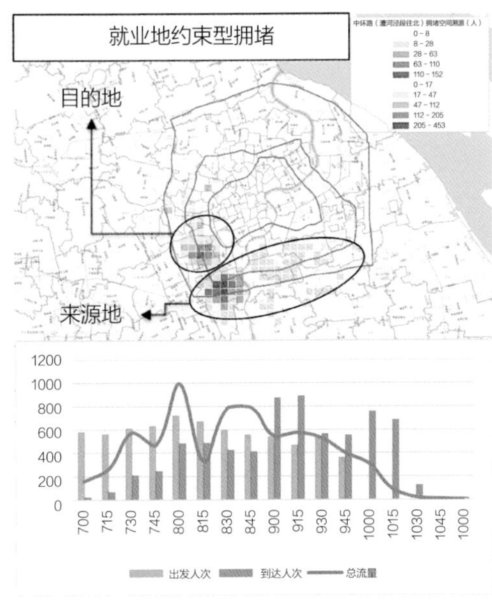

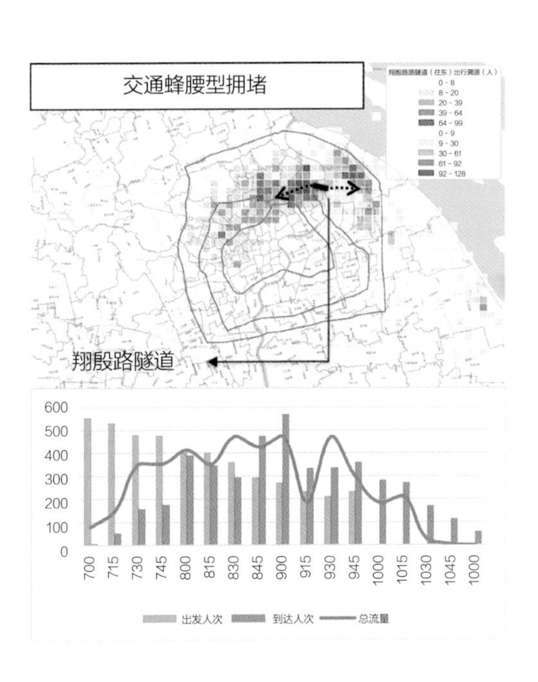

图5-8　三种拥堵机制解析

就业地附近路段，因此产生大量拥堵。

③交通蜂腰型拥堵

交通蜂腰型拥堵即由路网拓扑结构性差异引起的常发性拥堵，此种拥堵机制往往由于路网结构本身所决定，受出行者自身时空行为影响较小。某些地段由于受到地理条件或人工构筑物的限制，使联系该地段两端用地之间的道路网受到集束或道路条数减少，形成蜂腰，路段内车速和通行能力受很大阻碍，造成拥堵。如图5-8所示，翔殷路隧道与外环、中环直接相接，受黄浦江分割影响，过江交通通行需求量大，因此翔殷路隧道流量要明显高于长江路、周家嘴路隧道。

（3）缓堵策略探索

根据以上三种拥堵机制提出针对性缓堵策略（图5-9）：针

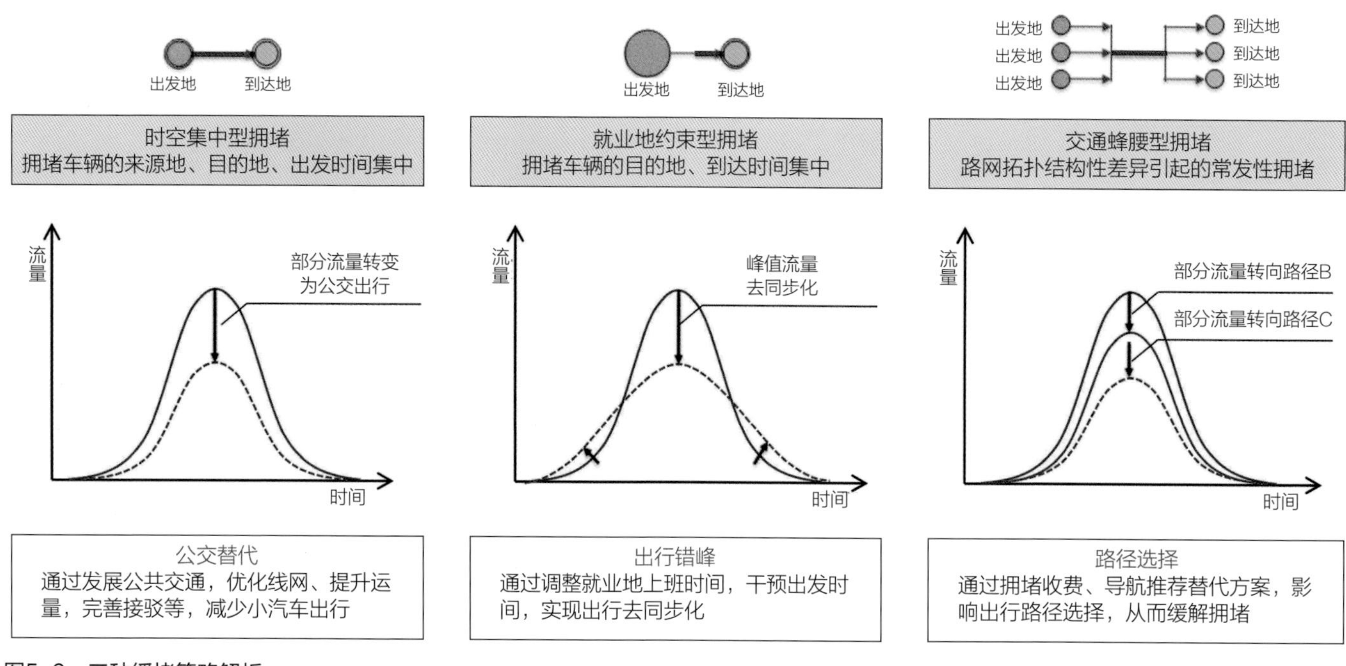

图5-9　三种缓堵策略解析

对时空集中型拥堵，宜采用公交替代策略，通过发展公共交通，优化线网、提升运量，完善接驳等，减少小汽车出行；针对就业地约束型拥堵，宜采用出行错峰策略，通过调整就业地上班时间，干预出发时间，实现出行去同步化；针对交通蜂腰型拥堵宜采用路径选择策略，通过拥堵收费、导航推荐替代方案，影响出行路径选择，从而缓解拥堵。

六、研究总结

1. 模型设计的特点

本研究从交通拥堵特性出发，结合出行需求和道路供给从时空行为视角研究交通拥堵的来源与机制，并构建一套可推广的交通拥堵溯源系统，在此基础上提出应对交通拥堵的针对性缓解策略。主要具备以下的特点：

一是使用多源数据，构建一套低成本、可推广的交通拥堵智能溯源系统。模型利用城市开源方法和数据，具有较大推广应用潜力。此外还通过多源数据与OD矩阵的结合，提高了预测的全面性、准确性。

二是从时空行为视角出发，描述交通拥堵的出行贡献及空间分布特征。从出行角度追溯造成地面拥堵的个体时空行为，并综合解析个体时空行为分析地面拥堵成因，丰富以往研究成果。

三是构建拥堵溯源指标，分析并预警高拥堵贡献的典型出发、到达、方向。研究应用既分析了城市整体交通拥堵的出行溯源，也结合了部分典型地区的出行识别。

四是归纳道路拥堵机制，得出公交替代、出行错峰、路径选择三大类缓堵策略。模型能够有效从地面拥堵的复杂现象中剖析当前阶段交通拥堵的主要来源及方向，并基于拥堵贡献指标拟定差异化的交通缓堵策略。

2. 应用方向或应用前景

城市交通系统是支撑现代城市健康发展的基础，而以地面交通拥堵为主的交通问题不仅阻碍着城市的可持续发展，也给人们的日常工作与生活带来严重影响，已经成为困扰各国城市发展的普遍问题。因此，开展针对交通拥堵问题的研究工作，深入研究交通拥堵的形成机理和演化过程，具有深刻现实意义。

本研究构建了基于模拟的交通拥堵智能溯源系统，并提出实施有效的控制策略和方法，具有广阔应用前景。

一是本文建构了可供拥堵机制分析的拥堵溯源指标体系，可以提高城市层面的交通拥堵溯源分析的灵活性、准确性和可靠性。发现并预警对城市交通拥堵贡献较高的出行位置，对提高交通运输效率、改善交通状况具有重要的理论价值和现实意义。

二是本文使用的低成本、可推广的溯源方法，有利于进一步认识交通拥堵的形成过程和演变规律，提高缓堵策略和方法的针对性、有效性，使城市在有限的道路资源条件下疏解交通，更好地提升市民出行效率。

参考文献

［1］余冰，任莎，欧志梅，等. 城市交通拥堵问题研究综述［J］. 物流技术，2011，30（11）：4-6.

［2］王振坡，薛珂，王丽艳，等. 个体感知视角下城市交通拥堵成因及其群体差异研究：以天津市为例［J］. 城市发展研究，2017，24（7）：中插19-中插24. DOI：10.3969/j.issn.1006-3862.2017.07.021.

［3］陈伟. 重庆市主城区交通拥堵成因分析及对策［J］. 重庆交通大学学报（社会科学版），2020，20（5）：37-42.

［4］刘治彦，岳晓燕，赵睿. 我国城市交通拥堵成因与治理对策［J］. 城市发展研究，2011，18（11）：90-96. DOI：10.3969/j.issn.1006-3862.2011.11.018.

［5］Afrin, T. and N. Yodo, A probabilistic estimation of traffic congestion using Bayesian network. Measurement, 2021. 174: p. 109051.

［6］AU JANG Y,PI M G,YEON H B,SON H S.Method for identifying traffic congestion cause through visual analysis performed by server, involves training traffic analysis model using composite neural network based on traffic analysis. data and classifying traffic congestion type［P/oL］. UT DIIDW：KR2124955-B1.

［7］Blow, L, Leicester, A Smith, Z. London’s Congestion Charge,The Institute for Fiscal Studies Briefing Note，2003，31，1-18.

［8］刘志刚，申金升. 城市交通拥堵问题的博弈分析［J］. 城市交通，2005（2）：63-65.

［9］张月朋，王德. 上海市早高峰出行问题源头区识别［J］. 城市规划，2021，45（7）：83-90.

［10］Çolak, S., Lima, A. & Gonzúlez, M. Understanding congested travel in urban areas. Nat Commun 7, 10793（2016）. https://doi.org/10.1038/ncomms10793.

基于GeoAI的大城市周边农田未来空间布局优化模型
——以常州市为例

工 作 单 位：南京大学地理与海洋科学学院

报 名 主 题：生态文明背景下的国土空间格局构建

研 究 议 题：国土用途管制与利用效率提升

技术关键词：地理人工智能、机器学习、空间聚类

参　赛　人：郑锦浩、陈逸航、李希明、孔佳棋

指 导 老 师：黄秋昊、陈振杰

参赛人简介：参赛团队来自南京大学地理与海洋科学学院，长期聚焦国土资源空间优化配置研究，对大中城市国土空间规划工作有较持续和深入的理解。本研究通过分析创新、预测创新和规划创新三个角度，建立大城市周边农田未来空间布局优化模型。指导教师为南京大学地理与海洋科学学院黄秋昊副教授和陈振杰副教授。

一、研究问题

1. 研究背景及目的意义

耕地是人类赖以生存和发展的物质基础，是粮食生产的命根子，是国家粮食安全和百姓“米袋子”的基础。据统计，全球有26%~64%人口的粮食依赖于贸易，需要全球供应链来确保充足和稳定的粮食供应。然而，在新冠疫情全球大流行背景下，防控疫情所采取的限制人员、物资流通等措施严重影响全球粮食供应链的稳定性，影响全球粮食安全。同时，俄罗斯、乌克兰作为世界两大重要的粮食出口国，俄乌冲突带来的地缘政治波动必然会给全球粮食市场造成冲击。因此在保障国家粮食安全背景下，大城市周边耕地保护的重要性日益突出。

长三角地区是我国重要的粮食生产基地和生态安全保护屏障。近年来，在快速工业化和城镇化的背景下，高强度的土地开发利用导致耕地和城镇建筑用地犬牙交错，稳定利用耕地量少、局部地区耕地破碎化程度加深等问题突出。如何协调农田保护与城市发展之间的关系，已成为国内外学者关注的热点问题之一（图1-1）。

当前时空大数据、人工智能等新技术、新方法在国土资源空间优化配置领域得到较广泛研究和应用。例如，美国哈佛大学提出了Geodesign（地理设计）作为衔接地理和规划设计的桥梁；全球GIS巨擘ESRI公司推出的GeoAI利用GIS建模分析技术赋能国土空间规划的决策支持；麻省理工学院提出的新城市科学融合城市计算、增强现实、人机交互等多学科为城市规划设计带来新的变革可能。新技术、新方法的提出推动着空间布局优化研究朝着更加数字化、模型化和智能化的方向发展，大大提高了精准模拟预

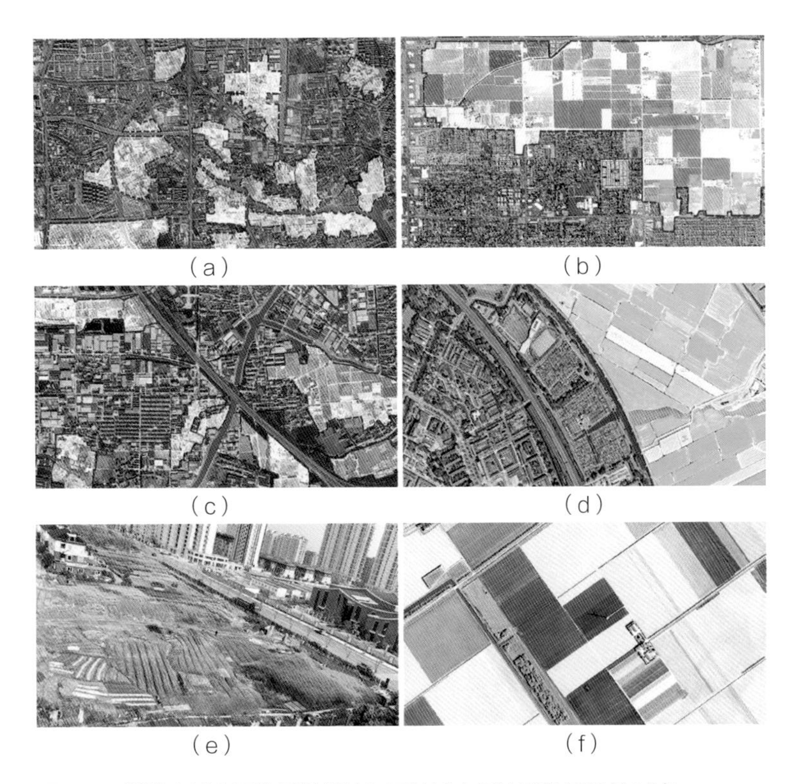

图1-1　常州市城市周边零散耕地与国外城市周边零散耕地的对比
[图(a),(c),(e)为常州市城市周边破碎，无序分布的耕地，图(b),(d),(f)为国外城市周边规整的耕地。遥感影像截取自谷歌地球，实景照片来源于网络]

测、精确分区管控耕地的可行性。

随着大数据、人工智能等技术的快速发展，同时结合文献调研结果，发现现有的研究存在以下不足：

（1）大城市周边耕地时空格局特征分析方法不足。现今我国仍然处于快速发展的时期，城市扩张与耕地保护之间的矛盾日益突出，目前研究多侧重于耕地数量或质量上的变化，缺乏系统的针对大城市周边耕地时空格局特征的分析方法。

（2）高精度耕地空间布局预测模型缺乏。随着大数据、人工智能的发展，机器学习模型逐渐应用于土地利用空间布局优化的研究中，但大多用于城镇用地的变化模拟，鲜少有对耕地变化进行预测模拟研究，并且当前用于模拟研究的机器学习模型多为单一类型，均有一定的局限性，难以在海量数据的情形下精确预测未来耕地空间布局。

（3）耕地分区精准管控研究不足。传统的土地整治分区研究往往只从单方面对耕地的数量或质量进行评估，较少研究结合区域经济，交通等条件，统筹生产、生态和生活“三生”空间，因地制宜提出耕地分区精准管控（图1-2）。

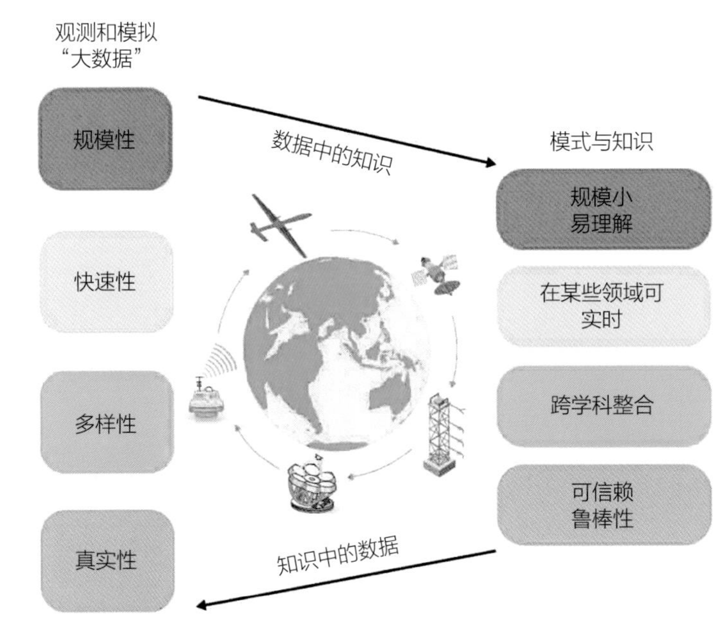

图1-2　地球科学背景下的大数据挑战
（修改自Reichstein, et al.）

2. 研究目标及拟解决的问题

随着城市化进程的加快，城市的大规模扩张导致城市周边的农田被大量侵占，随之在城市边缘产生大量破碎化的耕地。这些零散分布且破碎化的耕地不仅无法得到高效的利用，还严重影响了城市的形态和景观，亟须进行优化。

本研究以常州市为研究区，针对常州市城市快速扩张导致的周边耕地破碎化、不稳定等问题，在结合生态保护红线的基础上，通过地理人工智能模拟、空间聚类等技术方法，对耕地空间布局进行评价、模拟预测和优化，以期为大城市周边耕地分区精准保护提供科学的技术方法和决策建议。具体包括：

（1）从空间异质性角度出发，结合景观格局指数，诊断大城市周边耕地时空格局变化特征。通过分析研究区土地利用转移方向、耕地的空间自相关性及其景观格局指数，诊断耕地空间格局及时空演变规律，以期为耕地空间布局优化提供科学理论依据。

（2）构建耕地变化智能模拟模型，实现未来耕地面积变化的预测。基于耕地的空间分布特征，结合自然和社会经济等影响因素，采用多机器学习模型集成的方法来更精确预测未来的耕地面积变化。本模型可快速定位空间上耕地面积变化剧烈区域，为耕地的保护提供决策依据。

（3）建立耕地分区精准管控策略。结合空间异质性分析、景观格局指数分析和预测的未来耕地面积变化结果，从耕地数量、区位条件等方面，结合当地的实际生产状况，因地制宜地提出耕地保护管控策略，确定耕地中待优化区域，为当地政府的国土空间规划，“三区三线”的划定等提供相应依据和优化方向。

二、研究方法

1. 研究方法及理论依据

（1）耕地空间布局差异识别

结合地理学第二定律，以建制村为单位，计算研究区耕地的局部空间自相关指数，并识别耕地面积变化的冷热点区域，诊断研究区耕地在空间上的集聚特征等空间差异。

地理学第二定律可以理解为空间异质性。局域空间自相关指数Local Moran’s I用来分析不同研究单元与其邻近区域单元特定属性之间的相关性。并通过局部空间自相关类型图来体现局部 Moran’s I的空间自相关水平，高—高、低—低表示空间差异较小，局部空间正相关；低—高、高—低表示空间差异大，局部空间负相关。

（2）耕地景观格局评价

从耕地景观的空间结构特征角度出发，选取平均斑块指数（MPS）、斑块密度（PD）、形状指数（LSI）、聚集度（AI）和分裂指数（SPLIT）研究分析耕地景观格局变化指数，为后续破碎化耕地的识别提供依据。

景观格局指数通常用来描述景观的空间结构特征，景观格局及其变化是自然的和人为的多种因素相互作用所产生的区域生态环境体系的综合反映。通过研究不同时期的耕地景观格局指数，从不同的空间角度来分析耕地的时空变化特征（表2–1）。

耕地景观格局评价体系　　表2–1

角度	指标	指标含义
破碎性	平均地块面积（MPS）	表征一定区域范围内耕地斑块的平均面积
	斑块密度（PD）	表征单位面积的耕地斑块数量
	形状指数（LSI）	表征图斑景观形状复杂度
集聚性	聚集度（AI）	表征一定区域范围内耕地斑块的空间集聚程度
	分裂指数（SPLIT）	表征耕地图斑在全区域内的分割和离散程度

（3）多机器学习模型集成学习

基于常州市实际状况和文献调研确定的驱动力因子，选取多个性能优异且具有一定差异的回归模型，以Stacking集成策略的方式进行集成学习，训练得到更高精度的回归预测模型，以期更好地预测研究区未来的耕地面积变化，确定时间尺度上的耕地面积稳定性的空间差异。

为了解决单一预测模型存在的不足，部分学者提出集成多个机器学习模型的集成策略。目前集成学习方法主要包括Bagging、Boosting和 Stacking。Bagging 和 Boosting 方法常选择相同的学习器作为初级学习器，模型之间的关联性较大，易出现过拟合问题，且多数采用平均法作为模型的集成方法，简单地将初级学习器的结果线性化，难以准确地挖掘预测结果和真实情况之间的关系。Stacking 集成策略可以组合多层次、多个预测模型的信息以生成新模型，并且同时具有较高的性能和鲁棒性。因此，Stacking集成策略被广泛适用于机器学习数据挖掘之中。

（4）K–means聚类算法

基于研究区耕地时空格局特征分析结果，结合耕地智能模拟模型结果，从耕地面积、景观格局指数、时间尺度上的稳定性、经济社会因素等方面筛选多个聚类因子，以建制村为聚类单元，通过K–means 聚类算法对研究区的耕地进行初步分区。最后结合聚类结果，生态保护红线以及相应的政策，因地制宜提出相应的优化措施。

K–means 聚类算法是目前应用最广泛的聚类算法之一，得益于其简单、高效、应用效果好等优势，在各相关研究领域内得到了广泛应用，其算法是一个反复迭代的过程，目的是使各聚类类别中的耕地地块到中心点的距离平方和最小。其中类别个数K值的确定对于 K–means 聚类效果的优劣至关重要，在Python中引入轮廓系数来帮助确定最佳聚类数目，得到最佳聚类结果。

2. 技术路线及关键技术

（1）技术路线

建立研究相关资料数据库。收集常州市2010年、2020年两个年份的土地利用数据、DEM数据、社会经济数据和土地利用政策资料等。基于ArcGIS Pro及相关软件进行数据的提取、整合、重采样、渔网统计等工作。

基于Python编程语言对数据库中的数据进行预处理，分析数据特征。对数据进行清洗和筛选，得到原始数据集并进行标准化。结合文献调研和研究区实际情况，从自然因素、社会经济因素等角度选取多个因子，并对初步选取的驱动力因子数据与耕地数据进行Spearman相关性分析；同时结合相关性分析结果，对驱动力因子数据进行主成分分析。

研究区耕地时空格局变化特征分析。首先，对研究区2010—2020年间土地利用变化情况进行统计分析，分析耕地的绝对变化特征与流向。然后，采取空间自相关和景观格局指数等方法对耕地从时间、空间和景观三方面的变化特征进行探讨，分析现有耕地存在的问题及空间差异所在，为后续的预测模拟模型的驱动力因子选取提供依据，同时辅助完善最后的分区管控策略。

基于Stacking集成策略集成多种机器学习模型预测未来耕地面积变化。通过比较和筛选，最终遴选出梯度提升回归树，随机森林，支持向量回归和多层感知机四个机器学习模型，通过Stacking集成策略进行集成学习，训练得到未来耕地面积变化预测模型。

从多尺度、多区域和多功能等角度研究耕地保护策略。基于K-means聚类算法，以建制村为聚类单元，结合时空格局特征分析和未来耕地模拟结果，从中选取了耕地面积、未来变化、破碎度、经济条件、交通条件五个指标作为聚类因子。在聚类结果的基础上，结合时空格局特征分析结果将研究区耕地划分为四个类型区域，并根据不同的分区特征，结合耕地保护政策提出相应的优化意见和发展方向，以便更精细化地管理耕地保护空间，更好地实施耕地保护策略。

（2）关键技术

耕地时空变化特征诊断技术。以耕地分布的空间异质性角度为切入点，在传统的分析耕地面积变化和流向的基础上，基于空间相关性，使用局部自相关指数，识别耕地在空间上的集聚特征，并结合多年份数据探讨时间尺度上的变化，从而更准确地诊断研究区耕地的时空变化特征。

高精度未来耕地面积变化预测技术。单个机器学习模型在回归预测上往往效果一般，通过Stacking集成策略可以对多个回归模型进行集成，通过“集百家之所成”的方式训练得到一个更高精度的集成模型，从而实现更高精度的未来耕地面积变化预测。

精细的耕地分区管控技术。大城市周边耕地数量众多，特征各异，依靠传统的通过人工经验进行分区的方法往往费时费力，而且效果不佳，无法顾全全局。通过构建科学的数学模型，引入K-means聚类技术，从多角度选择多种聚类因素，再结合研究区实际情况和相关的耕地政策，综合多方面特征给出更科学、合理且高效的耕地分区管控策略（图2-1）。

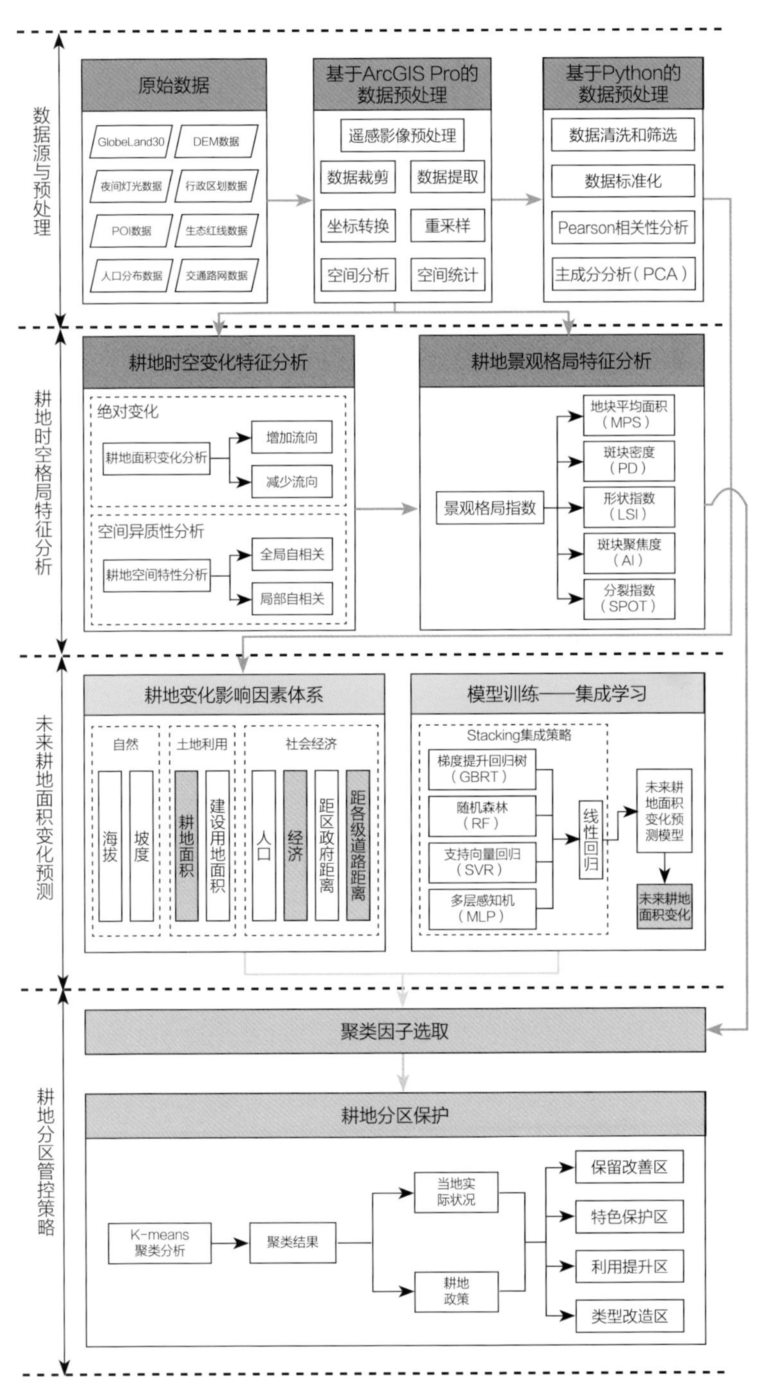

图2-1 技术路线

三、数据说明

1. 数据内容及类型

本研究采用的大部分数据来自于网络上可获取的免费数据，不仅降低了模型的应用成本，还使得模型具有更强的拓展能力。结合文献调研结果，从自然、社会和经济三个方面，综合选取了交通路网数据、数字高程模型数据、人口数据等，用于提取距各类道路距离、海拔、坡度和人口等共十个驱动力因子数据。具体内容如表3-1所示。

研究数据　　　　表3-1

数据类型	数据内容	数据来源	用途
矢量数据	常州市行政区划范围	常州市自然资源和规划局	用于提取研究区数据
	常州市2015年生态保护红线数据	常州市自然资源和规划局	用于模拟步骤中的限制变化区的设置
	常州市交通网数据	OpenStreetMap	用于提取常州市交通路网数据，并作为驱动力因子
	常州市政府POI数据	百度地图	用于作为驱动力因素之一参与模拟
栅格数据	常州市30M分辨率土地利用数据	GlobeLand30	用于提取常州市主要的用地类型
	常州市30M分辨率数字高程模型数据	地理空间数据云	用于地形分析并作为土地变化的驱动力因子
	珞珈一号夜间灯光数据	珞珈一号官网	用于辅助反映地区间的经济差异并作为驱动力因子参与模拟
	100M分辨率人口分布数据	WorldPop	用于反映区域人口并作为驱动力因子参与模拟

2. 数据预处理技术与成果

在开展研究之前，需要对不同来源的数据进行相关的预处理操作，具体的处理过程如下：

（1）基于ArcGIS Pro进行原始数据的处理

统一空间坐标系：研究中采用的空间数据来源较多，部分数据缺少投影坐标系，部分数据原有空间参考坐标系不统一。通过ArcGIS Pro进行坐标统一。

土地利用类型提取：结合研究区实际情况，将GlobeLand30的栅格数据进行了重分类处理，将地类分为耕地、林地、草地、湿地、水体和建筑用地六类。

遥感影像数据处理：对DEM数据进行影像拼接、裁剪、投影和重采样等预处理操作，使影像后续应用于研究区的海拔高度和坡度的计算。对珞珈一号夜间灯光遥感数据在ENVI 5.3中进行辐射校正，随后在ArcGIS Pro中进行投影变换、影像裁切等步骤。

交通区位数据处理：对来自OpenStreetMap的数据进行数据裁剪，然后根据道路类型进行重分类。百度地图中导出的POI数据则基于经纬度转为点矢量数据。随后通过欧氏距离工具对道路网和POI数据进行计算，得到研究区的交通区位条件。

原始数据导出：为便于统计，同时避免数据量过大降低模型的运行效率，最终选取了300m×300m作为最小的模拟单元。通过ArcGIS Pro的渔网（Fishnet）工具创建最小网格大小为300m×300m的渔网，再用分区统计的方法统计每个300m×300m网格中的驱动力因子数据的平均值。对于土地利用数据，则通过分区统计得到每个最小网格内的耕地栅格像元数量（土地利用数据栅格大小为30m×30m），最终将分区统计得到的数据导出为csv表格用于后续的机器学习模型训练（图3-1）。

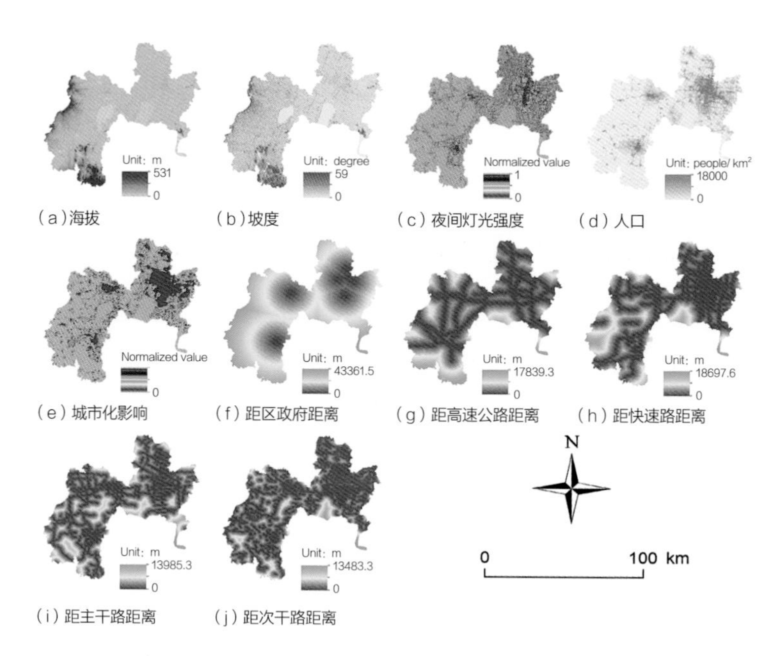

图3-1　原始数据预处理结果

（2）基于Python的数据预处理

数据清洗和筛选：将上一步的数据导入Python中后得到约5万条数据，基于pandas库的DataFrame进行数据清洗，将有空值的数据剔除。

Spearman相关性分析：对上述初步筛选的十个驱动力因子数据与2010年的耕地数据进行相关性分析，可以发现耕地的数量（FL_2010）与人口分布（POP），城市化影响（Urban）和夜间灯光数据（NL）呈负相关关系，与距离区政府距离（dtoPOI），距离道路距离（dto1stR，dto2ndR，dto3rdR，dto4thR）呈正相关。虽然地形（DEM）与海拔（Slope）两者之间，城市化影响、人口分布和夜间灯光数据三者之间具有较强的相关性（>0.7），但方差膨胀因子的计算结果均低于5，即不存在多重共线性（图3-2）。

主成分分析（Principal Component Analysis, PCA）：由Spearman相关性分析可知，部分因子（如地形和坡度）与耕地面积分布的相关性基本不相关，而较高的数据维度又会降低机器学习的效率，有时也不利于模型的精度提升。因此，本研究基于sklearn.decomposition库对驱动力因子数据进行降维，基于降维的结果，保留了前八个主成分，可保留原驱动力因子数据94.46%的信息（图3-3）。

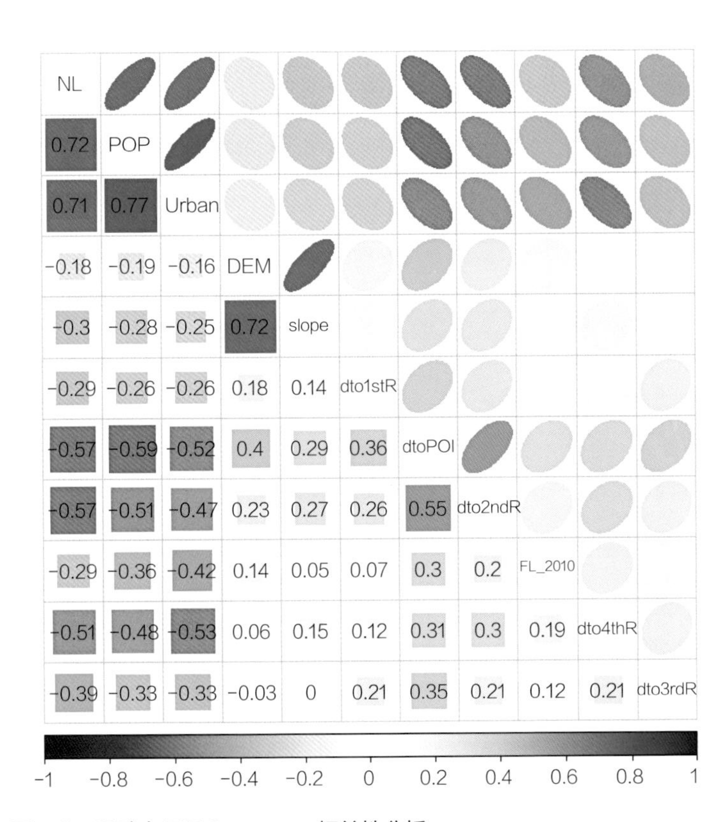

图3-2 驱动力因子Spearman相关性分析

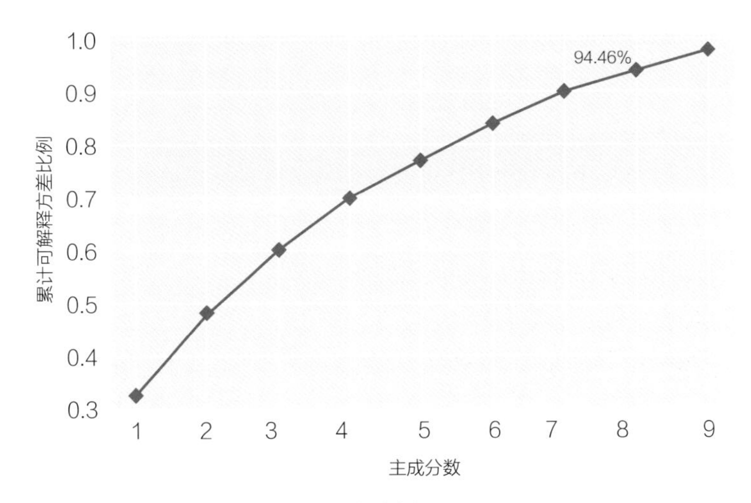

图3-3 主成分数与累计可解释方差比例

四、模型算法

1. 模型算法流程及相关数学公式

（1）耕地时空格局变化特征分析

研究区高强度的土地开发利用造成人均耕地少、稳定利用耕地量少、局部地区耕地破碎化程度加深等问题突出。本研究通过土地利用现状、土地利用转移矩阵、空间自相关分析、景观格局分析等方法形成一套完整的耕地时空格局变化评价体系。

①模型算法流程

首先，从数量上分析不同地类之间的流向，重点分析耕地的流向；其次，从全局和局部的角度，通过空间自相关分析耕地的空间分布状态，并对耕地聚集或离散地区进行可视化表达；最后，采用景观格局分析方法，选取斑块密度（PD）、平均斑块指数（MPS）、分裂指数（SPLIT）、聚集度（AI）、形状指数（LSI）研究分析耕地景观格局变化指数。

②相关数学公式

全局空间自相关用于表示研究区的耕地在整个全局空间中的分布情况，用全局Moran's I（莫兰指数）表示（4-1）。局部空间自相关指数Local Moran's I（4-2）用来分析不同建制村与其邻近建制村耕地占比面积之间的相关性。

全局Moran's I计算公式：

$$I=\frac{n\sum_{i=1}^{n}\sum_{j=1}^{n}W_{ij}(x_i-\bar{x})(x_j-\bar{x})}{\sum_{i=1}^{n}\sum_{j=1}^{n}W_{ij}\sum_{i=1}^{n}(x_i-\bar{x})^2} \tag{4-1}$$

局部Moran's I计算公式：

$$I=\frac{n^2}{\sum_i\sum_j W_{ij}}\times\frac{\left(x_i-\bar{x}\right)\sum_j W_{ij}\left(x_j-\bar{x}\right)}{\sum_j\left(x_j-\bar{x}\right)^2} \tag{4-2}$$

式中，n是研究区域单元样本个数，$\bar{x}$为样本均值，W_{ij}表示的是研究范围内要素i与j之间的空间权重矩阵，x_i为要素i的属性值，x_j为要素j的属性值。

景观格局指数相关公式如下所示

斑块密度（PD）：

$$PD=\frac{NP}{A} \tag{4-3}$$

式中，NP为耕地斑块数量，A为耕地斑块的总面积。

平均斑块指数（MPS）：

$$MPS=\frac{\sum_i^n a_i}{NP} \tag{4-4}$$

式中，a_i为第i个耕地斑块的面积，NP为耕地斑块数量。

分裂指数（$SPLIT$）：

$$SPLIT=\frac{\left(\sum_i^n a_i\right)^2}{\sum_i^n a_i^2} \tag{4-5}$$

式中，a_i为第i个耕地斑块的面积，n为耕地斑块总数。

聚集度（AI）：

$$AI=100\times\left[1+\sum_{i=1}^{NP}\frac{P_i\ln(P_i)}{2\ln(NP)}\right] \tag{4-6}$$

式中，NP为耕地斑块数量，P_i为耕地斑块i的周长。

形状指数（LSI）：

$$LSI=\frac{0.25E}{\sqrt{A}} \tag{4-7}$$

式中，E为景观中所有耕地斑块边界的总长度，A为耕地斑块的总面积。

（2）未来耕地变化智能预测模型

在GeoAI发展背景下，考虑采用多模型集成的方法来更准确地预测未来耕地面积变化。本研究基于Stacking 集成策略集成多个机器学习模型，通过组合多层次、多个预测模型的信息以训练更高精度的回归模型，构建未来耕地空间布局预测模型。

①模型算法流程（图4-1）

数据输入：经过上述的数据预处理步骤后，将以最小网格大小为300m×300m的渔网进行分区统计后得到的驱动力因子数据和耕地数据作为模型的初始数据输入模型。

限制区的设置：生态保护红线是国家生态安全的底线和生命线，是必须严防死守的高压线。在当前严格的生态保护政策下，本研究将生态保护红线作为限制转化区。由于生态保护红线内的耕地变化更多地受到政策因素的影响，而政策的影响在本模型中无法量化评估，即无法对其进行模拟。因此，本研究利用生态保护红线数据对数据进行筛选，筛选出位于生态保护红线外的数据进行后续的机器学习训练和模拟。

机器学习训练和模拟：基于Scikit-learn库中的机器学习算法，采用网格搜索（GridSearch）的方式确定模型最佳参数后进行训练和模拟，最终输出预测结果。本研究采用的Stacking 集成策略可以集成多个机器学习模型，提高模型整体的稳定性，降

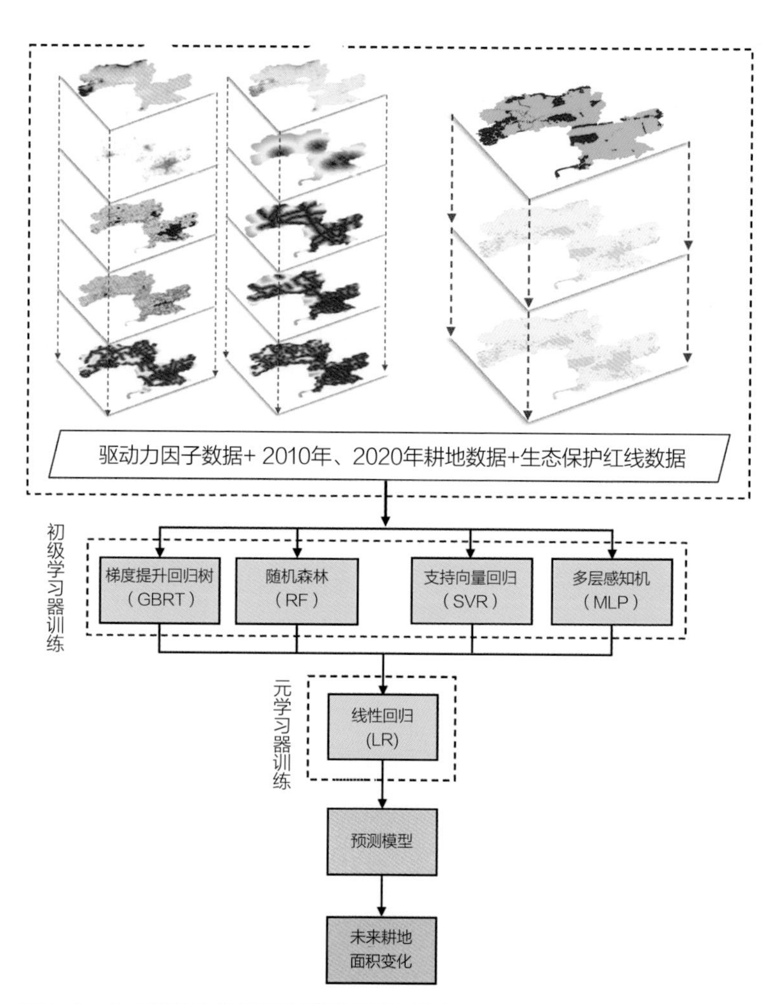

图4-1　未来耕地变化智能模拟模型简要流程

低泛化误差。基于Stacking集成策略，本研究挑选梯度提升回归树（Gradient Boosting Regression Tree, GBRT）、随机森林（Random Forest, RF）、支持向量回归（Support Vector Regression, SVR）和多层感知机（Multilayer Perceptron, MLP）四个效果较好且彼此之间存在差异的回归机器学习模型作为初级学习器，为避免过拟合，选择线性回归作为元学习器。其中：GBRT模型使用多个串行的、弱的分类回归树从前一个分类回归树的残差中进行学习，从而构建一个更强的回归模型。该算法具有预测阶段计算速度快、泛化能力强等优点。RF模型基于Bagging算法的随机森林模型可以结合每棵树的预测结果从而达到减少预测值方差的目的。随机森林模型具有不易过拟合、鲁棒性强的优点，得到了广泛的应用。SVR模型的本质就是寻找一个超平面使得依靠超平面最远的样本点之间的间隔最大，模型具有较强的泛化能力。MLP模型是一个简单的人工神经网络。其优势在于可以学习非线性数据，并且在非线性数据上具有亮眼的表现。

②相关数学公式

本研究选取了平均绝对误差（Mean Absolute Error, MAE）、均方误差（Root Mean Squared Error, RMSE）和决定系数（R^2）三个常用的指标作为回归模型效果评价的依据。其中，*MAE*表示所有样本的样本误差的绝对值的均值，其值越接近于0，模型越准确；*RMSE*反映的是实际值同预测值之间的偏差，其值越小则模型的效果越好；R^2可以反映模型对数据的拟合程度，其值越接近1，表明方程的变量对实际值的解释能力越强。

$$MAE=\frac{1}{n}\sum_{1}^{n}\left|y_i-\hat{y}_i\right| \tag{4-8}$$

$$RMSE=\sqrt{\frac{1}{n}\sum_{1}^{n}\left|y_i-\hat{y}_i\right|^2} \tag{4-9}$$

$$R^2=1-\frac{\sum_{1}^{n}\left(y_i-\hat{y}_i\right)^2}{\sum_{1}^{n}\left(y_i-\bar{y}_i\right)^2} \tag{4-10}$$

式中，y_i为样本i的实际值，$\hat{y}_i$为样本i的预测值，n为样本数，$\bar{y}$为实际值的均值。

③模型的精度

各初级学习器自身便具有较好的性能，保证了集成模型的准确性，经过Stacking集成策略进行集成后的模型相比单个机器学习模型表现出了更加优异的性能（图4-2）。在单个模型的测试集结果中，*MLP*表现最佳，具有相对较低的*MAE*（7.78），*RMSE*仅有13.31，R^2则达到了0.78，表明模型具有较好的拟合效果，预测值与真实值较为接近。而Stacking集成模型则集中了各机器学习模型的优势，在测试集的结果中表现出了更高的精度，相对于效果最好的单个模型MAE降低了12.60%，*RMSE*降低了4.43%，R^2提高了2.56%，集成模型表现出更强的泛化能力和鲁棒性，整体效果在单一模型的基础上得到了进一步的提升（图4-2）。

（3）耕地分区精准管控模型

耕地分区精准管控策略对于提升耕地的精细化管理，提升区域可持续发展具有重大意义。本模型以建制村为聚类单元，从耕地的稳定性、交通、经济等角度，选取模拟预测的耕地的未来变化，耕地变化影响因素中的耕地面积、以夜间灯光数据近似反映研究区经济水平、以距道路距离反映研究区交通条件，以及景观指数中的形状指数为聚类因子。以表格显示分区统计工具得到每个建制村对应数据，为避免聚类因子量化阈值区间的不同对聚类

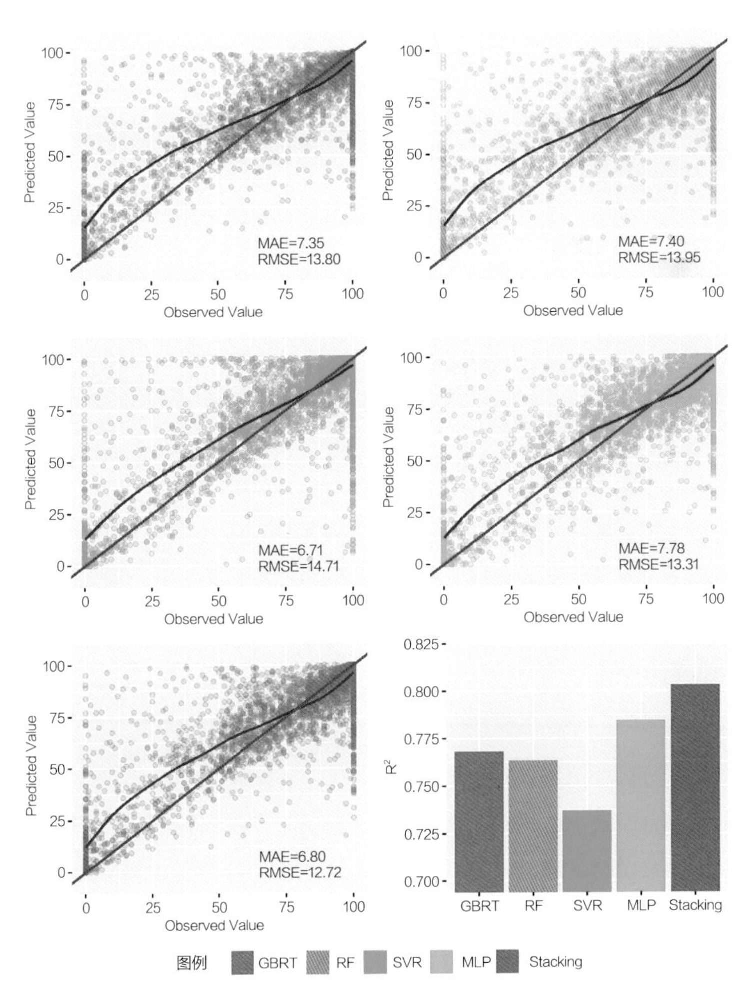

图4-2 单机器学习模型与Stacking集成策略集成学习模型效果对比

结果产生影响，对数据进行归一化处理，并通过轮廓系数确定最佳聚类分区。采用K-means聚类算法将研究区耕地进行初步的划分，在聚类结果的基础上，按照相应的耕地政策，结合当地的实际状况，提出更科学、合理且高效的耕地分区管控策略。

①模型算法流程（图4-3）

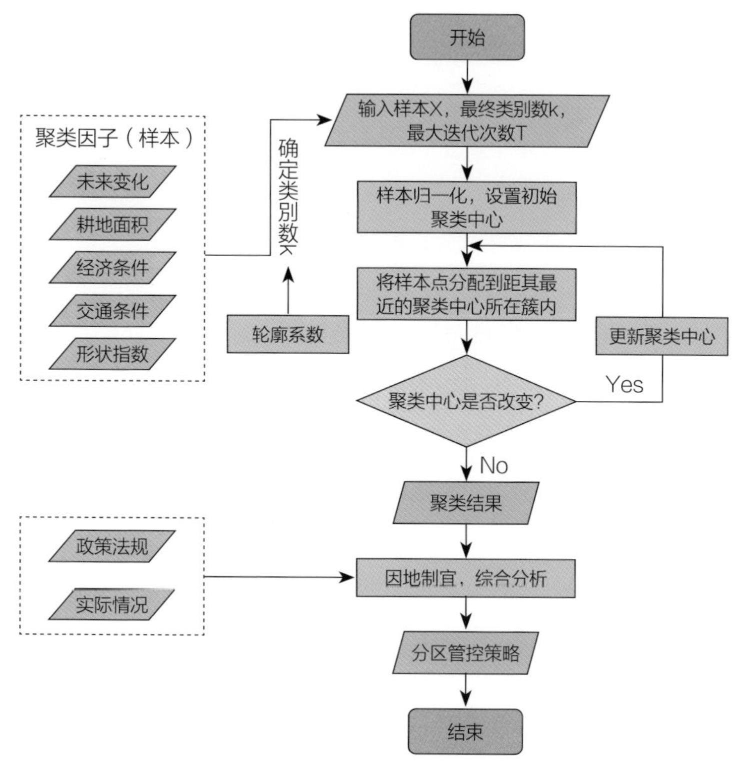

图4-3　耕地分区精准管控模型流程

②相关数学公式

K-means算法中用轮廓系数S确定K：

$$S=\frac{b-a}{\max(a,b)} \tag{4-11}$$

式中，a为样本与同一簇类中的其他样本点的平均距离，b为样本与距离最近簇类中所有样本点的平均距离。

2. 模型算法相关支撑技术

（1）分析平台

ArcGIS Pro和传统ArcGIS Desktop相比，ArcGIS Pro可以对来自本地、ArcGIS Online、Portal for ArcGIS的数据进行可视化、编辑、分析，支持二、三维一体的数据可视化、管理、分析和发布。本研究中的数据裁剪、提取、重采样等预处理内容以及空间统计分析等均基于ArcGIS Pro内的模块实现。

（2）开发语言

Python是一种不受局限、跨平台的开源编程语言，内含大量开源库，使得建模更加简洁、快捷。其中，Scikit-learn是机器学习领域中最知名的Python模块之一，涵盖了几乎所有主流机器学习算法，为我们提供了简单高效的数据挖掘和分析的解决方案。基于Python的 Scikit-learn库和其他常用库，完成了数据清洗、筛选，相关性分析，主成分分析和多类机器学习模拟等研究内容。

（3）结果可视化

R语言是一种专门为统计和数据分析开发的开源，是免费的语言。其内部含有琳琅满目的可视化软件包（ggplot2，plotly，ggmap等），在为数据的可视化提供了成熟的解决方案的同时，强调了图表的视觉吸引力和美观，使其在众多绘图方面的编程语言中脱颖而出。本研究中的机器学习结果评价图及聚类结果数据特征图均基于R语言完成。

五、实践案例

1. 模型应用实证及结果解读

常州市位于江苏省南部，地处我国经济发展活跃、开放程度高、创新能力强的长江三角洲区域，是长三角27个中心区城市之一。全市下辖新北区、钟楼区、天宁区、武进区、金坛区和溧阳市，土地总面积为4 385km^2。

（1）耕地时空格局特征分析

历史耕地面积变化的分析可以在一定程度上反映区域耕地保护利用情况，还可以辅助预测未来耕地面积的变化。基于统计，截至2020年，常州市耕地面积从2010年的28.06万hm^2（根据遥感影像统计，下同）下降到了25.36万hm^2，累计减少2.69万hm^2。城市的快速扩张造成了大量耕地的流失（图5-2），是耕地减少的主要因素（图5-1）。

通过对1123个建制村的耕地面积与建制村面积比值进行空间自相关分析，得到的Moran's I值、Z得分之间的大小关系如表5-1所示。对比2010年与2020年Moran's I值、Z得分，其Moran's I值均大于0、Z得分均大于2.58，且相关指数均相应有所提高，表示出常州市耕地在空间分布上整体呈现出集聚趋势，且相关性呈进一步增强的趋势。

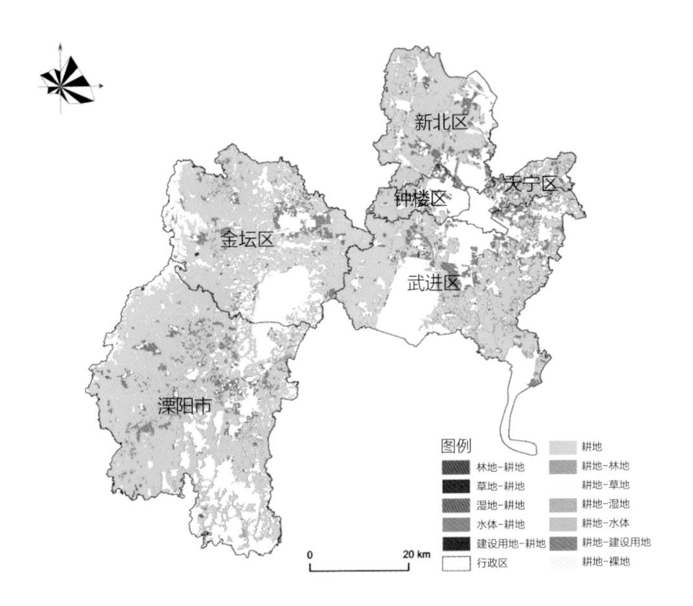

图5-1 2010—2020年常州市耕地变化分布

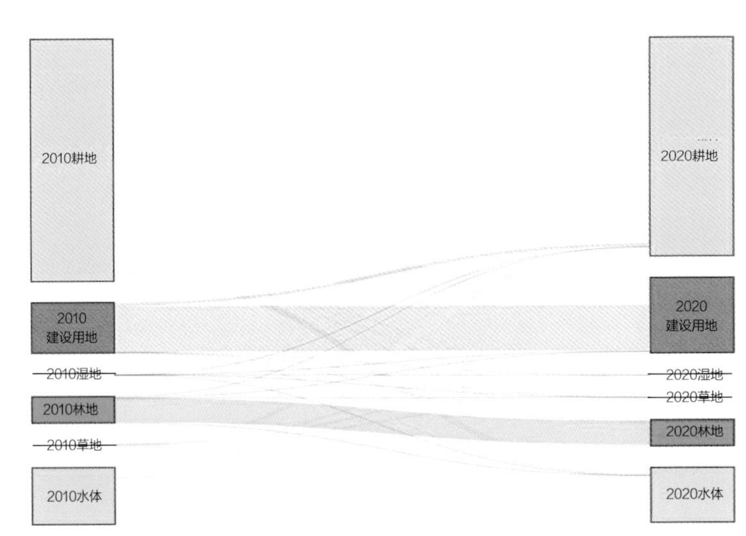

图5-2 2010—2020年常州市土地利用变化桑基图

2010年与2020年常州市耕地全局空间自相关对比 表5-1

研究年份	Moran's I	Z得分	全局分布	全局自相关性
2010	0.69	14.17	聚类趋势	显著空间正相关
2020	0.79	16.00	聚类趋势	显著空间正相关

局部空间自相关可有效地分析不同空间单元与邻近区域空间差异程度及其显著水平，通过计算分析建制村中耕地占比面积的局部空间自相关关系（图5-3），结合其空间分布状态，可将各建制村划分为高—高、高—低、低—低、低—高、不显著5种类型，其中：

"高—高类型区域"：该区域表示其乡镇耕地面积比例较高，伴随其周围乡镇耕地面积比例均较高。该类型区域耕地分布最为集中，主要分布在研究区西部的溧阳市以及东北部新北区，都属于地势相对平坦的平原地区，农业发展水平、耕地面积比例均较高。随着时间的推移，研究区中部武进区逐渐出现"高—高"类型区域，并且溧阳市耕地高集聚区逐渐增加。

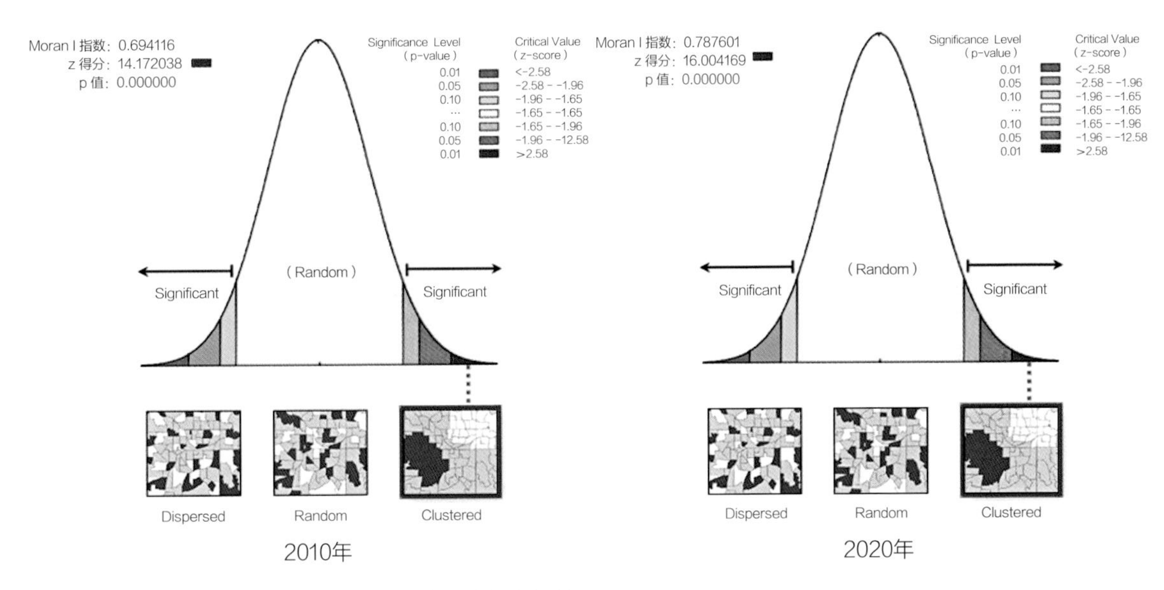

图5-3 2010-2020年常州市耕地面积全局空间自相关图

"高—低类型区域"：该区域表示其耕地面积比例较高乡镇被周围耕地面积比例较低乡镇包围。该类型区域耕地受周围区域的负面影响，逐渐向低—低集聚转变，因此，需要适当改良并保护高—低聚类区域。

"低—低类型区域"：该区域表示其乡镇耕地面积比例较低，伴随其周围乡镇耕地面积比例均较低。该类型区域主要分布在研究区东部新北区、钟楼区、天宁区、武进区交界处，金坛区中部经济较发达区，呈现出扩大趋势。

"低—高类型区域"：该区域表示其乡镇耕地面积比例较低，伴随其周围乡镇耕地面积比例均较高。该类型区域耕地受周围区域的正向影响，可通过土地综合整治等工作优化耕地空间布局（图5-4）。

分别计算2010年和2020年常州市景观格局指数（表5-2）。斑块密度（*PD*）代表耕地图斑连片度，值越小连片度越高；平均斑块指数（*MPS*）代表区域范围内耕地斑块的平均面积，值越小耕地的破碎程度越高；分裂指数（*SPLIT*）代表耕地图斑在全区域内的分割和离散程度，值越大分离度越大；聚集度（*AI*）代表区域内图斑的聚集程度，值越大聚集程度越高；形状指数（*LSI*）代表图斑景观形状复杂度，值越大形状越不规整。由表5-2可知2010—2020年常州市耕地总体呈现出分散、破碎趋势，耕地规模性降低、集聚性减弱。

2010—2020年常州市耕地景观格局指数　　表5-2

年份	斑块密度（*PD*）	平均斑块指数（*MPS*）	分裂指数（*SPLIT*）	聚集度（*AI*）	形状指数（*LSI*）
2010	0.27	366.28	1.56	97.00	53.85
2020	0.59	168.63	2.73	96.96	51.94

（2）耕地变化智能预测模型

将驱动力因子数据和2020年的耕地数据输入训练好的模型，通过模型预测常州市2030年的耕地数量，并计算了最小统计单元（300m×300m）范围内耕地面积的变化百分比及对应变化类型的耕地面积（表5-3），模拟结果如图5-5所示。

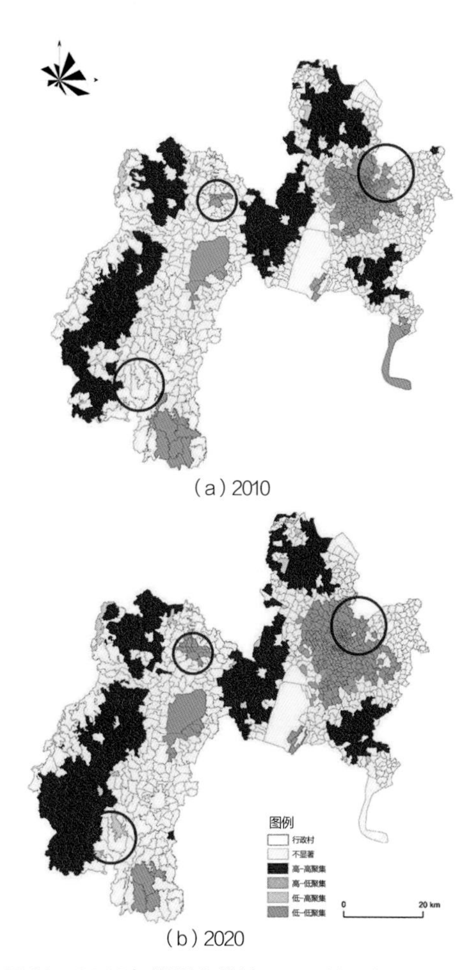

图5-4　2010—2020年常州市耕地面积区域局部Geary聚类图

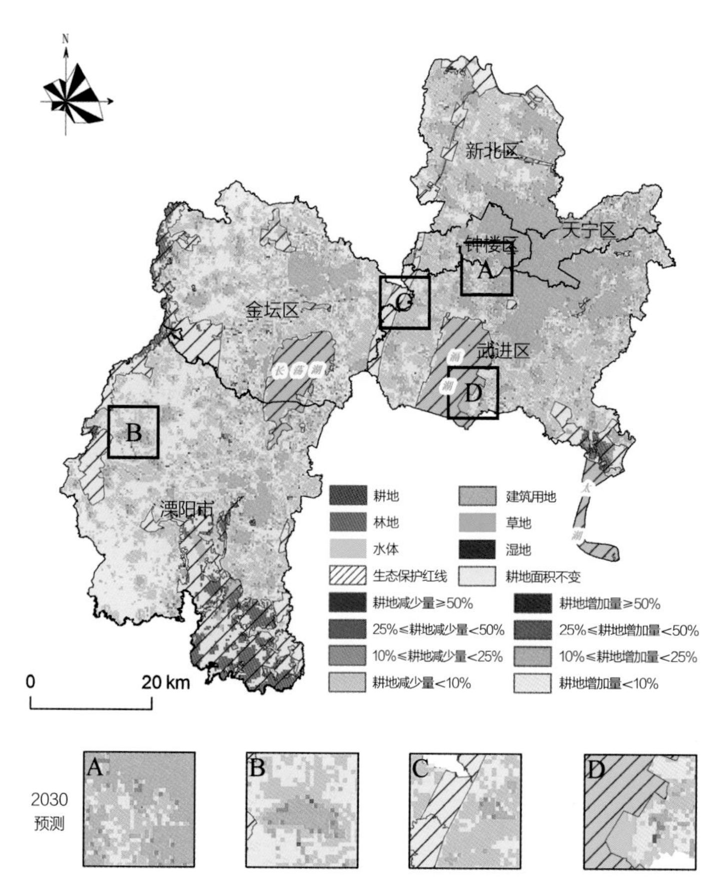

图5-5　2030年常州市耕地面积变化率预测

在基于常州市2010—2020年社会经济发展趋势的自然发展情景下，随着未来常州市城镇的扩张，耕地的总量呈现下降趋势（图5-5）。在空间分布上，耕地的变化趋势具有明显的空间差异。其中，趋于减少的耕地主要位于快速扩张的城镇边界外围，增加的耕地主要围绕着常州市的河湖分布。其中：

A区域位于常州市钟楼区和武进区的集中连片建成区的外侧，预测结果表明，城市集中连片建成区周围的耕地在自然发展的情景下，除少部分区域呈现出稳定的态势外，大部分区域呈现出下降趋势，零散分布的耕地面积下降程度明显强于集中分布的耕地。

B区域位于常州市溧阳市西北部的一个小镇，近十年来，该镇发展迅速，建设用地快速扩张，预测结果表明，未来该镇周围的耕地呈现下降的趋势，并且往相邻村镇的方向有更多的耕地表现出下降的趋势。

C区域位于常州市武进区与金坛区的交界处，随着未来常州市的发展，各行政区之间的联系逐渐增强，预测结果表明，两区之间生态保护红线外的耕地大部分呈现出下降的趋势。

D区域位于常州市武进区的滆湖旁，该区域邻近滆湖，农业条件优越，未来该区域耕地面积趋于增加。

预测2030年常州市发生不同程度耕地变化的区域面积　表5-3

变化类型	耕地面积变化量	区域面积（hm^2）
耕地面积下降	耕地减少量≥50%	9
	25%≤耕地减少量<50%	108
	10%≤耕地减少量<25%	6 039
	耕地减少量<10%	123 201
耕地面积不变	稳定耕地	150 534
耕地面积增加	耕地增加量<10%	48 690
	10%≤耕地增加量<25%	9 432
	25%≤耕地增加量<50%	1 080
	耕地增加量≥50%	45

（3）耕地分区精准管控策略模型

由于研究区经济水平发达，开发强度高，受地形地貌、人类生产建设、生态环境等因素的影响，地区土地利用类型、经济发展水平和发展方向存在明显的区域分异特征，其耕地水平也存在明显区域差异。本研究应用耕地分区精准管控模型，将一些质量较好、结果相似的耕地区域进行归并，将耕地分为4个功能区，分别制定耕地分区管制策略，为耕地分区精细化管理提供依据和方向。

基于各分区聚类结果的数据特征（图5-6），结合生态保护红线和当地的实际生产状况，根据《土地管理法》《基本农田保护条例》等法律法规要求，按照“总体稳定、局部微调、量质并重”的原则，分别对各个耕地分区提出精准管控方案。最终将研究区分为类型改造区、利用提升区、特色保护区和保留改善区，相应的特征分析如下。

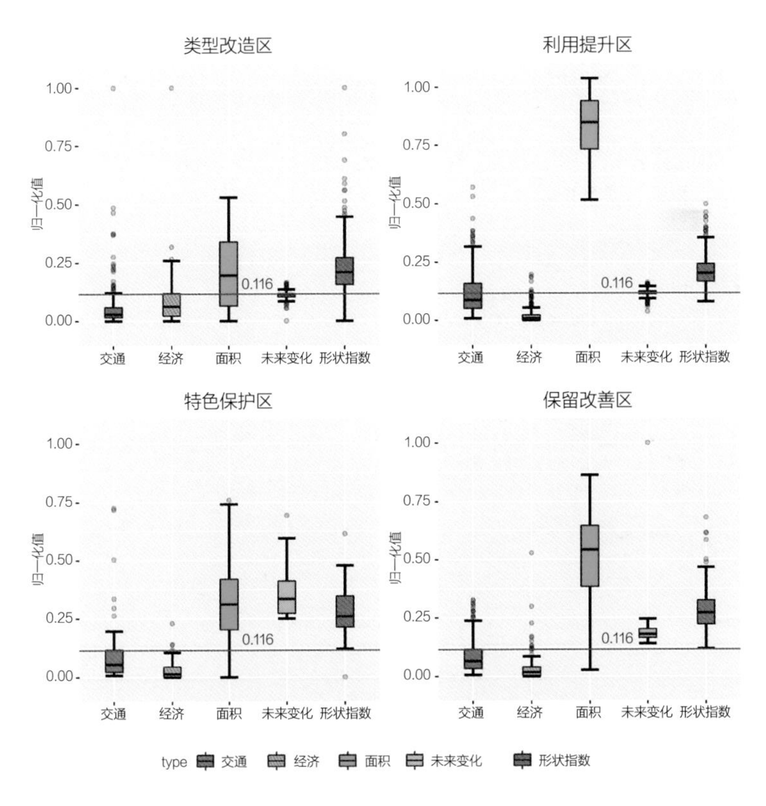

图5-6　常州市2020年耕地各分区聚类结果数据特征

（注：交通一项数值为距最近道路距离的归一化值；未来变化一项的归一化值0.116代表2030年耕地面积无变化，越低于该值则未来面积减少的越多，反之则未来面积趋于增加）

类型改造区：区域内一部分位于交通便利、经济水平较高的城区内（大部分位于河道沿岸），一部分位于金坛区和溧阳市的西北部山区以及溧阳市的南部丘陵区，耕地数量少且破碎化，耕地面积较少，未来耕地面积主要呈下降趋势。

利用提升区：区域内耕地主要分布在常州西部及主城区外围，耕地数量多且稳定，耕地生产功能突出，主要承载粮食生产功能。

特色保护区：区域内交通相对处于劣势，地区经济条件较差，但耕地面积数量较高，未来耕地面积增加明显，耕地形状较为不规则，同时具有邻近湖泊等独特的区位条件。

保留改善区：该区域临近或位于水源、林地等生态保护红线区域，部分位于城镇外围。大部分地区经济和交通相对处于劣势，但耕地数量多，未来面积趋于增加。

2. 模型应用案例可视化表达（图5-7）

类型改造区优化：该区域一部分耕地镶嵌在城市周边及内部，一部分被生态保护红线内的林地所包围。在未来规划中，对于城区内河道周围的耕地以及城区边缘零散的耕地可以在未来考虑退出并发展为建设用地，促进城市的发展和城市边界形态的优化（类型改造区A）。对于位于林地保护区生态保护红线内且形态不规整的或耕作条件较差的耕地则可以在生态退耕的过程中优先退出（类型改造区B）。

利用提升区优化：该部分耕地数量高且耕地面积稳定，在未来规划中，应严格保护，加强高标准农田建设，提高农业机械化水平，在不破坏耕地资源的前提下，可适当种植经济作物，全面提高农业经济效益，提高农民经济收入。

特色保护区优化：一是依托区位优势促进农旅产业深度融合，秉持着“绿水青山就是金山银山”的绿色发展理念，打造宜产、宜游的“田园综合体”。二是稳定提高农业综合生产能力，通过土地综合整治等工程为适度经营和发展现代化创造条件。

保留改善区优化：严格控制耕地转为林地、草地、园地等其他农用地，限制建设用地扩张，提高耕地土壤保持，以环境治理恢复、生物多样性保护、流域水环境保护治理等为重点内容。

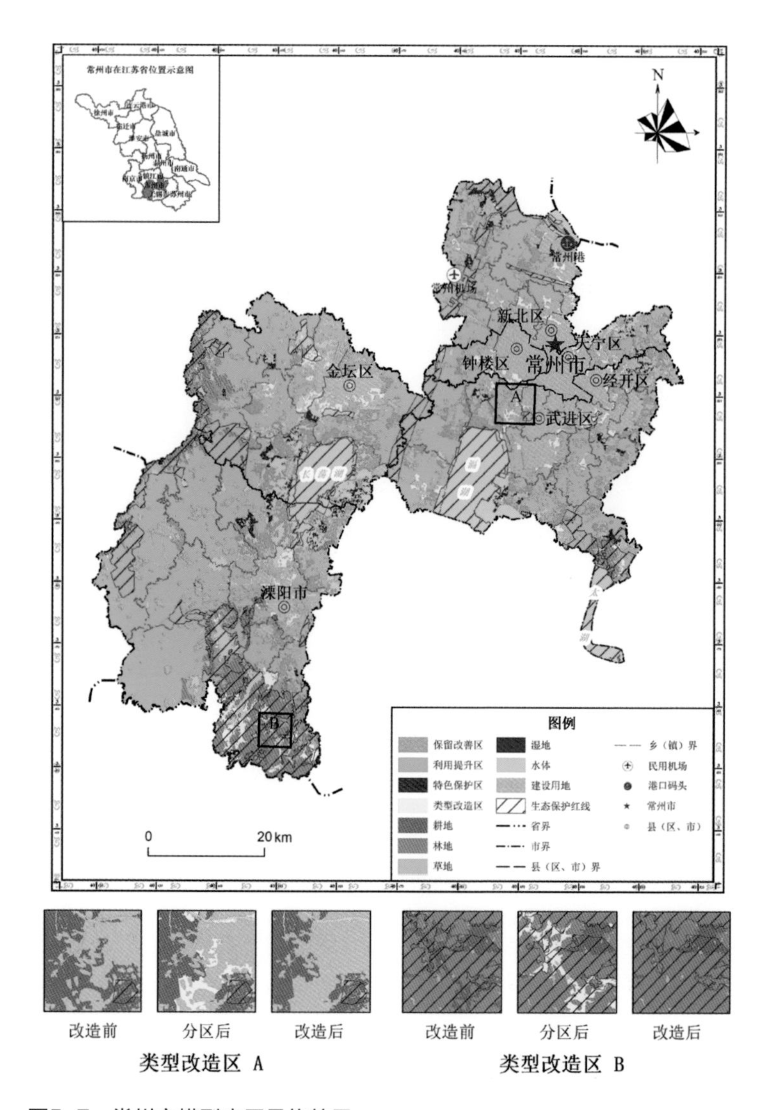

图5-7　常州市模型应用最终效果

六、研究总结

1. 模型设计的特点

（1）耕地时空变化特征分析

本研究以地理学第二定律为切入点，分析了研究区耕地的空间特征。分析了常州市近年来耕地面积的数量变化，揭示了大城市周边耕地时空格局变化特征。

（2）未来耕地面积变化模拟

基于机器学习中的回归模型，提出了一种新的未来耕地面积变化预测模型并具有较高的精度。在人工智能技术快速发展的背景下，本研究选择了多种回归模型对常州市历史上的耕地面积变化规律进行学习，并基于Stacking集成策略进行集成学习，在单一预测模型的基础上提高了预测模型的精度，从而更好地预测了2030年常州市耕地变化剧烈区域。

（3）分区管控模型

基于K-means聚类算法，结合研究区的预测耕地变化规律和分区理论，构建了耕地分区精准管控模型。本研究通过多种组合方案实验，确定最佳分组方案，通过轮廓系数，确定最佳聚类分区，并进一步将耕地细化为4个分区，分别为类型改造区、提升利用区、特色保护区、保留改善区。创新性地从耕地数量、耕地布局和城市发展角度出发，合理地解决了耕地数量保护、布局优化与城市化之间的冲突问题，为耕地分区精细化管理提供了依据和方向（图6-1）。

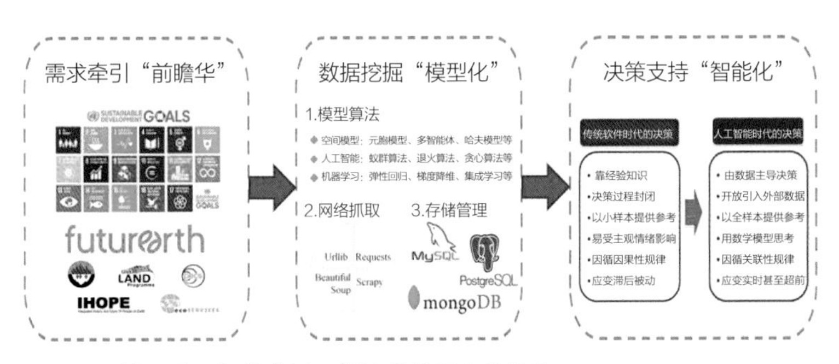

图6-1 地理人工智能背景下耕地优化研究的趋势

2. 应用方向或应用前景

本研究围绕着常州市城镇快速扩张导致的耕地面积减少和破碎化等问题，探索性地从分析创新（耕地时空变化特征分析）、预测创新（地理人工智能预测）和规划创新（耕地分区精确管控）三个角度出发，建立大城市周边农田未来空间布局优化模型，对大城市周边耕地空间规划提供了一个相对普适的模型框架。

本研究针对大城市周边耕地的保护开展了探索性的研究，该模型方法实现了大城市周边耕地空间布局的有效预测模拟，其预测准确度相比其他模型方法有大幅提升，创新性地提出耕地分区管理保护方案，提高了耕地精准多样化保护和决策科学化管控能力。

未来，在进一步改进方法的基础上，结合Google Earth Engine（GEE）和前沿的人工智能深度学习技术，可尝试性地选取全球多个大城市开展“城市食物供应”管理的研究，助力全球碳中和战略。也可进一步应用于城乡规划设计、辅助决策城市边界的划定等场景，辅助指导未来耕地规划实践探索工作方向（图6-2）。

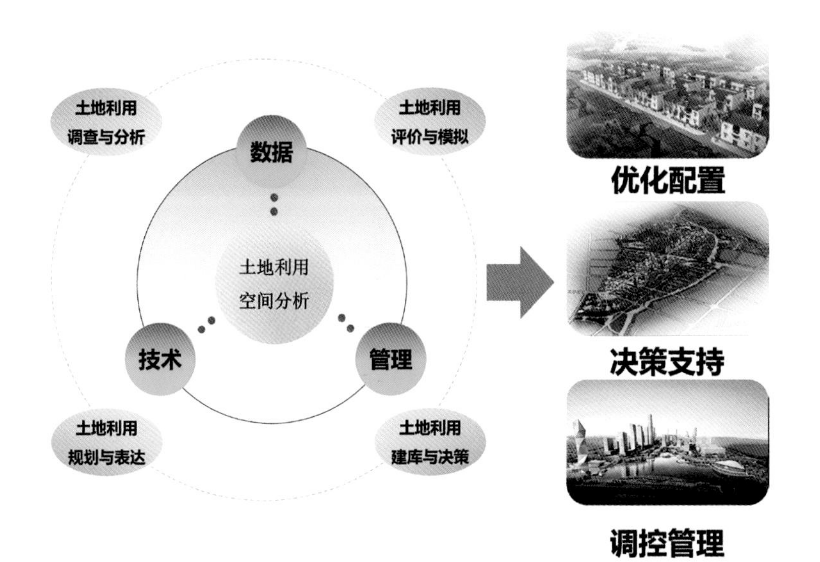

图6-2 未来耕地优化研究总体思路

参考文献

［1］陈美球，刘桃菊. 新时期提升我国耕地保护实效的思考［J］. 农业现代化研究，2018, 39（1）：1-8.

［2］KINNUNEN P, GUILLAUME J H A, TAKA M, et al. Local food crop production can fulfil demand for less than one-third of the population［J］. Nature Food, 2020, 1（4）：229-37.

［3］YU M, YANG Y, CHEN F, et al. Response of agricultural multifunctionality to farmland loss under rapidly urbanizing processes in Yangtze River Delta, China［J］. Science of The Total Environment, 2019, 666：1-11.

［4］SETO K C, GUENERALP B, HUTYRA L R. Global forecasts of urban expansion to 2030 and direct impacts on biodiversity and carbon pools［J］. Proceedings of the National Academy of Sciences of the United States of America, 2012, 109（40）：16083-16088.

［5］D'AMOUR C B, REITSMA F, BAIOCCHI G, et al. Future urban land expansion and implications for global croplands［J］. Proceedings of the National Academy of Sciences of the United States of America, 2016, 8939-8944.

［6］CHEN Z, ZHANG X, HUANG X, et al. Influence of government

leaders' localization on farmland conversion in Chinese cities: A "sense of place" perspective [J]. Cities, 2019, 90: 74-87.

[7] REICHSTEIN M, CAMPS-VALLS G, STEVENS B, et al. Deep learning and process understanding for data-driven Earth system science [J]. Nature, 2019, 566 (7743): 195-204.

[8] SU S, HU Y N, LUO F, et al. Farmland fragmentation due to anthropogenic activity in rapidly developing region [J]. Agricultural Systems, 2014, 131: 87-93.

[9] GIRVETZ E H, THORNE J H, BERRY A M, et al. Integration of landscape fragmentation analysis into regional planning: A statewide multi-scale case study from California, USA [J]. Landscape and Urban Planning, 2008, 86 (3-4): 205-218.

[10] HUANG Z, DU X, CASTILLO C S Z. How does urbanization affect farmland protection? Evidence from China [J]. Resources, Conservation and Recycling, 2019, 145: 139-147.

[11] 韩博，金晓斌，孙瑞，等. 基于冲突—适配视角的土地利用可持续性评价 [J]. 地理学报，2021, 76 (7): 1763-1777.

[12] 段鑫宇，蔡银莺，张安录. 城乡交错区耕地非农转换影响因素及空间分布识别：以上海浦东新区为例 [J]. 长江流域资源与环境，2021, 30 (1): 54-63.

[13] ANSELIN L. What is special about spatial data? Alternative perspectives on spatial data analysis, Technical Report 89-4 [R]. Santa Barbara, CA: National Center for Geographic Information and Analysis, 1989.

[14] GOODCHILD M F. The validity and usefulness of laws in geographic information science and geography [J]. Annals of the Association of American Geographers, 2004, 94 (2): 300-3.

[15] 黄孟勤，李阳兵，冉彩虹，等. 三峡库区腹地山区农业景观格局动态变化与转型 [J]. 地理学报，2021, 76 (11): 2749-2764.

[16] 翁睿，金晓斌，张晓琳，等. 集成“适宜性-集聚性-稳定性”的永久基本农田储备区划定 [J]. 农业工程学报，2022, 38 (02): 269-78+331.

[17] BREIMAN L. Bagging Predictors [J]. Machine Learning, 1996, 24 (2): 123-40.

[18] WOLPERT D H. Stacked generalization [J]. Neural Networks, 1992, 5 (2): 241-59.

[19] SCHAPIRE R E. The strength of weak learnability [J]. Machine Learning, 1990, 5 (2): 197-227.

[20] PEDREGOSA F, VAROQUAUX G, GRAMFORT A, et al. Scikit-learn: Machine Learning in Python [J]. Journal of Machine Learning Research, 2011, 12: 2825-2830.

[21] LIU X, XUN L, XIA L, et al. A future land use simulation model (FLUS) for simulating multiple land use scenarios by coupling human and natural effects [J]. Landscape & Urban Planning, 2017, 168: 94-116.

[22] 乔治，蒋玉颖，贺曈，等. 土地利用变化模拟：进展、挑战和前景 [J]. 生态学报，2022 (13): 1-12.

[23] WANG H, ZHANG C, YAO X, et al. Scenario simulation of the tradeoff between ecological land and farmland in black soil region of Northeast China [J]. Land Use Policy, 2022, 114: 105991.

[24] NATEKIN A, KNOLL A. Gradient boosting machines, a tutorial [J]. Frontiers in Neurorobotics, 2013, 7: 21.

面向生态和低碳融合目标的小区景观构建智慧决策工具

工作单位：北京师范大学环境学院

报名主题：生态文明背景下的国土空间格局构建

研究议题：生态系统提升与绿色低碳发展

技术关键词：物理环境模型、空间智能算法、动态费效分析

参 赛 人：霍兆曼、刘畅、叶雨洋、颜宁聿、陈钰

指导老师：刘耕源

参赛人简介：霍兆曼，北京师范大学环境学院2021级研究生，研究方向为植被固碳效益的评估。刘畅，北京师范大学环境学院2020级研究生，研究方向为生态产品价值实现。叶雨洋，北京师范大学环境学院2022级研究生，研究方向为城市生态系统服务。颜宁聿、陈钰均为北京师范大学环境学院博士生，研究方向分别为生态资产核算、城市生态系统服务市场价值核算。刘耕源，北京师范大学环境学院教授，青年长江学者，本项目指导教师，致力于城市生态环境大数据分析、可视化实现与智慧管理等方向，发表相关领域SCI论文150余篇；连续入选斯坦福大学与Elsevier发布的全球前2%顶尖科学家榜单。

一、研究问题

1. 研究背景及目的意义

在全球气候变化与快速城市化的背景下，洪涝灾害、高温胁迫、水资源短缺和空气污染已被证明是全球城市集群或大型城市中最具影响且最严重的危险。如何从生态、减排、健康的角度出发，科学地规划城市已成为城市规划者的重要命题。而小区是城市社会的基础单元细胞。在我国城市化快速发展的阶段，城市人口压力与用地之间的矛盾加剧，城市居住区往往建筑密度高、绿化覆盖率低，即使部分居住区平均绿地率已达到标准要求，但其发挥的生态服务质量与居民的期待仍有较大差距。近年来，“低碳小区”“零碳小区”概念的不断提出，体现出从小区方面来实现低碳建设的重要性。

作为城市低碳小区要采取具体增汇减碳措施促进CO_2减排与增汇。不同的景观构建所能提供的生态效益水平不尽相同，定量化评估其生态服务始终是亟待解决的难题；而如何选择高固碳的植被进行最佳化生态效益的景观组合，评估其在整体服务中的贡献度也是关键。所以，科学地规划小区景观绿化并保证其生态效益最大化发挥，在城市规划中至关重要，是构建低碳、绿色城市的重要举措。

2. 研究目标及拟解决的问题

本项目的总体目标是解决小区景观构建在规划和设计过程中固碳及其他生态效益的系统分析难题；开发全新方法量化单元模块下的景观绿地，形成不同植被类型、不同生态组合形式下的低碳小区景观绿化的快速计算、多目标优化和3D可视化集成。拟

解决的关键问题在于如下两点。

（1）创新模块化小区景观构建的多种生态服务评估方法学，实现不同植被类型、不同生态组合形式下的景观绿化快速计算

城市居住区景观绿化发挥的生态效益包括增加生物量、固碳释氧、涵养水源、补充地下水、净化大气、调节温湿度等多种生态服务，本项目运用生态热力学方法（能值分析）构建不同类型植被景观的不同生态服务功能的核算方法学。

（2）多元异质数据下的小区植被组合方式的综合比选与3D可视化集成

本项目基于城市常见树种生态效益数据库，通过大数据调用和快速计算技术，搭建可视化的小区景观绿化构建的应用模型，内嵌小区生态效益评估与多目标优化工具，直观反映城市小区景观构建在固碳及其他生态效益与成本的表现，模拟实现智慧化小区设计。

二、研究方法

1. 研究方法及理论依据

本研究对小区绿化的规划与设计过程中固碳及其他综合生态效益进行系统分析。总体思路是首先对小区景观的构建进行实地调研和CAD景观设计图纸的分析，确定研究对象及边界；随后采用文献综述法识别现存的生态系统服务价值核算方法，构建单位模块下植被的生态效益数据库；其次是基于传感器获取的环境数据、植被种植养护成本数据实时爬取嵌套生态效益、经济投入分析，形成单位模块下景观组合的固碳及其他生态效益的量化分析结果；最后，搭建城市居民小区可视化平台，形成不同植被类型、不同景观组合形式下的小区绿化生态效益的快速计算，进而实现多目标优化，利用3D集成技术，搭建可视化模拟与比选平台，实现小区尺度景观绿化的固碳效益最大化发挥，进而提高小区生态服务功能，促进构建绿色低碳的城市。具体研究方法与理论依据详细阐述如下。

（1）景观植被生态效益评估的方法学

本研究应用能值分析法对小区绿化的生态服务价值进行核算，涵盖增加生物量、固碳释氧、调蓄水量（调蓄洪水）、补充地下水、净化大气、调节温湿度、减少水土流失（减少SS）等方面生态效益的定量化。如图2–1所示，生态系统服务的能值流动

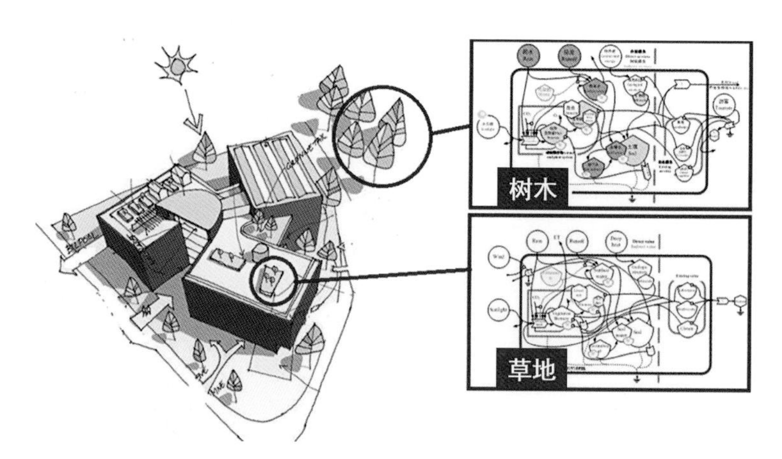

图2–1 居住小区植被绿化的能流图

包括与存量/流量的变化直接相关的直接价值（增加净初级生产力NPP、固碳释氧、补给地下水），伴随着存量流量过程的间接价值（净化大气、减少SS、调蓄洪水），以及产生的存在价值。

（2）小区植物固碳效益分析框架

从生命周期的角度了解小区绿化的系统边界与主要过程。如图2–2所示，小区植被的生命周期过程大致分为三大阶段。一是施工期：苗木从郊外苗圃到小区的移栽过程。二是运行期：小区内的日常维护管理过程。三是处置期：小区内绿化废弃物的回收处理过程。在小区绿化的运行期，日常的维护和管理过程会产生碳排放，土壤以及植被会促进碳固存。所以，在考虑低碳小区景观建设的过程中，影响植被固碳的因素是值得关注的。一方面，植物配置方式是影响植物碳汇能力的一个重要因素；另一方面，可以通过营造屋顶花园、减少大面积硬地广场建设并尽可能保留多的自然景观，保持生态平衡。充分利用植物的固碳功能，减少大气中CO_2，有效增强小区景观的碳汇能力。

2. 技术路线及关键技术

本研究技术路线如图2–3所示。整体技术路线分为识别模块、调用模块、评价模块和模拟模块四部分，下面将从以下四部分进行说明。

（1）技术路线说明

①识别模块

根据小区景观设计的CAD图纸，识别内容包括植被类型、应用地块、设计类型等方面，识别完毕后将对植被进行分类，分别归于乔木、灌木、地被植物。

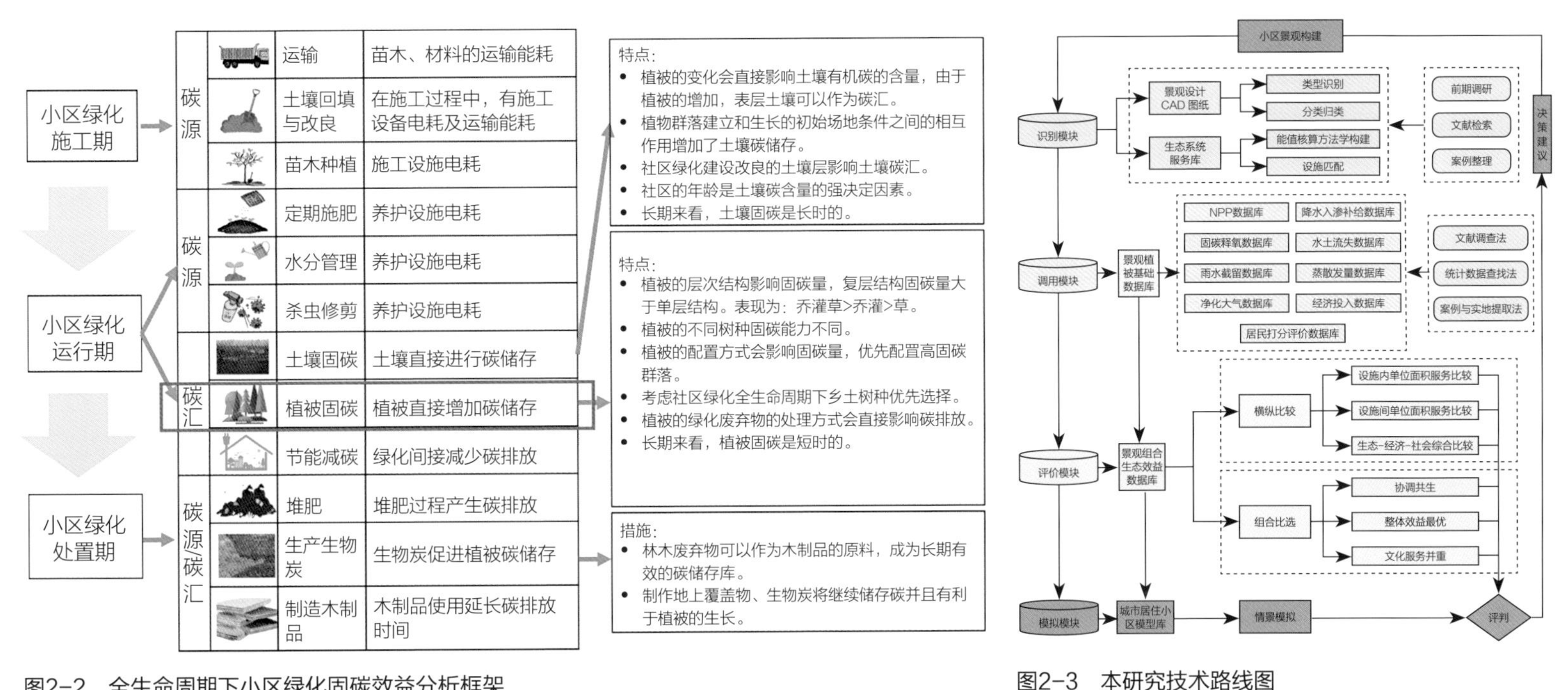

图2-2　全生命周期下小区绿化固碳效益分析框架

图2-3　本研究技术路线图

②调用模块

通过文献调查、统计数据查找、案例收集与实地调研等方法获得每种植被基础数据库。从基础数据库中调用核算过程所需的基础参数，达到景观组合植被选取与核算参数智能匹配。

③评价模块

根据系统设定的核算公式，依据调用模块所调配的基础参数，完成不同种类景观组合生态效益数据库。再与不同类型组合下植被的固碳量结果进行优化比选，得出最佳的高固碳植被组合推荐。

④模拟模块

对不同类型的居住小区进行构建可视化模具，依据不同的情景设定在小区模型中进行模拟铺设，实现景观绿化固碳及其他生态效益结果的可视化呈现，有利于城市规划中的模拟设计与决策。

（2）关键技术

关键技术一：小区景观设计模块化固碳和其他生态效益计算。

本研究基于“绿色”模块化理念对小区绿化进行模块化固碳和其他生态效益评估，将单株植被按照当地条件以及景观要求合理组合在一起，可根据空间大小、环境地域条件的不同自由调配（图2-4）。

关键技术二：考虑不同空间组合下对固碳量的影响。

本项目甄别不同空间组合下的高固碳组合方式，为小区有限的空间格局规划提供最优化策略。具体技术路径为：首先，根据本土环境和景观构建要求进行植被类型的选择；之后，基于常见植被固碳量数据库选择高固碳植被，实现高固碳目标的景观布局。对单个维度的斑块进行景观布局后，再进行三维空间拼接，实现不同维度、不同斑块类型、不同绿地类型的植被空间组合，并通过斑块化小区景观的数据实现空间组合下植被组合综合效益的快速评估与可视化（图2-5，图2-6）。

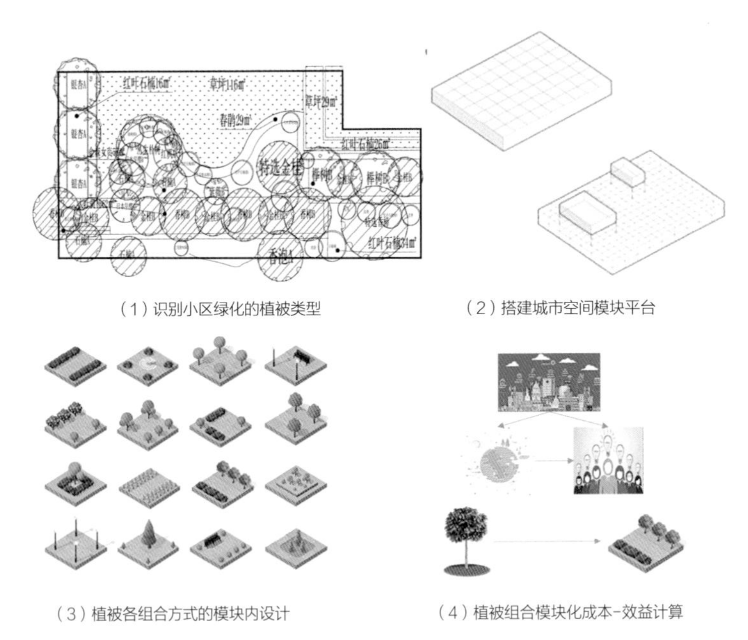

图2-4　小区景观绿化模块化评估技术路径

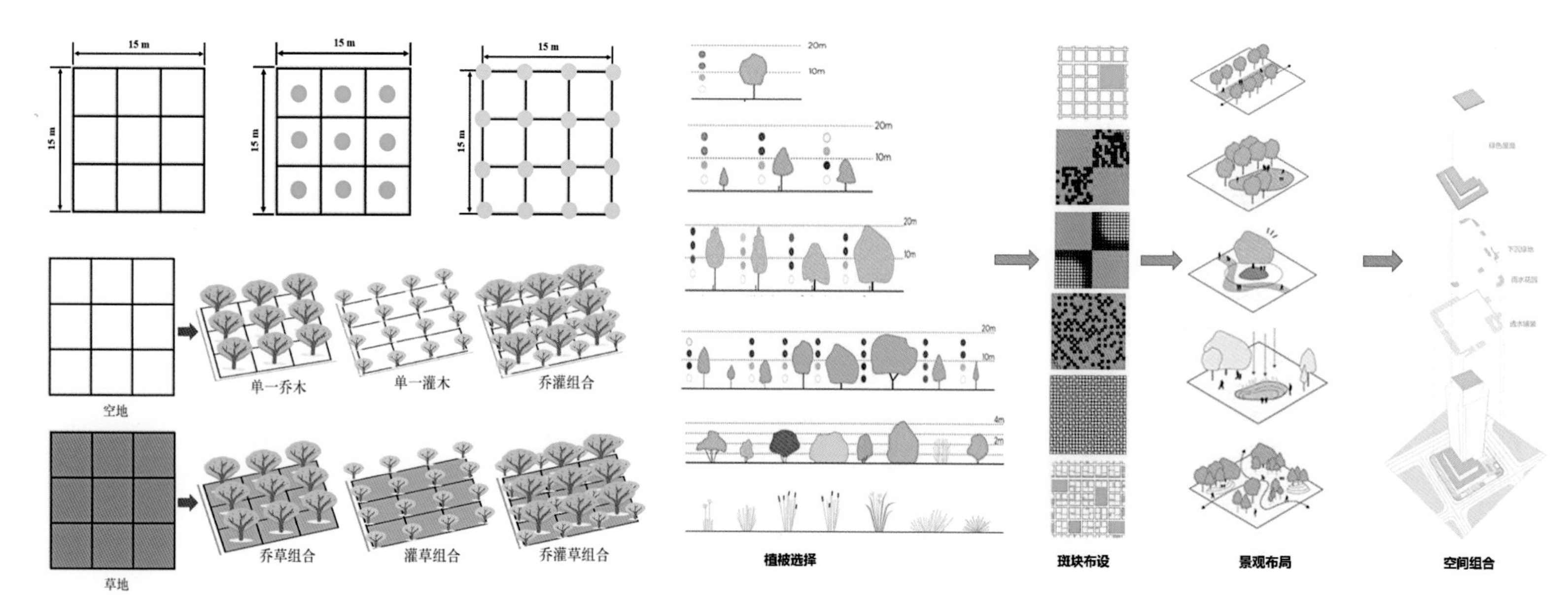

图2-5 模块化植物配置下的各种空间结构

图2-6 小区绿化的不同景观布设下生态效益差异性分析

三、数据说明

1. 数据内容及类型

本项目中所涉及的数据内容主要包括三大类：一是经济成本类数据，主要来源市场调研、淘宝网等外嵌套数据库等；二是生态服务功能类数据，主要来源于相关参考文献、国家或城市的统计数据和具体案例规划中爬取的数据等；三是城市居民小区基础数据，主要来源于百度地图与现场调研。

2. 数据预处理技术与成果

本研究的数据关键在于构建小区植被组合生态效益数据库，相关数据的预处理流程如图3-1所示。首先需要识别植被类型，构建生态服务价值核算方法。通过文献和统计网站的数据爬取，将获取的实物量与参数数据归纳整理成程序端可配置界面的数据格式。基于本研究构建的生态服务能值核算以及多目标优化的方法在Java程序中构建函数，通过可配置界面填入参数后，调用函数计算各模块化的生态效益数据，在数据仓库中对核算结果进行存储。结合3D模型展示技术，在线可视化植物配置面积，智慧调用数据仓库中的单位面积生态服务能值，实时进行设定情景下的生态效益核算，并通过图表进行展示。为城市绿地空间优化提供依据。

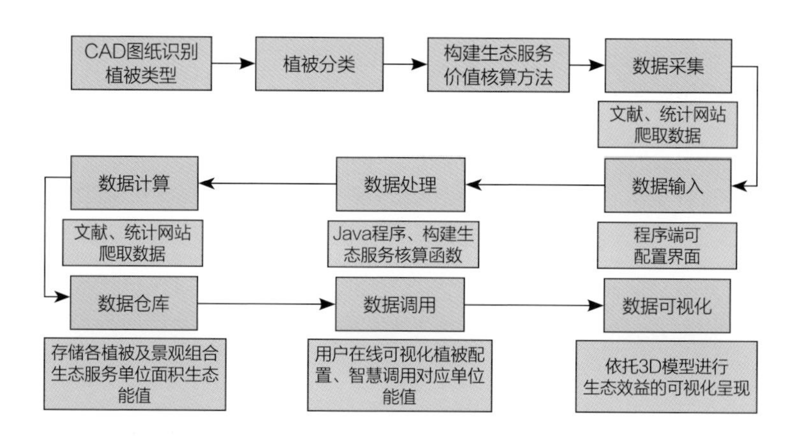

图3-1 数据的预处理流程

四、模型算法

1. 模型算法流程及相关数学公式

（1）模型算法流程

本研究的模型算法实现的整体思路为：前期结合CAD图纸，通过3D建模软件对小区情况进行真实还原，使用ThreeJS加载地图组件和小区3D模型，在Web端进行展示；通过3D模型交互实现用户点击事件的交互；嵌套植被生态效益基础数据库、固碳量数据库，对参数进行录入与校正，搭建植被组合生态效益核算以及多目标优化函数，在后台进行快速运算和协同优化，将基础数

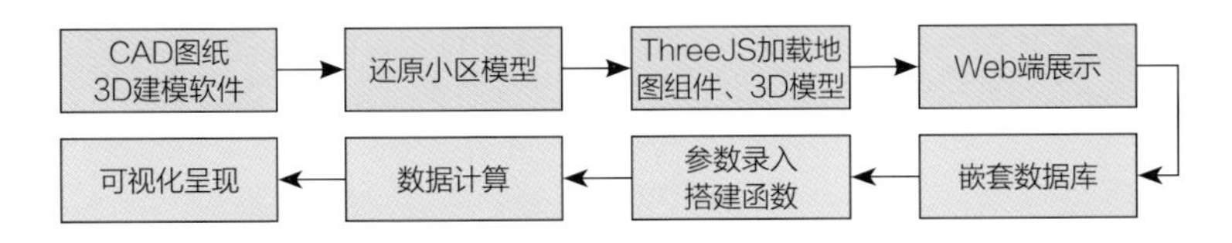

图4-1　模型算法流程

据存储于数据仓库；最后实现用户通过点击楼面、屋顶或地面能够实现参数自定义，系统智能调用数据仓库的基础数据并进行自动运算，呈现直观的图表结果（图4-1）。

（2）小区景观构建生态系统服务能值核算方法学

●增加生物量

$$Em_{NPP}=Max(R_i) \quad (4-1)$$

式中，Em_{NPP}为增加NPP所需能值（sej），R_i指该区域所有可更新能值的投入量。其中Ri包括Sum（太阳能、地热能）、风能、Sum（雨水化学能、人工灌溉水能）、灌溉水能。

●固碳释氧

大气中的二氧化碳通过光合作用转化为碳水化合物并以有机碳的形式固定到植物中。

$$Em_{CS}=C\times S\times UEV_{csi} \quad (4-2)$$

$$UEV_{csi}=\frac{Em_{NPPi}}{NPP_i} \quad (4-3)$$

式中，Em_{CS}为小区植被固碳所需能值（sej），C为固碳速率，是植被种类年单位面积的固碳量（$g\cdot m^{-2}\cdot a^{-1}$），$S$为绿地面积（$m^2$），$UEV_{csi}$是第$i$个植被固碳的能值转化率（sej/g），$Em_{NPPi}$是第$i$个植被驱动初级净生产力所需的可更新资源对应的能值，即公式（4-1）的Em_{NPPi}，$NPPi$是第i个景观组合对应的植被的初级净生产力（g $C/m^2/yr$）。

●调蓄水量

小区植被布设具有雨水截留能力，能够对雨水进行调蓄，对于地面绿化、绿色屋顶和垂直绿化调蓄水量的生态能值核算，可依如下公式计算：

$$Em_{WS}=PS\times UEV_W \quad (4-4)$$

式中，Em_{WS}为植被调蓄水量的能值（sej），PS为植被自身的雨水截留能力（$kg/m^2/yr$），其计算依据调蓄次数（T）和每次的调蓄量（V）来获得，UEV_W为水的能值转换率。

●补充地下水

考虑到因植被覆盖而产生的补充地下水服务，具体计算如下：

$$Em_{GW}=R\times\rho\times S\times k\times UEV_{GW} \quad (4-5)$$

式中，Em_{GW}为补给地下水所需的能值（sej），R为研究区域年降水量（$m\cdot yr^{-1}$），ρ是水的密度（$kg\cdot m^{-3}$），S是面积（m^2），k是各类植被组合的降水入渗补给系数，UEV_{GW}是地下水的能值转换率（$sej\cdot g^{-1}$）。

●净化大气

植被能够净化SO_2、CO、O_3、$PM_{2.5}$等大气污染物。考虑因小区绿化净化大气而减少了人体健康和生态系统损失，以植被组合对各类大气污染物的净化减少的最大损失作为其所发挥的净化大气的效益，具体计算分为如下两方面：

人体健康损失减少量：

$$Em_{HH}=Max\ (M_i\times S\times DALY_i\times\tau_H) \quad (4-6)$$

生态资源损失减少量：

$$Em_{EQ}=Max\ (M_i\times S\times PDF(\%)_i\times E_{Bio}) \quad (4-7)$$

式中，Em_{HH}为大气污染物净化让人体健康损失减少量的能值（sej），M_i是净化第i种大气污染物的能力（$kg\cdot hm^{-2}\cdot a^{-1}$），$S$是绿地面积（$hm^2$），$DALY_i$是第$i$种大气污染物的影响因子，$\tau_H$为区域医疗卫生总费用/常住人口（sej·人$^{-1}$），$Em_{EQ}$为大气污染物净化后对自然资源损失减少量对应的能值（sej），$PDF(\%)_i$为第i种大气污染物影响的物种潜在灭绝比例，E_{Bio}为研究区物种所需的能值，用地区可更新资源能值度量（sej），即公式（4-1）的Em_{NPPi}。

因此，净化大气服务的计算公式为：

$$Em_{AP}=Em_{HH}+Em_{EQ} \quad (4-8)$$

●调节温湿度

植被通过增湿降温来调节小气候。由于蒸散发过程中吸收的能量等于生态系统中增湿降温的能量，因此蒸散发所需的能量可用于度量增湿降温所需能量。地面绿化、屋顶绿化、垂直绿化的计算公式：

$$Em_{MR}=E_{EW}\times S\times UEV_{EW} \quad (4-9)$$

式中，Em_{MR}是调节温湿度所需能值（sej），E_{EW}是年均蒸发量（m），E_W是水面的年均蒸发量（m），S是研究区域面积（m^2），UEW_{EW}为水蒸气的能值转换率（$sej\cdot g^{-1}$）。

●减少水土流失

其主要衡量指标是SS去除率。本研究中将SS去除率进行转化，衡量小区植被在水土保持方面的作用。具体计算如下：

$$Em_{RSE}=G_i\times UEV_{si} \tag{4-10}$$

式中，Em_{RSE}是减少水土流失所需能值（sej/yr），G_i是因不同植被的覆盖的固土量（kg/yr），UEV_{si}是土壤的能值转化率（sej/kg）。

（3）单株植被固碳量数据计算

CITYgreen是基于地理信息系统和遥感技术，以植物整体的覆盖率和碳吸收因子为计算方式，以单株植物的数据为计算单元，CITYgreen模型评估研究区里植物群落每年的碳储存和吸收，是根据植物的不同年龄等级相对应的碳储存因子和吸收因子来计算的，具体公式如下（4–11，4–12）：

碳储存量＝碳储存因子×植被覆盖率×研究区域面积　（4–11）

当年碳吸收量＝碳吸收因子×植被覆盖率×研究区域面积（4–12）

（4）生态系统服务能值和绿地固碳间的协同比选

采用多目标优化法找到最优化目标下植被的树种选择。以固碳量最大和生态效益最好为目标，并构建2个与之对应的目标函数，首先不同属性之间的数值归一化，以消除量纲；然后把多个目标函数，合并成一个目标函数。

归一化处理过程，采用L2度量，公式如下：

$$\begin{pmatrix} \cdots & a_{11} & \cdots \\ \vdots & \vdots & \vdots \\ \cdots & a_{1m} & \cdots \end{pmatrix}_{m\times n} \begin{pmatrix} \cdots & b_{11} & \cdots \\ \vdots & \vdots & \vdots \\ \cdots & b_{1m} & \cdots \end{pmatrix}_{m\times n} \tag{4-13}$$

其中：

$$b_{1j}=\frac{a_{1j}}{\sqrt{\sum_{i=1}^{m}a_{1i}^{2}}} \tag{4-14}$$

传统优化算法包括加权法、约束法和线性规划法等，实质上就是将多目标函数转化为单目标函数，通过采用单目标优化的方法达到对多目标函数的求解。在这里，采用加权和法，公式如下：

$$F(x)=\sum_{j=1}^{k}w_j\cdot f_j(x) \tag{4-15}$$

约束条件为：

$$\text{S.t.}\begin{Bmatrix} gi(x)\leqslant 0\ (1\leqslant i\leqslant m) \\ \sum_{j=1}^{k}w_j=1 \\ w_j\geqslant 0\ (1\leqslant j\leqslant k) \end{Bmatrix} \tag{4-16}$$

2. 模型算法相关支撑技术

本项目的整体模型开发的系数架构如图4–2所示，分为展示层、网关层、业务应用层、中台层、公共技术层和基础设施层。具体支撑技术说明如下。

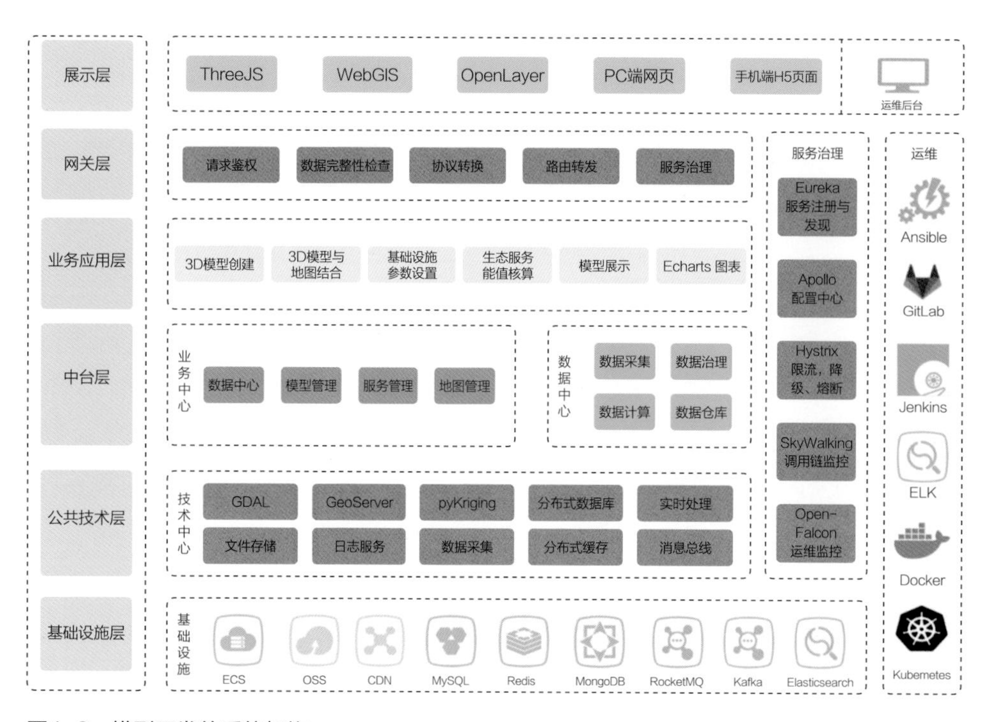

图4–2　模型开发的系统架构

展示层主要通过ThreeJS、WebGIS和OpenLayer进行3D模型的呈现。在网关层以上实现网络互连。具体实现流程分为请求鉴权、数据完整性检查、协议转换、路由转发和服务治理。基于业务应用层实现3D模型创建、3D模型与地图结合、固碳及其他生态效益核算、模型展示和Echarts图表的呈现。通过GDAL库进行地理信息的计算，完成各种不同类型地图数据读取、坐标系转换、几何运算等功能；通过GeoServer服务器进行地图服务，方便地发布地图数据，允许用户对特征数据进行更新、删除、插入操作，通过GeoServer 可以比较容易地在用户之间迅速共享空间地理信息，可以将地图发布为标准的WMS、WFS服务；分布式数据库的应用可以进行分布式利用和分布式缓存；基础设施层通过ECS、OSS、CDN、MySQL、Redis、MongoDB、RocketMQ、Kafka和Elasticsearch进行基础设施层的搭建与调用。MongoDB在海量数据的存储及检索上有较大的优势。另外，MongoDB支持地理信息的存储、检索、索引，可以作为地图数据库的扩充。同时，MongoDB天生支持数据扩展。

五、实践案例

案例选择了上海市的某待建小区，位于上海的西北部，地处北亚热带北缘，为东南季风盛行地区，雨热同季，降水丰沛，气候暖湿，光温适中，日照充足。该小区建设用地的总面积为148 826.00m^2, 绿地率为31%，总绿地面积为46 136.06m^2。其中，地面绿化占25%，面积为37 206.50m^2；屋顶绿化占5.5%，面积为8 185.5m^2；垂直绿化占0.5%，面积为744.13m^2。各区域的面积分布情况见图5–1及表5–1。

案例区的面积分布情况　　表5–1

名称	比例（%）	面积（m^2）
建设用地总绿化	30.50	45 392.00
地面绿化	25.00	37 206.50
屋顶绿化	5.50	8 185.50
垂直绿化	0.5%	744.13

1. 模型应用实证及结果解读

项目团队基于本研究提出的模型和数据库，以上海市作为案例区，对不同植被组合的近百种类型进行了综合效益核算和比较。同时，对上海市该建设中小区进行了实证研究，提供了基于碳中和目标下的住宅小区景观构建高固碳能力以及整体生态效益价值的情景分析，预测每类情景组合下的生态效益及固碳能力，为住宅小区优化提供参考依据。

对小区不同的绿地进行模块化植被配置设计以及固碳量的计算，结合数据库中植被固碳能力的分类，设计出各绿地类型在满足基本植被选择要求以及美观的基础上形成高固碳量的植被配置参考，见图5–2及表5–2：

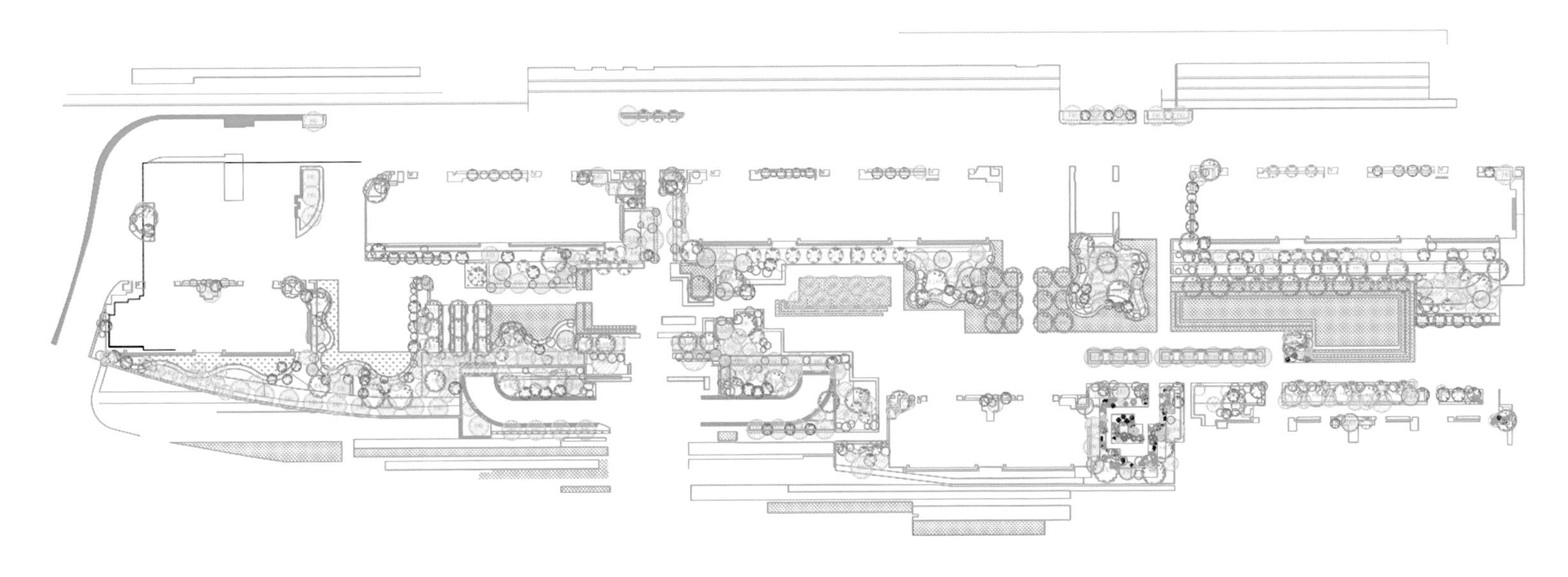

图5–1　案例区的景观绿化分布图

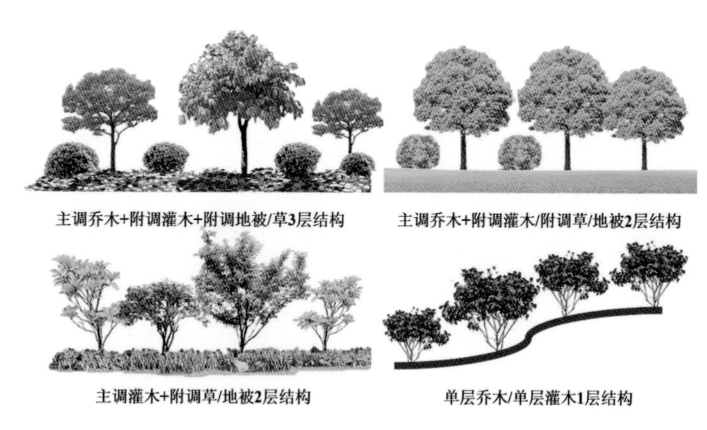

图5-2 不同植被配置方式立面表现

各类型绿地植被配置推荐 表5-2

绿地分类	植被配置方式	高固碳植被配置推荐参考
地面绿化	主调乔木+附调灌木+附调地被/草3层结构	乌桕/榔榆+紫荆/阔叶+大功劳/夹竹桃+麦冬草
	主调乔木+附调灌木/附调草/地被2层结构； 主调灌木+附调草/地被2层结构	朴树/广玉兰+海桐/红叶石楠/阔叶大功劳+海桐/红叶石楠+麦冬草
	主调乔木+附调灌木/地被2层结构	香樟/广玉兰+紫荆/石楠
	单层乔木/单层灌木1层结构	三角枫/女贞；紫荆/桂花
垂直绿化	主调灌木+附调草/攀藤植被2层结构； 主调草/攀藤植被+附调灌木2层结构	南天竹/红花檵木+大吴风草/扶芳藤
屋顶绿化	主调灌木+附调乔木+附调地被/草3层结构； 主调灌木+附调地被/草2层结构； 单层草/地被1层结构	红叶石楠/南天竹/夹竹桃+桂花/元宝枫+麦冬草； 夹竹桃/红叶李/红叶石楠+麦冬；麦冬草

面向碳中和目标，充分认识小区绿化建设中不同景观设计在碳吸收中的作用十分重要。通过固碳量及其他生态效益的多目标比选，挑选出最佳的高固碳植被。根据表5-2中各类型绿地的植被配置方式，挑选一类高固碳能力的乔木及灌木计算模块化的总固碳量，得出在所设计的不同配置方式下，不同模式分类的高固碳量范围。模块面积为225m^2，每个模块设计乔木种植9棵，灌木平均每模块也是9棵（边缘以及顶点平均化处理），由于草的固碳量相比于乔、灌木较小，所以忽略种植乔灌木的面积损失，将草坪面积看作225m^2，计算结果如表5-3所示。

不同组合类型下模块化固碳量范围 表5-3

模式分类	垂直结构层次	面积（m^2）	固碳量范围（kg · yr^{-1}）	单位面积固碳量（kg · m^{-2}yr^{-1}）
三层结构模式	乔灌草型	225	1 414.62（广玉兰+红叶石楠+麦冬草）~2743.02（乌桕+夹竹桃+麦冬草）	6.28~12.19
双层结构模式	乔灌型	225	1 366.47（广玉兰+海桐）~2 301.75（朴树+阔叶+大功劳）	6.07~10.23
	灌草型		239.04（阔叶+大功劳+麦冬草）~621.00（海桐+麦冬草）	1.06~2.76
单层结构模式	乔型	225	322.74（桂花）~1 713.60（三角枫）	1.43~7.62
	灌型		61.74（南天竹）~524.25（阔叶+大功劳）	0.27~2.33
	草型		~96.75（麦冬草）	0.43

2. 模型应用案例可视化表达

基于模型分析结果，本研究通过3D建模软件对小区情况进行真实还原，使用ThreeJS加载地图组件和小区3D模型，在Web端进行展示；通过3D模型实现用户点击事件的交互，用户通过点击楼面、屋顶或地面能够实现参数自定义，系统智能调用数据仓库的基础数据并进行自动运算，呈现直观的图表结果（图5-3）。

在模型构建界面中，用户可以通过鼠标拖动小区模型移动、旋转，调整模型方向，实现不同方位的景观布设。在参数设定界面，用户可以通过下拉框进行参数和情景的设定，根据研究地情况进行基础参数录入，根据目标情景选择植被组合进行自主设计。在网格化的模型架构中，所有植物配置应用为单位模块，通过自由拉动进行植物布设，系统根据不同的景观布局、植被组合、空间格局从固碳效益和其他生态效益以及成本数据得到综合体现，为用户快速、科学地提供参考依据。

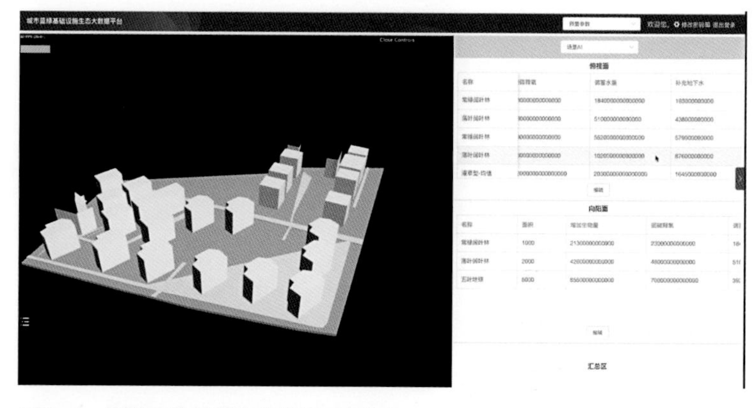

图5-3 模型构建界面和参数设定界面

可视化表达案例一：局部规划——对小区楼顶屋面进行生态化改造（图5-4）。

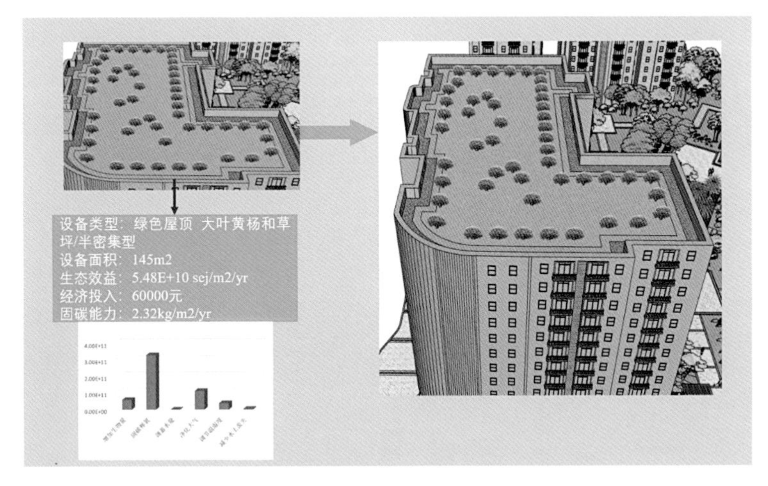

图5-4　小区楼顶屋面生态化改造可视化效果

可视化表达案例二：整体规划——小区各绿地景观构建的呈现（图5-5）。

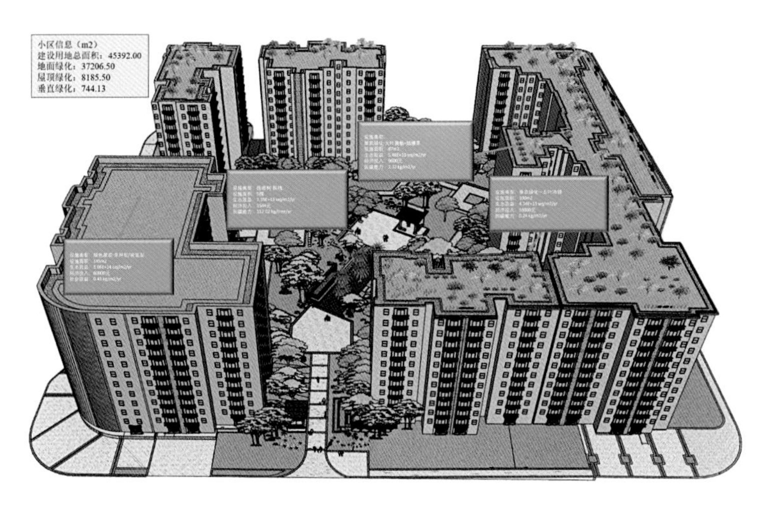

图5-5　小区各绿地景观构建的可视化效果

六、研究总结

1. 模型设计的特点

本项目的创新性体现在以下几个方面：

（1）创新模块化小区景观多种生态服务评估方法学，实现不同植被类型、不同生态组合下的小区绿化生态效益快速核算与组合比选。

本研究完成了城市小区中景观配置不同类型、不同植被种类的差异化生态效益核算，能够更好地优化小区环境，辅助城市规划中绿化的设计。构建了常见植被组合生态效益数据库，实现了复杂组合下不同类生态效益的统一定量化，将各类生态服务功能统一量纲核算，达到不同生态效益的横纵比较。本研究提出模块化核算理念，配置植被不同复合结构的空间设计，通过数据库的调用，完成不同模块化生态效益的快速评估，并可以通过结果进行智慧比选。甄别不同空间组合所发挥的优势生态服务，为城市有限的空间规划提供最优化策略。

（2）3D可视化集成与智慧化小区设计

本研究以实际小区为基础框架，基于植被组合生态效益数据库，搭建小区3D模型，实现小区景观构建的直观化体验与可视化应用；内嵌环境、经济的实时数据，通过大数据调用和快速计算程序，实现小区生态效益评估与多目标优化，同时保证直观性、可行性和科学性，搭建智慧化小区设计的模拟平台，为健康、生态的小区设计提供模型基础和数据参考。

2. 应用方向或应用前景

小区绿化是低碳城市建设的重要组件，本研究重点围绕低碳小区景观构建展开研究，关键探究其发挥的固碳及其他生态效益，对城市规划、改造、提升等方面具有重要作用，应用前景如下：

（1）小区景观构建的可视化模拟

对于城市规划和城市改造更新，本项目可以提供小区景观构建的可视化模拟，达到预知未来小区绿化的固碳效益和预判小区景观的综合呈现效果，为小区绿地规划设计提供依据，减少不必要的经济投入。

（2）小区植被组合的最优化选择

本项目可以为特定目标下的小区规划提供不同组合搭配的小区绿化情景，并进行可视化呈现，用户可以依据自身需求选择最为适合的情景组合，达到最优化布设。同时，用户可以根据自身实际情况，改变植被组合设计的基础参数，以实现小区绿化进行本土化与因地制宜化，实现特定目标下的最优化方案的呈现。

参考文献

[1] ZHANG B, XIE G-D, LI N, et al. Effect of urban green space

changes on the role of rainwater runoff reduction in Beijing, China［J］. Landscape and Urban Planning, 2015, 140：8–16.
［2］袁源，毛磊，李洪庆，等. 基于位置大数据的城市居住用地效率指标构建及评价研究［J］. 地球信息科学学报，2022，24（2）：235–248.
［3］LIU T, WANG Y, LI H, et al. China's low–carbon governance at community level：A case study in Min'an community, Beijing［J］. Journal of Cleaner Production, 2021, 311：127530.
［4］栾博，柴民伟，王鑫. 绿色基础设施研究进展［J］. 生态学报，2017，37（15）：5246–5261.
［5］LIU Z, LI Y, FAN G, et al. Co–optimization of a novel distributed energy system integrated with hybrid energy storage in different nearly zero energy community scenarios［J］. Energy, 2022, 247：123553.
［6］NOWAK D J, CRANE D E. Carbon storage and sequestration by urban trees in the USA［J］. Environmental Pollution, 2002, 116（3）：381–9.
［7］BOINOT S, ALIGNIER A. On the restoration of hedgerow ground vegetation：Local and landscape drivers of plant diversity and weed colonization［J］. Journal of Environmental Management, 2022, 307：114530.
［8］SCHWAAB J, MEIER R, MUSSETTI G, et al. The role of urban trees in reducing land surface temperatures in European cities［J］. Nature Communications, 2021, 12（1）：6763.
［9］TANG M, ZHENG X. Experimental study of the thermal performance of an extensive green roof on sunny summer days［J］. Applied Energy, 2019, 242：1010–21.
［10］ZAPATER–PEREYRA M, LAVRNIĆ S, VAN DIEN F, et al. Constructed wetroofs：A novel approach for the treatment and reuse of domestic wastewater［J］. Ecological Engineering, 2016, 94：545–54.
［11］ANDERSON J E, WULFHORST G, LANG W. Energy analysis of the built environment—A review and outlook［J］. Renewable and Sustainable Energy Reviews, 2015, 44：149–58.
［12］Odum H T. Environmental Accounting：EMERGY and Environmental Decision Making［M］. Wiley. New York, 1996.
［13］周琪，许津铭，刘苗苗，等. 我国环境费效分析方法的特点与应用潜力研究［J］. 中国环境管理，2018，10（1）：20–24.
［14］ZHANG H, HEWAGE K, PRABATHA T, et al. Life cycle thinking–based energy retrofits evaluation framework for Canadian residences：A Pareto optimization approach［J］. Building and Environment, 2021, 204：108115.
［15］JIANG X, GUO Z. Low Carbon Community Planning Research – To Sun Xing Village Community for Example［J］. Advanced Materials Research, 2011, 250–253：2700–3.
［16］MARLER R T, ARORA J S. Survey of multi–objective optimization methods for engineering［J］. Structural and Multidisciplinary Optimization, 2004, 26（6）：369–95.

适应多水准地震—暴雨复合灾害的避难疏散规划多准则决策集成模型

工作单位：北京工业大学城市建设学部
报名主题：面向高质量发展的城市综合治理
研究议题：安全韧性城市与基础设施配置
技术关键词：城市系统仿真
参　赛　人：高崟、庄园园、魏米铃、张博骞、杨佩
指导老师：王威
参赛人简介：适应多水准地震—暴雨复合灾害的避难疏散规划多准则决策集成模型研究是由来自北京工业大学城市建设学部、北京工业大学城市工程与安全减灾中心的研究生团队研究设计的，综合构建适应多水准地震—暴雨复合灾害的应急避难疏散规划多准则决策集成模型，为城市应急避难疏散系统提供多水准地震—暴雨复合灾害下的规划策略支撑。研究方向包括城市安全与防灾减灾、韧性城市和防灾规划、生命线系统抗灾技术等方面。

一、研究问题

1. 研究背景及目的意义

（1）研究背景

①当前灾害发展趋势

《“十四五”国家应急体系规划》指出，城市灾害事故发生的隐蔽性、复杂性、耦合性进一步增加，重特大灾害事故往往引发一系列次生、衍生灾害事故和生态环境破坏，形成复杂多样的灾害链、事故链，进一步增加了风险防控和应急处置的复杂性及难度。随着我国人口的急剧增长以及城市化进程的加速，对环境的不断破坏，导致各类自然灾害频发，且强度日益增强。尤其是重大灾害发生后，常常导致一连串灾害连续发生，灾害错综复杂的相互联系与相互作用使得复合灾害具有极大的破坏力，其破坏强度与造成的损失远超单灾种灾害。

为落实“十四五”期间国家科研创新有关部署安排，在品质提升方面，提出多灾害及其耦合作用下的韧性城市评估理论及方法的研究，研究内容包括地震、强风、洪涝、火灾和城市地质灾害等多灾害耦合作用机理与时空场构建方法，研发基于数物融合的、面向多灾害耦合致灾的城市多灾韧性评估系统，并开展对于评估理论和评估系统的验证。因此复合灾害已经成为“十四五”期间国家的重点研究对象。

我国是地震多发国家，根据中国地震局网站统计，近十年来，我国6.0级以上发生的地震复合灾害，地震—暴雨复合灾害占其中的41%。其中影响较大的包括：2008年，汶川地震给我国带来的损失巨大。在汶川地震的避难过程中，就出现了避难人员在无遮挡设施的条件下，露天忍受难耐高温、面临大雨威胁、蚊

虫侵害的现实情况；2021年9月16日04时33分四川泸州市泸县发生的6.0级地震，四川泸州市气象台9月15日17时发布暴雨蓝色预警，预警提示15日晚到16日白天泸州市有一次大雨到暴雨天气过程，过程累计雨量30～80mm，局部地方达100mm以上，导致居民雨中撑伞避险。可见，由于城市内涝灾害频发，暴雨加剧避难疏散困难程度的情况在地震发生后极为常见。

②面向"全灾种、大应急"的避难疏散体系

城市避难疏散体系是反映城市防灾减灾能力、城市安全保障的重要表征，是城市防灾减灾体系的第二道防线。在复合灾害的影响下，叠加效应不断突显，城市承灾体将在一段时间受到持续性破坏，导致避难疏散、应急基础设施、应急物资、应急救援等应急资源需求激增（图1-1）。灾害来袭时，脆弱的基础设施往往首先丧失部分甚至全部功能，城市运行可能因此中断，导致灾害影响经由城市系统间的连锁效应放大。因此，科学评估城市综合灾害影响与应急基础设施风险，提高城市适应灾害变化的韧性，是城市安全运行的重要保障。分析和对比上海和深圳两个具有代表性的中国高密度大城市在不同时期内五个关键城市基础设施部门的复合气象灾害风险因素暴露程度和脆弱性程度（图1-2），可以发现建筑、通信系统多灾暴露性高，能源、交通、水务等系统仍处于高脆弱性状态。随着我国城市化进程不断加快，人口和财富高密度集中，但是城市整体防灾减灾功能仍滞后于城市发展，一旦发生灾害，将造成巨大损失，因此，开展面向"全灾种、大应急"避难疏散体系规划建设、增强城市综合防灾减灾能力已是必不可少的工作。

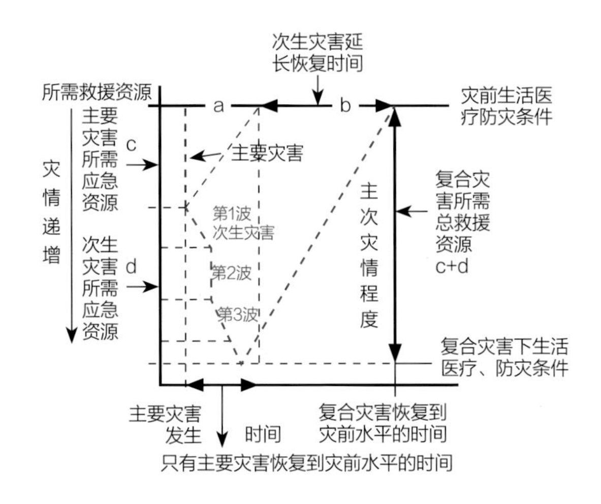

图1-1 复合灾害与应急资源需求模型

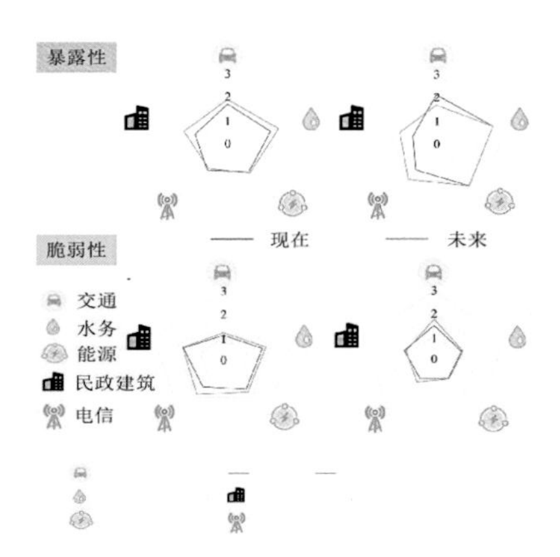

图1-2 上海和深圳五大基础设施气候复合灾害的暴露度和脆弱性

（2）研究目的与意义

①研究目的

过去的灾害研究多集中于单灾种研究，实际上大型灾害多为复合灾害。复合灾害的发生会对社会的各个子系统造成链式影响，产生的叠加效应将持续冲击人类社会的风险治理体系。因此，拓展传统的灾害语义，将多样化、复杂化的灾害场景作为城市灾害应对所考虑的新趋势尤为必要。避难疏散体系的合理规划可以降低避难疏散风险、减轻灾害损失，是应对重大灾害事件的重要手段。基于当前灾害发展趋势，我国作为地震多发国家，如何针对多水准地震—暴雨典型复合灾害，进行合理的应急避难疏散规划，成为目前安全韧性城市建设领域的重要研究目标以及难点之一。

因此，本研究的目的为明确地震—暴雨复合灾害情景构建的相应特征；基于复合灾害情景构建下，结合我国避难疏散体系规划特征，计算避难需求量和复合灾害下道路通行能力；构建多准则复合灾害避难疏散风险评估模型，为避难场所布局优化决策支撑。

②研究意义

随着现代城市人口数量的不断增加，以单一灾种为核心的城市风险管理体系已经很难适应现代城市的需要。以复合灾害为规划基础，进行多学科的融合与技术互通的研究方式，将会成为重要趋势。以复合灾害视角下避难疏散风险降低为出发点，优化避难疏散体系，将对提升避难效率、减少灾害伤亡起到关键作用。

2. 研究目标及拟解决的问题

（1）研究目标

基于多水准地震—暴雨复合灾害城市系统仿真模型的构建，

以应急避难疏散系统为研究对象，借助Matlab、ArcGIS等平台，针对选定研究区域，使用相关数据计算多水准地震—暴雨复合灾害下的避难需求，并考虑避难疏散风险的不确定性，综合构建适应多水准地震—暴雨复合灾害的应急避难疏散规划多准则决策集成模型，为城市应急避难疏散系统提供多水准地震—暴雨复合灾害下的规划策略支撑。

（2）拟解决的问题

一是明确地震—暴雨复合灾害情景构建的相应特征，构建城市多水准地震—暴雨复合灾害情景。

二是基于我国避难疏散体系规划特征，构建多水准地震—暴雨复合灾害耦合情景模型，计算多水准地震—暴雨复合灾害下的避难需求计算与道路通行能力。

三是在传统的应急避难场所选址决策模型基础上，构建适应多水准地震—暴雨复合灾害的应急避难疏散规划多准则决策集成模型。

二、研究方法

1. 研究方法及理论依据

针对研究内容的不同方面，研究采用了文献研究、数据调研、模型算法、ArcGIS网络模型分析等相结合的研究方法。

（1）在空间分析方面，运用ArcGIS平台构建城市避难疏散体系网络，分析不同地震及暴雨的复合灾害情景组合下人员伤亡及空间分布、道路通行能力以及不同目标下避难需求点与避难场所的空间对应关系。

（2）在模型算法方面，利用灾后避难需求模型、建筑震害快速预测模型、震害道路通行能力破坏模型、暴雨积涝道路通行能力快速评估方法、复合灾害下城市道路通行能力计算模型，对复合灾害下造成避难疏散风险不确定性的因素进行分析量化。

（3）在模型求解方面，在求解传统模型算法的同时，基于避难疏散风险确定性的量化，对最大覆盖应急设施选址决策模型进行优化应用，采用MATLAB平台，运用优化算法等进行求解。调整参数，进一步优化不同规划目标下与多布局方案组合。

2. 技术路线及关键技术

适应多水准地震—暴雨复合灾害的应急避难疏散规划多准则决策集成模型的技术路线如图2-1所示，包括城市多水准地震—暴雨复合灾害情景构建；地震—暴雨复合灾害下避难需求计算与道路通行能力评估；构建多应急避难疏散规划多准则决策集成模型三大部分。

按照操作过程来看，可细分为以下几个步骤：

（1）基础数据收集获取与清洗；

（2）地震—暴雨复合灾害情景构建；

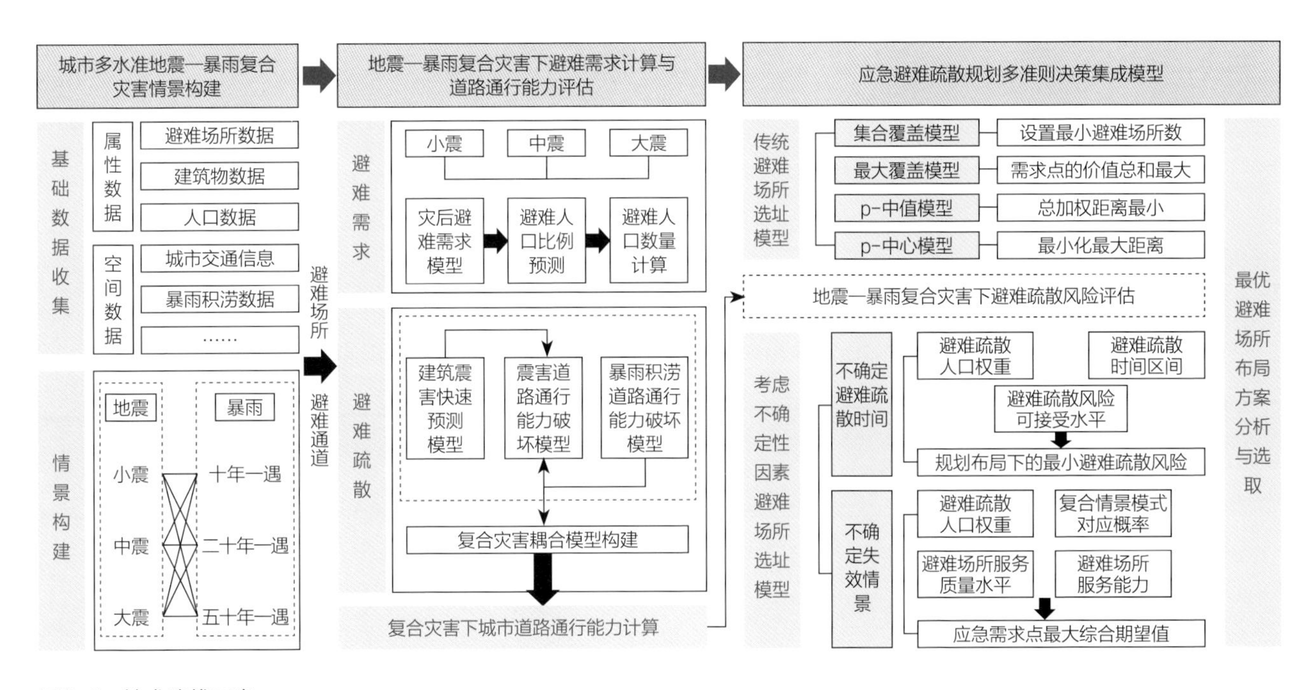

图2-1　技术路线示意

（3）构建灾后避难需求模型，计算灾后避难需求，预测避难人口数量；

（4）构建复合灾害下城市道路通行能力快速评估模型，根据复合灾害耦合模型，结合建筑震害预测、复合灾害通行能力模型，计算复合灾害下道路通行能力；

（5）运用传统避难场所选址模型对研究区避难场所进行运算；

（6）构建考虑不确定因素避难场所模型，考虑复合灾害不确定因素条件下的避难疏散风险评估，运用MATLAB软件对不确定疏散时间和不确定失效情景下的避难场所选址进行运算；

（7）构建应急避难疏散多准则决策集成模型，针对不同考虑因素，进行方案布局与选取对比。

三、数据说明

1. 数据内容及类型

本次研究数据主要涉及城市历史震害信息、城市暴雨积涝信息、城市建筑物信息、城市用地边界和在规划实践过程中提供的各种CAD数据以及其他相关数据。详见表3-1。

数据类型信息统计　　表3-1

数据名称	空间信息	空间信息类型	属性信息
规划建设避难场所信息	避难场所点、避难场所范围	点数据、面数据	位置、面积
城市行政区划信息	行政区用地边界	面数据	位置、面积
城市控制性详细规划	用地分布	CAD数据	用地类型
城市历史震害信息	建设用地抗震场地类型	文本信息、面数据	场地类型及范围
城市暴雨积涝信息	多水准下城市暴雨积涝分布图	面数据	积涝分布、代表水深、流速
人口信息	街道中心点	点数据	总人口、避难需求人口等
城市交通信息	道路、桥梁	线数据	路段的长度、宽度、等级、平均时速、平均通行时间等
建筑物信息	建筑物轮廓	面数据	建筑物的占地面积、层数、高度、建设年代、结构等

2. 数据预处理技术与成果

（1）原始数据清洗筛选

将直接获取的原始数据处理为模型可用的数据。包括对书籍、文本中的表格数据进行电子化、空间矢量化，将各类型空间数据由地理坐标转化为投影坐标。

（2）空间数据的属性赋值

对投影后的空间数据进行初始属性的赋值。数据处理时基于ArcGIS系统、Excel工具，将数据分为两类，一类为非空间数据的空间矢量化，主要处理对象为表格数据、栅格数据；一类为数据清理与基础属性添加，处理对象为道路网数据、建筑数据、规划避难场所点数据、人口数据等。

（3）数据预处理成果

①道路数据：获取研究区街道，运用ArcGIS网络模型工具构建道路网络数据集，赋予道路宽度、平均时速等属性数据，计算每段道路长度（m）和总长度（m）以及正常通行时间（min）。

②规划避难场所和避难需求点数据：规划避难场所8个，避难需求点57个，通过ArcGIS属性表赋予范围、名称、人口等数值属性数据，如图3-1所示。

③建筑物数据：研究区内现状建筑数据，通过GIS输入包括建筑形状、层数、高度、结构类型等属性数据，如图3-2所示。

④道路数据：使用GIS平台构建城市道路基础数据库，并将多水准下城市积涝水深淹没范围通过空间匹配于GIS道路网络中，如图3-3所示。

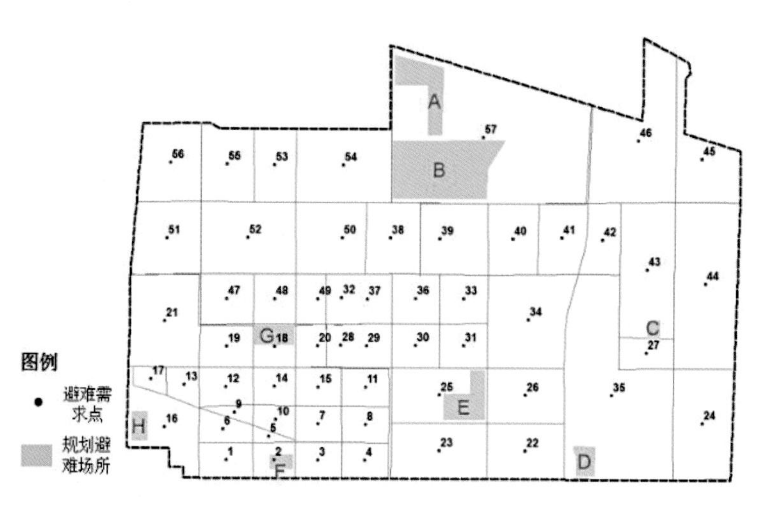

图3-1　规划避难场所与避难需求点数据

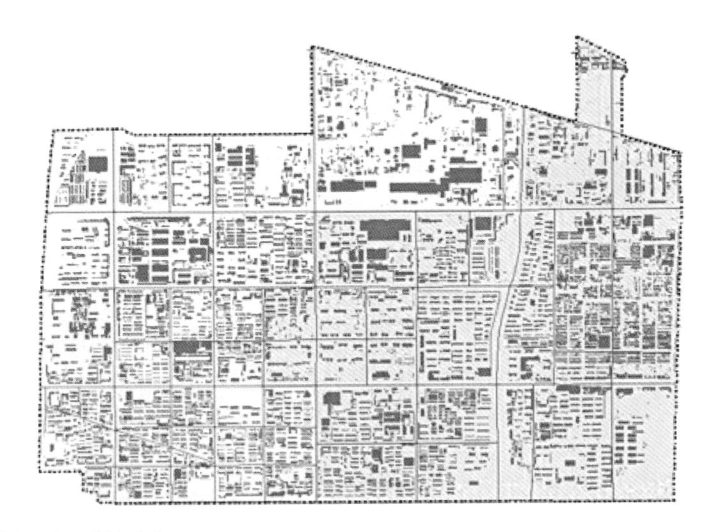

图3-2　建筑分布

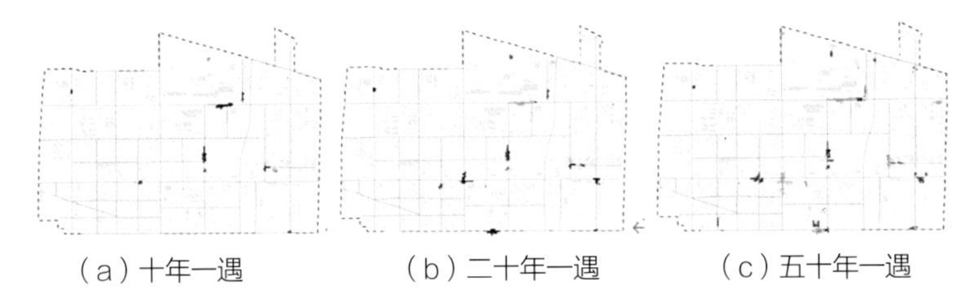

图3-3　道路网络及内涝风险分布

四、模型算法

1. 灾后避难需求模型

暴雨带来的城市积涝是地震后增加避难疏散难度的一种伴随状态。考虑真实情况下的避难情景，地震作为主要灾害，是产生避难需求的主要因素，震害和暴雨积涝共同对灾后疏散通道的通行能力造成影响。用地的避难需求是避难疏散风险大小的重要影响因素之一。

在避难需求的计算上，尹之潜通过调查，将我国城镇房屋建筑易损性结构分为A、B、C、D四类，并给出了以地震烈度为输入参数的适合全国的各类建筑的震害矩阵。陈志芬等通过对尹之潜的计算公式变形，得到研究区域上简化的避难人口比例预测公式如式（4-1）：

$$P(I)=\sum_{i=1}^{4}Q_x\cdot E_T^I \qquad (4\text{-}1)$$

式中，$P(I)$是避难人口比例，Q_x是各类易损性结构建筑的建筑面积占研究单元总面积的比例，E_T^I是各类易损性结构建筑在i度地震灾害影响下的避难人数比例，对于某研究区E_T^I为常数，参考文献中不同震害情境下各类建筑震害避难率常数确定。

2. 复合灾害下城市道路通行能力快速评估模型

（1）建筑震害快速预测模型

针对地震暴雨复合灾害进行研究，其中，震后道路通行能力预测需要知道建筑物倒塌影响。本文采用高杰等提出的建筑物抗震性能评价性能因子法，对7个性能因子进行相应取值，将建筑物破坏程度的性能指数D是各个性能因子影响系数的乘积，建筑物破坏程度的划分及建筑物破坏程度的性能指数D的对应关系见表4-1。震后建筑破坏程度的性能指数计算公式如式（4-2）：

$$D=wd_0\Pi_{i=1}^{N}\Pi_{i=1}^{T}d_{ij}^{m_{ij}} \qquad (4\text{-}2)$$

式中，D是建筑破坏程度的性能指数，w是为地震峰值加速度折算系数，$w=\frac{1}{0.05g}0.4A$，A是建筑物实际遭受的地震动峰值加速度的大小，N是参与计算的性能因子的个数，T是对应第i个性能因子的取值分类的类别数，d_0是统计系数，d_{ij}是符合第j项分类的第i个性能因子，根据文献查询，m_{ij}是幂指数，当第i个性能因子的实际情况符合第j中分类时取1，其余取0。

建筑物破坏程度的划分及对应的破坏度指数　表4-1

破坏程度	具体描述	破坏度指数D初值
基本完好	砖混结构墙体没有裂缝；框架结构梁柱没有裂缝，墙体装饰层表面出现微裂	1.0
轻微破坏	砖混结构墙体出现裂缝，薄弱部分明显开裂；框架结构梁柱没有裂缝，墙体有裂缝	2.0
中等破坏	砖混结构薄弱墙体出现多道明显裂缝，并发生倾斜；框架结构梁柱有明显开裂，混凝土保护层多处剥落，薄弱墙体出现多道裂缝	3.0
严重破坏	砖混结构薄弱层接近松散状态；框架柱墙混凝土被压碎，钢筋外露，薄弱层部分柱濒临倒塌	5.0
倒塌	结构整体或局部发生倒塌	8.0

（2）震害道路通行能力破坏模型

筛选出的破坏状态为严重破坏和倒塌的建筑，研究该类型建筑损失的土方量对道路通行能力造成的影响。采用杜鹏等提出瓦砾堆总土方量Ω的计算公式，各种房屋倒塌后瓦砾堆分布范围取2/3，计算时近似假设其为均匀分布。瓦砾堆总土方量Ω的计算公式如式（4-3）：

$$\Omega=\frac{2}{3}\sum_{i=1}^{3}A_i\psi_i \tag{4-3}$$

式中，Ω是瓦砾堆总土方量，A_i是严重破坏和倒塌的沿街建筑的立面面积之和，ψ_i是严重破坏建筑面积百分比的1/2与倒塌建筑面积百分比之和。

然后，基于瓦砾堆总土方量、建筑物到路边的距离和道路宽度，计算得到瓦砾阻塞量密度，瓦砾阻塞量密度Q的计算公式（4-4）：

$$Q=\frac{\Omega}{l(2\times b_a+b_0)} \tag{4-4}$$

式中，Q是瓦砾阻塞量密度，l是路段长度，b_a是建筑物到路边的距离，b_0是道路宽度。

最后，将计算得到的瓦力阻塞密度与临界瓦砾阻塞密度进行比较，进一步确定震害影响下路段的通行概率，震害影响下路段的通行概率P_w的计算公式如式（4-5）：

$$P_w=\begin{cases}0, & Q>Q_c\\ 1-\dfrac{Q}{Q_c} & Q\leq Q_c\end{cases} \tag{4-5}$$

式中，P_w是震后道路通行概率，Q是瓦砾阻塞量密度，Q_c是临界阻塞量密度，根据历史震害资料取值为0.25。

（3）暴雨积涝道路通行能力快速评估方法

通过总结既有文献中积涝水深中人、车的实际通行情况，将之与段满珍等提出的道路通行自损折减系数的对应性态（表4-2）进行比较，对积涝水深对应道路通行概率进行率定，得到暴雨积涝道路通行能力快速评估对照表，如表4-3所示。通过暴雨积涝道路通行能力快速评估对照表可以快速地将暴雨造成的积涝水深与通行概率对应，实现暴雨积涝道路通行能力的快速评估。

道路完好程度与通行能力折减系数　　表4-2

完好程度	道路状态描述	完好程度系数 P_{road}	道路通行能力自损折减系数P_r
完好或基本完好	路基、路面无损坏，或出现少量裂缝，对承载能力无影响	1.0～0.95	$P_r=P_{road}$
轻微损坏	路面轻微变形，稍做补强即可恢复正常	0.95～0.75	
中等破坏	路基路面出现严重裂缝，影响车辆的行驶速度	0.75～0.45	
严重破坏	路基、路面严重断裂，冒砂、涌包、沉陷、路堤坍塌变形，交通中断	0.45～0.25	$P_r=0$
完全毁坏	路基、路面大范围涌包、沉陷、喷水冒砂，断裂，丧失交通功能	<0.25	

暴雨积涝道路通行能力快速评估对照表　　表4-3

内涝风险	积涝水深	道路状态描述	完好程度系数P_{road}	道路通行概率P_r
道路基本完好	0cm	路基、路面无明显积水，车辆、行人可正常通行	1.0～0.95	$P_r=P_{road}$
道路轻度内涝	0～15cm	道路轻微积水，可在短时间内迅速排出；车辆、行人仍可以正常通行	0.95～0.75	
道路中度内涝	15～25cm	水深超过15cm时，驾驶员无法判断车道的位置，对车辆行驶安全和行驶速度造成影响；水还未开始淹没人行道，对行人无影响	0.75～0.45	
道路重度内涝	25～50cm	汽车发动机熄火；水将没过鞋帮，影响行人安全出入；交通中断	0.45～0.25	$P_r=0$
道路完全淹没	>50cm	道路完全丧失交通功能	<0.25	

（4）复合灾害下城市道路通行能力计算模型

王述红等采用物理学领域的容量耦合概念和耦合系数的模型，提出多灾耦合致灾的风险评价方对于单一灾种的危险性指数。根据灾害耦合情况，认为多个灾害共同发生时造成的危险性，应当是其中危险性最大的灾害的危险性的放大，放大的程度由整个灾害系统的耦合度决定，任意两个灾害系统i和灾害系统j的耦合度公式如式（4-6）：

$$C_{ij}=\left[\frac{U_iU_j}{U_i+U_j}\right]^{\frac{1}{2}} \quad (4-6)$$

式中，C_{ij}是灾害系统i和灾害系统j的耦合度，$C\in[0,1)$，U_i是灾害系统i的危险性，U_j是灾害系统j的危险性。

在单一灾种的危险性和不同灾害之间耦合度的基础上，提出多灾耦合致灾的风险评价方对于单一灾种的危险性指数，用危险性指数来量化表征灾害耦合下的危险性，并引入ΔH来表征耦合灾害对危险性指数的影响，多灾耦合致灾的危险性指数可ΔH_i表示为公式（4–7）：

$$H_{1,2,\dots n}=maxH_i+\Delta H \quad (4-7)$$

式中，ΔH是耦合灾害影响系数，当n种灾害耦合（$H_1>\dots>H_n$）时，$\Delta H=(H_i+\dots+H_n)C$，$maxH_i=H_1$。

为计算地震暴雨复合影响下的道路通行能力，对上述公式进行调整。因地震和暴雨灾害复合下，道路通行概率将比任意单一灾害的影响下的道路通行概率小，即需要对式（4–7）进行取反修正，某一道路震害和暴雨积涝共同影响下道路通行概率P_w计算公式（4–8）：

$$P_{wi}=\begin{cases}0 \quad f_m=0 \text{ 或 } f_n=0\\ 1-max(f_m,f_n)\cdot(1+\Delta f_{mn}),\ f_m\neq 0 \text{ 且 } f_n\neq 0\\ 1,\ f_m=1 \text{ 且 } f_n=1\end{cases} \quad (4-8)$$

式中，P_{wi}是第i条道路的通行概率，f_m是震害下道路的通行概率，f_n是暴雨积涝下道路的通行概率。

采用式（4–8）计算所得的复合灾害通行概率对速度进行折减，则复合灾害下，第i道路的避难疏散的时间区间可以表示为式（4–9）：

$$T_i=\left[\frac{L_i}{v},\frac{L_i}{P_{wi}\cdot v}\right] \quad (4-9)$$

式中，T_i是复合灾害下第i条道路的通行时间，L_i是第i条道路的长度，v是成年男性和女性的平均步速，本文取72m/min，P_{wi}是第i条道路的通行概率。

3. 传统避难场所选址模型

（1）集合覆盖模型

集合覆盖模型（Location Set Covering Problem，LSCP）是最小化设置所有服务设施的总成本，并保证一个公平的覆盖。每个服务设施覆盖一组需求点，所有需求点是同等重要的，对每个需求点使用一个单一的、静态的覆盖距离（或时间）。

设x_j为二元值决策变量：当候选设施点j被选中时，$x_j=1$；否则，$x_j=0$。记所有能覆盖需求点i的候选设施点的集合为$N_i=\{j\mid d_{ij}\leqslant S\}$（或$N_i=\{j\mid t_{ij}\leqslant R\}$），则能覆盖全部需求点所必需的最少设施数量和位置可由下列位置集合覆盖模型决定：

$$\min z=\sum\nolimits_{j\in J}x_j \quad (4-10)$$

$$\text{s.t.} \quad \sum\nolimits_{j\in N_j}x_j\geqslant 1 \quad \forall i\in I \quad (4-11)$$

$$x_j\in(0,\ 1)\ \forall j\in J \quad (4-12)$$

其中，目标函数（4–10）是设置的服务设施数最小，约束（4–11）保证每个需求点至少被一个服务设施点覆盖，约束（4–12）限制决策变量x_j为（0,1）整数变量。

（2）最大覆盖模型

集合覆盖模型的一个重要的变形为最大覆盖问题（Maximum Covering Location Problem，MCLP），其原理是覆盖全部所有的需求点，只能确定p设施，最大覆盖模型的目标是选择p设施的位置，使覆盖的需求点的价值（人口或其他指标）总和最大。

设y_i是二元值变量，当第i需求点被覆盖时$y_i=1$；否则，$y_i=0$。再设x_j为二元值变量，当候选的设施j被选中时，$x_j=1$；否则，$x_j=0$。记：所有能覆盖需求点i的候选设施点的集合为$N_i=\{j\mid d_{ij}\leqslant S\}$（或$N_i=\{j\mid t_{ij}\leqslant R\}$）。则最大覆盖模型为：

$$\min z=\sum\nolimits_{j\in I}w_i\,y_i \quad (4-13)$$

$$\text{s.t.} \quad \sum\nolimits_{j\in N_i}x_j-y_i\geqslant 0 \quad \forall i\in I \quad (4-14)$$

$$\sum\nolimits_{j\in J}x_j=p \quad (4-15)$$

$$x_j,y_i\in[0,\ 1]\ \forall i\in I,\ j\in J \quad (4-16)$$

其中，约束（4–14）保证选定的设施覆盖需求点i，约束（4–16）指定被选择的设施数为p，约束（4–16）限制决策变量x_j和y_i为（0,1）整数变量，目标函数（4–13）使被覆盖的需求点的价值总和最大。

当目标函数中的权数w都取1（表示各个需求点同等重要）时，最大覆盖模型是保证覆盖的需求点最多，本研究中权数w，表示需求点i的需求即避难人口数，最大覆盖模型在覆盖需求点最多的基础上，并保证满足避难人口数量总和最大。通过连续变动p（例如：从1到k），也可以使用MCLP模型求得覆盖所有需求点必需的最少服务设施数k。

（3）p-中值模型

城市防灾减灾设施必须考虑提供服务的设施场所对公众的“易接近性”（accessibility），如果服务设施离得太远，公众为接受服务在路上所花费的时间会很长。在规划避难场所选择问题上，公众到达避难场所的平均距离是权衡该避难场所有效性的重要途径，平均距离上升，设施的易接近性下降，从而该位置的有效性减少。

因此，如果从服务设施的使用“效率”角度考虑，选址决策的目标是选择p设施，使各个需求点至p服务设施之间的总加权距离最小，即为p-中值问题。

设$w_i d_{ij}$为节点i和j之间的加权距离，y_j为二元值变量，当候选设施点j被选中时，$y_j=1$；否则，$y_j=0$。再设二元值变量x_{ij}反映需求节点i指派给候选节点j的情况，当需求节点i指派给节点j时，$x_{ij}=1$；否则$x_{ij}=0$。

p中值问题的整数线性规划模型为：

$$\min\sum_{j\in I}\sum_{j\in J}(w_i d_{ij})\,x_{ij} \tag{4-17}$$

$$\text{s.t.}\quad \sum_{j\in J}x_{ij}=1 \quad \forall i\in I \tag{4-18}$$

$$x_{ij}-y_i\leqslant 0 \quad \forall i\in I,\ \forall j\in J \tag{4-19}$$

$$\sum_{j\in J}y_j=p \tag{4-20}$$

$$x_{ij},\,y_j\in(0,\ 1),\ \forall i\in I,\ \forall j\in J \tag{4-21}$$

其中，约束（4-18）指派需求点仅给一个设施，约束（4-19）保证仅对一个开设的设施指派需求点，约束（4-20）保证选定的服务设施数量为给定的p，而目标函数（4-17）使各个需求点至p服务设施之间的总加权距离最小。

（4）p-中心模型

从城市防灾减灾服务设施的“公平性”考虑，为了避免某些人口稀少的区域被“忽略”而降低提供这些区域的服务水平，融入时间因素及交通因素，目标就是找到使最大需求距离最小化的选址，p-中心问题就是确定p设施，使各个服务设施服务需求点的（加权）最大距离为最小。

p-中心问题是属于所谓的“最小最大（minimax）”类型问题，研究文献广泛认可“最小最大准则”体现了公平性，我们可以从另一种角度来考察这一观点，在集合覆盖模型中，标准覆盖距离是预先确定的（即为输入），而p-中心问题也是要“覆盖”全部需求点，但不使用外部输入的覆盖距离S，而是模型“内生”地确定与设置p设施相适合的最小覆盖距离。

设D为需求点至设定的服务设施的最大距离，二元值变量y_j：当候选的设施j被选中时，$y_j=1$；否则，$y_j=0$。再设二元值变量x_{ij}反映需求节点i指派给候选服务设施节点j的情况，当节点i指派给节点j时，$x_{ij}=1$；否则$x_{ij}=0$。

p-中心模型具体为：

$$\min D \tag{4-22}$$

$$\text{s.t.}\quad \sum_{j\in J}x_{ij}=1 \quad \forall i\in I \tag{4-23}$$

$$x_{ij}-y_i\leqslant 0 \quad \forall i\in I \quad \forall j\in J \tag{4-24}$$

$$\sum_{j\in J}y_j=p \tag{4-25}$$

$$D-\sum_{j\in J}d_{ij}x_{ij}\geqslant 0 \quad \forall i\in I \tag{4-26}$$

$$x_{ij}\in(0,\ 1),\ \forall i\in I \quad \forall j\in J \tag{4-27}$$

$$y_i\in(0,\ 1) \quad \forall j\in J \tag{4-28}$$

其中，约束（4-26）定义任何需求点i与最近设施点J之间的最大距离，而目标函数（4-22）使最大距离D最小，约束（4-23）指派需求节点仅给一个设施，约束（4-24）保证仅对开设的设施指派需求点，约束（4-25）保证选定的设施数量为给定的p。

4. 考虑不确定性因素避难场所选址模型

（1）不确定疏散时间模型

复合灾害场景较为复杂，在对人员避难疏散中所面临风险的量化时，不仅仅体现灾害间危险性的简单耦合关系，还应体现避难人员或群体的差异，从而满足对复合灾害复杂情况的准确描述和分析。避难需求点的差异性造成了避难疏散风险不确定性。因此，不同用地的避难需求量和风险的可接受水平是避难疏散风险的不确定性特征之一。在实际问题中，通常会涉及复合灾害的影响，即避难需求点到避难场所的时间会由于天气、交通路况、自然环境等诸多因素影响呈现不确定性，因此避难时间不应用确定值表示，而应当用时间区间表示。综上所述，以控制性详细规划用地特征为避难需求基本单元，避难疏散风险的不确定性主要体现在以下三个方面：用地的避难需求、避难疏散的时间区间、基于用地特征的可接受风险水平。

在模型构建中，首先考虑避难疏散时间区间与避难疏散风险控制目标（T）的关系，避难需求点E_i到避难场所S_j的时间T'为不确定值，且$T'\in[L_{ij},\ U_{ij}]$。避难需求点E_i到避难场所S_j的避难疏散风险值计算公式如下：

$$F_{ij}\ T\ =\begin{cases}1,\ T<L_{ij}\\ \dfrac{U_{ij}-T}{U_{ij}-L_{ij}},\ L_{ij}\leqslant T\leqslant U_{ij}\\ 0,\ T>U_{ij}\end{cases}\qquad(4\text{–}29)$$

然后，在避难需求人口权重的影响下，通过可接受水平系数对（4–29）中的风险进行进一步约束，以计算规划避难场所布局下各避难需求点到达避难场所的最小避难疏散风险，目标函数如下：

$$minZ=\sum\nolimits_{Ej\in E}\beta_{ij}\cdot\sum\nolimits_{Sj\in S}F_{ij}\ (T)\qquad(4\text{–}30)$$

$$\sum\nolimits_{Sj\in S}x_j=p\qquad(4\text{–}31)$$

$$\sum\nolimits_{Sj\in S}y_{ij}=1,\ i=1,2,\cdots m\qquad(4\text{–}32)$$

$$\sum\nolimits_{Sj\in S}y_{ij}F_{ij}\ (T)\leqslant\alpha_i,\ i=1,2,\cdots m\qquad(4\text{–}33)$$

$$y_{ij}\leqslant1,\ i=1,2,\cdots m,\ j=1,2,\cdots n\qquad(4\text{–}34)$$

$$x_j,\ y_{ij}\in\{0,1\},\ i=1,2,\cdots m,\ j=1,2,3,\cdots n\qquad(4\text{–}35)$$

式中，E是避难需求点的集合，$E=\{E_1,E_2,\cdots E_m\}$，S是规划避难场所的集合，$S=\{S_1,S_2,\cdots S_m\}$，p是规划避难场所的总数量，$p\leqslant n$，α_i是避难需求点E_i所在用地的可接受风险水平系数，$\alpha_i\in[0,1]$，其值越大表示该避难需求点所允许的时间风险越大，β_i是避难需求点E_i的避难需求人口权重，T是避难疏散时间风险控制目标，根据第三章中的分析，$T=30$。

在上述目标函数中，式（4–30）为主要目标函数，体现避难需求人口权重影响下，布局方案的最小总风险值；式（4–31）保证所选取避难场所总数等于规划的避难场所总数；式（4–32）保证每个避难需求点都只前往1个避难场所进行避难；式（4–33）保证每个避难需求点到达避难场所的避难疏散风险值要低于该需求点的可接受风险水平；式（4–34）表示避难场所只有被选中才能作为避难疏散目的地；式（4–35）为约束变量的范围。

复合灾害影响下，从避难需求点到达避难场所具有一定的风险性，由于其周围的自然环境、经济状况、人口密度、建设强度等不同，对于同一避难疏散风险控制目标下的可接受水平不同。为实现灾害风险管理与城市规划用途管制、指标控制的有效对接，研究选取控制性详细规划中最常用且最具有代表性的三个指标：用地类型、容积率、规划建设年代，并对这三个指标对应的可接受避难疏散风险系数进行探讨。

一是用地类型可接受风险水平控制系数β_1。不同用地类型的适用人群不同，可以反映不同的时间可接受风险水平，例如居住用地、文化娱乐用地中，人员在室率高、人口容量大，且人员年龄分布更综合、更复杂，要求更快地实现疏散，因此对避难疏散风险的要求相对较低。

二是容积率可接受风险水平控制系数β_2。容积率高的用地人口密度相对较大，对避难疏散风险的要求相对较低。

三是建设年代风险水平控制可接受系数β_3。老旧小区的居住人口在灾害影响下承受更大的危险性，避难需求在心理上比新建设房屋的居住人口更迫切，对避难疏散风险的可接受水平相对较低。

基于此，根据不同规划地块的特性，对避难疏散风险控制目标进行进一步约束，涉及的各项指标及取值根据专家经验设定和指标影响程度综合设定，提出基于城市控制性详细规划用地指标的可接受风险水平系数（表4–4）。并根据公式（4–36），计算用地i的可接受风险水平系数α_i。

$$\alpha_i=\frac{\beta_1+\beta_2+\beta_n}{n}\cdot\gamma\qquad(4\text{–}36)$$

式中，n为可接受风险水平指标个数，β_n为第n个可接受风险水平指标的取值。γ为可接受水平修正系数，可根据灾害发生强度设置，从而实现对计算结果的修正，$\gamma>0$，在文中的灾害情景设定下，取$\gamma=1$。计算得到的α_i值越大，表示该避难需求点可接受的风险值越大。

可接受风险水平系数指标取值　　表4–4

用地类型	居住用地	商业办公用地	文化活动用地	教育科研用地	医疗卫生用地	其他
β_1	0.36	0.48	0.6	0.36	0.48	0.6–1
容积率	<0.8	0.8–1.2	1.2–1.8	1.8–2.5	2.5–5	>5
β_2	0.84	0.72	0.6	0.48	0.36	0.24
建设年代	1945年以前	1945–1960年	1960–1975年	1975–1990年	1990–2010年	2010年以后
β_3	0.24	0.36	0.48	0.6	0.72	0.84

（2）不确定失效情景模型

突发事件造成的损失与事件持续时间呈正相关，应急服务到达时间越早则应急救援的效果越好，即避难场所距离需求点越近，应急服务越及时则突发事件造成的损失越小。而传统的避难场所的选址问题中对于避难场所覆盖距离的要求过于严格，无法体现出不同距离对应应急服务的水平差异。因此，本文借鉴其他研究引入最小界距离D_L和最大界距离D_U（$D_L<D_U$）的概念。假设需求点在最下临界距离内则认为完全覆盖，避难场所提供高质量覆盖服务；需求点在最大临界距离内是基本覆盖，提供一般服务质量；需求点到避难场所的距离超过最大临界距离则认为不覆盖。

将不同覆盖距离转化为不同覆盖服务质量水平来度量避难场所对需求点的覆盖情况，与实际情况比较相符，对于每一个需求点，所有避难场所对其提供不同覆盖水平的服务。设需求点i关于避难场所j的覆盖水平函数为F_{ij}，计算公式如下：

$$F_{ij}=\begin{cases}1,\ D_{ij}<D_L\\ \dfrac{D_U-D_{ij}}{D_U-D_L},\ D_L\leqslant D\leqslant D_U\\ 0,\ D_{ij}>D_U\end{cases} \quad (4\text{-}37)$$

式中，D_{ij}为需求点i与避难场所j之间的距离。不同等级的覆盖水平示意见图4-1。

需求点对于应急服务的衡量有两方面的要求：一是服务质量，可用F_{ij}来表示其水平；二是服务数量要满足要求。假定每个需求点在满足服务数量的前提下对应急服务的质量水平有最低水平要求，而突发事件还可能造成避难场所的服务能力受损，再结合突发事件的不确定性，用情景集来表示所有对避难场所及需求点造成影响的可能情景，以此考虑避难场所选址决策问题。

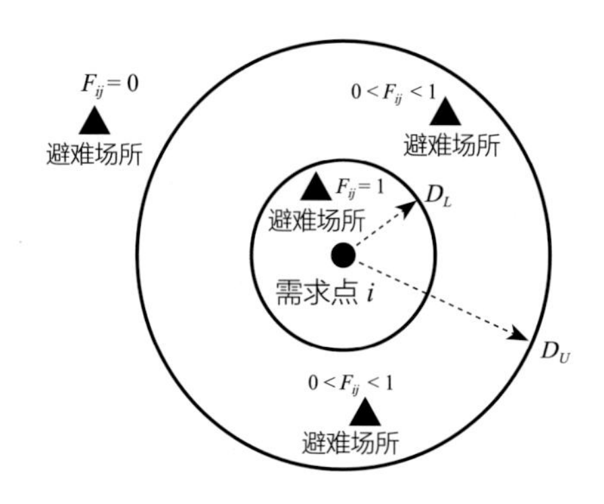

图4-1 不同等级覆盖水平

目标函数如下：

$$max\sum_{s\in S}\lambda_s\ (\sum_{i\in I}\sum_{j\in E_i}F_{ij}C_jx_{sij}) \quad (4\text{-}38)$$

$$\sum_{j\in J}x_j=p \quad (4\text{-}39)$$

$$\sum_{j\in J}C_jp_{sj}x_{sij}\geqslant M_ie_{si},\ s\in S,\ i\in I \quad (4\text{-}40)$$

$$\sum_{j\in J}x_{sij}\leqslant 1,\ s\in S,\ j\in J \quad (4\text{-}41)$$

$$x_{sij}\leqslant x_j,\ s\in S,\ i\in I,\ j\in J \quad (4\text{-}42)$$

$$x_{sij}\geqslant 0,\ x_j\in\{0,1\},\ j\in J \quad (4\text{-}43)$$

其中$E_i=\{j\mid F_{ij}\geqslant\alpha_i, j\in J\}, i\in I$

式中，i是应急需求点集合，$i\in I$，j是应急服务设施候选点集合，$j\in J$，p是限定的应急服务设施点数量，M_i是需求点i的人口数量，$i\in I$，α_i是需求点对于应急服务质量的最低要求，$i\in I$，C_j是应急服务设施候选点j所能提供的服务能力，$j\in J$，D_{ij}是需求点i到应急服务设施候选点J的距离，S是所有情景组成的情景集合，$s\in S$，λ_s是第s种情景所对应的概率，$s\in S$，p_{sj}是在第s种情景下，应急服务设施j遭受破坏后服务能力下降系数，$0\leqslant p_{sj}\leqslant 1$，$e_{si}$是在第$s$种情景下，应急需求点$i$受影响的系数，$0\leqslant e_{si}\leqslant 1$，如果可选中建设应急设施，则$x_j=1$，否则$x_j=0$，$x_{sij}$是在第$s$种情景下，应急设施点$J$分配给需求点$i$的服务能力比例系数，$0\leqslant x_{sij}\leqslant 1$。

在上述目标函数中，目标函数（4-38）是关于每个应急需求点在各种情景下的服务质量与数量综合指标的期望值；约束条件（4-39）表示所建立的避难场所数量为给定的数值p；约束条件（4-40）表示每个需求点在各种情景下的应急需求量都应该被满足；约束条件（4-41）表示每个避难场所服务能力比例分配系数总和不超过1；约束条件（4-42）表示每个候选避难场所关于避难场所服务能力比例系数的分配要取决于该候选避难场所是否选中作为应急避难场所；约束条件（4-43）表示应急服务能力的比例分配系数为非负，而x_j为0—1变量。

前面所建立的模型是一个混合整数规划模型，其中x_j为0-1变量，用于确定避难场所选址点位置，一旦选址点位置确定后，则通过确定各避难场所在各种情景下对于需求点的服务比例系数x_{sij}以最大化服务质量与数量综合指标的期望值，也就是说如果选址点确定之后问题就转变成一个运输问题，由于运输问题具有很好的求解算法，因此我们设计一个结合运输问题线性规划算法的模拟退火算法以求解本模型。下面首先给出一个定理以缩小可行域范围。

设$\widetilde{D}$为满足$\sum_{j\in J}x_j=P$且$x_j=1$的所以j组成的集合，所存在$\hat{s}\in1$，$\hat{\imath}\in1$使得：

$$\sum_{j\in\widetilde{D}}C_j p_{\hat{s}j}<M_{\hat{\imath}}e_{\hat{s}} \qquad (4\text{–}44)$$

或者

$$\left\{j\in\widetilde{D}\middle|F_{\hat{\imath}J}\geqslant a_{\hat{\imath}}\right\}=\varnothing \qquad (4\text{–}45)$$

则$\widetilde{D}$不属于前述模型的可行域。

证明：由约束条件（4–40）和（4–41）可知对于任意的$\hat{s}\in S$，$i\in I$，有$\sum_{j\in J}C_j p_{sj}\geqslant\sum_{j\in J}C_j p_{sj}x_{sij}\geqslant M_i e_{si}$，显然这与（4–44）是矛盾的，因此满足（4–44）的p个候选点集不属于模型的可行域；同样，根据E_i的定义可知（4–45）中的集合表示应急需求点i在最低应急服务质量要求下的可选避难场所点集，若该集合为空集，则表示对于需求点$\hat{\imath}$而言，不存在满足要求的避难场所点，故该种情况也表明$\widetilde{D}$不属于模型可行域。

五、实践案例

1. 研究区概况

（1）研究区灾害背景

河北省石家庄市市域面积14 464km^2，城市建设用地338.16km^2，截至2020年11月1日零时，该市常住人口为1 123.5万人。

石家庄市地处华北地震区，地震活动集中在汾渭地震带和华北平原地震带上。石家庄市市域范围内自然条件和社会环境差异较大，存在的灾害类型多样、分布广泛、突发性强、危害大，而多数城镇抗灾能力不强，不确定潜在风险较高。石家庄市历史地震活动频繁，现今中小地震活跃，呈现明显的条带性，存在一条北东—北北东向的地震密集带，河北平原地震带历史上的许多强震都发生在这条地震带中（图5–1）。2006年，石家庄市被国务院判定为全国地震重点防御城市，抗震设防烈度为7度，因此，定义本研究中的“小震”为6度，“中震”为7度，“大震”为8度。

石家庄市属大陆性季风气候，年降水变率大，时空分布不均，降水主要集中在夏季，而夏季降水量又往往集中在1～2次暴雨天气过程中。石家庄市中心城区年平均降水量为516.2mm，中心城区暴雨内涝应对设防标准为不低于50年一遇，主要积水区分布如图5–2所示。因此，基于石家庄所处的地理位置及气象气候条件，石家庄市具有地震—暴雨复合灾害风险的孕灾环境基础，一旦地震—暴雨复合灾害发生，必将对石家庄市产生巨大的灾害破坏，本研究将地震—暴雨复合灾害设置为石家庄市灾害情景。

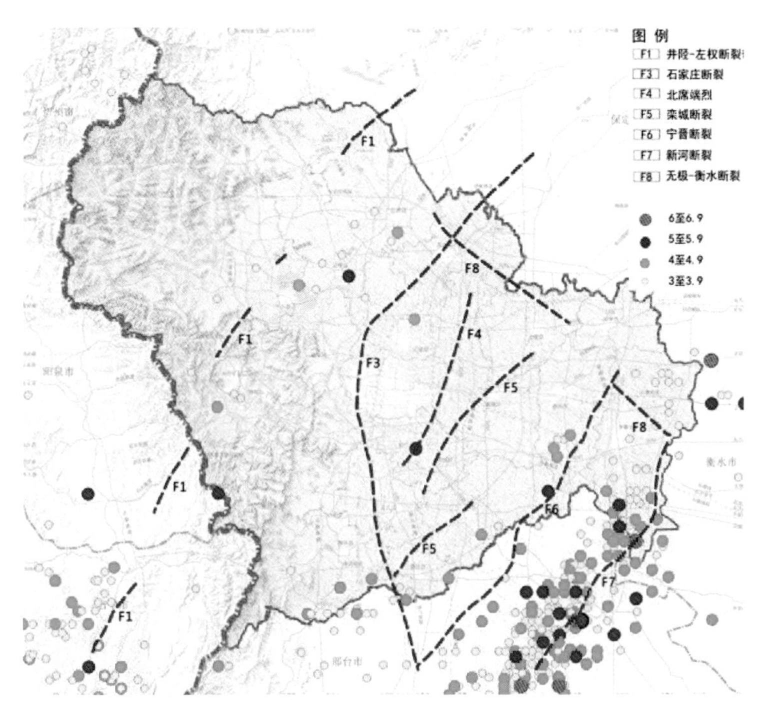

图5–1　石家庄市区区域活动断裂与历史地震分布

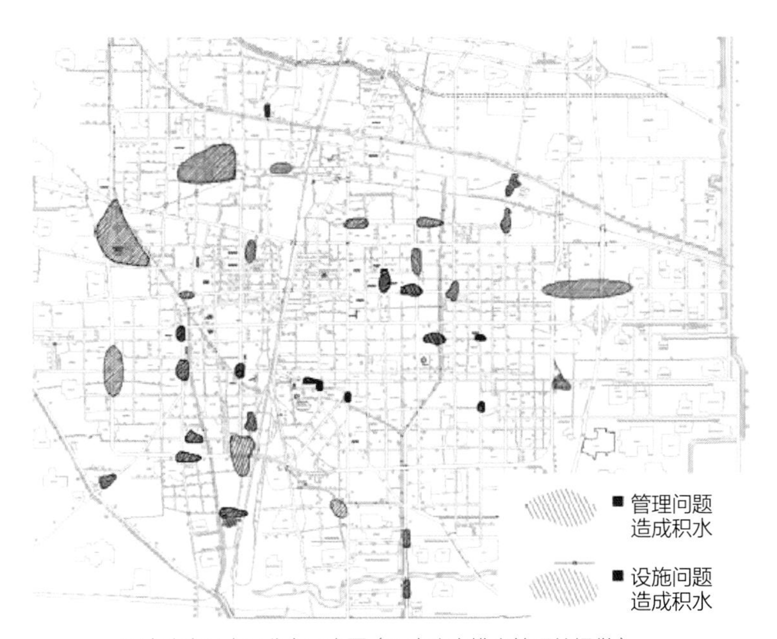

石家庄市积水区分布示意图（石家庄市排水管理处提供）

图5–2　石家庄市主要积水区分布示意

（2）研究区概况

研究区位于我国河北省石家庄市中心城区（图5-3），在本研究中，选取该市中心城区某一防灾疏散责任区为研究对象（图5-4），该研究区共包含三个街道，根据第六次全国人口普查数据，该研究区共有常住人口168 326人，总面积1 202.12万m²。

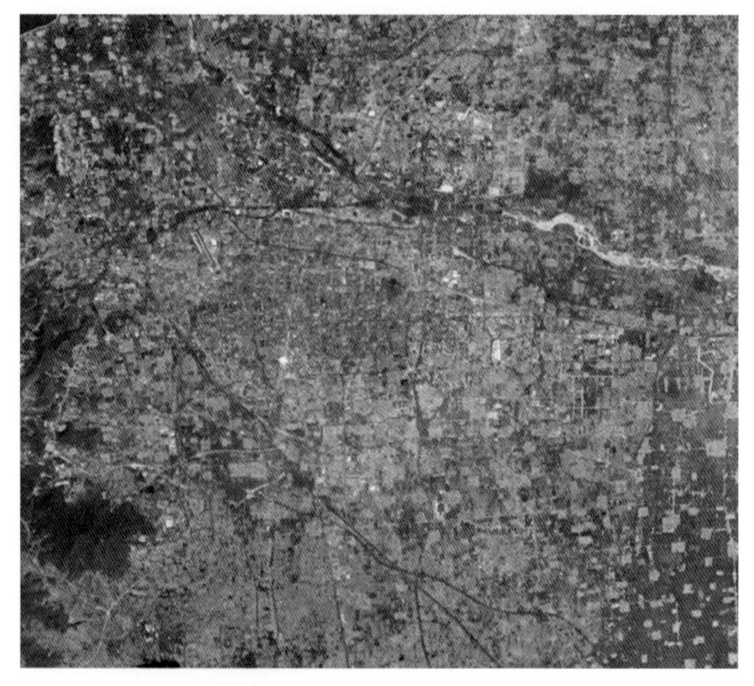

图5-3 石家庄市卫星影像

图5-4 研究区范围

该研究区主要为居住区，包括部分广场绿地、公园绿地和商业用地等配套设施用地。研究区共有8个规划避难场所、57个控制性详细规划地块。将控制性详细规划地块的几何中心作为避难需求点，依据控制性详细规划文本数据和图则，可统计所需指标的原始值，包括每个地块的人口数、用地类型、容积率以及平均建设年代，如表5-1所示。

研究区相关主要指标原始值 表5-1

编号	人口数	容积率	平均建设年代	编号	人口数	容积率	平均建设年代	编号	人口数	容积率	平均建设年代
1	4 110	3.0	1970	11	3 937	2.2	1970	21	5 577	3.6	2000
2	2 530	2.2	1970	12	3 257	1.5	2000	22	1 219	3.0	1970
3	2 083	2.5	1970	13	1 960	2.2	1970	23	2 933	1.0	2010
4	5 057	5.5	1990	14	4 160	2.0	1980	24	967	3.0	2010
5	970	0.8	1940	15	653	1.5	2010	25	2 604	0.5	1950
6	2 753	2.2	1970	16	7 067	3.2	1980	26	2 985	3.0	1970
7	3 257	2.5	1970	17	1 053	1.2	1950	27	1 048	2.5	1970
8	3 540	3.0	1970	18	3 047	3.0	1970	28	33	0.5	1950
9	1 013	0.8	1940	19	3 507	3.0	1970	29	1 156	1.5	1980
10	2 737	3.2	1990	20	3 627	4.0	1990	30	419	3.2	2010

续表

编号	人口数	容积率	平均建设年代	编号	人口数	容积率	平均建设年代	编号	人口数	容积率	平均建设年代
31	615	1.5	2000	40	1 604	3.2	1970	49	3 159	5.5	2010
32	207	1.2	2010	41	1 352	3.2	2010	50	5 944	5.5	2010
33	656	1.5	2000	42	885	1.5	1990	51	1 541	1.2	2000
34	1 333	0.8	2010	43	8 244	3.2	2010	52	6 569	5.0	1980
35	6 659	2.5	1980	44	8 896	5.0	1990	53	1 022	2.5	1990
36	796	1.5	1990	45	1 630	1.5	1990	54	3 809	3.2	1980
37	2 441	5.0	1950	46	4 556	1.5	1990	55	2 084	1.5	1990
38	196	1.2	2010	47	3 031	2.8	1990	56	2 816	1.5	1990
39	2 593	2.5	1990	48	1 234	3.2	1980	57	15 103	2.5	2010

2. 地震—暴雨复合灾害情景设置

在实际发生的复合灾害情景中，地震—暴雨复合灾害较为常见，且极大程度影响避难疏散的效率。城市疏散体系是反映城市防灾减灾能力的重要表征，是城市防灾减灾体系的第二道防线。近年来，我国经历的重大地震，几乎都伴随有暴雨的情况发生，居民边避险边避雨的情况屡见不鲜。2008年，在汶川地震的避难过程中，就出现了避难人员在无遮挡设施的条件下，露天忍受难耐高温、大雨威胁、蚊虫侵害的现实情况。

近十年来，我国6.0级以上发生的地震复合灾害统计如表5-2所示，地震和暴雨共同作用下，通常还会引发滑坡、崩塌、泥石流等一系列地质灾害。

近十年我国6.0级及以上地震复合灾害情况统计　　表5-2

序号	发震时间	发震位置	震级	同时或连续发生的灾害	死亡人数
1	2012-02-26	台湾屏东县	6.0	无	0
2	2012-03-9	新疆维吾尔自治区和田地区洛浦县	6.0	沙丘滑坡、滑移	0
3	2012-06-30	新疆维吾尔自治区伊犁哈萨克自治州新源县、巴音郭楞蒙古自治州和静县交界	6.6	降雨（暴雨）	0
4	2012-08-12	新疆维吾尔自治区和田地区于田县	6.2	无	0
5	2013-03-27	台湾南投县	6.5	火灾、崩塌	1
6	2013-04-20	四川省雅安市芦山县	7.0	山体滑坡、泥石流、崩塌、降雨（中雨）	196
7	2013-06-02	台湾南投县	6.7	山体滑坡、崩塌、降雨	4
8	2013-07-22	甘肃省定西市岷县、漳县交界	6.6	泥石流、山体滑坡、降雨（暴雨）	95
9	2013-08-12	西藏自治区昌都地区左贡县、芒康县交界	6.1	无	0
10	2013-10-31	台湾花莲县	6.7	崩塌	0
11	2014-02-12	新疆维吾尔自治区和田地区于田县	7.3	无	0
12	2014-05-30	云南省德宏傣族景颇族自治州盈江县	6.1	崩塌、降雨	0
13	2014-08-03	云南省昭通市鲁甸县	6.5	山体滑坡、泥石流、降雨	617
14	2014-11-22	四川省甘孜藏族自治州康定县	6.3	无	5
15	2015-07-03	新疆维吾尔自治区和田地区皮山县	6.5	无	0
16	2016-02-06	台湾高雄市	6.7	崩塌	117
17	2016-10-17	青海省玉树藏族州杂多县	6.2	崩塌	0
18	2016-11-25	新疆维吾尔自治区克孜勒苏州阿克陶县	6.7	山体滑坡、岩石崩塌、降雪、冻灾	1

续表

序号	发震时间	发震位置	震级	同时或连续发生的灾害	死亡人数
19	2016-12-08	新疆维吾尔自治区昌吉州呼图壁县	6.2	崩塌、大雾	0
20	2017-08-08	四川省阿坝州九寨沟县	7.0	山体滑坡、崩塌、泥石流	25
21	2017-08-09	新疆维吾尔自治区博尔塔拉州精河县	6.6	崩塌	0
22	2017-11-18	西藏自治区林芝市米林县	6.9	崩塌、雨夹雪	0
23	2019-04-24	西藏自治区林芝市墨脱县	6.3	无	0
24	2019-06-17	四川省宜宾市长宁县	6.0	山体滑坡、降雨（暴雨）	13
25	2020-01-19	新疆维吾尔自治区喀什地区伽师县	6.4	无	1
26	2020-06-26	新疆维吾尔自治区和田地区于田县	6.4	崩塌	0
27	2020-07-23	西藏自治区那曲市尼玛县	6.6	无	0
28	2021-03-19	西藏自治区那曲市比如县	6.1	无	0
29	2021-04-18	台湾花莲县	6.1	无	0
30	2021-05-21	云南省大理州漾濞县	6.4	山体滑坡、崩塌	3
31	2021-05-22	青海省果洛州玛多县	7.4	雨夹雪、冻灾	0
32	2021-09-16	四川省泸州市泸县	6.0	降雨（暴雨）	3
33	2021-10-24	台湾宜兰县	6.3	无	0
34	2022-01-08	青海省海北州门源县	6.9	山体滑坡、崩塌	0

本文针对地震—暴雨复合灾害进行研究。其中，暴雨带来的城市积涝作为地震后增加避难疏散难度的一种伴随状态（图5-5），在灾害的相互作用类型中属于灾害链。考虑真实情况下的避难情景，地震作为主要灾害，是产生避难需求的主要因素，震害和暴雨积涝共同对灾后疏散通道的通行能力造成影响。

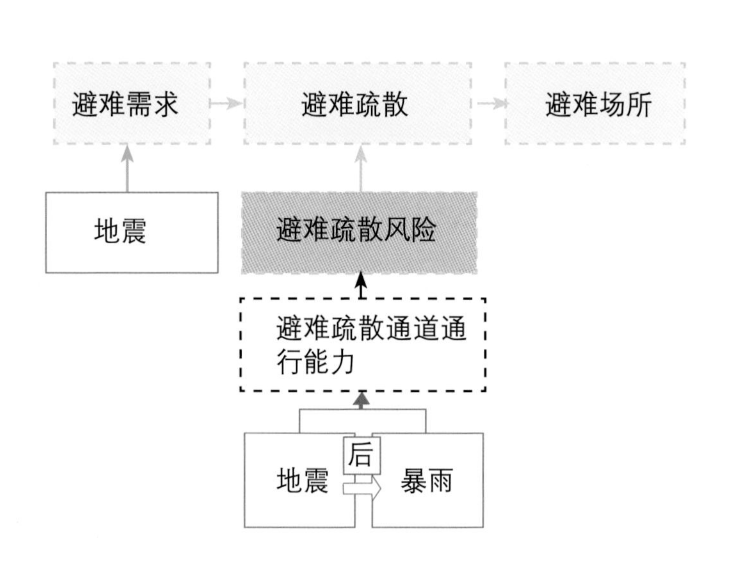

图5-5 地震—暴雨复合灾害避难疏散情景构建

3. 复合灾害影响下避难需求计算与分析

根据不同暴雨重现期下降雨模型分析结果，结合城市地表积水时间和积水深度，内涝风险评估采用双因子评估方法，将内涝风险总体划分为三类：内涝低风险区、内涝中风险区和内涝高风险区。内涝风险划分标准见表5-3。

研究区内涝风险矩阵 表5-3

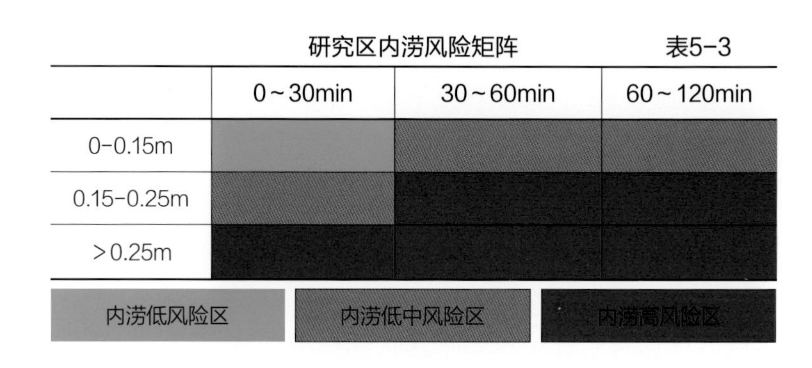

	0～30min	30～60min	60～120min
0-0.15m			
0.15-0.25m			
>0.25m			

用ArcGIS软件对研究区模型结果进行统计分析，通过对内涝淹没时间和淹没深度进行统计，得出研究区5年一遇、10年一遇、20年一遇和50年一遇2小时内涝风险分布如图5-6所示。

对研究区的避难需求进行计算，对研究区各类易损性结构建筑的建筑面积进行统计，采用公式4-1对研究区小震、中震、大

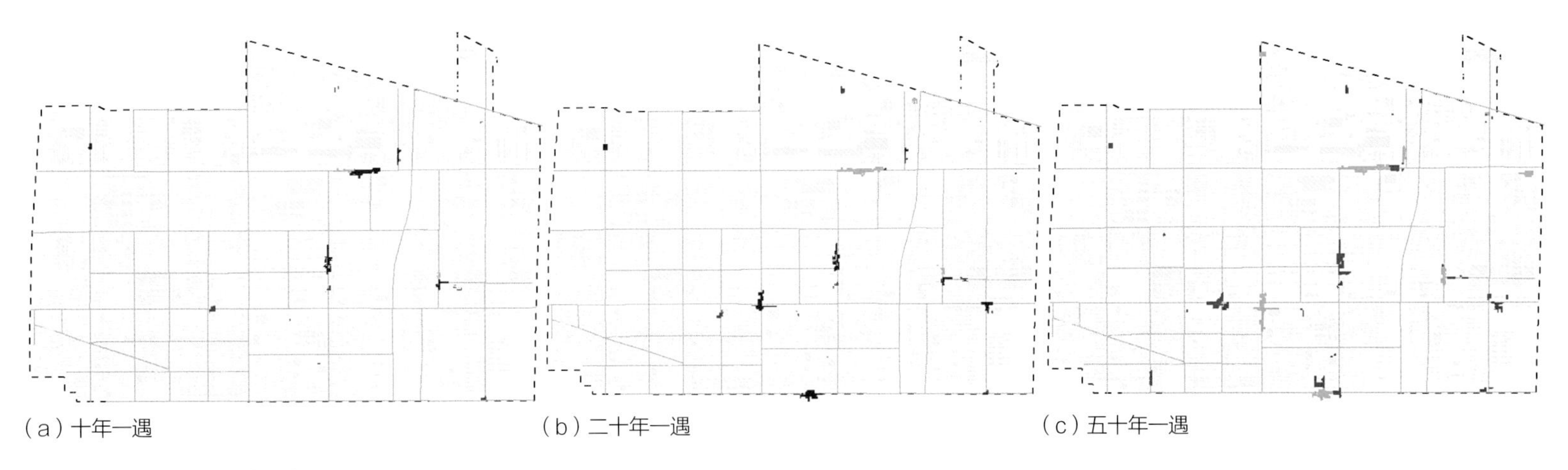

（a）十年一遇　（b）二十年一遇　（c）五十年一遇

图5-6　研究区内涝风险分布

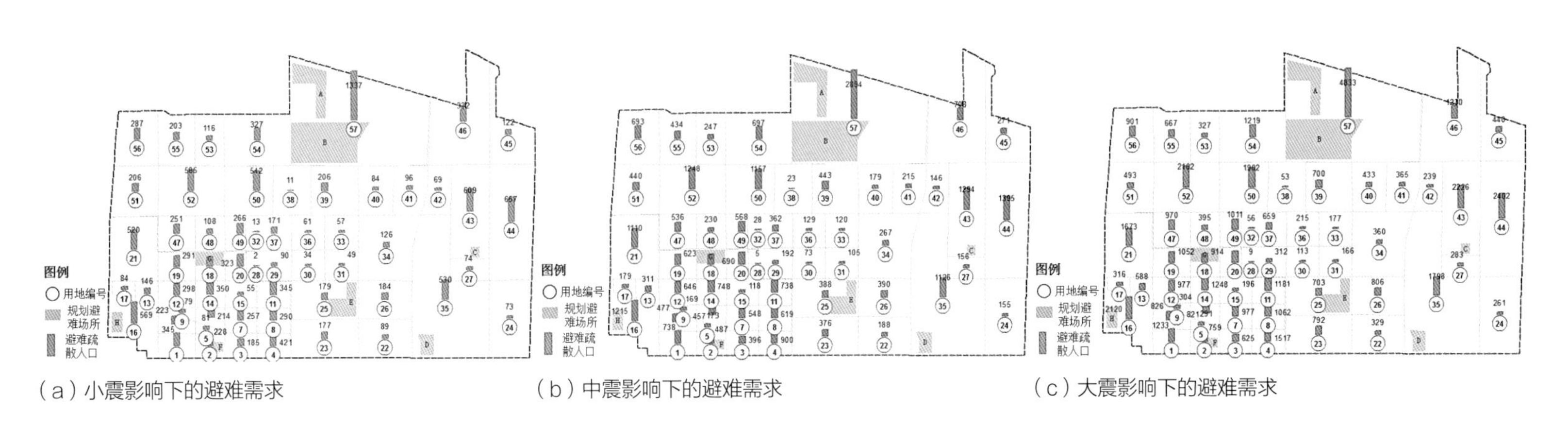

（a）小震影响下的避难需求　（b）中震影响下的避难需求　（c）大震影响下的避难需求

图5-7　研究区多水准影响下避难需求分布

震影响下避难疏散人口比例进行计算，基于研究区的常住人口数量，进一步计算研究区各个地块的避难疏散人口，如图5-7所示。其中地块43、57在大震下分别占研究区避难总需求的4.5%和9.7%。

4. 复合灾害影响下城市道路通行能力评估与分析

研究区地震—暴雨复合灾害下道路通行能力分析是以震害下道路通行能力分析结果以及暴雨积涝道路通行能力快速评估结果为基础，对两者的通行概率计算结果进行耦合，采用上述的复合灾害下城市道路通行能力计算模型，对研究区每条道路在地震—暴雨复合灾害影响下的通行概率进行计算，得到小震、中震、大震与十年一遇、二十年一遇、五十年一遇暴雨组合下的通行概率分布，如图5-8所示。在大震—五十年一遇暴雨复合灾害情景下，研究区共有9条道路完全中断。然后基于道路通行概率，采用公式（4-9）对避难疏散时间进行计算。

5. 应急避难场所规划多准则决策集成模型

（1）传统避难场所选址模型

①集合覆盖模型

研究区分为57个避难需求点，在8个候选避难场所选址（A，B，…H）中选择若干个避难场所，将避难区域的几何中心作为避难需求点，根据规范设定固定避难场所最大覆盖距离2.5km为覆盖距离，根据9种地震—暴雨复合灾害情景下的道路通行概率，筛选可以正常通行的道路，分别计算复合灾害情景下8个候选设施到57个需求点的步行距离d_{ij}，由于避难疏散风险计算应当考虑相对极端情况，以大震五十年一遇暴雨复合情景为例进行结果分析，如表5-4所示。

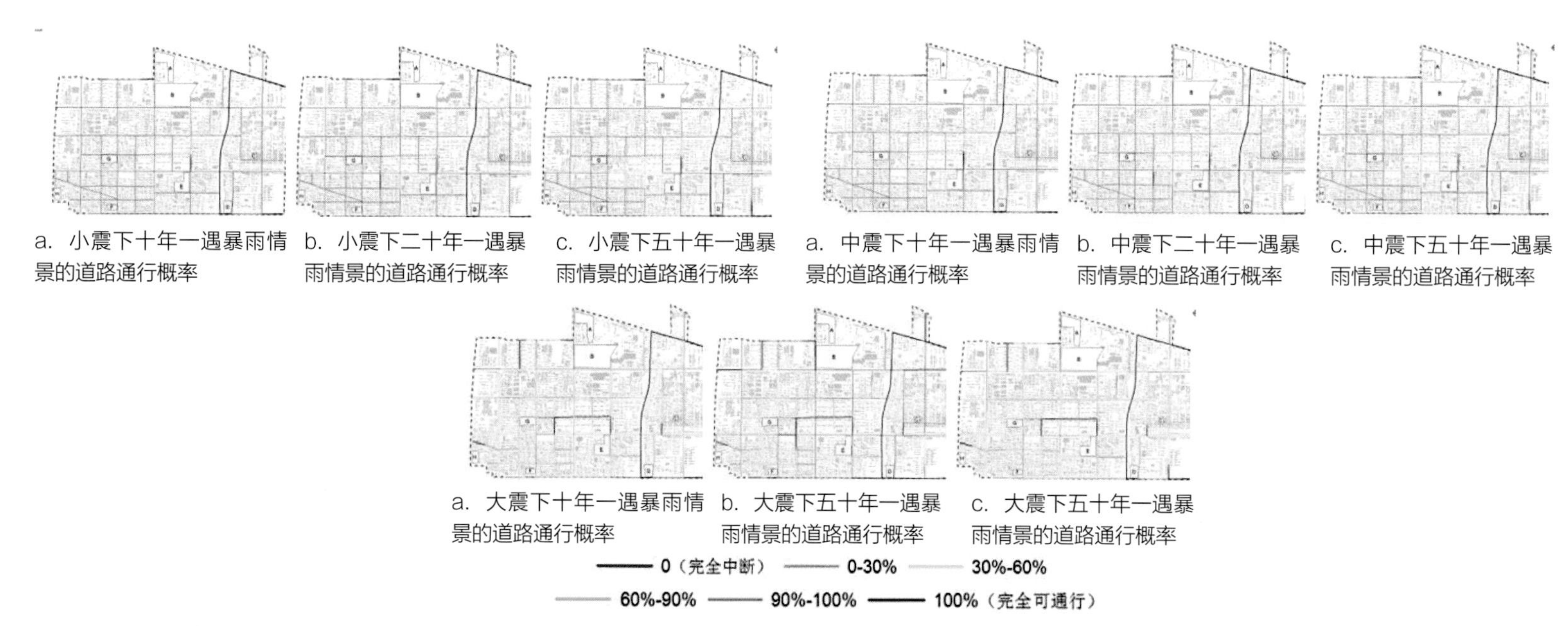

a. 小震下十年一遇暴雨情景的道路通行概率 b. 小震下二十年一遇暴雨情景的道路通行概率 c. 小震下五十年一遇暴雨情景的道路通行概率

a. 中震下十年一遇暴雨情景的道路通行概率 b. 中震下二十年一遇暴雨情景的道路通行概率 c. 中震下五十年一遇暴雨情景的道路通行概率

a. 大震下十年一遇暴雨情景的道路通行概率 b. 大震下五十年一遇暴雨情景的道路通行概率 c. 大震下五十年一遇暴雨情景的道路通行概率

图5-8 研究区多水准地震—暴雨复合灾害下道路通行概率分布

规划避难场所到需求点的步行距离（m） 表5-4

		需求点i								
		1	2	3	4	5	...	55	56	57
候选设施j	A	3 786.83	3 430.52	3 106.89	2 758.70	3 447.69	...	2 517.17	2 527.23	1 498.97
	B	3 329.46	2 973.16	2 649.52	2 301.34	2 990.32	...	2 059.81	2 069.86	292.92
	C	4 744.43	4 388.12	4 057.88	3 708.07	4 406.04	...	4 588.02	4 598.08	2 246.74
	D	3 120.10	2 766.05	2 439.83	2 090.02	2 820.92	...	5 131.79	5 141.84	3 079.53
	E	2 232.96	1 876.66	1 546.42	1 196.61	1 931.52	...	3 816.34	3 826.40	2 723.99
	F	653.05	296.74	314.16	663.97	351.61	...	2 662.47	2 672.53	3 249.99
	G	1 204.78	1 164.29	1 187.09	1 529.93	1 019.95	...	1 702.49	1 712.55	2 418.92
	H	1 464.45	1 714.86	1 955.63	2 305.43	1 570.52	...	2 254.28	2 264.34	4 069.26

使用LSCP模型计算，确定在全部覆盖所有需求点的条件下，所需最少的避难场所数量：

$$\min\sum_{j=1}^{8}x_j \quad (5\text{-}1)$$

运用Matlab进行运算，最优解为$z=3$, $x_3=x_4=x_7=1$,即要覆盖57个避难需求点，必须在候选避难场所C、D和G三个候选点设置避难场所，可以满足全部覆盖，覆盖结果及对应选择情况如图5-9所示。

通过图5-9可以看出，运用LSCP模型识别覆盖所有需求点的服务设施，并满足服务设施的最大服务距离，三个选中的避难场所中避难场所G承担了最为重要的避难疏散服务，也存在较大的避难压力。

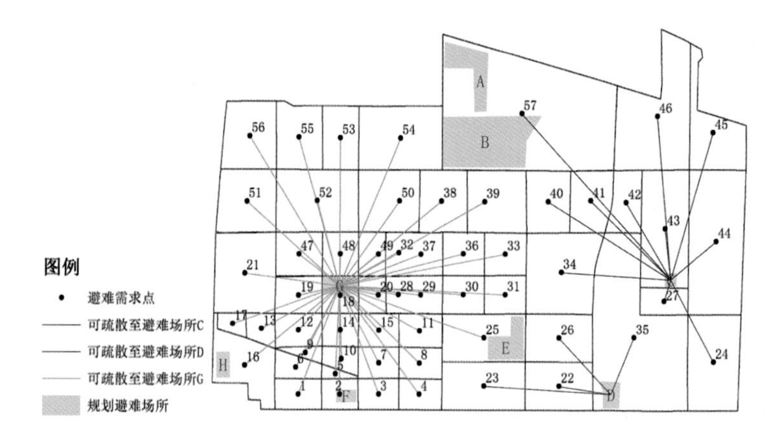

图5-9 避难需求点与其对应的规划避难场所的空间位置关系

运用LSCP模型对其余复合灾害情景进行计算，其中与上述不同结果的避难需求点与其对应的规划避难场所的空间位置关系如图5-10所示。

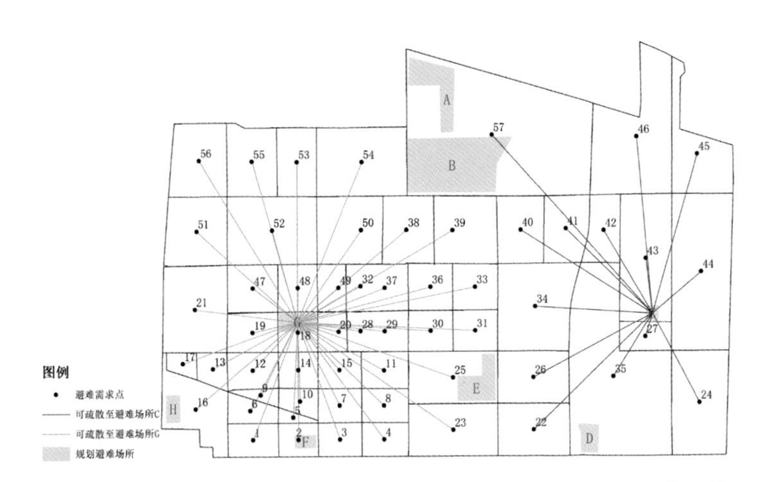

图5-10　不同结果的避难需求点与其对应的规划避难场所的空间位置关系

②最大覆盖模型

当目标函数中的权数w都取1（表示各个需求点同等重要）时，最大覆盖模型保证覆盖的需求点最多，本研究中权数w_i表示需求点i的需求即避难人口数，最大覆盖模型在覆盖需求点最多的基础上，并保证满足避难人口数量总和最大。通过连续变动p（例如：从1到k），也可以使用MCLP模型求得覆盖所有需求点必需的最少服务设施数k。

同样，以大震五十年一遇暴雨复合情景为例，在步行距离及各需求点避难人口数据的基础上，运用MCLP模型进行运算，使p连续从1增到8：

$$\max z=\sum_{i=1}^{57} w_i y_i \qquad (5-2)$$

当$p=1$时，解为：$x_7=1$，可覆盖45个避难需求点，$z=38\,976$，即在候选避难场所中选择避难场所G可覆盖45个需求点，覆盖人口数为38 976人。

当$p=2$时，解为：$x_3=x_7=1$，可覆盖55个避难需求点，$z=47\,588$，即在建设避难场所G的基础上，建设避难场所C的情况下，共可覆盖55个需求点，覆盖人数为47 588人。

当$p=3$时，可全部覆盖需求点，且可覆盖所有避难人口，解为：$x_3=x_5=x_7=1$，$z=49\,715$，$y_i=1,(i=1,2,\cdots,56,57)$，即在候选避难场所中选择避难场所C、E和G三个避难场所，能覆盖所有避难需求点，覆盖全部人口为49 715人，覆盖结果如图5-11所示。

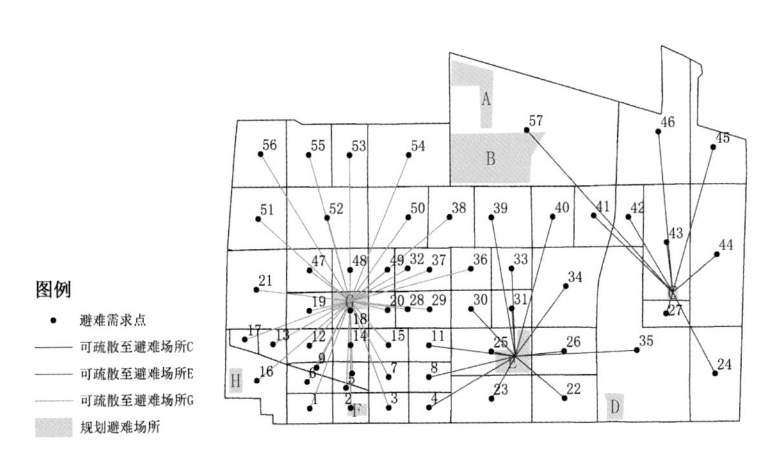

图5-11　避难需求点与其对应的规划避难场所的空间位置关系

三个规划避难场所中G起了更为关键的作用，在$p=1$的情况下可覆盖大多数需求点，候选避难场所C满足了距离G点较远的需求点的避难需求，避难场所E在满足剩余的避难需求点的避难需求外，还分担了G的疏散压力，距离E点较近的避难需求点可选择避难场所E而不是G。

运用MCLP模型对其余复合灾害情景进行计算，分别得到8种情景下的选址最优解，其中与上述结果不同的避难需求点与其对应的规划避难场所的空间位置关系如图5-12所示。

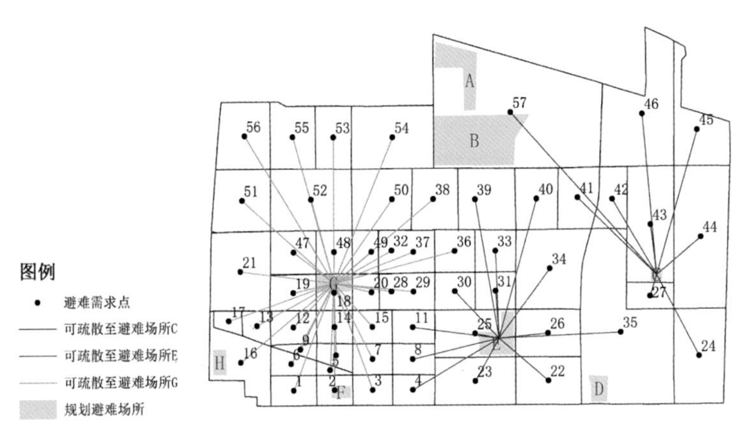

图5-12　不同结果的避难需求点与其对应的规划避难场所的空间位置关系

从两个覆盖模型对比来看，在使用LSCP模型时，由于LSCP模型没有考虑需求点的权数w，这些最优解对成本最小化这一目标都是等价的，但运用MCLP模型可以在这些最优解中找出同时满足避难人口最大覆盖的最优解，求得覆盖所有需求点必需的最少服务设施数k，MCLP方法可以看成是双目标的模型。

③p–中值模型

同样以大震下50年一遇暴雨复合灾害情景为例，运用p–中值模型对研究区范围内的避难场所进行计算选择，p–中值模型是固定p值，研究拟取$p=6$，在8个规划避难场所中选取其中6个规划避难场所去服务所有需求点，模型计算结果为：Y2=Y3=Y4=Y5=Y6=Y7=1，即选择避难场所B、C、D、E、F、G这6个避难场所去服务57个避难需求点，每个需求点对应其中一个避难场所，可使总加权距离最小，具体避难需求点与其对应的规划避难场所的关系，运用其相应的空间位置关系图表示，如图5–13所示。规划避难场所服务的避难需求点数量情况统计如图5–14所示。避难场所F、G承担了更多的避难疏散要求，由于西侧的避难需求点更加密集，使得西侧的避难场所疏散压力较大。

运用p–中值模型对其余8种复合灾害情景进行运算，与上述结果显示不同的避难需求点与其对应的规划避难场所的空间位置关系如图5–15所示。

④p–中心模型

同样以大震下50年一遇暴雨复合灾害情景为例，运用p–中心模型对研究区范围内的避难场所进行计算选择，p–中心模型是固定p值，研究拟取$p=6$，在8个规划避难场所中选取其中6个规划避难场所去服务所有需求点，计算结果为：Y1=Y2=Y3=Y4=Y6=Y7=1，即选择避难场所A、B、C、D、F、G6个避难场所去服务57个需求点，去满足最大需求距离最小化，每个需求点对应其中一个避难场所。具体避难需求点与其对应的规划避难场所的关系，如图5–16所示，具体规划避难场所服务的避难需求点数量情况统计如图5–17所示。研究区西侧路网较密，避难场所F和G覆盖更多的需求点，避难场所A只用于疏散需求点38，存在规划冗余，在此情况下，可考虑将指定p设施定为5去计算，更加节省成本。

运用p–中心模型对其余8种复合灾害情景进行运算，同样确定选择的避难场所数量为6个，整理避难场所与需求点的对应关系如图5–18所示。

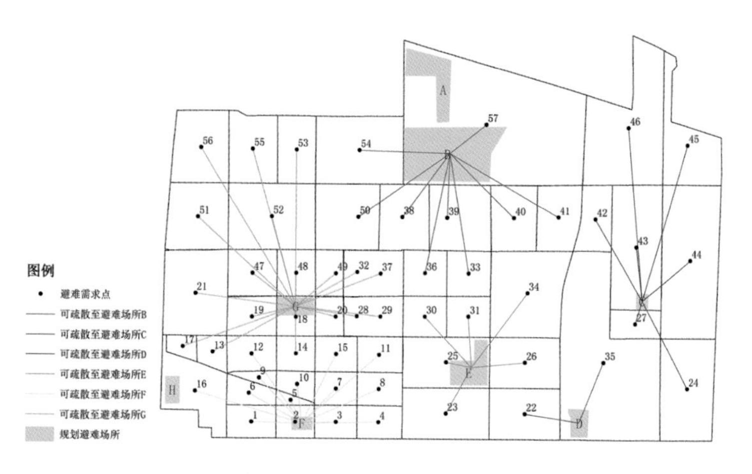

图5–13 避难需求点与其对应的规划避难场所的空间位置关系

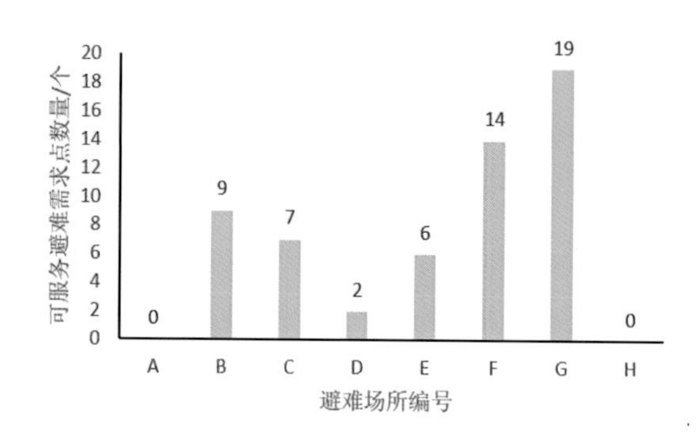

图5–14 规划避难场所服务的避难需求点数量

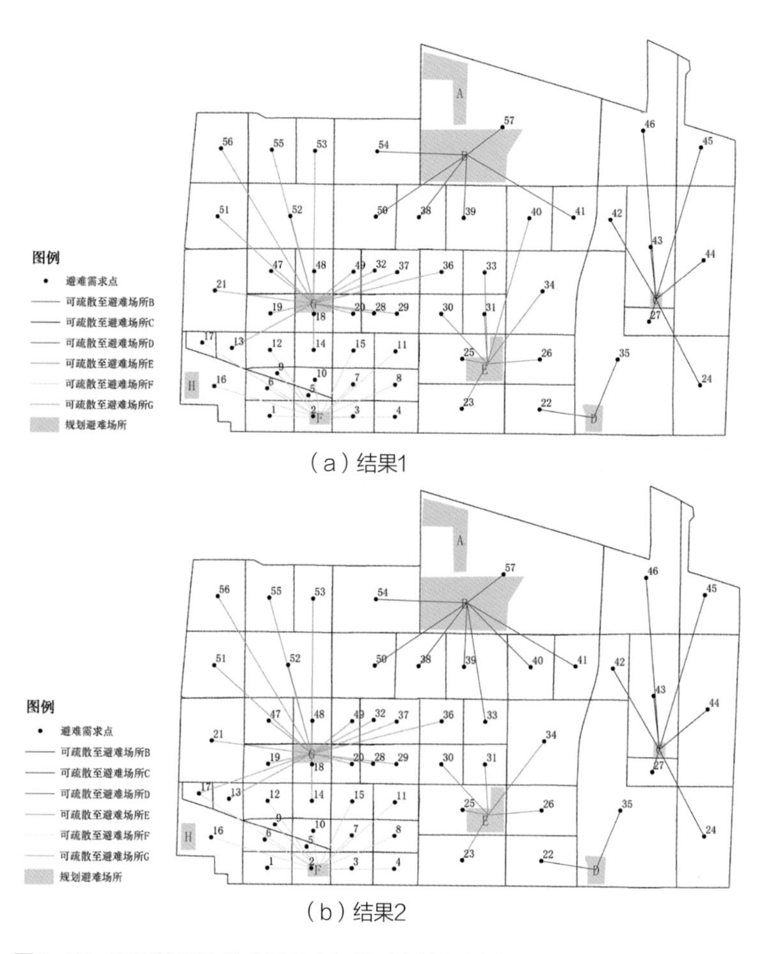

（a）结果1

（b）结果2

图5–15 不同结果的避难需求点与其对应的规划避难场所的空间位置关系

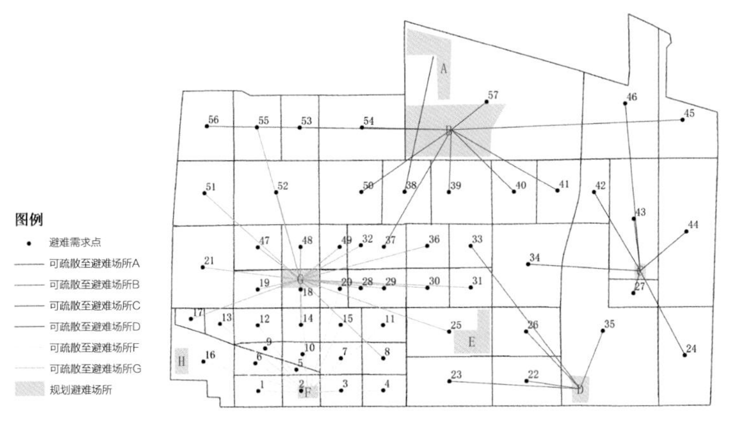

图5-16　避难需求点与其对应的规划避难场所的空间位置关系

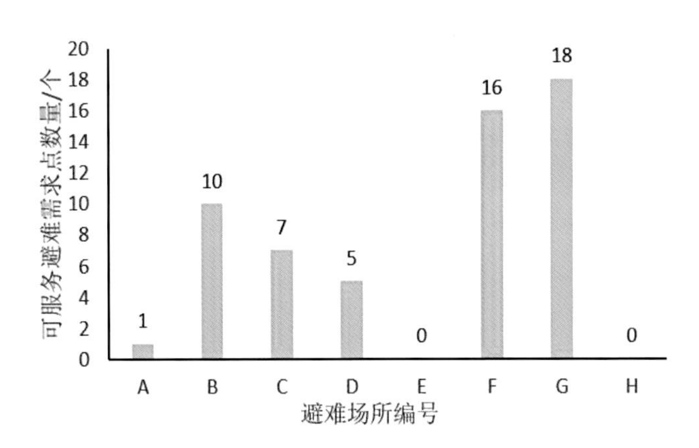

图5-17　规划避难场所服务的避难需求点数量

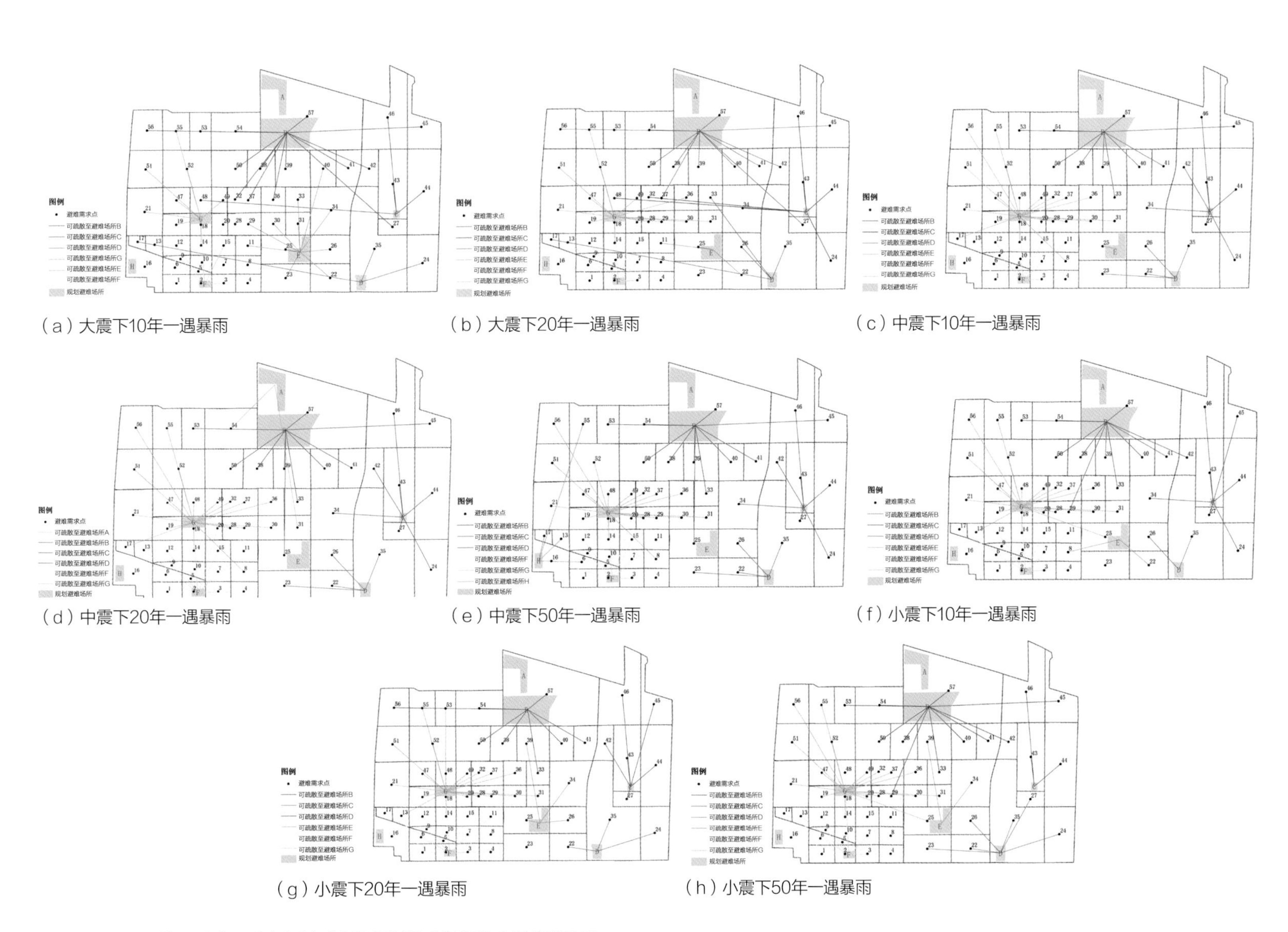

（a）大震下10年一遇暴雨

（b）大震下20年一遇暴雨

（c）中震下10年一遇暴雨

（d）中震下20年一遇暴雨

（e）中震下50年一遇暴雨

（f）小震下10年一遇暴雨

（g）小震下20年一遇暴雨

（h）小震下50年一遇暴雨

图5-18　不同结果避难需求点与其对应的规划避难场所的空间位置关系

（2）不确定时间避难场所选址模型

①基于规划用地特征的可接受风险水平系数确定与分析

根据研究区的规划用地指标特征，通过确定研究区各用地的可接受风险水平系数，对避难疏散风险控制目标进行进一步约束。对研究区各个避难需求点代表的地块进行可接受风险水平系数相关指标的取值，并通过公式4-10对各个避难需求点代表的地块进行可接受风险水平系数计算，计算结果如表5-5所示。

研究区各避难需求点可接受风险水平系数α_i　表5-5

用地编号	α_i	用地编号	α_i	用地编号	α_i
1	0.39	20	0.42	39	0.52
2	0.42	21	0.52	40	0.65
3	0.42	22	0.39	41	0.65
4	0.39	23	0.52	42	0.52
5	0.39	24	0.78	43	0.34
6	0.42	25	0.39	44	0.34
7	0.39	26	0.39	45	0.65
8	0.36	27	0.46	46	0.65
9	0.42	28	0.52	47	0.42
10	0.46	29	0.78	48	0.52
11	0.42	30	0.65	49	0.46
12	0.52	31	0.65	50	0.46
13	0.42	32	0.46	51	0.65
14	0.46	33	0.65	52	0.39
15	0.65	34	0.39	53	0.65
16	0.39	35	0.65	54	0.48
17	0.42	36	0.52	55	0.52
18	0.39	37	0.65	56	0.52
19	0.39	38	0.42	57	0.78

②最小避难疏散风险计算与分析

根据相关分析提出的建议避难疏散风险控制目标范围（60min内），在对研究区的计算中，取避难疏散风险控制目标为30min，即$T=30$。

当对八个规划避难场所A，B，C，D，E，F，G，H全部考虑，即$p=8$时，以大震下五十年一遇暴雨复合灾害情景为例进行计算。应用MATLAB平台运用退火算法对前文中的避难疏散风险目标函数进行求解，设置循环计算1 000次取计算最小值为计算结果，得到规划避难场所布局下，最优避难疏散选择方案对应的最小加权总风险值为7.92。其中模拟退火算法的迭代进程如图5-19所示，避难疏散最小风险值的计算结果最终在8左右达到稳定。

经过模型求解，以30min为避难疏散风险控制目标，基于规划避难场所布局条件，研究区最小避难疏散风险为7.92。实现最小避难疏散风险的情况下，避难需求点与避难场所间的疏散选择关系如图5-20所示。可以发现，在8个规划避难场所都可使用时，要实现总避难疏散风险最小，避难场所A不被作为任意一个避难需求点的目的地，存在规划冗余。

③不同避难疏散风险控制目标和规划避难场所数量组合方案分析

由于存在避难场所的规划冗余，为进一步辅助规划决策，通

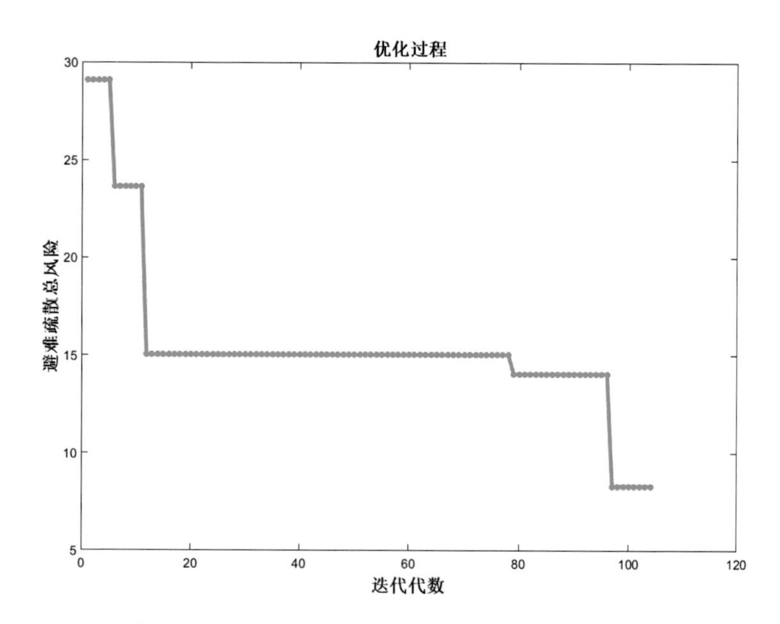

图5-19　模拟退火算法的迭代进程

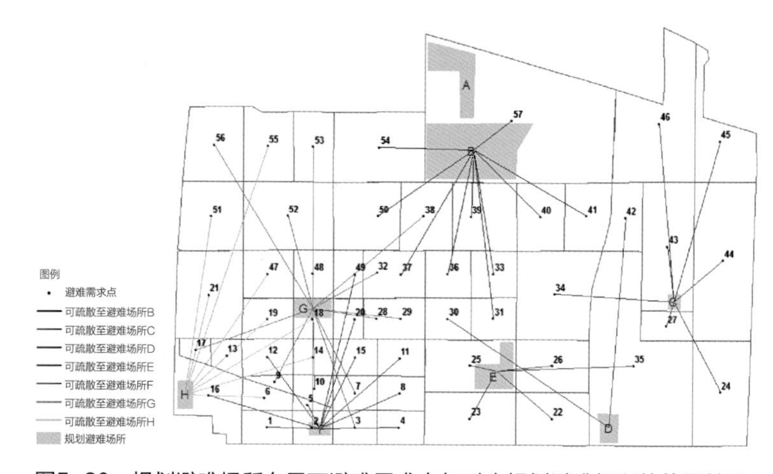

图5-20　规划避难场所布局下避难需求点与对应规划避难场所的位置关系

过时间控制目标T的变化和规划避难场所总数p的不同组合，探讨如何在规划避难场所的选择方案组合中实现最小避难疏散风险控制水平。通过进一步求解，不同避难疏散风险控制目标T和规划避难场所数量p的组合及最小风险值如表5-6所示。

不同避难疏散风险控制目标和规划避难场所数量的组合及最小风险值　　表5-6

最小避难疏散风险值		设施总数p							
		1	2	3	4	5	6	7	8
避难疏散风险控制目标	T≤27	无解							
	T=28	无解		24.00		12.25	12.02	11.85	14.01
	T=29	无解		17.10		7.93	8.48	8.73	9.00
	T=30	无解		12.35		5.40	6.15	5.81	7.92
	T=31	无解	42.05	7.88		2.72	3.00	4.14	5.33

为了直观地体现避难疏散风险控制目标与规划避难场所总数对规划方案的影响，下面将无解时的目标函数值设为50，然后给出了T=28，29，30，31，32情况下的避难疏散最小风险与规划避难场所p之间的关系，如图5-20所示。由图5-21可知，在不同避难疏散风险目标下，p=5, 6, 7时可获得最低的最小避难疏散风险值，为实现多目标下优化布局策略，可以选择p=5, 6, 7时的规划布局方案。

（3）不确定失效情景避难场所选址模型

研究区57个避难需求区块，计划在8个候选避难场所（A，B，…，G）中选择5个应急避难场所，其中规定该地区的最小临界覆盖距离为D_L=500m，最大临界覆盖距离为D_U=500m。假定每个区块的需求点都集中在几何中心，通过GIS网络分析，得到8个避难场所到57个需求点的步行距离D_{ij}（m）。

现有情景为9种（小震10年一遇暴雨、小震20年一遇暴雨、小震50年一遇暴雨、中震10年一遇暴雨、中震20年一遇暴雨、中震50年一遇暴雨、大震10年一遇暴雨、大震20年一遇暴雨、大震50年一遇暴雨），每种情景模式所对应的概率λ_s={0.355 1, 0.241 2, 0.073 7, 0.132 5, 0.09, 0.027 5, 0.042 4, 0.028 8, 0.008 8}。下面以D_L=500，D_U=3 000，p=6，0≤α≤0.3为例对大震下50年一遇暴雨复合灾害情景下避难场所选址方案及所选避难场所分配给各个需求点的比例系数进行分析，在8个规划避难场所中选取其中6个规划避难场所去服务所有需求点，随着最低服务质量要求α的变化，模型会产生不同的计算结果，当0≤α≤0.2为时，选址方案都为避难场所A、B、D、E、G、H，避难场所相对应的需求点一样，并且避难场所分配给各地各个需求点的比例系数也相同；当0.25≤α≤0.3时，选址方案都为避难场所A、B、C、D、E、G，但是避难场所相对应的需求点有所不同，并且避难场所分配给各个需求点的比例系数也有所不同。具体避难需求点与其对应的规划避难场所的空间位置关系及分配比例系数，如图5-22～图5-24所示。

根据上述运用不同的模型对研究区进行运算得出的结果，整理分析四个传统的避难场所选址模型和两个考虑不确定性的避难场所选址模型，从模型目标、选址结果、适用目标等进行对比分析，如表5-7所示。

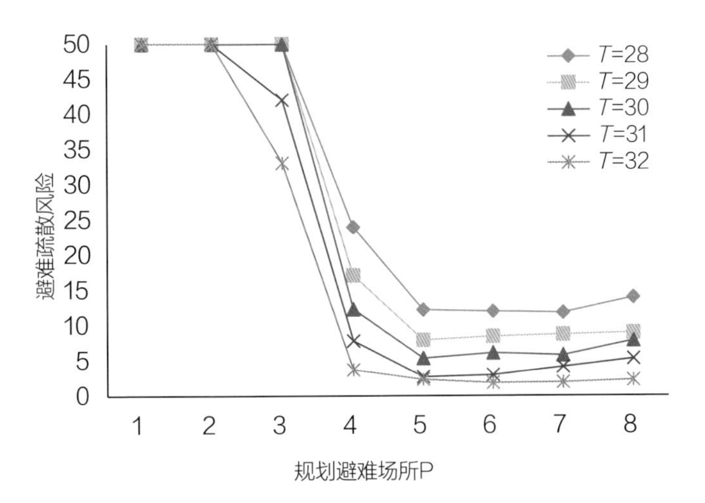

图5-21　避难疏散最小风险与规划避难场所P之间的关系

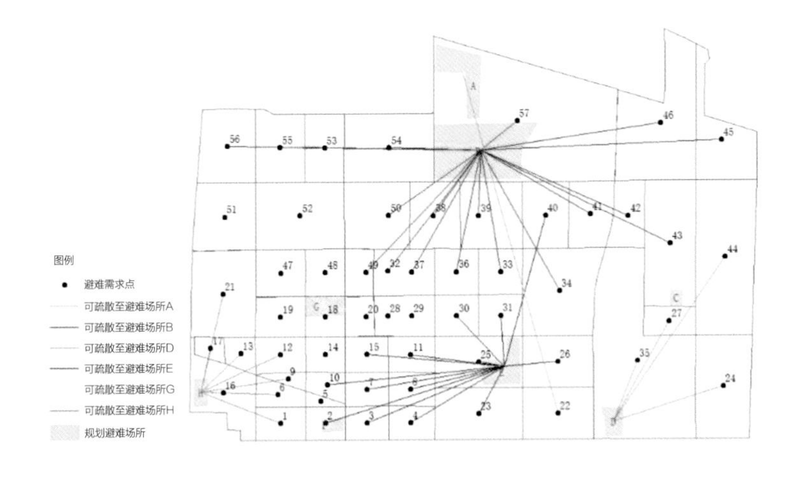

图5-22　0≤α≤0.2为避难需求点与其对应的规划避难场所的空间位置关系

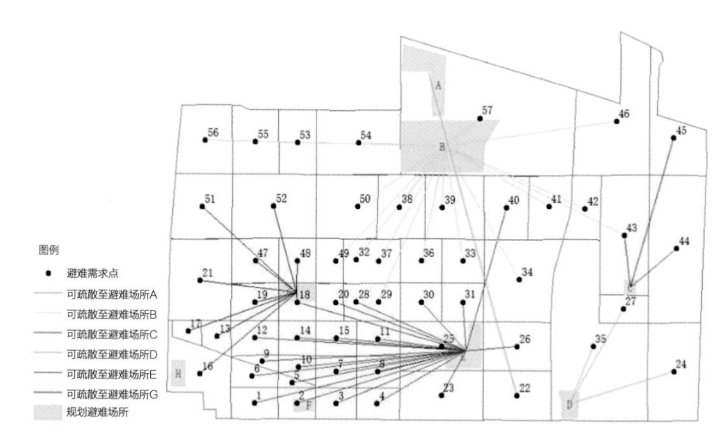

图5-23　α=0.25避难需求点与其对应的规划避难场所的空间位置关系

图5-24　α=0.3避难需求点与其对应的规划避难场所的空间位置关系

多准则应急避难疏散规划模型分析

表5-7

	模型名称		模型目标	主要目标函数	选址结果	适用目标
应急避难疏散规划模型	传统避难场所选址模型	集合覆盖模型	确定所需设施的最少数目，并配置这些服务设施使所有的需求点都能被覆盖到	$min\ z=\sum_{i\in I}x_j$	避难场所C、D、G	满足标准覆盖距离的情况下，简单实用，可识别最有效配备模式
		最大覆盖模型	选择p设施的位置，使覆盖的需求点的价值总和（人口或其他指标）最大	$min\ z=\sum_{i\in I}w_i y$	P=3，避难场所C、D、G	考虑成本，不保证覆盖全部需求点，寻求最大覆盖量
		p-中值模型	选择p设施，使各个需求点至p服务设施之间的总加权距离最小	$min\sum_{i\in I}\sum_{i\in I}\left(w_i d_{ij}\right)x_{ij}$	p=6时，避难场所B、C、D、E、F、G	考虑成本核算，从服务设施的使用效率出发
		p一中心模型	确定p设施，使各个服务设施服务需求点的（加权）最大距离为最小	$min\ D$	p=6时，避难场所A、B、C、D、F、G	“内生”最小覆盖距离，考虑服务设施的公平性
	考虑疏散不确定性的避难场所选址模型	不确定疏散时间模型	规定设施数目的情况下，满足各应急点风险控制条件下使应急服务设施达到应急点的总风险最小	$min\ z=\sum_{E\in E}\beta_i\cdot\sum_{S\in S}F_{ij}\left(T\right)$	p=7，避难场所B、C、D、E、F、G、H	由于灾害、天气、交通堵塞等客观原因，导致应急设施到需求点的时间不确定性
		不确定失效场景模型	在应急服务能力受损的情况下，最大化每个需求点在各种情景下的服务质量与数量综合指标的期望值	$max\sum_{S\in S}\lambda_s\left(\sum_{i\in I}\sum_{E\in E}F_{ij}C_j\,x_{sij}\right)$	与能力下降系数有关，当0≤α≤0.2时，为避难场所A、B、D、E、G、H，当0.25≤α≤ 0.3时，为避难场所A、B、C、D、E、G	当发生突发事件时，应急设施可能会失效，且不同距离对于应急服务设施的水平差异

六、研究总结

1. 模型设计的特点

一是相较于单灾种，复合灾害极大程度影响了受灾人员应急避难疏散的效率，本研究以复合灾害情景为背景，对典型地震—暴雨复合灾害进行耦合。

二是从城市控制性详细规划层面出发，以固定避难场所为评估对象，使用多水准地震与不同强度暴雨影响下道路通行模型构建城市复合灾害下的场景。

三是在运用传统避难场所选址模型对研究区避难场所进行选

址决策的基础上，运用不确定时间的避难场所选址模型和不确定失效情景的避难场所模型分别进行避难场所选址规划，进行多角度对比分析研究。

2. 创新点

一是结合GIS平台实现复合灾害下造成避难疏散风险不确定性的因素分析，实现灾害风险管理与城市规划用途管制、指标控制的有效对接。

二是通过MATLAB平台进行复合灾害避难疏散风险评估模型构建和求解，基于评估结果，能够有效指导多目标下城市避难场所规划布局的进一步优化。

3. 应用前景

一是研究中建立的地震暴雨复合灾害下城市道路通行能力快速评估模型，具体包括建筑震害快速预测模型、震害道路通行能力破坏模型。暴雨积涝道路通行能力快速评估方法、复合灾害下城市道路通行能力计算模型，可适用于城市综合防灾规划等规划编制工作。

二是在避难场所布局规划分析中，应用多规划目标，为城市避难场所规划提供决策支撑，实现了防灾目标与空间规划的有效衔接。

三是运用多准则的避难场所选址模型进行计算，从而实现规划区避难场所规划方案比选和避难疏散体系的优化，为制定合理的避难场所规划方案提供参考。

4. 未来展望

在此研究的基础上，考虑未来更加全面完善的复合灾害的避难疏散规划多准则决策集成模型，在多情景的设定上，除了考虑发生最多的地震—暴雨复合情景，后续还可以考虑地震—火灾，地震—地质等复合灾害情景。根据对避难疏散规划的多目标进行选择，进行相应的避难需求、道路通行能力等的计算，再从建立的多准则模型库中选择，考虑不同的不确定因素，综合得出避难场所选址结果、最优路径、最佳范围等。可承接GIS平台二次开发集成，最终为避难疏散规划进行决策支撑，形成最优避难疏散规划方案，整体框架如图6-1所示。

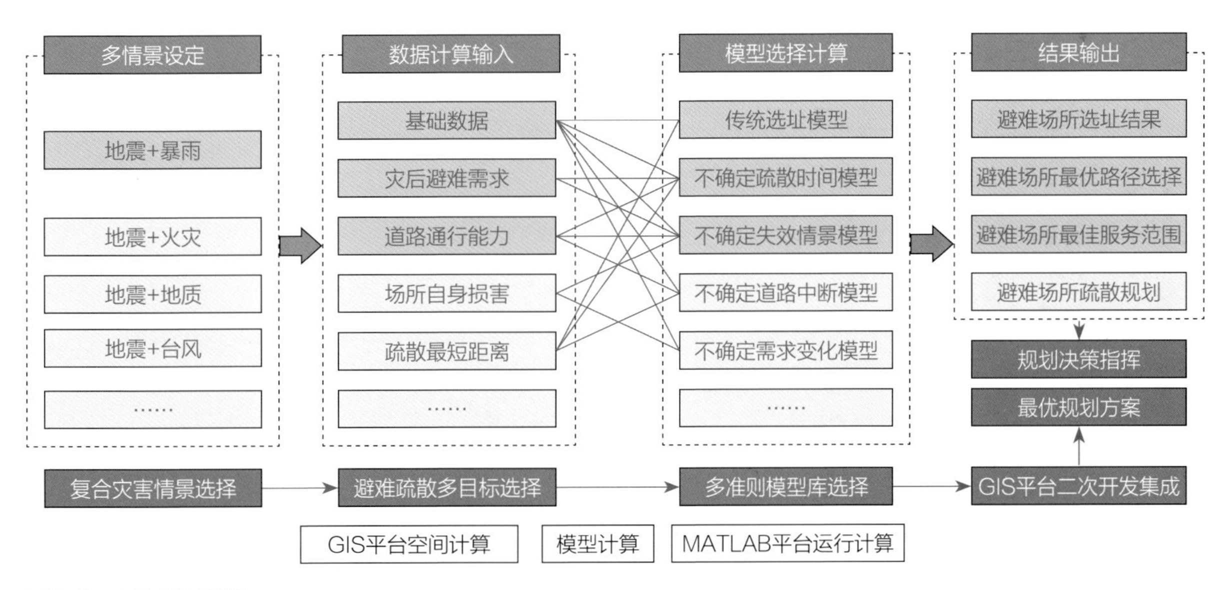

图6-1 未来展望框架

参考文献

[1] 王薇. 城市防灾空间规划研究及实践［D］. 长沙：中南大学，2007.

[2] TIAN Z, LYU X, ZOU H, et al. Advancing index-based climate risk assessment to facilitate adaptation planning：Application in Shanghai and Shenzhen, China［J］. Advances in Climate Change Research, 2022.

[3] 尹之潜，杨淑文. 地震损失分析与设防标准［M］. 北京：地震出版社，2004.

[4] 陈志芬，周健，王家卓，等. 应急避难场所规划中避难人口预测的简便方法：以地震灾害为例［J］. 城市规划，2016，40（9）：105-112.

[5] 高杰，冯启民，张海东. 城市群体建筑物震害模拟方法研究［J］. 震灾防御技术，2007，2（2）：8.

[6] 杜鹏. 交通系统震害预测中瓦砾堆积问题的改进［J］. 世界地震工程，2007（1）：161-164.

[7] 陈鹏，张继权，孙滢悦，等. 城市内涝灾害居民出行困难度评价：以长春市南关区为例［J］. 人民长江，2017，48（24）：20-25.

[8] 钱津. 基于GIS的城市内涝数值模拟及其系统设计［D］. 南京：南京信息工程大学，2012.

[9] 张书函，肖志明，王振昌，等. 北京市城市内涝判定标准量化研究［J］. 中国防汛抗旱，2019，29（9）：1-5.

[10] 宋英华，张哲，方丹辉. 城市洪涝下承灾体暴露性及行人失稳风险分析［J］. 中国安全科学学报，2020，30（10）：105-111.

[11] 夏军强，董柏良，周美蓉，等. 城市洪涝中人体失稳机理与判别标准研究进展［J］. 水科学进展，2022（1）：153-163.

[12] 段满珍，轧红颖，李珊珊，等. 震害道路通行能力评估模型［J］. 重庆交通大学学报（自然科学版），2017，36（5）：79-85.

[13] 王述红，张泽，侯文帅，等. 综合管廊多灾种耦合致灾风险评价方法［J］. 东北大学学报（自然科学版），2018，39（6）：902-906.

城市生活必需品供应网络仿真模拟与韧性评估
——以广州为例

工 作 单 位：华南理工大学建筑学院

报 名 主 题：面向高质量发展的城市综合治理

研 究 议 题：安全韧性城市与基础设施配置

技术关键词：城市系统仿真、复杂网络、网络抗毁性

参　赛　人：黄浩、王俊超、张问楚、胡雨珂、陈铭熙、谢苑仪、甄子霈、吴玥玥

指 导 老 师：赵渺希、王成芳

参赛人简介：参赛队伍由华南理工大学建筑学院5位本科生与3位研究生组成。团队成员有丰富的科研经验，参与大数据相关学生研究项目、学生竞赛若干，已取得国家级大创良好结题、百步梯攀登计划结题、两项发明专利，发表14篇论文的成绩。本团队在以往的研究经历中，已熟练掌握多种多源数据的获取方式及处理方式，能熟练运用多种算法模型。本团队指导老师为赵渺希教授与王成芳副教授：赵老师主要研究方向为全球城市区域、城市空间计量等，在网络抗毁性方面有初步的研究成果；王老师主要研究城市规划新技术应用等，在城市可持续发展、韧性城市领域有深入的研究。

一、研究问题

1．研究背景及目的意义

（1）研究背景

生活必需品（necessaries of life）通常意义上是指生活中不可缺少的物品，包括随时要消耗掉的饮食、日用品等可以长期保有的商品。本次研究的生活必需品选取的是满足人们生存生活需要的最基本配备，主要指果蔬、生鲜、粮油等食品。新冠肺炎疫情之下，各地出台了一系列生活必需品保障政策，做到疫情期间保护好居民的“菜篮子”“饭桌子”。2020年，商务部印发《关于进一步强化生活必需品市场供应保障工作的通知》，要求各地千方百计保障生活必需品市场供应，切实满足人民群众基本生活需要。2022年2月，西安市商务局、西安市财政局印发《保障蔬菜等生活必需品供应奖补政策细则》，针对在疫情期间为确保全市生活必需品供应开展社区配送、设置便民服务点、电商企业、重点保供蔬菜批发市场等保供企业单位，分别给予不同程度的奖补。2022年4月，北京市有关部门采取措施保障首都生活必需品市场供应，各市场主体加大备货力度和补货次数，全力保障民生供应。同期，上海市不断加大供应、打通堵点、提升服务，“努力打通抵达小区最后一公里”“努力送好到家门口一百米”，居民生活物资紧张局面得到缓解。

随着现代供应链的网络复杂化程度加剧，供应链中断现象愈发普遍，其风险来源通常包括自然灾害（地震、洪涝、火灾等）、疫情防控、设备故障、供应商的金融中断等。近几年受新冠肺炎疫情的影响，疫情防控对供应链的阻断作用尤为突显，供应端的正常经营和需求端的商品购买均受到了冲击，而充足

的生活物资是防控区内正常运转和疫情遏制的重要保障，保障不足将削弱防疫区的系统防控能力，进而可能导致社会性事件的发生——例如出现抢购、哄抬物价等行为。由此可见，如何提高生活必需品供应网络的韧性对于稳定社会和经济发展具有重要意义。应该通过量化指标对现状供应网络的抗毁性进行可视化操作，多场景模拟应用，并以此作为国土空间规划和城市建设与管理的参考因素。

（2）研究意义

在理论方法层面，本研究依托手机信令数据，探索一种建立特大城市生活必需物资的供应网络模型的路径。通过识别现存网络中的重要节点和脆弱节点，发现应急物资供应可能出现的不协调现象，以期优化生活必需品供应链的网络布局，以更科学的方式组织和协调各类资源。

在规划评价层面，供应网络抗毁性评估针对易受疫情影响的低韧性社区。以人为本，同时研究供应节点物资调度满足社区需求。总结疫情对研究区域内供需网络的冲击影响特征，评估现状规划并为未来供应点的布局提供一定的参考。

在政策指引层面，多情景仿真模拟结果可给予供、需两端规划决策支持，对测度与评估疫情背景下的应急保障配套和设施建设具有实际指导意义。有望在未来实现各地防疫政策的定制化出台以降低疫情冲击影响，对进一步实现精细化治理起到可观的推动作用。

（3）国内外研究现状与发展动态

①物资供应网络

物资供应网络除了要满足常态下的物资供应外，当大规模突发事件发生时，物资供应网络应以应急的形式为灾区紧急提供物资、调度指挥等保障。由于当今突发事件以突发性公共卫生事件为主导，该类事件对应急物流领域的研究约束条件更多，更加强调于应急物资配送的时效性且更易出现多点同时受灾的可能。

国外在应急物资的供应及调度方面已有一定的研究。Smith等人研究发现超市利用其储备的食品和自身的供应链可以向经历严重自然灾害的城镇供应食物，而Wagner等人则是把这种基于超市的应急物资供应能力进行量化分析。这对后续研究城市供需网络的承载力及韧性评价提供了有力的支持。在物资供应网络研究方面，学者普遍以最大化应急反应速度，提升物资调度网络效率为目标，Kamball-Cook等人在1984年首次提出在物资调度运输时对物资供应体系管理的需要，以提升运输效率；Ozdamar、Sheu等人以应急物流反应速度为目标，探讨了不同环境和条件下应急物资调度问题。在物资供应网络的优化方面，过往学者多从提升应急物流反应速度角度入手，而缺少对通过改变网络供应节点进而提升整体供应网络韧性的研究。

同时，国内有关应急物资供应网络的研究也已经取得了丰硕的成果，各类物流环节产生的大量数据也成为应急物资供应网络构建的重要依据，如蒲国利（2015）等人构建了一个考虑救灾需求的灾后救援供应链网络设计模型，王熹徽等（2017）构建了以最小化社会损失为首要目标的救灾物资供应网络的结构优化模型，张庆红等（2021）基于新冠肺炎疫情搭建了信息共享的应急物资采购、运输及分配供应链超网络体系。

目前，国内外关于应急物资调度研究存在以下三个方面的限制：一是对于应急物资网络的优化，现有研究更多聚焦于提升网络运输速度与效率，而缺乏对整体供需网络韧性及稳定性的考虑。二是多数的应急物资调度模型都是考虑从大型储备库到应急需求点的宏观物资调度，缺少对应急物资需求量在下一层级各市场之间转移的考虑。三是现有研究关于物资供应网络的研究采取矩阵的方式进行分析，需求端在供应链中只是一个宏观数字，未能捕捉到需求端变化对具体空间的影响，缺少对小尺度、更精准空间的供需关系的探究。

因此本文将在此基础上，利用能够反映人类时空活动行为的手机信令数据，构建市场—社区的供需网络，并对疫情防控期及非防控期市民购买应急物资的活动规律进行探究。

②网络抗毁性

复杂网络抗毁性是评价网络韧性的重要指标，复杂网络抗毁性研究包括基于拓扑结构的静态抗毁性研究和基于负载变化的动态抗毁性研究。生活必需品物资供应网络是典型的负载网络，即一个节点的失效将导致网络负载的重分配，从而可能引发“级联失效”。经实证，重大突发事件可能影响供应网络的安全性，研究供应网络的抗毁性并进行级联失效仿真模拟，有助于识别供应网络中的薄弱环节和安全隐患，从而提前采取有效的预防措施。

前人学者面向突发事件的网络抗毁性研究，包含城市群尺度的粮食联运网络、危险品运输网络、地铁—公交复合网络和物流网络等。对于抗毁性测度模型的评价，部分学者选用最大度和介数的攻击策略分析单节点的抗毁性性能，或以基础保障为主要研究对象，结合时间约束、容量均衡分布等特点建立级联失效抗毁性模型。同时，抗毁性评价也常结合网络本身特征，如种鹏云（2014）等通过分析网络之间的相互关系，提出了“网络风险效率”和“最大连通度”抗毁性测度模型。黄英艺（2014）根据节点负载能力制定了失效负载的重分配原则，并结合物流基础设施网络结构特征构建了级联失效模型。

通过对仿真模拟得到的各类计算数据进行研究，能够对供应网络整体韧性进行改进提升。如通过改进级联拓扑结构解决供应网络级联故障的问题；或对网络设计进行改进，如减少网络总负载和更均匀的负载分布，提高网络的抗毁性。

综合来看，前人学者对于物资供应网络抗毁性的研究多集中于在自然灾害下运输受破坏而产生的问题，对疫情防控下的物资供应网络韧性评估研究较少，对网络抗毁性仿真模拟的实证检验也存在不同程度的空缺。

基于上述分析，本团队将“韧性”与供应链管理相结合，结合个体时空行为的OD（Origin-Destination）数据，精准识别需求端出发的供应网络，并设置相对应的指标对网络进行评估，以实现网络的优化。

2. 研究对象及拟解决的问题

（1）研究对象

本研究聚焦“市场—社区”层级的生活必需品供应网络。生活必需品是指市民在日常生活中必须使用的商品，包括蔬菜、粮油、肉类等。

已有的应急物资调度供应链结构一般为“批发市场—大仓—集配中心—需求点”四级应急物资分配网络，但这类模型对数据要求较高，且对各部分所花费的时间过度理想化，适用于区域物资调度。城市内（属地）物资调度也可采用这种模式，但其中的“批发市场—大仓—集配中心”一般属于区域物资调度网络的一部分。与区域物资调度不同，属地物资调度更多关注物资分配的公平性，此次新冠肺炎疫情防控经验表明，属地物资调度应该更关注“集配中心—需求点”的问题，也更贴近市民能感受到的生活物资供给。

（2）拟解决的问题

通过对我国特大城市（上海、广州等）疫情期间生活必需品供应的相关舆情，可以看出目前生活必需品供应网络存在以下问题：

一是疫情防控下，生活必需品供需网络有何变化？

疫情部分区域防控的防疫措施将从两方面影响供需网络的变化：一是防控区域内的人群流动产生变化，人群滞留社区，导致需求点的需求量增多；二是存在供应点发生疫情而关闭，或供应点超负荷而无法正常运转的现象，导致供应点服务量转移至其他供应点。而现有大部分研究对疫情下服务量变化还没有形成成熟的模拟路径与技术方法，由于疫情下供应点间物资调配与需求动态变化的关系较难判断，大部分研究仍以静态需求为主来研究。

二是哪些区域在疫情下物资调度最脆弱，即如何识别低韧性社区？

低韧性社区常从居住环境质量、自然灾害防范、疫情防控配备等角度出发进行研究，但大部分研究对社区生活物资供应保障与社区韧性的关系存在一定的忽视。生活必需品供应保障是社区韧性的重要防线。疫情发生时，社区非通勤人流出行比例在一定程度上也反映了社区的韧性，代表着疫情对社区日常活动限制的程度，但现有研究较少从该角度思考人本视角下的社区韧性。

三是多情景下的供应网络抗毁性（韧性）如何评价？

自上而下的供应规划决策与自下而上的市场需求在供需匹配方面缺乏有效的数据对接，同时，城市局部不同的疫情防控情景对供应网络韧性也会产生全局性影响。目前相关研究更多通过本身网络节点的聚类系数等判断网络韧性，但供应网络初衷是为人服务，从人本角度更应考虑不同防控情景导致的局部需求变化对网络抗毁性的全局性影响，而这是亟须解决的技术问题。借此为改善供应网络、更新提升需求端韧性等策略提供有效的支撑。

二、研究方法

1. 理论依据及研究方法

（1）核心理论

①复杂网络理论

复杂网络研究网络拓扑结构对复杂系统中的各种动力学行为的影响，不仅要认识系统中的个体或组成部分的行为，更重要的是要探索他们共同作用下的整体行为。复杂加权网络则能够更贴切地描述实际复杂系统，拓展了复杂网络在实际中的应用。本研究利用复杂加权网络描述物资供应网络，将物流网络上的节点抽象为点，物流通道和物流业务联系抽象为边，物流量抽象为边上的权重，同时视物流网络为无向加权网络，不考虑物流量的流动方向。

②网络抗毁性与级联失效

目前，网络抗毁性的研究主要可以归为两大类：一是模拟对网络进行随机和蓄意攻击后，直接研究网络的抗毁性；二是模拟对网络进行随机和蓄意攻击后，在考虑网络级联失效的情况下研究网络的抗毁性。而级联失效指的是一个或少数几个节点或连线的失效会引发其他节点也发生失效，最终导致相当一部分节点甚至整个网络的崩溃。

③社区韧性理论

社区韧性是“社区+韧性”的集合，指社区在面临灾害风险时具有应对和从灾害中恢复的能力，具有灾前预警、灾中应对和灾后恢复的特征，即冗余性、稳健性、适应性和自组织性等。

（2）研究方法

①文献查阅法

通过文献调研和现场调研对广州的应急物资规划及生活必需品供需网络现状进行分析，了解并梳理供需网络在传统语境和大数据语境中的研究方向、研究成果及当前的存在问题，作为本研究的理论支撑。

②多源大数据研究法

通过 ArcGIS 空间数据分析平台，将样本城市空间数据与手机信令数据进行空间和属性连接，构建数据库，作为研究的数据基础。供需网络体系识别方法是将各栅格的人群OD数据与供应点进行关联，生成市场与社区OD联系数据列，识别出生活必需品供需网络体系。

③空间统计分析法

分别对“韧性社区评价”的指标进行归一化统计处理并相加，得到韧性分值以识别低韧性社区。

④时空对比分析法

用于同一空间在不同类日期中的对比分析，如工作日与周末的活力特征对比；对同一空间正常时期与疫情时期的人群活动特征进行对比；与目前城市总体规划进行对比，为城市规划发展提供决策支持。

2. 基础假设及技术路线

（1）概念辨析

生活必需品：生活必需品是指市民在日常生活中必须使用的商品，包括蔬菜、粮油、肉类等。

供应网络韧性：供应链韧性是将生态学中“韧性”与供应链管理相结合的一个研究概念。韧性的供应链应该具备应对冲击以及自我复原的能力。

抗毁性：其指标包括超载节点个数比、级联失效时间、单位时间内的缺失服务量。

节点脆弱性：运用语义分析及空间统计分析等方法，通过韧性社区评价指标体系识别低韧性社区，作为供需网络脆弱性节点的优先攻击对象。

供需点：在本模型中，供应点指市场、超市、便利店等提供生活必需品（粮油、肉食生鲜、蔬菜等）的场所，需求点指社区、住宅等对生活必需品提出需求的场所。

（2）基础假设

本研究认为，在突发疫情/防控管理的特殊情景中，同层级的供应点之间可通过资源的调配为周边需求点提供更好的服务。具体表现为：政府辅助市场调配生活资源到不同的社区；供应企业的数字化平台，实现同层级供应点之间的联系。

本研究假设城市外部供应与城市内部运力均充足。疫情时期的运力更大程度上受当地管控措施的影响，具有较大的主观性。因此，本研究对供应网络的研究主要聚焦供应节点面对需求量突发上涨情况下的服务能力以及供应网络的整体效能。

（3）关键技术

①供需网络、供应网络的构建

本研究假定城市外部供应与城市内部运力均充足。研究主要聚焦供应点面对需求量突发上涨情况下的服务能力以及供应网络的整体效能。通过非疫情时期的OD矩阵构建生活必需品的供需网络，基于引力模型衡量供应点联系度构建供应网络。

②网络抗毁性测度

网络抗毁性（Network Invulnerability）注重的是系统的关键部分遭受到攻击或摧毁时系统的恢复性和适应性，并在此情况下仍能完成关键服务的能力。本研究模拟供需网络受到打击的情况下，对供需网络的全局网络效率、缺失服务量和有效节点比例进行检测，从而测度网络抗毁性，为供应网络的优化提供依据。

③熵权法确定低韧性社区指标权重

通过熵权法赋予指标权重，精准评价韧性社区。

（4）技术路线

本团队基于对网络整体性韧性的考虑，包括局部节点失效对网络整体存在普遍性影响以及毛细血管网络具有迅速的渗透支援能力，最终在技术层面制定出以下路线（图2-1）。

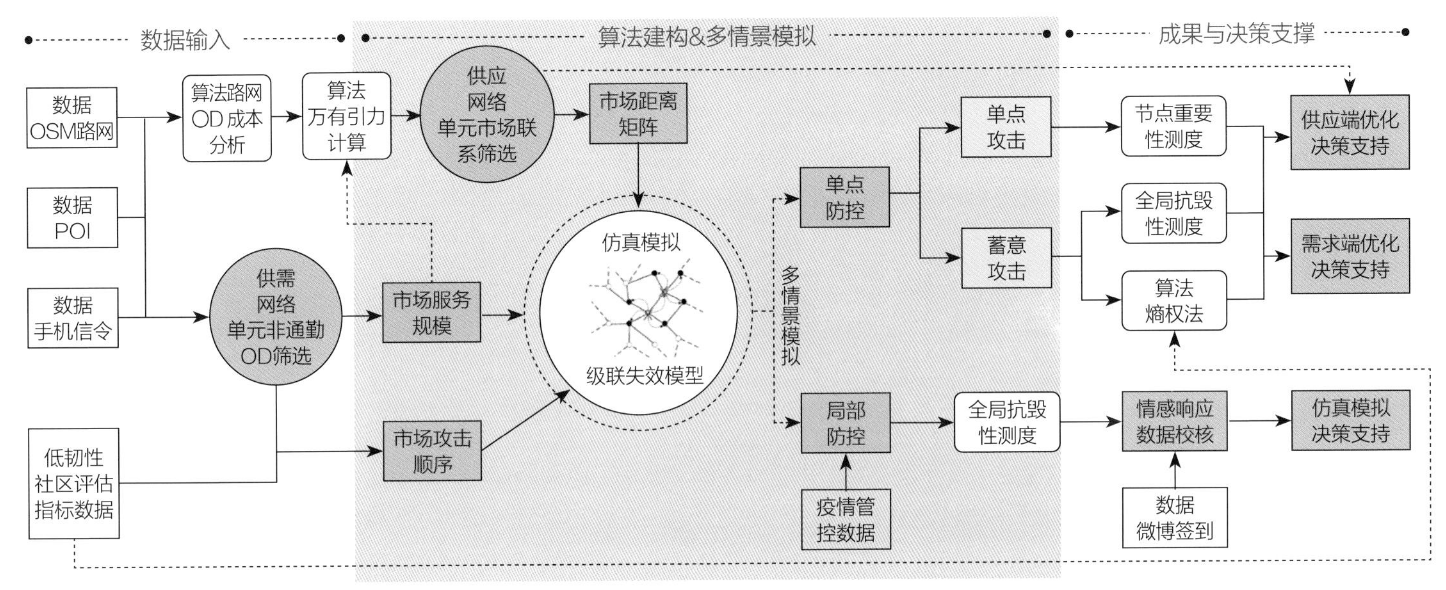

图2-1 技术路线

三、数据说明

1. 数据内容及类型

（1）联通智慧足迹数据

本模型采用的手机信令数据来自中国联通智慧足迹DaaS平台（包括用户出行、驻留与用户属性等）。选取的范围为广州市中心六区的城市空间（天河区、荔湾区、越秀区、黄埔区、白云区），采用500m精度的渔网，以2021年6月和9月的OD数据为基础展开研究。

2021年9月的非疫情广州6区OD数据，用于建立生活必需品供需网络；2021年6月的广州疫情期间OD数据，用于分析部分防控下供需网络变化，并作为模型校验；广州市6区联通手机基站数据，用于辅助基站间OD数据与供需点之间进行关联；2021年广州市6区分网格居住人口数据，用于计算各网格生活必需品需求量。还包括老年人比例、人均消费能力、非通勤人流占比等，作为识别低韧性社区的指标。

（2）广州市POI数据

本模型通过百度API申请与Python爬虫爬取供应点与需求点POI数据。选取的范围为广州市中心六区的城市空间，供应点数据主要为肉菜市场、超市、便利店等POI，共计20 945个。需求点数据为住宅区、宿舍两类POI，共计31 263个。以上数据可以帮助识别出广州市“市场—社区”生活物资供需网络联系。

（3）带空间位置的社交媒体文本数据

通过Python爬虫爬取微博签到数据与文本，并对微博文本进行表情清洗、去除转发、去除定位、去除@和#话题。获取2021年6月微博空间签到数据13 246条文本数据、9月微博空间签到数据约11 407条文本数据。

（4）道路路网数据

通过OpenStreetMap获取路网数据，分为高速路、省道、县道、乡镇道路、行人道路和其他道路。

（5）基础行政数据

从国家地理信息公共服务平台（http://www.ngcc.cn/ngcc/）获

取，主要包括广州市市域、行政区的行政边界。

2. 数据处理

（1）数据预处理

①手机信令数据

网格匹配：利用ArcGIS软件将广州市六区划分为500m×500m网格导入Daas平台，以网格为最小单元进行数据统计。

数据获取与筛选：通过编写SQL语言代码，获取包括出发网格的编号（o_id）、到达网格的编号（d_id）、出行目的（ptype）、出行人数（usum）等数据列的OD数据。为避免双向OD和通勤OD干扰，通过SQL语言在平台进行单向非通勤OD筛选：O为市场，ptype为0（到访），D为社区，ptype为1（居住）（图3-1）。

OD数据扩样：联通数据用户不能涵盖所有人口，需在Daas平台根据权重（weight）进行扩样。

计算公式为扩样常住人口=移动常住人口×扩样系数（2-1）

扩样系数=1/（运营商市场占有率*移动电话普及率）（2-2）

数据栅格尺度差异化处理：通过Python与Arcpy站点包将基站间OD数据的社区D点数据落到1 000m栅格的尺度上，统计各栅格单元人口，并以栅格中心点作为社区位置（图3-2）。

供应点服务量数据扩容

由于家庭生活物资采买往往由单人出行完成，研究通过广州市平均家庭人数指标对各市场栅格的OD出行量进行扩容，得到各市场较准确的人口服务量。

②兴趣点数据（POI）

数据统计：在广州市六区的需求点及供应点进行爬取，其中需求点共爬取到2类共31 263条数据，供应点共爬取到7类共20 945条数据（表3-1）。

POI基础数据表　　表3-1

数据类型	数据说明
生活物资需求点POI	社区、宿舍
生活物资供应点POI	购物中心、商圈、超市、便利店、百货商场、市场、集市

数据清洗：在Excel中将爬取得到的兴趣点数据进行筛选，将出现格式错误、重复、内容为空等情况的无效数据删去。

POI匹配栅格：将供应点POI数据在GIS中通过基于空间位置与500m栅格进行连接，得到含有市场的栅格数据，简化数据量便于后续的数据处理。

③路网数据

通过OpenStreetMap获取广州六区路网数据，保留省道、乡道、县道和居住区级道路，删除高速路。将路网shp文件导入ArcGIS软件，进行路网打断与拓扑检查后，利用“网络分析”扩展模块来完成广州六区的路网构建。随后，计算OD成本矩阵，获取基于实际路网的供应点间最短路网距离，输出供应点最短距离矩阵。

（2）预处理数据成果

通过数据预处理，得到主要的数据类型与数据成果如图3-3所示。

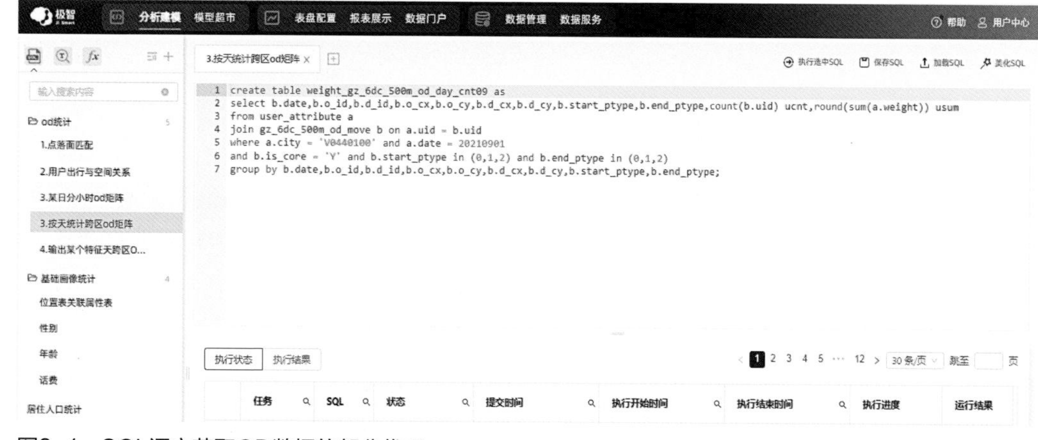

图3-1　SQL语言获取OD数据的部分代码

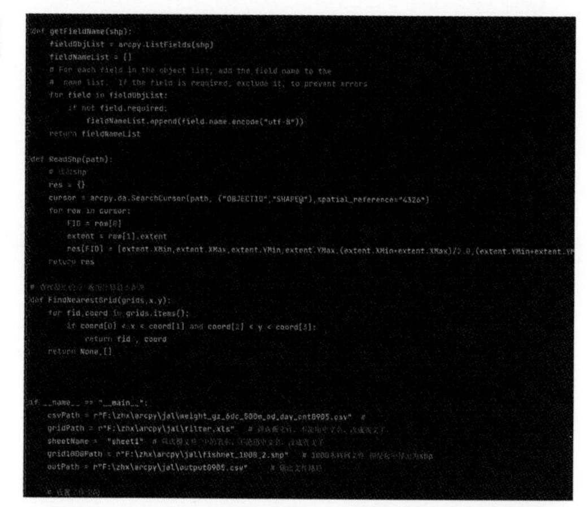
图3-2　Python处理大量OD数据与栅格位置的部分代码

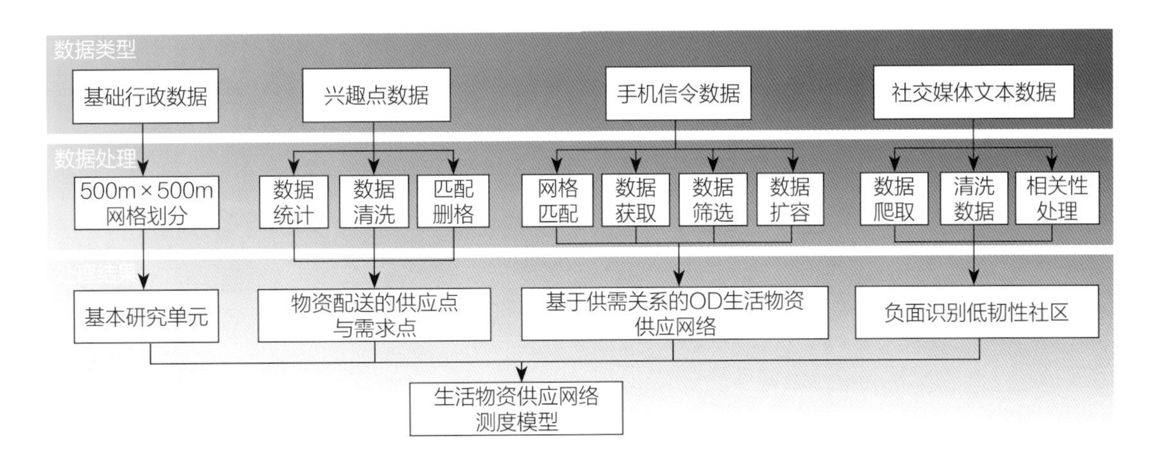

图3-3　数据处理

四、模型算法

1. 模型算法流程及相关数学公式

（1）基于供需通勤OD的节点服务能力计算

①数据预处理

本研究对供给端数据进行处理，将爬取的市场、超市等POI数据和250m×250m网格导入ArcGIS，进行最近邻匹配，得到带有基站信息的供应点；对需求端数据进行处理，首先根据地块大小和需求信息确定网格精度并进行网格划分，再将基地信息和网格导入ArcGIS进行相交处理，最后通过手机信令数据获取各栅格单元居住人口。

②建立初始供需网络模型（图4-1）

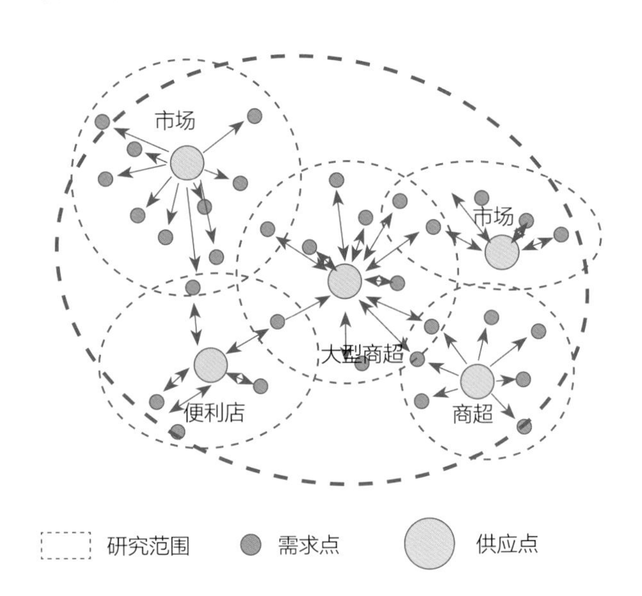

图4-1　供需网络空间模型图示

基于研究范围的POI数据，本研究在ArcMap平台建立供应点与需求点的空间模型；通过非疫情时期的手机信令数据，构建OD矩阵，确定生活物资供应点与其服务的需求点，建立供需网络空间模型。

在供需网络建立之后，按照供应点编号将网格服务的需求点数据加总，得到各市场点服务的购菜人员量，并根据广州市平均家庭人数指标进行扩容，得到各市场较准确的人口服务量，用于下一步运算。

（2）基于引力模型的节点距离矩阵构建

本研究基于供需通勤OD节点服务能力计算的结果，获取供应点对应提供的服务量，进而基于引力模型，利用Excel计算任意供应点x和供应点y之间的服务联系度矩阵，由此来剔除服务联系度较弱节点间的联系：

$$W_{xy}=\frac{CxCy}{d_{xy}^{2}} \tag{4-1}$$

式中，W_{xy}为任意供应点x和y之间的联系度，C_x为供应点x的服务量，C_y为供应点y的服务量，d_{xy}为供应点x和供应点y之间的路网距离，由数据预处理中的OD成本分析得到。

设置门槛值$W_0=1$，当$W_{xy}<W_0$时，研究认为供应点x和供应点y之间不存在物资调度的联系，将OD成本矩阵中相应的供应点x和供应点y之间的值设为0（无联系），其他值保留不变，由此得到最短距离矩阵。

（3）基于社区韧性的蓄意攻击顺序设计

本研究通过多指标评价进行低韧性社区识别，通过“基于供需通勤OD的节点服务能力计算”中所建立的供需网络，对服务低韧性社区的主要供应点进行蓄意攻击，以此更加精准地模拟突发情况下网络抗毁性状态。其中，攻击顺序根据分指标评估得到的低韧性社区排序，从供需网络中获得各个低韧性社区最主要的供应点，形成蓄意攻击顺序。

（4）网络抗毁性分析

基于上文中构建的供应网络，考虑单点防控、分区防控两种情况。单点防控对应供应点因突发确诊病例失效、分区防控对应疫时划定防控区限制出行等。研究假设在疫情发生时，各供应点间能够通过级联传递实现物资调配，每个供应点能够判断不断变化的态势并依据一定的准则调整物资调配的方向，实现供应点之间的合作。

①网络级联失效模型（图4–2）

节点失效：采用蓄意攻击策略，对所有节点根据编号排序，首先攻击节点1，接着攻击节点2，然后攻击节点3，直到攻击最后一个节点。当攻击到节点i时，该节点失效，负载向外扩散。如式（4–2）所示，当节点负载超过其容量时，该节点为半载节点。半载节点能够继续接收负载并向外疏散负载。当节点的负载超过容量的一定倍数＝150%时，该节点为过载节点，其无法向外疏散负载，与其他节点的连线均切断。

$$C'_x(0)=C_xV_x \tag{4–2}$$

式中：$C'_x(0)$为供应点x的最大可承载服务量，V_x为供应点的最大可承载服务量比例。综合各类供应点在实际疫情防控中展现出的配货能力，本研究将最大可承载服务量比例定为1.5；C_x为供应点X的平常节点服务能力。

负载重分配：节点受到攻击失效后，节点上的负载全部传递给相邻关联节点，失效节点i负载疏散给相邻关联节点j的分配方式表示为：

$$f_{ij}=\frac{C_j}{\sum_{k\in I}(C_k)}F_i \tag{4–3}$$

$$\Delta F_i=\frac{f_{ij}}{t_{ij}} \tag{4–4}$$

失效节点（节点受攻击失效）
正常节点（未超过日常需求量的节点）
半载节点（超过正常服务量1.5倍以内，仍可运作的节点）
过载节点（已达最大服务量，无法提供缺失服务量的节点）

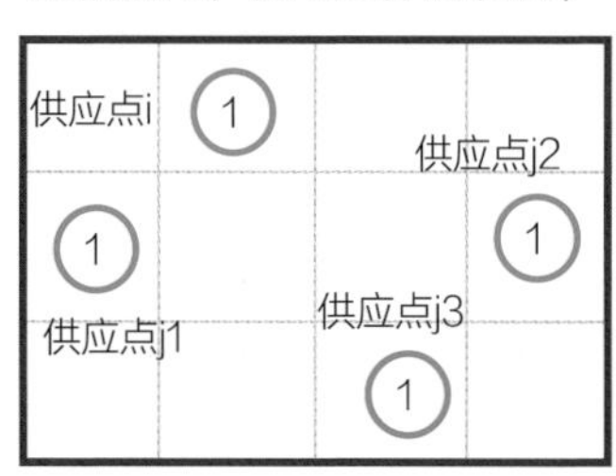

日常状况
各供应点运转正常，基于供应点日常运转状况构建点与点之间的联系。

1
攻击节点

STEP1 节点失效
供应点i受攻击失效，其服务量按照联系度向周围供应点疏散。

STEP2 需求重分配
供应点j1过载时，j1将过剩服务量按所余可承担服务量比例分配给与之联系的供应点。

STEP3 积累缺失服务量
当供应点j1与周围供应点均过载时，节点j1上的超额服务量将无法分配，划定为缺失量q，与周围供应点的联系切断。

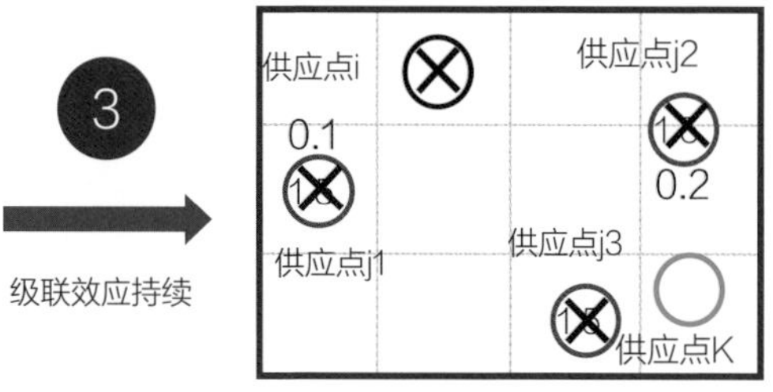

STEP4 级联效应结束
当网络中不再增加缺失服务量时，网络级联效应结束。仿真按蓄意攻击顺序攻击下一个正常供应点k。

4
韧性评价

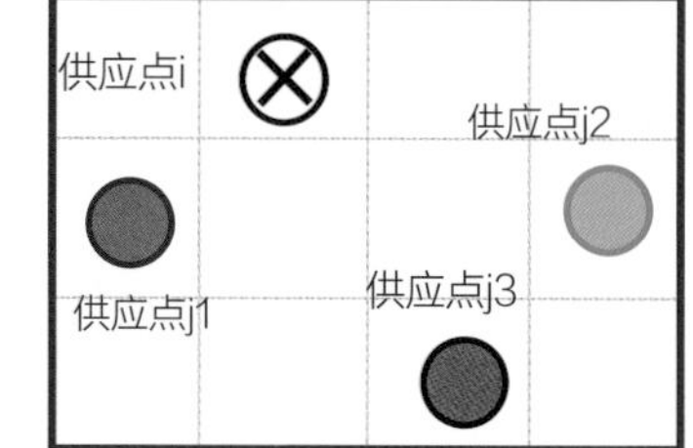

STEP5 网络韧性评价
在不同的攻击方式下得到有效节点比例、缺失服务量、全局网络效率三大评价指标，筛选出影响供应网络的重要节点。

图4–2　级联失效原理

式中，ΔFj表示在一个单位时间内节点j分配得到的负载，f_{ij}表示节点i能够分配的到节点j的负载，C_j表示节点j的最大容量，F_i表示供应点i的负载，I表示与供应点i关联供应点的集合。

积累缺失需求量：当节点i过载时，节点i将负载分配给与其相连的节点j，分配原则按照节点j剩余容量与超载节点周围所有相连节点剩余容量之和的比值进行，表示为：

$$Q = \frac{\left(C_j - F_j\right)}{\sum_{k \in M}\left(C_k - F_k\right)}\left(F_i - C_i\right) \quad (4\text{–}5)$$

$$\Delta F_i = \frac{f_{ij}}{t_{ij}} \quad (4\text{–}6)$$

式中，ΔFj表示在一个单位时间内节点j分配得到的负载，f_{ij}表示节点i能够分配的到节点j的负载，C_j表示节点j的最大容量，F_i表示供应点i 的负载，M表示与供应点i 相连且并未达到最大服务量的供应点的集合。

当节点i过载且周围节点均过载时，节点i上的超额负载将无法分配，划定为缺失量q，同时其与周围节点的联系切断。

级联效应结束：当网络中不再增加缺失量q时，网络级联效应结束。网络抗毁性仿真按蓄意攻击顺序攻击下一个节点。

②网络级联失效仿真步骤（图4–3）

STEP1：按照前文所述方法构建广州六区供应网络模型，标定节点服务能力和节点距离矩阵。

STEP2、STEP3：按照蓄意攻击顺序依次攻击供应点，计为第t次攻击。

STEP4：失效供应点需求量按照上文网络级联失效模型分配给关联供应点。

STEP5：识别超载供应点，并判断超载供应点的相连供应点是否有空余容量。若与超载供应点相连的供应点有空余容量，则进行STEP6，否则，进行STEP7。

STEP6：按照上文网络级联失效模型进行供应点的需求重分配，跳转至STEP8。

STEP7：积累供应点缺失服务量q，且该供应点与关联供应点联系切断，跳转至STEP8。

STEP8：判断网络中是否存在新增过载供应点，若存在，则继续执行STEP5，否则跳转到STEP9。

STEP9：判断网络中是否所有供应点都被攻击过，若是，结束仿真，否则跳转到STEP2。

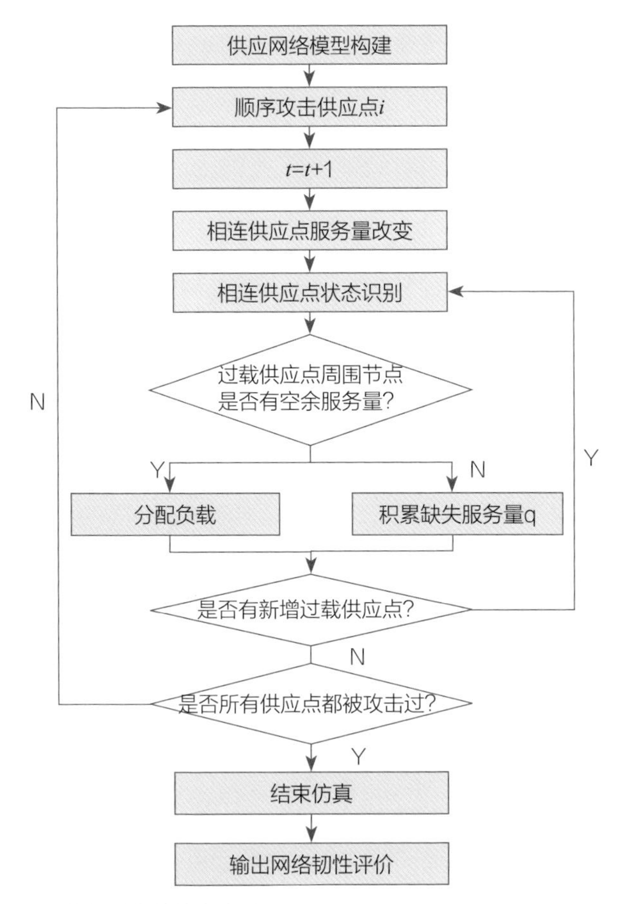

图4–3　网络级联失效仿真步骤

STEP10：输出网络韧性评价相关指标。

③抗毁性测度指标

供应网络的抗毁性定义为：当供应网络遭受蓄意攻击时，网络维持或恢复其性能的能力。本研究以全局网络效率、有效节点比例和缺失服务量作为抗毁性的核心指标。

全局网络效率：全局网络效率通常用来反映整个网络中节点与节点之间连接的难易程度，其公式为：

$$E = \frac{n}{n(n-1)}\sum_{i \neq j}\frac{1}{d_{ij}} \quad (4\text{–}7)$$

式中，E为全局网络效率，根据Dijkstra算法，分别算得dij为从节点vi到节点vj的最短距，n为初始供应网络中节点的总数。

有效节点比例：在空间维度方面，将节点的有效比作为抗毁性评价指标。网络有效比为网络中失效节点与总节点数的比值，表示为：

$$\overline{L} = \frac{n'}{n} \quad (4\text{–}8)$$

式中，L为有效节点比例，n'表示网络中处于正常状态的供应点数，n为初始网络中节点的总数。

缺失服务量：将节点过载且周围节点均过载时，节点的超额服务量将无法分配，划定为缺失服务量，表示为：

$$Q = \sum_{i=1}^{n} q_i \tag{4-9}$$

式中，Q为网络中的缺失服务量，q_i为网络中节点i过载时的缺失服务量。

节点重要度：在网络中，令节点K失效，得到失效后的全局网络效率，由此衡量不同节点的重要度。

$$I_k = 1 - \frac{E_k}{E_0} \tag{4-10}$$

式中，I_k为节点重要度，E_k为节点K失效后的全局网络效率，E_0为初始网络的全局网络效率。

2. 模型算法相关支撑技术

模型开发基于Windows10系统，用Matlab软件进行仿真模拟，Python软件进行数据获取，Python、Excel软件进行数据处理，Excel、ArcGIS等制图软件及kepler.gl、fourish等网页工具进行数据可视化。主要用到如下软件和代码包的支持。

一是在保障数据安全的情况下，在Daas平台上通过SQL语言下载数据。

二是基于Matlab进行供应网络仿真模拟，综合运用Python、Excel对过程数据进行处理，主要基于级联失效的算法对负载进行重分配。

三是综合运用Excel、ArcGIS等制图软件及kepler.gl、fourish等网页工具进行数据处理及数据可视化。

四是基于Spyder为编译器的Python语言进行开发，微博签到数据基于request、beautifulsoup等工具包进行获取，对网络文本的情感判断基于百度AI开发平台的自然情感倾向接口进行分析。

五、实践案例

1. 模型应用实证及结果解读

（1）网络构建解读

①基于供需网络的节点服务能力识别

宏观特征上，整体形成以中心城区为核心向北部、东部、南部延伸的供应格局。供需网络最密集的区域集中在荔湾—越秀—海珠—天河东西走向的走廊上，整体发展态势较好，东部供需网络联系相对最为紧密（图5-1）。

观察主要供需联系通道（150人以上）可知，在北京街、矿泉街、车陂—棠下街、天河—石牌街、瑞宝—南州街等主要呈现小组团分布特征；在赤岗—凤阳街呈现密集大组团分布。社区—市场联系主要以800～2 000m的中短距离为主（步行8～20min，便民性待进一步加强）。六区中的边缘镇街如太和镇、人和镇、钟落潭等街道内部均有核心市场，以短距离为主，长距离为辅。

②基于OD成本矩阵的供应网络构建

广州中心城区供应网络中的供应点联系较为密集（图5-2）。疫情发生时，中心城区的供应点能够通过物资调度有效疏散服务

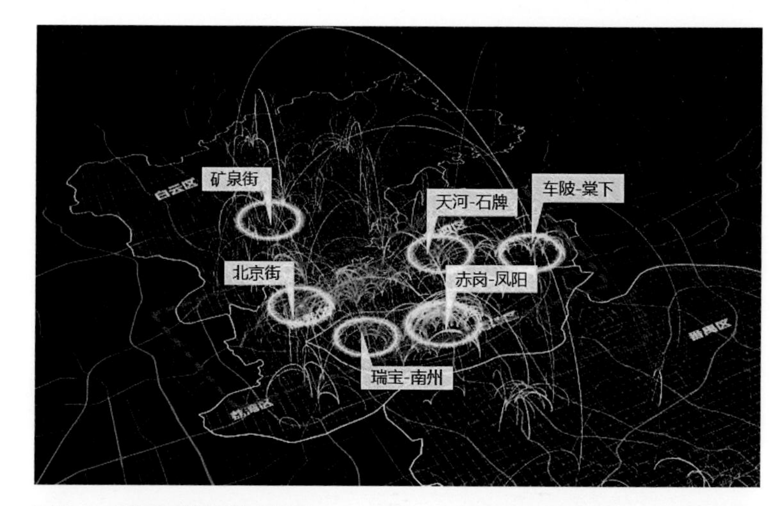

图5-1　供需网络的供应格局

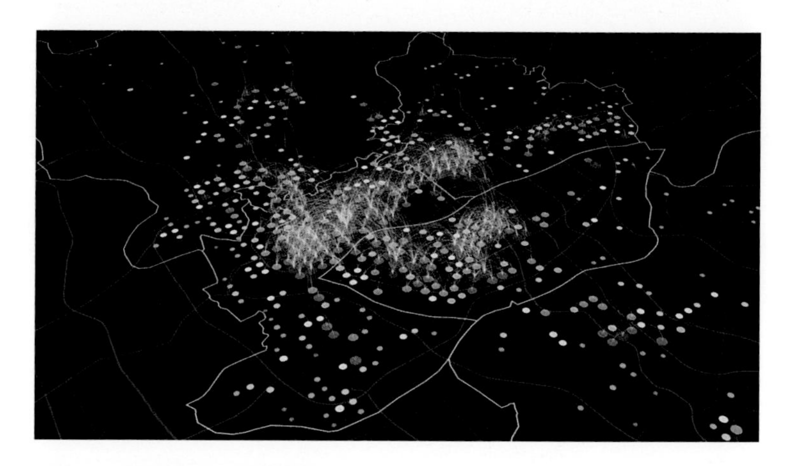
图5-2　供需网络节点服务能力

量，满足周边城市居民的需求。同时，中心城区的服务量整体偏大，存在多个较为核心供应点，具有联系范围广，与周边供应点联系度高的特点。

番禺区和白云区的供应点分布较为零散，点与点之间未能形成良好联系，甚至具有多个孤立供应点，疫情发生时其物资调度存在一定困难，网络受到攻击时难以通过周围供应点疏散服务量。

（2）仿真模拟

①单点防控模拟

a．单点攻击——常态下节点重要度评价

基于物资供给调度网络，以级联效应的算法逻辑，攻击单个点以产生负载重分配，产生全局网络效率、有效节点比例数和缺失服务量的变化影响 。以图5-3随机选取市场点供给为例，攻击后全局网络效率由2.96e-0.5下降至2.94e-05，有效节点比例由100%下降至99.86%,无新增累计缺失服务量。

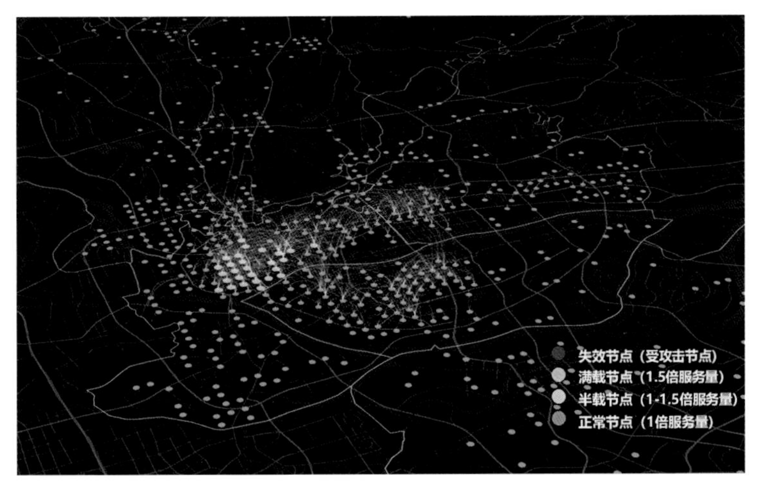

图5-3　单点防控模拟

以全局网络效率评价节点重要度：以单个点攻击后的全局网络效率降低变化作为节点重要度的衡量标准，依次对所有市场点进行仿真模拟，得到结果如表5-1。可以看出：绝大多数节点失效后对全局网络效率的影响较低，影响效果仅在1%之内。但是少数节点失效后会使得全局网络效率下降7%～8%。通过准确识别这些在网络中承担重要作用的节点可以为现实供应点的规划布局提供决策支持。

基于所有市场的节点重要度进行空间可视化（图5-4），可以发现如下结论。

一是最重要的市场点分布在行政区边缘。因为中心城区行政区边缘仍聚集大量人口需要市场提供服务，以白云新城、燕塘、芳村地区为例，现状有着大量的城中村。但是地处边缘的区位使得该市场点一旦失效难以有有效的供给调度对其提供支持。因此最重要的市场并不分布在中心城区，而是行政区边缘。

二是较重要的市场点分布在中心城区。中心城区的市场服务规模普遍较大，且联系网络更为完善，受到攻击会将负载转移到更多的周边市场点。

三是孤立的市场点分布在城边地区。城区周边地区的市场点较为分散且服务规模有限，难以形成有效的供给调度网络，这类市场点一旦受到攻击，短期供给调度不及时，会造成服务量的缺失。

供应网络各节点全局服务效率　　表5-1

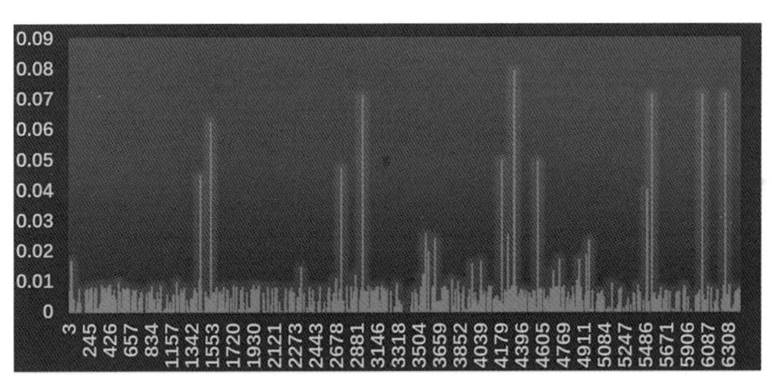

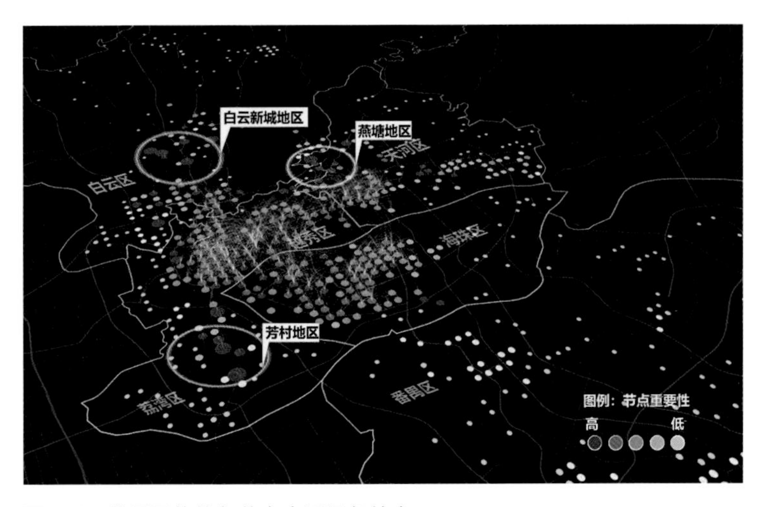

图5-4　供需网络的各节点全局服务效率

以缺失服务量评价节点重要度：接着以单个点攻击后的服务量缺失作为节点重要度指标，依次对所有市场点进行仿真模拟，得到结果如表5-2所示。单点受到攻击会缺失服务量的节点数共327个，占总市场节点数749个的43.7%。多数节点受到单点攻击后缺失的服务量在1 000人以下。受到单点攻击后缺失服务量最高的值为8 445人。

基于所有市场的节点缺失服务量进行空间可视化（图5-5），可以发现如下结论。

一是中心城区供给网络完善，单点攻击不易产生缺失服务量。虽然中心城区节点服务规模较大，但是只要建立好完善的物资调度体系，在一般冲击下网络仍能保持正常运转。

二是城边市场节点服务规模小，空间分布分散，受到攻击易缺失服务量。如芳村地区、海珠东部地区、番禺北部地区、白云南部地区等，多数与中心城区有一定距离。

供应网络各节点缺失服务量　　　表5-2

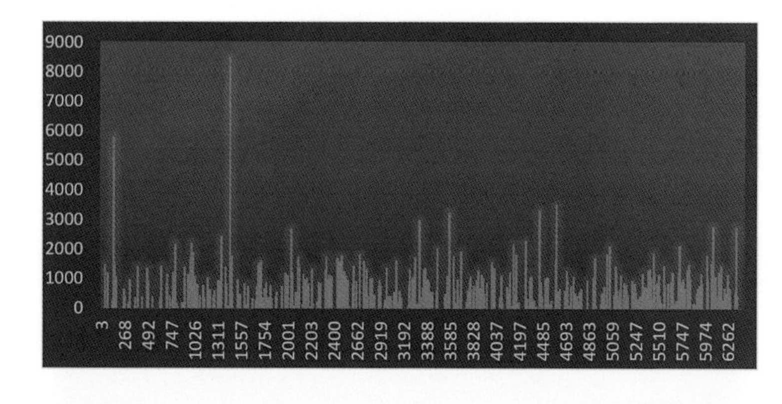

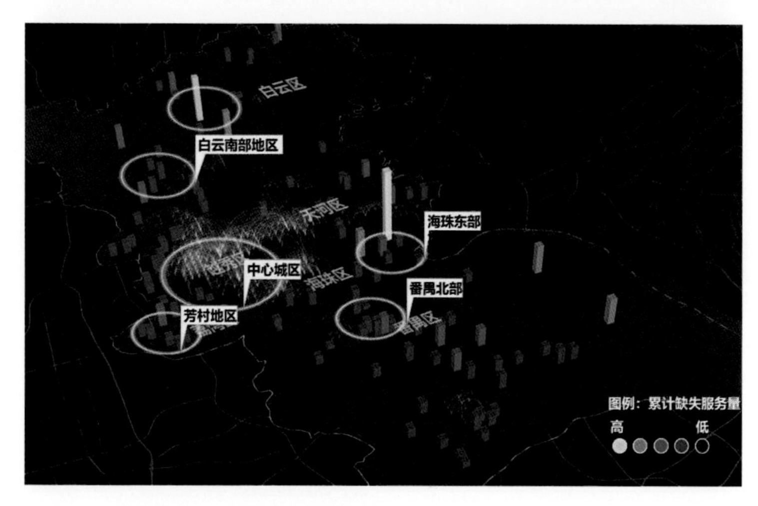

图5-5　供需网络各节点缺失服务量

b. 蓄意攻击——基于低韧性社区供应点韧性影响因素评价

基于社区韧性设计的蓄意攻击顺序共有5种，分别是基于人口数量、人均消费、老年人比重、商超密度和非通勤比例的攻击顺序。通过Matlab软件实现仿真模拟（图5-6、图5-7），整体上可以看出：基于人口数量的攻击顺序在第120次攻击左右就降低至一个相对稳定的低值，而其他多数攻击顺序都在第200次攻击之后就降低到接近于0值。通过节点被攻击后全局韧性的变化，结合不同攻击顺序的对比，能得到以下结论：

一是人口数量对供应网络韧性影响最大，即人口是设施规划布局始终需要围绕的核心问题。人口数量越多的区域，往往对应着较高的人口流动和相对密集的公共交通设施，具有这些要素区域更易暴发疫情，相对应的供应网络韧性越低。

二是在失效的前期阶段，商超密度和非通勤比例是影响供应网络的重要因素。供应点结合生活圈距离及人口密度布局的重要性毋庸置疑，较高的密度能够帮助区域在受疫情影响时仍能通过物资调度实现物资供应。同时，非通勤比例能够代表社区的自组织能力，在疫情防控下仍然保证一定比例的人口自由流动对供应网络韧性存在正向影响。

三是在失效的中期阶段，非通勤比例是影响供给网络的重要因素，多数影响要素影响效果相近。

四是在失效的后期阶段，老年人占比和商超密度是影响供给网络的重要因素。

五是人均消费能力整体对供应网络的韧性影响最小。可见，疫时生活必需品缺失的问题对所有类型的社区都存在一定挑战。

累计缺失服务量方面，多数情况下，在攻击200个节点之前，累计缺失服务量增加速率较为平缓（图5-8、图5-9），这是因为供给网络还未失效，级联失效效应使得更多的节点能够承担失效节点的负载。

多数情况下，在攻击200个节点之后，供给网络几乎失去调度能力，市场节点呈现孤立状态，累计缺失服务量呈线性上升趋势。

有效节点比例数方面，多数情况下，在攻击200个节点之前，有效节点比例数下降趋势更为明显（图5-10、图5-11），这是因为供给网络还未失效，级联失效效应使得更多的节点失效，但是在这一阶段缺失服务量增加较少。

多数情况下，在攻击200个节点之后，供给网络几乎失去调度能力，市场节点呈现孤立状态，有效节点比例数呈线性下降趋势。

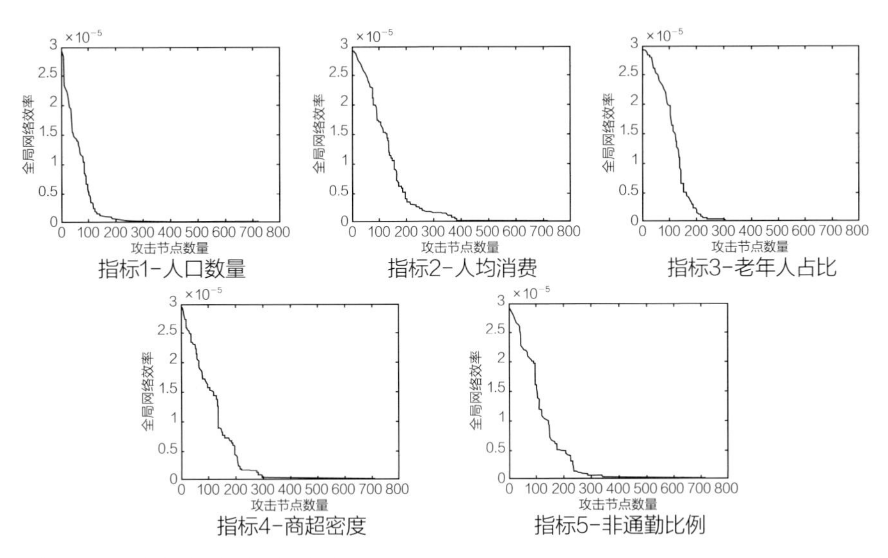

图5-6　5项指标的全局网络效率

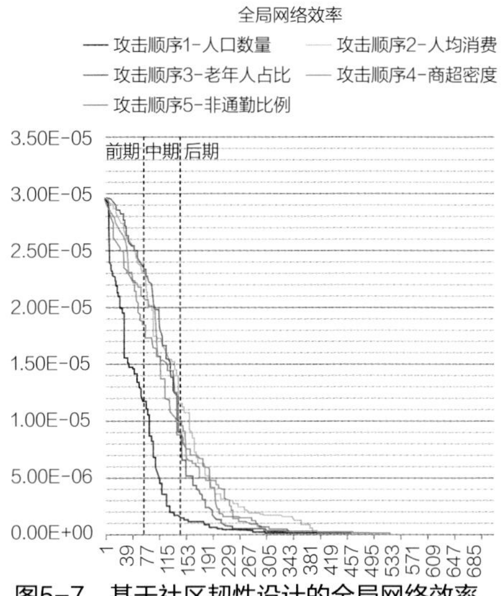

图5-7　基于社区韧性设计的全局网络效率

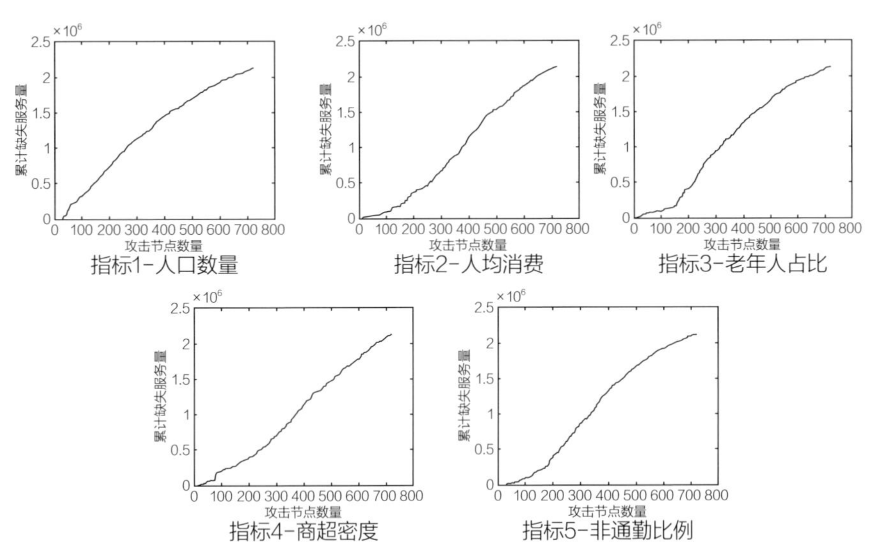

图5-8　5项指标的的市场节点累计缺失服务量

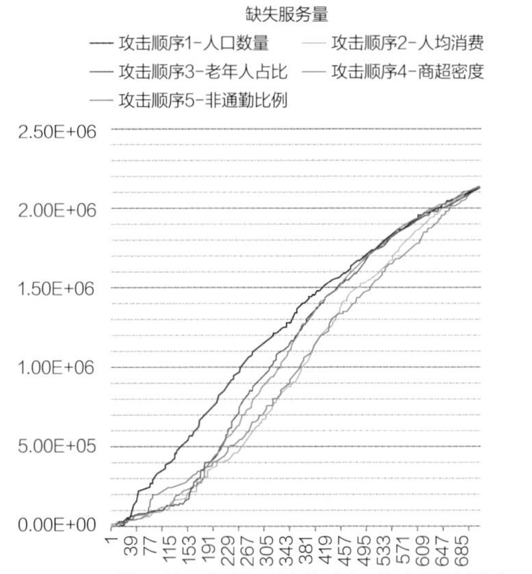

图5-9　基于社区韧性设计的市场节点累计缺失服务量

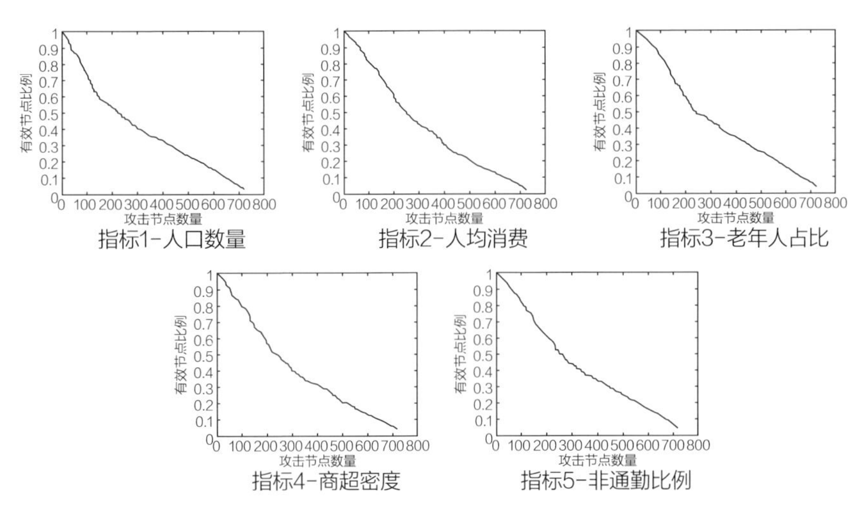

图5-10　5项指标的有效节点比例数

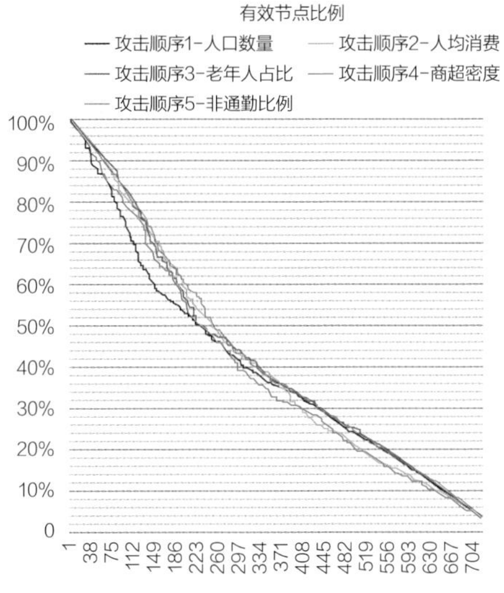

图5-11　基于社区韧性设计的有效节点比例数

②分区防控模拟

现实生活中疫情防控区的肉菜市场、超市等市场供应点都会停止开放，通过对比2021年6月和9月广州芳村片区的通勤联系可以得到印证，如图5-12所示。因此，本实验基于广州2021年6月、2022年4月和2022年5月防控地区情况进行模拟，以分情况识别不同片区防控所带来的全局性影响。

a．基于2021年6月广州局部防控模拟

2021年6月，广州防控地区主要为荔湾区白鹤洞街辖区，基于空间位置识别出4个主要的市场供应栅格，将其作为失效节点，通过Matlab软件进行仿真模拟，结果如图5-13所示。由于白鹤洞地区地处广州城市边缘地带，较难形成完善的物资调度网络，因此虽然只使得周边两个节点的运转状态由正常（1倍平时服务量）变为半载（1～1.5倍平时服务量），但是缺失服务量达到1 885人。以白鹤洞地区为例反映了城市近郊地区的市场防控可能会临时产生较大的服务量缺口，需要预先的物资供应调度安排或者能够正常有效运转的周边市场点规划布局。

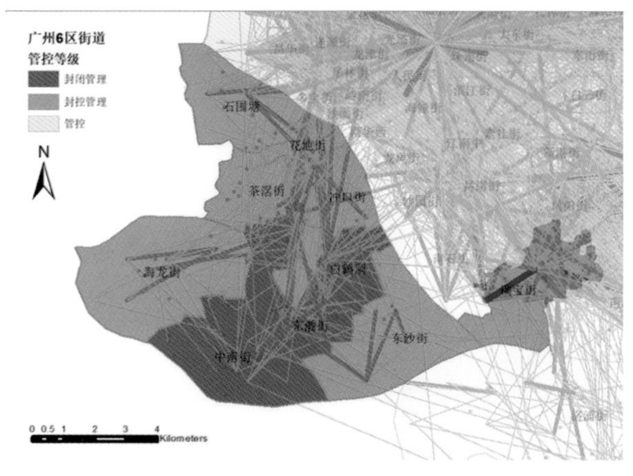

常态下芳村片区供需网络（9月）

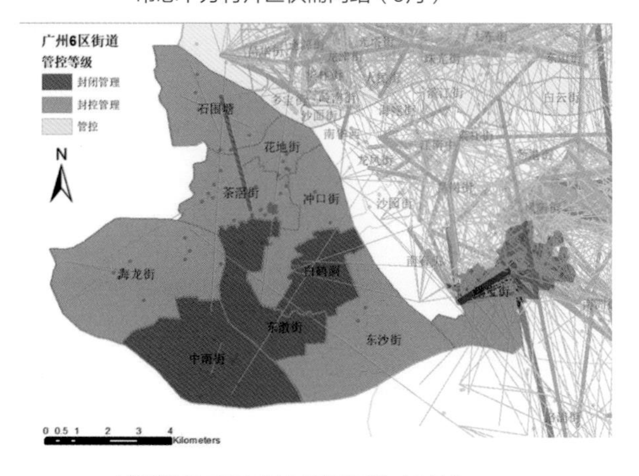

封闭管理下芳村片区供需网络（6月）

图5-12　芳村片区在封闭管理下（2021.6）与常态下（2021.9）供需网络对比

图5-13　基于2021年6月广州局部防控（单点）模拟

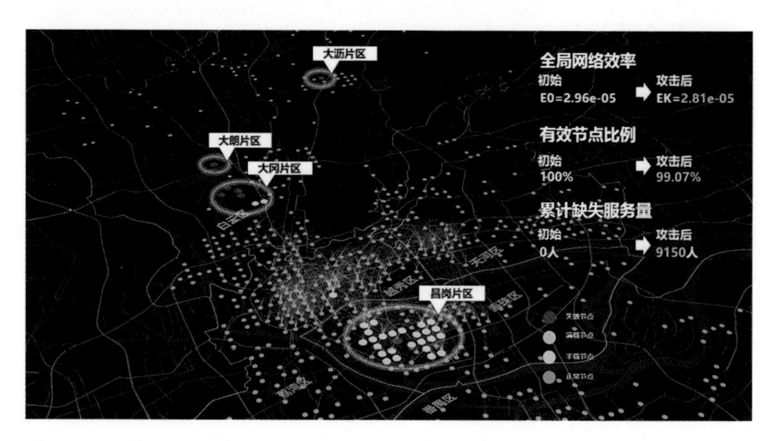

图5-14　基于2022年4月广州局部防控（多点）模拟

b．基于2022年4月广州局部防控模拟

2022年4月，广州防控地区多点分布，白云区、海珠区、天河区均有防控区（图5-14）。中心城区缺失服务量能够迅速疏解。昌岗片区现状以老旧小区居多，人流密集。由于其周边供应网络完善，供应点受到攻击时，缺失服务量能够迅速由周边供应点补充提供。

城市边缘区城中村物资供应不足现象显著。白云区受白云机场客流影响，具有较高的疫情暴露风险，其疫情扩散后，在各大城中村发生亦最为频繁。同时，受白云山等小型山脉影响，白云区居住组团较为分散，供应点之间未能形成良好的联系，一旦服务量存在缺失，较为孤立的供应点难以从周边区域获得物资调度的支持。

c．基于2022年5月广州局部防控模拟

2022年5月广州防控区相对较少，主要分布在白云区（图5-15）。火车站等交通枢纽周边节点较易受疫情影响。受广州火车站人流及周边服装批发市场影响，站前街道人流量大且人员属地复杂，该片区自新冠疫情出现以来已多次发生疫情。由于片区周边供应网络较为完善，其缺失服务量能够迅速由周边供应点补充提供。

城市边缘区组团形成一定规模供应网络可有效应对小规模疫情。尽管鹤龙街道距中心城区有一定距离，但其周边供应点具一定密度，存在一定量物资调配的可能。虽然区域在应对攻击时出现了满载节点，但依靠周边供应点的物资调度避免了缺失服务量。

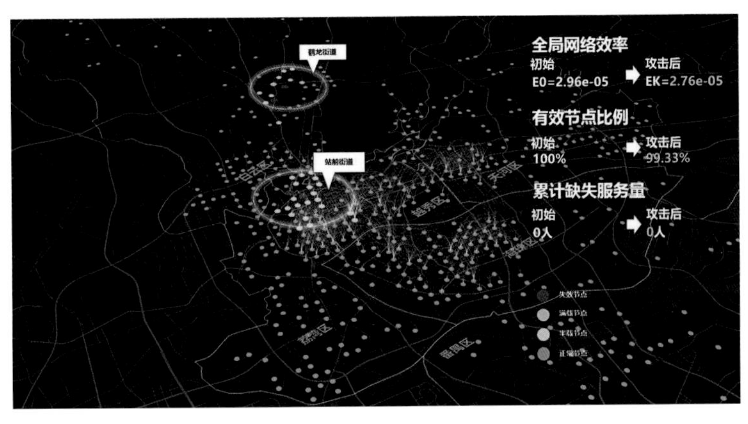

图5-15　基于2022年5月广州局部防控（多点）模拟

（3）决策支持

a．供应端——生活必需品供应网络提升策略

一是根据节点重要度排序、节点规模确定哪些供应点是主要节点，对应地图看是否有扩容的用地条件，从而确定可扩容供应点（图5-16）。

二是根据节点薄弱处和已有规划确定容量不足区域，对应地图看是否有新建的用地条件，从而确定新增供应点（图5-17）。

b．需求端——低韧性社区识别

构建749个待评对象与5个评价指标构成的数据矩阵并进行数据标准化，计算信息熵与权重。基于图5-9“全局网络效率”，根据公式（5-1）计算斜率：得到权重（表5-3），根据公式（5-2）计算评价韧性社区。

$$K=\left|\frac{y_n-y_1}{x_n-x_1}\right| \tag{5-1}$$

式中，x为斜率，y为全局网络效率，共有n个供应点。

$$F=\sum_{i=1}^{5} w_i * f_i \tag{5-2}$$

式中，F表示评价值，w_i表示权重，f_i表示指标值，f_i根据指标对韧性的正负影响取对应＋/－。

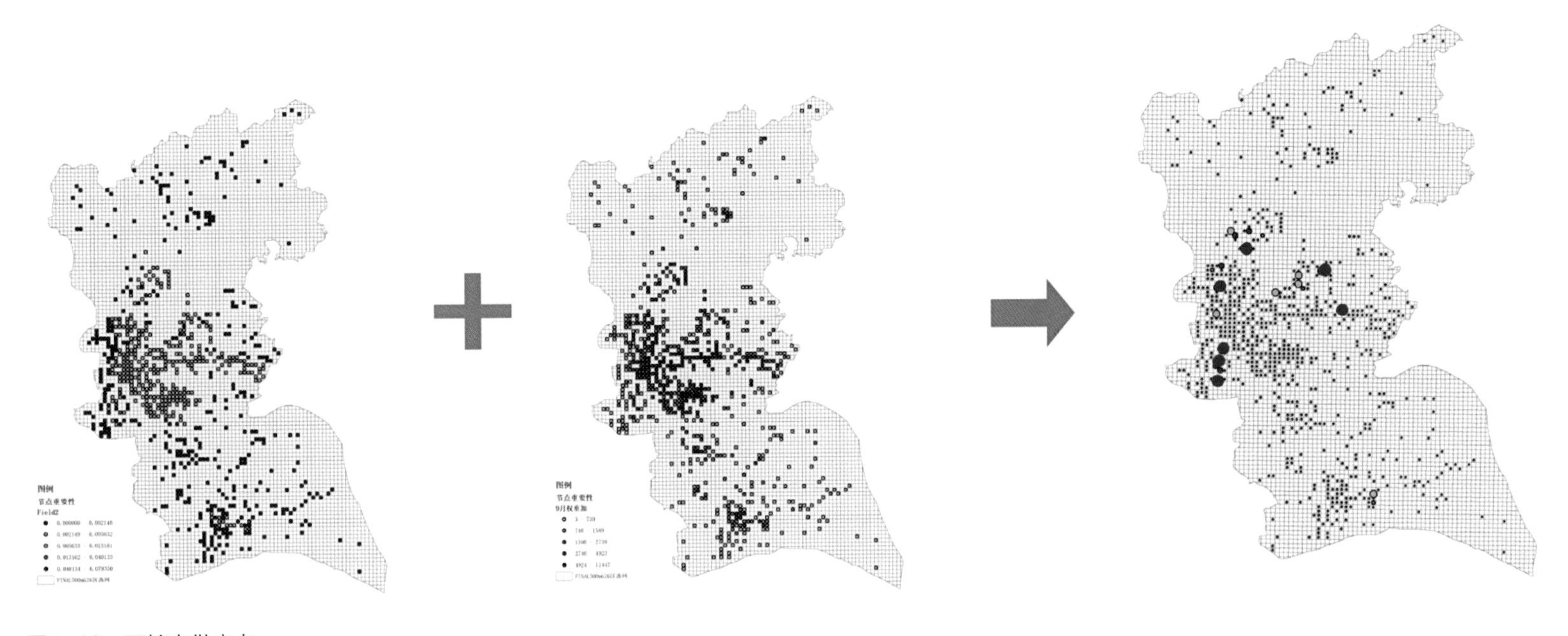

图5-16　可扩容供应点

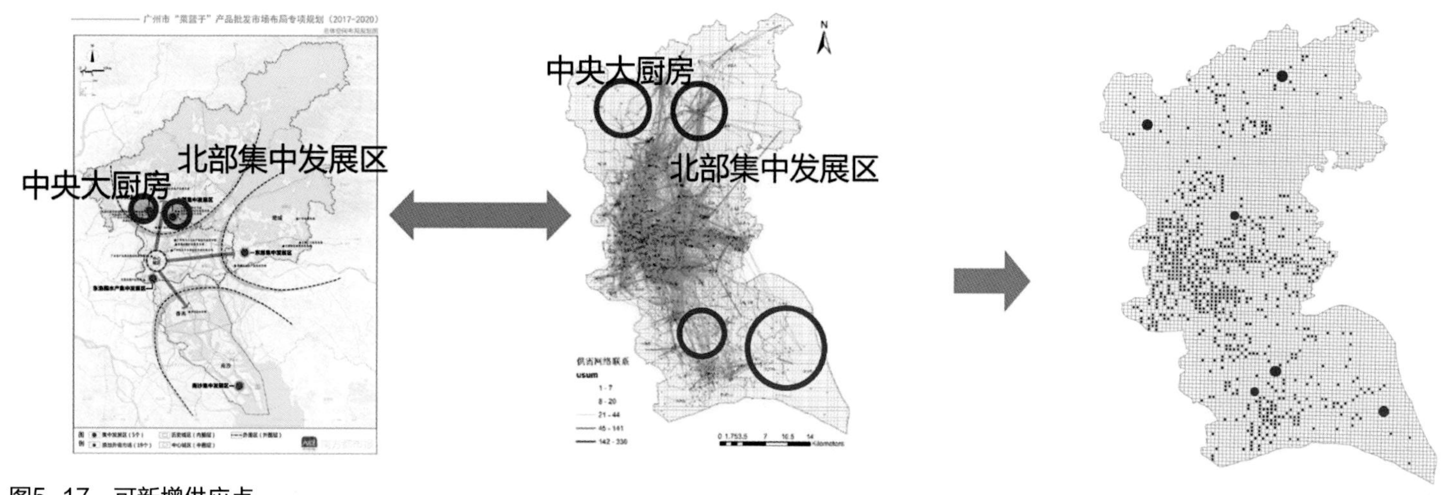

图5-17 可新增供应点

韧性社区指标权重 表5-3

指标	权重
人口数量	48.12%
人均消费	5.72%
老年人占比	10.98%
商超密度	8.00%
非通勤比例	27.17%

结果显示，低韧性社区主要集中在海珠区中部，荔湾区东北部，越秀区中部及天河区北部，呈现东西向块状分布，其余散布在番禺区与白云区的边缘地带。识别结果与老城区的老旧社区、城中村社区、城郊社区等斑块相耦合（图5-18）。

老城区：低韧性社区主要呈块状集中分布于荔湾区东北部、越秀区中部。老城区历史悠久，住区多为六七层的老旧住区，以龙津街道中某一老旧社区为例，该类低韧性社区的人口基数大，老年人占比多，非通勤比重大。

城中村：低韧性社区呈片状集中分布于天河区南部、海珠区中部，如石牌桥、车陂南、凤阳街道、赤岗街道、大石等。此类低韧性社区多位于城乡接合部，非正规就业与流动人口居多，人均消费较低，同时，由于外来人口以中青年劳动力为主，因此社区的老年人比重较小。

城郊地带：低韧性社区呈片状或点状散布于白云区、番禺区行政边界，如江高镇、沙头村、石楼镇等。此类离中心城区较远，从卫星图观察其肌理多为农田或工业区混合的农村，人口少而老龄化严重，商超等设施不足（图5-19、图5-20）。

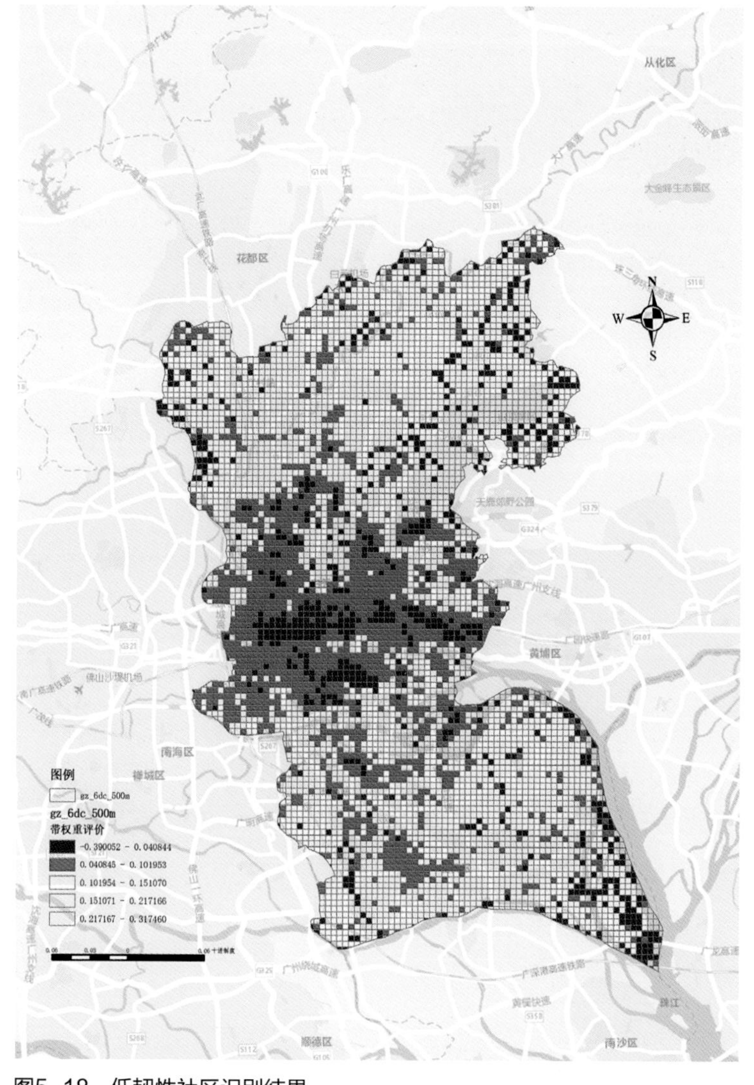

图5-18 低韧性社区识别结果

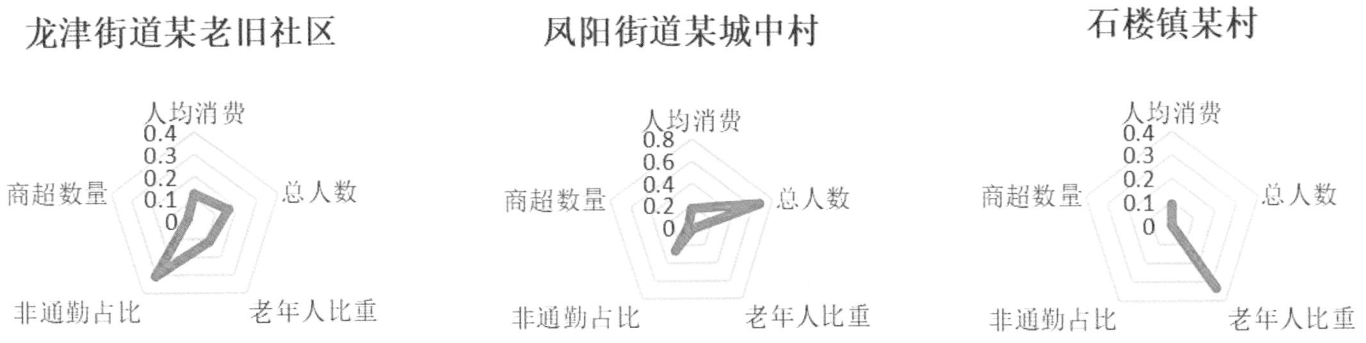

龙津街道某老旧社区

人均消费
0.4
0.3
0.2
0.1
0
商超数量
总人数
非通勤占比
老年人比重

凤阳街道某城中村

人均消费
0.8
0.6
0.4
0.2
0
商超数量
总人数
非通勤占比
老年人比重

石楼镇某村

人均消费
0.4
0.3
0.2
0.1
0
商超数量
总人数
非通勤占比
老年人比重

图5-19　三种类型社区韧性评价指标雷达图

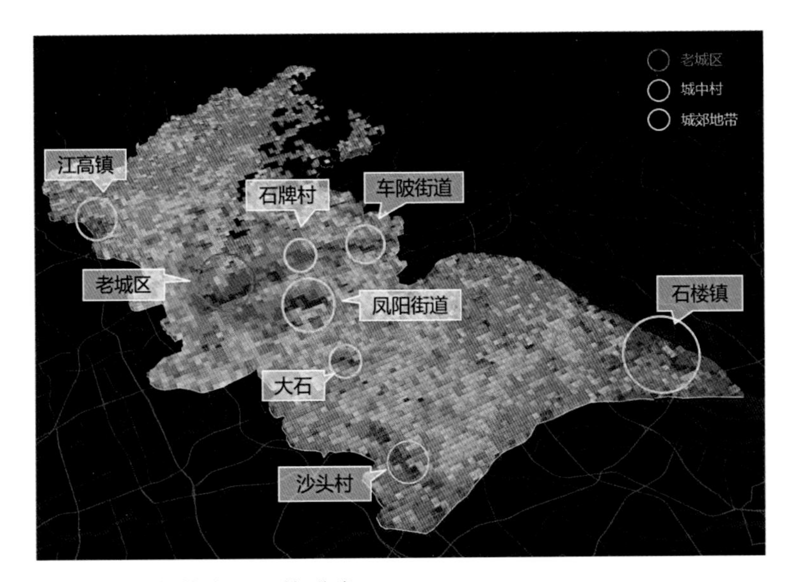

图5-20　低韧性社区识别与分类

为检验社区韧性识别结果与实际情况的适配程度，本研究爬取2021年6月广州疫情期间微博空间签到数据，通过筛选包含“疫情”“防控”“物资”等相关关键词的文本数据，基于百度AI开发平台自然情感倾向接口，判断网络文本情感，以500m×500m栅格统计负面情感比例，由此判断疫情相应较为消极的空间，与低韧性社区栅格进行空间相关性校核。

结果显示：最高负面情感聚集空间集中于荔湾区芳村片区，该片区内有较多确诊案例，且被划为防控区，禁止市场提供服务；较高的负面情感栅格空间集中分布于天河区与黄埔区交界处，黄埔区南部与海珠区中心的城中村聚集处，这一空间分布与低韧性社区中韧性最低的空间分布吻合。社区韧性识别出的低韧性空间基本符合实际情况（图5-21）。

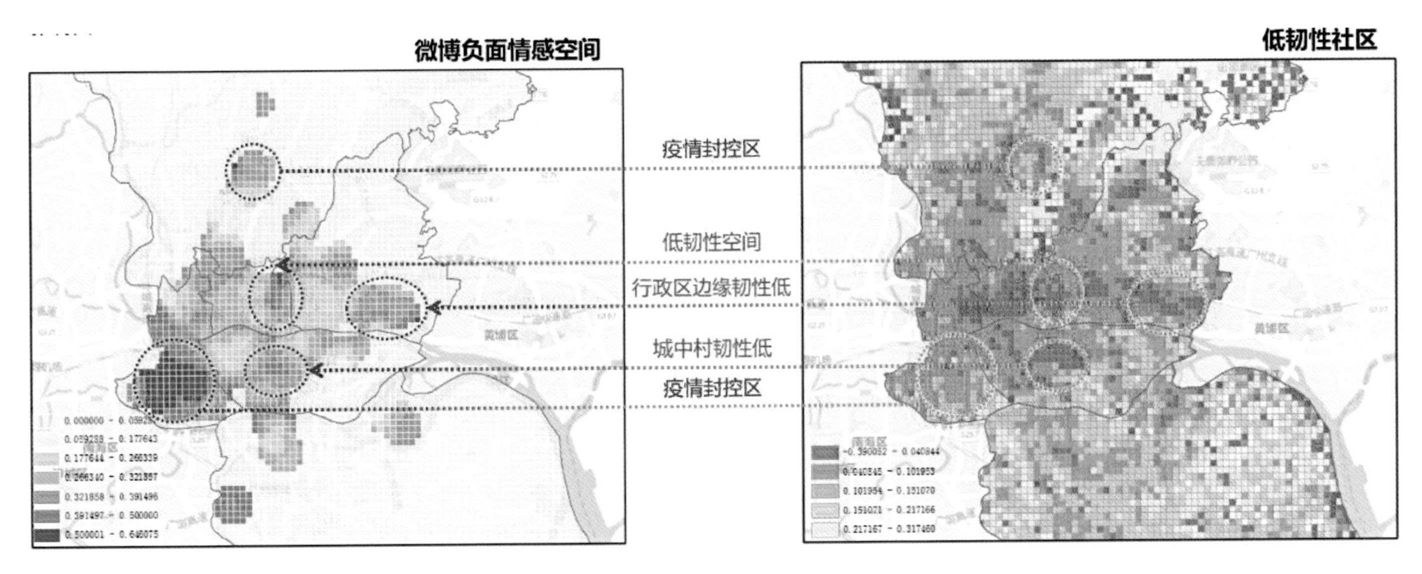

图5-21　微博负面情感空间校核低韧性社区

2. 模型应用案例可视化表达

基于Matlab仿真模拟的蓄意攻击动态过程可视化表达：动态可视化的表达方案能够更加直观地理解现象，发现规律，为规划决策提供支持（图5-22）。

图5-22　基于Matlab仿真模拟的蓄意攻击动态过程可视化

六、研究总结

1. 模型设计的特点

（1）理论与方法层面

①个体视角出发，更精细化识别出真实的市场服务体系、服务规模

本模型运用以手机信令数据为主的新数据，动态展现了与生活必需品相关的人群轨迹信息，自下而上建立了供需点之间的联系，结合农贸市场等节点的实达性特征，识别出城市供应链服务体系，并对生活必需品供应网络服务效能进行评估。

②算法较精准模拟节点失效后的级联传播机制

模型模拟在疫情发生时，各供应点间能够通过级联传递实现一定的物资调配，各供应点能够判断不断变化的态势调整物资调配的方向，实现供应点间的合作。模型对级联失效下网络韧性的评估提出了更多的维度的评价，也推动供应链联动数字化。

③从需求端视角出发，人本化地进行网络韧性评估，并进行实证检验

相较现有研究对于网络节点评估往往采用节点中介度等拓扑结构特征，本模型的建立从生活必需品的使用者——市民出发，根据低韧性的社区点，通过供需网络找到其主要供应点进行精确打击，模拟极端情况下的网络状况，并结合实际疫情数据进行检验，有效提升了模型的精确度和合理性，也为后续空间策略提供依据。

④低韧性社区的识别综合考虑到供应点的服务能力

在低韧性社区指标选取、权重赋予、识别校核等部分都尝试做出了突破，并综合考虑供应点对社区的全局服务能力。研究基于抗毁性测度得到不同单一指标对全局网络效率的影响，并将影响结合熵权法进一步赋予指标权重，形成完善的综合指标系统，来精准识别低韧性社区。此外，还结合城中村图斑、疫情负面情感地图等对识别结果进行校核。

（2）数据层面

①疫情、非疫情期间手机信令结合与对比

本模型将疫情、非疫情基站间人群OD数据分别与城市的供、需节点进行关联，形成供需网络并进行对比，较为准确地识别城市供应服务体系，能为决策者提供科学合理的借鉴。

②手机信令与开源数据结合，数据颗粒度细，精确度高

手机信令中的用户个体属性相关数据与开源数据结合，形成三个维度的综合指标识别低韧性社区。相较于以街道为单位的传统数据，本模型所划分的500m×500m为单位的栅格数据颗粒度更细，有效提升了测度模型的精确度。

③结合广州市疫情大规模防控的数据，并根据分层级防控进行模拟和模型校核

根据防控程度与防控主体的不同进行分层级模拟，提升模型用于实践应用的可能性。此外本模型创新性运用社交媒体数据，通过语义分析方法等分析广州防控区内的情感态度，有效实现了对模型的校核。

（3）结论层面

一是研究基于真实数据，以自下而上的视角建立了城市动态供需网络与抗毁性测度模型。供需网络整体形成以中心城区为核心，向北、东、南延伸的格局。供需网络最密集的区域集中在荔湾—越秀—海珠—天河东西走向的走廊上，整体发展态势较好。生活物资供需联系以短距离为主，长距离为辅。

二是在供应网络中更重要的节点出现在城边地区，因为行政区边缘人口依然较多，人群复杂，但却疫情下部分市场一旦被防控，会缺少可供调度的供应点。城郊区域有许多相对孤立的供应点，网络韧性相对较差。

三是人口数量为供应点设施配置的首要考虑因素，而非通勤

出行比例可作为测度及反映社区韧性的重要指标。全局低韧性社区栅格与城中村图斑、疫情负面情感地图具有较高的空间相关性。

四是多种突发情景模拟，模型算法可推广。本研究可模拟疫情、洪水等重大公共事件防控单个市场站点与局部封城状态下生活必需品供应网络韧性评估。模型对当前疫情防控与供应体系规划有较好的实用价值，也具有较高的推广价值。

2. 应用方向或应用前景

（1）城市生活物资供给资源测度

对现有城市生活必需品供给点空间资源进行统计测度，评估现状资源供给水平以为城市空间规划、物流管理、应急保障配备等提供基础支撑。

（2）城市生活物资供应网络配置建议

本模型可通过对城市生活必需品供应点的地理位置、供应情况和社区空间分布、常住人口组成情况进行实时监测，预测生活物资供应的薄弱环节，从而为政府及有关部门在日常供给点规划布局和疫情管控情况下居民生活必需品的购买配送方面的相关决策提供科学依据。

（3）城市供需实况云平台开发

结合地图索引功能，通过开发线上平台将供给点的地理分布、服务类型、产品供应和库存实况进行每日同步。管理者可通过平台查看供应和库存情况以进行商品调度，市民则可通过移动终端根据需求进行搜索以获取供应点和路线推荐，并对当日每个供给点的供给品类型和库存进行查看（图6-1）。

图6-1 城市供需实况云平台

参考文献

［1］张浩，唐孟娇，许慎思，等. 生活必需品市场供应风险管理研究［J］. 物流科技，2017，40（3）：105-109+112. DOI:10.13714/j.cnki.1002-3100.2017.03.031.

［2］刘英，甄学平，刘斌. 必需品供应链中断的政府激励模型研究［J］. 江苏科技大学学报（自然科学版），2021，35（3）：75-83.

[3] 刘大成. 重大疫情下的物流供应链体系构建 [J]. 经济导刊，2020 (Z1)：28–33.

[4] Smith K, Lawrence G, MacMahon A, et al. The resilience of long and short food chains：a case study of flooding in Queensland, Australia [J]. Agriculture and human values, 2016, 33 (1)：45–60.

[5] Wagner S M, Neshat N. Assessing the vulnerability of supply chains using graph theory [J]. International Journal of Production Economics, 2010, 126 (1)：121–129.

[6] Kemball–Cook D,Stephenson R. Lessons in logistics from Somalia. [J]. Disasters，1984，8 (1) .

[7] Linet Özdamar,Ediz Ekinci,Beste Küçükyazici. Emergency Logistics Planning in Natural Disasters. [J]. Annals OR，2004，129 (1–4) .

[8] Jiuh–Biing Sheu. An emergency logistics distribution approach for quick response to urgent relief demand in disasters [J]. Transportation research, Part E. Logistics and transportation review，2007，43E (6) .

[9] 蒲国利，苏秦，王修来. 满足救灾需求的灾后救援供应链网络设计 [J]. 工业工程与管理，2015，20 (6)：161–166.DOI：10.19495/j.cnki.1007–5429.2015.06.023.

[10] 王熹徽，李峰，梁樑. 救灾物资供应网络解构及结构优化模型 [J]. 中国管理科学，2017，25 (1)：139–150. DOI: 10.16381/j.cnki.issn1003–207x.2017.01.015.

[11] 张庆红，陈雪，王英辉，等. 重大公共卫生事件下应急物资供应链网络的均衡 [J]. 物流研究，2021 (4)：33–47.

[12] Jeong H . The Internet's Achilles' Heel：Error and attack tolerance of complex networks. Elsevier B.V. 2000.

[13] Crucitti P, Latora V, Marchiori M . Model for cascading failures in complex networks [J]. Physical Review E Statistical Nonlinear & Soft Matter Physics, 2003, 69 (4 Pt 2)：045104.

[14] J.J. Wu and H.J. Sun and Z.Y. Gao. Cascading failures on weighted urban traffic equilibrium networks [J]. Physica A：Statistical Mechanics and its Applications, 2007, 386 (1)：407–413.

[15] 种鹏云，帅斌，尹惠. 基于复杂网络的危险品运输网络抗毁性仿真 [J]. 复杂系统与复杂性科学，2014，11 (4)：10–18. DOI: 10.13306/j.1672–3813.2014.04.003.

[16] 沈犁，张殿业，向阳，等. 城市地铁—公交复合网络抗毁性与级联失效仿真 [J]. 西南交通大学学报，2018，53 (1)：156–163+196.

[17] 黄英艺，刘文奇. 物流网络级联失效下的抗毁性分析 [J]. 计算机工程与应用，2015，51 (21)：12–17.

[18] 陈春霞. 基于复杂网络的应急物流网络抗毁性研究 [J]. 计算机应用研究，2012，29 (4)：1260–1262+1325.

[19] Chen C, Wang Y. The Invulnerability of Emergency Logistics Network Based on Complex Network [C] // ICACII 2012；International conference on affective computing and intelligent interaction. Mechanical Engineering Department, Chengdu Electromechanical College. Chengdu, Sichuan 611730, China；Civil Aviation Flight University of China, Guanghan Sichuan 618307, China, 2012.

[20] 李勇，谭跃进，吴俊. 基于任务时间约束的物流保障网络级联失效抗毁性建模与分析 [J]. 系统工程，2009，27 (5)：7–12.

[21] 黄英艺，金淳. 物流基础设施网络级联失效下的抗毁性分析 [J]. 控制与决策，2014，29 (9)：1711–1714. DOI：10.13195/j.kzyjc.2013.0621.

[22] Xiong Bin Cao. Invulnerability Analysis of Large Logistics Supply Chain Network in Complex Environment Based on the Internet of Things [J]. Applied Mechanics and Materials, 2014, 2987 (513–517)：2289–2292.

[23] Mirko Schäfer, Scholz J, Greiner M. Proactive robustness control of heterogeneously loaded networks [J]. Physical Review Letters, 2006, 96 (10) : 108701.

[24] 陈铭，吕猛. 疫情防控下社区韧性模型构建及提升策略：以武汉市都府堤社区为例 [J]. 上海城市规划，2021, (5)：61–66.

基于安全感知和犯罪风险的安全路径推荐系统

工 作 单 位：香港大学建筑学院
报 名 主 题：面向高质量发展的城市综合治理
研 究 议 题：智慧交通与公共交通引导发展
技术关键词：神经网络、机器学习
参　赛　人：闫旭、陈桂宇、陈泳鑫、彭静怡
指 导 老 师：赵展

参赛人简介：本研究通过神经网络学习研究道路建成环境，分析安全感知，结合历史犯罪数据，使用犯罪风险模型、感知安全模型和多目标最短路径，对城市道路安全等级进行综合评分，为市民提供一个可以推荐安全路径的导航系统，提高步行的安全性，减少道路犯罪风险，为改善城市街道环境提供决策支持。

一、研究问题

1. 研究背景及目的意义

（1）研究背景

党的十八大以来，习近平总书记站在坚持总体国家安全观、推进国家治理体系和治理能力现代化的高度，对安全发展工作出一系列重要论述。习近平总书记指出，要更好推进以人为核心的城镇化，使城市更健康、更安全、更宜居，成为人民群众高品质生活的空间。

改革开放以来，我国经历了世界历史上规模最大、速度最快的城镇化进程，取得了举世瞩目的成就。与此同时，薄弱的城市安全基础、落后的城市安全管理与城市高质量发展要求之间不适应、不协调的问题慢慢突显。在新的时代背景下，如何有效地预防城市风险，维护社会治安稳定，保证人民群众的切身利益，依旧是城市建设的重大任务。

街道安全是城市安全的重要组成部分。街道作为承载日常交通、社会功能和市民社会生活的城市开放空间，是城市安全治理的重点场所。然而，随着城市的发展，街道已经成为最常见的犯罪地点，殴打、抢劫、枪击和纵火等街头犯罪事件屡见不鲜。例如，美国洛杉矶就是属于典型的街头犯罪集中地之一，连续不断的街头枪杀案件已经引发了民众对于城市治安的担忧。此外，性骚扰也成为常见的街道犯罪类型之一。加州大学圣地亚哥分校的一项关于性骚扰和性侵犯的研究发现，受访人群中81%的女性和43%的男性称其一生中经历过某种形式的性骚扰或性侵犯，而且大多数性骚扰发生在街道或公园等公共场所。许多有遇害经历的受访者表示为避免潜在的骚扰或攻击，他们不得不改变常规路

线。因此，街道的安全性成为人们选择路线的重要因素。

（2）街道安全相关研究

纵观相关文献，对于街道安全性的理论研究主要从以下两个方面展开。一方面，许多学者将公共安全与犯罪率联系起来，认为犯罪概率低的道路更加安全，进而制定安全路线。Levy等人基于波士顿、纽约和旧金山的犯罪活动密度地图，开发了安全路线导航系统以躲避潜在的犯罪风险地区。同样地，Galbrun等人使用芝加哥和费城公开的犯罪记录创建危险地图并获得每个路段的风险评分以提出安全路线，同时提供距离和安全性之间的权衡优化方案。另一方面，众多城市相关研究提出了公众对于城市环境及犯罪风险的感知。自从20世纪60 年代Jacob提出“街道眼”理论以来，街道的安全感就受到了广泛关注。Vrij和Winkel的研究进一步表明，在特定环境下，公众对犯罪的感知程度不同，在安静、荒凉或黑暗的地方公众会感到不安全并害怕犯罪。Doran and Burgess 等人的研究中明确表明环境线索，例如威胁环境中的混乱迹象和其他刺激，可以引发公众对犯罪的恐惧。

针对这两种流行的道路安全性评价方式，Zhang 等人通过对休斯敦城市环境的感知安全和犯罪记录的对比研究，发现了实际安全与安全感知之间的“感知偏差”。如图 1-1 所示，有些地方实际比感知起来更危险，犯罪率较高，但是基于街景的安全评分较高；而有些地方实际比感知起来更安全，犯罪率较低，但是基于街景的安全评分却比较低。

因此，本项目在街道安全的研究中，需要同时考虑“感知的安全水平”和“实际的安全水平”。

本研究的创新点在于，我们建立了一个犯罪风险模型来估计每个街道的风险水平。然后，应用感知安全模型来预测行人对每条街道的安全感知。多目标最短路径规划将根据用户的偏好，提供一条实现其距离、相关风险水平和安全感之间权衡的路径。

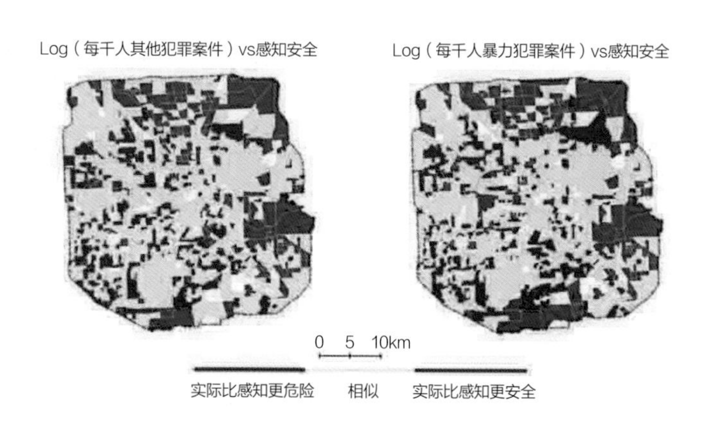

图1-1　实际安全与安全感知之间的“感知偏差”

利用基于安全感知和犯罪风险的安全路径推荐系统，用户可以根据自己的需要调整路径距离、实际安全和感知安全的权重值，从而得到推荐的安全路径。

2. 研究目标及拟解决的问题

我们的研究目标是为用户推荐安全路线。建议的安全路线应考虑三个因素，即路径长度、感知安全和实际犯罪风险。因此，为了实现这一目标，我们需要绘制感知安全图、实际犯罪风险图，并比较他们的差异，以进行偏差分析（图1-2）。

图1-2　研究目标

在这个项目中，我们的目标是开发一套对行人来说既路径短又安全的路线。因此拟解决，通过犯罪相关风险模型确定安全路径、识别具有安全感的路径和生成安全路径时，计算受约束的最短路径，这样的三个目标优化问题。

感知安全：第一个目标是根据街景图像评估人们在街道上的感知安全，然后使用评估结果绘制感知安全地图。

犯罪风险：第二个目标是根据历史犯罪数据评估实际犯罪风险，并使用评估结果绘制实际犯罪风险图。

偏差分析：第三个目标是比较感知安全图和实际犯罪风险图之间的差异，然后分析有偏差的地方的特征。

推荐安全路线：最终目标是为用户推荐安全路线。该问题的本质是解决一个多目标优化问题。推荐的路线应该在最短的路径、最安全的感知和最小的犯罪可能性之间进行权衡。

二、研究方法

1. 技术路线及关键技术

本研究的技术路线包括研究理论、研究数据、数据处理、模型构建、模型产出、结果分析和应用场景七个部分（图2-1）。首先，我们从犯罪地理学理论出发，选取与犯罪活动密切相关的建成环境要素街景图片数据、街道网络数据和历史犯罪数据作为本研究的研究数据。然后，我们通过对街道网络数据进行拓扑处理，删除双向道路的双线，弧线简化，将多条直线构成的弯曲道路简化成一条弧线，并在交叉口进行打断，将道路转换为街道段等预处理操作；并于每条街道段生成采样点，然后在谷歌地图开放平台上采集街景全景图，并通过角度校正等方法对全景图进行角度校正；对历史犯罪数据，本研究通过研究犯罪地点和犯罪类别筛选出与街道安全密切相关的犯罪事件，并进行核密度分析筛选出研究范围。然后，我们利用计算机视觉计算分别构建了安全感知模型和目标检测模型，对街景数据进行处理；构建犯罪风险模型综合考虑了犯罪事件的密度和人类活动强度。安全感知模型能够输出人们对街道的安全感评分，目标检测模型能够输出街景图片中行人的数量，并进一步用于犯罪风险模型中，作为人类活动强度，从而得到每一条街道的犯罪风险评级；将模型的输出结果与每条街道段相连接后，我们可以得到经安全评分和犯罪风险评估后的街道段。通过对安全感知和犯罪风险的差异分析，我们可以对安全感高犯罪风险高、安全感低犯罪风险低，以及安全感低犯罪风险高的街道采取相应的措施，并对街道的建成环境进行分析，为规划决策提供支持，为市民营造安全的街道空间。通过三目标优化，综合考虑路径距离，安全得分，犯罪风险，我们可以推荐一条安全路径，为市民提供一个安全路径导航软件。

2. 关键技术

（1）安全感知模型

在本研究中，安全感代表了一种空间感和人们对街道安全环境的感知体验。它是一种与周围环境的物理特征高度相关的无形价值，是城市规划中衡量街道环境安全的重要指标。

基于谷歌地图的街景图像，感知安全评估采用了机器学习评分算法。通过使用预训练的感知安全评估卷积神经网络（CNN），可以对安全感知进行分级，来识别这是否是一条安全的街道。

感知安全评估的过程包括：数据采集、大规模街道图像采集、感知安全评价和感知安全分数可视化（图2-2）。本研究收集了研究范围内所有街道的街景图像。

数据采集与处理大规模图像采集：为了获取谷歌街景图像，我们首先在研究范围内生成采样点。从研究范围内的10 839个站点共收集10 839张谷歌街景图像。每个采样点捕获的谷歌街景图像的分辨率为300像素。道路网络通过OpenStreetMap数据生成，并使用点的特征顶点来选择路段的点。谷歌街景图像（GSV）是一种提供实景街道信息的地图服务。感知安全评价过程采用谷歌街景图像和卷积神经网络模型。

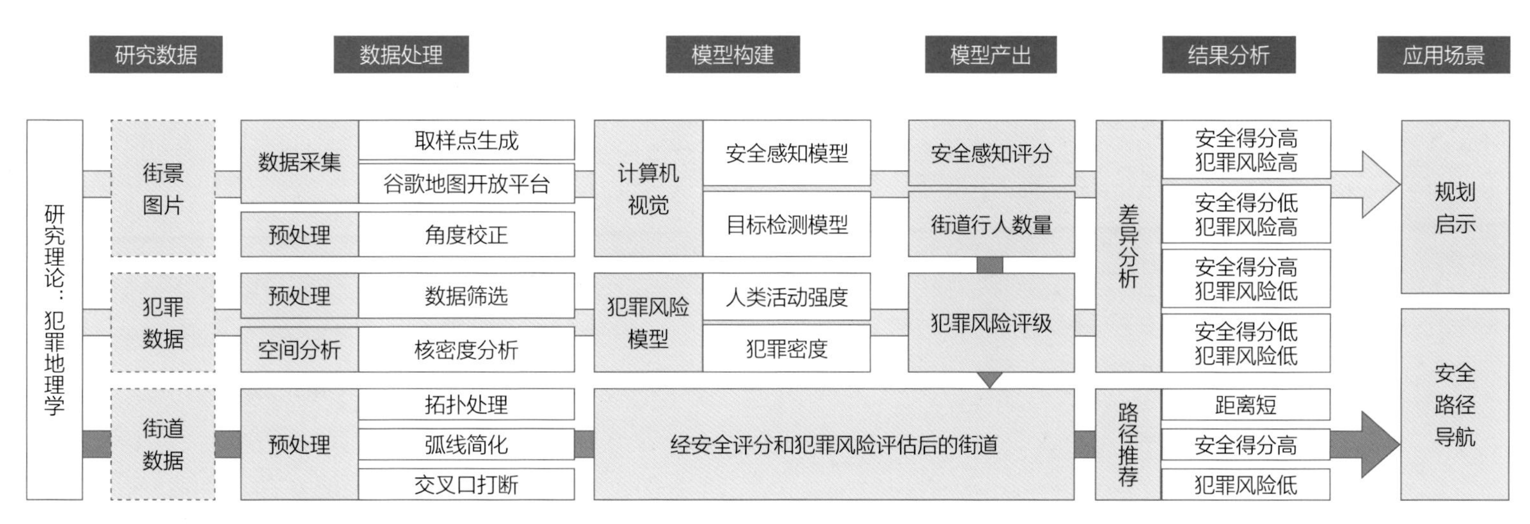

图2-1 技术路线

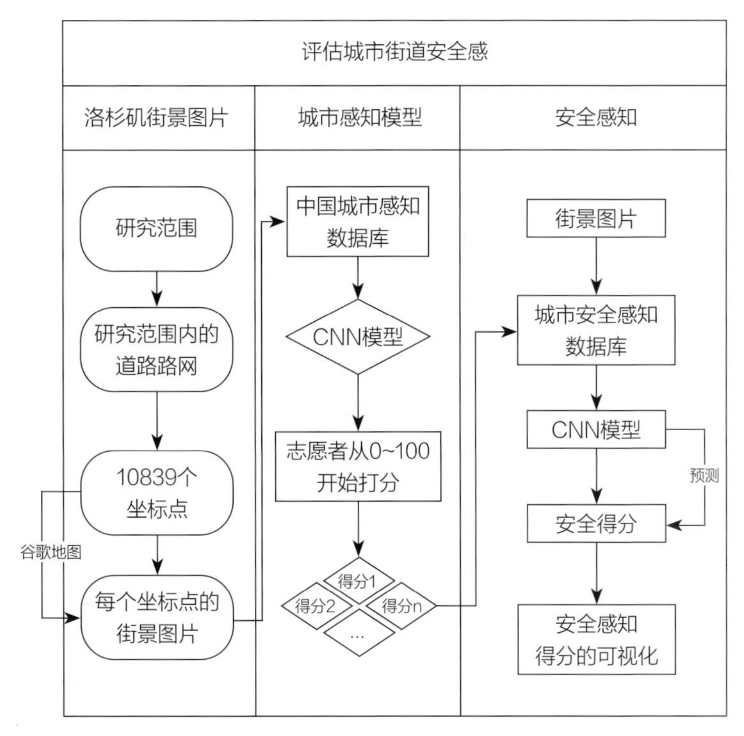

图2-2　感知安全评价分析框架

感知安全评价和感知安全分数可视化：我们采用CNN模型（Wang, R., 2021）预测街道质量得分。CNN模型基于中国城市感知数据集进行训练（Yao et al.,2019）。在数据集的样本图像中，志愿者根据安全感对每张图像进行评分，评分范围为0～100。其中，我们关注街道层面的城市安全感知，为洛杉矶的街景图片进行评分。将图像导入CNN模型后，通过输入街景图像，该模型可以提取拓扑特征并获得安全评分（图2-3）。

最后，我们通过“XY 表转点”再次将这些点添加到道路网络中，并使用空间连接函数将每个路段上的点得分的平均值分配给道路。采用“安全”的主观感知进行评估。利用CNN模型预测街道安全得分。工作流程如图2-4所示。

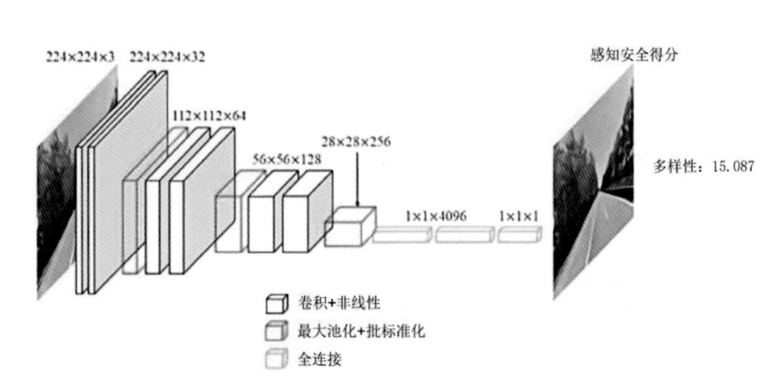

图2-3　CNN模型的计算框架

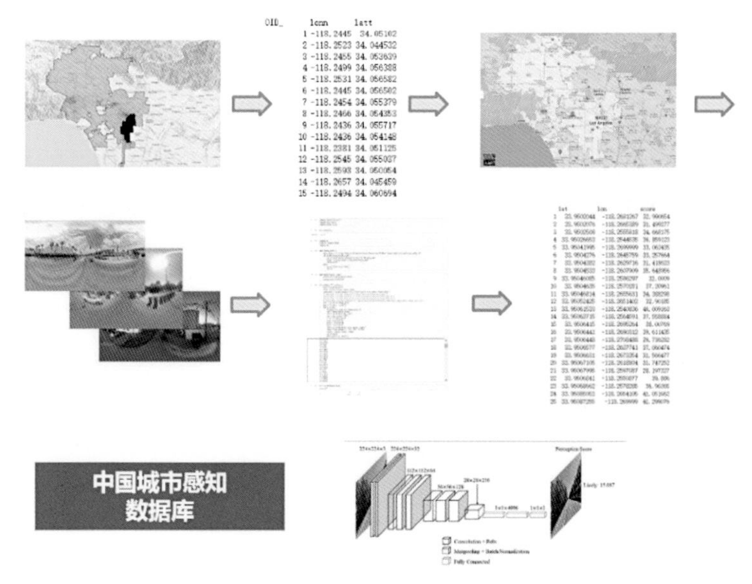

图2-4　评估城市街道安全感

（2）犯罪风险模型

风险模型将危险得分分布到研究范围内的路网中，得分与相应路段的犯罪概率成比例。

为了建立犯罪风险模型，我们首先使用犯罪事件的地理坐标来计算犯罪活动的空间密度，通过应用核密度估计（KDE）来计算ArcGIS Pro中犯罪活动的特殊密度，并量化研究范围内的犯罪活动，从而准确识别和分析犯罪热点。

我们获取了74 462条研究范围内的犯罪记录，估计出密度函数，并进行了空间可视化分析，以便在实际街道路段上对其进行评估。

B.Hillier认为犯罪活动与人口密度和流动密度高度相关 。为了更准确地评估城市居民在道路上面临的危险，我们还需要考虑人口密度和流动密度。在本研究中，我们用人类活动强度作为人口密度和流动密度的代理。因此，从个人所面临的犯罪风险来看，我们应当用人类活动强度来校正犯罪概率。

在本研究中，风险水平是通过犯罪活动和人类活动强度来衡量的。为了建立风险模型，我们使用犯罪活动来表示风险值。

$$R(e)=C(e)/A(e) \tag{2-1}$$

式中，每条街道的风险权重为$R(e)$，街道层面的犯罪活动为$C(e)$，人类活动强度为$A(e)$。

三、数据说明

1. 数据内容及类型

我们收集了三种类型的数据，包括街景图像、犯罪数据、来自开源网站的街道网络（图3-1）。我们从OpenStreetMap收集街道网络数据（https://www.openstreetmap.org/），将每个街道段将作为一个研究单元。

对于街景图像采集，我们为每个街道段生成了一个采样点，然后从谷歌地图中为每个采样点采集了全景图（https://www.google.com/maps）。2008年前后的10 838张洛杉矶街景图片被用来通过CNN模型预测行人的感知安全。对于犯罪数据，我们使用来自政府网站的洛杉矶犯罪数据集（https://catalog.data.gov/dataset/crime-data-from-2010-to-2019）。洛杉矶犯罪数据集是从纸质犯罪报告转录而来的。该数据集反映了2008年洛杉矶市的犯罪事件，包含了犯罪的地点和类型。最后，我们选择了74 462份犯罪记录进行研究。

2. 数据预处理技术与成果

（1）研究范围

收集数据后，我们按犯罪地点和类型筛选犯罪数据。首先，我们选择了一些街头犯罪，包括街头袭击、抢劫和性犯罪，作为我们项目的数据集。其次，使用核密度估计来计算犯罪活动的空间密度，结果如图3-2所示。颜色越深意味着犯罪活动的频率越高。地图上显示了两个集群，一个在洛杉矶北部，另一个在洛杉矶市中心。洛杉矶市中心和南部的犯罪活动频率最高。由于受数据收集的局限性和计算量的限制，我们在进一步研究安全路径时将研究范围缩小到这两个领域。

（2）人类活动强度

人类活动强度由街景图像中人的数量表示。由于研究区域内部分采样点街景图像中的人数为0，将人类活动强度算法定义为街景图像中的人数加1。本项目利用卷积神经网络进行谷歌街景图像中的人数自动检测。此步骤基于采样点的街景图片数据集，使用YOLO V5s模型，分析出街景图像中的人数结果。最后，得到每个采样点对应的街景人数，求出人类活动强度。图3-3展示了YOLO V5s模型的图片识别过程，此图得出的分析结果为街景人数为2，可计算得到人类活动强度为3。

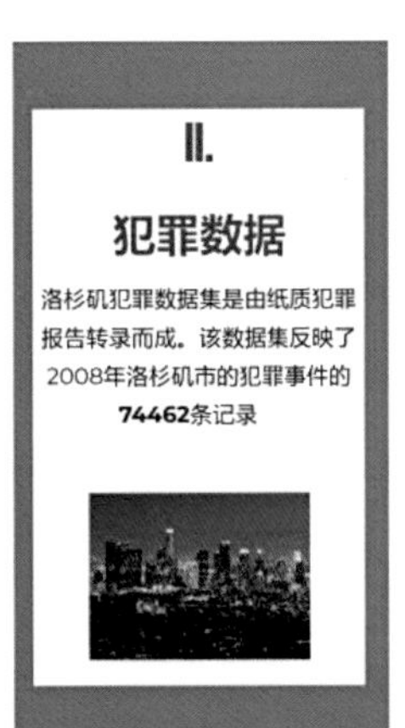

图3-1　数据收集

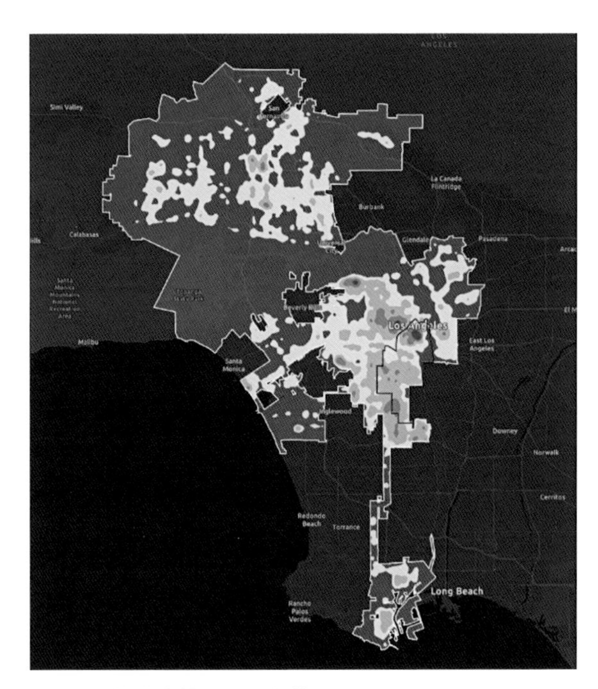

图3-2　核密度估计和研究范围

图3-3　YOLO V5s模型图像识别

四、模型算法

1. 模型算法流程及相关数学公式

导航为用户提供起点和终点之间的一组路径。对于最短路径问题，我们只需要优化距离，并且在给定路网和起点与终点对的情况下，很容易解决该问题。然而，要推荐安全路线，应考虑三个目标，包括路径距离、实际安全和感知安全。该问题成为一个三目标优化问题，其目标是最小化路线长度和实际犯罪风险，并最大化安全感知。一种解决方案是将这三个目标合并为一个目标，然后最小化三个目标综合后的新目标。

如何将三个目标合并为一个新的目标成为一个新问题。我们使用了一种简单但有效的方法来解决这个问题。通过引入用户自定义的权重，我们将三个子目标合并为一个综合目标。这种方法的优点是可以满足不同用户的各种需求。公式如下：

$$P_i=f\ (\alpha, \beta, \gamma, l_i, s_i, c_i) \tag{4-1}$$

式中，α、β和γ为适当调整的权重，*li*为街道段i的长度，*si*是标准化安全分数，*ci*是标准化的犯罪风险水平。

我们将设计一个网页来模拟安全路径导航。用户可以根据自己的需要调整路径距离、实际安全性和感知安全性的权重值，得到推荐的安全路径。在我们的实践中，路段长度和实际犯罪风险与道路阻抗呈正相关，而安全感与阻抗呈负相关。这意味着人们更喜欢长度较短、实际犯罪风险较小、安全评分较高的路线。因此，我们将安全指数的感知置于分母中。公式如下：

$$P_i=l_i\left(\alpha+1\right)+\frac{200}{s_i\beta}+c_i\gamma \tag{4-2}$$

式中，*Pi*是三个目标的组合；α、β和γ是可根据用户需要的调整的权重，其范围为0.1到1；l_i是街道段i的长度；s_i是标准化安全分数；c_i是标准化的犯罪风险水平。

路径距离、实际安全性和感知安全性的组合值将被用作新的道路阻抗计算最短路径，从而为用户推荐一条综合三个目标的最优道路。Dihkstra最短路径算法将被用于计算所推荐的路径。算法中的距离权重将被换成由公式4-2所计算出的P_i值。

2. 模型算法相关支撑技术

Python程序语言和Dash平台将被用于开发网页。

Dash是一个由plotly创建的Python框架，用于制作交互式的网页应用和数据面板。Dash提供了滑动条和输入框等网页控件帮助我们轻松地获取用户输入的起点、终点以及三个目标的权重。Google 地图API将被用于地理编码，获取用户所输入的起点和终点的地址后，将其转化为经纬度并找到离其最近的街道网节点，然后计算街道网络中的最短路径，并可视化。Osmnx是一个用于处理街道网络数据的Python包，我们通过使用其shortest_path函数，输入起点、终点以及将*Pi*值作为权重，可以为用户推荐一条距离、实际安全性和感知安全性综合最优的路径。

五、实践案例

1. 模型应用实证及结果解读

（1）感知安全分析

根据深度学习模型得到的安全分数，安全感被分为五个等级。根据图5-2，蓝色越深，安全感越强。

感知安全的分布特点是市中心道路的感知安全程度高，其余地方的安全得分分布无明显规律。通过在地图上可视化安全得分，我们可以发现市中心地区的颜色较深，表明人们在那里感觉更安全。然而，其他地区的分布并没有明显的聚类特征，总体上呈现出比较混乱的分布。

感知安全得分是在街景分析的基础上得到的，所以街景的特点决定了这里的感知安全。通过总结与五类感知安全得分相对应的标志性街道形象（图5-1），可以得出五个感知安全得分水平的街道的特征。

不同安全感的特征　　表5-1

感知安全得分	街景特征
19.73～31.57	道路偏僻，景观设施差，环境舒适度和安全性差
31.83～35.45	街道封闭，安全卫生条件差，人口稀少
35.46～39.05	街道设施适中，安全性适中
39.06～43.49	街道整洁，绿化程度高，视野开阔
43.50～55.41	公共空间和绿地丰富，人流量大

依据图像特点总结，可以发现绿地、建筑和汽车较多的街道比基础设施差、行人少的街道更令人感到安全。

图5-1 安全感的不同得分的街景图

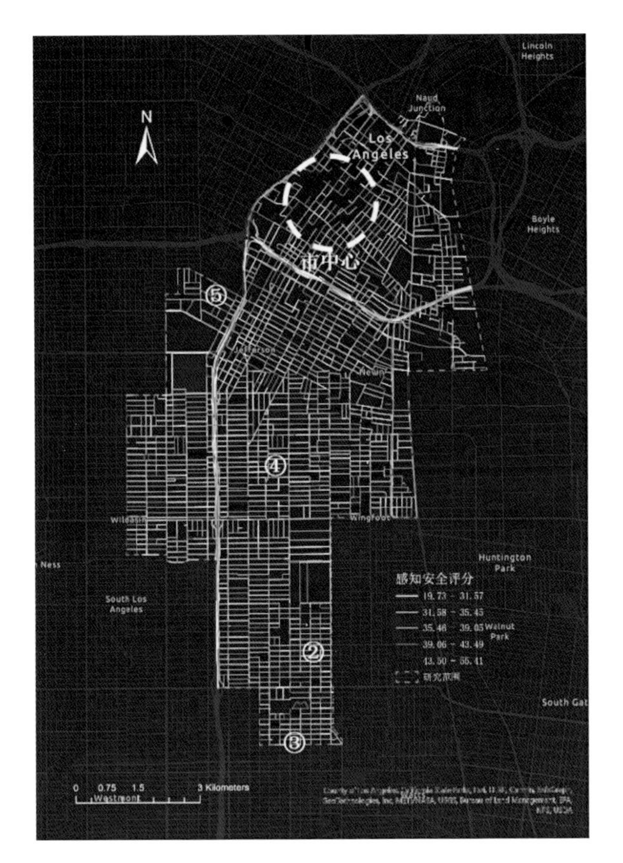

图5-2 感知安全地图

（2）犯罪风险分析

分析过程展示地图包括了第一步的犯罪活动核心密度估计图，第二步的街道段上的犯罪活动图和第三步的人类活动强度图，该图将犯罪活动用人类活动强度进行了校正。接下来，分析结果的地图显示了校正后的犯罪风险水平。

根据分析过程图（图5-3），中心城区的犯罪率很高，人口活动很密集。而从结果图（图5-4）上看，中心城区的归一化犯罪风险水平较低。除了市中心，其他地方的分布没有明显特征。

市中心地区的犯罪风险水平较低，尽管在用人类活动强度校正之前，犯罪活动的数量很高。其原因可能是，在人口活动密集的地方，整体犯罪机会较多，所以犯罪总数较多。排除人口活动的影响，市中心的平均犯罪水平较低，可能是因为发达地区的安全环境较好。同时，人口的平均贫困水平、教育水平和其他社会经济人口因素对犯罪率也有本质影响。

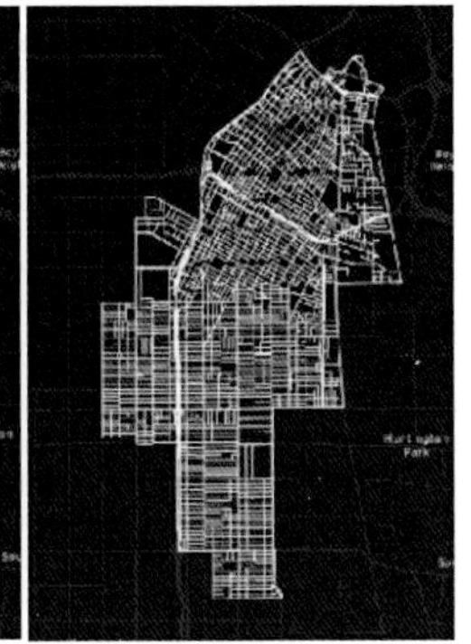
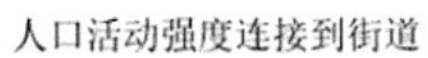

图5-3 犯罪风险地图分析步骤

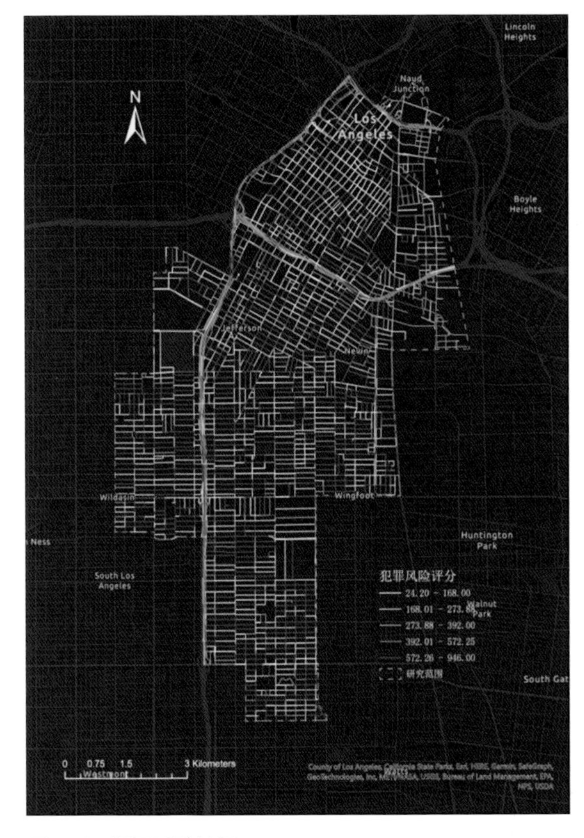

图5-4 犯罪风险地图

（3）偏差分析

感知安全和实际犯罪地图分布情况存在偏差（图5-5）。从图5-6可以看出，不同的颜色代表了感知安全和实际犯罪的高低值相互匹配的情况。黄色代表危险，亮蓝色代表安全，感知与实际的偏差存在于深蓝色和白色区域。许多街道为这两种颜色，表明道路感知安全和实际犯罪情况普遍不匹配。

图5-5　偏差分析的街景

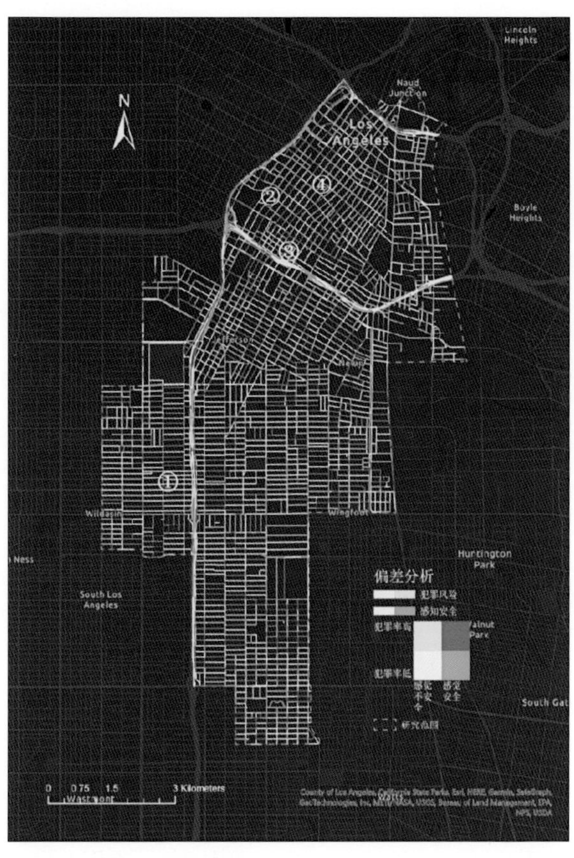

图5-6　偏差分析的地图

总体而言，安全的道路集中在市中心地区，而洛杉矶中南部是一个相对不安全的街区。感知与实际存在偏差的道路均匀分布于研究区域内各处，无明显聚集。

偏差的原因可以从感知安全和实际犯罪的原因方面进行分析。感知安全是由街景给人的安全感来评定的，受街道及其设施的环境外观影响。影响犯罪率的因素包括深层次的经济和社会人口因素。每条街道的街景并不总是与经济和社会状况相匹配，这就导致了感知安全与实际犯罪风险之间的偏差。

2. 模型应用案例可视化表达

（1）应用网站

本项目在Dash软件包的基础上建立了一个名为“洛杉矶安全路线”的互动网络应用，以更好地展示受不同用户需求影响的安全路线。用户需要输入他们的出发地和目的地，并调整距离、犯罪风险水平和安全感的权重。然后，网站将根据他们的偏好向他们展示安全路线（图5-7）。

该网络应用程序部署在Heroku上，可以通过以下网址访问：https://routingla.herokuapp.com/。由于其是免费的服务器，运行速度可能较慢，且无法支持大量用户同时使用。但是其原理是可行、可推广的，为可能的应用开发形态提供了雏形（该代码可在GitHub上找到：https://github.com/chenguiyu2222/routing111）（图5-8）。

（2）情景比较

根据不同的用户需求调整实际安全、感知安全和距离权重，本应用程序将导航得到不同推荐路径结果（图5-9）。在以下的

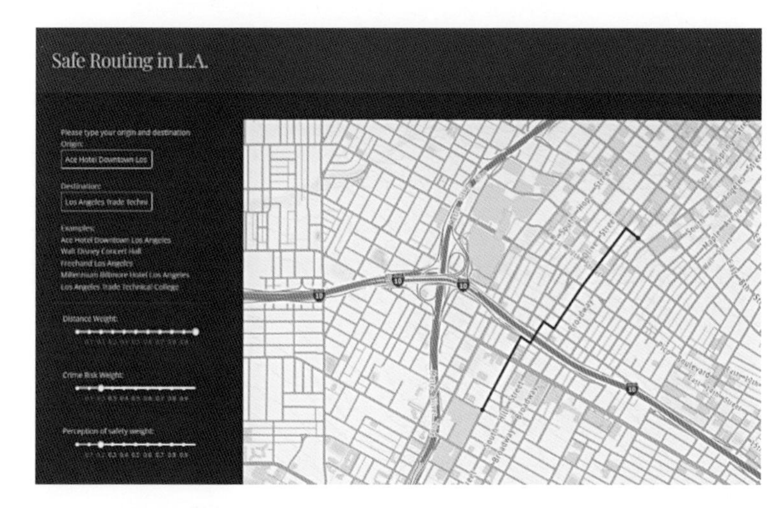

图5-7　网络应用程序

例子中，路线1的距离权重最高，而路线2的犯罪风险权重最高。路线3的感知安全权重是最高的。

与最短路径相比，路线2将避开那些经常发生犯罪的地方。路线3将提供一条有更多新建建筑和人群的道路，这让我们感到更安全。

这个网页功能将允许用户根据自己的需要定制应用程序，使其使用起来更具人性化、更加实用。

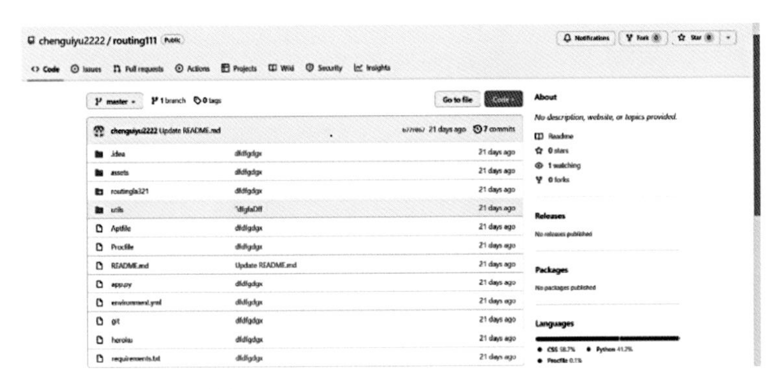

图5-8　GitHub上的代码

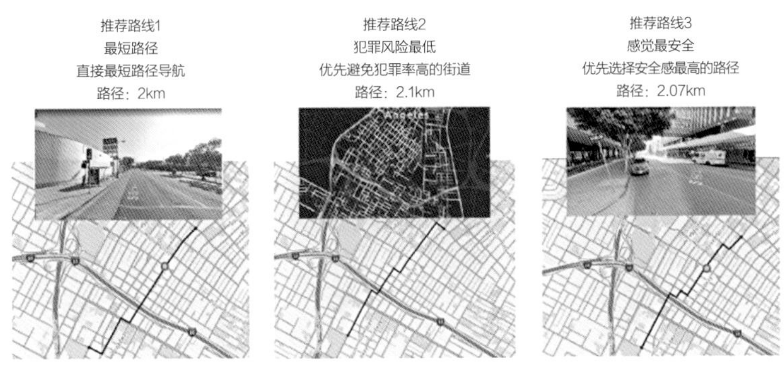

图5-9　推荐路线比较

六、研究总结

1. 模型设计的特点

数据创新：本研究利用街景图片来生成安全感评分，并将其与犯罪数据结合，全面地评估了街道的安全情况。

视角创新：本研究从以人为本的视角出发，根据每个人对安全的不同需求，为每个人提供差异化的个性定制的安全路径。

2. 应用方向或应用前景

阐明研究问题的探索性内容，围绕城市经济建设和社会发展的重要科技问题，论述其可能的应用方向或应用前景。

（1）规划政策建议方向

在区域发展的情况下，对于没有意识到危险的地方，应该适当增加警力，并建议在街上安装摄像头。 对于被认为有危险的地方，应该加强街道环境建设，如种植绿化。危险的地方可以采用这两种方法。

降低犯罪率是保证安全的基础，在此基础上，提高人们的感知安全也很重要。前者实际上影响着人们的安全状况，而后者则给人以舒适的环境，给人以安全的心理体验。

①部署警力

在犯罪风险较高的地区，建议安装街道摄像头，并提高警方响应速率，以改善公共安全。

街头摄像头可以阻止犯罪，防止事故，并改善公共安全。他们已经被用来抓捕犯罪分子，并辅助对受害者的救援。在某些情况下，摄像头甚至通过在犯罪发生前捕捉潜在的麻烦制造者的录像来防止暴力。此外，一些摄像系统可以使用先进的人工智能来识别和提醒司机路上的危险，如残疾车辆、学校区域和人行横道。这项技术甚至有助于减少学校区域的碰撞事故。最重要的是，摄像机通过帮助警方抓捕罪犯，防止暴力和危险情况升级，改善了公共安全。

改善一个地区安全环境的另一个方法是部署更多的警察。警察可以通过威慑犯罪，如指挥交通或阻止可疑行为，使该地区更安全。他们还可以为该地区提供一个友好的环境，这对居民有积极的心理影响。

②改善街道环境

人们的安全感受街道环境的影响最大。有些街道被认为是不安全的，可以通过改善其环境来改变人们对街道的感觉。在上一节分析的给人以安全感的街道特征中，可以找到具体的改善方法。

例如，通过安装街道家具，如长椅，增加树木和景观，可以创造一个更有吸引力的环境，使人们在上面行走更愉快。这可以提高该地区的安全，因为增加了在街上行走的人数，从而减少了该地区的空闲时间，使人们更难在该地区犯罪。还可以通过增加各种不同的植物种类来改善该地区的外观，为该地区增添色彩和质感。还可以通过升级该地区的照明来提高该地区的安全性。

（2）应用开发前景

高德地图等公司可以开发一些应用程序，为用户提供一些更安全的替代路线。该应用程序通过分析用户当前位置信息、目的地、自定的安全指标与时间权重，为用户推荐一条个性化安全路线，帮助用户降低出行风险，并在使用地图时提供更安全与更人性化的体验。

使用这些更安全的替代路线方案可以帮助减少行人、骑手和司机遭遇犯罪的风险，且能以较短距离到达目的地。这可以帮助用户在合理的出行路径改变范围内增强出行安全。

参考文献

[1] Measuring #Me Too-A National Study on Sexual Harassment and Assault [R]. 2019. Available at: https://stopstreetharassment.org/ourwork/nationalstudy/#:~:text=2019%20RESEARCH%20ON%20SEXUAL%20HARASSMENT%20AND%20ASSAULT%3A%20To,and%20Promundo%20released%20a%20new%20joint%20national%20study.

[2] Levy, S. et al. SafeRoute: Learning to Navigate Streets Safely in an Urban Environment [R]. arXiv, 2018. Available at: http://arxiv.org/abs/1811.01147.

[3] Galbrun, E., Pelechrinis, K. and Terzi, E. Urban navigation beyond shortest route: The case of safe paths, Information Systems [J]. 2016, 57: 160-171. doi:10.1016/j.is.2015.10.005.

[4] Jacobs, J. The death and life of great American cities [J]. Vintage,1961.

[5] Vrij, A., & Winkel, F. W. Characteristics of the built environment and fear of crime: A research note on interventions in unsafe locations [J], Deviant Behavior,1991, 12 (2): 203-215.

[6] Doran, B. J., & Burgess, M. B. Putting fear of crime on the map: Investigating perceptions of crime using geographic information systems [J]. Springer Science & Business Media, 2011.

[7] Zhang, F. et al. "Perception bias": Deciphering a mismatch between urban crime and perception of safety [J]. Landscape and Urban Planning, 2021. doi:10.1016/j.landurbplan.2020.104003.

[8] Wang, R., Ren, S., Zhang, J. et al. A comparison of two deep-learning-based urban perception models: which one is better? [J]. Comput.Urban Sci.,2021.

[9] Yao, Y., et al.. A human-machine adversarial scoring framework for urban perception assessment using street-view images [J]. International Journal of Geographical Information Science, 2019, 33 (12): 2363-2384.

[10] Dubey, A., Naik, N., Parikh, D., Raskar, R. & Hidalgo, C. A.. Deep learning the city: Quantifying urban perception at a global scale. In European conference on computer vision [C] Springer, 2016: 196-212.

[11] Naik, N., Philipoom, J., Raskar, R., & Hidalgo, C.. Streetscore-predicting the perceived safety of one million streetscapes. In Proceedings of the IEEE conference on computer vision and pattern recognition workshops [C]. 2014: 779-785.

[12] Dijkstra, E. W.. A note on two problems in connexion with graphs [J]. Numerische Mathematik, 1959, 1: 269-271. doi:10.1007/BF01386390. S2CID 123284777.

[13] G. Boeing, OSMnx: New methods for acquiring, constructing, analyzing, and visualizing complex street networks [J]. Computers, Environment and Urban Systems, 2017, 65: 126-139. doi: 10.1016/j.compenvurbsys.2017.05.004.

基于人流网络的南京都市圈跨界地区识别与结构特征研究

工 作 单 位：南京大学建筑与城市规划学院
报 名 主 题：生态文明背景下的国土空间格局构建
研 究 议 题：城市群与都市圈协同发展
技术关键词：复杂网络、机器学习
参　赛　人：谢智敏、魏玺、易柳池、叶澄、李晟、冷硕峰、李智轩
指 导 老 师：席广亮、甄峰
参赛人简介：团队成员来自南京大学建筑与城市规划学院，依托甄峰教授领衔的智城智慧团队以及江苏省智慧城市设计仿真与可视化技术工程实验室开展了一系列研究，重点关注大数据在城市区域规划中的应用、智慧城市理论与顶层设计、流动空间等领域的学术研究与规划实践工作。近年来，参与了多项国家自然科学基金与社会科学重大基金项目等科研项目，多次获得国家和省级奖项。

一、研究问题

1. 研究背景及目的意义

伴随着全球化、信息化和城镇化进程的不断深化，以都市圈和城市群为表征的巨型城市区域逐渐崛起。2021年至2022年，国家发展改革委先后颁布了南京、福州、成都、长株潭和西安都市圈发展规划，都市圈成为当下中国城镇化发展新格局中的重要载体。自然资源部将都市圈定义为以中心城市为核心，与周边城乡在日常通勤和功能组织上存在密切联系的一体化地区，一般为一小时通勤圈，汪光焘等进一步指出，都市圈强调中心城市跨行政区划的协同发展，在中国特殊的行政建制背景下，都市圈的跨界发展也逐渐成为当下研究探讨的热点话题。唐蜜等指出都市圈内部跨界地区发展因存在“核心—边缘”不对等行政主体的竞合关系而存在特殊性，亟待更进一步的探讨。总体而言，跨界地区是都市圈协同发展的关键地区，促进跨界地区良性发展对于优化都市圈功能空间布局、促进都市圈一体化以及优化都市圈资源配置等方面都具有重要意义。

国内外关于跨界发展的研究由来已久，多学科多视角的探索自20世纪90年代开始不断涌现，研究尺度呈现出由超国家层级向次国家层级的“微观区域化”的转变，研究的内容主要集中在跨界联系与网络、边界效应测度以及跨界协同治理等方面。一方面，以行政单元为对象开展城市网络研究是城市群内部跨界发展研究的主要路径和方法，Shen J指出跨界联系的不断增强促使区域城镇关系走向扁平化和网络化。另一方面，边界效应的测度多采用重力模型、协同模型以及网络联系等方法，其中重力模型主要通过加入边界哑变量来分析系数大小，协同模型主要衡量边界

两侧经济体经济增长速度的差异性，网络联系则主要以跨界联系强度及其占全部联系比例等来衡量。最后，跨界治理则多针对尺度重构、公共事务合作、道路交通联通、生态环境保护以及邻避设施布局等议题展开，重点解决由于行政壁垒效应所导致的跨界发展矛盾，倡导区域跨界发展由刚性的行政区划调整走向更为柔性的多方合作共赢。

人口流动不仅是流空间的核心要素，也是一种对社会经济发展影响深远的地理过程，随着大数据技术尤其是手机信令数据的发展，基于人流的空间分析在城市区域研究的不同尺度中得到广泛开展。在城市内部，基于人流的城市时空间结构、功能区识别、职住分离和活力评价等方面已经开展了一系列深入的探索。在区域层面，刘望保等依托百度迁徙数据从不同时间段对比分析了中国人口日常流动的空间格局；钮心毅等依托手机信令数据在区域城镇体系测度方面开展了一系列深入的研究。面向新时期的都市圈空间单元，基于跨城人流大数据的空间结构特征、空间范围识别与节点联系模式等研究正在成为热点话题，对于都市圈内部重要的跨界地区发展而言，人流的深化应用研究则还相对较少。

综上，已有针对跨界地区的研究已经较为丰富，多从政策机制、产业协同、基础设施等方面进行探讨，但日常人流视角研究相对不足，同时借助人口流动和社会网络分析方法的研究停留在简单的描述统计阶段，未充分深化社会网络分析各种指标算法在都市圈跨界地区中的应用价值。目前，区域依托流空间形成了各种不同的功能性分区，跨界地区应该嵌入区域功能联系网络之中，从而有机缝合地区之间的发展脉络。基于此，本文利用手机信令数据，从人流网络的构建出发开展南京都市圈跨界地区的识别和结构特征分析。

2. 研究目标及拟解决的问题

项目总体目标：基于人口流动大数据和社会网络分析方法，有效识别都市圈跨界地区人流组团，并深入分析其空间发展的结构特征。

研究的瓶颈问题：

一是都市圈跨界地区是否存在组团式的发展特点？如何准确识别都市圈不同的跨界组团？

从近年来一系列政策文件和都市圈实际发展来看，都市圈的跨界发展存在以中心城市为核心，向外廊道扩散的趋势，不同的廊道则会带动相应不同的边界地带的组团式发展，组团的准确划分是促进都市圈跨界地区良性有序发展的重要基础。为此，本文假设都市圈存在组团式的跨界地区，以乡镇街道为单元通过跨城人流网络的社区发现算法尝试精细准确地识别分割出不同的跨界组团。

二是如何通过人流网络深入分析跨界组团内部的结构特征？

考虑到跨界组团其实是都市圈相邻地区之间联系沟通的各个重要桥梁，对跨界组团内部人流网络的分析应该体现跨城和非跨城的差异性，从而彰显跨城流动对地区发展的意义。基于此，本文从乡镇街道间全部的人流网络中进一步剖析出仅市域内部的人流网络和仅跨城的人流网络另外两种网络，并对此进行对比分析，进而明晰组团内部节点等级和整体网络结构的差异性，为都市圈不同跨界地区的差异化发展路径提供决策支撑。

二、研究方法

1. 研究方法及理论依据

（1）理论基础

“流空间”理论认为随着信息的快速流动与区域基础设施的完善，要素在区域中加快流动，提高了空间交互的频率和强度，“流空间”已代替“场所空间”成为重塑区域空间形态的主要工具，也为研究城市间关系和城市空间结构提供了新视角。国外著名学者泰勒就提出了中心流理论以改善传统的中心地理论，认为要素流动是“中心地”形成的本质动因，吴志强院士基于流空间理论与中国城市规划实践需求提出“以流定形”理性规划方法。人流作为城市中最活跃的主体，是区域一体化过程中空间交互作用的重要表征，还是其他各类要素流的综合映射。

（2）社会网络分析方法

社会网络是指行动者及其间关系的集合，表征资源的传递和流动。社会网络分析（Social Network Analysis, SNA）起源于20世纪30年代，强调用关系的视角探讨社会现象和社会结构，着眼于网络结构对群体功能或行动者个体的影响。社会网络分析使用真实的联系数据，可以弥补传统属性数据的不足，能更准确地对节点间的相互作用关系进行判断和度量，已形成成熟的网络分析范式，目前，被广泛应用于多元城市网络研究中。在具体分析时，可按照网络形成机制和组成要素，从节点、边、面三个维度对城市网络特征进行刻画。

综上，“流空间”背景下，人流网络是研究区域空间结构的重要视角，社会网络分析方法为其提供了可靠的方法论基础和空间特征分析框架，有助于深入地探讨人流视角下南京都市圈跨界一体化发展的进程和空间发展模式。

2. 技术路线及关键技术

如图2-1所示，本文分析的技术路线主要包括以下四个步骤：

一是人流网络构建。根据手机信令数据的基本特点，可以相对准确地提取居民日常交通出行的起止点（Origin-Destination，OD）、居住地和工作地的通勤OD以及居住地和非工作地的非通勤OD等。居民日常通勤流动是都市圈形成和发展的基础，与交通建设以及产城融合等重大战略息息相关，因此，本文基于手机信令数据提取南京都市圈居民一周内总通勤流动OD，并在乡镇街道空间单元上进行聚合，构建无向加权网络。

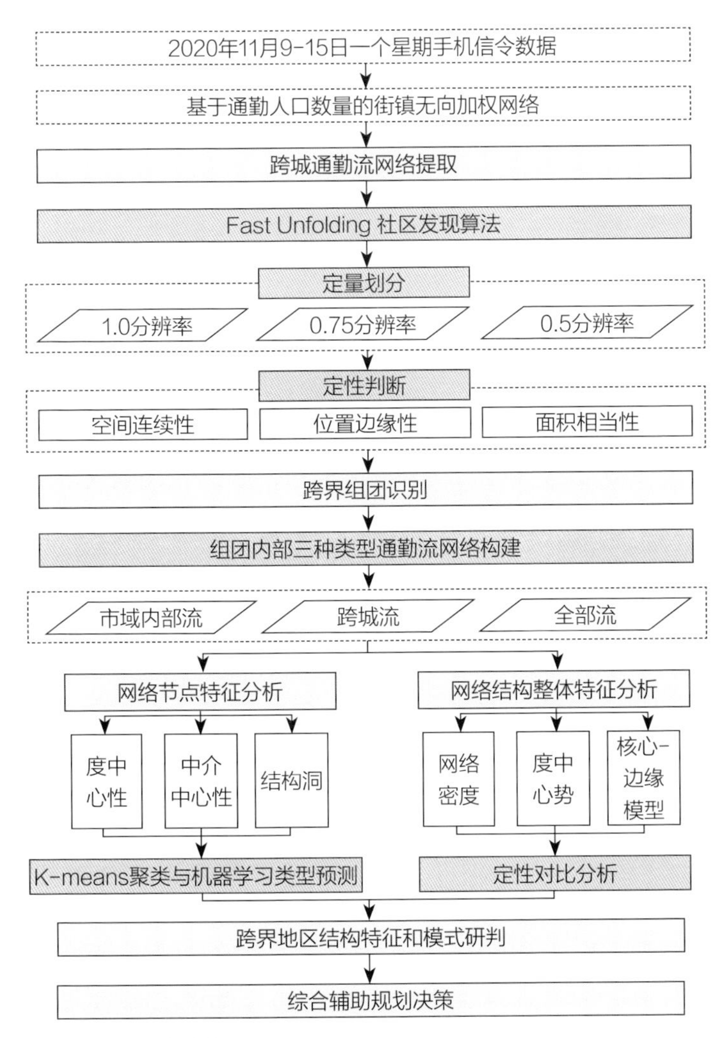

图2-1　研究技术路线

二是跨界组团识别。通过Blondel等人提出的已经广泛应用的Fast Unfolding社区发现算法对跨城通勤流网络进行组团划分，在1.0、0.75以及0.5三个分辨率下得出不同尺度的划分结果，最终从空间连续性、位置边缘性和面积相当性三个维度定性定量结合地划分成若干个跨界组团。

三是三种类型通勤流网络构建。针对各个跨界组团，分别构建其内部三个类型的通勤流网络：①仅考虑地级市行政边界内部的通勤流；②仅考虑跨城的通勤流；③全部的通勤流网络，通过三个网络的对比分析深入挖掘跨城流动对跨界地区发展的影响。

四是组团内部跨城和城市内部网络结构特征的综合对比分析。一方面，计算各组团内部三种网络下乡镇街道节点的度中心性、中介中心性、接近中心性以及结构洞等多个指标，并利用k-means方法进行聚类，总结出不同等级节点的分布特征，在此基础上通过机器学习算法进行训练，生成可推广应用的预测模型。另一方面，利用网络密度、网络度中心势以及核心—边缘模型三个算法对各跨界组团三种网络结构进行测度，进而发现南京都市圈内部不同的跨界地区在发展中面临的人口流动差异性。

三、数据说明

1. 数据内容及类型

本研究主要涉及以下两类数据源：

（1）基础空间边界

基础空间边界数据来自中国科学院资源环境科学与数据中心。研究选择了南京都市圈作为研究区域，以街镇作为研究单元，研究区域内共计833个街镇单元。

（2）手机信令数据

手机信令数据来自联通智慧足迹Dass平台，数据采集时间为2020年11月9-15日。手机信令数据以乡镇街道为基本单元，具体包含日期、来源地、到达地等信息（表3-1）。由于手机信令数据无法记录用户的出行目的，因此需要通过出行规律推断其出行目的。具体数据处理步骤如下：统计用户每日在观测时间段内被观测的时间，累加排名最高且出现天数超过10次的区域识别为该用户的稳定居住地、工作地；若用户在非工作地、非居住地以外的区域连续停留1小时以上，则将其识别为用户的消费休闲地；此外，本研究通过联通市县一级的市场占比及工信部人均拥有号码个数，建立扩样算法公式，反推所有手机用户数量。

数据内容及类型　　表3-1

类型	内容	获取方式	使用目的及在模型中的作用
基础空间边界	南京都市圈乡镇行政边界	中国科学院资源环境科学与数据中心	研究基本单元
手机信令数据	2020年11月9-15日南京都市圈人口流动及属性数据	联通智慧足迹Dass平台	人流特征分析、社会网络分析

2. 数据预处理技术与成果

本研究的数据预处理技术主要涉及基础空间边界的空间投影以及手机信令数据的清洗、集成、矩阵化等内容。

基础空间边界需要转换成CGCS2000_3_Degree_GK_Zone_40坐标系。手机信令数据的数据清洗需要处理数据中存在的缺失值、无效值等。筛选出研究所需的通勤数据，对城市内部人流和城市间人流进行区分，并对各街镇的流入、流出人口规模进行汇总。此外，将集成后的数据转换为OD矩阵（图3-1）。

列表数据

出发地街镇编码	目的地街镇编码	出行规模	出行类型
341881204000	341881200000	105	0
341881204000	340223400000	45	1
341881204000	341881003000	189	0

矩阵数据

全样本

	320105002000	……	340523401000
320105002000	6962	……	0
……	……	……	……
340523401000	0	……	0

城市内出行

	320105002000	……	320115009000
320105002000	6962	……	269
……	……	……	……
320115009000	269	……	45587

城市间出行

	320105002000	……	340503005000
320105002000	0	……	10
……	……	……	……
340503005000	10	……	0

图3-1　手机信令数据矩阵化

四、模型算法

本研究涉及的主要模型算法有三种：基于模块度优化的社区发现算法、基于复杂网络分析法的跨界地区网络节点与结构特征计算、基于跨界特征指标的节点分类器。

1. 基于模块度优化的社区发现算法

社区划分的目的是识别网络节点的“抱团”现象，其本质在于将联系紧密的网络凝聚成一个相对稳定的社区组团。Newman和 Girvan提出的模块度概念从定量层面解决了如何评价社区划分结果优劣的问题，模块度取值范围在0～1之间，模块度0.3～0.7可认为社区划分结果较好。在此基础上，Blondel等人提出了一种基于模块度的社区发现贪心算法，该方法已被用于全球不同地区的人流网络社区划分中，是当前主流的社区发现算法之一。模块度的计算公式如下：

$$Q=\frac{1}{2m}\sum_{i,j}\left[A_{ij}-\frac{k_i k_j}{2m}\right]\delta\left(c_i,c_j\right). \qquad (4\text{-}1)$$

式中，m表示网络中所有的权重之和的二分值，A_{ij}为节点i和节点 j之间的权重，k_i表示与节点i连接的边的权值，c_i表示节点被分配到的社区，δ（c_i，c_j）为判断节点i与节点 j是否被划分在同一个社区中，若是则返回1，否则返回0。

2. 跨界地区网络节点特征计算

基于跨界地区识别结果提取跨界组团子网络，将子网络转为城市内、城市间和全样本三类矩阵，应用复杂网络分析法进行节点和网络特征指标计算。

（1）节点度中心性

度中心性是最基础的节点中心性指标，用于测度节点在邻域中的影响力。其公式为：

$$DC_i=\sum_{j=1}^{k}a(v_i,v_j) \qquad (4\text{-}2)$$

式中，k为网络的节点数，a_{ij}是节点v_i与v_j之间的流动人口数。节点的度中心性越高，其在网络空间中的影响力越大。

（2）节点中介中心性

中介中心性表示的是网络中所有最短路径中经过节点v_i的数量比例，反映了节点对网络流量的承载力和控制力。其公式为：

$$BC_i = \sum_{s \neq t} \frac{\sigma_{st}(i)}{\sigma_{st}} \quad (4\text{–}3)$$

式中，σ_{st}为从节点v_s到节点v_t的所有最短路径的数量，$\sigma_{st}(i)$为从节点v_s到节点v_t经过节点v_i的所有最短路径的数量。中介中心性较高的街镇，在跨界组团中起到了沟通其他单元的中介调节作用。

（3）节点结构洞效能

结构洞是节点之间的一种连接形式，指在网络组织中一方与另一方不存在直接联系，而是通过第三方节点实现，该节点即为结构洞。结构洞效能指标可用节点的个体网络规模减去网络冗余度来表达：

$$ES_i = \sum_j \left(1 - \sum_q p_{iq} p_{jq}\right), q \neq i, j \quad (4\text{–}4)$$

式中，j代表节点v_i的所有邻接节点，q代表与节点v_i和v_j都邻接的节点，p_{iq}和p_{jq}表示节点q在节点v_i与节点v_j的邻接节点中所占流动人数的比例。结构洞效能值越高，非冗余因素越多，节点传递信息的能力越强。

3. 跨界地区网络结构特征计算

（1）网络密度

网络密度指网络中各节点之间联系的紧密程度，可以通过网络的实际关联强度与理论上可能存在的关系数之比得到。网络整体密度越大，网络对其中节点产生的影响可能越大。其公式为：

$$D = \sum_{i=1}^{k} \sum_{j=1}^{k} \frac{a(v_i, v_j)}{k(k-1)} \quad (4\text{–}5)$$

式中，k为街镇节点数量。D取值在0～1之间，网络密度越大，节点之间联系越紧密。

（2）网络中心势

研究采用度中心势指标反映整个网络的中心化、总体整合程度，度中心势越接近1，说明网络节点的度中心性高低差异越大。其公式为：

$$C = \frac{\sum_{i=1}^{k} (DC_{max} - DC_i)}{max\left[\sum_{i=1}^{k} (DC_{max} - DC_i)\right]} \quad (4\text{–}6)$$

式中，C为图的度中心势，DC_i为节点i的度中心性，DC_{max}为度中心性的最大值，k为节点数量。

（3）核心—边缘模型

核心—边缘结构分析根据网络中节点之间联系的紧密程度判定不同节点的地位角色，将节点网络分为核心区域和边缘区域。在区分核心边缘节点的基础上会形成拟合指数，该指数越接近于1，说明网络更加接近单中心极化结构，反之则倾向于多中心组团式发展。

4. 基于跨界特征指标的节点分类构建

基于机器学习算法，从人口流动性视角对跨界地区中的街镇单元进行更加分类，以探讨不同跨界组团中节点单元的功能定位。包括K–means聚类和分类器构建两个主要步骤。首先，对街镇节点的三项网络特征指标进行聚类分析，并统计不同类型乡镇街道节点的跨界指标数据特征，结合其空间分布归纳节点类型，如图4–1所示。然后，在验证聚类结果有效性的基础上，以聚类分析结果为样本构建训练集，采用多种经典算法对街镇单元作分类预测。

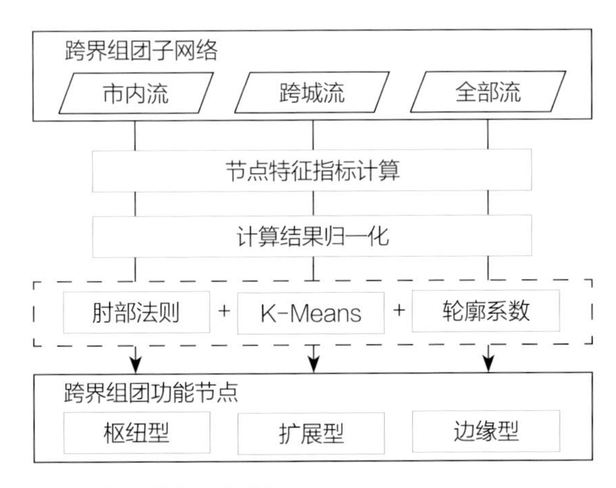

图4–1 跨界组团街镇节点聚类分析

五、实践案例

1. 研究区域概况

南京都市圈是全国较早启动建设的跨省都市圈，具有丰富的跨界发展特征。其位于长江下游和长三角区域中部，东西横跨江苏省和安徽省，具有十分重要的战略地位，至2020年，南京都市圈形成“8+2”的新格局，其发展日趋成熟。2021年2月8日，《南京都市圈发展规划》（下文简称规划）成为首个国家发展改革委批复的都市圈发展规划，南京都市圈成为引领国内现代化都市圈建设的风向标。如图5–1所示，本文研究范围包括8个城市的全域以及常州市的两个区县，总面积6.6万km^2，常住人口约3 500万。本文以研究范围内833个乡镇街道为研究单元。

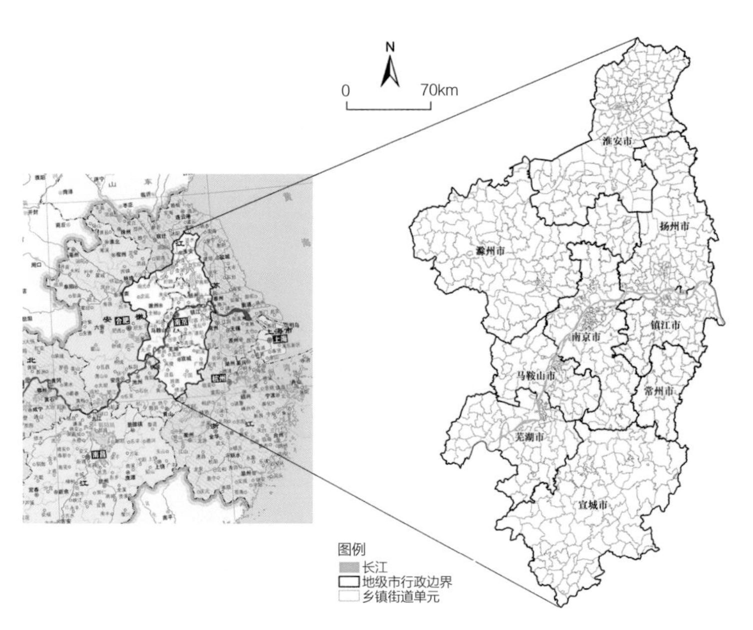

图5-1　研究区域概况

2. 跨界组团识别

如图5-2所示，总体上南京都市圈跨城通勤流网络社区组团形成以南京市为中心向四周楔形扩散且在外围边缘地区环绕分布的总体格局，与现实情况较为符合，人口流动清晰地揭示了都市圈跨界发展的整体趋势。在1.0分辨率下，跨城通勤流网络形成10个社区组团，模块度为0.601，划分效果较好，在0.75和0.5分辨率下进一步细分为12与17个组团，模块度分别为0.602和0.58，保持了划分结果的稳健性。对上述三个分辨率的组团划分结果进行综合对比分析，一是从空间连续性角度考虑，对于部分由于数据精度问题导致的细碎单元以及本身存在的少量飞地联系进行剔除，使各跨界组团内部形成连续性的空间界面。二是从位置边缘性考虑，尽量保证每个组团中的大部分单元位于地级市行政边界两侧的边缘地区，以更好地体现指导跨界地区发展的现实意义，如将南京市江南主城核心的新街口与夫子庙等地区从组团划分结果进行剔除。三是考虑各组团的面积相当性，通过三个分辨率的相互对比，保证最终划分的各组团面积差异相对较少，使组团间具有更好的可比性。如南京市江北地区与滁州市边界地区在0.75分辨率下形成一个组团，而在1.0分辨率下，该组团联合马鞍山市西侧和芜湖市西侧地区形成更大的组团。反映在现实中南京市江北地区与滁州市的跨界融合发展具有一定的基础和规划诉求，因此以0.75分辨率结果为准，以此类推形成最终的15个跨界组团，并以该组团所横跨的地级市简称进行命名（图5-3）。

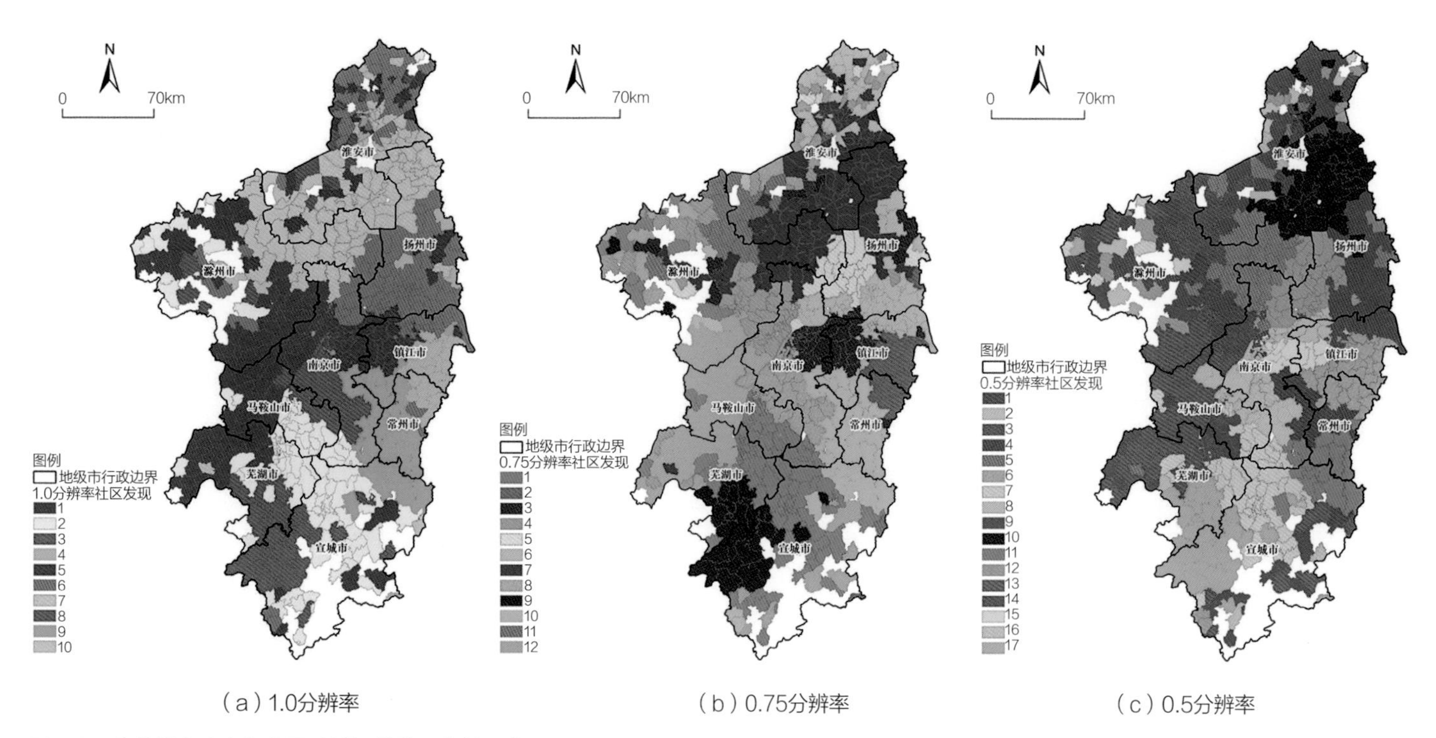

图5-2　多分辨率南京都市圈跨城通勤流网络社区发现

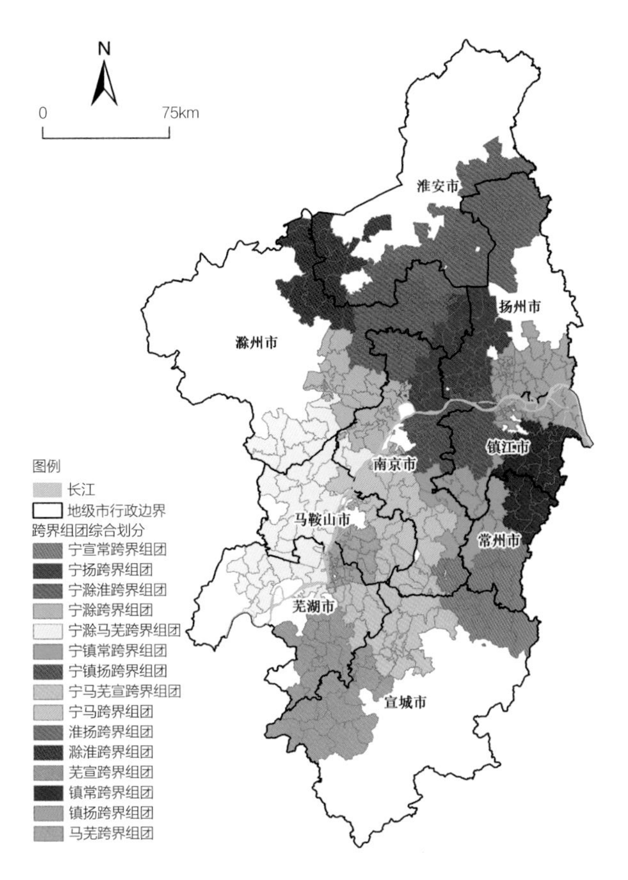

图5-3　南京都市圈跨界组团综合划分

3. 跨界组团网络节点特征与类型划分

根据南京都市圈通勤人口出行OD矩阵，通过社会网络分析方法分别计算各人流组团街镇节点的度中心性、中介中心性、结构洞效能，对跨界地区节点特征进行测度，并以此为依据对其类型进行划分。

（1）度中心性

南京都市圈各跨界组团街镇节点的度中心性如图5-4所示。整体而言，南京都市圈各跨界组团内部的度中心性等级结构特征明显，城市内部网络与全网络特征较为相似，跨城网络则有较大差异。具体而言，各跨界组团可以大致分为内外分离型和内外重合型两类。大部分组团表现为内外分离型，即城市内部网络和跨城网络中度中心性高值区域不同，组团内不同城市内部有着各自的中心。典型代表是宁滁跨界组团，其在城市内部网络中高值分别在滁州市区和南京江北新区核心，而在跨界组团中高值在市域边界两侧。仅有少量节点表现为内外重合型，即在城市内部网络和跨城网络中的高值街镇基本一致，中心街镇同时控制了其城市内的人流和跨城人流，整个组团明显受到发展较好一侧城市的街镇吸引。例如，马芜跨界组团中，高值节点大多位于芜湖市区，组团发展明显倾向于芜湖一侧。

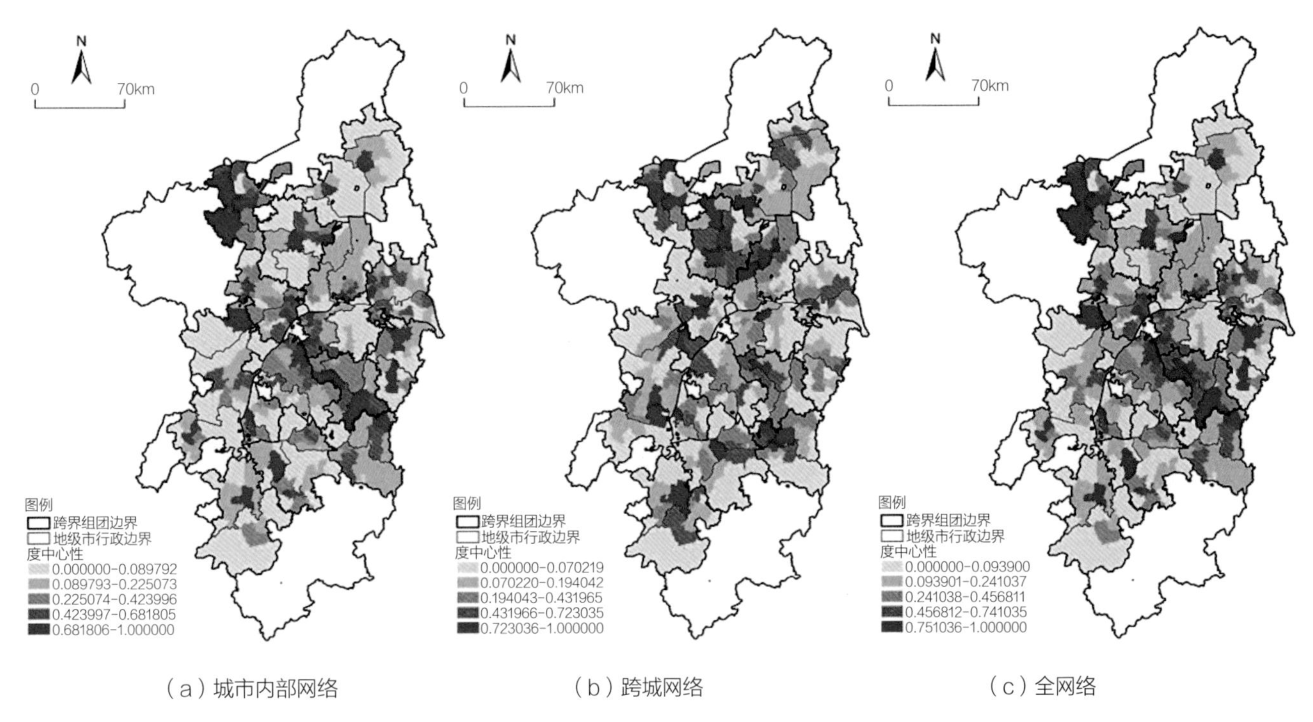

（a）城市内部网络　　（b）跨城网络　　（c）全网络

图5-4　跨界组团街镇节点度中心性

（2）中介中心性

南京都市圈各跨界组团街镇节点的中介中心性如图5-5所示。整体而言，中介中心性在各个组团中不均衡性更强，高值街镇相对度中心性更少，即仅有少数节点承担了非常重要的桥梁功能。三个网络高值均主要分布于市域边界两侧，但城市内部网络分布更加分散，表现为多中心特征，而跨城网络更多倾向于连片分布。例如，淮扬跨界组团在城市内部网络中高值分散于组团北部和西部淮安市区域内以及两城市中部交界处，而在跨城网络中则沿中部和北部的市域边界分布。

（3）结构洞效能

南京都市圈各跨界组团街镇节点的结构洞效能如图5-6所示。对比来看，在跨城网络中，高结构洞效能大小的单元主要分布在地级市行政边界两侧，其中宁镇、宁扬以及镇常等跨界组团在边界一侧形成高效能单元集聚，而宁滁、宁马、宁常等跨界组团在边界形成两侧的高效能单元集聚。此类高结构洞效能的街镇将是促进一体化的重要载体，促进其外向发展将有效提升都市圈跨界联系水平。将跨城网络与城市内部网络进行对比，内部高效能单元与跨城高效能单元出现不同的组合关系。其中，宁镇跨界组团的南京一侧内部效能远大于跨界效能，说明江宁等地已成为城市内部联系的重要节点，但外向联系尚有不足；而宁滁跨界组团的汊河镇等单元同时存在较高的内部效能和跨界效能，说明其跨界一体化发展的态势较好，且在跨界发展中具有明显的优势，未来应作为跨界发展的重要培育节点。

（4）节点类型划分

利用节点特征刻画街镇单元在跨界组团中承担的地位和功能，以支撑差异化街镇单元发展策略。利用K-means聚类方法基于度中心性、中介中心性和结构洞效能三项指标划分节点类型，类型数量通过肘部法则确定，最终选取K值为3。南京都市圈各跨界组团街镇节点的分类结果如图5-7所示，各类型的描述性统计结果见表5-1。

在跨城网络中，所有组团内均包含三类节点，基本呈现出以边界接壤地区为核心区，扩展区和边缘区向外扩散的圈层式空间结构。其中，跨界核心区是跨城网络中的枢纽型节点，承担网络中的核心联系。在空间上，核心区沿地级市行政边界分布，与结构洞效能指标的空间分布类似，都具有单侧分布和对侧分布两种类型，如宁滁、宁镇常等跨界组团中两侧毗邻街镇均为跨界核心区，跨城联系对称且较均质，属于双侧共同发力式组团；而宁镇、宁马跨界组团中只在镇江侧和马鞍山侧存在核心节点，南

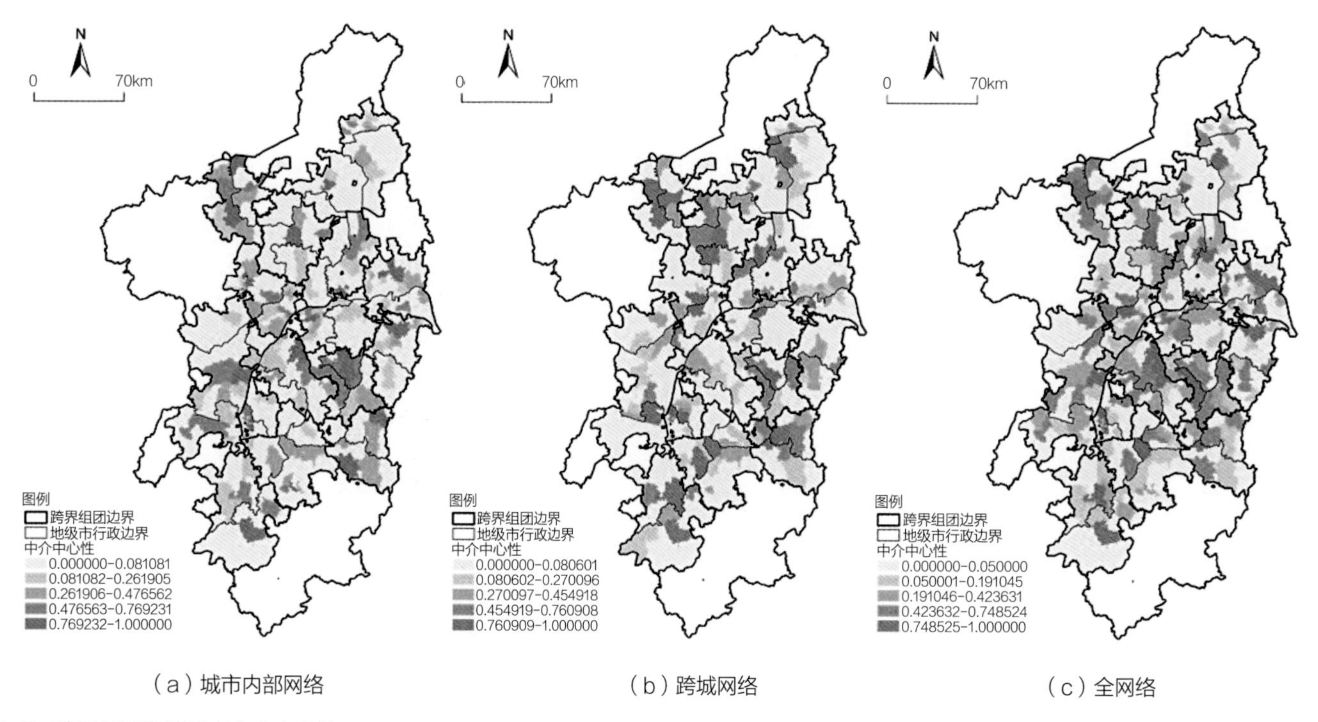

（a）城市内部网络　（b）跨城网络　（c）全网络

图5-5　跨界组团街镇节点中介中心性

京侧均为扩展区，为单侧发力式组团。相较于核心区，跨界扩展区仅在中介中心性与结构洞效能上存在较大差异，说明扩展区承担了核心区节点的外溢，大量密集人流在其间经过。在空间分布上，扩展区基本与核心区相互咬合。跨界边缘区相较于其他两类而言，在三个指标上的差距均较大，在空间上位于跨界组团的边界处。

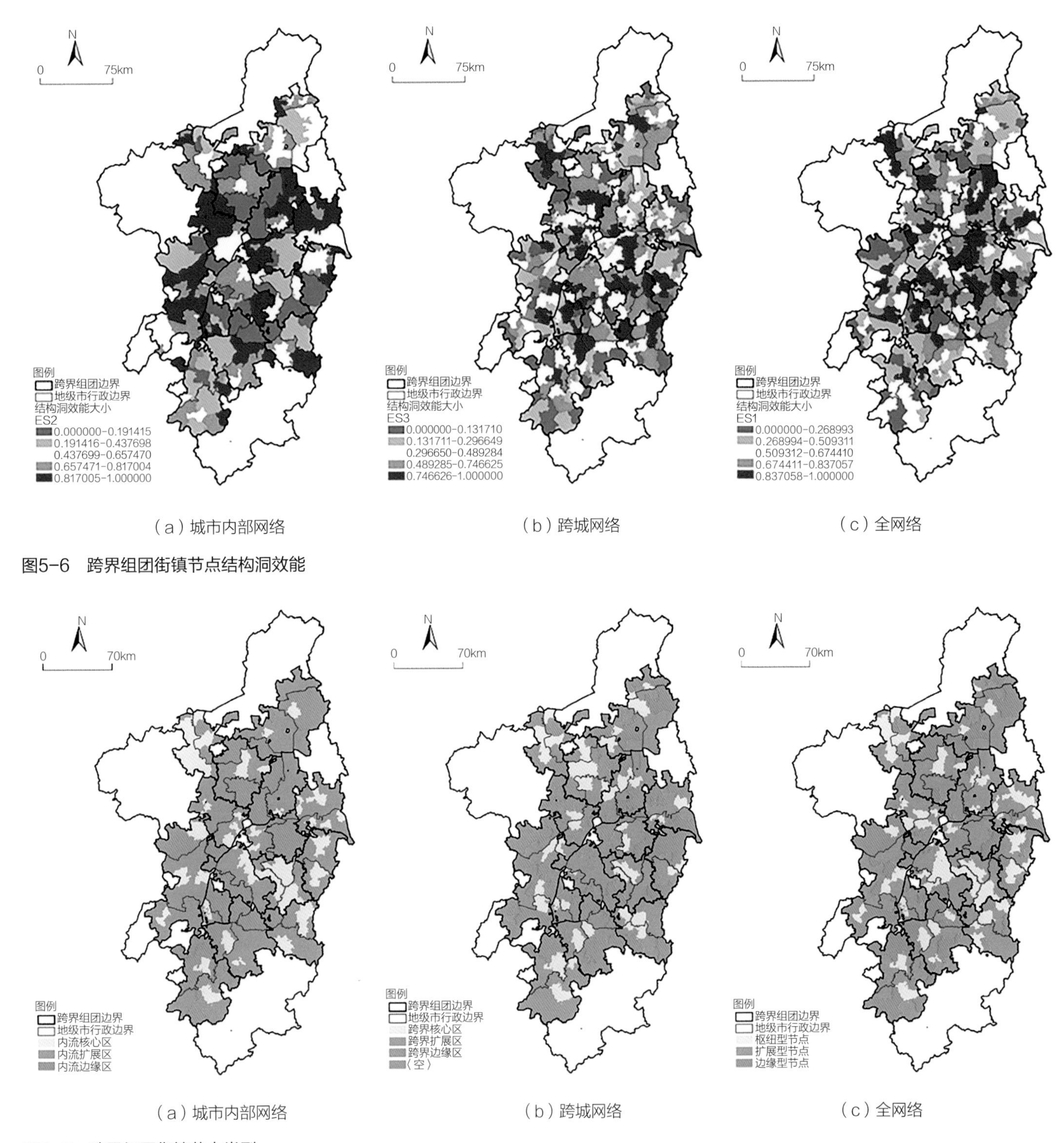

（a）城市内部网络　（b）跨城网络　（c）全网络

图5-6　跨界组团街镇节点结构洞效能

（a）城市内部网络　（b）跨城网络　（c）全网络

图5-7　跨界组团街镇节点类型

相比于跨城网络，城市内部网络中节点呈现出明显的集中分布态势，核心区与扩展区仍然交错，但边缘区以行政区为边界与其他区域分割。大部分节点在组团中的地位和角色发生变化，与度中心性的变化趋势相似，跨界组团的核心区也呈现出内外分离型和内外重合型两类，从具体的节点类型看，存在以宁镇组团宝华镇为代表的核心—边缘型节点，即在跨城网络中承担大量核心联系，兼具对资源高强度的集聚和扩散能力；而在城市内部网络，宝华镇远离镇江市中心，内部人口流动相对简单。各组团内，仅存在少量核心—核心节点，在城市内部和跨城网络中均有密集的人流流过，且在网络中的中介能力和控制力较强，组团单核发展的空间结构特征已较稳定。

各类型街镇节点描述性统计

表5-1

		内流核心区	内流扩展区	内流边缘区	跨界核心区	跨界扩展区	跨界边缘区	枢纽型节点	扩展型节点	边缘型节点
度中心性	平均数	0.77	0.19	0.09	0.39	0.34	0.19	0.69	0.24	0.07
	标准差	0.21	0.17	0.11	0.34	0.31	0.23	0.28	0.19	0.11
	中位数	0.79	0.13	0.05	0.23	0.22	0.10	0.74	0.19	0.03
	四分位差	0.32	0.26	0.15	0.54	0.44	0.28	0.50	0.25	0.09
中介中心性	平均数	0.53	0.07	0.08	0.53	0.22	0.06	0.66	0.07	0.03
	标准差	0.30	0.19	0.16	0.35	0.26	0.15	0.24	0.13	0.07
	中位数	0.51	0.00	0.00	0.52	0.12	0.00	0.66	0.00	0.00
	四分位差	0.48	0.03	0.09	0.65	0.44	0.00	0.37	0.09	0.00
结构洞效能	平均数	0.73	0.64	0.36	0.82	0.70	0.49	0.77	0.70	0.29
	标准差	0.16	0.18	0.27	0.19	0.17	0.23	0.15	0.14	0.17
	中位数	0.75	0.63	0.33	0.84	0.71	0.52	0.76	0.68	0.34
	四分位差	0.16	0.25	0.42	0.28	0.23	0.31	0.19	0.19	0.29
空间单元数量		74	281	155	48	130	321	74	257	179

（5）节点类型预测

以K-means分类结果为标签，以城市内部网络、跨城网络、全网络的度中心性、中介中心性、结构洞效能为分类变量，采用GradientBoostingClassifier进行训练。如图5-8所示，3类网络的预测准确率分别达到了95.34%、89.98%、93.38%，总体预测结果较好，可以将预测模型推广至南京都市圈及其他都市圈街镇节点特征的实时监测中，便于构建统一的评价标准准确判断街镇节点的发展定位及其发展方向。对于各变量的特征重要性而言，如表5-2所示，结构洞效应在分类中的重要性最强，是区分网络内不同节点类型的最重要依据；度中心性和中介中心性在分类中的重要性近似，也是区分网络内不同节点类型的重要依据。

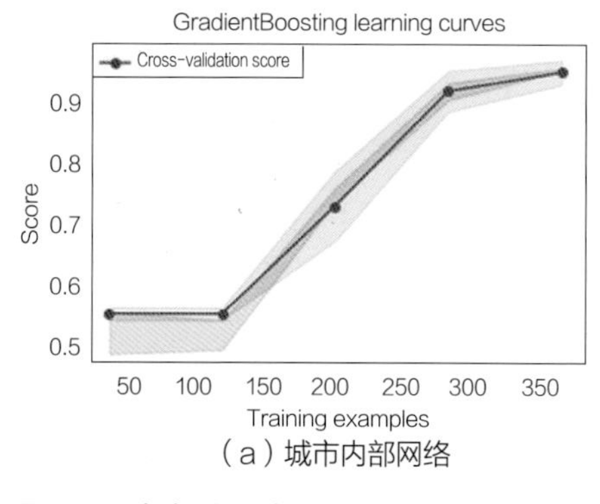

（a）城市内部网络

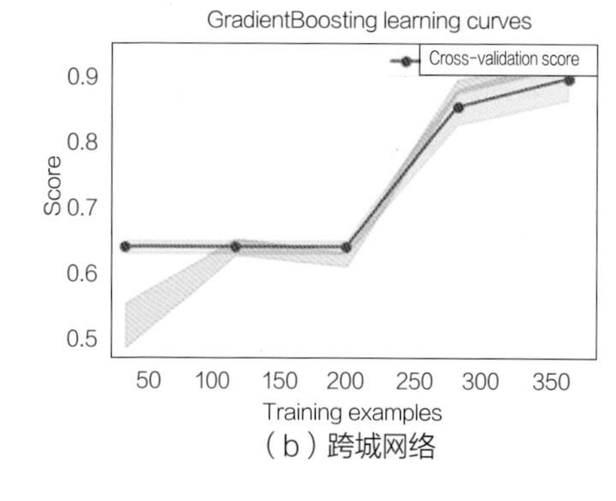

（b）跨城网络

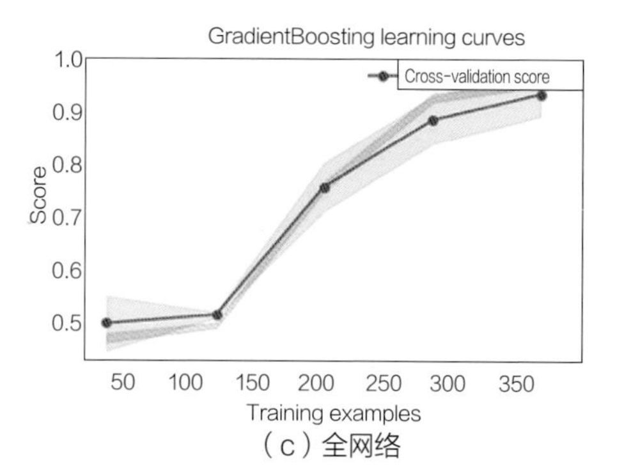

（c）全网络

图5-8　点类型预测学习曲线

分类模型变量特征重要性统计　　表5-2

	度中心性	中介中心性	结构洞效能
城市内部网络	0.170	0.139	0.690
跨城网络	0.208	0.169	0.624
全网络	0.194	0.194	0.613

4. 跨界组团网络结构整体特征分析

在节点特征测度的基础上，以网络密度、中心势、核心—边缘结构为主要指标对跨界地区各人流组团的网络结构进行测度，以此反映组团总体特征。

（1）网络密度

15个跨界组团在城市内部网络、跨城网络、全网络三个尺度下的密度分布如图5-9所示。对比三个尺度发现，全网络与城市内部网络的空间分布相似，跨城网络相对独特。除少数组团外，跨城网络的密度远小于另外两网络，说明南京都市圈跨界联系规模较小，一体化发展仍处于初级阶段，边界对人口的跨界流动仍存在较大阻碍。

在跨城网络中横向对比各组团，发现宁镇、宁镇常、马芜组团的网络密度较高，宁马、宁宣常组团次之，表明行政边界在这5个组团中的分割作用较弱；而南京都市圈发展规划中划定的浦口—南谯片区（宁滁组团）网络密度排名较低，仍受制于行政边界桎梏。在城市内部网络中，宁马、宁滁、镇扬、镇常、宁马芜宣组团的密度排名相比于跨城网络更高，其跨城网络的发展不具有相对优势。宁镇、宁扬滁、淮扬滁、宁镇常组团跨城网络的发展质量相对城市内部而言更高，其中，宁镇、宁镇常组团的边界已基本实现了从封闭转向开放，是未来南京都市圈跨界协同的重点地区。

（2）中心势

各组团在三个尺度下的中心势分布如图5-10所示，全网络与城市内部网络中心势特征相似，跨城网络较为独特。跨城流动对全网络整体流动结构的影响较弱，高强度流动集中在城市内部网络中，全网络受城市内部网络中的核心节点制约。

在跨城网络中横向对比各组团，发现宁马、宁镇、芜宣组团中心势相对较高，宁滁淮、宁镇常、宁宣常组团次之，形成显著的西南—东北向走廊，表明其内部人流均衡性差异极大，核心街镇的带动效应已跨越行政边界，影响全网络的流动结构。对比跨城网络与其余两网络，发现在跨城网络中宁滁、宁扬滁、马芜组团的排名相对落后，但在全网络中排名均上升，说明这些组团在跨城网络中节点的中心性差异不大，各街镇的跨城人流较为均衡。相应地，宁马、宁镇、淮扬滁、镇常、宁镇常、宁马芜宣、芜宣、滁淮组团在全网络的排名相对跨城网络下降，人口跨城流动集聚性较强，形成了沟通跨界地区的核心节点。具体而言，宁镇组团中仙林、栖霞街道与宝华镇已经具备较强的跨界融合趋势，边界由封闭转向开放，有望成为未来跨界协同重点区域。

（3）核心—边缘结构

各组团在三个尺度下的核心边缘结构拟合度如图5-11所示，全网络和城市内部网络的空间特征仍相似。这表明跨界联系并没有对组团整体结构造成根本性改变，核心联系基本存在于城市内部，进一步证明边界不仅限制跨界规模，还限制跨界强度。

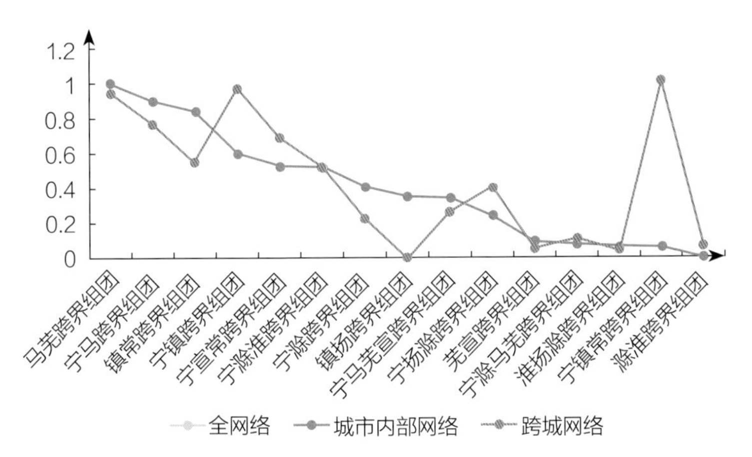

图5-9　跨界组团网络密度

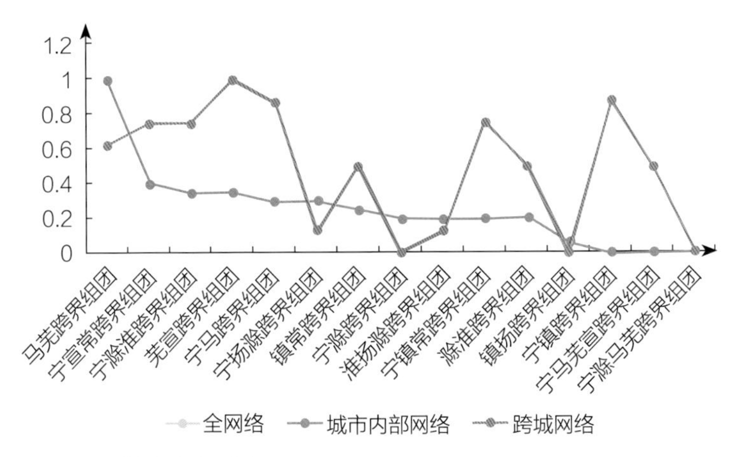

图5-10　跨界组团中心势

在跨城网络中，宁镇、宁扬滁、宁滁淮、淮扬滁、芜宣、宁滁马芜组团的排名靠后，而在全网络中位次均有上升，说明这类地区的跨界发展呈现出更明显的多中心组团式特征。结合网络密度和现实发展状态，宁镇组团的人口跨界流动存在空间扩散，跨界联系强度高，组团跨界一体化发展已较成熟，边界的阻隔作用基本消失，而其余组团还处于跨界发育阶段，尚未出现高强度联系。在全网络中，宁马、宁滁、镇常、宁镇常、宁马芜宣、马芜组团的拟合度排名相对跨城网络下降，表明在跨城网络中存在核心极化区。如宁滁组团，核心区节点为南京市永宁街道和滁州市汊河镇，属于都市圈跨界发展的重点街镇对。另外，宁宣常组团在三个尺度下排名均相对靠前，说明网络中均存在核心节点，单核结构的发展模式已较稳定；镇扬组团由于边界两侧是规模相当的中心城区，无论在跨城网络还是内部网络，均呈现出多中心发展的特点；滁淮组团由于不属于都市圈发展重点区域，内部联系较为薄弱。

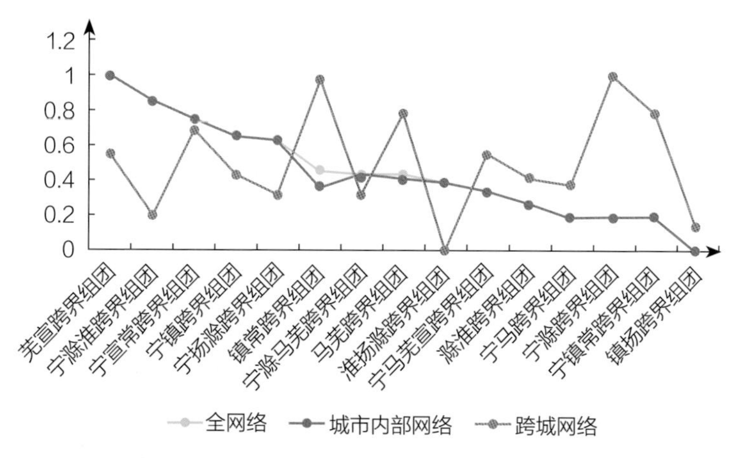

图5-11 跨界组团核心-边缘结构拟合度

六、研究总结

1. 模型设计特点

本研究关注都市圈内部跨界地区的发展，从人流联系视角，使用复杂网络数学模型进行都市圈内部跨界组团识别与结构特征分析。首先，基于人流联系网络，进行多分辨率的社区发现分析，识别南京都市圈中的跨界组团。其次，基于中心性和结构洞指标分析跨界组团内部的节点特征与类型，找到乡镇街道单元在跨界地区发展定位。最后，基于整体网络指标评价15个跨界组团的发展特征并给出未来发展策略。本模型的创新点如下：

（1）以跨界联系视角引导都市圈一体化发展

跨界地区合作发展是突破行政地域阻碍、区域竞合创新的着力点以及实现都市圈一体化发展的重要抓手。本研究以复杂网络模型方法为核心，从流动网络视角识别与分析跨界地区发展，最终实现“形流融合”的跨界地区发展决策支撑。

（2）考虑边界约束的街镇尺度网络分析

本研究改善了传统跨界地区分析中以地级市为研究单元所带来的分析结果的粗略性，充分考虑了跨界发展地区的空间异质性。在跨界联系矩阵构建时，建立市域内部、跨城和全部人流网络，解构都市圈跨界地区的内生与外向发展特征。

2. 应用方向与前景

本模型的构建可以用于以下领域的应用：

一是都市圈跨界地区识别。本模型能够帮助相关部门掌握都市圈现状一体化联系情况，进而划定都市圈内的联系紧密区域，为获取都市圈内部优先发展的区域及针对性制定引导政策提供支持。

二是都市圈跨界地区发展现状评估及功能定位确定。本模型注重跨界地区及其内部街镇的功能特征分析，通过评价街镇及跨界地区整体的重要程度、中介效应、结构特征等多元内容，对其发展现状进行评估。并以此为依据，确定街镇的未来功能定位，并提出相应的优化措施，为街镇自身能级提升及跨界地区和都市圈整体一体化程度的提高提供政策指导。

在模型的进一步研究和应用过程中，本模型可以从人流要素推广到信息流、物流、投资流等多元流要素的分析，从更加丰富的视角解读都市圈内部各城市间跨界地区的关联特征，进而对跨界地区的交通、金融、人口集聚等方面进行全面评估，为规划决策的制定与评估提供定量依据，助力都市圈一体化发展。

参考文献

［1］ 汪光焘，李芬，刘翔，等. 新发展阶段的城镇化新格局研究：现代化都市圈概念与识别界定标准［J］. 城市规划学刊，2021（2）：15-24. DOI：10.16361/j.upf.202102004.

［2］ 唐蜜，罗小龙，王绍博. 大都市区跨界地区空间演化及动力机制研究［J］. 人文地理，2022，37（2）：103-111.

DOI：10.13959/j.issn.1003-2398.2022.02.013.

[3] Yang C. Multilevel governance in the cross-boundary region of Hong Kong-Pearl River Delta, China [J]. Environment and Planning A, 2005, 37 (12): 2147-2168.

[4] 熊丽芳，甄峰，王波，等．基于百度指数的长三角核心区城市网络特征研究 [J]．经济地理，2013，33 (7)：67-73．DOI：10.15957/j.cnki.jjdl.2013.07.009.

[5] 吴康，方创琳，赵渺希．中国城市网络的空间组织及其复杂性结构特征 [J]．地理研究，2015，34 (4)：711-728.

[6] 王雪微，赵梓渝，曹卫东，等．长三角城市群网络特征与省际边界效应：基于人口流动视角 [J]．地理研究，2021，40 (6)：1621-1636.

[7] Shen J. Cross-border connection between Hong Kong and Mainland of China under 'two systems' before and beyond 1997 [J]. Geografiska Annaler: Series B, Human Geography, 2003, 85 (1): 1-17.

[8] McCallum J. National borders matter: Canada-US regional trade patterns [J]. The American Economic Review, 1995, 85 (3): 615-623.

[9] 李郇，徐现祥．边界效应的测定方法及其在长江三角洲的应用 [J]．地理研究，2006 (5)：792-802.

[10] 张凯，杨效忠，张文静．跨界旅游区旅游经济联系度及其网络特征：以环太湖地区为例 [J]．人文地理，2013，28 (6)：126-132．DOI：10.13959/j.issn.1003-2398.2013.06.018.

[11] 吴军，叶颖，陈嘉平．尺度重组视角下粤港澳大湾区同城化地区跨界治理机制研究：以广佛同城为例 [J]．热带地理，2021，41 (4)：723-733．DOI：10.13284/j.cnki.rddl.003374.

[12] 张衔春，陈梓烽，许顺才，等．跨界公共合作视角下珠三角一体化战略实施评估及启示 [J]．城市发展研究，2017，24 (8)：100-107.

[13] 陈小卉，钟睿．跨界协调规划：区域治理的新探索：基于江苏的实证 [J]．城市规划，2017，41 (9)：24-29+57.

[14] 钟炜菁，王德．基于居民行为周期特征的城市空间研究 [J]．地理科学进展，2018，37 (8)：1106-1118.

[15] Zhi Y, Li H, Wang D, et al. Latent spatio-temporal activity structures: a new approach to inferring intra-urban functional regions via social media check-in data [J]. Geo-spatial Information Science, 2016, 19 (2): 94-105.

[16] Long Y, Thill J C. Combining smart card data and household travel survey to analyze jobs-housing relationships in Beijing [J]. Computers, Environment and Urban Systems, 2015, 53: 19-35.

[17] 罗桑扎西，甄峰．基于手机数据的城市公共空间活力评价方法研究：以南京市公园为例 [J]．地理研究，2019，38 (7)：1594-1608.

[18] 刘望保，石恩名．基于ICT的中国城市间人口日常流动空间格局：以百度迁徙为例 [J]．地理学报，2016，71 (10)：1667-1679.

[19] 钮心毅，王垚，丁亮．利用手机信令数据测度城镇体系的等级结构 [J]．规划师，2017，33 (1)：50-56.

[20] 钮心毅，王垚，刘嘉伟，等．基于跨城功能联系的上海都市圈空间结构研究 [J]．城市规划学刊，2018 (5)：80-87．DOI：10.16361/j.upf.201805009.

[21] 赵鹏军，胡昊宇，海晓东，等．基于手机信令数据的城市群地区都市圈空间范围多维识别：以京津冀为例 [J]．城市发展研究，2019，26 (9)：69-79+2.

[22] 许劼，张伊娜．基于跨城人流布局的都市圈识别与空间网络模式研究：以长三角核心区为例 [J]．城市问题，2021 (8)：24-35．DOI：10.13239/j.bjsshkxy.cswt.210803.

[23] Castells M. The rise of the network society [M]. John wiley & sons, 2011.

[24] 甄峰，顾朝林．信息时代空间结构研究新进展 [J]．地理研究，2002 (2)：257-266.

[25] 王垚，钮心毅，宋小冬．"流空间"视角下区域空间结构研究进展 [J]．国际城市规划，2017，32 (6)：27-33.

[26] Taylor P J, Hoyler M, Verbruggen R. External urban relational process: introducing central flow theory to complement central place theory [J]. Urban studies, 2010, 47 (13): 2803-2818.

[27] 吴志强，张修宁，鲁斐栋，等．技术赋能空间规划：走向规律导向的范式 [J]．规划师，2021，37 (19)：5-10.

［28］刘军．社会网络分析导论［M］．北京：社会科学文献出版社，2004：4–5.

［29］Scott J. Social network analysis［J］. Sociology, 1988, 22（1）：109–127.

［30］刘军．社会网络模型研究论析［J］．社会学研究，2004（1）：1–12．DOI：10.19934/j.cnki.shxyj.2004.01.001.

［31］Newman M E J, Girvan M. Finding and evaluating community structure in networks［J］. Physical review. E, Statistical, nonlinear, and soft matter physics，2004，69（2 Pt 2）.

［32］郭世泽，路哲明．复杂网络基础理论［M］．北京：科学出版社，2012：267–268.

［33］Blondel V D, Guillaume J L, Lambiotte R, et al. Fast unfolding of communities in large networks［J］. Journal of statistical mechanics：theory and experiment, 2008（10）：10008.

基于多重网格耦合模型的城市风环境模拟及通风廊道规划应用研究

工 作 单 位：中国生态城市研究院、法国美迪公司、天津大学建筑学院
报 名 主 题：面向高质量发展的城市综合治理
研 究 议 题：空间发展战略与城市治理策略
技术关键词：城市系统仿真、动力学演化模型、风环境模拟
参　赛　人：陈鸿、吴丹、郭晶鹏、尚雪峰、蒋紫虓、吴若昊
参赛人简介：团队成员来自国内一流的规划甲级设计院、国际化气象动力仿真技术公司、国内双一流大学，包括城市规划、土地资源管理、气象工程等多专业背景，在广东佛山、贵州贵阳、浙江杭州等城市均有丰富的城市通风廊道研究经验工作，具备国际视野、交叉学科、校企联合等多平台优势。陈鸿，正高级工程师、博士、注册城乡规划师；吴丹，留法城市规划硕士、注册城乡规划师；郭晶鹏，土地资源管理硕士；尚雪峰，城市规划与设计博士研究生；蒋紫虓，留法高级气象工程师；吴若昊，注册城乡规划师。

一、研究问题

1. 研究背景及目的意义

（1）研究背景

城市人居环境是新时代我国城市高质量发展、城市综合治理的重要议题。改革开放以来，城市建成区不断扩张，城市气候环境问题逐年加剧。“多规合一”进一步对空间规划技术提出新的要求。2019年5月，《关于建立国土空间规划体系并监督实施的若干意见》提出全面推行“多规合一”，标志着中国已从高速城市化向高质量发展阶段转变。“双碳”目标下人民对宜居生活追求日益迫切。2020年，习近平主席提出了“2030年碳达峰，争取2060年碳中和”的目标，推进生态文明再上新台阶；同时，新冠肺炎疫情增强了人们对健康人居环境的迫切需求，这些问题和目标都对城市品质、综合治理策略提出了新的要求。合理科学的城市风廊规划是应对未来气候变暖，解决气温升高、城市热岛效应加剧、空气污染、促进城市等问题的有效的规划策略与路径。因此，研究如何保障城市安全、提升城市健康宜居性对完善国土空间规划体系、满足人们对美好生活追求、提升城市综合治理能力、促进城市高质量发展具有重要意义。

“城市通风廊道”一词起源于德国，20世纪70年代，相关学者将其纳入城市规划体系，并提出了城市气候环境分析图的雏形；随后，德国、日本、美国等国家学者围绕通风廊道规划与控制在不同层次规划中形成了相对成熟的规划实施管理体系。21世纪初，国内香港最先推行高密度城市类型风环境规划与控制；随后，城市风廊专项规划研究成为国内规划理论的研究热点，也是市级国土空间规划编制中的重点专项规划，南京、北京、武汉、

佛山、济南等城市陆续开展风廊规划编制工作。传统风廊规划主要以定性方法对城市通风条件进行粗略描述，例如周淑贞定性分析了城市气候学在城市风廊规划的应用；随着气象数据完善和模拟技术的发展，近几年，沈娟君、杜吴鹏等学者采用通用CFD模型开展定量规划研究，然而，由于城区气象站点数量有限，城市下垫面环境复杂，城市风廊研究中使用的气象数据数量和精度都非常有限，且通用型CFD模型对存在复杂建筑物及地形条件的城区环境往往计算量过大、结果不准。因此，针对现有研究仍无法解决风廊规划过程中城区气象站点数据不足、空间数据尺度不一、与现行国土空间规划体系难以融合等问题，本研究利用多学科交叉技术优化通用CFD模型，开展城区风廊规划模型与实证分析相关研究工作。

（2）研究目的意义

一是利用多源异构数据同化技术、非结构化网格、粗糙度等技术优化通用CFD模型，构建一套优化后的CFD模型。

二是基于国土空间规划体系，利用优化后的CFD模型提出一套科学的城市风廊规划技术框架。

随着全球气候变化与后疫情时代的到来，城市人居环境对国土空间规划提出了更高的要求，本研究提出的模型与风廊规划技术框架对促进城市风廊模拟技术与现行国土空间规划体系充分融合，对提升城市人居环境品质、城市综合治理与高质量发展具有重要意义。

2. 研究目标及拟解决的问题

本研究拟基于国土空间规划体系与CFD模型，用多学科交叉理论与技术研发一套优化后的城市风环境模拟模型与风廊规划技术框架。

本研究拟解决城区气象站点数据不足、多源数据异构与尺度不一、通用CFD模型不稳定、城市下垫面对城市风环境影响四大问题。

针对气象站点数据不足、多源数据异构问题，本研究拟基于气象再分析资料采用多源数据融合与同化技术，进行数据同化与空间尺度统一。

针对通用CFD模型不稳定问题，本研究拟利用非结构化网格模型MIGAL-UNS求解器，解决针对不同环境建立不同密度的结构化网格。

针对城市下垫面对城市环境风环境影响，本研究拟利用下垫面粗糙度指数来解决下垫面环境对城市风环境模拟的影响。

二、研究方法

1. 研究方法及理论依据

本研究从宏观和微观两个尺度对城市通风环境进行模拟计算，并结合实证研究为城市风廊规划提供决策支撑。

（1）宏观尺度理论与方法

宏观尺度主要针对数千平方公里的大范围城区，利用高分辨率中尺度数值天气模式系统（WRF），对城区风场进行公里级别的高精度模拟计算，得到各个位置、高度、时间的风场数据，明确通风廊道和土地利用的边界。模型结合先进的数值方法和资料同化技术，采用经过改进的物理过程方案，同时具有多重嵌套和易于定位不同地理位置的能力。

（2）宏观微观衔接方法

宏观尺度的气象模拟结果作为微观尺度建模的输入条件，提供一定范围内的风流参数空间平均值（空间平均的尺度取决于中尺度模拟的空间分辨率）；微观尺度模型基于对城区大气风流场的CFD仿真将宏观尺度数据进行细化，得到满足城市规划评估要求更高分辨率的风参数结果。

（3）微观尺度理论与方法

微观尺度主要针对数平方公里的街区范围，采用UrbaWind模拟城区风场。UrbaWind专门针对城区复杂环境进行风场模拟计算，考虑建筑、地形、植被对微观风场的影响，进行米级别的计算分析。另外，使用MIGAL-UNS求解器，应用多重网格求解程序求解不同网格水平的连续方程，其收敛速度比单一网络求解方法提升5~10倍。

（4）案例研究方法

分别选取贵阳市和佛山市作为宏观尺度和微观尺度的案例城市。采用定性定量相结合的方法进行实证研究，为国土空间规划提供决策依据。

2. 技术路线及关键技术

（1）技术路线

首先，在宏观层面改进从云尺度到天气尺度等不同尺度天气特征模拟精度的工具，利用WRF模拟技术，对城区风场进行公里级别的高精度模拟计算，得到各个位置、高度、时间的风场数据，明确通风廊道和土地利用的边界并构建市域主廊道；微观层面用UrbaWind对重点地区模拟，引入非结构化模型，明确局部地区设计要求与场地风环境设计要点并取得良好效果。最后，探讨不同尺度模型结果对辅助国土空间总体规划、详细规划中总体格局、公共空间、基础设施等方面的应用研究（图2-1）。

（2）关键技术

高分辨率WRF模拟技术解决不同尺度数据融合问题。根据中尺度模拟目标，收集下垫面、高分辨率再分析、项目需要配置的其他信息等相应数据天气模式系统（WRF）经过三层数据预处理以后得到气象要素与区域环境交互的网格点；通过降尺度生成风场图谱和模拟区域内的气象参数（包括风速、风向、温度、湿度等），空间分辨率一般为1～5km。

非结构化网格生成技术提升了通用CFD模型实用性。利用非结构化网格生成技术对模拟风的来风方向生成网格，使用MIGAL-UNS求解器对地表附近、建筑物表面以及结果点处的网格加密，并进行定向模拟计算和综合计算分析，得到指定高度、位置和时间的阵风风速、平均风速、风向，并进行风流场、建筑物尾流和风速超越概率等分析。

三、数据说明

1. 数据内容及类型

（1）中尺度模拟输入数据

在宏观层面采用WRF模拟输入的数据来源是全球环流模式数据（如FNL）。FNL（Final Reanalysis Data）再分析数据集是由专业工程师采集自美国气象环境预报中心（NCEP）和美国国家大气研究中心（NCAR）联合制作的数据，为本中尺度模拟提供了输入数据，提供了大尺度的气象背景信息，是进行WRF模式计算的基础数据。

（2）高分辨率流场建模输入数据

在微观层面的CFD模拟计算中，输入数据为中尺度模拟的气象要素的时间序列数据以及各种不同类型的地表障碍物模型（包括建筑体块模型、地形模型、植被模型），输出数据为指定高度或者平面、某时间段或某时刻具体风场分布，包括阵风风速、平

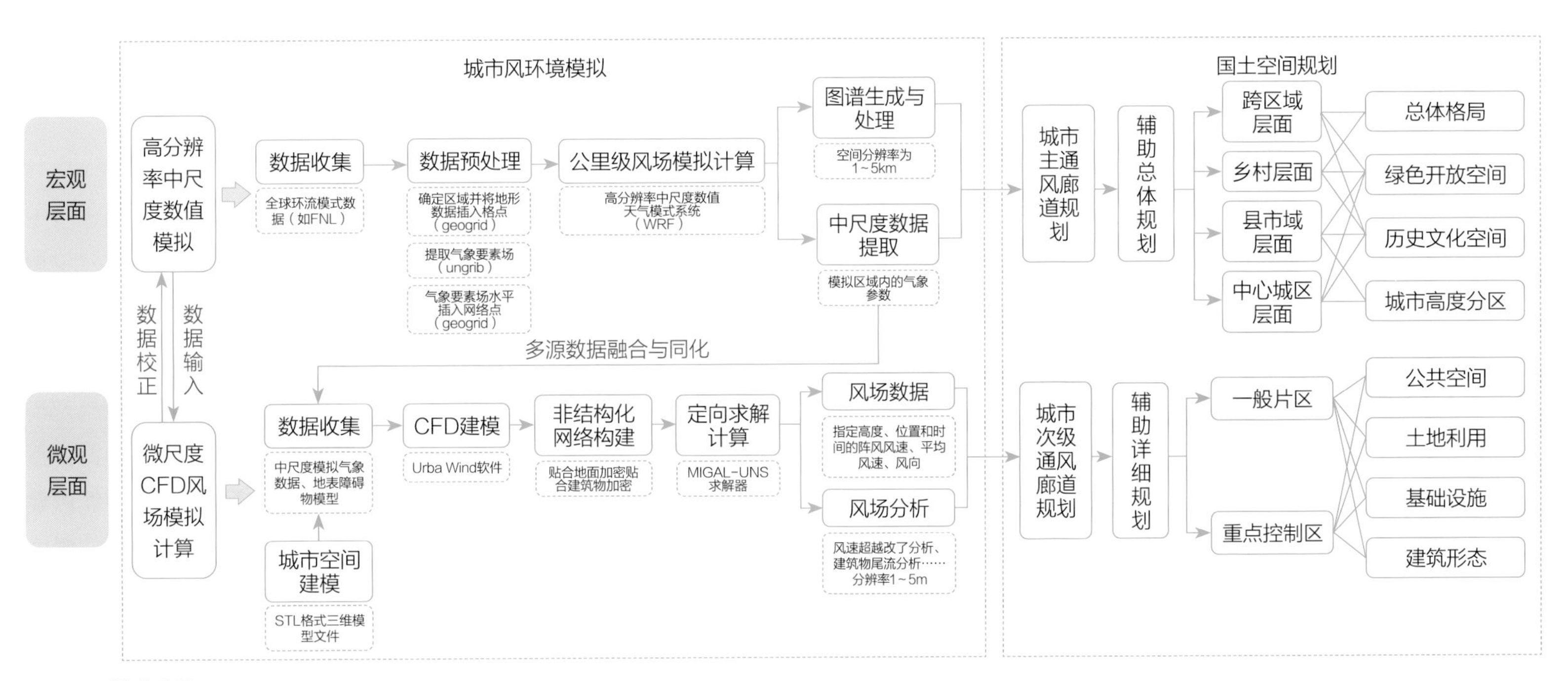

图2-1 技术路线

均风速，风向等，空间分辨率可以达到1～5m。

关于建筑物、植被模型的信息一般可通过对应街区的规划设计图纸获得，通过格式处理生成特定格式的三维模型文件。针对城区地形海拔有显著变化的区域，流场建模需要考虑地形高程信息，提供CFD流场建模的地表边界的位置和三维形状，定义地表边界条件。地形高程信息可通过勘测地形数据或在线数据库（如SRTM数据集、NASADEM数据集）获得。

2. 数据预处理技术与成果

（1）中尺度模拟输入数据预处理

预处理系统是由三个程序组成的模块，其作用是为真实数据模拟准备输入场。三个程序的各自用途为：geogrid确定模式区域并把静态地形数据插值到格点；ungrib从GRIB格式的数据中提取气象要素场；metgird则是把提取出的气象要素场水平插值到由geogrid确定的网格点上。输出数据是：模拟区域内的气象参数（如风速、风向、温度、湿度等），可提取特定高度和位置的时间序列（逐小时），空间分辨率一般为1～5km。

（2）城区三维模型的生成

城区建筑物、地形及地貌数据的生成，一般可基于对应区域的规划设计图纸，使用GIS软件和三维建模软件，经过必要的处理和格式转化，得到可在微观流场CFD模拟中使用的数据文件。

建筑物模型的制作是通过Rhinoceros、Sketchup等三维建模软件，生成STL格式的三维模型文件（图3-1）。STL文件由多个三角形面片的定义组成，每个三角形面片的定义包括三角形各个定

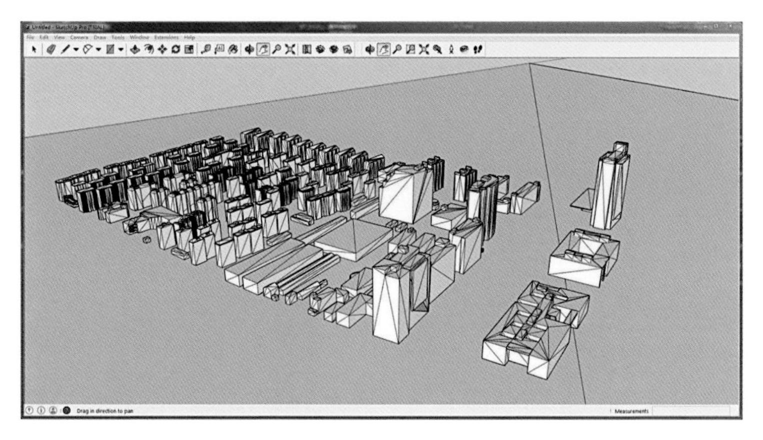
图3-1 建筑物三维模型文件示例

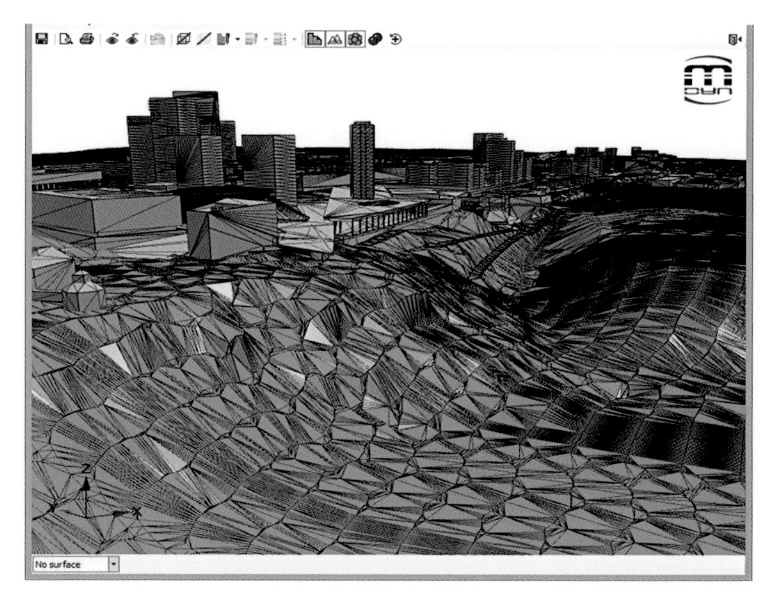
图3-2 考虑地形高程信息的城区三维模型

点的三维坐标及三角形面片的法向量。

地形高程信息通常经GIS软件和三维建模软件处理为STL格式（图3-2）。与上述建筑物STL文件不同的是：建筑物STL文件是封闭的，而地形STL文件是由一系列三角面组成的非封闭三维曲面（因此需要生成一个足够大的曲面以覆盖整个流场模拟区域）。

四、模型算法

1. 模型算法流程及相关数学公式

（1）宏观模型

在预处理系统对全球环流模式数据进行初步的处理后，采用划分网格的方式，求解大气方程。其中，两个运动方程描述了在气压梯度力、科氏力和摩擦力作用下大气水平运动随时间的变化；静力学方程则描述了大气中的垂直运动；热力学方程决定大气加热、散热或膨胀、压缩引起的温度变化；还有质量守恒和水分守恒两个方程；最后，气体定律及状态方程给出温度、密度和气压之间的关系。后处理则是基于气象数值模拟计算结果，做整场三维空间的数据解析、提取、合成不同变量结果，以不同形式的图谱表现出来（图4-1）。

（2）微观模型

微观层面使用专门针对城区复杂环境进行风场模拟计算的专

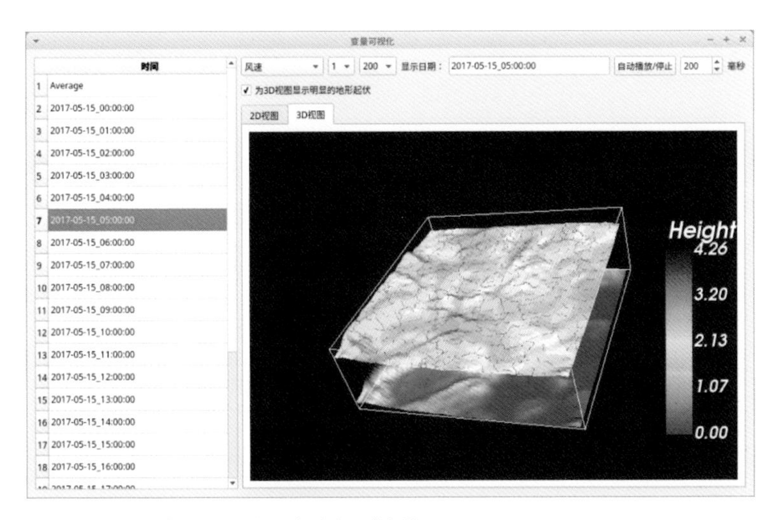

图4-1　中尺度数据后处理完成得到的结果

业软件UrbaWind。根据CFD计算原理，在项目定义阶段中导入地形、植被、建筑物模型，软件自动生成非结构化网格，在贴近地面和建筑物表面时会自动加密以保证计算的精确度。定向求解计算后能够得到细化的风流场相对比值，然后引入中尺度气象数据，输出最后的风流场数值模拟结果，对于平均风速值、瞬时风向、风速值超过某个阈值的概率和建筑物尾流情况都能有清晰的图像表达（图4-2）。

UrbaWind 模型可对复杂建筑城区进行风流场求解。在质量守恒和动量守恒的前提下，对恒温不可压缩的稳定流体求解流体力学方程（Navier-Stokes方程）：

$$\frac{\partial \rho \bar{u}_i}{\partial x_i}=0 \qquad (4\text{-}1)$$

$$-\frac{\partial\left(\rho \bar{u}_j \bar{u}_i\right)}{\partial x_j}-\frac{\partial \bar{P}}{\partial x_i}+\frac{\partial}{\partial x_j}\left[\mu\left(\frac{\partial \bar{u}_i}{\partial x_j}+\frac{\partial \bar{u}_j}{\partial x_i}\right)-\rho \overline{u'_i u'_j}\right]+F_i=0 \qquad (4\text{-}2)$$

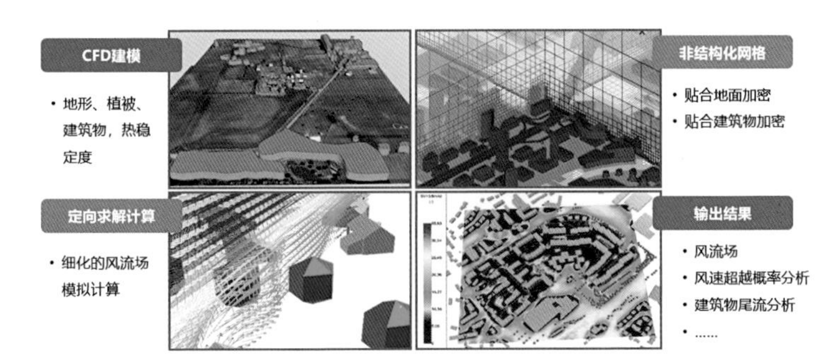

图4-2　微观模型计算过程

式中，$\bar{u}_i$是平均速度向量分量（笛卡尔坐标系），u'_i是湍流分量，$\bar{P}$是压力平均值，μ是湍流黏性系数，ρ是空气密度。

2. 模型算法的优越性

（1）数据融合技术解决宏观层面气象数据不足与尺度不一问题

在宏观尺度上的模型主要作用有两点：一是解决城市区域缺乏可靠气象数据的问题。限于城市客观条件无法进行符合风工程标准的测风活动，而城市气象站的数据受周边建筑、环境影响显著，其数据代表性存在较大不确定度。中尺度数值模拟为城市区域气象数据的获取提供可靠数据来源。二是解决与微尺度模型的衔接问题。中尺度模拟结果可作为微尺度建模的输入条件，提供一定范围内的风流参数空间平均值。而与之衔接的微尺度模型基于对城区大气风流场的CFD仿真将中尺度数据进行细化，得到满足城市规划评估要求的更高分辨率的风参数结果。

（2）高效的网格生成技术解决微观层面的CFD模拟时效和准确度问题

在微观层面，采用UrbaWind的CFD模型，利用其高效的网格生成技术缩短了CFD计算时间。UrbaWind正对模拟风的来风方向生成笛卡尔非结构网格（使用重叠网格），并在地表附近、建筑物表面以及结果点处对网格进行自动加密排布（图4-3）。

优化的算法收敛性也大大提高了计算效率。UrbaWind采用的MIGAL-UNS求解器，已被广泛使用多年，并且许多典型案例也充分证明其有效性。这个求解器应用多重网格求解程序，意

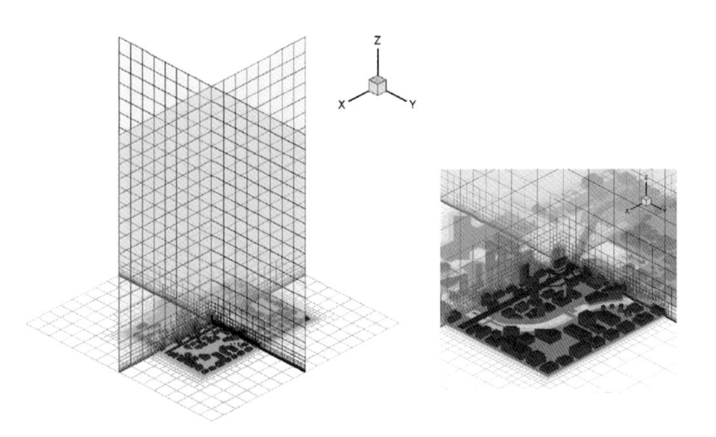

图4-3　自动生成的局部加密非结构化网格

味着可以求解不同网格水平的连续方程（从最细密的到最稀疏的）。这个方法可以加速被认为是限制收敛过程的低频误差的收敛。MIGAL-UNS还采用了Galerkin投影法来创建关于网格加粗的方程，用于建立加粗网格时的方程；相比于单一网格划分方法，该方法能够使收敛速度提升5 ~ 10倍（图4-4）。

微观算法中还使用了适合城区的湍流模型，以保证模拟计算的准确度。UrbaWind使用的K-L模型是通过城区建筑环境下实测数据校准验证过的可靠模型。以日本城市Niigata（新潟）作为模型城市，城市规划由日本城市建筑研究院提供，该确认试验是通过UrbaWind软件的数值模拟计算结果与风洞试验中的测量值进行比较，以证明软件数值模拟计算的准确性。

确认试验分两种不同方式进行：8栋横截面10m × 10m、高20m的大楼组成的建筑群和复杂的城市建筑区域。通过图4-5可以看出，数值模拟计算值与风洞实验测量值之间的平均误差分别为5.8%和5.4%。这充分说明数值模拟计算结果和风洞试验实测数据具有良好的一致性。

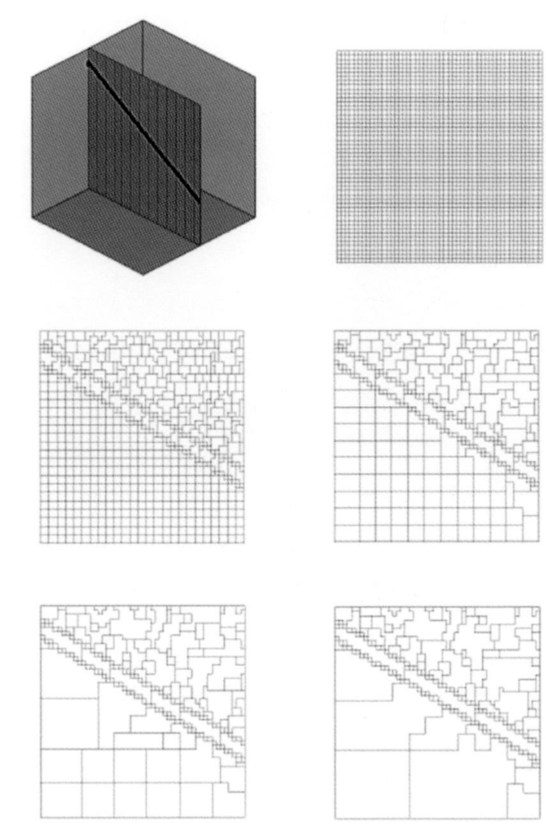

图4-4　MIGAL-UNS求解器对城市区域的网格生成过程

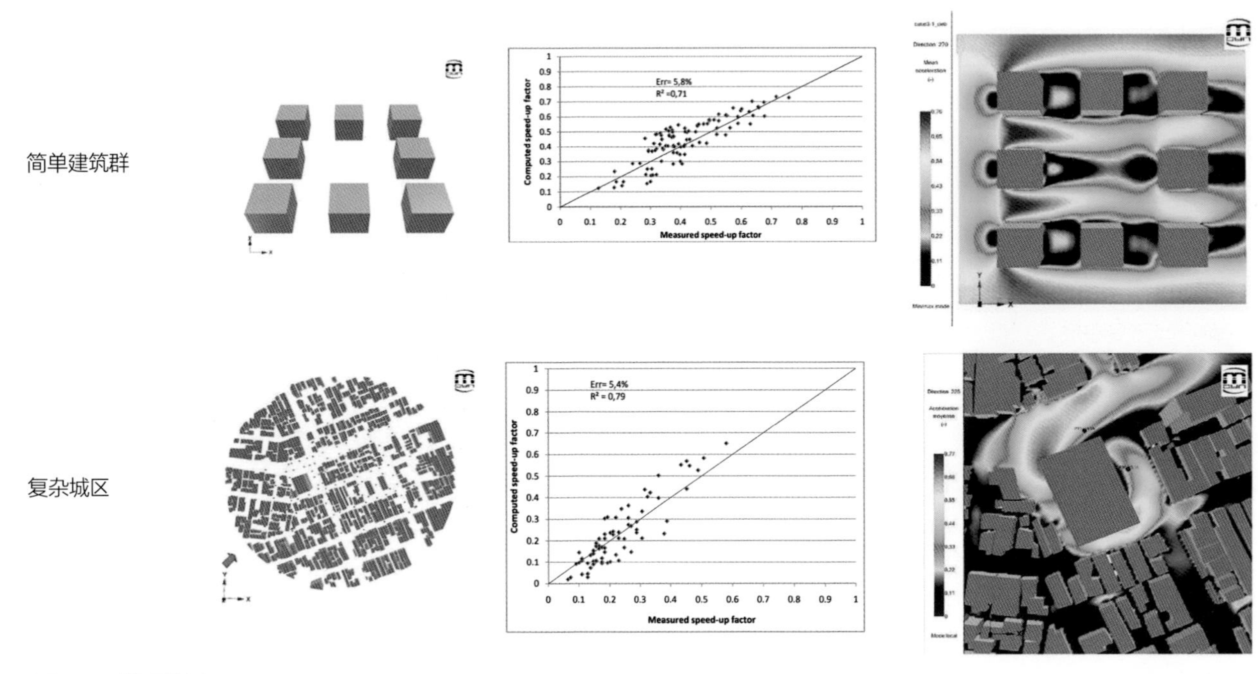

图4-5　模型验证

五、实践案例

1. 模型应用实证及结果解读

选取贵阳市和佛山市进行实证研究，分别从风环境模拟和风环境评估两个目标方向探讨模型在风廊规划中的应用（图5-1）。

（1）贵阳市城区风环境模拟

该项目通过模拟计算来判断整个城区的通风效果，确定现状风资源分布，界定季风、山谷风、水陆风、绿地风等影响区域、潜力风道分布，为通风廊道的精确定位提供科学依据。模拟市中心重点地块的风环境，形成在指定高度上的夏季和冬季的平均风速图谱，结合道路、绿地、水系构建中心城区的通风系统。城区研究范围为2 592 km^2，核心地块的面积为1.8km^2。

贵阳位于东经106°27’~107°03’，北纬26°11’~26°55’之间，属于费雷尔环流圈（Ferrel cell）即中纬度的间接热力环流圈，城市上空为西风气流，近地的西南气流受高原地形影响。贵阳市具有亚热带季风气候特点，冬夏季风交替控制。冬季盛行东北季风，夏季盛行西南季风。山谷风的影响范围有限，仅在300m左右，市区内有三个受山谷风影响的地段（图5-2）。

绿地风是新鲜空气从绿地向城市建筑地区流动形成的风。绿地是城市新鲜冷空气的重要来源，也就是通风廊道中的补偿空间。城区范围内有六块绿地可以作为补偿空间（图5-3）。

贵阳市夏季主导风向为南，冬季主导风向为东北偏北，潜力风道与主导风向基本平行。综合季风、山谷风、绿地风的影响进行叠加，我们可以得到三纵一横的潜力风道走向（图5-4）。

在宏观层面完成了初步的定量分析后，我们利用WRF模型对该区域进行中尺度数值模拟，计算参数如下。

气象模型：WRF中尺度气象模拟（the Advanced Research and Weather Research and Forecasting Numerical Model）ARW，version 4.0。

网格结构：配置了三层嵌套区域（3-domain），区域中心点为26.568°N，106.715°E，最小网格为1km精度网格。垂直方向设置为51层，在近地面高度加密垂直间隔为30m每层；水平方向上沿东西，南北方向各设置为60格网格。

边界条件：边界层条件为National Centers for Environment Prediction（NCEP）提供的精度为0.25°的Final Analysis（FNL）data。

物理模型：行星边界层模型采用的是YSU，陆面模型采用的是标准化的Noah模型，微物理模型采用的是Goddard GCE scheme，长波辐射模型和短波辐射模型选用的是快速辐射传输方案；积云对流参数化模型采用的是Kain-Fritsch（new Eta）方案。

风廊规划		需求分析	调研与资料收集	内容计算	方案完善
		规划需求 / 通风需求	城市环境 / 气象资料	通风量 / 通风潜力	效果评估 / 规划编制
贵阳风环境模拟	宏观尺度	判断城区通风效果确定风资源分布定位通风廊道	根据地形和风向定性分析潜力风廊位置	中尺度气象模拟模型获得特定高度和时间的风速图谱	叠加潜力通风结构，进一步定位通风廊道
	微观尺度	构建中心城区通风系统获取平均风速图谱	中心城区SKETCHUP建筑模型/中尺度气象模拟中获取的日销售风速风向值	定向+综合CFD风环境模拟计算	分析代表日风速图谱划定详细规划不同等级通风廊道位置
佛山风环境评估	宏观尺度	获取中尺度气象模拟数据，支撑微尺度风流场模拟研究	位置信息和气象数据	中尺度气象模拟模型获得特定高度和时间的风速图谱	获取风环境数据并输入微观尺度CFD模型
	微观尺度	评估不同建筑布局方案对小区内部和周边的通风效果影响	不同方案的SKETCHUP建筑模型/中尺度气象模拟中获取的特定时间和高度的风流场	不同方案在1.5m和30m高度平均风速和年风速	比较评估梁方案的通风效果，确定改善方案

图5-1　风廊规划实证研究技术框架

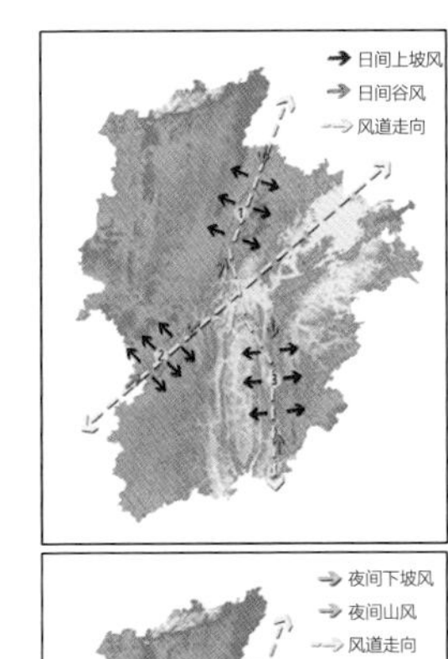

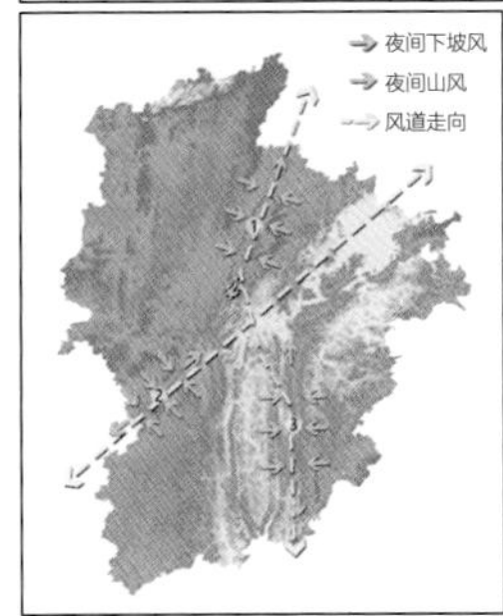

图5-2　山谷风示意图

选取夏季和冬季代表日（2019年12月21日冬至日，2019年6月20日夏至日）的凌晨2点和下午3点进行计算。使用WRF中尺度模拟的方法，对贵阳城区2 592 km^2范围进行了风场模拟，并根据实测数据进行了校准。最后得到高度为10m，分辨率为1km的风速图谱如图5-5所示。

与2012年所做的模拟进行对比，可以看到精度有了非常明显的提升（图5-6）。

在微观层面进行重点地块CFD风环境模拟，计算参数如下。

模型数据为导入Sketchup建筑模型，格式stl文件；计算分为16个风向，高度为1.5m行人高度处，精度为10m，最小分辨率2m；网格数量为每个方向700万个～800万个网格；气象数据是中尺度气象模拟中得到的代表日的逐小时风速值和风向值。导入的建筑模型如图5-7所示。在UrbaWind中定义的计算区域如图5-8所示。

在定向计算中，分别设定180° 和22.5° 来对比夏季和冬季主导风向上的平均风加速因数、阵风加速因数、湍流强度这三个指

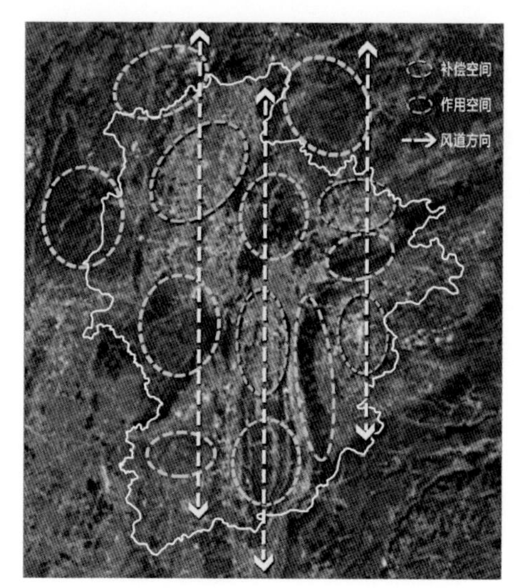

图5-3　绿地风示意图

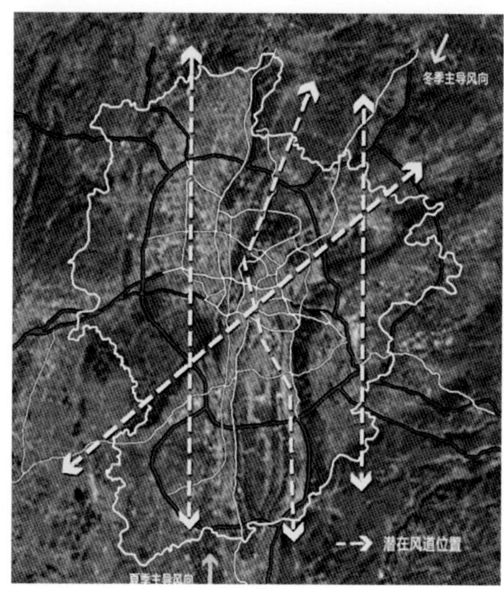

图5-4　潜力风道示意图

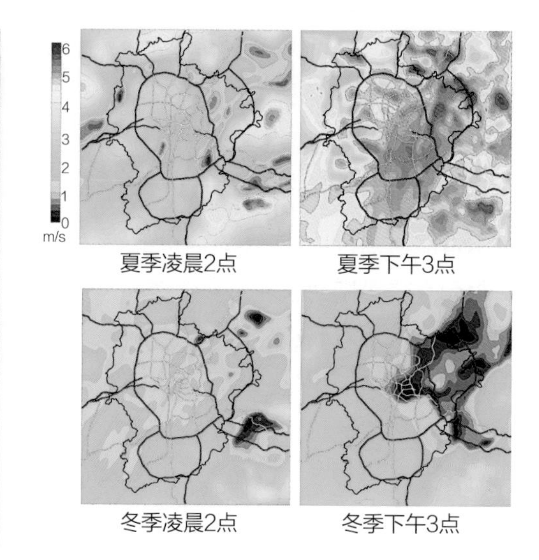

图5-5　贵阳市域范围中尺度风场模拟图

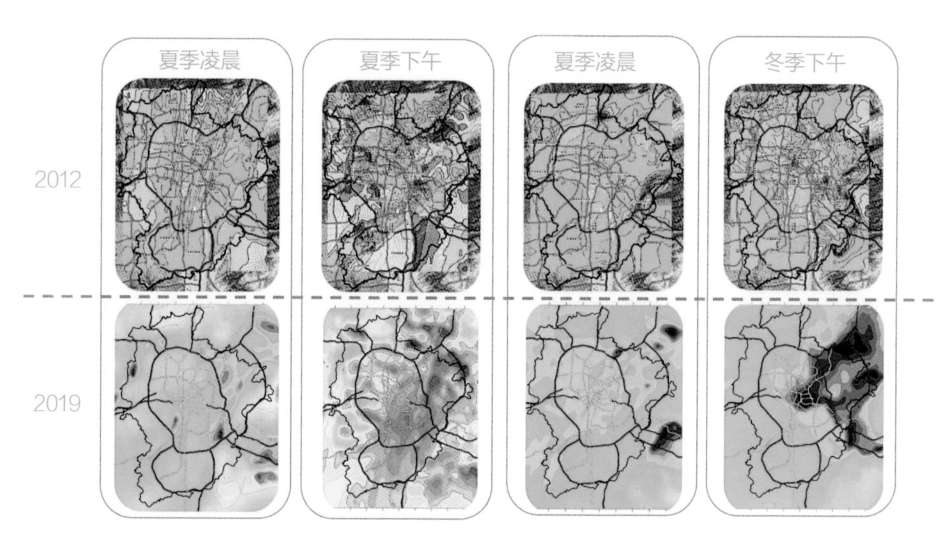

图5-6　利用现有模型做出的贵阳市域中尺度风场模拟与历史图谱的对比

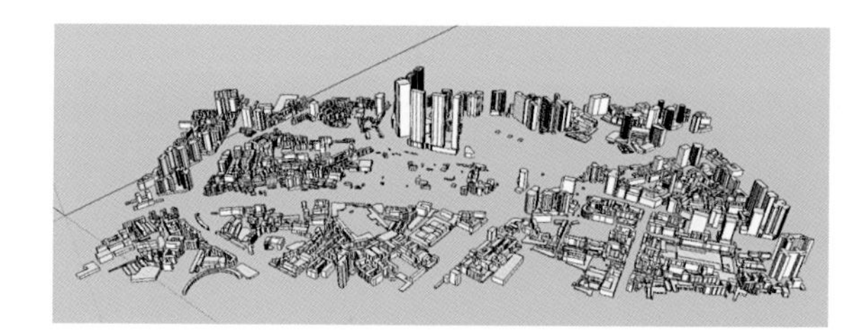
图5-7　贵阳市重点地块建筑模型图

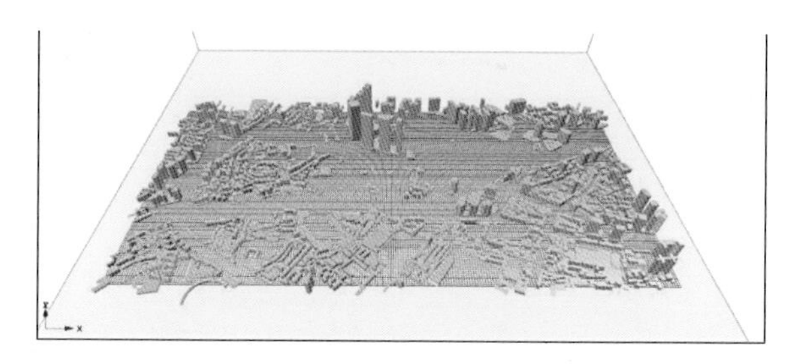
图5-8　贵阳市重点地块CFD计算范围

夏季主导风向：南（180°） 冬季主导风向：东北偏北（22.5°）

平均风加速因数 湍流强度 阵风风加速因数 平均风加速因数 湍流强度 阵风风加速因数

图5-9 贵阳市重点地块夏季和冬季风场定向计算对比

标。平均风加速因数反映了平均风速与参考点风速的比值；在该项目中，参考点为地块中心。湍流是指流体的非均匀流动，湍流强度反映了风速随时间和空间变化的程度。阵风加速因数是在平均风加速因数基础上加入湍流强度的影响（图5-9）。

（2）佛山市风廊内规划方案风环境评估

该项目的研究目标是通过中微尺度耦合模式进行的数值模拟计算，得到在裙房层和高层的不同高度，全年、夏半年、冬半年的不同时间段下，不同规划方案形成的风流场，从而精准评估和判断通风廊道内不同建筑形态和布局方案对小区内部和周边的通风效果的影响。研究范围为600m×600m（36ha）（图5-10）。

通过中尺度气象模型耦合微尺度CFD模拟，对小区两个规划方案进行风场模拟分析。计算参数如下：

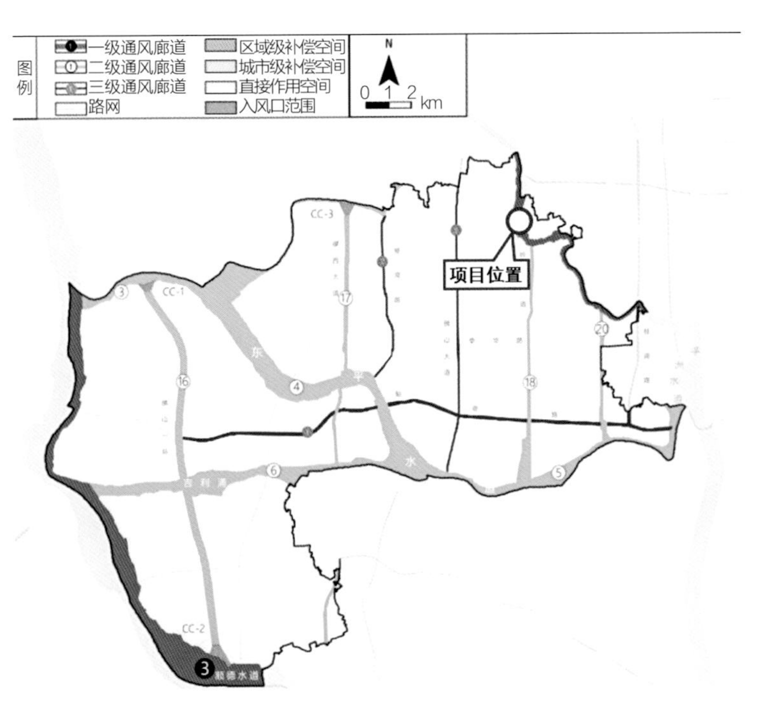

图5-10 佛山项目区位图

计算范围：1 000m×1 000m；

可视化范围：600m×600m；

方向：16方向（22.5）；

网格数：每个方向约455万个；

最小分辨率：水平2m垂直2m；

定向计算时间：每个方向4～5个小时；

综合计算时间：数分钟。

两个方案的风环境模拟对比数据表格如表5-1所示：

风模拟结果比较 表5-1

		地块内部		地块周边	
		方案一	方案二	方案一	方案二
1.5m高度	1. 年平均风速	0.27～2.12m/s	0.27～2.11m/s	0.27～2.12m/s	0.27～2.11m/s
	2. 夏半年（4月–9月）平均风速	0.27～2.1m/s	0.26～2.0m/s	0.27～2.1m/s	0.26～2.0m/s
	3. 冬半年（10月–3月）平均风速	0.29～2.3m/s	0.29～2.05m/s	0.29～2.3m/s	0.29～2.3m/s
	4. 风速大于0.3m/s频率	88%～99%	89%～99%	77%～99%	76%～99%
	5. 风速大于1.5m/s频率	0～80%	0～77%	0～80%	0～77%
	6. 风速小于3.3m/s频率	71%～100%	67%～100%	63%～100%	63%～100%

续表

		地块内部		地块周边	
		方案一	方案二	方案一	方案二
30m高度	1. 年平均风速	0.45～2.14m/s	0.55～2.18m/s	2.14～3.5m/s	2.18～3.48m/s
	2. 夏半年（4月-9月）平均风速	0.46～2.56m/s	0.57～2.62m/s	0.76～3.16m/s	0.57～3.21m/s
	3. 冬半年（10月-3月）平均风速	0.4～3.14m/s	0.47～3.15m/s	0.79～3.92m/s	0.85～3.91m/s
	4. 风速大于0.3m/s频率	98%～100%	98%～100%	99%～100%	99%～100%
	5. 风速小于3.3m/s频率	71%～100%	67%～100%	30%～53%	30%～53%
竖向平面	1. 年平均风速	0.25～5.51m/s	0.34～5.49m/s	0.84～5.51m/s	0.91～5.49m/s
	2. 风速大于0.3m/s频率	78%～100%	84%～100%	93%～100%	95%～100%
	3. 风速小于3.3m/s频率	18%～45%	18%～46%	27%～100%	28%～100%

数据来源：模拟结果

综合比较可知，在1.5m高度通风效果上方案一优于方案二，在30m高度通风效果方案二优于方案一，但两个方案对周边高层建筑的通风影响大致相同。在竖向上两个方案地块内部和周边的通风效果基本一致。由于1.5m高度上的风环境对行人体感影响最显著，因此，总体来说方案一的通风效果优于方案二，能够营造更加舒适健康的户外环境。

2. 模型应用案例可视化表达

（1）总体规划层面的模拟与可视化

贵阳项目中通过初步定量分析得到的潜在风道与中尺度模拟图进行叠加，使得我们可以在国土空间规划的总体规划层面对潜在风道进行进一步更加精确的定位（图5-11）。

（2）详细规划层面的模拟与可视化

通过分析重点地块在夏至日和冬至日这两个代表日的日平均风速图谱，并结合宏观层面的中尺度模拟结果，可以在详细规划中划定不同等级通风廊道的具体位置（图5-12）。

在佛山项目中，从1.5m户外行人高度、30m高层的水平高度和竖向平面分别进行年平均风速的比较，得到的风速图谱如图5-13，图5-14所示。

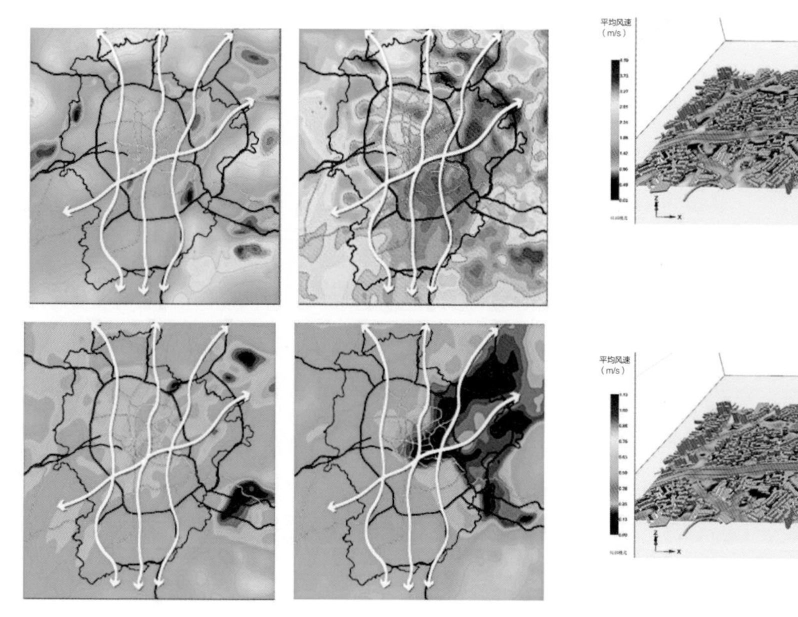

图5-11　贵阳市潜在风道定位图

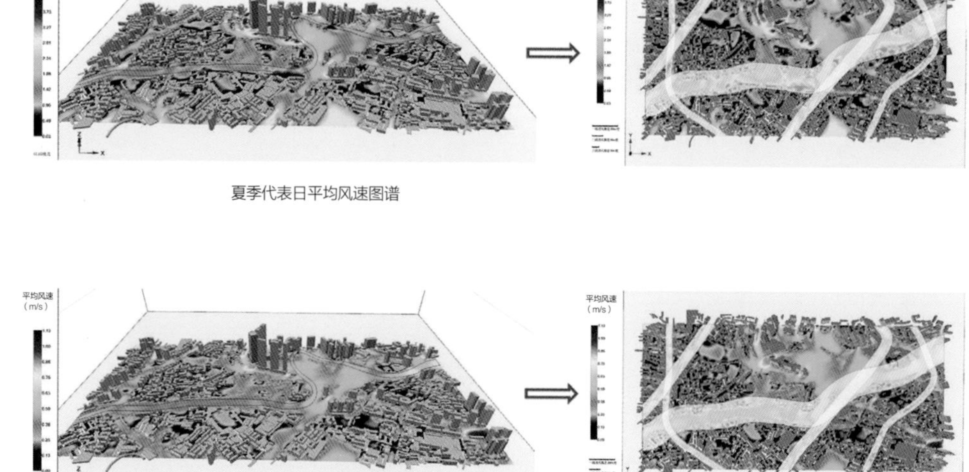

图5-12　贵阳市重点地块风速图谱和风廊定位

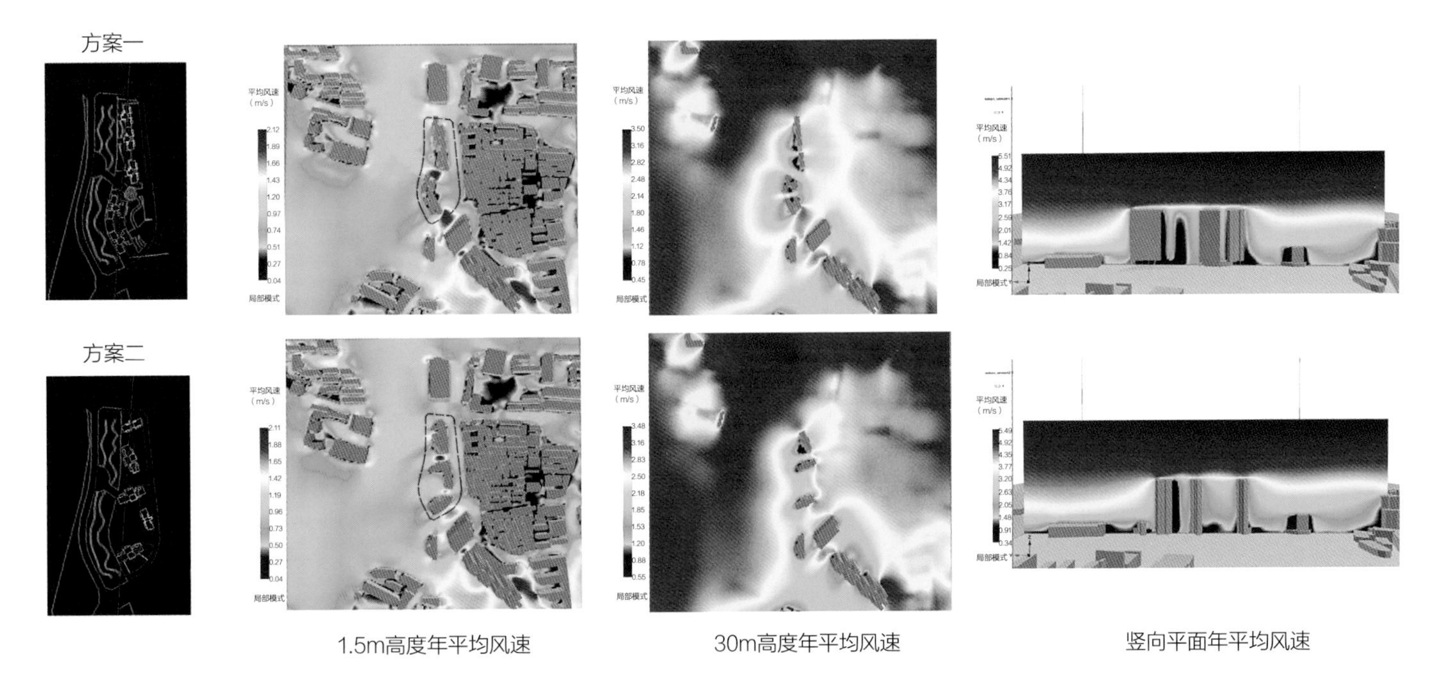

图5-14 佛山项目中通过模拟对比判定为更优方案的不同高度的三维风速图谱

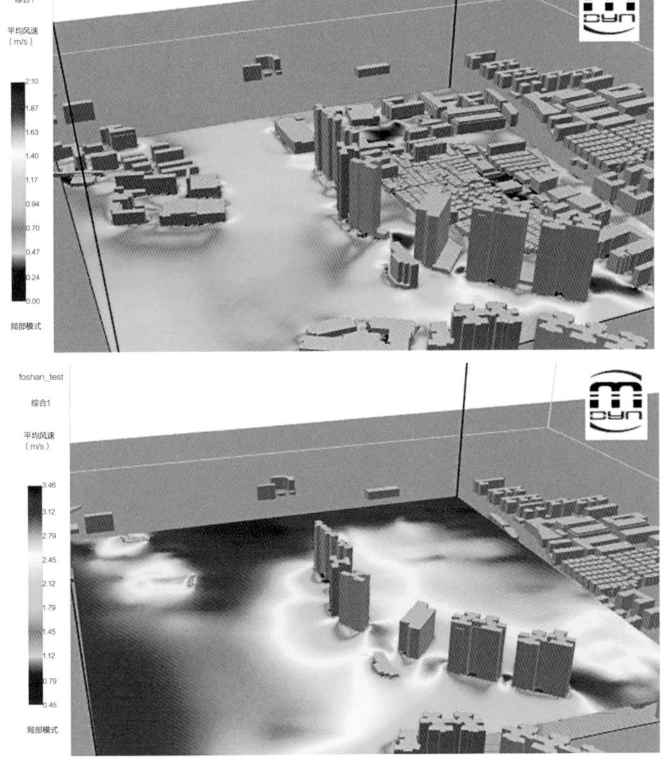

图5-13 不同方案的风速对比图

通过年平均风速图谱的二维和三维图谱可以清晰明确地判断不同高度上的风环境特征和通风效果，为方案的比选提供了直观和精准的判断依据，也为详细规划的编制提供了更加可靠的数据参考。

六、研究总结

1. 模型设计的特点

（1）本团队通过构建城区尺度非结构化网格得到的有限体积法，搭建多重网格耦合求解器MIGAL-UNS用于快速收敛不同的地形地表情况，对城市复杂环境下的风流场进行模拟和计算。我们的模型结合了先进的数值方法和资料同化技术，采用经过改进的物理过程方案，具有多重嵌套及易于定位于不同地理位置的能力优势，能够精确模拟典型建筑表面和屋顶的风流分离。

（2）本模型具有评估建筑物内部通风情况、评估室外空间舒适度、模拟城市片区风环境、计算大范围区域风能资源、提升防风安全、辅助城市通风廊道设计等多种用途。该模型可以模拟计算各种不同尺度范围内的风场和风能资源，大到数百公里的城区，小到数公顷的街区，都可以进行精确的数值模拟，为居住区规划、工业园区布局、污染物扩散提供参考建议和数据支撑。

（3）本模型能够有效提高城区风环境模拟精度，非结构化模型模块能够显著缩短风环境模拟时间，提高风廊规划科学性和准确性。本研究优化后的CFD模型能够在很大程度上克服风环境模拟中城区气象站点数据不足、多源数据异构与尺度不一、通用CFD模型不稳定等问题，还考虑了不同下垫面对风环境模拟的影响；同时，非结构化模型能够显著缩短风环境模拟的时间，进一步推动不同层次风廊规划编制的科学和准确性，对推动不同层级空间规划编制融合具有重要作用（图6-1）。

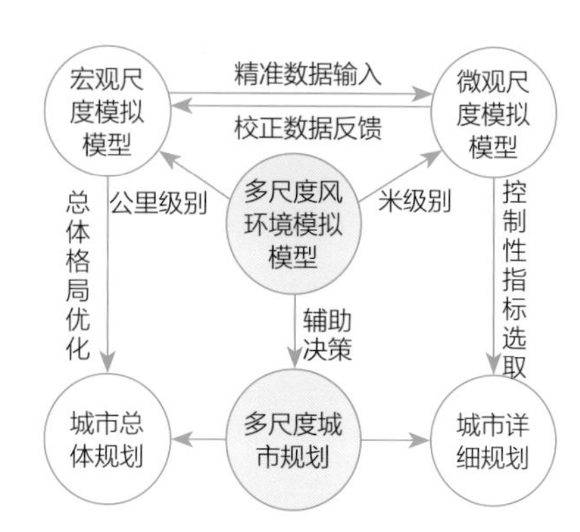

图6-1　风环境模拟规划技术应用体系

2. 应用方向或应用前景

（1）本次以贵阳城区、佛山城区为例开展了多尺度的风环境研究，探索了与城市设计各层次内容体系相耦合的通风廊道模拟、评估及规划方法，宏观层面利用WRF模拟技术与风玫瑰法识别并构建市域通风主廊道；微观层次基于CFD对重点地区与工况的模拟，明确局部地区细化设计要求与场地风环境设计要点并取得良好效果。本次实践通过构建面向国土空间规划的多尺度风廊模拟与规划方法，为我国大中型城市通风廊道规划设计、构建城市设计的气候舒适性控制体系奠定基础。

（2）规划应用方面，本模型技术能够充分、广泛地应用在未来不同层次风廊规划编制技术中。随着国土空间规划体系实施，定量、动态规划成为未来空间规划技术重要趋势。本研究提出的优化CFD模型、非结构化网格模型等风环境模拟技术能够与现行的国土空间规划体系在内容与流程相衔接，从定性的优化变为定量化指标，保障风环境优化研究成果变为法定规划的一部分。因此，本研究成果对构建未来不同层次、层级风廊规划编制技术、规划审查、规划实施、规划监督等板块具有重要的应用价值（图6-2）。

	本研究所处国土空间规划阶段				本模型可应用阶段			
国土空间规划阶段	准备阶段		设计阶段		实施阶段		运行阶段	
	信息采集	数据管理	认知分析	方案制定	监管监测	公众参与	政府操作	使用评价
模型可解的问题	气象数据不足多源数据异构	通用CFD模型不稳定	下垫面对城市风环境影响	与规划层面的衔接	辅助实时数据更新	风环境可视化	决策一张图	风环境体检指标
模型采用的方法	多源数据融合与同化技术	搭建多重网络耦合求解器	结合下垫面粗糙度指数	多尺度模拟数据辅助多尺度规划	数据整合技术	非结构化网络计算精准且快	要素关联技术	量化评估

图6-2　模型在国土空间规划体系中应用

参考文献

［1］ Wong M S, Nichol J E. Spatial variability of frontal area index and its relationship with urban heat island intensity［J］. International Journal of Remote Sensing, 2013, 34（3）:885–896.

［2］ Meroney R N, Neff D E, Heskestad G. Wind–tunnel simulation of field dispersion tests（by the U. K. health and safety executive）of water–spray curtains. Boundary–Layer Meteorology, 1984, 28（1）: 107–119.

［3］ Coceal O, Belcher S E. A canopy model of mean winds through urban areas［J］. Quarterly Journal of the Royal Meteorological Society, 2004, 130（599）: 1349–1372.

［4］ 俞布，贺晓冬，危良华，等．杭州城市多级通风廊道体系构建初探［J］．气象科学，2018，38（5）：625–636.

［5］ Lee S H, Kim S W, Angevine W M, et al. Evaluation of urban surface parameterizations in the WRF model using measurements during the Texas air quality study 2006 field campaign［J］. Atmospheric Chemistry and Physics, 2011, 11（5）: 2127–2143.

［6］ 沈娟君．基于CFD的城市通风廊道优化设计研究［D］．南京：南京信息工程大学，2018.

［7］ 尹杰，詹庆明．武汉市城市通风廊道挖掘研究［J］．现代城市研究，2017（10）：58–63.

［8］ 王晓龙．荆州市中心城区通风廊道规划研究［D］．荆州：长江大学，2017.

[9] 苏钠，周典，孙宏生. 城市新区通风廊道规划方法研究：以西咸新区为例［J］. 现代城市研究，2017（4）：27-31，36.

[10] 王武科，李枫，和朝东. 城市通风廊道规划的理论和方法初探［C］//. 规划60年：成就与挑战：2016中国城市规划年会论文集（07城市生态规划）. 北京：中国建筑工业出版社，2016：222-229.

[11] 杜吴鹏，房小怡，刘勇洪，等. 基于气象和GIS技术的北京中心城区通风廊道构建初探［J］. 城市规划学刊，2016（5）：79-85.

[12] 曹靖，黄闯，魏宗财，等. 城市通风廊道规划建设对策研究：以安庆市中心城区为例［J］. 城市规划，2016，40（8）：53-58.

[13] 李家燕. 基于CFD技术的城市通风廊道规划方法研究［D］. 合肥：安徽建筑大学，2016.

[14] 聂爽. 城市道路风廊控制要素及建设方法研究［J］. 城市地理，2016，（6）：52.

[15] 洪良. 城市通风廊道的规划应用探析［J］. 建设科技，2015（19）：76-77.

[16] 李英汉，张成扬，靳明. 福州市城市通风格局规划研究［C］//. 2015年中国环境科学学会学术年会论文集（第一卷），2015：124-133.

[17] 翁清鹏，张慧，包洪新，等. 南京市通风廊道研究［J］. 科学技术与工程，2015，15（11）：89-94.

[18] 梁颢严，李晓晖，肖荣波. 城市通风廊道规划与控制方法研究以《广州市白云新城北部延伸区控制性详细规划》为例［J］. 风景园林，2014，（5）：92-96.

[19] 任超，袁超，何正军，吴恩融. 城市通风廊道研究及其规划应用［J］. 城市规划学刊，2014（3）：52-60.

[20] 周淑贞. 城市气候学与城市规划［J］. 科技通报，1987（3）：5-8. DOI：10.13774/j.cnki.kjtb.1987.03.002.

[21] 庄智，余元波，叶海，等. 建筑室外风环境CFD模拟技术研究现状［J］. 建筑科学，2014，30（2）：108-114.

[22] 史源，任超，吴恩融. 基于室外风环境与热舒适度的城市设计改进策略：以北京西单商业街为例［J］. 城市规划学刊，2012，（5）：92-98.

[23] 王宇婧. 北京城市人行高度风环境CFD模拟的适用条件研究［D］. 北京：清华大学，2012.

[24] 杨丽. 居住区风环境分析中的CFD技术应用研究［J］. 建筑学报，2010（S1）：5-9.

[25] 陈飞. 高层建筑风环境研究［J］. 建筑学报，2008（2）：72-77.

[26] 王菲，肖勇全. 应用PHOENICS软件对建筑群风环境的模拟和评价［J］. 山东建筑工程学院学报，2005（5）：39-42.

基于视觉感知信息量的城市街道空间变化与影响特征研究

工 作 单 位：浙江理工大学建筑工程学院、华东勘测设计研究院有限公司、南京林业大学风景园林学院、浙江理工大学信息学院

报 名 主 题：面向高质量发展的城市综合治理

研 究 议 题：城市体检与规划实施评估

技术关键词：机器学习、计算机视觉、地理加权回归

参 赛 人：刘子奕、麻欣瑶、卢山、胡立辉、叶晓敏、游书航、谭喆、陈慧琳、李鑫

指 导 老 师：麻欣瑶、卢山、胡立辉

参赛人简介：本团队由麻欣瑶主持工作，主张构建以人工智能为核心的数字景观体系。团队代表研究包括基于人工智能的城市街道景观营造研究（与华东勘测设计研究院合作）；以西湖风景名胜区、校区丝绸博物馆等标志性场所为依托，应用于风景园林学科的多模态增强现实交互设计研究（与华为技术有限公司合作）。

一、研究问题

1. 研究背景及目的意义

当前城市发展趋势已由追求建设速度与规模转变为对建成环境人居品质的关注，而街道空间作为城市活力与风貌的重要承载，是建成环境学科研究中的重点。基于数字技术驱动城市模型的背景，将计算机视觉、机器学习等技术引入街道空间研究有助于深度挖掘研究问题，批量化处理能在大规模研究中满足覆盖面广的同时保证计算精度。区别于以往街道研究中数据同质化、粗粒度的现象，新城市科学视角的介入拓展了数据的多源性，并主张更加微观、精细的研究尺度，助力建成环境规划与设计。

自然资源保护协会（Natural Resources Defense Council）与清华大学建筑学院龙瀛主持的北京城市实验室联合推出了《中国城市步行友好性评价——城市活力中心的步行性研究》报告，同时中国各级政府对于慢行交通、街道空间营造等相关方面愈加关注。依托于前沿科技发展，街道空间的研究体系和方法不断升级迭代，智能化、人本化成为未来研究的趋势。北京、上海、江苏等地皆制定了城市设计导则或街道设计导则等相关文件，浙江省目前也正在拟定《杭州市街道城市设计导则》。各省市对于街道空间营造的关注度逐步提升，因此需要能够贯穿规划设计工作流程、高度参与方案制定的方法。

街道营造与其外观的视觉感知息息相关，研究探索街道空间视觉感知不仅能够揭示街道元素与城市外观的关系，还可以描述街道建成环境或评价空间质量，为城市规划建设与环境管理提供科学指导。相比于人工解读图像，深度学习介入视觉感知研究能够通过算法统计出街道元素的比例，针对性解读绿视率、建筑界

面比例等指标的感知特征，使得研究结果的可解释性更强，通过视觉感知信息描述城市建成环境，并提出城市环境视觉信息的模糊性在城市外观定量研究中需进一步处理。在此基础上，Verma丰富了感知体系，探索了视听感知模型的建立，也有研究利用视觉熵或部分街道元素衡量街道界面复杂性。研究者开展了大尺度的感知研究，提出了街道空间营造的指导性理论，引入神经网络算法对样本图像分类或完善评价体系以获得更为精确的感知模型，在功能层面，基于人类健康与福祉等给予城市街道空间质量提升的方法，以及建立街道元素与城市小气候的联系，或者在外观层面利用部分视觉感知特征提出评价街道空间质量的方法，同时关注到局部尺度下空间异质性的影响。显然，当前研究的趋势倾向于提出一种测量环境的方法或模型，以辅助城市环境规划与管理。

2021年08月，新加坡国立大学学者Filip Biljecki发表于*Landscape and Urban Planning*的研究综述中表示，当前街道研究对于语义分割提取的街道元素比例在特定研究中的挖掘有待深入。街道相关研究的方法论依然有提升的空间，要结合实际工作流程的需求与研究空白，寻找研究问题与意义。

2. 研究目标及拟解决的问题

上述研究证明了利用街景图像感知城市街道空间的可能性，为之后的深入研究打下良好基础，基于这些研究方法与成果的共性，可以从两个方面拓展：一是对于视觉感知中所涉及的“信息量”，在获取各街道元素比例的基础上，纳入解构视觉的方法论，考虑街道元素间的遮挡、光影与色彩、材质与造型等因素，使得现实场景中的复杂因素表征更全面。通过改进之前研究中利用传统算法计算视觉熵以衡量街道空间信息量的方法，体现算法深入挖掘基础数据的优势，使新的视觉感知指标更契合人类复杂的心理感知，并更加细致地描述、量化街道空间；二是延续以往研究成果中提供设计指导的理论范式，进而指导细粒度下的空间营造。此举在获得了宏观层面下城市街道视觉感知的总体特征基础上，还能直接辅助街道更新设计的具体过程。因此，视觉感知信息的量化仍具有进一步研究的意义。

立足于上述两点的实现，本研究提出了一个能够测量街道空间视觉感知信息量（Visual Perception Information Quantity，简称VPIQ）与街道空间变化的模型。利用信息熵和图像语义分割计算街景图像的VPIQ，并基于VPIQ的变异系数（SCV）和聚类熵（HCK）衡量街道空间变化，以及根据地理加权回归（GWR）模型得到细粒度下影响局部路段的街道元素特征，并通过集成学习算法LightGBM建立预测模型以获得精确指标参数。这个方法能够从宏观与中观视角提供街道空间视觉的客观描述与影响特征，为城市更新政策与街道设计方案的定制提供参考。

二、研究方法

1. 研究方法及理论依据

（1）解构视觉

在先前研究中，已有学者提出视觉感知要注重审美品质与环境管理结合，要有足够准确、可靠与严格的标准，一个能够衡量景观视觉的构成与其影响因素，并能将其精确量化的方法将具有建设性意义。过往的景观视觉研究已经出现了多次迭代，或许受限于科技水平，当时的方法主要依托于人工调查，但其中的理念于今天看来仍然具有先进性，并且已能够被现代科技所实现。

专家设计方法（Expert/Design Method）通过人工提取景物的形态解构视觉（形式、线条、肌理、色彩），从而评估景观的特征（一致性、多样性、生动性、和谐性）。虽然这个方法却因主观干扰过大而受到质疑，但在之后被证实与视觉景观的感知有系统的联系，因此这种提取景物抽象参数作为测度的方法适合进行景观视觉感知的研究。

本研究将计算街道元素的形式、线条、肌理与色彩提供的信息量。在信息论中，熵能够评判样本混乱程度，越离散的分布意味着提供了更多的信息量（bits）。已有研究提出了“视觉熵”概念，当视觉熵越大则视觉效果越混乱或者视觉效果越复杂，但也有学者认为景物分布越离散越有可能具备“美”的潜质，或者增强景观的旷奥度。鉴于目前关于视觉熵在视觉感知中的应用定位并不明确，基于专业研究的需求调整“视觉熵”的计算方法，将视觉熵的算子划分为形态、线条、纹理、色彩四个维度展开研究，量化街道空间的视觉感知信息。本研究基于对视觉信息的客观描述，注重客观测量而不是评价，因此认为视觉信息不具备评价优良的功能，需要结合实际规划设计需求进行认知。

（2）测量街道空间变化

方差与标准差能够衡量一组数据的离散程度，而变异系数能够衡量数据自身离散的变化强弱。鉴于街道营造工作通常以单一街道（线状）开展，本节研究的计量单位设定为每条街道，计算其VPIQ总值的变异系数；同时利用K-Means对VPIQ的子指标聚类，获得每条街道含有的标签混合程度。

（3）影响街景视觉感知的因素

虽然城市街道的拓扑关系受到了较强的人为干预，但依然存在局部空间中的关联，并受到周边因素的影响。因此选用GWR模型探讨VPIQ与各影响因子的局部关系。但在此之前使用最小二乘法（OLS）探索忽略地理属性的全局性回归，以验证GWR模型的优度与必要性。利用集成学习算法LightGBM拟合，获得能够预测VPIQ的模型以及各影响特征的重要性排序。LightGBM算法能选择最大收益的节点，以更小的计算成本选择需要的决策树，并控制树的深度和每个叶子节点的数据量，是个快速、分布式、高性能、基于决策树算法的梯度提升框架，其性能已被证实超越了XGBoost。

2. 技术路线及关键技术

如图2-1所示，解构视觉为第一步，意义在于获得能够客观描述街道空间的视觉感知信息量测度（VPIQ），将遮挡、分割、光影、材质、造型、色彩等现实因素纳入量化体系；利用VPIQ测量街道空间变化为第二步；影响街景视觉感知的因素为第三步。其中第二步第三步仅为本文介绍排序，实际工作中可同时开展，互不影响。

三、数据说明

1. 数据内容及类型

（1）街景数据

从百度地图开发者平台按40m间距从覆盖街景采样的街道获取了1 179张拍摄于2017年9月的街景图片。采样点分布在图5-1中展示。街景图像用于获取VPIQ信息，并根据其坐标位置在地图中进行可视化处理，为了达到更美观、直观的视觉展示，将点数据落在道路网络中，其中道路网络为Open Street Map网站下载后整理所得。

（2）POI数据

POI数据来自高德地图，共11 170个点数据，包含15个分类（表4-2）。POI数据能够从功能层面展现抽象的城市街道氛围，并给予街道附近区域用地性质的描述。

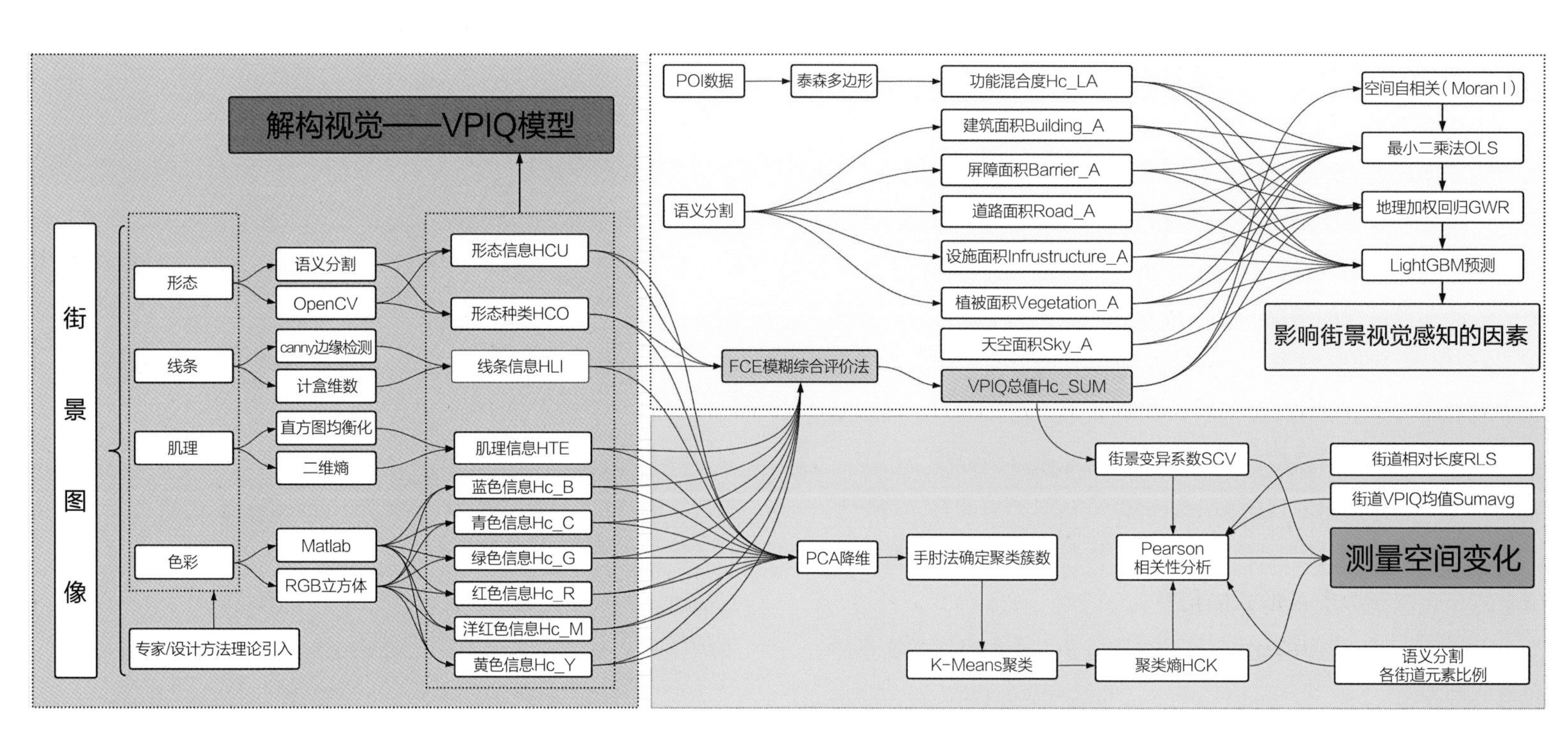

图2-1　技术路线

2. 数据预处理技术与成果

（1）街景数据预处理

首先，清洗掉部分重复、效果不好的图片。接着，去掉图片中采样车部分，每张图片分辨率为1 024×512（像素），裁剪掉采样车影像后图片尺寸为1 024×335（像素），并根据不同算法的性能进行等比例缩放。

（2）POI数据预处理

筛选掉研究区域覆盖外的异常数据后为9 968条数据，并合并为5大类（表4–1）。

四、模型算法

1. 视觉解构

（1）形态

街道中不同元素的外观与组合都会反馈给行人不同程度的视觉信息。其意义不同于统计视域内各个元素所占比例，而是量化了视觉复杂程度，通过信息量以数字的方式呈现，例如行道树对建筑的遮挡所带来的视觉上的分割。这成为一些研究进展的阻碍，因此是本研究所重视的现象。

以往关于视觉熵的研究中，所使用的传统算法仅能提取图片中部分具有明显边界的物体，而深度学习算法能以像素级精度识别图中所有物体的边界，使得视觉熵计算结果更精确。本研究选用专为城市街道空间研究的Deeplabv3+算法框架和Cityspaces数据集对街景图片进行语义分割，将图片中各种街道元素的区域以及轮廓，以色块的方式呈现，便于研究者统计。Cityspaces数据集将街道空间以19类元素进行划分，对于元素形态的解读达到轮廓程度才能获得足够的信息收益。接着利用Opencv框架编写算法，如图4–1所示，获取每张图片内独立的色块的面积与周长（此时忽略颜色差异），并利用色块周长和面积的比值衡量该色块线条的迂回程度，加入信息熵计算中：

$$HCB=-\sum_{i=1}^{n}\frac{C_iP_i}{S_i}\log P_i \quad (4\text{–}1)$$

式中，HCB为衡量形态的信息量，n为图片中色块总数，P_i为第i个色块在图片中的比例，C_i为第i个色块的周长，S_i为第i个色块的面积。

接着将种类丰富程度加入计算。语义分割算法会统计不同颜色（即街道元素种类）所占比例，以此来计算种类的复杂程度：

$$HCO=-\sum_{i=1}^{n}p_i\log p_i \quad (4\text{–}2)$$

式中，HCO为衡量种类复杂程度的信息量，n为图片中颜色（街道元素分类）总数，P_i为第i种颜色在图片中的比例。

（2）线条

物体边缘、明暗交界等都是线条信息的体现，类似于用钢笔画记录场景的方式。首先利用Canny边缘检测算法分离场景中轮廓与背景，保留线条而去除其他细节。Canny算法是当下研究中被普遍认可的边缘检测算法。接着计算处理后图像的分形维数，计算分形维数的方法中，计盒维数法在规划相关领域中认可度较高。利用网格矩阵覆盖图像，其中网格边长为ε，网格数$N(\varepsilon)$，当网格缩小到足够记录所有ε_n和$N(\varepsilon_n)$变化时，基于log（$1/\varepsilon n$）和log（$N(\varepsilon_n)$）绘制散点坐标图并记录拟合直线的斜率HLI（图4–1），即该图形的计盒维数，其表达式为：

$$HLI=\lim_{\varepsilon\to\infty}\frac{\log\left(N\left(\varepsilon_n\right)\right)}{\log\left(1/\varepsilon_n\right)} \quad (4\text{–}3)$$

（3）肌理

街道元素的造型、材质与光影等构成了肌理信息，比如建筑形体的凹凸变化呈现的边界、物体表面的光滑程度、树冠在阳光下细碎的明暗变化等，这些特质为视觉感受提供了真实感——立体信息，因此解读肌理信息能揭示场景立体性质。

通信工程领域中，二维熵能够帮助研究者提取物体的肌理信息，且相比于一维熵增加了图像灰度像素的空间分布特征，因此采用二维熵方法对图像的肌理进行计算（图4–1）。利用Python对样本图像进行直方图均衡化处理，使物体的肌理更易于被提取，并将处理后图像中每个像素的灰度值记为i，以此像素周边八个单元的像素灰度均值作为邻域灰度值j，将这两个值记作一个特征二元组（i，j），计算该二元组在图像中出现的概率，并代入信息熵公式进行计算，得到二维熵公式：

$$j=\frac{\sum_{k=1}^{8}j(k)}{8} \quad (4\text{–}4)$$

$$HTE=-\sum_{i=0}^{255}\sum_{j=0}^{255}p_{ij}\log p_{ij} \quad (4\text{–}5)$$

式中，HTE为肌理信息值，i表示图片中第i个像素灰度值（$i\in[0,255]$），j为邻域灰度值（$j\in[0,255]$），Pij为二元组（i,j）

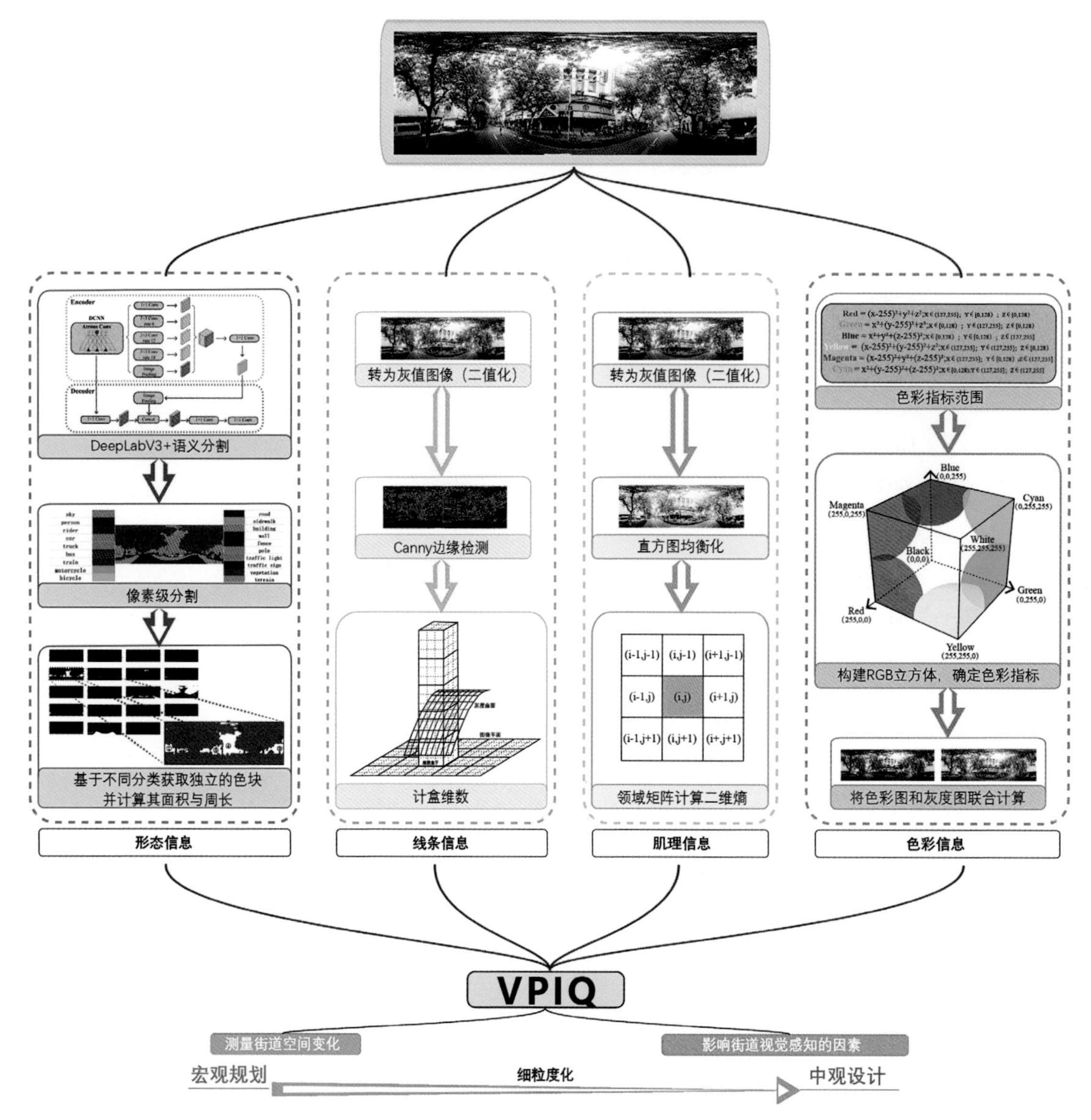

图4-1　视觉解构流程与后续应用方向

出现在图片中的概率。

（4）色彩

色彩是视觉感知的重点之一，植被、车辆、建筑、道路与其他设施等元素因其各异的色彩影响着信息量的大小。色彩信息量可以统计场景中色彩的丰富程度。

本文参考了韩君伟提出的计算街道场景色彩的方法，在Matlab中读取图片中的RGB值，并将这三个数值投射到三维坐标系中形成RGB色彩立方体（图4-1），筛选RGB坐标落入规定范围内的像素点并提取该像素点RGB中最大值作为色彩指标，每种颜色的取值范围与球面方程见图4-1。将得到的色彩指标代入信息熵公式中进行计算，得到色彩信息测度的公式：

$$H_C = -\sum_{i=1}^{n} C_i P_i \log P_i \tag{4-6}$$

式中，C_i为像素i的色彩指标，P_i为像素i的灰度值在灰度图像中出现的概率，H_C为该图片的色彩信息值。

为了更清晰地了解场景中色彩分布，将色彩立方体中各个角落区域的色彩独立统计，得到Hc_B（蓝色）、Hc_G（绿色）、Hc_C（青色）、Hc_M（洋红色）、Hc_R（红色）、Hc_Y（黄色）六种颜色的色彩信息值。

2. 利用VPIQ测量街道空间变化

（1）单一街道空间总体的视觉变化

首先汇总研究区域内77条街道的VPIQ值。将*HMO*、*HLI*、*HTE*以及Hc_G、Hc_M、Hc_R、Hc_Y、Hc_B、Hc_C聚合为Hc_SUM。为了避免各街景图片中不同天气条件的影响，在计算Hc_B、Hc_C时根据语义分割结果将天空部分替换为黑色像素（RGB值为0）。接着，对以上算子进行归一化处理，使其具有可比性，最后利用模糊综合评价法确定每个算子的权重，以此加权得到VPIQ总值Hc_SUM。

模糊综合评价法（Fuzzy Comprehensive Evaluation, FCE）是基于模糊数学的隶属度理论，把定性评价转化为定量评价，即用模糊数学对受到多种因素制约的事物或对象做出一个总体的评价。首先，明确问题，建立3个层次结构，包含目标层、4个因素的准则层以及10个因素的子准则层、方案层。构造判断矩阵A＝（a_{ij}）$n \times n$，i, j＝1,2,...n，其中aij常取值如表4-1所示，然后进行层次单排序，即求出判断矩阵A的最大特征值的近似值λ_{max}，以及它对应的特征方程AW＝Wλ_{max}，解出相应的特征向量。然后，将其特征向量W_i归一化并检验一致性。最后，根据层次总排序并进行组合一致性检验，排序结果为计算方案层的各因素对于目标层的相对重要性权重。根据相关文献研究对10个指标采纳频度，利用支持模糊综合评价法并与现有层次分析法功能高度集成的Yaahp软件进行指标权重计算。

判断矩阵aij常取值表　　表4-1

B_i比B_j	绝对重要	十分重要	比较重要	稍微重要	相同重要	稍微次要	比较次要	十分次要	绝对次要
a_{ij}	9	7	5	3	1	1/3	1/5	1/7	1/9

计算每条街道的街景变异系数（*SCV*）以衡量各街道VPIQ的总体离散程度：

$$SCV = \frac{\sigma_i}{\mu_i} \tag{4-7}$$

式中，σ_i为街道i的标准差，μ_i为街道i中Hc_SUM的期望值。*SCV*越大，则代表该街道中更多地段的空间出现了异于其他地段的变化。实际生活中行人会穿梭于各条街道，不会将一条街道完整的遍历，因此，*SCV*是一种难以直观感受的指标，要结合其他指标综合判断。

（2）单一街道空间内部的视觉变化

将归一化的变量*HCB*、*HCO*、*HLI*、*HTE*、Hc_G、Hc_M、Hc_R、Hc_Y、Hc_B、Hc_C作为特征值。在Python环境下，使用sklearn库中的PCA算法对数据集降维，并利用K-Means算法对数据集聚类。K-Means算法能够能将形态、线条、肌理、色彩相似的街景划分为同类并赋予类别标签。得到结果后按街道计算标签计数的聚类熵*HCK*：

$$HCK = -\sum_{i=1}^{k} p_i \log p_i \tag{4-8}$$

式中，k为聚类标签总数，P_i指第i类标签在当前街道出现的比例。这将有助于揭示当前街道空间中风貌变化的程度，当一条街道中存在的聚类标签越多且越离散，则该街道视觉感知越趋于多元。*HCK*是一种能被直观感受到的指标，因其基于采样点计算，它能够以更细粒度的标准衡量街道内部的变化，因此与*SCV*结合判断每条街道空间的性质会更加准确。

（3）空间变化与街道元素的相关性

这一部分将采用双变量皮尔逊法讨论各街道元素与*SCV*和*HCK*的相关性。考虑到统计单元为街道，加入了每条街道的VPIQ均值（Sum_avg）与归一化的采样点数量，即街道的相对长度（*RLS*）。

街道元素变量与POI数据变量的简化结果　　表4-2

	街道元素		POI数据	
	原始分类	简化分类	原始分类	简化分类
保留变量	Building	Building_A	交通设施	交通类
	Vegetation	Vegetation_A	道路	
	Sky	Sky_A	汽车服务	
	Pole	Infrustructure_A	宾馆	居住类
	Traffic light		地产小区	
	Traffic sign		休闲娱乐	娱乐类
	Fence		餐饮	
	Wall	Barrier_A	旅游景点	
	Terrain		购物	
	Road	Road_A	生活服务	生活类
	Sidewalk		公司企业	公共类
			金融	
			商务大厦	
			医疗	
			政府机构	
排除变量	Person、Rider、Car、Truck、Bus、Train、Motorcycle、Bicycle			

3. 影响街景视觉感知的因素

（1）OLS与GWR、LightGBM的叠加

考虑到城市街道的布局特征，空间异质性将尤为重要，而根据现有数据建立预测模型能够在工作流程中及时给予设计师数据反馈从而调整设计方案。因此选用考虑地理属性的GWR模型与当下性能最先进的集成算法LightGBM。

（2）自变量的选择与实现

将语义分割后的19类街道元素的像元比例作为自变量，以揭示不同街道元素的占比对视觉感知的影响。考虑到变量过于冗余会影响回归模型的精度，将这19类变量简化为6类（表4–2），其中排除了八个具有移动性质的变量，因为这些变量在研究结果中的信度并不理想，且本研究重点为街道中稳定存在的元素。但以上数据仅为视觉的直观反映，因此加入POI点数据进行采样点周边业态的量化。

首先，获取研究范围内所有POI点数据，并将原有的15个分类简化为5类（表4–1）。接着，利用泰森多边形为研究范围内所有采样点划分独立区域，使得所有POI点被投影到每个取样点所在网格内，按类别统计网格内POI点的数量，并计算其土地功能熵：

$$Hc\_LA = -\sum_{i=1}^{5} p_i \log p_i \qquad (4\text{–}9)$$

式中，P_i为第i类POI点在网格内所有POI点中所占比例。

4. 模型算法相关支撑技术

表4–3中展示了本研究所有使用到的算法与技术。

算法与支撑技术详解　　表4–3

计算内容	环境	软件或工具	所在章节
形态信息	Python 3.8	DeeplabV3+; Cityspaces	4.1.1 形态
线条信息	Python 3.8	OpenCV、Numpy	4.1.2 线条
肌理信息	Python 3.8	OpenCV、Numpy	4.1.3 肌理
色彩信息	Win 10	Matlab 2016b	4.1.4 色彩
Hc_SUM	Win 10	Microsoft Excel 2019	4.2.1 单一街道空间总体的视觉变化
归一化	Python 3.8	Scikit-learn	4.2.1 单一街道空间总体的视觉变化
模糊综合评价法	Win 10	Yaahp	4.2.1 单一街道空间总体的视觉变化

续表

计算内容	环境	软件或工具	所在章节
PCA主成分分析	Python 3.8	Scikit-learn	4.2.2 单一街道空间内部的视觉变化
手肘法	Python 3.8	Yellowbrick	5.1.2 利用VPIQ测量街道空间变化结果
K-Means聚类	Python 3.8	Scikit-learn	4.2.2 单一街道空间内部的视觉变化
皮尔逊相关性	Python 3.8	Scipy	4.2.3 空间变化与街道元素的相关性
土地功能熵Hc_LA	Win 10	ArcGis 10.2	4.3.2 自变量的选择与实现
OLS	Python 3.8	Scikit-learn	4.3.1 OLS与GWR、LightGBM的叠加
GWR	Python 3.8	MGWR	4.3.1 OLS与GWR、LightGBM的叠加
LightGBM	Python 3.8	Lightgbm; Scikit-learn	4.3.1 OLS与GWR、LightGBM的叠加
可视化表达	Python 3.8;Win 10	Seaborn; Matplotlib; Scikit-learn; ArcGis 10.2	5 实践案例

五、实践案例

1. 模型应用实证及结果解读

（1）研究范围

本研究选在中国杭州市上城区的湖滨、清波和小营街道。该区域与西湖风景名胜区相邻，是杭州老城区的核心区域，研究范围选取如图5–1所示，其中包含商业街、商务大厦、新旧居住区、火车站、地铁线路、景区以及各种配套设施等元素，呈现出较强的多元性，能够一定程度上体现一个城市的风貌与功能，该区域为研究进行提供较为理想的基础数据。

（2）利用VPIQ测量街道空间变化结果

前文中根据FCE方法计算了Hc_SUM，其权重在研究团队多次比较、参考前人研究后，确定为表5–1呈现的结果。接着计算了77条街道Hc_SUM的变异系数SCV，其中最大值约为最小值十倍，说明街道之间VPIQ的变化差别较为明显。将SCV投影于地图上，得到图5–7。

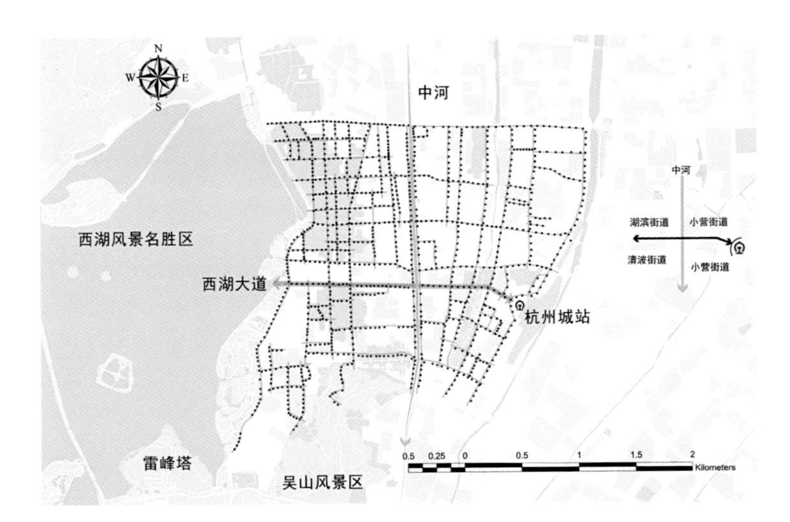

图5-1 研究范围

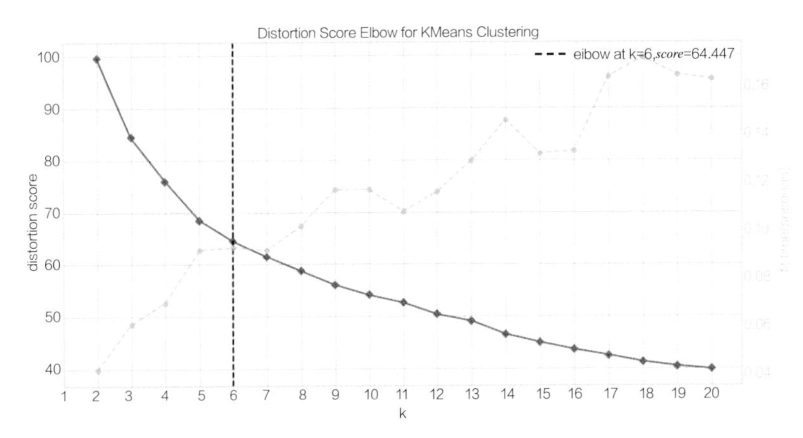

图5-2 利用“手肘法”确定K-Means聚类最佳簇数

利用FCE法确定Hc_SUM子指标的权重结果 表5-1

目标层	准则层与权重		方案层与权重	
Hc_SUM	形态信息	0.355	HCB	0.304
			HCO	0.051
	线条信息	0.145	HLI	0.145
	肌理信息	0.145	HTE	0.145
	色彩信息	0.355	Hc_B	0.030
			Hc_C	0.091
			Hc_G	0.170
			Hc_M	0.011
			Hc_R	0.023
			Hc_Y	0.030

单一街道内部视觉感知的表现中，PCA算法在保留原有数据95%的信息基础上，将原有的数据矩阵维度简化20%，通过K-Means算法为数据添加聚类簇标签。接着使用“手肘法”确定最佳的聚类簇数，利用Python语言的yellowbrick库进行计算，如图5-2所示，当K＝6时，数据集拥有理想的聚类效果。接着将K-Means标签在地图上投影（图5-3）以查看分布状况。发现聚类算法下，街景采样点的VPIQ分类更加明显，局部区域内更多的街景图片被划为同一类，甚至不限于同一条街道，这反映了局部区域下街景VPIQ存在一定程度的关联。同样，将HCK于地图中投影（图5-7）以供后续与SCV耦合分析。

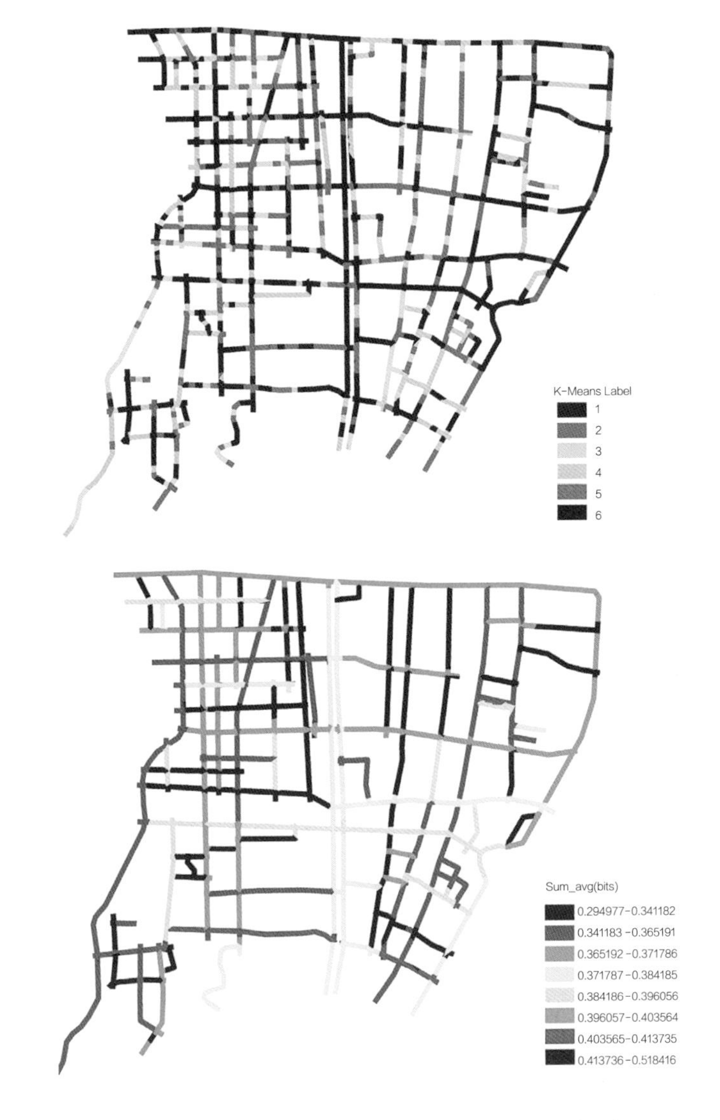

图5-3 K-Means标签分布（上）与Sum_avg分布情况（下）

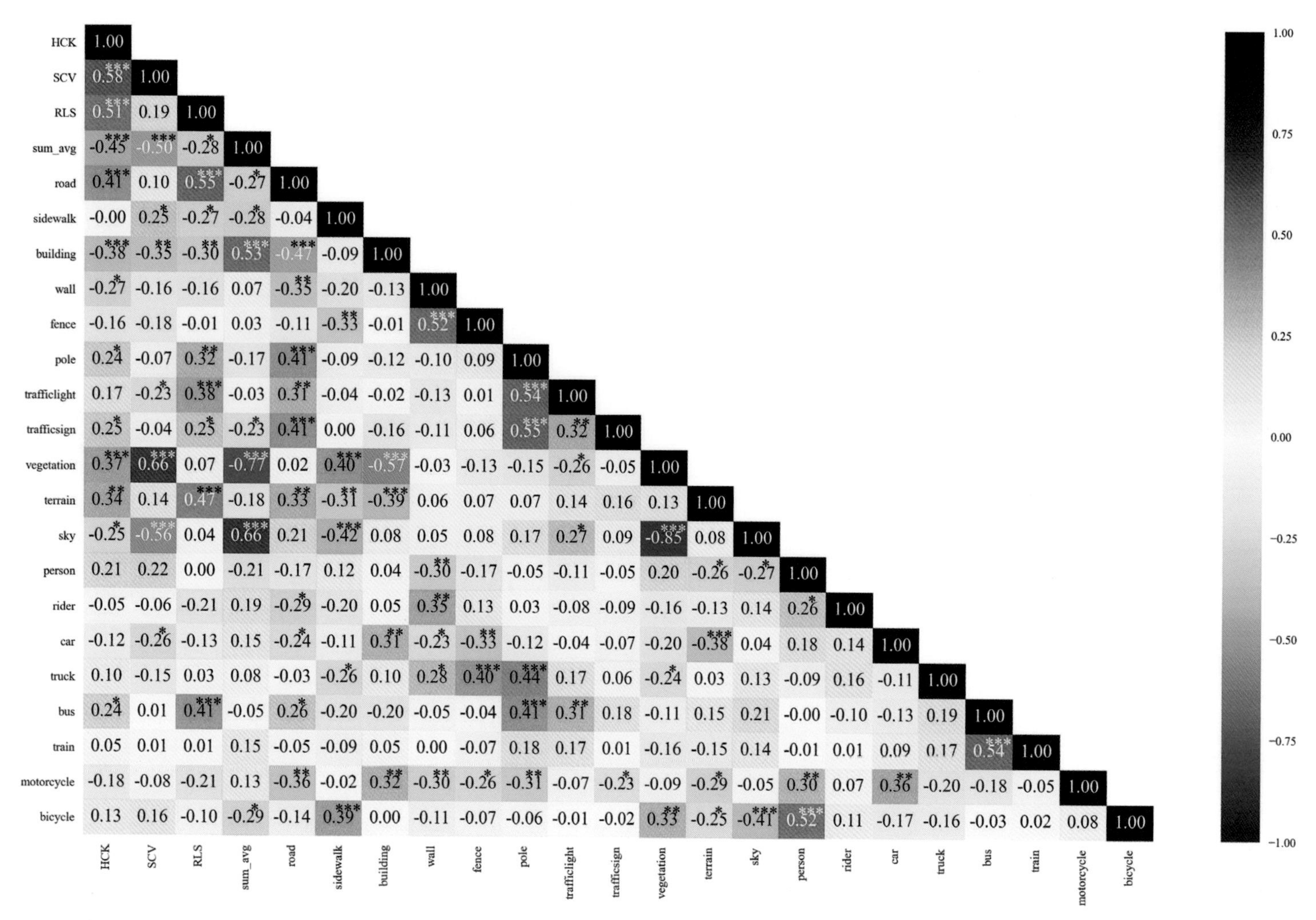

图5-4 皮尔逊相关性矩阵

OLS和GWR的解释变量描述与回归结果

表5-2

变量	描述	OLS				GWR				
		Coef.	t	p	VIF	mean	std	25%	Median	75%
Building_A	建筑元素所占图片比例	-.060	-2.367	0.018*	1.627	-0.040	0.106	-0.119	-0.053	0.032
Vegetation_A	植被元素所占图片比例	-0.757	-32.05	0.000***	1.405	-0.261	0.075	-0.321	-0.270	-0.206
Hc_LA	采样点周边POI功能混合程度	-0.029	-1.436	0.151	1.004	-0.002	0.009	-0.009	-0.003	0.004
Infrustructure_A	pole,traffic light,traffic sign,fence元素所占图片比例	-0.102	-5.029	0.000***	1.031	-0.404	0.456	-0.682	-0.389	-0.134
Barrier_A	wall,terrain元素所占图片比例	-0.082	-3.719	0.000***	1.211	0.002	0.262	-0.148	-0.034	0.138
Road_A	road,sidewalk元素所占图片比例	-0.150	-6.707	0.000***	1.262	-0.266	0.229	-0.401	-0.276	-0.157
常量		0.495	63.913	0.000***						
		R^2	0.534			R^2	0.736			
		调整后R^2	0.532			调整后R^2	0.710			
		AICc	-3926.484			AICc	-9780.066			

注：*表示回归系数在0.05水平上显著；**表示回归系数在0.01水平上显著；***表示回归系数在0.001水平上显著.

图5-4展示了SCV与Hc_K在spss中进行皮尔逊相关性分析的结果，HCK与Sum_avg、RLS、建筑物面积、墙体、道路、路灯、交通信号灯以及公交车相关性显著，其中Sum_avg、建筑物面积、墙体为负相关，意味着这些街道元素的比例更大时，这条街道空间的VPIQ也更趋于一致，在同一街道上游览将获得更为均衡的视觉体验。而SCV与街道相对长度、建筑、植被、天空相关性显著，且仅有植被为正相关，这意味着当一条街道存在植被较多时，更容易出现空间变化使得VPIQ改变。

将Sum_avg于地图上投影（图5-3），尽管HCK与SCV相关性显著且为正相关，但依然有大量街道存在总体变化离散程度小而内部变化多样的情况，或者Sum_avg低而内外变化丰富的道路（如南山路），这一定程度上体现了城市规划师与管理者的功劳，在对街道风貌管控的情况下尽量丰富街道游览体验。

（3）影响街景视觉感知的因素结果

使用普通最小二乘法对数据进行全局回归，并记录下每个变量的方差膨胀系数（VIF）以查看各变量是否存在多重共线性。所确定的各个变量以及各自的描述、回归结果在表5-2中展示。在所有变量通过共线性诊断（VIF<7.5）与残差服从正态分布的前提下，校正的Akaike信息标准（AICc）为-3 926.484，$R^2=0.534$，调整后$R^2=0.532$，这表明自变量可以解释53.2%的变化。其中，变量Sky_A被排除，因为天空无法被人为控制，且会造成虚假相关，或者天空本身的肌理、色彩信息表现弱，以及语义分割无法识别云朵，因此，系统认为天空在回归中不具备可解释性。剩余6个能显著影响Hc_SUM的自变量分别为Road_A、Building_A、Vegetation_A、Infrastructure_A、Barrier_A和Hc_LA，且相关系数皆小于0（负相关），说明当前5个变量面积增加时或者采样点周边业态趋于多元时，视觉复杂程度会降低。

以上为不考虑地理空间属性的全局回归结果，下一部分将与GWR结果进行对比。

GWR模型排除了Sky以外的6个变量作为自变量，结果显示，$R^2=0.736$，调整后$R^2=0.710$，优于OLS模型的结果（调整后$R^2=0.532$），且AICc=-9 780.066，低于OLS模型（AICc=-3 926.484）。因此可以得知，对于影响Hc_SUM的因素探究中，GWR模型更加理想，表5-2显示了GWR结果。同时研究Hc_SUM的空间自相关性，通过计算全局莫兰指数（Moran I）进行检验，选择适应城市街道关系的曼哈顿距离，结果显示Moran $I=0.373$，z得分15.66，p值在0.001结果上显著，说明VPIQ在空间上随机产生此聚类模式的可能性小于1%，拒绝零假设，满足空间统计学条件。

由于在OLS中天空变量被排除，但根据前人研究成果可知天空元素在街道景观中具有极为重要的地位，因此采用集成学习LightGBM将天空元素纳入算法中。按照8：2的比例划分训练集和测试集，结果显示预测准确率为83.051%（图5-5），说明仅使用七个变量的情况下预测Hc_SUM的结果与真实结果高度相似，能够作为指导工作的模型。其中特征重要性排序如图5-6所示，可见植被、建筑、天空、道路依然是街道中最能影响视觉感知的元素。

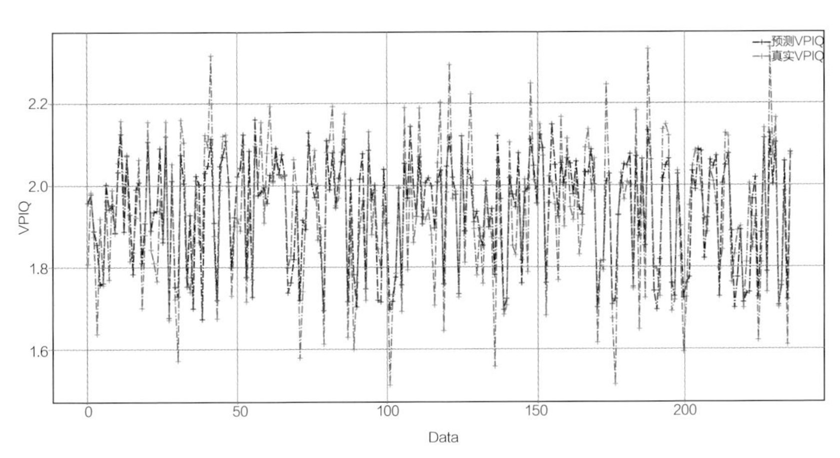

图5-5　LightGBM预测结果与测试集结果对比图

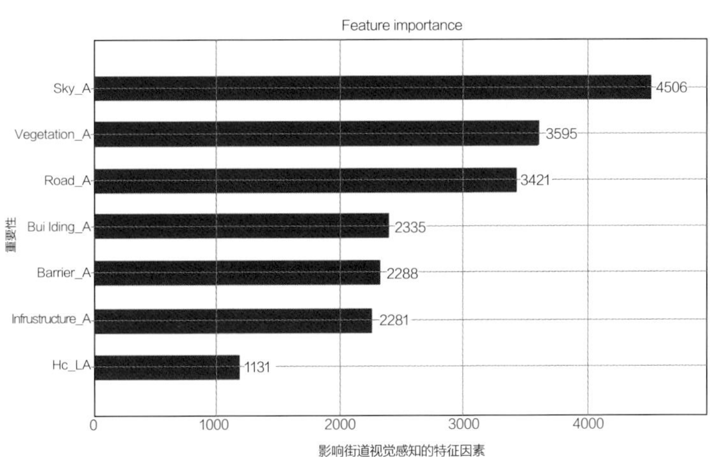

图5-6　LightGBM特征重要性排序

2. 模型应用案例可视化表达

(1)VPIQ测量空间变化的解读与意义

本节将讨论根据HCK与SCV 2个测度组合而成的4种情况，这反映了研究区域内存在的四种街道类型。其中，政策限制意味着对业态、用地性质的管控，而风貌意味着街道界面中各街道元素组合而成的景观。

就HCK与SCV同高（图5-7，a）的街道而言，这种类型的道路反映出街道规划中疏于管控、缺乏统领全局的街道元素以及没有统一的街道风貌的情况，也是接下来城市设计中需要被重视的地段。结合相关性分析与实际场景来看，这种街道的元素配置不够协调，常出现建筑与植被比例失常导致建筑比例降低或植被比例上升的现象，与相关性分析对应可以发现，植被的形态将比单纯的绿化水平更加影响视觉效果。同时街道家具以及街道设施的布局较为混乱，缺乏管理，使得街道界面纷杂，从而增加了局部的形态与线条指标，如中河中路东、浣纱路、仁和路以及长生路。而南山路较为特殊，从城市穿越到景区，其风貌有跟随周边用地性质变化而变化的需求，虽然SCV与HCK都高，但Sum_avg较低，说明整体风貌仍处于管控下，因此这种道路需要根据用地性质分段判断。

HCK与SCV同低（图5-7，b）的街道通常拥有较好的管理，又或者受到了较为严格的政策限制，其风貌整体上统一，但当街道过于漫长（RLS过高）或Sum_avg过低则有可能出现过于呆板的情况。虽然这些道路的规模、配套设施以及周边业态不相同，但都拥有良好整齐的街道绿化，以及完整的建筑立面，并拥有较高程度的VPIQ，与皮尔逊检验结果对应。因为变量建筑与HCK、SCV呈负相关关系，且这种街道的建筑比例大多低于均值20.53%，并与植被比例关系和谐，因此HCK和SCV整体偏低。这些街道中，路灯与交通信号灯多与植被相融合，分割视觉的街道元素比例下降，因此整体感受上较为统一，如平海路、清吟街、西湖大道。而惠民路的Sum_avg较低，因此视觉感知上统一但较为单调。

HCK高而SCV低（图5-7，c）的街道通常意味着街道局部用地性质变更或街道状况异常等情况下，局部路段的风貌出现了变化，这种变化是否是正向的需要结合实际考察。例如，用地性质的影响如道路穿过了绿地导致局部风貌变化；风貌变化如靠近风景区的建筑高度逐渐降低；街道异常状况如存在较大尺度的施工现场。从整体上来看，这些街道各元素的关系与比例没有过大改变，都有着完整的界面，因此SCV较低，但在此之上存在的变化则导致局部视觉感知波动，因此HCK上升，可以考虑适当增加街道家具、构筑物以延续建筑界面，如江城路、清泰街和庆春路。

HCK低而SCV高（图5-7，d）的街道通常为业态、风貌都相对稳定的道路，因此HCK较低，但由于与一些高楼林立的主干道交汇，因此道路交叉口处出现了高大建筑，这些建筑的肌理、色彩反而没有其他建筑丰富，且被植被遮挡、分割部分较少，因此出现了四个VPIQ指标整体减少的情况，但总体比例变动不大，如佑圣观路和环城东路。但另一种情况是处于老旧居民区中，局部路段出现没有店铺、植被稀疏的情况，比如建筑退让面积过少或者机构院落单调的围墙，如劳动路，可以考虑进行社区空间更新。

总而言之，SCV较高的街道更容易出现异常，通常意味着街道界面混乱或不完整，而HCK则要根据实际情况判断当前街道界面的合理性。SCV与HCK同高或同低时需要结合Sum_avg判断当前道路是否有改造的必要。利用VPIQ测量一致性的意义在于，城市规划师与城市管理者可以快速地了解到每条街道的现状，从而根据规划政策与需求定位考虑城市环境管理对策与空间营造。

(2)影响VPIQ因素的意义与应用

本节根据GWR模型的结果讨论了各解释变量对Hc_SUM影响与实际环境中如何理解并运用这些信息。GWR模型给予规划者更加细粒度的测量结果，阐明了同一街道不同地段受到相同因素的影响是有差异的，因此可以作为设计方案更加精细的参考。

图5-8给出了GWR中各解释变量Hc_SUM的影响关系。就Building_A而言（图5-8，b），负相关区域通常意味着建筑体量或立面风格受到了一定程度的控制，所贡献视觉信息较少。比如湖滨街道中拥有统一立面的大型商业综合体以及写字楼的玻璃幕墙会比悬挂各色招牌的市井街道更简约，因此Hc_SUM更低。而正相关区域中常出现建筑体量不统一、立面更加丰富以及受其他街道元素遮挡、分割影响更大，使得建筑元素贡献了更多的视觉信息，如五柳巷历史街区中丰富的店面招牌与橱窗。因此，Building_A的回归结果可衡量该地段建筑物对视觉感知信息量的贡献，当街道界面过于混乱时，根据当前地段中Building_A变量的影响因子的正负与大小可判断建筑立面需要精简或丰富，抑或是与其他变量结合，得到更为全面的修建策略。

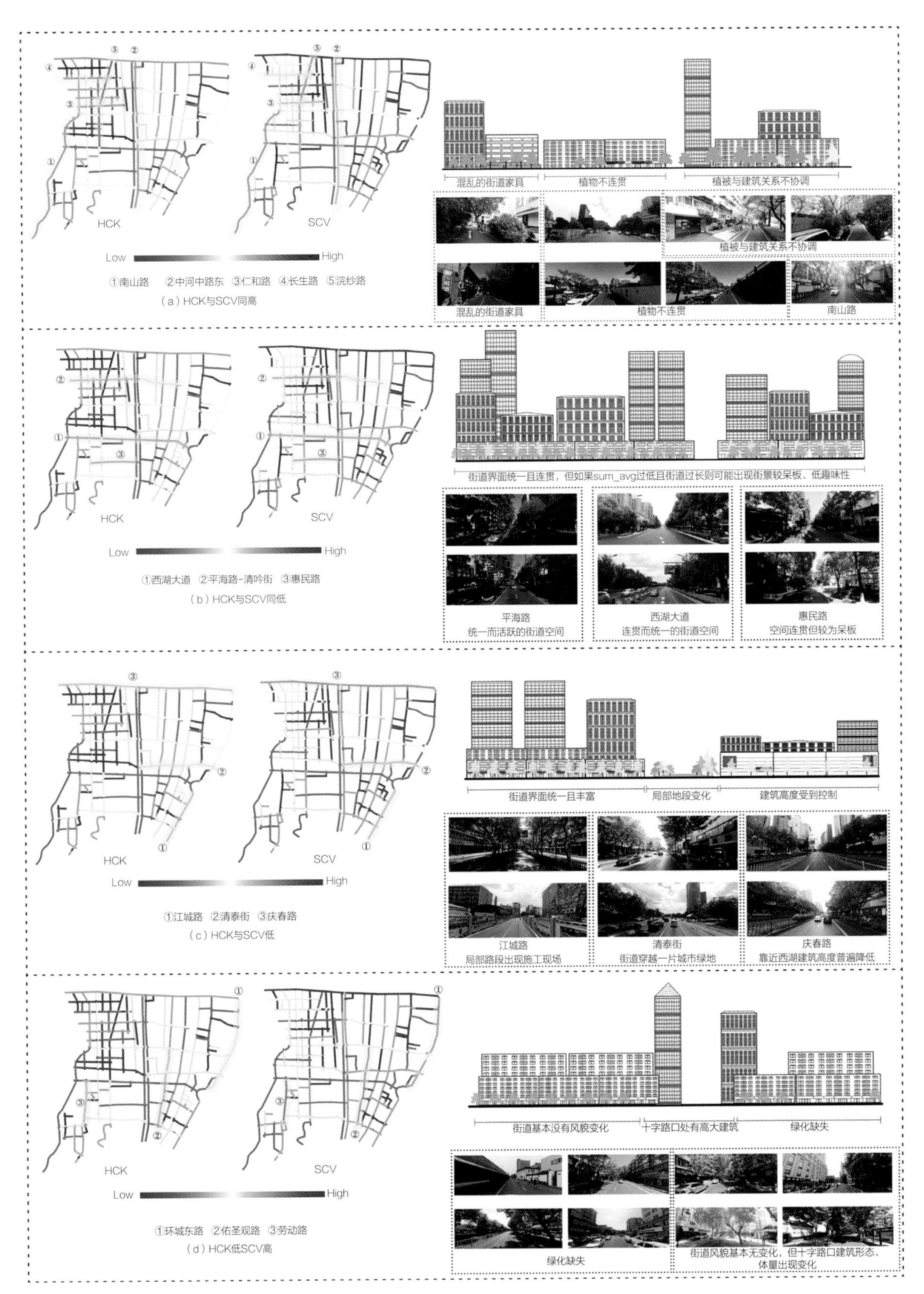

图5-7 SCV与HCK对比分析，以及典型空间的立面示意图和实际场景展示

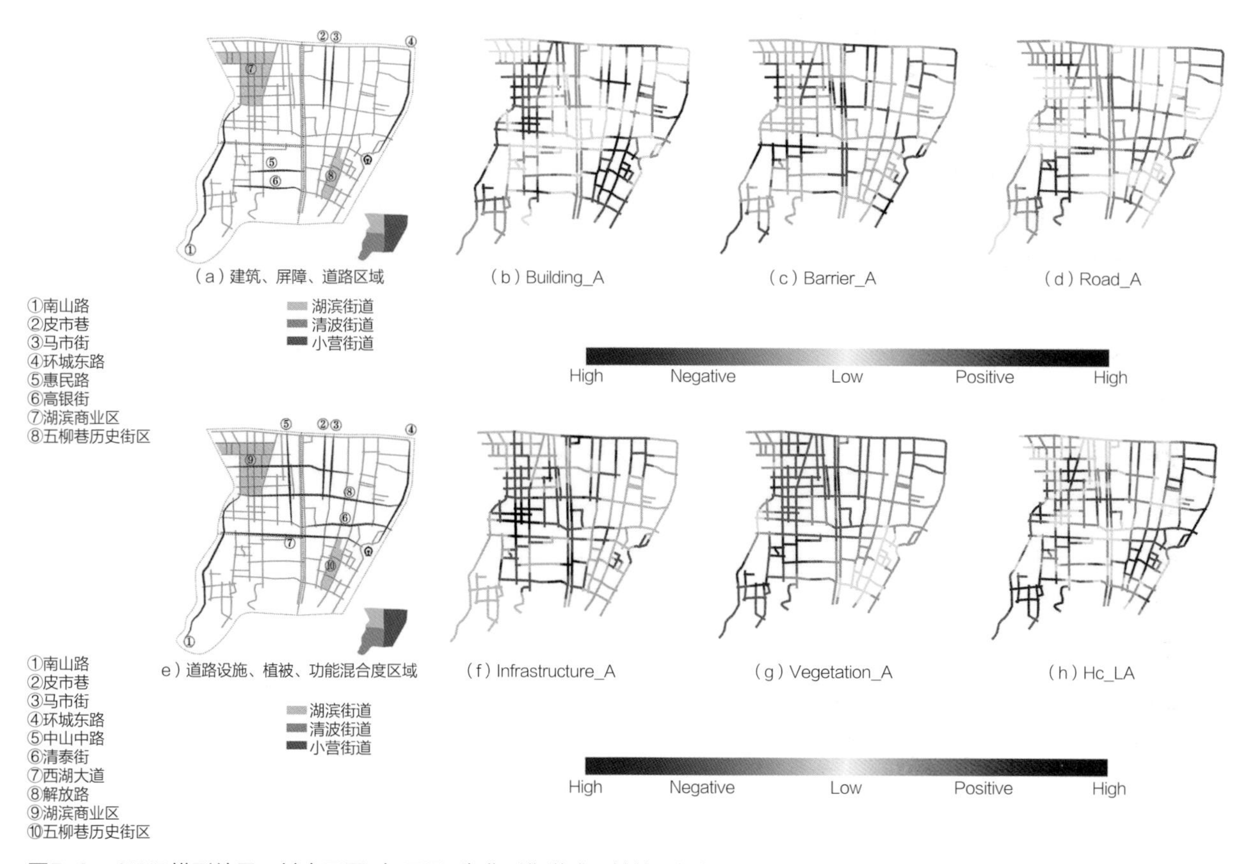

图5-8　GWR模型结果，其中子图a与子图e为典型街道或区域的可视化图形

Barrier_A（图5-8，c）根据GWR回归系数来看，正负相关区域分布与街区属性高度相关。在Cityspace数据集中，围墙以及部分街道家具等皆有可能被识别为wall或terrain分类中，而正相关区域中，通常存在较多居民、商铺自行搭建的构筑物，这些具备街道家具的元素都具有较为多样的形态与线条或肌理鲜明的特点，因此对Hc_SUM的正向影响显著，如湖滨街道西北角、清波街道以及小营街道的环城东路、皮市巷与马市街。负相关区域中存在较多施工现场或机构的围墙，这种围墙通常形态呆板且肌理、色彩单调，因此对Hc_SUM贡献不大。因此，GWR模型在Barrier_A变量中的正负相关性揭示了当前区域中围墙与街道家具对视觉的影响，正相关区域的街道家具与搭建物的管理以及负相关区域中院落围墙外侧的失落空间需要得到重视。

就Road_A而言（图5-8，d），研究区域内大多呈负相关，这和车辆对路面的遮挡、路面本身的肌理和色彩不鲜明都有关系，但更为重要的是Road_A值高的街道通常更开阔，从而与建筑、植被等距离更远，淡化了肌理、色彩细节。因此，Road_A值高的街道应更关注对建筑、植被等骨干元素的营造，同时对于强负相关地区，其交通状况对视觉的影响也应被考虑在设计方案中。

Infrustructure_A中（图5-8，f），回归系数均值表现为强负相关，这似乎与路灯、围栏分割街景导致Hc_SUM上升的认知不符，但实际情况中，多数路灯被植被遮盖，围栏被车辆遮挡，且这些元素本身也不具备丰富的色彩、肌理信息，而交通信号灯在街景中占比过小，因此道路设施在Hc_SUM中的贡献并不如理论上那样多，如解放路、南山路。正相关区域街道的灯杆等元素通常未被树木遮挡，如环城东路、清泰街以及平海路—清吟街周边区域。正相关区域的街道应留意街道设施与周边环境的关系，如果当下环境过于混乱，则需要合理选择设施的造型、体量等，避免增加不必要的视觉信息；而负相关区域的街道如果有提升视觉活力的需求，则可以考虑丰富街道设施的外观，使用艺术化材质、造型的围栏、路灯等。

Vegetation_A（图5–8，g）对整体呈现较强负相关趋势，因此，植被在街景中更多地体现了遮挡作用，且采样时多为阴天导致植被色彩暗淡、高大建筑的阴影遮盖了植被本身的肌理、色彩表现以及植被本身色彩的单调性，或者植被过于茂盛遮住了阳光，如平海路、南山路。当然，部分街道植被较少也会呈现负相关，如皮市巷。可见，植被比例过多或过少都会影响Hc_SUM，之前的研究也对此有相同的看法，而光线同样是影响植被视觉感知的重要因素。应关注强负相关的区域街道中植被是否过于影响视觉，及时疏剪植被、适当补种色叶植物，或者考虑建筑立面绿化。

就Hc_LA而言（图5–8，h），建筑立面与业态布置也有一定关系，因此Building_A会影响Hc_LA的回归效果，可能导致Hc_LA在OLS回归中不显著。其中，呈现正相关的区域较为明显，这些区域中业态丰富，且建筑立面可视性良好，沿街各色建筑、橱窗与招牌等贡献了大量视觉信息。多元的业态结构常常意味着更加丰富的街道界面从而吸引视线，使得视觉信息增加。如湖滨街道商业区、解放路全段以及火车站、五柳巷地区。而负相关区域业态分布普遍稀疏且单一，如南山路南段、中河中路北段以及小营街道东北角。Hc_LA的回归结果能一定程度反映该地段业态活力与街道外观是否匹配，以此衡量店铺外观、街道界面的合理性。正负相关性较强的区域对街道业态定位与风貌氛围的匹配将格外敏感，应作为规划前期的参考。

GWR模型从更加细粒度的视角，帮助城市规划师与决策者揭示了局部地区中影响Hc_SUM变化的因素与其特征。相同的街道元素对一条街道不同路段的Hc_SUM通常产生不同的影响，因此，GWR模型将对具体方案的制定给予指导，指引设计师选择需要重点设计的街道元素，从而达到更有针对性的效果。

六、研究总结

1. 模型设计的特点

（1）理论创新

本研究将设计理论中提取景物特征的四个维度（形态、线条、肌理、色彩）运用于视觉解构，丰富了景观视觉感知理论的视角。

（2）方法创新

一是提取语义分割图像中独立色块的方式丰富“视觉熵”的计算方法；

二是利用Canny边缘检测算法与计盒维数测量线条信息；

三是将通信工程领域的二维熵模型运用于计算街道光影肌理，尝试量化“难以计算”的光影指标；

四是优化“RGB立方体”色彩指标的选取领域，由四面体变为八分之一球体，提升模型容错率；

五是提出了“街景变异系数”“聚类熵”与皮尔逊相关性的三重耦合机制，作为测量街道空间变化的方法；

六是基于OLS延伸到利用GWR查看影响特征的地理分布以及LightGBM算法探究影响特征重要性并建立预测模型。

2. 应用方向及应用前景

（1）应用方向

这项研究按照城市规划设计的流程，首先从宏观层面入手，讨论了街道空间变化测量结果的解读与意义，揭示了其两点核心功能：检测与参考，为量化现状与规划制定提供了帮助，接着从中观层面入手，讨论了局部区域内各街道元素如何影响VPIQ，指出设计中需要重视的街道元素与可能存在的问题。VPIQ模型能够贯穿城市规划设计工作的始终，并提供科学的指导。

显然，无论是从宏观层面的街道风貌把控还是中观层面的局部街道场景感知，不同的立场会基于VPIQ测度给出正向或负向的评价，因此，本研究介绍的这个方法需要城市决策者与规划师的灵活使用，在根据空间变化的测量结果制定道路空间营造的规划方案后，继续在GWR模型的指导下选择要重点营造的街道元素以制定设计方案。

（2）研究限制

由于客观原因，本文存在以下研究限制：

一是未考虑天气因素与建筑阴影对视觉的影响，一定程度影响到色彩与肌理的测量；

二是API限制街景图片的获取效率，导致开展大规模研究的难度上升；

三是未考虑行人的时空行为（如加入OD点模拟出行），对实际情景仿真不足。

因此，未来的工作将解决以下问题：

一是利用图像色彩修正技术保证色彩测量的完整性；

二是改善数据获取的渠道，将新城、郊区的街景图像纳入研究中，使得模型具有足够普适性；

三是开发新算法替代计算肌理、色彩信息的传统算法，避免为了保证研究效率而损失精确度；

四是在计算空间变化时加入时间序列以模拟行人真实观感。

（3）前景展望

本研究成果可基于JavaScript 在WebGIS平台搭建城市街道智慧监测系统，便于规划师、决策者快速浏览街道现状，为政策、方案制定作参考；城市更新、旧区改造、街道开放空间营造等类似项目中，本模型能够同时在规划（测量空间变化）、设计（影响视觉感知的因素）贡献参考结果，可将模型、效果图放入模型中达到“预测评估”效果。

参考文献

［1］龙瀛. 颠覆性技术驱动下的未来人居：来自新城市科学和未来城市等视角［J］. 建筑学报，2020（Z1）：34–40.

［2］吴志强，张修宁，鲁斐栋，等. 技术赋能空间规划：走向规律导向的范式［J］. 规划师，2021, 37（19）：5–10.

［3］邬伦，宋刚，吴强华，等. 从数字城管到智慧城管：平台实现与关键技术［J］. 城市发展研究，2017，24（6）：99–107.

［4］邬伦，宋刚，王连峰，等. 从数字城管到智慧城管：系统建模与实现路径［J］. 城市发展研究，2017，24（6）：108–115.

［5］田颖，杨滔，党安荣. 城市信息模型的支撑技术体系解析［J］. 地理与地理信息科学，2022，38（3）：50–57.

［6］甄茂成，党安荣，吴冠秋，等. 新型城镇化定量研究的时空大数据应用需求分析［J］. 地理信息世界，2020，27（2）：1–8+14.

［7］杨婕，柴彦威. 城市体检的理论思考与实践探索［J］. 上海城市规划，2022（1）：1–7.

［8］龙瀛，唐婧娴. 城市街道空间品质大规模量化测度研究进展［J］. 城市规划，2019，43（6）：107–114.

［9］龙瀛，赵健婷，李双金，等. 中国主要城市街道步行指数的大规模测度［J］. 新建筑，2018（3）：4–8.

［10］Wartmann F M, Frick J, Kienast F, et al. Factors influencing visual landscape quality perceived by the public. Results from a national survey［J］. Landscape and Urban Planning, 2021, 208: 104024.

［11］Petucco C, Skovsgaard J P, Jensen F S. Recreational preferences depending on thinning practice in young even–aged stands of pedunculate oak（*Quercus robur* L.）: comparing the opinions of forest and landscape experts and the general population of Denmark［J］. Scandinavian Journal of Forest Research, 2013, 28（7）: 668–676.

［12］Jo H I, Jeon J Y. Overall environmental assessment in urban parks: Modelling audio–visual interaction with a structural equation model based on soundscape and landscape indices［J］. Building and Environment, 2021, 204: 108166.

［13］Gao, Zhang, Zhu, et al. Exploring Psychophysiological Restoration and Individual Preference in the Different Environments Based on Virtual Reality［J］. International Journal of Environmental Research and Public Health, 2019, 16（17）: 3102.

［14］Chiang Y–C, Li D, Jane H–A. Wild or tended nature? The effects of landscape location and vegetation density on physiological and psychological responses［J］. Landscape and Urban Planning, 2017, 167: 72–83.

［15］Zhang F, Zhang D, Liu Y, et al. Representing place locales using scene elements［J］. Computers, Environment and Urban Systems, 2018, 71: 153–164.

［16］Xia Y, Yabuki N, Fukuda T. Development of a system for assessing the quality of urban street–level greenery using street view images and deep learning［J］. Urban Forestry & Urban Greening, 2021, 59: 126995.

［17］Li X, Cai B Y, Ratti C. Using Street–level Images and Deep Learning for Urban La ndscape STUDIES［J］. Landscape Architecture Frontiers, 2018, 6（2）: 20.

［18］Chen C, Li H, Luo W, et al. Predicting the effect of street environment on residents' mood states in large urban areas using machine learning and street view images［J］. Science of The Total Environment, 2022, 816: 151605.

［19］Zhang F, Wu L, Zhu D, et al. Social sensing from street–level imagery: A case study in learning spatio-temporal urban mobility patterns [J]. ISPRS Journal of Photogrammetry and Remote Sensing, 2019, 153: 48-58.

[20] Xue F, Li X, Lu W, et al. Big Data-Driven Pedestrian Analytics: Unsupervised Clustering and Relational Query Based on Tencent Street View Photographs [J]. ISPRS International Journal of Geo-Information, Multidisciplinary Digital Publishing Institute, 2021, 10 (8) : 561.

[21] Min Han J, Lee N. Holistic visual data representation for built environment assessment [J]. International Journal of Sustainable Development and Planning, 2018, 13 (4) : 516-527.

[22] Verma D, Jana A, Ramamritham K. Predicting human perception of the urban environment in a spatiotemporal urban setting using locally acquired street view images and audio clips [J]. Building and Environment, 2020, 186: 107340.

[23] Ye Y, Zeng W, Shen Q, et al. The visual quality of streets: A human-centred continuous measurement based on machine learning algorithms and street view images [J]. Environment and Planning B: Urban Analytics and City Science, SAGE Publications Ltd STM, 2019, 46 (8) : 1439-1457.

[24] Cheng L, Chu S, Zong W, et al. Use of Tencent Street View Imagery for Visual Perception of Streets [J]. ISPRS International Journal of Geo-Information, Multidisciplinary Digital Publishing Institute, 2017, 6 (9) : 265.

[25] Li Z, Long Y. Analysis of the Variation in Quality of Street Space in Shrinking Cities Based on Dynamic Street View Picture Recognition: A Case Study of Qiqihar [A]. Y. Long, S. Gao. Shrinking Cities in China: The Other Facet of Urbanization [M]. Singapore: Springer, 2019: 141-155.

[26] Fu Y, Song Y. Evaluating Street View Cognition of Visible Green Space in Fangcheng District of Shenyang with the Green View Index [A]. 2020 Chinese Control And Decision Conference (CCDC) [C]. 2020: 144-148.

[27] Zhang L, Ye Y, Zeng W, et al. A Systematic Measurement of Street Quality through Multi-Sourced Urban Data: A Human-Oriented Analysis [J]. International Journal of Environmental Research and Public Health, Multidisciplinary Digital Publishing Institute, 2019, 16 (10) : 1782.

[28] Wang R, Liu Y, Lu Y, et al. The linkage between the perception of neighbourhood and physical activity in Guangzhou, China: using street view imagery with deep learning techniques [J]. International Journal of Health Geographics, 2019, 18 (1) : 18.

[29] Zhou H, He S, Cai Y, et al. Social inequalities in neighborhood visual walkability: Using street view imagery and deep learning technologies to facilitate healthy city planning [J]. Sustainable Cities and Society, 2019, 50: 101605.

[30] Verma D, Jana A, Ramamritham K. Machine-based understanding of manually collected visual and auditory datasets for urban perception studies [J]. Landscape and Urban Planning, 2019, 190: 103604.

[31] Hu C-B, Zhang F, Gong F-Y, et al. Classification and mapping of urban canyon geometry using Google Street View images and deep multitask learning [J]. Building and Environment, 2020, 167: 106424.

[32] Du K, Ning J, Yan L. How long is the sun duration in a street canyon? —— Analysis of the view factors of street canyons [J]. Building and Environment, 2020, 172: 106680.

[33] Yao Y, Wang J, Hong Y, et al. Discovering the homogeneous geographic domain of human perceptions from street view images [J]. Landscape and Urban Planning, 2021, 212: 104125.

[34] Wu B, Yu B, Shu S, et al. Mapping fine-scale visual quality distribution inside urban streets using mobile LiDAR data [J]. Building and Environment, 2021, 206: 108323.

[35] Larkin A, Gu X, Chen L, et al. Predicting perceptions of the built environment using GIS, satellite and street view image approaches [J]. Landscape and Urban Planning, 2021, 216: 104257.

[36] Yang L, Yu K, Ai J, et al. Dominant Factors and Spatial Heterogeneity of Land Surface Temperatures in Urban Areas: A Case Study in Fuzhou, China [J]. Remote Sensing, Multidisciplinary Digital Publishing Institute, 2022, 14 (5):

1266.

[37] Wu C, Peng N, Ma X, et al. Assessing multiscale visual appearance characteristics of neighbourhoods using geographically weighted principal component analysis in Shenzhen, China [J]. Computers, Environment and Urban Systems, 2020, 84: 101547.

[38] Szcześniak J T, Ang Y Q, Letellier-Duchesne S, et al. A method for using street view imagery to auto-extract window-to-wall ratios and its relevance for urban-level daylighting and energy simulations [J]. Building and Environment, 2022, 207: 108108.

[39] Liang J, Gong J, Zhang J, et al. GSV2SVF-an interactive GIS tool for sky, tree and building view factor estimation from street view photographs [J]. Building and Environment, 2020, 168: 106475.

[40] Gong F-Y, Zeng Z-C, Zhang F, et al. Mapping sky, tree, and building view factors of street canyons in a high-density urban environment [J]. Building and Environment, 2018, 134: 155-167.

[41] Biljecki F, Ito K. Street view imagery in urban analytics and GIS: A review [J]. Landscape and Urban Planning, 2021, 215: 104217.

[42] Palmer J F, Hoffman R E. Rating reliability and representation validity in scenic landscape assessments [J]. Landscape and Urban Planning, 2001, 54 (1) : 149-161.

[43] Daniel T C. Whither scenic beauty? Visual landscape quality assessment in the 21st century [J]. Landscape and Urban Planning, 2001, 54 (1-4) : 267-281.

[44] Litton R B. Forest Landscape Description and Inventories: a basis for planning and design [M]. Paciffic Southwest Forest and Range Expertment Station,Berkeley,CA: USDA Forest Service Research Paper DSW-49, 1968.

[45] Daniel T C, Vining J. Methodological Issues in the Assessment of Landscape Quality [A]. I. Altman, J.F. Wohlwill. Behavior and the Natural Environment [M]. Boston, MA: Springer US, 1983: 39-84.

[46] Daniel T C. Measuring the quality of the natural environment: A psychophysical approach [J]. American Psychologist, US: American Psychological Association, 1990, 45 (5): 633-637.

[47] Khanzadi P, Majidi B, Akhtarkavan E. A novel metric for digital image quality assessment using entropy-based image complexity [A]. 2017 IEEE 4th International Conference on Knowledge-Based Engineering and Innovation (KBEI) [C]. 2017: 0440-0445.

[48] Stamps A E. Entropy, Visual Diversity, and Preference [J]. The Journal of General Psychology, Routledge, 2002, 129 (3) : 300-320.

[49] Holliman N S, Coltekin A, Fernstad S J, et al. Visual Entropy and the Visualization of Uncertainty [J]. arXiv: 1907.12879 [cs, math] , 2019.

[50] 韩君伟．步行街道景观视觉评价研究 [D]．成都：西南交通大学，2018.

[51] 刘滨谊．风景旷奥度：电子计算机、航测辅助风景规划设计 [J]．新建筑，1988 (3) : 53-63.

[52] Li A, Zhao P, Huang Y, et al. An empirical analysis of dockless bike-sharing utilization and its explanatory factors: Case study from Shanghai, China [J]. Journal of Transport Geography, 2020, 88: 102828.

[53] Novack T, Vorbeck L, Lorei H, et al. Towards Detecting Building Facades with Graffiti Artwork Based on Street View Images [J]. ISPRS International Journal of Geo-Information, Multidisciplinary Digital Publishing Institute, 2020, 9 (2) : 98.

[54] Najafizadeh L, Froehlich J E. A Feasibility Study of Using Google Street View and Computer Vision to Track the Evolution of Urban Accessibility [A]. Proceedings of the 20th International ACM SIGACCESS Conference on Computers and Accessibility [C]. New York, NY, USA: Association for Computing Machinery, 2018: 340-342.

[55] Bin J, Gardiner B, Li E, et al. Multi-source urban data fusion for property value assessment: A case study in Philadelphia [J]. Neurocomputing, 2020, 404: 70-83.

[56] Baheti B, Innani S, Gajre S, et al. Semantic scene segmentation

in unstructured environment with modified DeepLabV3+ [J]. Pattern Recognition Letters, 2020, 138: 223–229.

[57] Pal N R, Pal S K. Object–background segmentation using new definitions of entropy [J]. IEE Proceedings E Computers and Digital Techniques, 1989, 136 (4) : 284.

[58] Cooper J, Oskrochi R. Fractal Analysis of Street Vistas: A Potential Tool for Assessing Levels of Visual Variety in Everyday Street Scenes [J]. Environment and Planning B: Planning and Design, SAGE Publications Ltd STM, 2008, 35 (2) : 349–363.

[59] Ma L, Zhang H, Lu M. Building's fractal dimension trend and its application in visual complexity map [J]. Building and Environment, 2020, 178: 106925.

[60] Zunino L, Ribeiro H V. Discriminating image textures with the multiscale two–dimensional complexity–entropy causality plane [J]. Chaos, Solitons & Fractals, 2016, 91: 679–688.

[61] Silva L E V, Duque J J, Felipe J C, et al. Two–dimensional multiscale entropy analysis: Applications to image texture evaluation [J]. Signal Processing, 2018, 147: 224–232.

[62] Brink A D. Using spatial information as an aid to maximum entropy image threshold selection [J]. Pattern Recognition Letters, 1996, 17 (1) : 29–36.

[63] Jain A K. Data clustering: 50 years beyond K–means [J]. Pattern Recognition Letters, 2010, 31 (8) : 651–666.

[64] Cadenasso M L, Pickett S T A, Schwarz K. Spatial heterogeneity in urban ecosystems: reconceptualizing land cover and a framework for classification [J]. Frontiers in Ecology and the Environment, 2007, 5 (2) : 80–88.

[65] Ma X, Ma C, Wu C, et al. Measuring human perceptions of streetscapes to better inform urban renewal: A perspective of scene semantic parsing [J]. Cities, 2021, 110: 103086.

[66] Yang H, Fu M, Wang L, et al. Mixed Land Use Evaluation and Its Impact on Housing Prices in Beijing Based on Multi–Source Big Data [J]. Land, Multidisciplinary Digital Publishing Institute, 2021, 10 (10) : 1103.

[67] Edquist J, Rudin–Brown C M, Lenn é M G. The effects of on–street parking and road environment visual complexity on travel speed and reaction time [J]. Accident Analysis & Prevention, 2012, 45: 759–765.

“创—城”融合视角下土地利用模拟与创新潜力用地识别

工 作 单 位：华中科技大学建筑与城市规划学院

报 名 主 题：面向高质量发展的城市综合治理

研 究 议 题：空间发展战略与城市治理策略

技术关键词：随机森林、元胞自动机模型、空间计量模型、协同区位　商

参　赛　人：韩叙、方云皓、王云琪、刘凯丽

指 导 老 师：赵丽元

参赛人简介：本研究团队成员均来自于华中科技大学建筑与城市规划学院，所在工作室主要从事城市土地利用与交通一体化、气候与环境、经济地理学等领域的研究。团队成员在中英文核心期刊发表论文10篇，包括*Ecosystem Health and Sustainability*（Science伙伴期刊，SPJ），*Building and Environment*（Q1），地球信息科学学报等七篇SCI、EI。团队指导老师赵丽元教授独立自主开发LandSys土地利用微观仿真平台，该研究系列成果发表于国际著名SCI/SSCI期刊*Journal of Transport Geography*、*Journal of Urban Planning and Development*上，并多次在美国TRB会议、世界土地利用交通一体化会议上作报告。

一、研究问题

1. 研究背景及目的意义

（1）选题背景

自党的十八大提出创新驱动发展战略以来，创新已逐渐成为新时代发展的主旋律。在高质量发展阶段，创新是推动经济发展和社会进步的核心动力。创新活动主要由大学、科研机构、高新技术企业等创新主体进行，城市成为创新活动的主要空间载体。创新在城市中高度集聚，具有显著的集聚效应，创新集聚能够降低知识交易成本、促进创新主体间知识传播，有效增强知识外部性，从而显著促进创新效率提升。

科创走廊、科技城等“城区+创新”多功能混合集聚逐渐成为主流创新空间组织模式，该模式强调创新与城区之间的融合。创新空间与其他城市功能良性互动是创新型城市健康有序发展的重要保障。明确二者间的相互作用关系，对优化创新型城市的空间布局、提升创新效率具有重要指导意义。目前，上海、北京、深圳、武汉等城市均提出建设国家科技创新中心的目标，其中，《武汉市科技创新发展“十四五”规划》提出将武汉建设成为国家科技创新中心，通过国土空间优化促进武汉创新发展成为当前迫切需要解决的问题。

（2）目的与意义

本研究主要目的是探索创新与城市协同发展的用地布局方案。从“创新—城区”融合的视角出发，在理解创新集聚规律、创新要素与各类城市用地相互作用关系的基础上建立创新驱动的微观土地利用模拟模型，并构建潜在创新用地识别方法。为创新驱动下的国土空间规划用地布局提供科学依据，助力国家科技创

新中心建设。

（3）研究现状

创新空间方面。研究主要聚焦创新地理学领域，包括创新空间集聚特征、创新集聚的影响因素、创新空间区位选择等。研究表明，区位选择的影响因素主要包括空间和非空间因素两个部分，空间因素包括：交通可达性、市场区位条件以及金融服务设施、公共服务设施、商务办公企业等内容，说明城市功能对创新空间布局具有显著影响；非空间因素包括产业结构、经济水平、创新投入、政府政策等。但现有研究均停留在影响因素的作用机制，面向国土空间规划的创新空间布局模拟研究尚显不足。

土地利用模拟方面。目前主流的土地利用模拟方法包括元胞自动机CA（Cellular Automata）、多智能体ABM（Agent-Based Model）、FLUS、SLEUTH、CLUE-S等，但目前的相关研究往往将整个市域范围内的用地按照人类干扰强度分为建设和非建设用地类型进行模拟，而按照国土空间规划用地分类标准对各类城市用地模拟的仍然较少，并且缺乏考虑城市空间异质性对模拟精度的影响。此外，现有研究多基于生态资源保护、政府政策约束的视角，创新发展对用地变化的影响仍缺乏考虑。

总体来说，已有研究存在以下问题：第一，知识经济时代对创新驱动发展起重要作用的“创新空间”用地模拟研究缺乏难以对创新型城市的空间布局规划提供支撑；第二，当前对城市内部微观尺度各类用地的模拟研究仍然不足；第三，创新活动对用地变化的影响在目前的土地利用模拟中缺乏考虑。

2. 研究目标及拟解决的问题

（1）总体目标

基于创新活动的空间需求对武汉都市区的创新用地进行分区域模拟，一方面建立创新驱动的微观土地利用模拟模型，另一方面建立“创—城”协同的潜在创新用地识别方法。为武汉未来国土空间规划创新用地布局提供科学依据。

（2）拟解决的问题

第一，如何识别“创新用地”？研究拟通过专利申请等创新产出数据与用地数据叠加识别出创新用地；第二，如何在用地模拟中体现“创新驱动”？研究通过随机森林筛选对用地变化影响显著的创新要素，将其作为驱动因子加入土地利用模拟模型；第三，如何构建“创—城”协同下的潜在创新用地识别方法？拟采用空间杜宾模型确定创新与各类用地作用的最佳空间尺度，在该尺度下采用协同区位商模型对协同水平高的创新用地进行识别，得到潜在创新用地分布区域。

二、研究方法

1. 研究方法及理论依据

（1）创新空间识别划分：大数据技术、GIS分组分析

大数据指利用软件工具捕获、管理和处理数据的数据集，包含规模性、多样性及高速性特征。GIS分组分析是在考虑各单元间属性值相似性的基础上，融入空间位置关系对空间单元进行聚类，实现组内最大相似、组间最大差异性。

（2）创新空间作用机理：空间自相关、空间杜宾模型

空间自相关是指一些变量在同一个分布区内的观测数据之间潜在的相互依赖性，若空间自相关显著，则说明该事物呈显著的空间聚集。

空间杜宾模型（SDM）不仅可以分析因变量与自变量的空间关联，也能够融入误差变量与时间序列变量，分析空间关联的滞后性、溢出性与间接性，是空间滞后模型（SLM）和空间误差项模型（SEM）的组合扩展形式。

（3）创新驱动用地模拟：随机森林算法、LandSys模型

在机器学习中，随机森林是一个包含多个决策树的分类器，并且其输出的类别是由个别树输出类别的众数而定。对于很多种资料，其可以产生高准确度的分类器，并在决定类别时评估变量的重要性。

LandSys模型是本研究团队基于Matlab软件独立研发的一种基于元胞自动机的用地—交通一体化仿真系统，能够对各类城市建设用地进行高精度模拟，与基于遥感用地数据的模拟模型相比，突破了国土空间规划实践中对地块尺度精细化模拟的难题。

（4）创新潜力空间识别：协同区位商方法

协同区位商是在经济区位商的基础上发展而来，能够测量两类点要素之间的局部空间关联模式。分全局的协同区位模式（The Global Co-location Quotients, GCLQ）和协同区位商的局域指标（The Local Co-location Quotients，LCLQ）。全局协同区位商测

度A型点附近B型点的观察值与预期值之间的整体关系，它是基于最近邻而不是实际的距离来设计的，以避免点要素总体分布的影响。

2. 技术路线及关键技术（图2-1）

（1）创新空间识别划分

基于对政策及规划的解读，通过Python收集专利申请、POI等多源大数据，结合城市规划、基础地理信息、土地利用数据，利用ArcGIS平台建立基础数据库。

在进行数据基础处理的基础上，首先明确“创新用地”的定义，进而对用地进行重分类，以满足用地模拟模型输入要求。依据创新发展水平指标与空间位置关系通过GIS分组分析对空间单元进行聚类分组，得到不同创新发展特征的区域。

（2）创新空间作用机理

首先，采用空间自相关对创新空间分布进行检验；其次，采用空间杜宾模型分析邻域单元的居住、商务及工业用地对创新集聚的影响。选取各空间单元的居住、商务及工业用地面积作为自变量，创新产出作为因变量，基于空间权重矩阵，得到不同空间尺度下的空间溢出效应并比较其大小，进而确定创新与周边用地相互作用的最佳空间尺度。

（3）创新驱动用地模拟

根据文献首先选取28项潜在用地变化驱动因子为自变量，2010—2018年用地变化为因变量。采用随机森林算法，对驱动因子的重要性进行排序，筛选出影响用地变化的关键指标。

将筛选后的关键指标作为输入变量，采用LandSys模型模拟2018年土地利用情况，通过对比现状与模拟用地结果验证模型精度。进而针对（1）中划分的不同类型区分别进行用地模拟，并与整体模拟精度对比，验证分区模拟对精度提升的作用。

（4）创新潜力空间识别

依据（3）中用地现状与模拟结果差异，首先，将模拟结果中多出的创新用地定义为创新潜力A区。其次，在A区范围内，将（2）中确定的最佳空间尺度输入协同区位商模型，测度创新用地与其他各用地的协同水平，将协同区位商高值区域定义为创新潜力B区，即实现潜在创新用地识别。

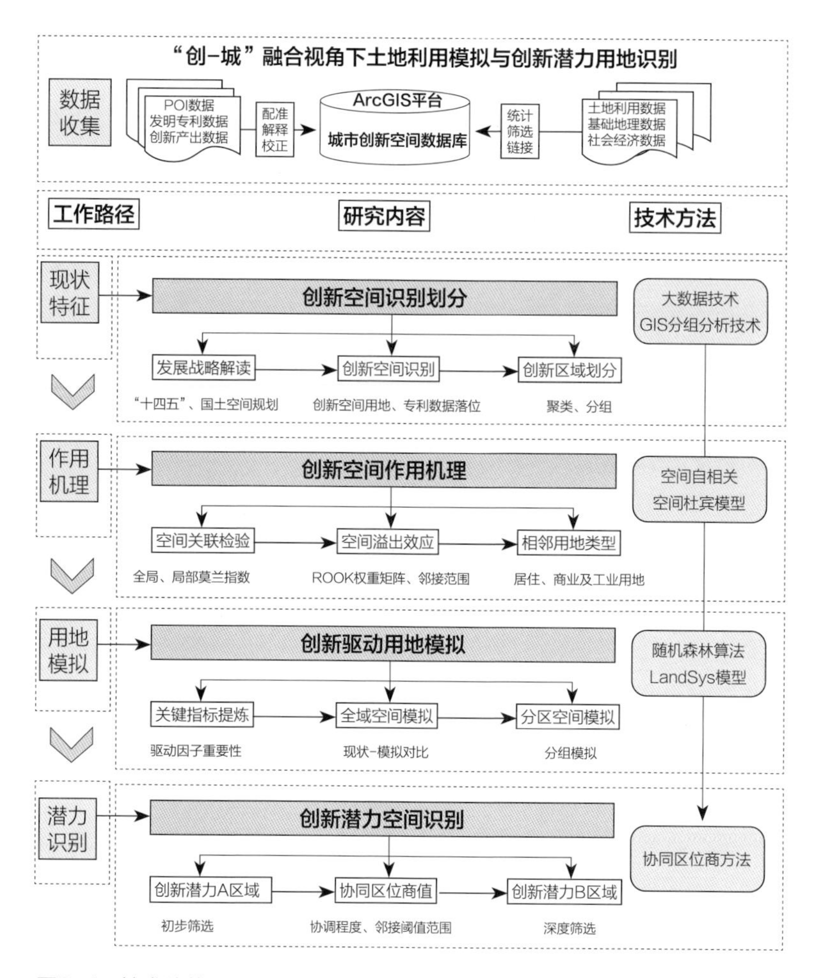

图2-1　技术路线

三、数据说明

1. 数据内容及类型

（1）专利申请数据

采用专利申请数据刻画创新活动的空间分布。通过Python爬虫获取2010年和2018年武汉市的专利申请数据，总计83 869条，包含公开号、专利类型、专利申请人类型、申请人地址等信息。该数据用于与用地匹配，识别“创新用地”。

（2）土地利用数据

包括2010年和2018年武汉都市区土地利用数据，细分到二级分类用地。作为用地模拟的基础输入数据。

（3）高新技术企业和POI数据

高新技术企业数据包含企业名称、参保人数和地址等信息。基于高德API爬取POI数据，包含商务住宅、公共服务、科研教育等类型，作为城市建成环境层面的用地变化驱动因素输入模型。

（4）路网和交通站点数据

包括各级道路、轨道交通站点、高铁站、机场等空间数据。从武汉市规划研究院获取，用于分析交通可达性对用地变化的影响。

（5）社会经济数据

包括100m分辨率人口、1km分辨率GDP和房价数据。作为用地变化的社会经济影响因素输入模型。

数据来源如表3-1所示。

数据来源　　表3-1

名称	来源
专利申请数据	专利之星（www.patentstar.com.cn）
土地利用数据	武汉自然资源与规划局
高新技术企业数据	企查查（www.qcc.com）
POI数据	高德地图
高程数据	地理空间数据云（www.gscloud.cn）
路网、交通站点数据	武汉市规划研究院
GDP、人口数据	资源环境科学与数据中心（www.resdc.cn）
房价数据	链家网（wh.lianjia.com）

2. 数据预处理技术与成果

（1）创新产出空间落位

依托高德地图平台采用地理编码技术将申请地址转换为火星坐标，再用QGIS将坐标转为WGS1984投影坐标系，并在ArcGIS中进行空间位置匹配，得到所有专利数据的空间分布（图3-1）。

（2）提取创新用地

根据创新空间的相关研究，将所有的高等院校和科研用地作为创新用地，此外，将有专利落位的工业和商务办公用定义为创新用地。根据不同年份用地分类标准，2010年提取用地包括：C61、C65、M1、M2、M3、C2、C21、C22、C23、C25。2018年提取用地类型包括：A31、A35、M1、M2、M3、B2、B21、B22、B29。

（3）土地利用重分类

为了研究创新用地与其他用地的关系且满足模型输入要求，需要对用地数据进行重分类。重分类后的用地类型包括创新用地、居住用地（R）、商业用地（B）、工业用地（M）、其他建设用地、河湖水系、非建设用地等七类。最后将数据转为50m×50m的栅格数据（表3-2，图3-2）。

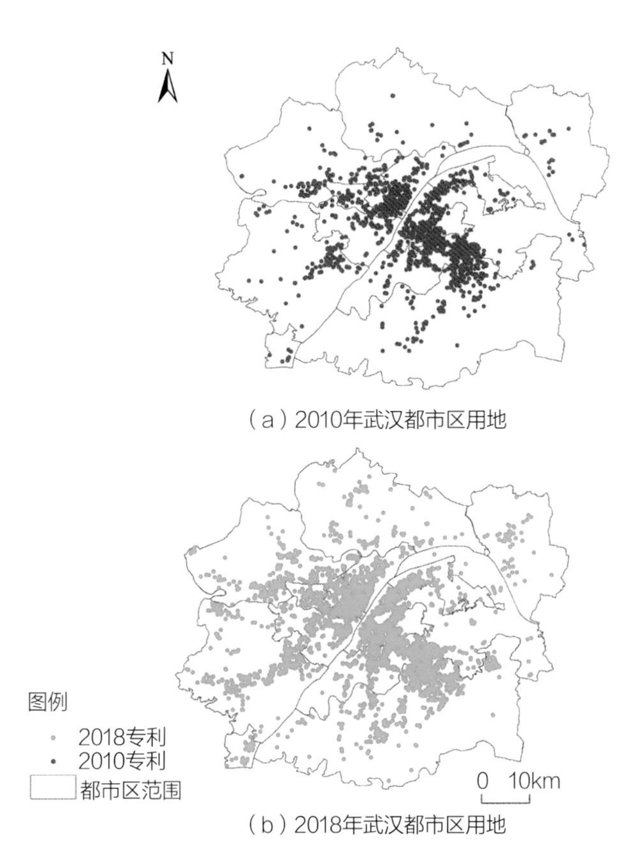

图3-1　创新产出空间分布

土地利用类型重分类　　表3-2

新用地代号	用地名称	2010原用地类型	2018原用地类型	说明
1	创新用地	C61、C65、M、C2、C21、C22、C23、C25	A31、A35、M、B2、B21、B22、B29	取全部高校、科研用地，其余用地仅取有专利落位部分
2	居住用地	R类用地		全部R类用地
3	工业用地	M类用地		没有专利落位部分
4	商务办公用地	B2类用地		没有专利落位部分
5	河湖水系	E1类用地		—
6	其他建设用地	除以上用地类型的其他建设用地		—
99	非建设用地	E2、E3、E4、E5、E7	E2、E9	—

（4）空间数据栅格化处理

采用欧氏距离方法对各类用地、道路、交通站点数据进行处理，得到各要素的空间距离；采用核密度方法得到专利、各类POI、高新技术企业数据的空间分布密度。采用克里金插值方法对房价数据进行处理得到武汉都市区的房价信息。最后将结果导出为50m×50m的栅格数据（图3-3）。

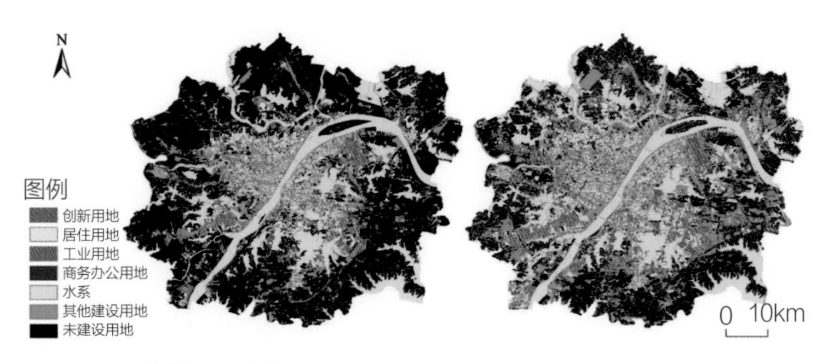

图3-2 用地数据重分类

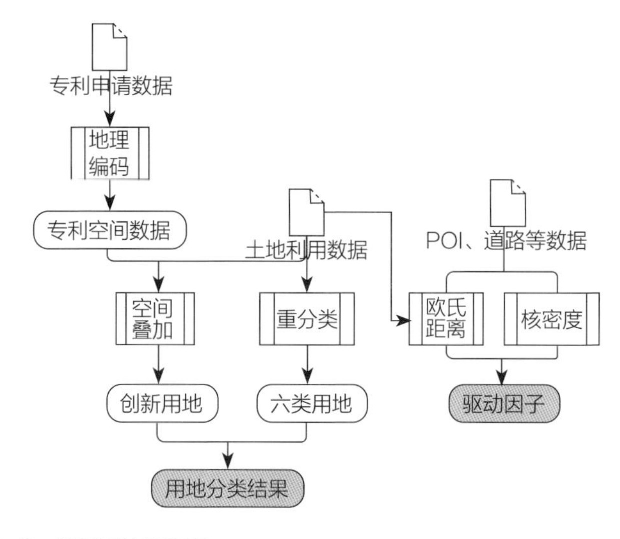

图3-3 数据预处理流程

四、模型算法

1. 模型算法流程及相关数学公式

研究拟通过自主研发的LandSys模型进行创新驱动下的用地模拟与创新潜力用地识别。首先，解析创新空间特征。通过聚类分析，依据创新发展水平对研究范围进行创新分区，并依据空间杜宾模型得到创新与各类用地作用的最佳空间尺度。其次，模拟用地变化。基于随机森林筛选驱动因子，并通过LandSys模型训练和挖掘驱动因子与用地变化的映射关系，得到微观用地模拟结果。最后，识别创新潜力用地。通过协同区位商计算创新用地与其他用地的协同水平，协同水平高的区域即为潜在创新用地（图4-1）。

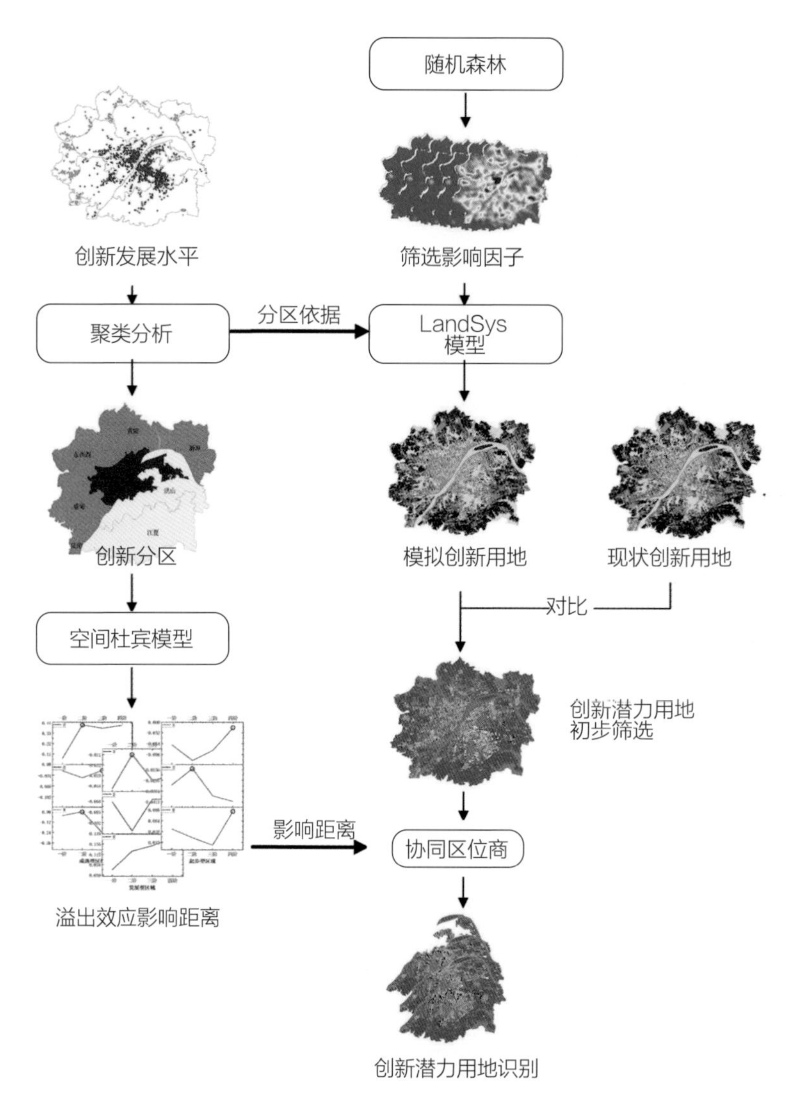

图4-1 算法流程结构

（1）聚类分析

聚类分析（cluster analysis）是一种将研究对象分为相对同质群组（clusters）的统计分析方法。当伪统计量F达到最大值时得到最优聚类方案，计算公式为：

$$F = \frac{R^2}{(n_c - 1)} \Big/ \left(\frac{1 - R^2}{n - n_c}\right) \tag{4-1}$$

$$R^2 = \frac{SST - SSE}{SST} \tag{4-2}$$

$$SST=\sum_{i=1}^{n_c}\sum_{j=1}^{n_i}\sum_{k=1}^{n_v}\left(V_{ij}^k-V^k\right)^2 \quad (4\text{-}3)$$

$$SSE=\sum_{i=1}^{n_c}\sum_{j=1}^{n_i}\sum_{k=1}^{n_v}\left(V_{ij}^k-V_i^k\right)^2 \quad (4\text{-}4)$$

式中，*SST*表示组间差异，*SSE*表示组内差异，*n*为研究对象个数，n_c为分组数，n_i为*i*组空间单元数量，n_v是用于分组的变量个数，V_{ij}^k为第*i*组*j*单元的*k*变量取值，V^k是指所有空间的单元*k*变量的均值，V_i^k是第*i*组所有空间单元*k*变量的均值。

（2）空间杜宾模型

空间杜宾模型（Spatial Dubin Model，SDM）结合了空间误差和空间滞后模型的特点，不仅考虑了被解释变量受到本地解释变量的影响，还受到邻近地区解释变量及被解释变量的影响，其表达式为：

$$Y=\rho WY+X\beta+WX\theta+\varepsilon \quad (4\text{-}5)$$

式中，*Y*是被解释变量，*X*是解释变量，*W*是反映空间邻接关系的空间权重矩阵，*ρ*反映邻近地区的被解释变量*WY*对被解释变量*Y*的影响；*θ*反映邻近地区解释变量*WX*对被解释变量*Y*的影响；*ε*是模型的残差项且满足 $\varepsilon\sim N(0,\sigma^2 I)$。

空间权重矩阵能够反映空间单元之间的空间位置关系。本文采用Rook邻接规则构建空间权重矩阵。按照该规则，具有公共边的单元赋值为1，其余单元赋值为0。按照空间单元间通过边界的传导规则，有一阶、二阶、三阶、四阶邻接等（图4-2）。

（3）随机森林

准确筛选创新用地驱动因子是揭示用地变化规律的基础。随机森林（Random forest, RF）是一种集成机器学习方法，利用随机重采样技术Bootstrap和节点随机分裂技术构建多棵决策树，通过多决策分类树判别输入变量的重要性，在样本训练过程中实现特征重要性评估（图4-3）。

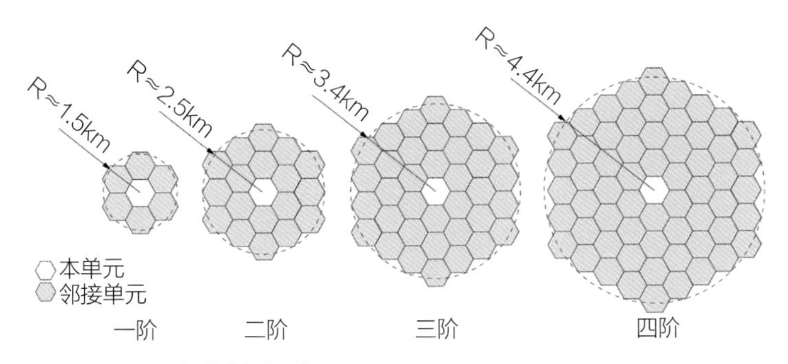

图4-2 Rook邻接规则示意

本研究将变量重要性定义为袋外数据（Out-of-bag，OOB）自变量值发生轻微扰动后的分类正确率与扰动前分类正确率的平均减少量。假设有Bootstrap样本b=1, 2, ...B，B表示训练样本数，特征X_j的变量重要性度量$\bar{D}_j$步骤如下：

①设置b=1，在训练样本上创建决策树T_b，并将袋外数据标记为L_b^{oob}；

②在袋外数据上使用T_b对L_b^{oob}数据进行分类，统计正确分类的个数，记为R_b^{oob}；

③对于特征X_j，j=1, 2, ... N，对L_b^{oob}中的特征X_j的值进行扰动，扰动后的数据集记为L_{bj}^{oob}，使用T_b对L_{bj}^{oob}数据进行分类，统计正确分类的个数，记为R_{bj}^{oob}；

④对于b=2, 3, ..., B，重复步骤①~③；

⑤特征X_j的变量重要性度量$\bar{D}_j$通过下面的公式进行计算：

$$\bar{D}_j=\frac{1}{B}\sum_{i=1}^{B}\left(R_b^{oob}-R_{bj}^{oob}\right) \quad (4\text{-}6)$$

（4）LandSys模型

LandSys模型由本团队工作室赵丽元教授自主研发，主要集成了元胞自动机和人工神经网络，用于微观用地仿真模拟。元胞自动机模型（Cellular automata, CA）具有考虑元胞邻域属性并捕捉用地变化的空间模块，可有效地模拟复杂的动态系统，其基本组成部分包括元胞（cell）、元胞空间（lattice）、邻居（neighbor）及规则（rule）。人工神经网络（Artificial Neural Networks, ANN）适用于模拟复杂的非线性关系，能很好地从带有噪声的训练数据中挖掘驱动因子与用地变化的映射关系。

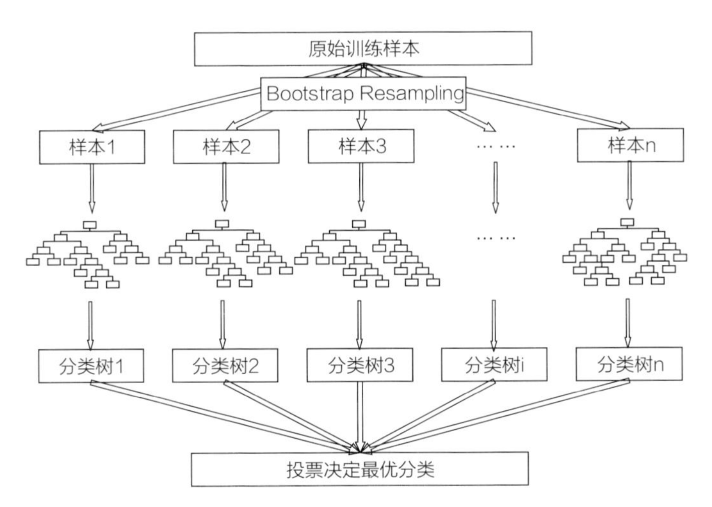

图4-3 随机森林算法逻辑

LandSys模型包含两大独立模块：模型纠正和模拟。在模型纠正模块中，利用训练数据自动获取模型参数；然后该参数被输入到模拟模块进行运算（图4–4）。网络分为3层，第1层是数据输入层，各个神经元对应影响用地变化的各个变量；第2层是隐藏层；第3层是输出层，它由多个（N）神经元组成，输出N种用地类型之间转换的概率。

具体流程为：

①神经网络的输入。对于每个模拟单元（cell），n个变量分别对应神经网络第1层的n个神经元，它们决定了每个单元在时间t时的用地转换概率，表述为：

$$X(k,t)=[x_1(k,t),x_2(k,t),x_3(k,t),\cdots x_n(k,t)]^T \quad (4–7)$$

式中，$x_i(k, t)$为单元k在模拟时间t时的第i个变量，T为转置。

②隐藏层的接收。输入层将这些标准化的信号输出到隐藏层。隐藏层第j个神经元收到的信号为：

$$net_j(k,t)=\sum_i w_{ij}x_i(k,t) \quad (4–8)$$

式中，$net_j(k, t)$为隐藏层第j个神经元所收到的信号，w_{ij}为输入层与隐藏层之间的参数值。

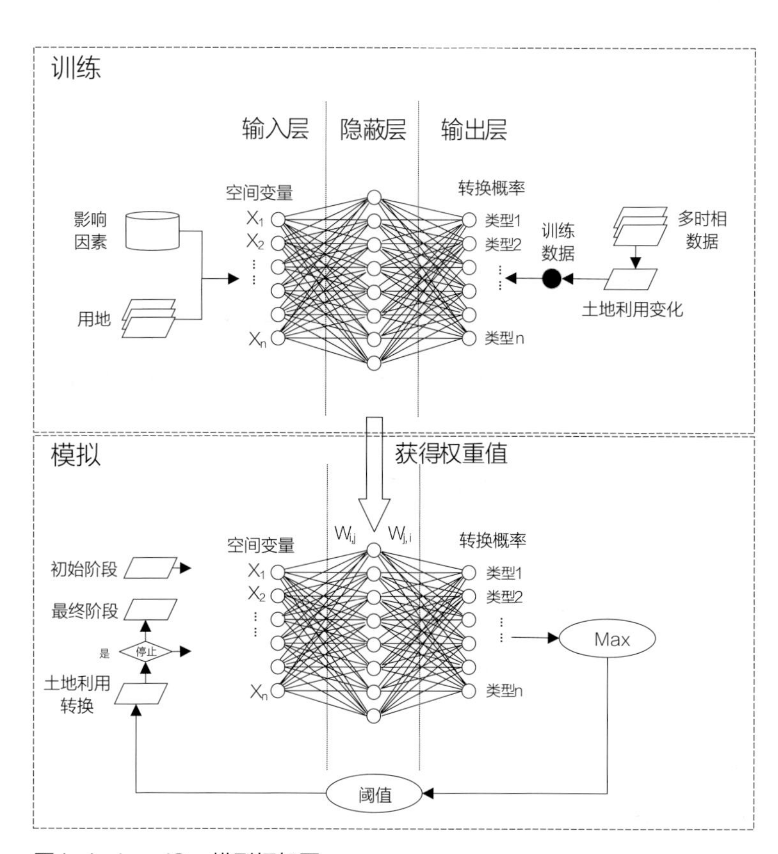

图4–4　LandSys模型框架图

③最终输出。隐藏层会对这些信号产生响应值，并输入到最后的输出层。其响应函数为：

$$\frac{1}{1+e^{-net_j(k,t)}} \quad (4–9)$$

输出层的输出值即为转换概率：

$$P(k,t,\mathrm{I})=\sum_j W_{jI}\frac{1}{1+e^{-net_j(k,t)}} \quad (4–10)$$

式中，$P(k, t, I)$为单元k在模拟时间t时转换为第I类用地的概率，w_{Ij}为输入层与隐藏层之间的参数值。

④随机变量引入。引入随机变量可使得模拟精度更高。该随机项可表达为：

$$RA=1+(-ln\gamma)^{\alpha} \quad (4–11)$$

式中，y为落在［0,1］范围内的随机数，α为控制随机变量大小的参数。

在每次循环运算中，神经网络的输出层计算出对应N种不同用地类型的转换概率。比较这些转换概率的大小，可以确定用地转换类型。对某一元胞，在时间t时，只能转为某一用地类型，可根据转换概率最大值确定其转变类型。

（5）协同区位商

协同区位商（GCLQ）能够对空间要素的不对称分布进行测度，揭示两点（集）间相关性的空间变异性。计算公式为：

$$GCLQ_{A\to B}=\frac{N_{A\to B}/N_A}{N_B/(N-1)} \quad (4–12)$$

式中，$GCLQ_{A\to B}$表示A型点被B型点吸引的程度，N代表所有点的数量，N_A代表A型点数量，$N_{A\to B}$表示拥有B型点作为其最近邻点的A型点数量。分子和分母分别表示观测到的和随机情况下的作为A型点最近邻的B型点的比例。$GCLQ_{A\to B}$值大于1，说明A和B型点具有空间关联，即A很容易被B型点吸引；如果$GCLQ_{A\to B}$小于1，表明A与B型点趋向于分散；$GCLQ_{A\to B}$等于1，则趋向随机分布（图4–5）。

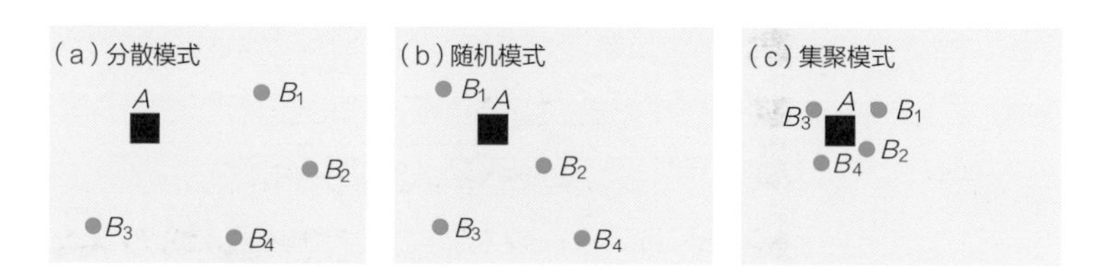

图4–5　两类要素空间关联示意

2. 模型算法相关支撑技术

（1）LandSys

LandSys是由本团队自主研发的微观土地利用仿真系统，主要包括基本模块、参数校准模块及应用模块。其中，基本模块包括土地利用分类模块、数据处理与存储模块；参数校准模块主要包括CA模型参数校准和Agent模型参数校准模块；模型应用模块包括土地利用变化模块等。

（2）ArcGIS Pro

ArcGIS Pro是一个能够对地理分布数据进行采集、存储、管理、运算、分析、显示和描述的技术系统，具有强大的地图制作、空间数据管理、空间分析、空间信息整合的能力。

（3）R语言

是用于统计分析、绘图的语言和操作环境，是一套完整的数据处理、计算和制图软件系统。其功能包括：数据存储和处理系统、数组运算、统计分析、统计制图等。

五、实践案例

1. 模型应用实证及结果解读

（1）聚类分析实现创新空间分区

将武汉都市区划分为3 467个1km^{3}的六边形网格单元（图5–1），并依据创新空间发展指标（表5–1）进行空间聚类。综合考虑伪F值及行政区划矫正分类结果，认为分3组较为适宜。根据聚类结果（图5–2）可以发现三类空间呈现扇形布局模式。结合聚类指标与实际发展情况可以发现，三个区域代表不同创新发展阶段的区域：类型1为成熟型，类型2为发展型，类型3为起步型。

各类型区聚类指标值　　表5–1

区域范围	洪山、江夏	江岸、江汉、硚口、汉阳、青山、武昌	新洲、黄陂、东西湖、蔡甸、汉南
创新空间数量（个）	1314.667	165.667	219.056
创新空间就业人数（人）	143503.500	25226.667	25164.167
创新空间密度（个/km^2）	2.099	2.725	0.983
创新空间就业密度（人/km^2）	228.483	376.412	105.679
创新空间增长率（%）	145.10%	147.00%	-31.40%
创新空间就业增长率（%）	5.40%	9.80%	20.90%

注：表格内数值为均值。

（2）空间杜宾模型确定空间相互作用最佳尺度

在使用空间杜宾模型前需采用空间自相关进行探索性空间数据分析，创新产出Moran I指数为0.427且P值为0，即存在显著的空间集聚特征。

进而，进行空间计量模型构建。将每个空间单元的专利申请数量P作为因变量，自变量选取如下：考虑职住空间关联，选取居住用地面积R；考虑企业间技术溢出对创新的影响，选取商务办公用地面积B；考虑产业链与创新链的互动，选取工业用地面积M。据此构建空间杜宾模型：

$$\ln(P_i)=\rho W\ln(P_i)+\beta_1\ln(R_i)+\beta_2\ln(B_i)+\beta_3\ln(M_i)+\theta_1\ln(R_i)+\theta_2\ln(B_i)+\theta_3\ln(M_i)+\varepsilon_i \quad (5\text{–}1)$$

通过LM检验、似然比检验和Wald检验判定空间杜宾模型（SDM）不能简化为空间滞后模型（SLM）和空间误差模型（SEM），说明空间杜宾模型更为适宜。得到空间杜宾模型分析结果并进行效应分解（表5–2），根据间接效应可以发现，居住、

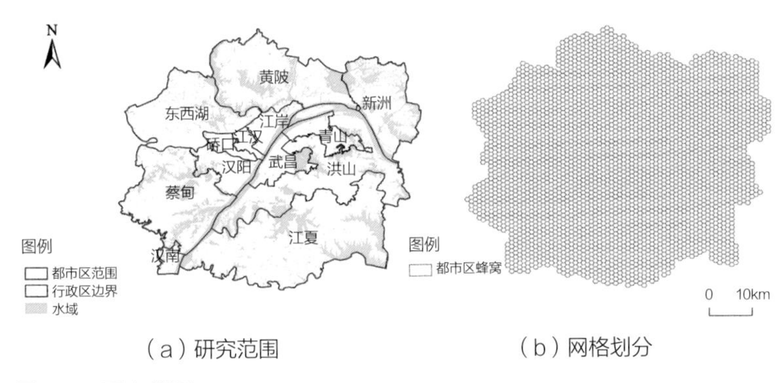

（a）研究范围　　（b）网格划分

图5–1　研究范围

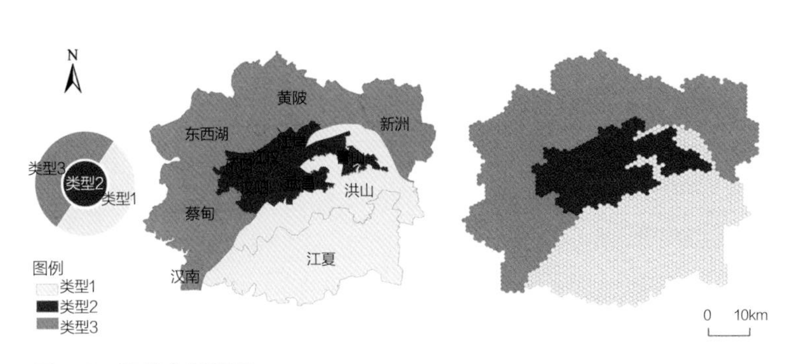

图5–2　聚类分析结果

商务和工业用地对邻域创新具有显著影响。根据各阶空间权重矩阵得到各尺度下的影响程度（图5–3），数值越高说明该空间尺度下该类用地对创新的正向溢出效应越强，将最高值对应的空间尺度定义为“创—城”相互作用的最佳尺度，为后文协同水平测度的空间尺度选择提供依据。

溢出效应分解　　表5–2

	成熟型（类型1）		发展型（类型2）		起步型（类型3）	
	直接效应	间接效应	直接效应	间接效应	直接效应	间接效应
R	-0.001	0.064**	0.034**	-0.047*	-0.009	-0.068***
B	0.421***	-0.020	0.095***	-0.069**	0.093***	-0.032**
M	0.049***	-0.044	0.083***	0.059*	0.059***	0.052***
ρ	0.407***		0.096**		0.018	

注：*、**、***分别表示10%、5%、1%显著性水平。

（3）随机森林因子筛选

以2010—2018年用地变化为因变量，以整理的28项潜在驱动因子为自变量（表5–3），对驱动因子影响用地变化的重要性进行排序。经迭代训练，分类精度达到82.06%，具有较高可靠性。根据土地利用变化的驱动因子重要性排序结果（图5–4），研究选取了到河湖水系距离、到教育科研用地距离、GDP、人口密度等14个变量作为用地模拟的驱动因子。筛选后的驱动因子栅格数据如图5–5所示。

用地变化潜在驱动因子　　表5–3

类别	因子
创新驱动	高新技术企业密度、创新就业人才密度、申请专利密度、高等院校密度、科研机构密度、到科研教育用地的距离
环境与用地	高程、坡度、到河湖水系的距离、到商业中心的距离、到工业用地的距离、到居住用地的距离
交通可达性	到轨道交通站点的距离、路网密度、到主干路的距离、到快速路的距离、到高铁站的距离、到机场的距离
城市服务	商业服务设施密度、金融服务设施密度、公共服务设施密度、体育休闲设施密度、公司企业密度、居住区密度、地价
社会经济	总人口密度、15~29岁年轻人口密度、GDP

（4）LandSys模型土地利用模拟

首先，采用Kappa系数验证LandSys模型模拟结果的有效性。Kappa系数越接近1精度越高，当0.8<Kappa≤1时，模拟与实际情况几乎完全一致。根据模拟结果，整个都市区的Kappa系数为0.917，成熟型、发展型和起步型区域Kappa系数分别为0.922、0.945和0.926，均在0.9以上，说明该模型对城市内部用地的模拟效果具有较高的可信度。此外，都市区模拟精度低于各分区的模拟精度，说明不同分区在用地转化上存在差异，分区模拟能更有效地模拟城市用地变化。

（5）协同区位商进行创新潜力用地识别

对三个区域的2018模拟与实际用地进行创新用地提取，并进行栅格叠加，提取模拟用地中多出的创新用地，得到初选“创新用地潜力区”（图5–6）。

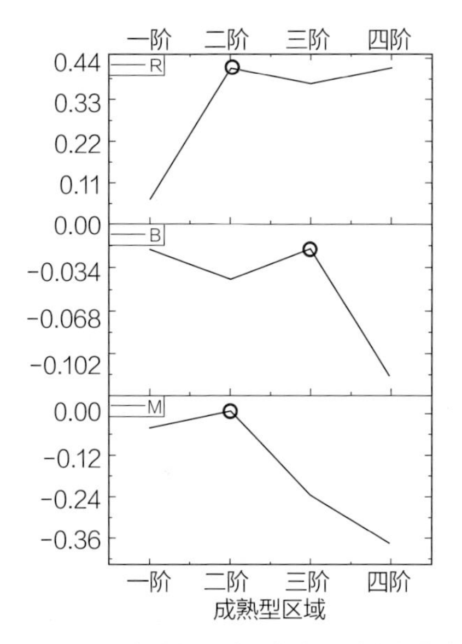

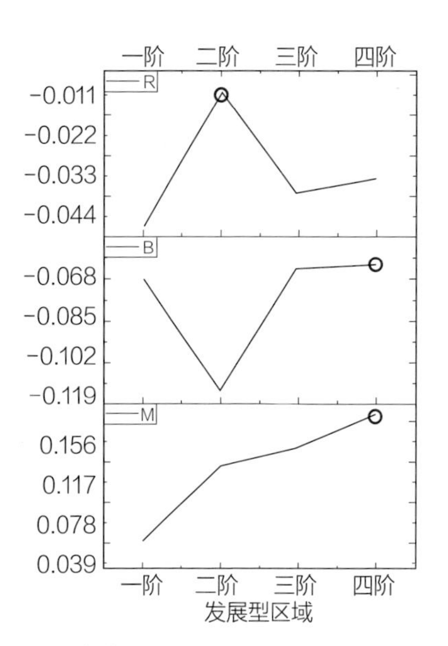

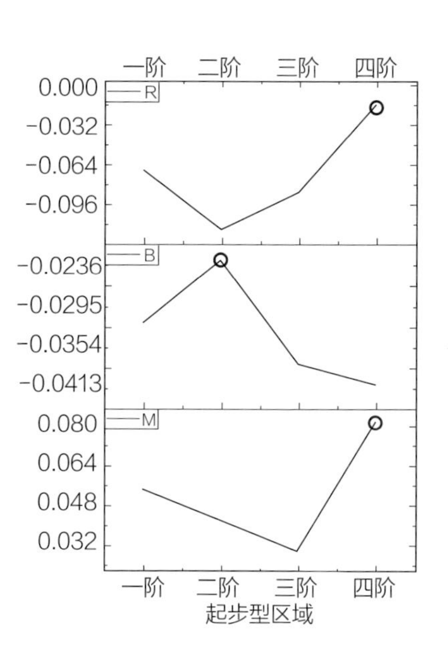

图5–3　各空间尺度下各类用地溢出效应与最佳空间尺度选取

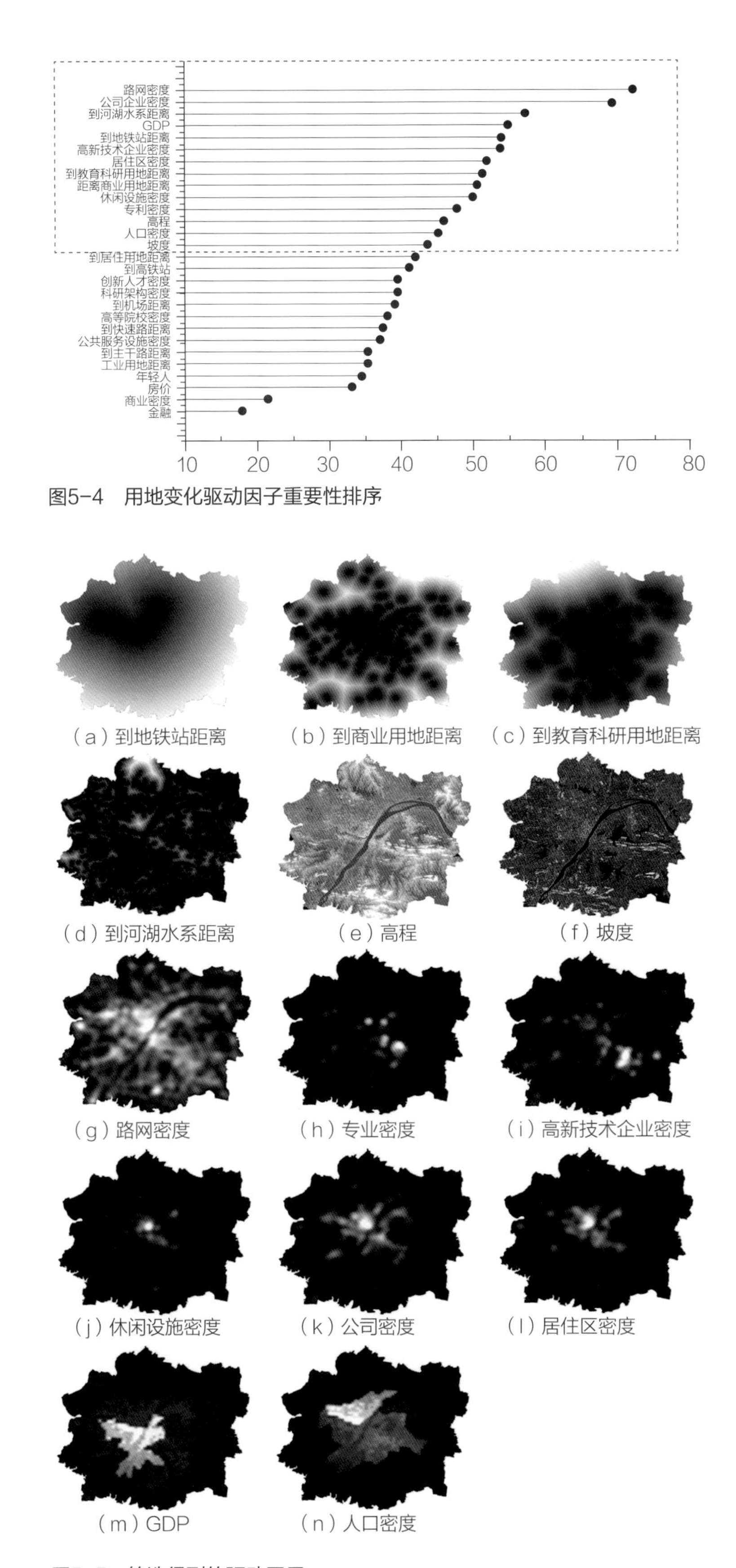

图5-4　用地变化驱动因子重要性排序

图5-5　筛选得到的驱动因子

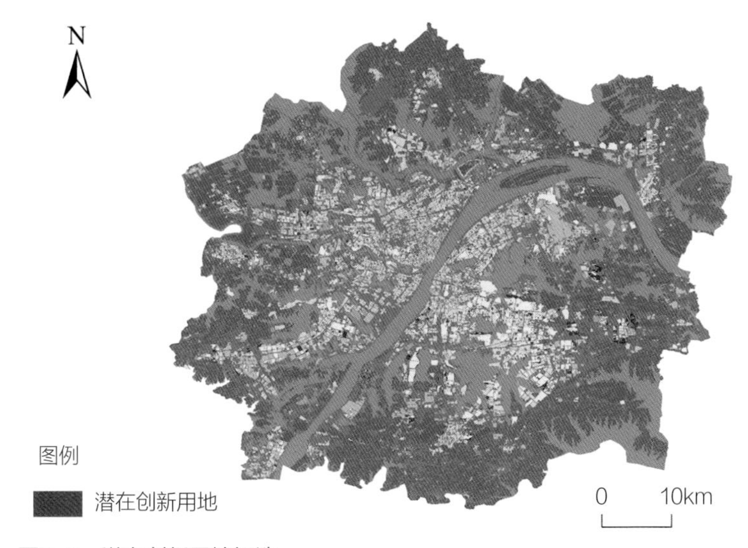

图5-6　潜在创新用地初选

分别提取2018实际用地中的居住、工业和商务用地，并进行栅格转点，输入协同区位商模型。根据前文得到的各区域的最佳空间尺度设置为局域协同区位商的带宽值，分别得到各区域中创新用地与另外三类用地的协同水平，协同水平高的创新用地将作为潜在创新发展区。

2. 模型应用案例可视化表达

（1）土地利用模拟结果可视化

2018年用地模拟结果如图5-7所示，模拟结果与实际用地高度一致。此外，得到未建设用地转化为各类用地的概率空间分布（图5-8）。创新和工业用地高转化概率区分布特征相似，主要分布在东湖高新区、东西湖一带；居住和商务办公用地主要分布在长江新区和东湖东岸一带。这与武汉国土空间规划（图5-9）中的外部副城发展功能高度一致。各分区域用地模拟结果如图5-10～图5-12所示。

（2）协同区位商分析结果

第一，成熟型区域。总体上，初选潜在创新用地与各用地协同水平较高，居住和商务协同区位商值大于1的约占总创新用地的1/3和1/4，说明成熟型区域创新与居住、商务的空间关联性较好，但与工业协同度较低。居住方面，协同水平高的区域呈现“一横两纵”布局，未来创新布局可考虑进一步向这三条轴线集聚。工业方面，协同水平高的区域主要分布在东湖高新区东部，对“创新链+产业链”需求高的创新空间优先考虑布局在该区域。

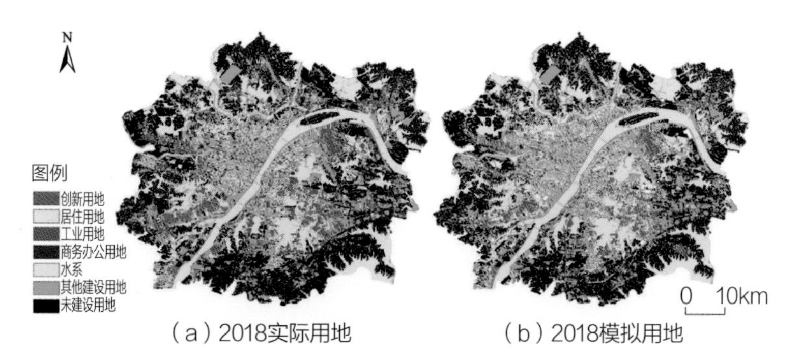

（a）2018实际用地　（b）2018模拟用地

图5-7　2018年武汉都市区实际与模拟用地对比

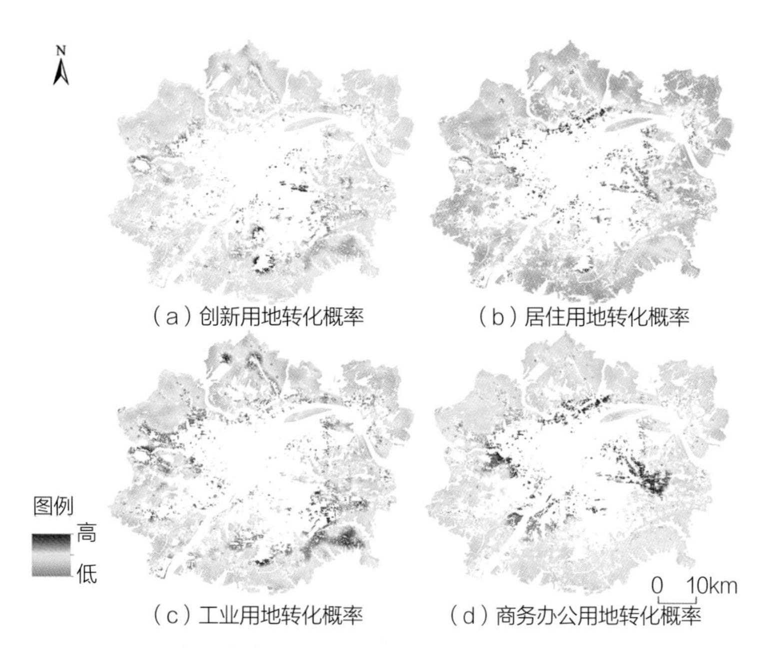

（a）创新用地转化概率　（b）居住用地转化概率

（c）工业用地转化概率　（d）商务办公用地转化概率

图5-8　武汉都市区未建设用地转化概率

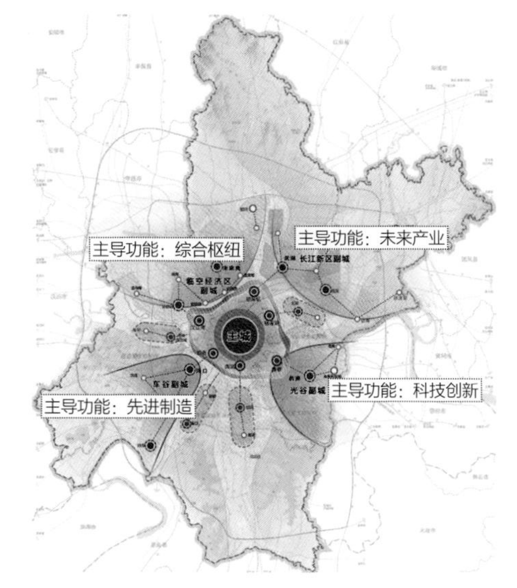

图5-9　武汉市国土空间总体规划（2021—2035年）城镇空间格局

来源：武汉市自然资源与规划局

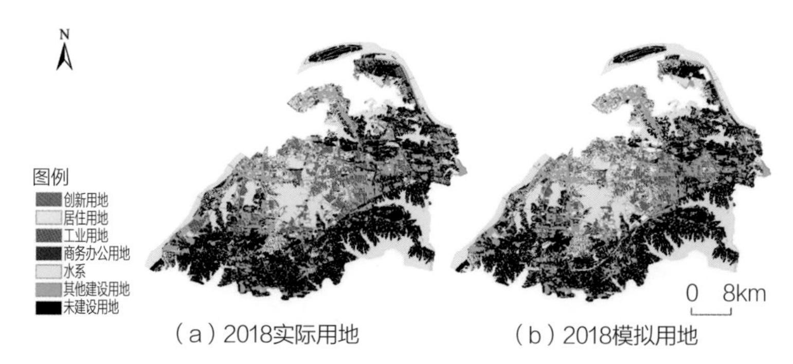

（a）2018实际用地　（b）2018模拟用地

图5-10　2018年成熟型区域实际与模拟用地对比

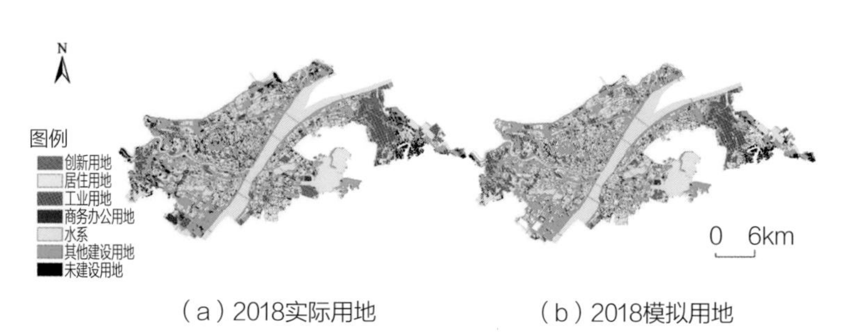

（a）2018实际用地　（b）2018模拟用地

图5-11　2018年发展型区域实际与模拟用地对比

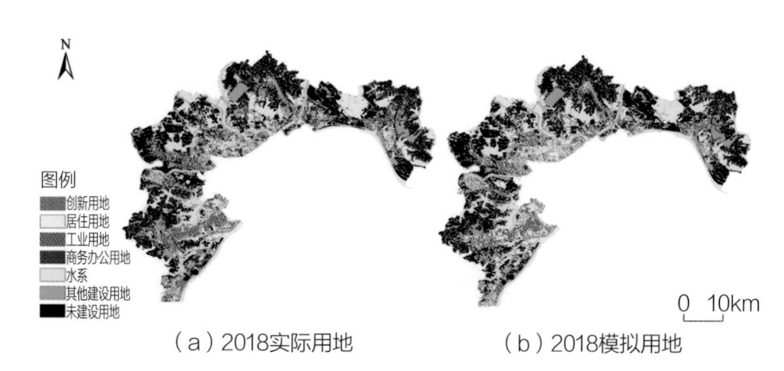

（a）2018实际用地　（b）2018模拟用地

图5-12　2018年起步型区域实际与模拟用地对比

商务办公方面，协同水平高的区域主要分布在老城区外围和江夏、未来科技城区域，可优先考虑在该区域布局与商务企业联系紧密的创新空间。但是光谷东片区与各类用地的协同水平较低，未来应当加强该区域的城市功能布局。

第二，发展型区域。总体上，居住和商务协同区位商值大于1的创新用地均约占总创新用地的1/2，表明创新与居住、商务的空间关联性较好，与工业协同水平较低。居住方面，协同水平高的区域主要分布在汉口和青山区，该类区域可考虑优先布局社区型创新空间。商务办公方面，协同水平高的区域主要分布在汉口核心区和楚河汉街一带，可优先布局文化创意等占地面积小、企业间合作密切的创新空间。

第三，起步型区域。总体上，各类用地协同区位商值普遍小于1，说明与各类用地的空间关联性较差，创新潜力较低。沌口、东西湖、长江新城、阳逻片区均是工业主导区域，但与工业协同水平均较低。针对该区域应加强与工业用地的协同水平，提升创新发展效率。

在未来城市创新空间布局中，在发展型区域应优先考虑与居住、商务办公用地的空间位置关系，而在起步型和成熟型区域应优先考虑与居住、工业用地的空间位置关系，以空间协同促进创新发展（图5-13～图5-15）。

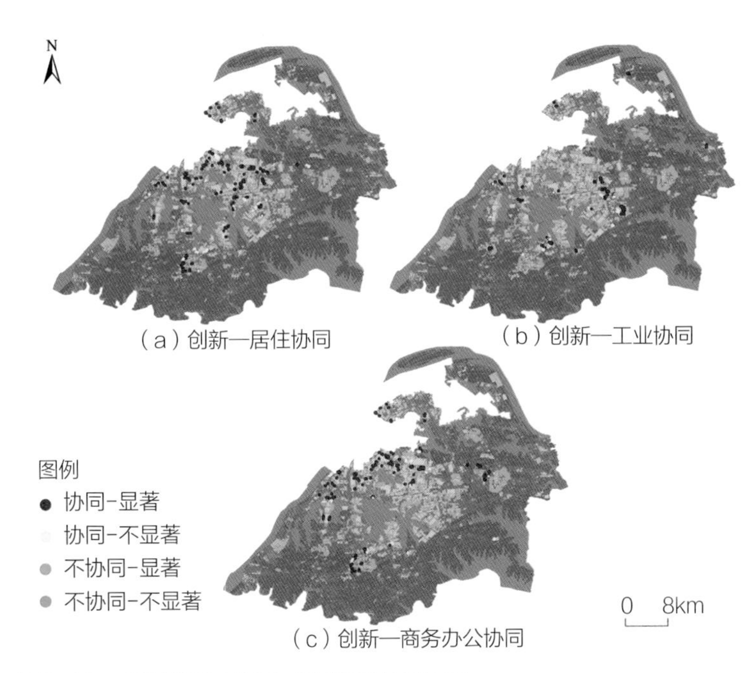

图5-13 成熟型区域创新与各类用地协同水平

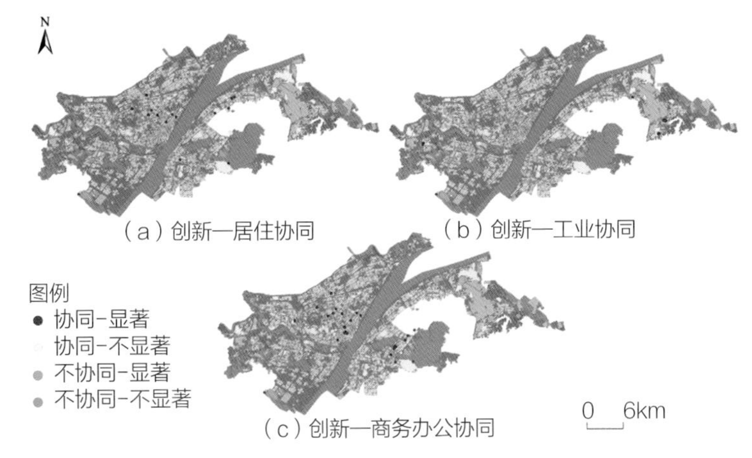

图5-14 发展型区域创新与各类用地协同水平

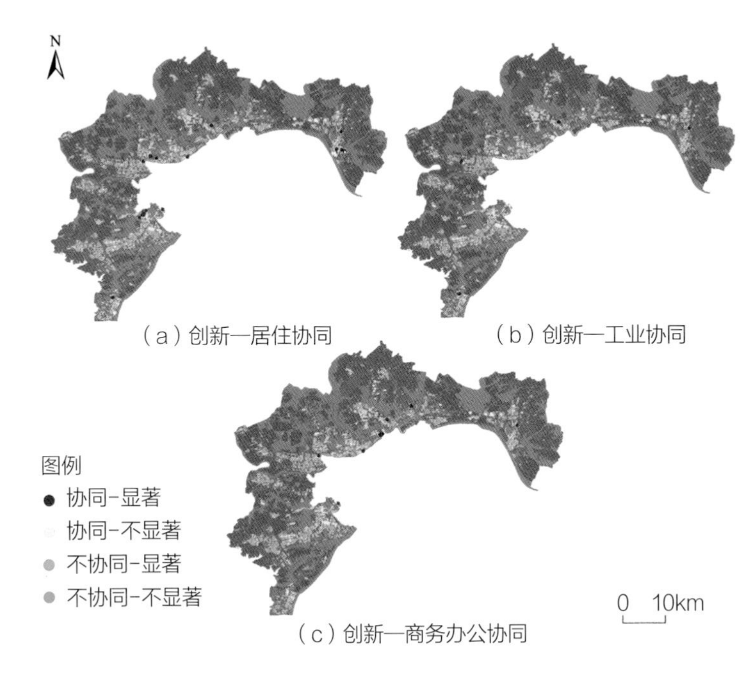

图5-15 起步型区域创新与各类用地协同水平

六、研究总结

1. 模型设计的特点

（1）技术创新——微观用地仿真技术

本研究采用的LandSys模型是由本团队自主开发的土地利用微观仿真平台，突破了目前主流FLUS和PLUS等土地利用模拟模型精度的限制，在用地精度上实现与国土空间规划衔接，实现精准模拟大城市内部用地的复杂变化特征，精度高达90%以上，这为国土空间规划的用地布局提供了强有力支撑。

（2）视角创新——“创新—城市”融合视角

创新驱动战略下，创新已成为城市空间发展的重要驱动力量，将创新驱动因素考虑到用地模拟中势在必行。研究利用专利申请、高新技术企业等数据表示创新驱动要素，采用LandSys模型得到创新驱动下的用地布局模拟方案，对未来创新产业的空间布局具有较强的指导意义。

（3）方法创新——空间杜宾模型与协同区位商衔接

本研究创新性地将空间杜宾模型的空间尺度结果与协同区位商的空间尺度相衔接。解决了“创新”与“城市”协同空间尺度难以确定的问题。

2. 应用方向或应用前景

该研究可用于创新型城市国土空间规划用地方案编制。适用于提出创新发展目标、创新资源较好、创新空间与城市空间分离比较严重的城市。针对该类城市，可用该模型优化创新空间布局，提升创新发展效率。

此外，为创新型城市国土空间规划方案评价提供了新视角和方法。可采用协同区位商从“创—城”融合的角度对用地方案的“创—城”协同水平进行测度，进而作为方案比选的依据。

参考文献

[1] 孙瑜康，李国平，袁薇薇，等. 创新活动空间集聚及其影响机制研究评述与展望. 人文地理，2017，32（5）：17-24.

[2] Rosenthal S S, Strange W C. Geography, Industrial Organization, and Agglomeration. The Review of Economics and Statistics, 2003，85（2）.

[3] Jaffe A B, Trajtenberg M, Henderson R. Geographic Localization of Knowledge Spillovers as Evidenced by Patent Citations. The Quarterly Journal of Economics, 1993, 108（3）.

[4] 解永庆. 区域创新系统的空间组织模式研究：以杭州城西科创大走廊为例［J］. 城市发展研究，2018，25（11）：73-78+102.

[5] 解永庆，张婷，刘涛. 创—城—人融合的创新城区规划经验与启示：以匹兹堡上城区为例［J］. 城市发展研究，2019，26（2）：16-23.

[6] 陶承洁，吴岚. 南京创新空间协同规划策略研究［J］. 规划师，2018, 34（10）：124-128.

[7] 任俊宇，刘希宇. 美国“创新城区”概念、实践及启示［J］. 国际城市规划，2018，33（6）：49-56.

[8] 刘诗源，向海凌，吴非. 产城融合能促进区域创新吗：来自中国285个地级市的经验证据［J］. 科研管理：1-10.

[9] 唐永伟，唐将伟，熊建华. 城市创新空间发展的时空演进特征与内生逻辑：基于武汉市2827家高新技术企业数据的分析［J］. 经济地理，2021，41（1）：58-65.

[10] 段德忠，杜德斌，刘承良. 上海和北京城市创新空间结构的时空演化模式［J］. 地理学报，2015，70（12）：1911-1925.

[11] 张建伟，石江江，王艳华，等. 长江经济带创新产出的空间特征和时空演化［J］. 地理科学进展，2016，35（9）：1119-1128.

[12] 赵佩佩，刘彦，杨驹. 杭州创新空间集聚规律与布局模式研究［J］. 规划师，2021, 37（5）：67-73.

[13] 孙瑜康，孙铁山，席强敏. 北京市创新集聚的影响因素及其空间溢出效应［J］. 地理研究，2017，36（12）：2419-2431.

[14] 马双，曾刚. 上海市创新集聚的空间结构、影响因素和溢出效应［J］. 城市发展研究，2020，27（1）：19-25.

[15] 浩飞龙，杨宇欣，王士君. 城市舒适性视角下长春市创新产出的空间特征及影响因素［J］. 人文地理，2020，35（5）：61-68+129.

[16] 刘婧，甄峰，张姗琪，等. 新一代信息技术企业空间分布特征及影响因素：以南京市中心城区为例［J］. 经济地理，2022，42（2）：114-123+211.

[17] 余颖，刘青，李贵才. 深圳高新电子信息企业空间格局演化及其影响因素［J］. 世界地理研究，2020，29（3）：557-567.

[18] 谢敏，赵红岩，朱娜娜，等. 宁波市软件产业空间格局演化及其区位选择［J］. 经济地理，2017，37（4）：127-134+148.

[19] 杨凡，杜德斌，段德忠，等. 城市内部研发密集型制造业的空间分布与区位选择模式：以北京、上海为例［J］. 地理科学，2017，37（4）：492-501.

[20] 袁丰，魏也华，陈雯，等. 苏州市区信息通讯企业空间集聚与新企业选址［J］. 地理学报，2010，65（2）：153-163.

[21] Zhao L, Shen L. The impacts of rail transit on future urban land use development：A case study in Wuhan, China. Transport Policy, 2019, 81：396-405.

[22] 刘小平，黎夏，艾彬，等. 基于多智能体的土地利用模拟与规划模型［J］. 地理学报，2006，（10）：1101-1112.

[23] 罗紫元，曾坚. 资源环境保护下天津市用地空间增长模拟［J］. 地理研究，2022，41（2）：341-357.

[24] 徐杰，罗震东，尹海伟，等. 基于SLEUTH模型的昆山市城市扩展模拟研究[J]. 地理与地理信息科学，2016，32(5)：59-64.

[25] 郝晓敬，张红，徐小明，等. 晋北地区土地利用覆被格局的演变与模拟[J]. 生态学报，2020，40(1)：257-265.

[26] 刘建华，张启斌，Di YANG, 等. 基于MCR-ANN-CA模型的包头市生态用地演变模拟[J]. 农业机械学报，2019，50(2)：187-194.

[27] 黄秀兰. 基于多智能体与元胞自动机的城市生态用地演变研究[D]. 长沙：中南大学，2008.

[28] 谢中凯，李飞雪，李满春，等. 政府规划约束下的城市空间增长多智能体模拟模型[J]. 地理与地理信息科学，2015，31(2)：60-64+69+127.

[29] 湛东升，张文忠，孟斌，等. 北京城市居住和就业空间类型区分析[J]. 地理科学，2017，37(3)：356-366.

[30] 孙红军，张路娜，王胜光. 科技人才集聚、空间溢出与区域技术创新：基于空间杜宾模型的偏微分方法[J]. 科学学与科学技术管理，2019，40(12)：58-69.

基于街景图像和机器学习的街道女性关怀度建模研究

工作单位：北方工业大学建筑与艺术学院、华东建筑设计研究院有限公司、深圳大学建筑与城市规划学院、深圳市新城市规划建筑设计股份有限公司、北方工业大学信息学院

报名主题：面向高质量发展的城市综合治理

研究议题：城市品质提升与生活圈建设

技术关键词：神经网络、深度学习、Trueskill算法[1]

参 赛 人：公丕欣、张书羽、崔秦毓、阳珖、单爽

指导老师：罗丹、黄骁然

参赛人简介：公丕欣，北方工业大学建筑学研究生，擅长机器学习和城市大数据相结合的研究，研究领域为城市街道可步行性和城市养老资源均衡性研究；张书羽，华东建筑设计研究院助理建筑师，研究方向为建筑设计、多源数据支持下的城市分析与数据驱动城市设计等；崔秦毓，深圳大学建筑与城市规划学院在读硕士研究生，研究方向是多源数据在城市规划研究中的应用；阳珖，深圳市新城市规划建筑设计股份有限公司助理规划师，研究方向为地理信息系统在规划项目的应用；单爽，计算机专业研究生，专注计算机视觉中小目标检测研究方向，目前研究道路上交通路标检测，主要针对交通路标易受到数据预处理与模型结构的影响、可利用特征少、定位精度要求高的问题。

一、研究问题

1. 研究背景及目的意义

（1）研究背景

受制于父权制社会中男性权力的支配，女性长期处于社会权力结构的边缘位置，形成无意识状态的身份认同。在城市规划和城市设计领域长期存在性别盲视现象，主要表现在“忽视公共空间使用和占有所具有的性别特征；忽视女性的社会处境和独特体验，或者以男性体验代替两性体验；疏于关心和反思性别敏感在城市设计中可能的影响”。

人类社会在长期发展中，通过社会性别分工赋予两性不同的角色和功能，并发展出一套以性别构建和解释社会秩序的话语体系。这一现象使得性别成为形塑社会的基本维度，形成了社会中客观存在的“性别事实”。自后现代主义时期以来，女性权力开始普遍觉醒达到顶峰，同时女权主义的思潮渗入城市空间的研讨领域。女性主义基于性别差异视角，为城市建设发展带来一定的角色反思和社会批判，其范围涉及设计、理论和决策研究等各个方面。

国外以雅各布斯为代表的学者，以女性关怀视角来审视男权文化塑造的城市街道环境，其著作《美国大城市的死与生》震荡了由白人男性为主导的城市规划界，促成了美国城市规划的转向。20世纪80年代末，城市规划开始重视空间的性别使用和女性在公共空间（公园、街道和公共交通空间）的关怀问题，包括安全、

1 TrueSkill 介绍文档（https://trueskill.org/）。

便利、健康、舒适等方面；20世纪 90年代，女性主义规划者总结了创造更包容的空间设计策略，包括采用女性安全审计和创建更多的庇护空间和赋权空间等。 21世纪初至今，社会开始倡导以女性主义“人本思想”为核心的城市建设，基于女性主义视角的城市规划带有一定的感性与人性主义的色彩，同时强调两性的“平等”与“差异”。

我国女性视角的城市规划起步较晚。21世纪初，黄春晓和顾朝林从女权主义的空间概念出发，分析了当下城市规划理念与建设方法在功能分区与空间结构、郊区与内城、城市交通、城市居住社区和城市公共服务设施等五个方面存在问题。指出，城市规划建设中普遍存在男性为主的原则和标准并呼吁城市规划和建设工作者更多地关注女性。随后多名学者展开了女性视角下的城市相关研究，发现两性习惯的多种不公，包括日常出行、工作通勤和绿地的使用等。这是因为相对男性而言，女性的家庭角色和社会分工使她们更多以家为核心。需要频繁接近城市服务设施，例如超市、学校、医院和公共交通等。

街道是城市设施和公共空间重要的连接载体。受制于对步行环境和公共交通的依赖，女性对街道空间的使用频率比男性更高。女性主义视角下的街道空间探究，对街道空间的设计策略是一种有益的补充。

（2）研究目的和意义

综上，城市街道空间环境的建设一直以来以男性的生活方式和生活习惯为基础，忽视了女性的需求。在当今街道设计从“形态导向”转向“生活导向”的趋势下，女性的需求也需要被考虑。这有助于促进空间性别平等的价值立场，提升城市空间发展的包容性和公平性。街道设计需融入性别分析，需要考虑使用主体，保证女性获得足够的街道设计参与权。

2. 研究目标及拟解决的问题

（1）总体目标

基于性别包容视角，建立街道女性关怀度预测模型，实现大规模、精细化和快速高效的测度，对城市中街道的女性关怀度进行评估，并研究街景图像对街道关怀度的影响要素。

（2）瓶颈问题及解决方案

一是主观感知数据难以量化。本研究使用Truskill算法结合主观测评，把难以量化的主观感知定性判断，转化为可以定量分析的具体数值。能够在保证打分合理和准确度在线的同时，降低专家的评测难度。

二是传统小样本的研究耗时费力，难以快速实现大规模的研究要求。本项目基于街景数据，利用机器学习算法建立预测模型，可以将专家的经验性共识进行快速扩样。

二、研究方法

1. 研究方法及理论依据

（1）本文使用“街景数据+深度学习+人工审计+机器学习”的定性和定量相结合方法开展项目研究。

一是街景图像数据提升了城市相关研究的效率。与现场观察相比，使用街景调研无须亲历现场，工作效率高，成本低。同时，能有效反映人本尺度的街道环境，被认为是城市研究的有效的数据来源。

二是随着计算机视觉技术的成熟，利用深度学习算法进行街景图像处理获取街道空间要素是目前街道空间研究中普遍采用的方法。包括街景图像分割和目标检测等。

三是人对街道环境的主观感知难以准确测度。传统调查问卷和人工打分的方式，受制于数据样本数量和评测者标准不稳定对结果产生干扰，难有较强的说服力。而借助微软“Trueskill”算法，在模拟对战中将人的主观比较转化为可以量化的数值，更具有科学性和合理性。

四是使用机器学习算法在小样本数据的学习之后建立预测模型，可以用于大规模精细度的研究，有助于快速、高效和准确地完成量化分析研究。目前常被城市研究领域使用的机器学习算法包括神经网络回归、高斯过程回归、决策树回归、支持向量回归、线性回归和集成学习回归等。

（2）城市街景数据和机器学习算法相结合的方式为大规模精细度的研究提供了重要的技术支撑。目前，使用这些方法进行街景的多维感知评价包括街道渗透率、街道风貌特征和街道空间心理感受等。

综上，本研究以街景数据为基础，结合深度学习、人工审计（基于Trueskill算法）和机器学习算法，建立一套兼具大规模与精细化的女性街道关怀度测度框架。以香港特别行政区的步行街道进行实证研究，同时模拟街道改造，验证该方法的有效性。

2. 技术路线及关键技术

本项目技术路线如图2-1所示，具体流程如下：首先，以香港OSM（OpenStreetMap）道路数据为基础，在ArcGIS软件中筛选出步行为主的街道[1]，以50m为间隔提取采样点。接着，从谷歌地图下载采样点（街道轴向）的街景图片，通过空间随机抽样并进行人工筛选，获取580张街景图片作为模型训练原始数据。之后，使用人工审计法获取街景图片的主观测评，邀请以相关学科专业背景为主（建筑学、城市规划和风景园林等学科）的女性（教师和学生）对成对出现的街景图像进行对比选择，结合Trueskill算法，将主观感知转化为可以量化的分数。

完成基础数据采集后，使用深度学习算法获取街道实体要素。首先，PSPNet算法用于语义分割，Mask R-RNN算法用于目标检测，将海量的街景图片数据转换为数值型数据。接着，通过不同算法对比，使用表现性能最好的算法建立预测模型。之后，模型对香港街景全部点位的女性关怀度分值进行预测。利用ArcGIS软件作局部莫兰指数分析，划分出女性街道关怀度较差区域，作为后期的优先和重点改造区域。同时，结合人工问卷中人们对于女性街道关怀度的改造建议和随机森林算法得出的重要特征，划定香港地区街道女性关怀度分值较低的区域。最后，采用PS（Photoshop）软件处理后的图片替换原有图片，评测模拟改造之后的街景图片数值区间是否出现上升。

三、数据说明

1. 数据内容及类型

本项目所使用的研究数据主要分为以下四种，即OSM路网数据、谷歌街景数据、问卷数据和主观测评数据，其中前两类为开源数据，后两类为调研数据。

OSM路网数据：本文下载的OSM路网数据，在ArcGIS中处理后，以道路50m为间距生成采样点进行街景采样。本项目共获得步行街道的8 000个采样点，用于获取谷歌街景的图片数据。

谷歌街景数据：谷歌街景图片数据是世界上主流的街景数据集之一，香港的街道图像以谷歌数据最为齐全。使用Python

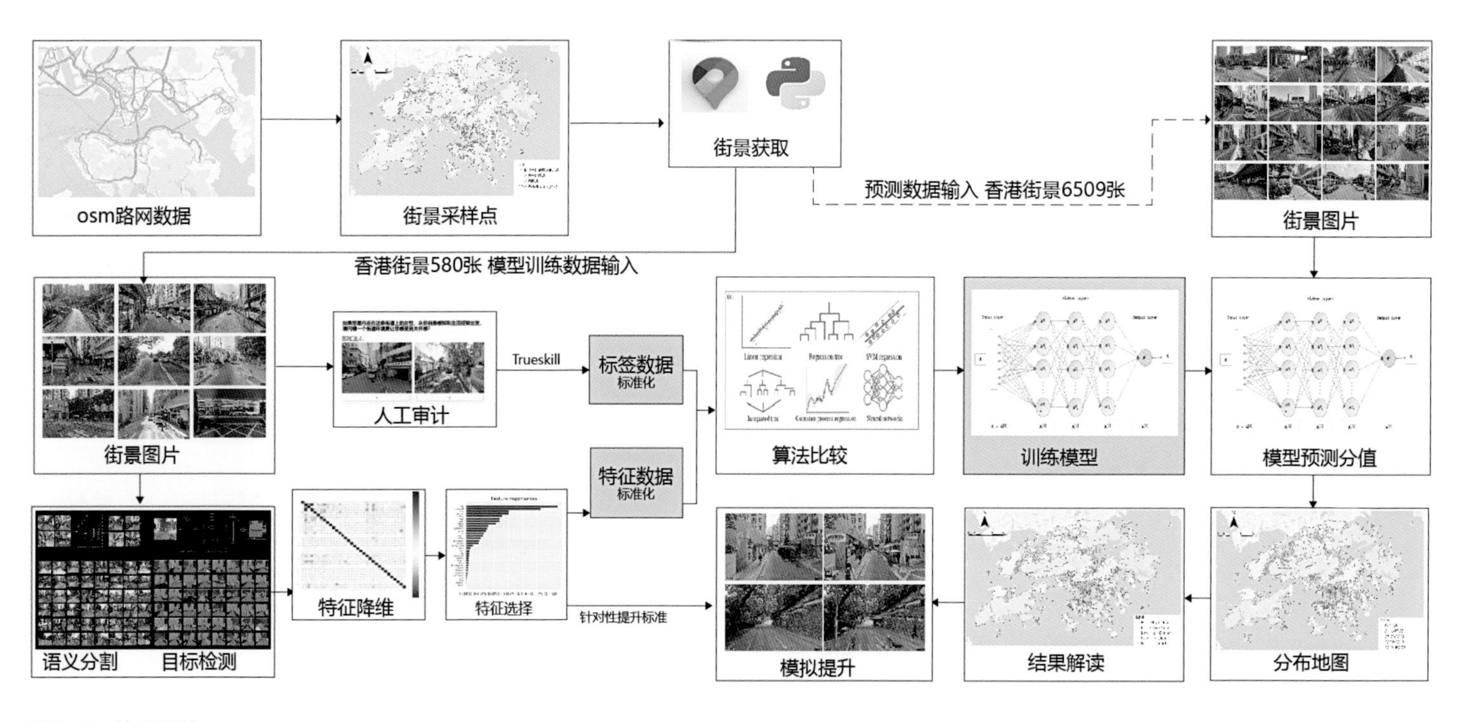

图2-1 技术路线

1 详细筛选方法见附表1中第一章。

图3-1　交互式网页问卷系统获取标签数据流程

编写爬虫程序链接谷歌街景API采集街景图片。街景图片采集方向为沿街道轴向方向，左右视角为120°，镜头上下转动设为0°。初始采集街景图片数量为8 000张，经过人工对街景图像进行清洗，去掉不符合要求的（无数据、炫光、朝天或朝地等）街景图片，共获得6 509张图片。通过空间随机抽样作为数据集（580张）用于模型训练，剩余5 929张图片用于模型泛化测试。

问卷数据：本项目设计调研问卷[1]用来收集调查女性对于街道关怀度的关注要素，用于辅助选取街道改造中的要素。

主观测评数据：设计Trueskill交互审计问卷系统来获取街景图片的主观感知分数。受试女性对随机成对出现的街景图片就街道关怀度问题进行主观比较，后台结合Trueskill算法，将受试者的主观比较转化为图片的具体分值。

2. 数据预处理技术与成果

（1）标签数据（响应变量构建）

使用Java语言编写交互式网页问卷审计系统，租用云端服务器进行部署。交互式网页审计系统结合微软Trueskill算法，聘请50名女性（以建筑类专业背景的教师和学生为主，年龄集中在20～50岁）进行问卷作答。系统随机将图片以成对的形式展现，受试者需要从自身主观感知出发，判断哪一张图片感受到的街道关怀度更高。系统需要保证每张图片能够至少与其余12张图片进行比对，以满足Trueskill算法要求，本项目总共获取对比数为3 780次。Trueskill算法会在图片不断对比中，将图片的主观比较转化为每张图片街道女性关怀度的分值。数据经过标准化处理，作为标签数据（图3-1）。

（2）特征工程（预测变量的构建）

特征获取：预测变量数据准备。使用GPU加速的MXNET深度学习框架进行图片处理。PSPNet进行语义分割得到街景分割要素；Mask R-CNN用于目标检测得到街道要素数量。分割和检测可以量化街景要素的具体数值，并将数据存储。图3-2所示是两类深度学习算法的算法结构。

数据预处理：计算得到的数据需要进行清洗和缺失值补充，由于深度学习模型获取的要素数据会出现空缺，因此在Excel中选择所有空缺命制数据格式零。为了便于后续进行特征筛选，本研究对数据进行Z-score标准化处理，将样本的特征值转换到同一量纲下，保证数据满足均值为0、方差为1的正态分布。

特征降维：调用Python的Scipy包进行皮尔森相关性检验。皮尔逊相关系数用于衡量两个变量之间的线性相关关系，值域在-1与1之间。通过绘制双变量相关性矩阵图直观看到变量之间相关程度，合并共线性高的要素，避免因共线性对特征重要性的影响，从而削弱下一步骤特征重要性结果，图3-3所示为特征降维前后相关性矩阵。

1　调研问卷内容详见附表1中第二章。

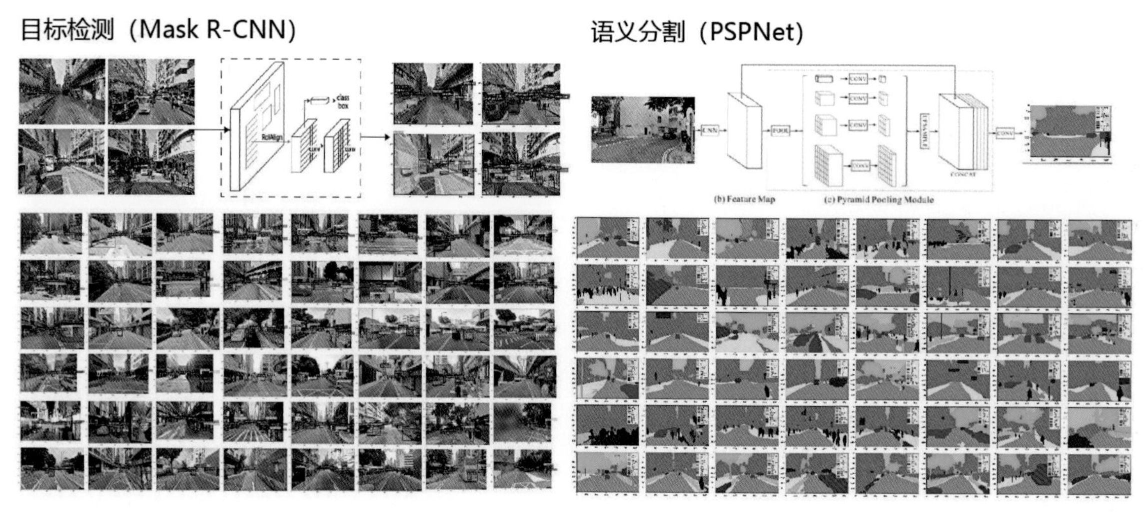

图3-2　PSPNet和Mask R-CNN算法结构

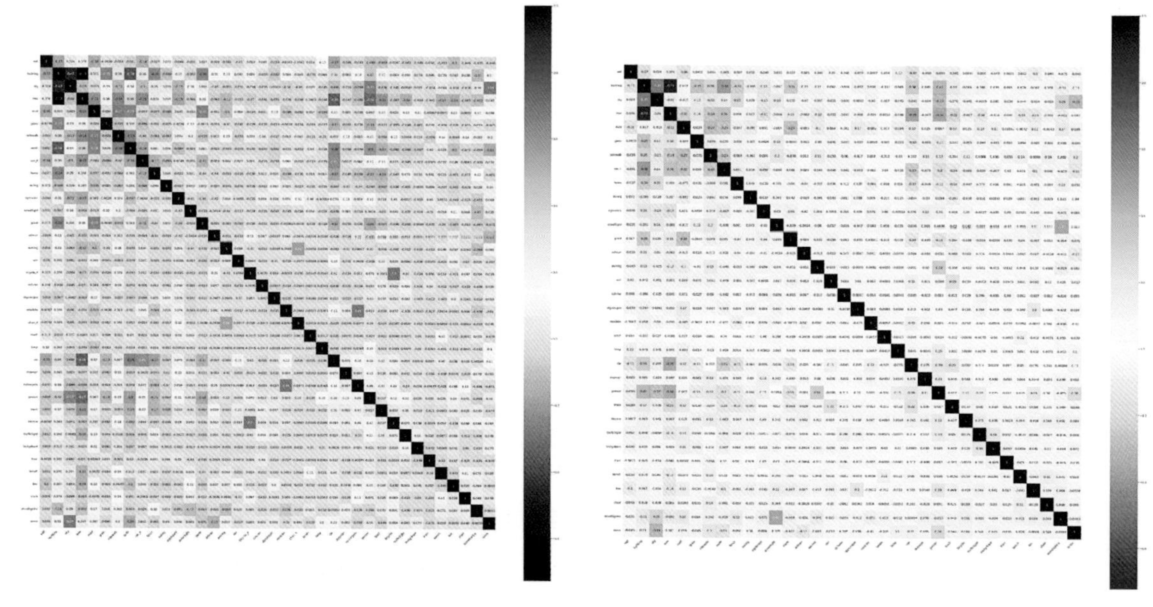

图3-3　双变量相关性矩阵（左：降维前；右：降维后）

特征选择：数据降维和特征选择是处理高维数据的两大主流技术。为避免出现维数灾难问题，需要去掉重要性程度低的特征，以降低学习任务的难度。本研究用随机森林Gini系数法进行特征重要性选择，其相关公式如下：

$$Gini(D)=1-\sum_{k=1}^{k}P_k^{\ 2} \qquad (3\text{-}1)$$

式中，D是数据集，k是随机森林决策树种类，P_k是样本属于第k类的概率。

$Gini(D)$反映了从数据集D中随机抽取到两个样本，其类别标记不一致的概率。因此，$Gini(D)$越小，数据集D纯度越高。随机森林中的每棵树按照某个节点分裂，分裂的依据是分裂前后Gini系数的减少度。在Python 中导入Scikit-learn包，调用随机森林算法，设置随机森林中树的数目。随机森林算法将变量重要性从高到低进行排序，绘制的特征重要性排布图，可以直观进行特征筛选（图3-4）。结合调研问卷（女性对于街道心理程度影响因素的调研问卷，女性更加关注夜间照明、尺度感、人气等要素），进行最终特征选择和指标体系构建，最终构建包括天空、人行道、树、人群等十五类街景要素作为预测变量指标体系。

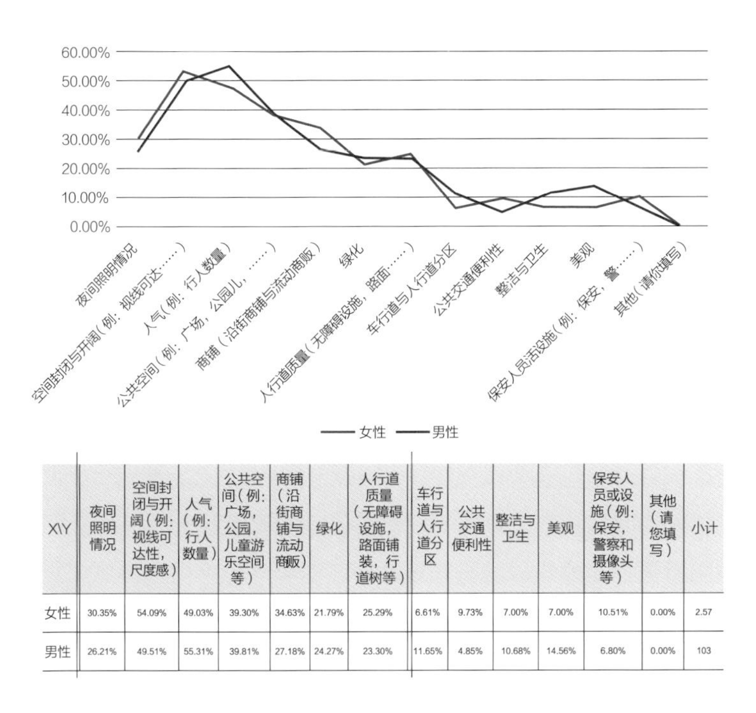

X\Y	夜间照明情况	空间封闭与开阔（例：视线可达性，尺度感）	人气（例：行人数量）	公共空间（例：广场，公园，儿童游乐空间等）	商铺（沿街商铺与流动商贩）	绿化	人行道质量（无障碍设施，路面铺装，行道树等）	车行道与人行道分区	公共交通便利性	整洁与卫生	美观	保安人员或设施（例：保安，警察和摄像头等）	其他（请您填写）	小计
女性	30.35%	54.09%	49.03%	39.30%	34.63%	21.79%	25.29%	6.61%	9.73%	7.00%	7.00%	10.51%	0.00%	2.57
男性	26.21%	49.51%	55.31%	39.81%	27.18%	24.27%	23.30%	11.65%	4.85%	10.68%	14.56%	6.80%	0.00%	103

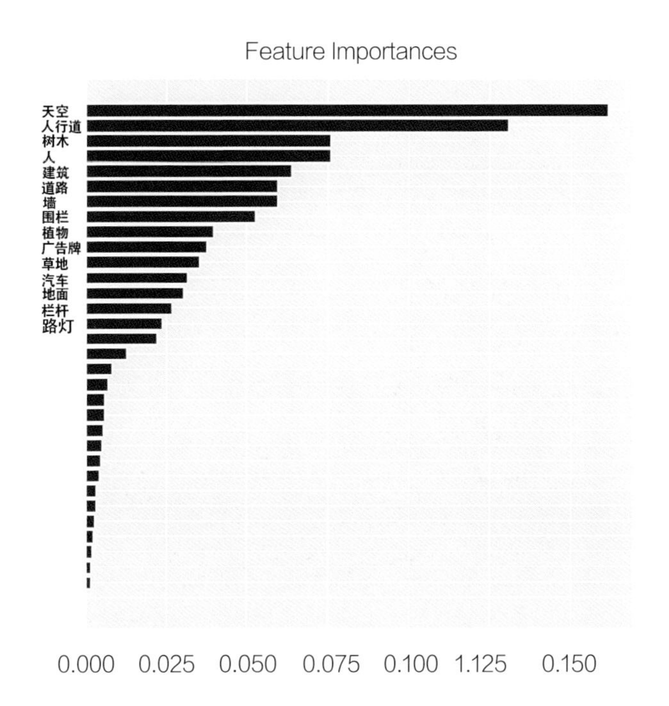

图3-4　特征重要性（左：问卷人群关注要素；右：随机森林特征重要性排序）

（3）数据处理成果

最终响应变量和预测变量汇总CSV，分为标签数据和特征数据，用于之后训练机器学习模型。

四、模型算法

1. 模型算法流程及相关数学公式

不同算法有不同的归纳偏好，对于同一问题的归纳预测能力不同。现实问题中算法是否与问题本身匹配，大多时候决定了算法能否取得好的性能。本研究选用常用的六类机器学习算法训练预测模型作为算法选择的前置研究，包括神经网络回归、高斯过程回归、决策树回归、支持向量回归、线性回归和集成学习回归，总共建立12个模型。六类算法模型使用MATLAB中Toolbox工具箱进行训练，使用交叉验证法对模型进行评估，通过比较R^2和$RMSE$（Root Mean Square Error），选择表现性能最优的模型算法。

从图4-1可以看出，MATLAB工具箱的六类算法对该项目的拟合度都比较低，相对而言，浅层神经网络回归模型的表现性能较好，$R^2=0.20$，$RMSE=0.73$。

因此，本项目选择神经网络算法训练预测模型，在MATLAB中使用神经网络拟合回归工具，搭建具有一层隐藏层的神经网络，使用Levenberg–Marquardt算法对数据集进行训练，数据集的划分比例为：训练集（70%）、验证集（10%）、测试集（20%）。神经网络包含输入层、输出层和隐藏层。其中，隐藏层个数设置对于神经网络模型的预测效果会有较大影响（表4–1），由于本项目的函数较为简单，选用单隐藏层的BP神经网络进行模型训练。

隐藏层数量与效能　　表4–1

隐藏层数	效能
1	可以拟合任何“包含从一个有限空间到另一个有限空间的连续映射”的函数
2	搭配适当的激活函数可以表示任意精度的任意决策边界，并且可以拟合任何精度的任何平滑映射
>2	多出来的隐藏层可以学习复杂的描述

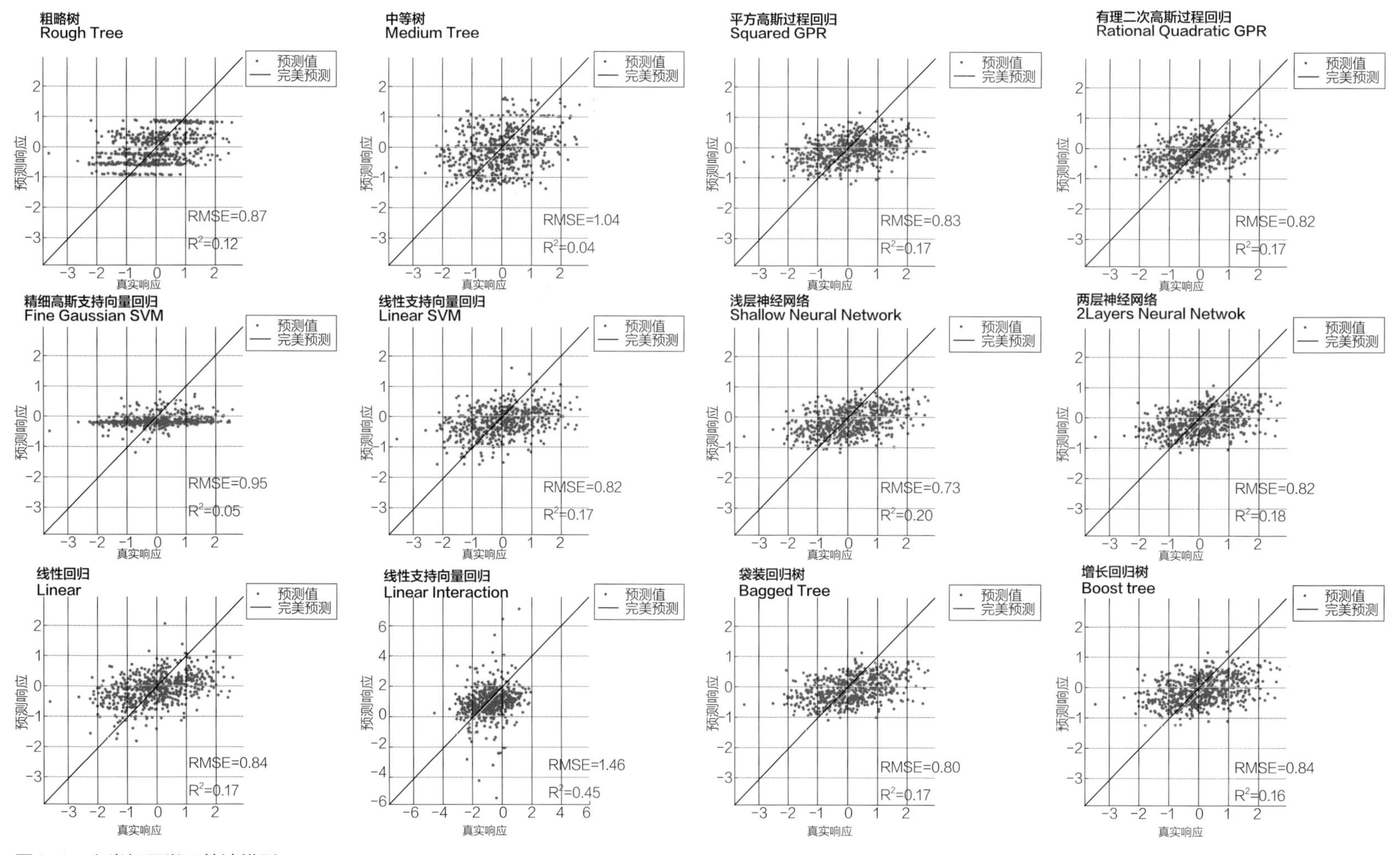

图4-1　六类机器学习算法模型

隐藏层神经元的个数影响最终拟合效果，在隐藏层中使用太少的神经元将导致欠拟合，过多可能会导致过拟合。本研究中隐藏层神经元个数的调整，需先通过经验公式进行大致范围确定，经验公式如下：

$$N_h = \frac{N_s}{\alpha*(N_i + N_0)} \qquad (4\text{-}1)$$

式中：N_i是输入层神经元个数，N_0是输出层神经元个数，N_s是训练集的样本数，α是可以自取的任意值变量，通常范围为［2,10］。根据此公式确定神经元个数范围为［3,19］，扩充范围到［1,30］进行神经元调节。经过对比，当神经元数量设置为12时，效果表现最好。

图4-2是浅层神经网络模型的训练效果。从图4-2（a）可以看出，随着迭代次数的增加，模型在三个数据集上的损失逐渐下降，并且在第9次迭代达到均方误差最小，模型误差分布集中在0.076附近，如图4-2（b）所示。从回归效果来看，模型在训练集上R为0.781，在全部样本上为R为0.639，如图4-2（c）所示。在测度不可测度的理论领域，人群主观感知的预测模型表现效果通常不会取得较高分值，相比于其他预测主观感知的模型，本项目训练的模型性能在可接受的范围内。

2. 模型算法相关支撑技术

一是标签数据的处理，有赖于Java语言开发的在线审计问卷系统，受试者需要评判随机成对出现的图片优劣（针对街道关怀度问题），后台结合Trueskill算法进行数据计算，将主观测评转化为可量化的数据。

二是特征变量的构建有赖于GPU版本的MXNET深度学习框架和Python的机器学习包Scikit-learn。基于MXNET深度学习框架，调用PSPNet算法进行语义分割，调用Mask R-CNN算法进行

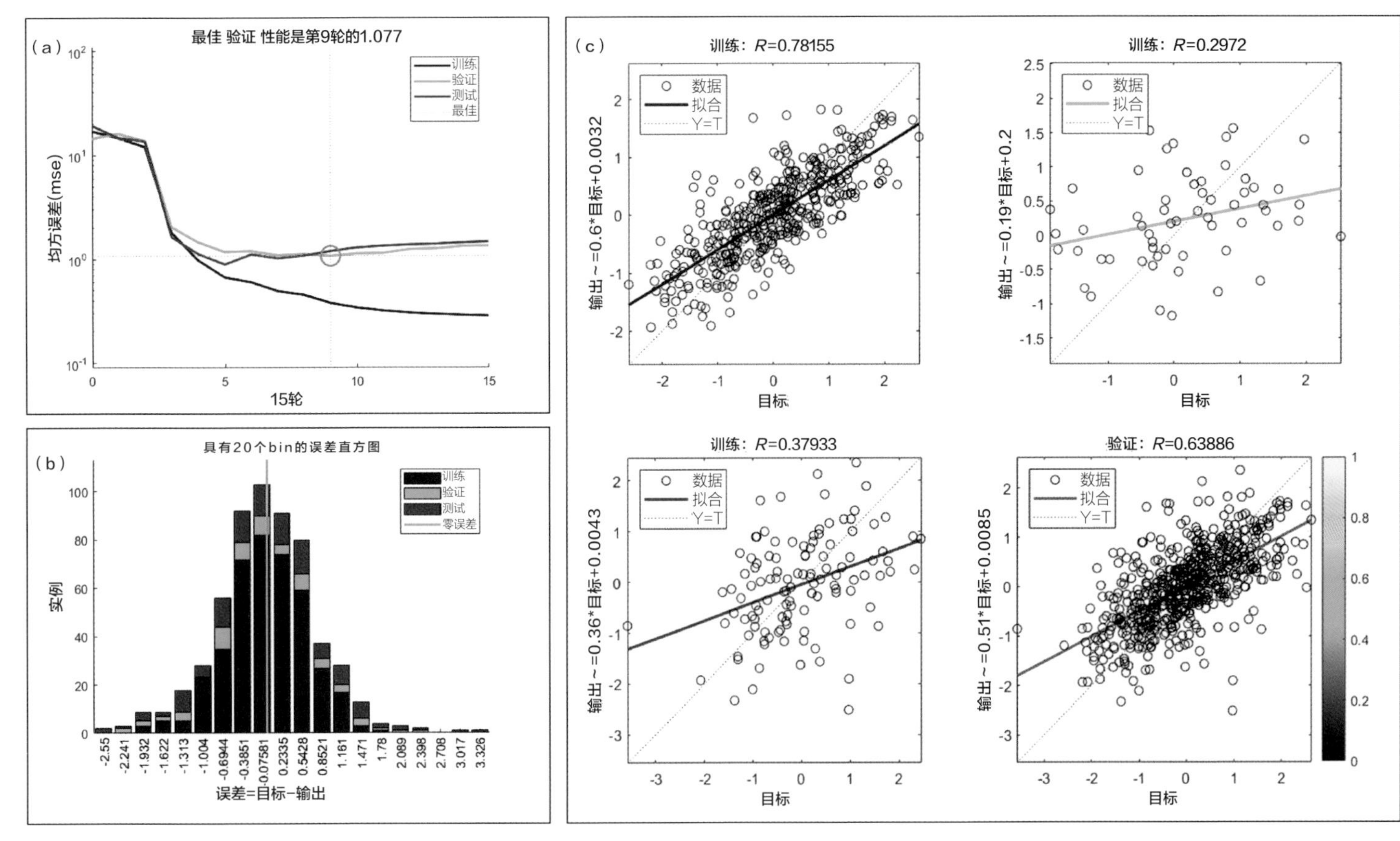

图4-2　浅层神经网络模型的训练效果

目标检测，将图片数据转化为数值数据；借助Scikit-learn机器学习包进行数据降维，借助随机森林算法进行特征选择。

三是为了能够获得可视化友好的模型表现性能，在MATLAB平台进行模型训练和评估，以及进行模型结果可视化演示，模型训练、调参、验证均在MATLAB平台来进行。

五、实践案例

1. 模型应用实证及结果解读

（1）研究区域

香港，位于中国南海北岸、珠江口东侧，毗邻广东省。截至2021年底，香港女性人口达402.59万，占比高于男性（337.72万），全域人口密度为6 694人/km^2，是世界上人口密度最高的地区之一[1]。

香港是高密度城市环境的典型代表，由于可供发展土地的稀缺，街道成为最为普遍的日常公共空间。然而，城市街道环境品质存在差异，部分地区的街道建设忽视日常生活的需求，尤其是对女性的关怀程度仍处于较低水平。例如在街道安全方面，虽然香港是公认的治安较好的亚洲城市，整体犯罪率逐年下降，但针对女性的性犯罪率处于上升状态，危险阴暗的街道、角落等空间，为性犯罪提供了场所与条件[2]。

近年来，香港对女性关怀的呼吁逐年高涨，例如建立女性专用车厢、关爱女性健康等制度与活动日渐增多，但对于城市环境及街道空间等关爱女性的议题还未被充分讨论。本项目以香港为研究案例，从女性视角研究街道的关怀度问题，为香港的街道更新设计提供更平等和更人性化的建议。

1　数据来源：香港特别行政区政府统计处（https://www.censtatd.gov.hk/sc/）。

2　2021 年香港整体治安情况新闻公告（https://www.info.gov.hk/gia/general/202201/27/P2022012700577.htm）。

（2）模型应用

本项目使用训练好的浅层神经网络模型对香港关怀度分值进行预测，具体步骤如下。

第一步，对香港全部步行街道的街景图片进行要素提取（已经在第三章中获取全部街景图片，除去用于训练模型的580张图片，剩余5 929张图片用于模型泛化测试）。基于GPU版本的MXNET深度学习框架，使用PSPNet算法和Mask R-CNN算法进行街景要素提取，经过筛选后共获取15类街景要素，数据存储顺序和格式与第四章训练模型的特征数据一致。各类街景数据特征要素描述性总结如表5-1所示。

15个街景图像特征的描述性总结　　表5-1

方式	FID	街景要素	平均值	标准差	最小值	最大值
语义分割PSPNet（比例）	1	墙	3.22%	8.27%	0.00%	82.62%
	2	建筑	8.41%	14.67%	0.00%	99.39%
	3	天空	18.45%	19.47%	0.00%	99.88%
	4	树木	2.15%	6.06%	0.00%	94.00%
	5	道路	14.22%	15.23%	0.00%	76.32%
	6	草地	0.14%	1.02%	0.00%	30.42%
	7	人行道	2.20%	4.65%	0.00%	99.88%
	8	地面	1.37%	3.97%	0.00%	57.17%
	9	围栏	1.17%	3.43%	0.00%	55.74%
	10	栏杆	0.51%	2.10%	0.00%	47.21%
	11	路灯	0.35%	1.67%	0.00%	45.67%
	12	广告牌	2.95%	6.23%	0.00%	69.94%
	13	植物	3.77%	11.50%	0.00%	99.94%
目标检测MASK R-CNN（数量）	14	汽车	1.72	2.916	0	33
	15	行人	0.69	1.914	0	27

第二步，在MATLAB平台中调用训练好的神经网络模型，读取数据并预测女性视角的街道关怀度分值。为了便于后续研究和验证，将数值进行数值缩放到［0～100］区间之内，使用自然断点法对数值区间进行划分，总共分为五个等级，分别为A级［58.13,100］、B级［36.22,58.13］、C级［27.67,36.22］、D级［21.00,27.67］和E级［0, 21.00］。

2. 模型应用案例可视化表达

（1）结果解读

基于全局Moran's I分析，结果为0.197（$P<0.01$）。关怀度分数呈现明显的空间正自相关，空间聚类性显著，也就是说街道关怀度较好或较差的区域通常集聚在一起。为了进一步探究街道关怀度在空间上的集聚特点和分布模式，本研究使用局部空间自相关工具进行分析。

本研究将具有空间聚集关系的街道采集点分为高—高、高—低、低—高和低—低4类。低—低关怀度是街道关怀度表现较差的集群，主要分布在北区、元朗区郊区—屯门区（后称元—屯区，下同）、葵青—葵湾区（双葵区）和九龙—黄大仙—观塘—东区（九—黄—观—东区）共四个区域，以低收入居住区为主。这可能是因为，北区和元—屯区都是比较老旧的地区，其内部建设比较粗放，后期也缺乏管理。双葵区是通往机场的区域，区域内部空旷，人烟稀少，所以并不注重街道建设。九—黄—观—东区是红磡黄埔海滨和对面的港岛，内部主要是高密度住区，房屋之间空间狭窄，区域内街道视野压抑，让人感到不悦。

（2）模拟改造

本研究的意义在于能够对城市更新和设计产生指导作用。如图5-1所示，四个被圈出的区域主要是“低—低型”分布区域。这些区域也包含了香港大量居住人口，即区域内的街道使用频率极高，更需要加强街道关怀度建设。本项目对局部自相关分析中呈现集中低值分布的A区域的街道进行模拟改造。

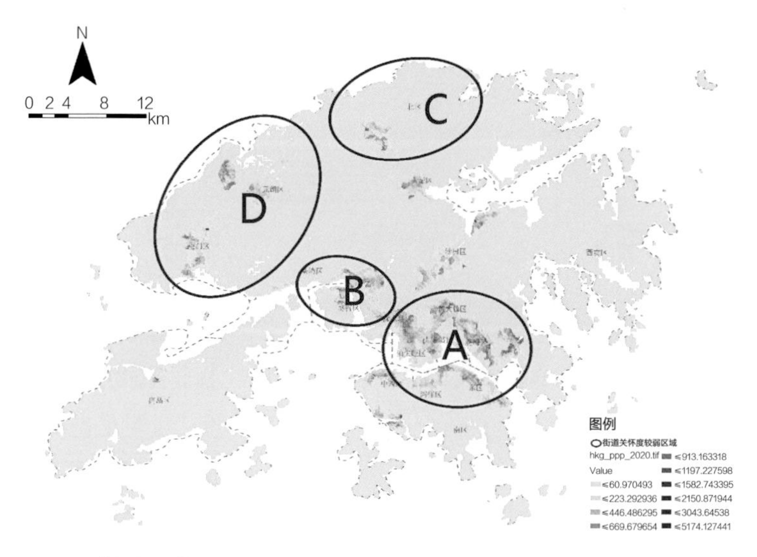

图5-1 “低低型”分布区域与人口因素的耦合

图5-2所示为不同级别关怀度水平街道中重要视觉要素比例和随机森林特征重要性排序。部分要素存在一定争议，例如围墙、建筑和人，这些要素对于关怀度的影响似乎并不是单向的，本研究暂时将其搁置。而围栏、道路、树和天空对关怀度的影响表现出重要性和方向一致性，所以我们考虑围绕这些要素针对街道关怀度进行提升改造。

同时，研究也考虑到了人的主观建议，将其和模型的客观建议进行结合，选择定量和定性都出现的要素作为改造提升的建议（图5-3）：绿植、围墙（栏）和路灯等来提升街道品质和秩序，商铺和座椅家具等来提升街道的活力（人）。

本项目借助PS工具对A区街道点位，分别就绿植、围墙（栏）、路灯、商铺和座椅等因素进行针对性模拟改造。修改后的照片邀请10名女性进行测评打分。最后从结果中可以看出，四种因素改造后的图片分数呈现明显上升（图5-4），说明本文归纳的街道女性关怀程度影响因素得到了验证。

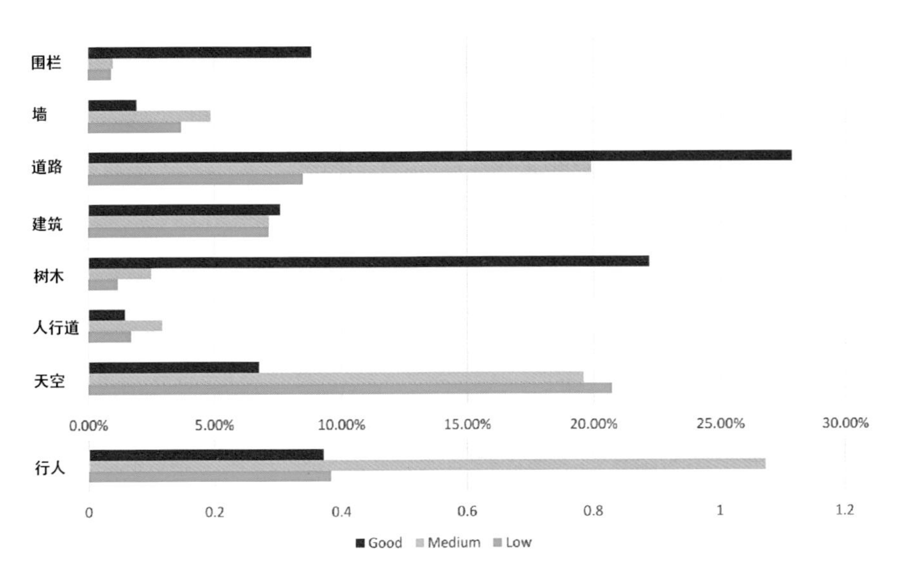

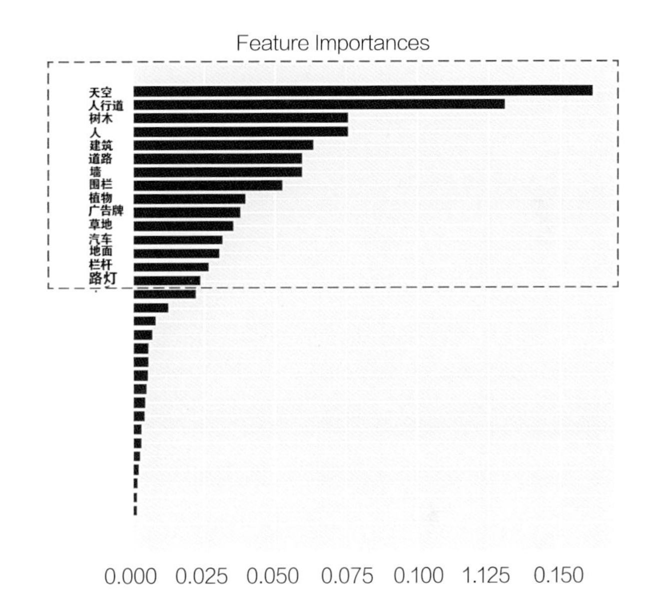

图5-2 左：低、中、高关怀度感知街景图像中重要视觉要素比例；右：随机森林特征重要性排序

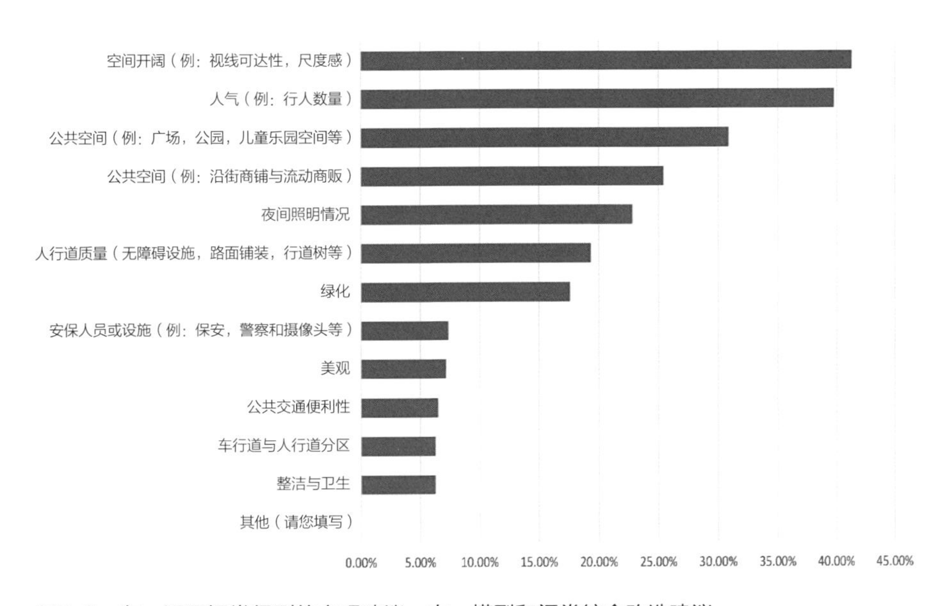

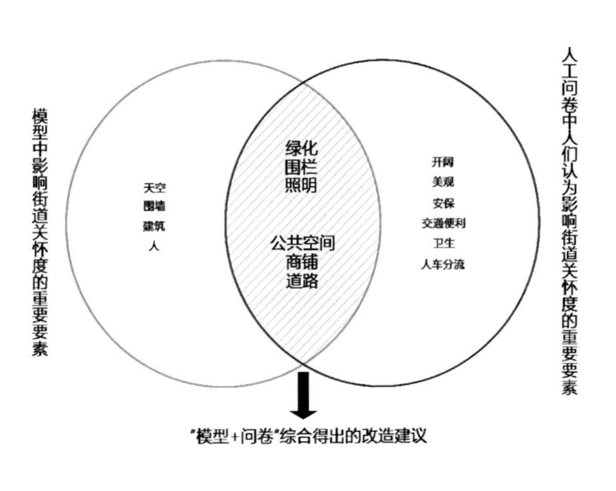

图5-3 左：调研问卷得到的主观建议；右：模型和问卷综合改造建议

图5-4　模拟改造

六、研究总结

1. 模型设计的特点

本研究的创新，主要体现在以下几个方面：

一是研究角度：关注女性在城市的生存发展是一个十分重要的议题。与以往诸多街道感知的研究不同，本研究考虑“性别差异”的客观事实。以女性视角介入街道环境对女性的关怀问题，关注城市公共空间中的女性权利，有助于促进城市包容性。

二是研究数据：新技术辅助收集并且量化主观感知数据。第一，本项目开发交互审计系统，邀请具备一定专业知识的女性参与。系统侧重于女性对于街道环境直接感觉数据的收集；第二，借助Trueskill算法将主观比较转化为具体分值，避免了普通人工打分中，志愿者评价标准难以维持一致的问题。

三是建模方法：本项目的预测模型通过两次优选进行模型训练，分别考虑到两个层次。考虑到不同模型算法的归纳偏好问题，不同模型对不同任务的性能不同，通过对常用的六种常用算法建立12个预测模型，对比优选最合适的算法；对于优选算法，使用迁移学习的方式，充分利用以往高性能预训练模型的优点，结合超参数的调节，保证预测模型具有最优性能。在测度不可测度的理论领域，人群主观感知的预测模型表现效果通常不会取得较高分值。Qiu等归纳以往研究后发现，人群主观感知预测的最优模型的R^2通常在0.38～0.57。因此，本项目建立的BP浅层神经网络预测模型性能分值在可接受范围内。

四是算法支持：模型设计算法先进，各类算法理论成熟，能够为模型的高效运行提供保证。其中，Trueskill算法用于获取标签数据；深度学习PSPNet算法进行语义分割，Mask R-CNN算法进行目标检测，随机森林算法进行特征选择构建特征变量；神经网络算法用于构建最终预测模型。

2. 应用方向或应用前景

本文的研究结论和技术方法可以为开展设计实践和后续研究提供参考。研究结论方面，本研究绘制的香港女性视角下的街道关怀度地图，可以直观定位城市中的街道关怀度可能需改进的区域，更新街道服务功能，满足个体对多样化城市空间活动的需求。同时也提出了基于街景图像要素的改造建议，为解决城市建设与社会发展中存在的空间权益问题提供了有效的分配机制和实施路径。技术方法方面，本研究参照的“街景大数据+人工审计+机器学习”研究框架可以用于更多维度城市建设层面的研究，例如建立舒适度和安全度等研究。

最后，目前谷歌街景主要是在车行交通下进行的街景拍摄，与实际中人的步行空间有所差异，下一阶段可以使用专用街景拍摄设备获取步行区域街景数据。若能对更多的城市真实步行环境进行数据收集，可以将城市设计真正聚焦到人本尺度。

参考文献

[1] 梅君艳，蒋烨.“女性专享”背后的女性空间设计哲学反思[J]. 装饰，2019（11）：142-143.

[2] 秦红岭．走向空间包容：将性别敏感视角纳入城市设计［J］．城市发展研究，2019，26（7）：90-95.
[3] 龙安邦，黄甫全．性别敏感教育的价值取向与实践方略［J］．中国教育学刊，2017（6）：40-45.
[4] 刘合林，沈清．两性对城市广场设计要素的关注差异研究：基于女性主义视角［J］．人文地理，2008（4）：12-16.
[5] 黄春晓，顾朝林．基于女性主义的空间透视：一种新的规划理念［J］．城市规划，2003（6）：81-85.
[6] 孔燕，李广斌，王勇．论女性需求的规划缺失与应对：基于女权主义视角［J］．国际城市规划，2014，29（1）：87-90.
[7] 简·雅各布斯．美国大城市的死与生［M］．金衡山，译．南京：译林出版社，2005.
[8] 刘亚红．从雅各布斯之城看城市规划中的女性视角［J］．社会科学家，2017（4）：55-59.
[9] Sweet E L, Ortiz Escalante S. Planning Responds to Gender Violence：Evidence from Spain, Mexico and the United States［J］．Urban Studies, 2010, 47（10）：2129-2147.
[10] 柴彦威，张雪．北京郊区女性居民一周时空间行为的日间差异研究［J］．地理科学，2014，34（6）：725-732.
[11] 任怡静，黄春晓．基于当前城市道路系统的女性驾驶行为特征研究：以南京市中心城区为例［J］．上海城市规划，2018（5）：107-112.
[12] 张萌．女性出行行为特征研究［D］．北京：北京交通大学，2008.
[13] 苗琨，田国行，张博辉，等．基于女性主义的绿地空间设计方法探讨［J］．西南林业大学学报，2011，31（2）：44-48.
[14] Pollard T M, Wagnild J M. Gender differences in walking（for leisure, transport and in total）across adult life：a systematic review［J］．BMC Public Health, 2017, 17（1）：341.
[15] 高巍，贾梦涵，赵玫，等．街道空间研究进展与量化测度方法综述［J］．城市规划，2022，46（3）：106-114.
[16] 龙瀛，周垠．图片城市主义：人本尺度城市形态研究的新思路［J］．规划师，2017，33（2）：54-60.
[17] Biljecki F, Ito K. Street view imagery in urban analytics and GIS：A review［J］．Landscape and Urban Planning, 2021, 215：104217.
[18] Li M, Yao W. 3D MAP SYSTEM FOR TREE MONITORING IN HONG KONG USING GOOGLE STREET VIEW IMAGERY AND DEEP LEARNING［J］．ISPRS Annals of Photogrammetry, Remote Sensing & Spatial Information Sciences, 2020, 5（3）：765-772.
[19] H. Z, J. S, X. Q, et al. Pyramid Scene Parsing Network：2017 IEEE Conference on Computer Vision and Pattern Recognition（CVPR）［C］．Honolulu, HI, USA：IEEE, 2017.
[20] Qiu W, Li W, Liu X, et al. Subjectively Measured Streetscape Perceptions to Inform Urban Design Strategies for Shanghai［J］．ISPRS International Journal of Geo-Information, 2021, 10：493.
[21] Fu X, Jia T, Zhang X, et al. Do street-level scene perceptions affect housing prices in Chinese megacities? An analysis using open access datasets and deep learning［J］．PLOS ONE, 2019, 14（5）：e217505.
[22] Gong F, Zeng Z, Zhang F, et al. Mapping sky, tree, and building view factors of street canyons in a high-density urban environment［J］．Building and Environment, 2018, 134：155-167.
[23] Li Y, Xie S, Chen X, et al. Benchmarking detection transfer learning with vision transformers［J］．ArXiv abs：2111.11429, 2021.
[24] Qiu W, Zhang Z, Liu X, et al. Subjective or objective measures of street environment, which are more effective in explaining housing prices?［J］．Landscape and Urban Planning, 2022, 221：104358.
[25] 邵钰涵，殷雨婷，薛贞颖．基于街景大数据的北京、上海街景舒适度评价及比较［J］．风景园林，2021, 28（1）：53-59.
[26] 王林森，郑重，周素红，等．基于街景感知的城市空间品质对空间活力的影响作用研究［J］．规划师，2022，38（3）：68-75.
[27] Herbrich R, Minka T, Graepel T. TrueSkill（TM）：A Bayesian Skill Rating System, Advances in Neural Information Processing Systems 19：Proceedings of the 2006 Conference［C］．The

MIT Press, 2007.

[28] N. N, J. P, R. R, et al. Streetscore -- Predicting the Perceived Safety of One Million Streetscapes：2014 IEEE Conference on Computer Vision and Pattern Recognition Workshops [C]. Columbus, OH, USA：IEEE, 2014.

[29] 刘智谦，吕建军，姚尧，等. 基于街景图像的可解释性城市感知模型研究方法 [J]. 地球信息科学学报，2022，24（10）：2045-2057.

[30] 叶宇，张昭希，张啸虎，等. 人本尺度的街道空间品质测度：结合街景数据和新分析技术的大规模、高精度评价框架 [J]. 国际城市规划，2019，34（1）：18-27.

[31] 甘欣悦，佘天唯，龙瀛. 街道建成环境中的城市非正规性基于北京老城街景图片的人工打分与机器学习相结合的识别探索 [J]. 时代建筑，2018（1）：62-68.

[32] 陈婧佳，龙瀛. 城市公共空间失序的要素识别、测度、外部性与干预 [J]. 时代建筑，2021（1）：44-50.

[33] 邵源，叶丹，叶宇. 基于街景数据和深度学习的街道界面渗透率大规模测度研究 [J]. 国际城市规划，2022（6）.

[34] Liu L, Silva E A, Wu C, et al. A machine learning-based method for the large-scale evaluation of the qualities of the urban environment [J]. Computers, Environment and Urban Systems, 2017, 65：113-125.

[35] Wang R, Liu Y, Lu Y, et al. Perceptions of built environment and health outcomes for older Chinese in Beijing：A big data approach with street view images and deep learning technique [J]. Computers, Environment and Urban Systems, 2019，78：101386.

[36] 周志华. 机器学习 [M]. 北京：清华大学，2016.

[37] Cybenko G. Approximation by superpositions of a sigmoidal function [J]. Mathematics of Control, Signals and Systems, 1989，2（4）：303-314.

[38] Hornik K. Approximation capabilities of multilayer feedforward networks [J]. Neural Networks, 1991，4（2）：251-257.

[39] Hinton G E, Osindero S, Teh Y. A Fast Learning Algorithm for Deep Belief Nets [J]. Neural Computation, 2006，18（7）：1527-1554.

[40] 邵健伟，黄袆华. 折叠设计与街道：香港小贩生活与日常实践 [J]. 装饰，2017（3）：75-77.

[41] 殷子渊，朱文健. 无关乎街道的市井生活：香港天水围街道活力空间影响因素研究 [J]. 住区，2021（6）：125-130.

[42] 黄袆华. 现代主义规划下的日常生活：以香港不断转变的城市区域为例 [J]. 南京艺术学院学报（美术与设计），2019（6）：162-168.

[43] 黄袆华，邵健伟. 为城市日常空间而设计：反思香港的现代都市主义 [J]. 设计，2015（9）：43-47.

[44] 周敏瑶. 性别与族群夹缝中的沉默空间：女性主义地理学视角下香港电影中内地女性身体及空间研究（1983-2015）[J]. 戏剧之家，2021（21）：131-133.

基于机器学习的城市更新潜力区域识别、分类及治理决策模型

工 作 单 位：湖南师范大学地理科学学院、长沙市规划勘测设计研究院、司空学社、武汉大学城市设计学院、苏州大学建筑学院

报 名 主 题：面向高质量发展的城市综合治理

研 究 议 题：城市品质提升与生活圈建设

技术关键词：机器学习、可解释性、最优化

参　赛　人：梁超、张宝铮、林予朵、胡议文、黄军林、张泽

参赛人简介：本团队由黄军林（华中科技大学城乡规划学博士、注册城乡规划师、城市规划高级工程师）、梁超（湖南师范大学司空学社）、林予朵（湖南师范大学人文地理与城乡规划专业本科生）、张宝铮（长沙市规划勘测设计研究院）、胡议文（武汉大学城市设计学院硕士研究生）和张泽（苏州大学 司空学社）组成，主要研究方向为城乡空间资源配置机制、数字空间规划理论与分析方法。

一、研究问题

1. 研究背景及目的意义

（1）研究背景

随着我国经济由高速增长阶段转向高质量发展阶段，越来越多的城市开始探索以城市更新的方式挖掘城市存量空间、提升土地利用效能、优化城市产业结构、推动城市功能和经济转型。从"十四五"规划明确提出"城市更新行动"，到2021年住房和城乡建设部颁布《关于在实施城市更新行动中防止大拆大建问题》的通知，城市更新已成为重要的公共治理议题。由于城市更新改造是涉及经济、社会、环境多方面因素的系统工程，在有限的资源下需根据更新改造对象的潜力进行有序推进。如何在实施过程中确保不遍地开花、不大拆大建和有序推进，是各地政府在执行过程中面临的困境以及所需要解决的问题。

（2）研究进展

学术界针对城市用地与空间的优化及更新已有各种探讨，但既有研究仍存在可突破性。国内学者对功能优化、规划策略、效益评价等经典主题关注较多，但是对于改造潜力相关的讨论较少，并且其角度主要集中于土地集约利用潜力评价、低效用地再开发潜力评价、特定类型建筑改造潜力评价等方面，多考虑物质环境层面的要素，缺少从时空角度和人本尺度出发对区域更新潜力的全面评价。

从现有研究基础来看，针对城市更新改造定性分析的比重较大，构建指标体系定量评价更新改造潜力的研究较少，指标维度涉及经济、社会、生态等方面的可持续发展潜力。叶耀先提出城市更新的动力包括技术进步、居住空间老化、土地稀缺、工

商业活力四个方面；莫琳君等从政府、居民、开发商三方主体利益的角度出发构建了更新潜力指标体系；姜博等从开发限制要素、开发鼓励要素、自身现状价值、自身规划价值方面搭建评分框架。

从研究尺度来看，从宏观层面以行政区为单元进行较模糊地主观评估，难以细致判定城市更新改造潜力；从微观层面对更新改造的项目进行分析验证，难以系统分析全局规律。

从数据来源来看，已有研究多依赖测绘数据、矢量数据、相关部门的公示报告等传统的基础数据，其在时效方面具有滞后性，不能实时更新和使用，在数据体量上也存在局限性。

（3）目的与意义

理论意义：提出了一种基于多源数据支持的城市更新改造对象潜力评价体系，呼应城市更新改造的现势性；打破了以行政单元为主体或者以少量微观地块数据为对象的常规评价尺度，为城市更新单元的划定提供新思路。

实践意义：利用模型算法渐进式推动更新单元改造，提高了更新规划实施的针对性、有效性；高精度数据的融入为科学识别不同类型的城市更新潜力空间，挖掘和诊断空间更新需求提供了切实可行的技术手段。

2. 研究目标及拟解决的问题

（1）总体目标

本研究旨在建立一套城市更新潜力区域“评估、识别、计划”的全流程规划模型，以探索一条存量空间“识别、诊断、提质”的发展路径。

（2）瓶颈问题

城市更新的研究中要解决三个问题：城市哪里要更新，即更新潜力判定的问题；依托什么更新，即关键因子识别的问题；什么时候更新，即更新时序前后的问题。三个问题层层递进，并且引申出以下瓶颈问题。

一是城市更新潜力评估单元数据缺失。当前规划行业的数据均存在一定保密性，不易直接获得单元数据，对一条街道、一片街区、甚至一座建筑，是否需要进行更新，规划范围又要如何确定成为难题。

二是城市更新潜力评估体系缺乏合理性。既有潜力评价一般从城市更新、土地整治的内涵出发，主要包含自然要素、区位因素、土地利用状况、公共设施完备度、交通条件这几个方面的指标。大多数研究以物质空间测评为重点，将经济效益最大化作为城市更新的单一评价目标，综合因素考虑不足，并且未考虑各指标间相互作用的影响。

三是城市更新潜力标签数据过少或缺失。对于监督学习类的机器学习模型而言，其优秀的性能离不开大量的标签数据。而由于目标和环境等因素的改变，现实生活中缺乏能直接评判城市更新潜力级别的地块样本标签，人工标记所有样本代价高昂。

四是城市更新潜力因子解释力度不足。传统的机器学习模型无法深入到单个训练样本进行分析，也无法判断特征与最终预测结果的关系。如何提高机器学习的可解释性，进而提高算法透明度成为难题。

五是城市更新时序优化计划急需补充。区域城市更新开发建设时序直接影响区域城市更新的效率和质量。传统时序确定方案以定性判断为主，空间搜索量大，不能有效结合关键因子进行分析。

二、研究方法

1. 研究方法及理论依据

单元划分方法。城市更新单元的划分需要考虑两方面因素，一是有利于数据的收集和对比，二是易于更新的制定和操作，故本研究以中观尺度的片区为基本单元进行城市更新潜力评估。以现状道路划分更新单元，划分出的数量较为合理，同时也有利于整体的功能复合与活力再造。当前空间治理单元划定的方法主要有结晶生长法、标准置信椭圆法、最小凸多边形、K-means空间聚类、Alpha-shape法。其中空间聚类算法能够实现各基础单元的相似性和差异性评价单元的归并，是一种化繁为简的重要方法。

由此，本研究利用道路缓冲区对面域进行切割，初步生成地块。对单元地块进行空间聚类，最后引入最小凸多边形自动生成片区边界。

K-Means聚类算法作为一种无监督的数据挖掘算法，由于其简单、易理解、高效、运算速度快，目前已经在图像分割、基因识别、文本检索等领域广泛应用。

因此，本研究借助K-Means聚类算法进行样本数据特征挖掘并实现分类，初步生成了更新潜力五级伪标签。

Self-Train Learning自训练模型。Self-training算法是半监督学习的主要范型之一，利用少量标签数据和大量无标签数据进行训练，一方面扩大了样本训练的空间，另一方面有助于提高学习性能。其在语义分析、兴趣挖掘、敌情侦测、灾情预警等方面均有应用。

本研究利用半监督学习模型，解决了现实生活中样本城市更新潜力标签过少的问题，实现全域片区单元的评估。

RF随机森林分类。随机森林算法是基于Bagging集成学习算法的扩展变体。与传统分类算法相比，RF具有高准确性的优点，能实现样本类型的预测。RF的理论与方法在生物医学、金融管理、信用风险评估等方面发展迅速。

基于RF分类的高精度、高效率，本研究利用其学习各指标因子与城市潜力分类之间的关系，为深入推断城市更新动力机制奠定基础。

SHAP 可解释性机器学习模型。可解释性被定义为机器向人类解释或以呈现可理解的术语的能力，旨在帮助人们理解模型的学习机制，并且判断模型做出的决策是否可靠。常见的可解释性技术包括PDP、ICE、LIME、SHAP等。SHAP是基于博弈论的一种局部解释方法，与传统的特征重要性方法相比，SHAP可以呈现预测因子相对于目标变量的正负关系，用于局部和全局解释。

本研究融合RF因子识别与SHAP模型进行城市更新影响因子和影响机制分析，探索城市更新动力，为未来片区物质、社会和精神空间的重构与民生投资建设提供参考。

GA遗传算法。作为一种新的全局优化智能搜索算法，遗传算法以期简单通用性、强鲁棒性、实用性、高效性的显著优点备受关注。在函数优化、路径规划、生产调度、图像识别等方面的广泛实际应用中都取得了良好效果。

城市更新时序安排问题从本质上看也可归类为一种空间优化问题。多元异向化目标往往存在互斥性，使得政府、规划师难以权衡。本研究引入遗传算法定量实现了多目标协调优化，提出针对性指引建议。

2. 技术路线及关键技术

（1）技术路线

本研究将整体的技术路线分为多源数据融合、全域城市更新潜力评估、结合关键因子优化时序开发三个板块，包含潜力识别技术、短板诊断技术和方案生成技术（图2-1）。

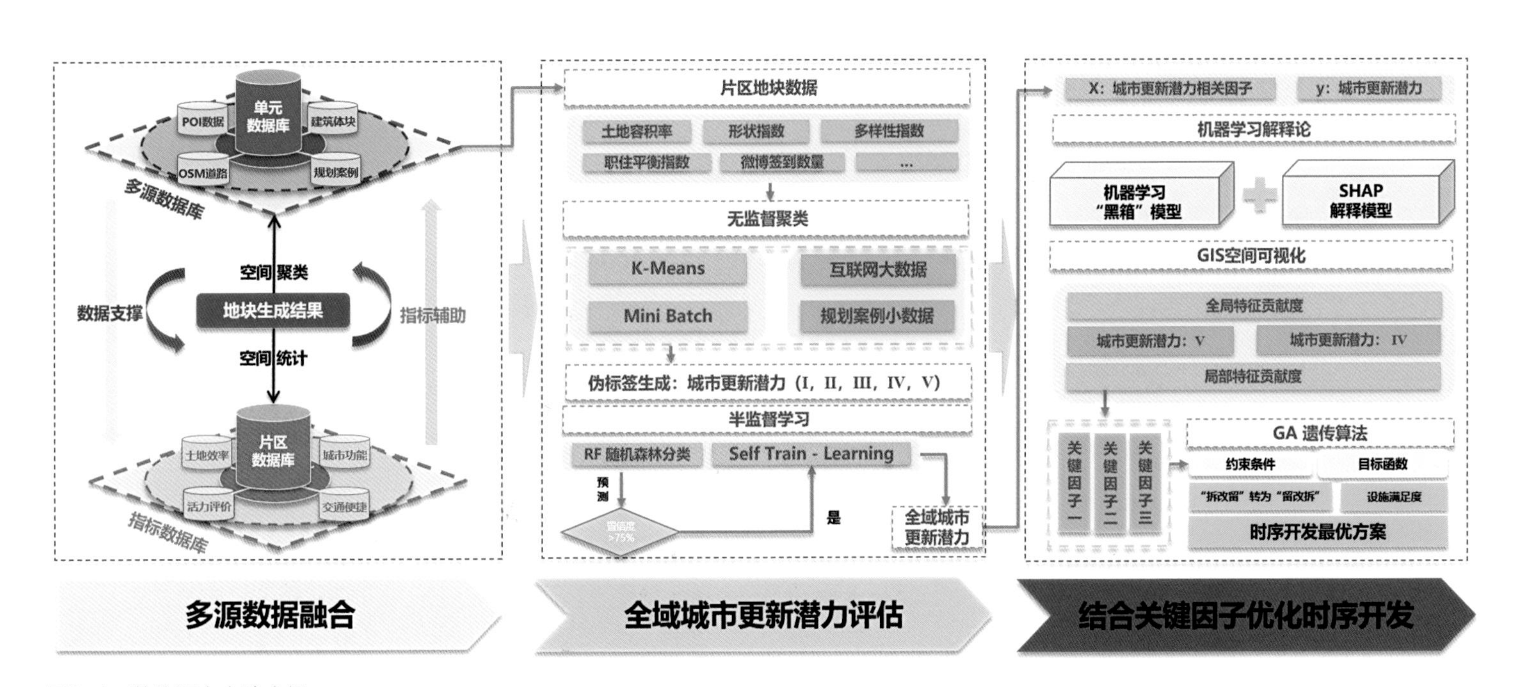

图2-1　整体研究方法介绍

（2）关键技术

潜力识别技术。基于空间聚类与最小凸多边形的地块片区单元生成。基于OSM道路数据对不同道路等级进行加权缓冲处理，将得到的缓冲面利用擦除的方式对地块进行切割。最后结合路网肌理、地块形态等特征，通过K-Means和人工修正的方法，综合生成地块聚类结果。并利用最小凸多边形算法片区边界。基于半监督学习的全域城市更新潜力评估。利用基于片区单元的面数据对无量纲化处理后的指标数据进行空间统计，将得到的结果进行主成分分析降维（Principal Component Analysis，PCA降维）。将统计结果应用于K-Means等无监督聚类方法中，结合聚类结果，辅助以现有规划案例，筛选出部分置信度较高的数据并打上伪标签，得到附带数据标签的城市更新潜力小样本，将其纳入RF进行模型训练。基于RF的自训练范式（Self-Train Learning，自训练）对其余不含标签数据的样本进行预测，将预测置信度大于75%的样本与其对应的预测标签重新纳入自训练过程中。循环往复，最终得到全域的城市更新潜力评估结果。

短板诊断技术。融合机器学习可解释性框架的重要因子识别。将全域城市更新潜力评估结果投入到融合RF与SHAP的机器学习模型中进行解释分析，得到全局因子重要度和局部因子重要度，以供分析具体片区不同因子的影响作用。

方案生成技术。基于遗传算法的城市更新地块时序开发计划优化。通过城市更新潜力评估结果筛选案例地块，并基于SHAP筛选的前三项城市更新潜力关键因子对城市更新时序计划进行建模，结合遗传算法进行最优求解，得到每个地块的开发时序。

三、数据说明

1. 数据内容及类型

（1）数据概况

在传统数据的基础上，结合动态、细粒度、多属性的互联网大数据（图3-1）进行城市空间品质和活力等方面的评判，充分补充了传统数据的短板，提升识别和评价的效率、精度和可靠性。

（2）数据说明

核心数据主要由OSM道路数据、高德地图POI设施点数据、百度热力图矢量点数据、微博打卡数据等构成。辅助数据包括地块数据、建筑高度数据、夜间灯光数据和规划文本数据等（表3-1）。

数据说明细则　　表3-1

数据内容	数据类型	数据作用
地块数据	面数据	量定研究单元
OSM道路数据	线数据	量定研究单元
POI数据	点数据	辅助量化城市更新潜力部分维度
百度热力数据	点数据	识别片区性质，计算其职住分离指数，反映片区居民分布情况
微博打卡数据	点数据	辅助量化片区的空间活力
建筑高度数据	面数据	辅助量化片区的建成品质
夜间灯光数据	栅格数据	辅助量化片区的夜间活力
规划文本数据	文本数据	生成伪标签、进行结果验证

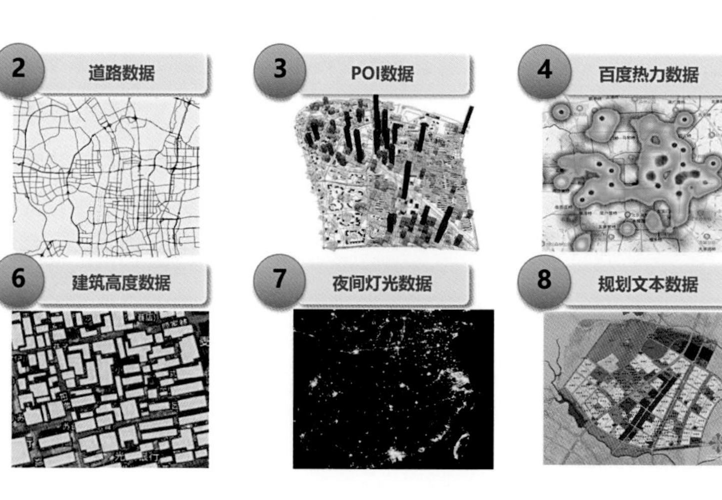

图3-1　核心数据概况

四、模型算法

1. 指标体系构建（表4-1）

城市更新潜力评估指标体系　　表4-1

一级指标	二级指标	三级指标	备注
城市更新潜力评价体系	土地效率	土地容积率	
		形状指数	反映在一定的观测尺度上土地利用斑块形状的规则程度
		分维数	反映在一定的观测尺度上土地斑块边缘的复杂程度
		房价水平	
	城市功能	多样性指数[27]	描述土地利用类型的丰富和复杂程度
		优势度指数	表示区域内由少数几种主要用地类型控制的程度
		均匀度指数	说明不同土地利用类型分配的均匀程度
		职住平衡指数	说明工作与居住是否适配
	活力评价	人口密度	
		夜间灯光	
		微博签到	
	建成品质	建筑平均层数	
		整合度	
		穿行度	
	交通便捷	道路密度	
		公交站点覆盖率	
		地铁站点覆盖率	
		停车场站覆盖率	
	生活服务	教育设施覆盖率	
		医疗设施覆盖率	
		文体设施覆盖率	
		养老服务设施覆盖率	
		公共休闲设施覆盖率	
		购物场所覆盖率	

上述指标中多样性指数、优势度指数、均匀度指数的计算涉及土地利用类型的划分。本研究利用参考文献［28］的方法，利用POI数据划分出不同类型的用地，用地类型对应的POI数据分类细则如表4-2所示。

用地类型对应的POI数据分类细则　　表4-2

用地大类	用地中类	POI数据具体内容
R 居住用地	R2 二类居住用地	住宅小区、商业住宅以及相关服务设施等
A 公共管理与公共服务设施用地	A1 行政办公用地	政府机关、事业单位等
	A3 教育科研用地	高等院校、中等专业学校、中小学等
	A4 体育用地	体育场馆、体育训练基地等
	A5 医疗卫生用地	医疗、保健、卫生等
B 商业服务业设施用地	B1 商业服务用地	餐饮、购物等
	B2 商务设施用地	金融、公司等
	B3 娱乐康体设施用地	生活娱乐等
M 工业用地	M2 二类工业用地	工业园、产业园等
S 道路与交通设施用地	S2 城市轨道交通用地	轨道交通地面站点等
	S3 交通枢纽用地	火车站、公交站、收费站等
G 绿地与广场用地	G1 公园绿地	国家级景点、风景名胜等
	G3 广场用地	公共活动场地

2. 模型算法流程及相关数学公式

（1）全域城市更新潜力评估

首先，从数据集中随机选取k个初始聚类中心C_i（$1 \leq i \leq k$），计算其余数据对象与聚类中心C_i的欧式距离，找出离目标数据对象最近的聚类中心C_i，并将数据对象分配到聚类中心C_i所对应的簇中。然后，计算每个簇中数据对象的平均值作为新的聚类中心，进行下一次迭代，直到聚类中心不再变化或达到最大的迭代次数停止。

空间中数据对象与聚类中心间的欧式距离计算公式为：

$$d\left(x, C_i\right)=\sqrt{\sum_{j=1}^{m}\left(x_j-C_{ij}\right)^2} \tag{4-1}$$

式中，x为数据对象，C_i为第i个聚类中心，m为数据对象的维度，x_j、C_{ij}为x和C_i的第j个属性值。

（2）RF随机森林分类

将一系列树形单学习器D={（x_t,y_t），t=1,2,…k}组合为强学习器，并在全部训练样本T中随机选择含有j个特征的训练子集T_n，再从中选出最优特征用于投票分类。

随机森林分类结果计算公式为：

$$H(x)=\arg\max_{Y}\sum_{t=1}^{k}W\left(h_t(x)=y\right) \quad (4\text{–}2)$$

式中，$H(x)$表示随机森林算法中产生的模型结果；W表示决策树的分类模型；h_t表示每个决策树的单个分类器；Y表示分类结果。

（3）SHAP可解释性机器学习框架

SHAP方法借鉴了合作博弈论中的Shapley value，将模型的预测值理解为每个输入特征的归因值之和，即是一种可加特征归因方法。

$$g(x)=\phi_0+\sum_{j=1}^{M}\phi_j \quad (4\text{–}3)$$

式中，ϕ_0为解释模型的常数，是所有训练样本的预测均值。每个特征都有一个对应的Shapley value，也就是ϕ_j。

Shapely value即SHAP值，类似回归系数，有正负、大小之分。SHAP值为正，因子正向影响评估结果；SHAP值为负，因子负向影响评估结果；SHAP值的绝对值越高，因子对评估结果的影响越大；SHAP值的绝对值越低，因子对评估结果的影响越小。

（4）GA遗传算法

从“拆改留”向“留改拆”过渡的角度出发，本研究利用构建好的指标体系构建城市更新时序开发选址模型，本选址模型的目标函数为：

$$Max\sum_{i=1}^{n}x_i, x_i\in[0,1] \quad (4\text{–}4)$$

式中，x指地块的取值（0代表近期开发，1代表远期开发），i代表地块的序号。

基于SHAP筛选出片区前三重要因子，将其纳入约束条件中：

$$\sum_{i=1}^{n}x_i i_i\leqslant S_1 \quad (4\text{–}5)$$

式中，i, j, k分别指代前三影响因子，S_i指代城市更新对应的条件阈值。

$$\sum_{i=1}^{n}x_i j_i\leqslant S_2 \quad (4\text{–}6)$$

$$\sum_{i=1}^{n}x_i k_i\leqslant S_3 \quad (4\text{–}7)$$

五、实践案例

1. 模型应用实证及结果解读

（1）城市更新潜力单元生成

本研究从规划背景和数据依据两个方面出发选定案例的研究范围。城市更新（Urban Regeneration）可以被定义为在一个地区扭转经济、社会和物质衰退的完整过程。因而，城市更新的范围主要选取开发程度较高的地区，研究初步选取长沙市建成区进行案例的实证研究。从市中心绘制与外围沿线数据密度变化的图，发现区域数据密度呈“核心—边缘”递减模式（图5–1），在6km后数据密度属于较低水平（图5–2）。所以，研究范围大致划定为从市中心向外直线距离6km以内的区域。

如前文所述，地块生成技术主要通过道路切割面要素形成，具体逻辑如图5–3所示。在扣除部分山体、水体等片区后，研究共生成1 253个地块单元。为秉持城市研究的连续性原则，在考虑道路肌理、地块形态的基础上，本研究利用K–Means空间聚类和最小凸多边形算法得到105个片区。

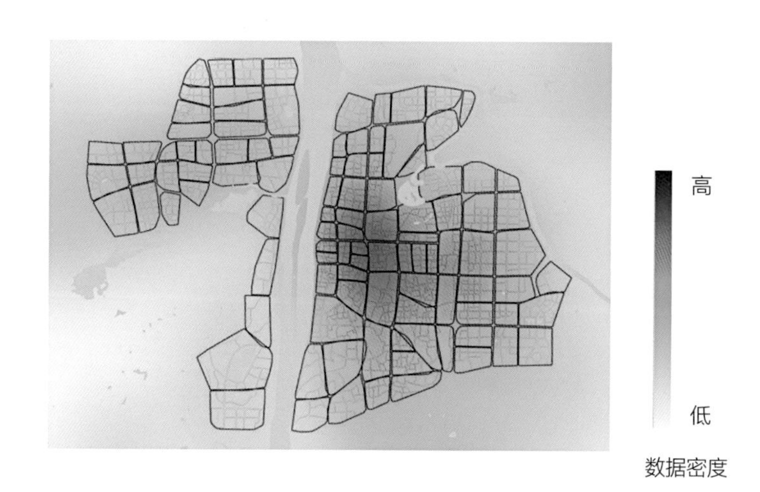

图5–1　区域数据密度概况

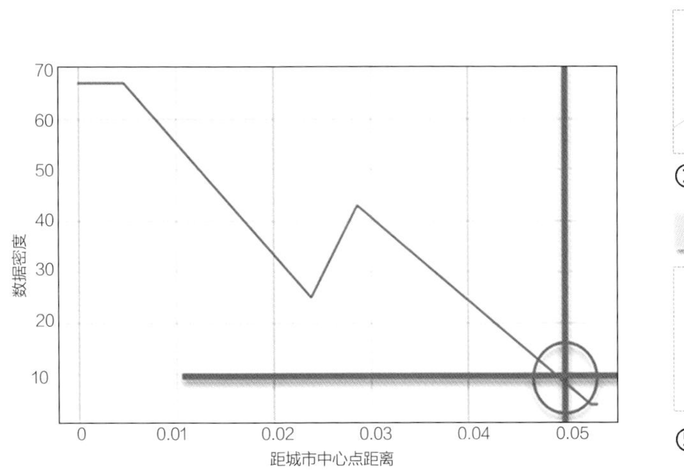

图5-2 数据沿线变化情况

图5-3 单元生成逻辑示意图

（2）城市更新潜力评估结果

城市更新潜力因子空间统计。利用ArcGIS平台，按照生成的片区单元对每一项城市更新潜力因子进行空间统计，得到结果如图5-4～图5-6所示，发现每项因子之间均存在不同的空间分布格局，这也印证了现实情况的复杂性、非线性。

分类散点图反映了数据分布规律，不同因子数据的离散程度

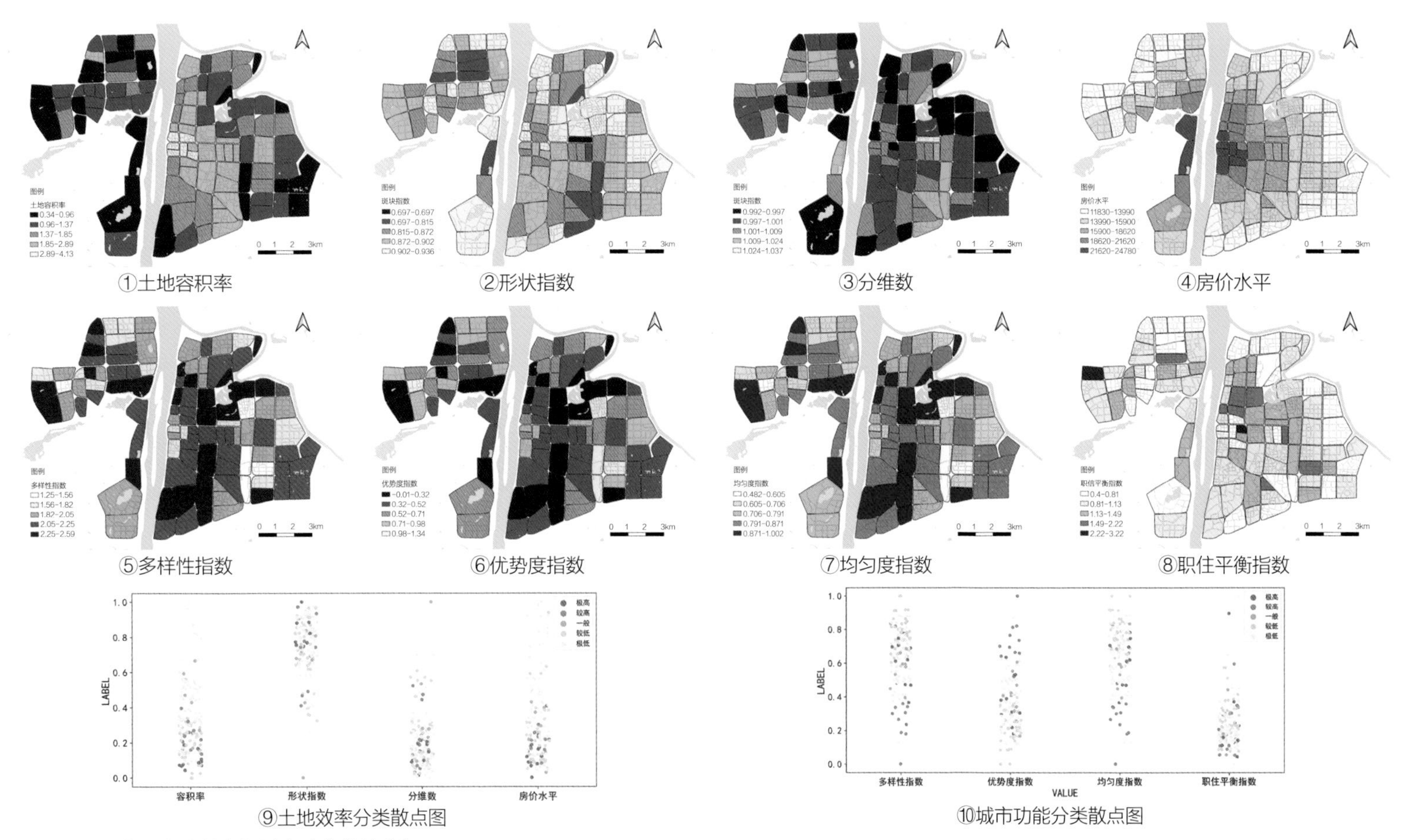

图5-4 研究范围土地效率与城市功能统计分析

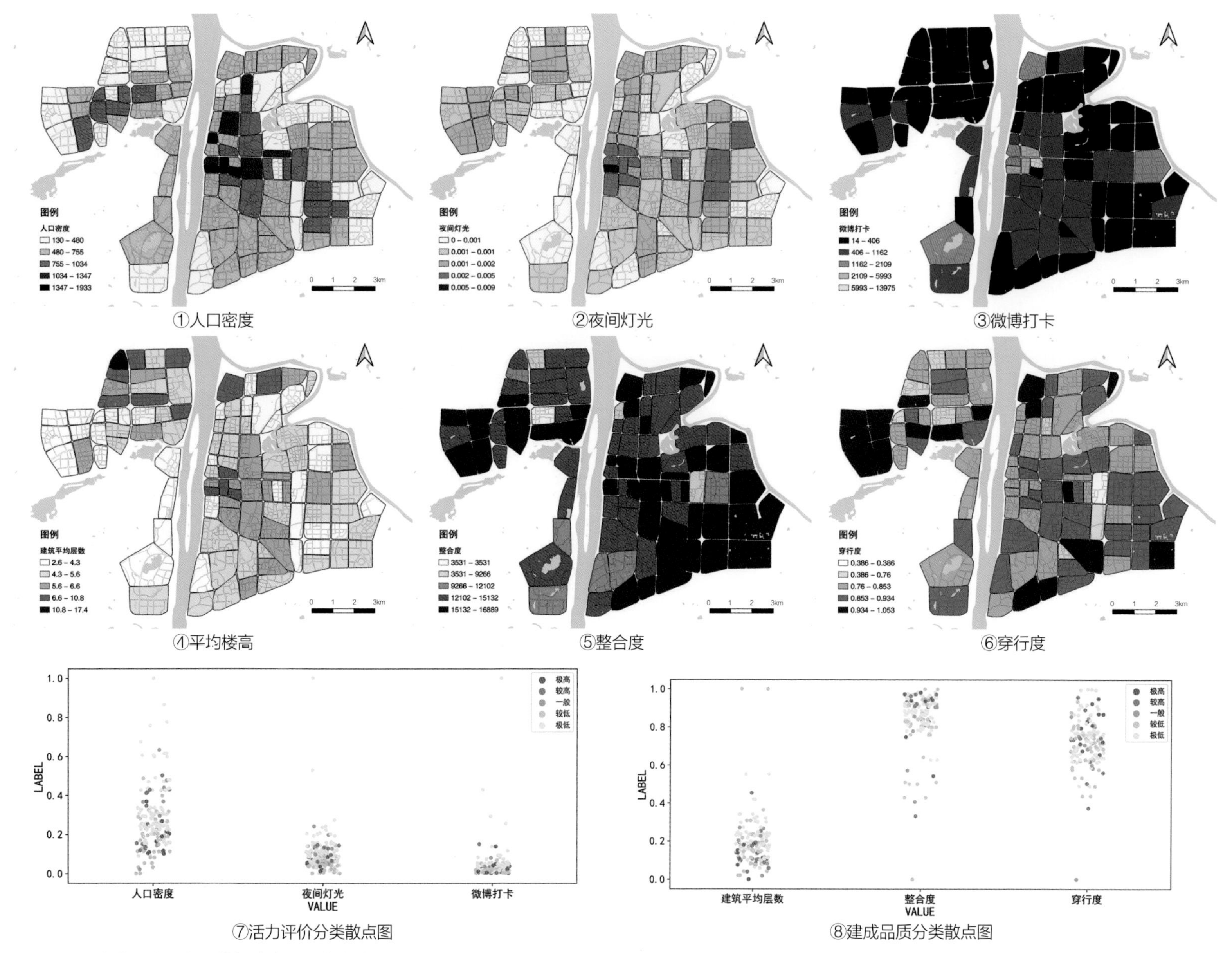

①人口密度 ②夜间灯光 ③微博打卡
④平均楼高 ⑤整合度 ⑥穿行度
⑦活力评价分类散点图 ⑧建成品质分类散点图

图5-5 研究范围内活力评价与建成品质统计分析

和波动范围不同。但是，由于城市更新潜力的分类是多因子共同作用的结果，分类散点图未能详细解释各因子与城市更新潜力之间的关系，需要用随机森林模型结合SHAP深挖因子的影响机制。空间分布图反映出城市更新潜力因子在不同片区上分布高低的情况。

城市更新潜力因子数据预处理。指标的量纲问题会对结果产生较大的影响。因此，在进行后续计算之前本研究运用MinMax归一化方法，对各项指标进行标准化处理，将其缩放至［0,1］区间，如图5-7、图5-8所示。

城市更新潜力类别伪标签生成。将无量纲化处理后的数据先利用PCA降维至2维，分别利用K-Means、Mini Batch K-Means选取k=3,4,5进行聚类，并绘制密度图（图5-9），k=5时，得到最佳聚类结果，生成城市更新潜力五级伪标签。结合聚类结果与规划资料数据，选取部分样本打上伪标签，进入后续训练（图5-10）。

城市更新潜力评价结果。将构建好的训练集X和对应的伪标

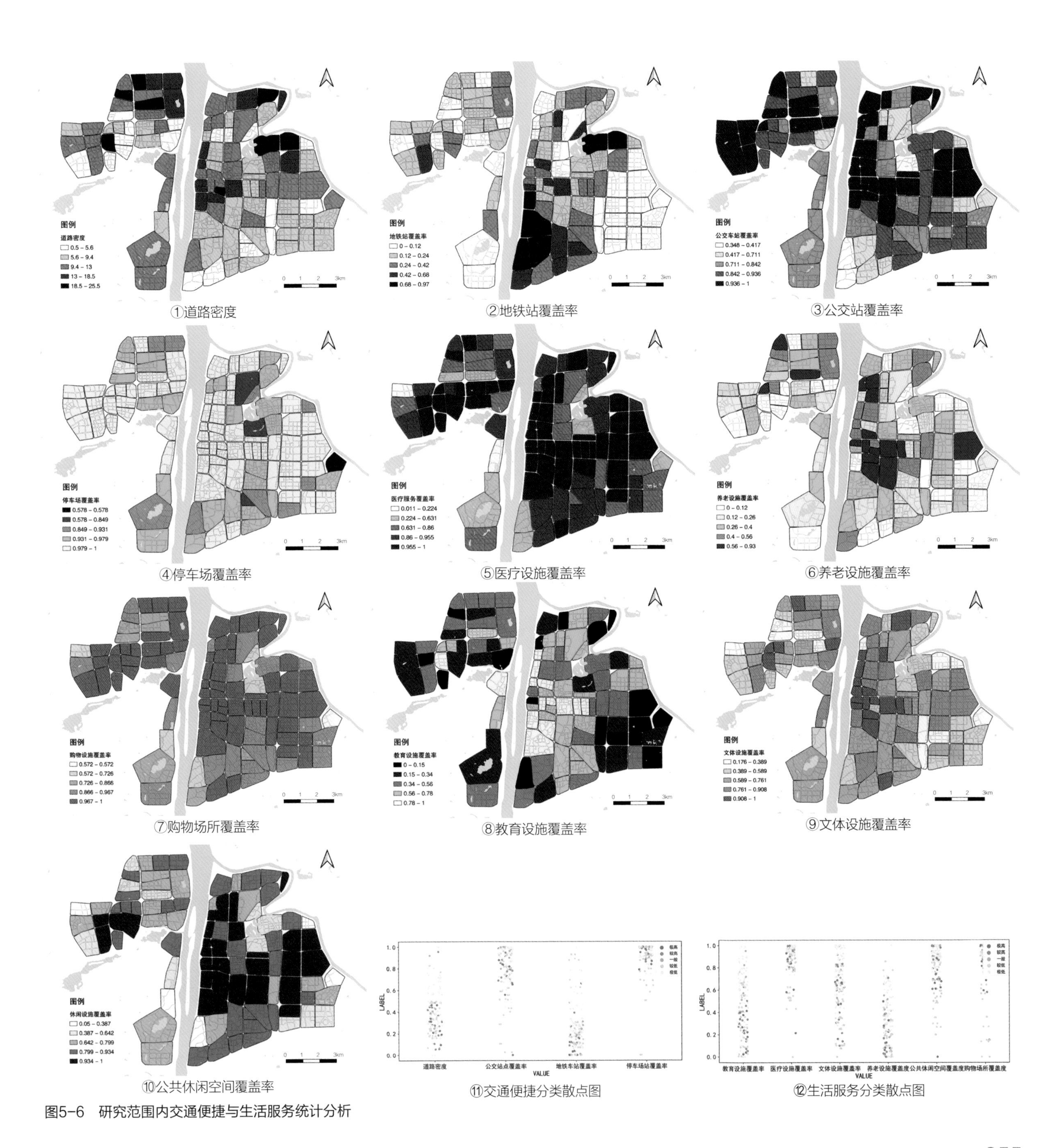

图5-6　研究范围内交通便捷与生活服务统计分析

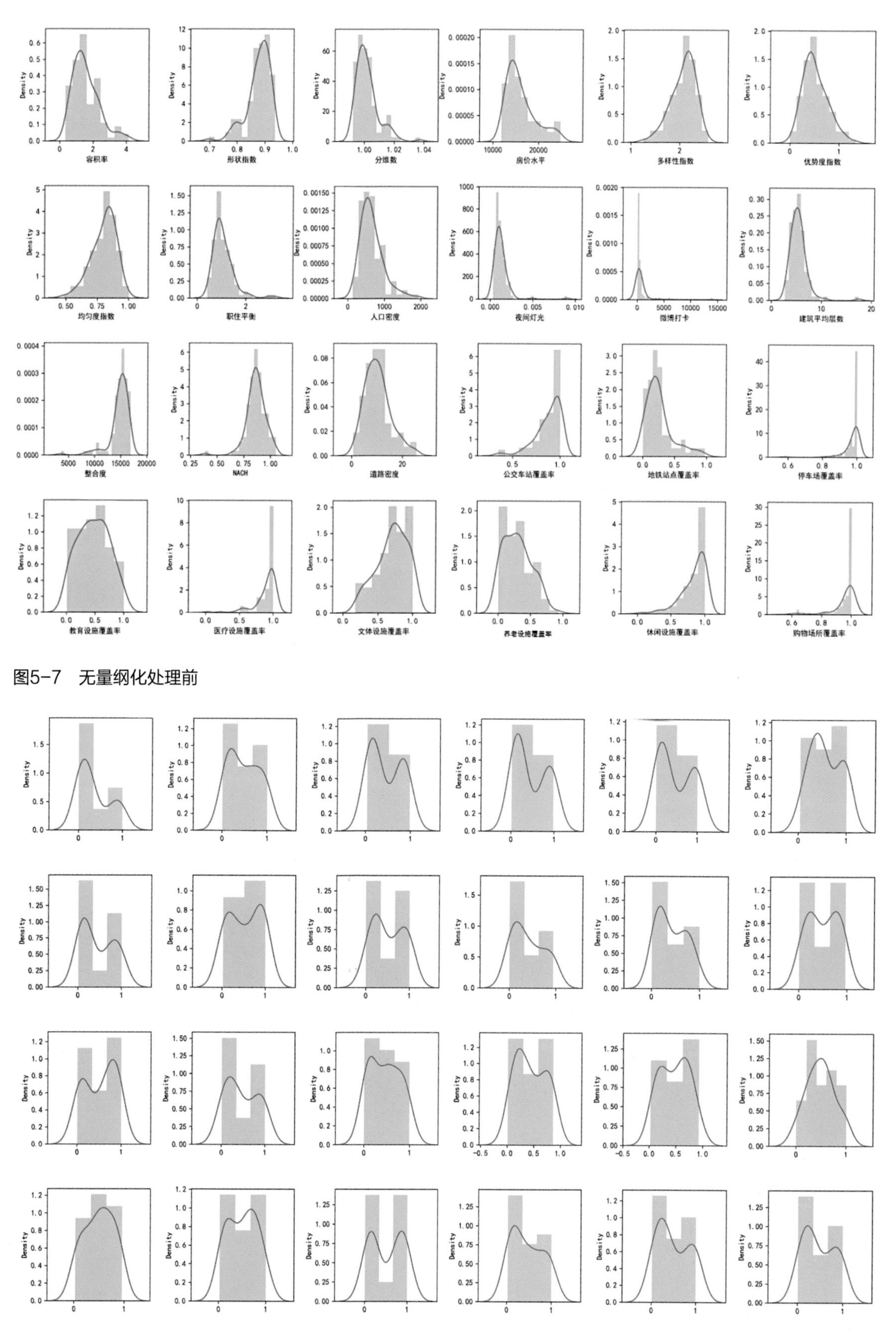

图5-7　无量纲化处理前

图5-8　无量纲化处理后

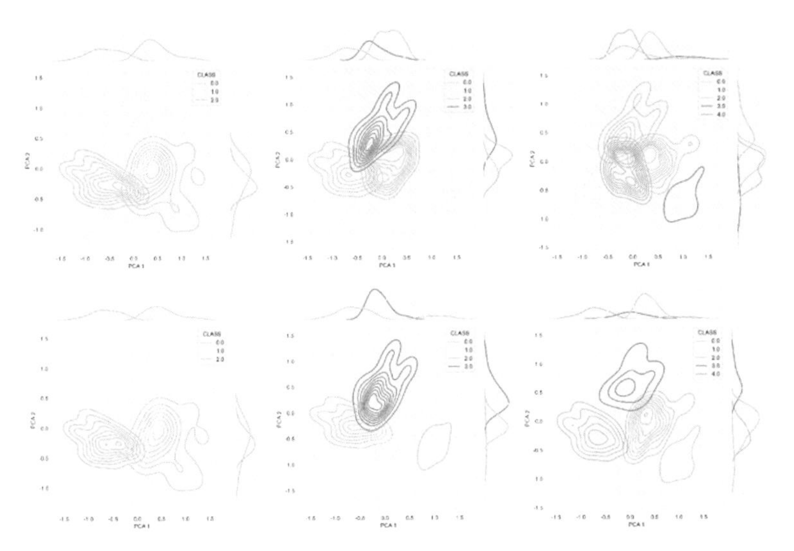

图5-9　*k*值分别取3、4、5的聚类结果

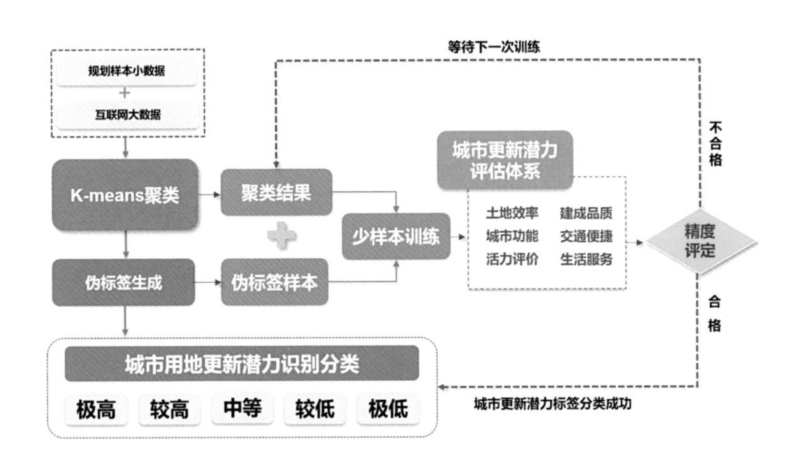

图5-10　基于伪标签数据的半监督学习原理

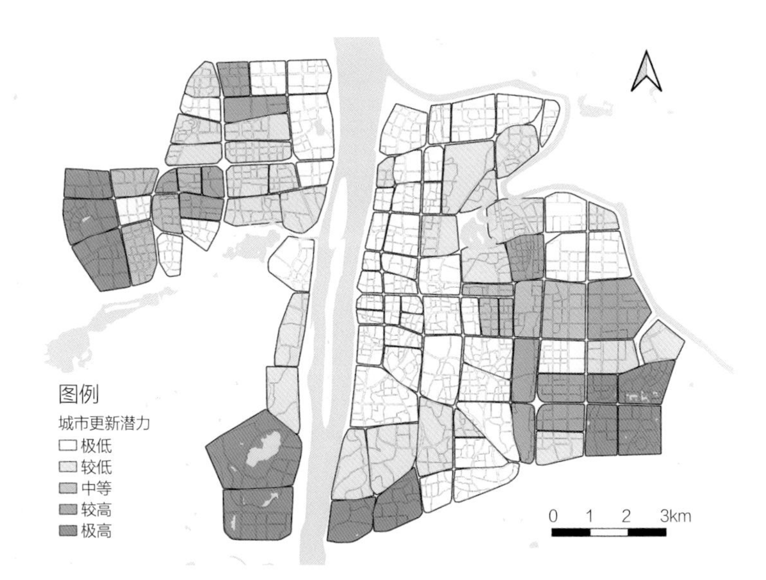

图5-11　半监督学习下城市更新潜力评估结果

图5-12　不同更新潜力区域景观风貌差异对比

签y组合，投入RF基础上的自训练模型。设定阈值为75%，最终得到的全域城市更新潜力评估结果如图5-11所示。研究范围区域城市更新潜力呈典型的“核心—边缘”特征：高城市更新潜力区主要分布在范围外围的村庄、郊区，设施落后，景观较差；低城市更新潜力区则集中在中部或是河东作为行政、商业中心的老城主体和河西作为教育、文化中心的科创新城，设施完备，地段繁华（图5-12）。

（3）城市更新潜力因子识别

对全域城市更新潜力评估结果进行关键因子的研判，同时计算并绘制SHAP与RF的结果（图5-13）。发现：相对于RF，SHAP既能计算出所有城市更新潜力类别的不同特征影响程度，也能分类别地计算出不同特征影响程度；两种计算方法筛选出的关键因子相似，主要为生活服务、城市功能和交通便捷、建成品质等维度；公共休闲空间因子作用显著，其重要度要远高于其他因子。

选取极高城市更新潜力区域和较高城市更新潜力区域进行全局关键因子识别。

对于极高城市更新潜力区域，发现其首要因子为公共休闲空间覆盖率（图5-14），并且其负向影响城市更新潜力：随着覆盖率变大，SHAP值呈变小趋势，并且由正值变为负值。覆盖率越高，其SHAP值越低，并且为负值，说明其不被判定为“极高城市更新”类别的概率就越高；覆盖率越低，其SHAP值越高，且均为正值，说明被判定为“极高城市更新”类别的概率就越高（图5-15）。这说明极高城市更新潜力区的公共休闲空间失序。

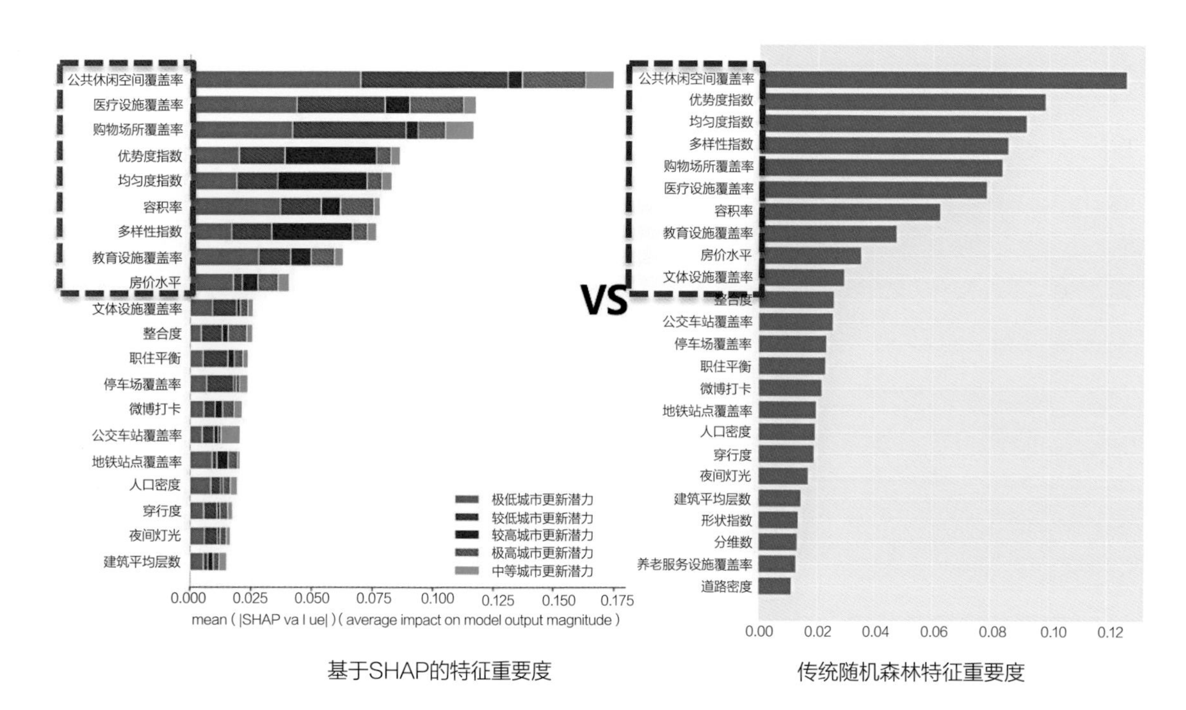

图5-13 SHAP与RF计算结果

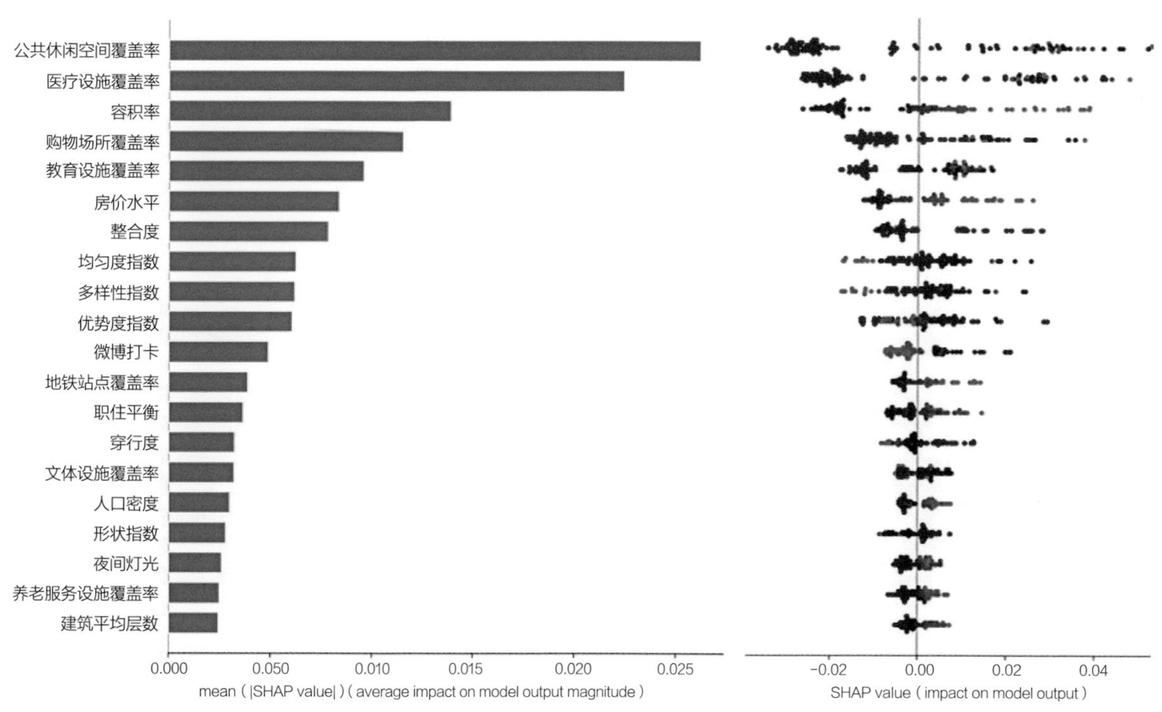

图5-14 极高城市更新潜力重要因子识别结果

这就表明在当前城市发展背景下，人民生活高品质转变需求是推动城市更新的主要动力。日益增长的居民休闲生活需求对居住区公共开放空间品质产生越来越强的影响，从而对居住区建设及公共资源配置提出更高更具体的要求。公共休闲空间失序一方面对居民健康产生负面影响，另一方面不利于公共精神的生成，因此，该区域居民改造需求迫切，城市更新潜力高。此外，公共空间品质的提升有利于场所精神的生成，进而推动城市活力再生。

关键因子贡献度在空间上也呈“核心—边缘”特征（图5-16）。这与城市空间结构模式的分布、城市扩张模式息息相关，长沙市城市扩张形态经历了以老城区为中心单一外部圈层式扩张的模式向外部扩张与内部填充相结合的模式转变，中心老城区设施配套更加完善。

对较高城市更新潜力区域进行重要因子识别（图5-17），发现其首要因子为优势度指数，并且其正向影响城市更新潜力：随着优势度指数增大，SHAP值呈变大趋势，并且由负值变为正值。优势度指数越高，其SHAP值越高，并且均为正值，说明其被判定为“较高城市更新潜力”类别的概率越高；优势度指数越低，其SHAP值越低，且均为负值，说明其不被判定为“较高城市更新潜力”类别的概率越高（图5-18）。这说明较高城市更新潜力区优势度指数高，区域城市功能单一。

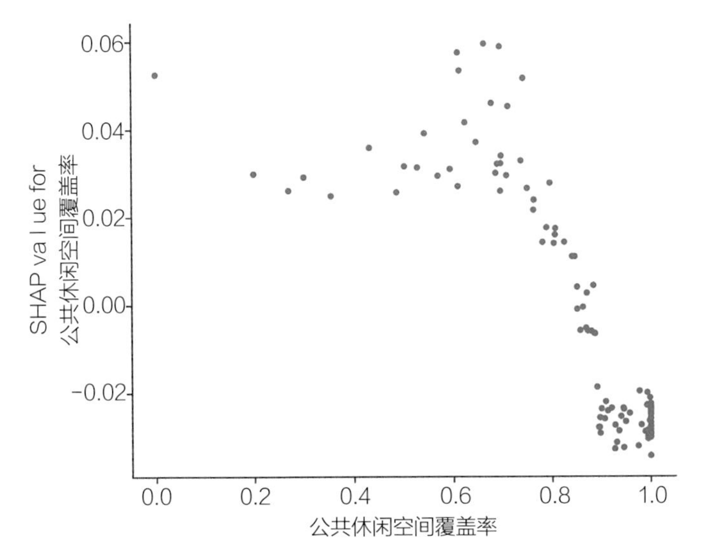

图5-15　公共休闲空间散点依赖图

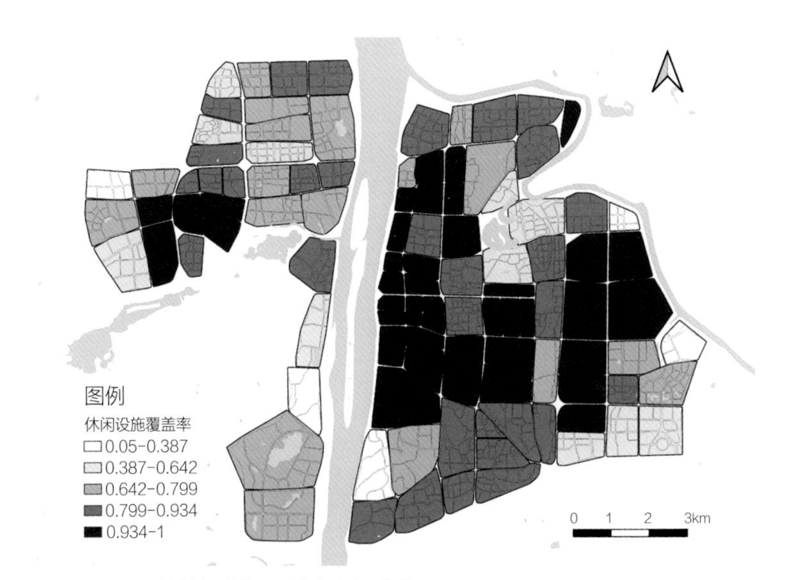

图5-16　公共休闲空间贡献度空间分布

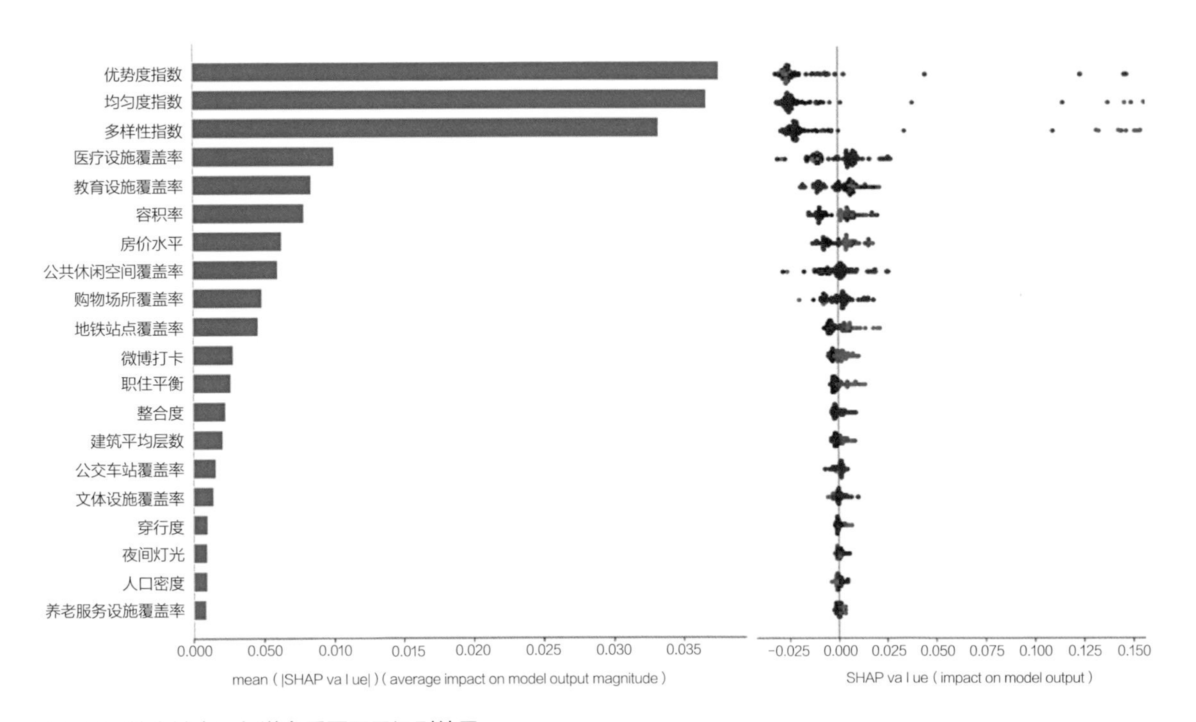

图5-17　较高城市更新潜力重要因子识别结果

在当前的城市发展背景下，城市功能复合化发展需求是推动城市更新的主要动力。面对纷繁复杂的城市问题，柯布西耶严格理性的功能分区思想低估了城市作为一个复杂系统的互动能力，使得城市空间生活效率下降，城市问题只有通过城市更新才能解决，因此区域城市更新潜力高。在新型城市化发展的背景下，城市功能复合为社会、文化、经济、空间、环境资源的整合提供了综合性策略，是推动城市高质量发展的关键动力。

SHAP高值也主要分布在外围的地区，例如后湖片区（图

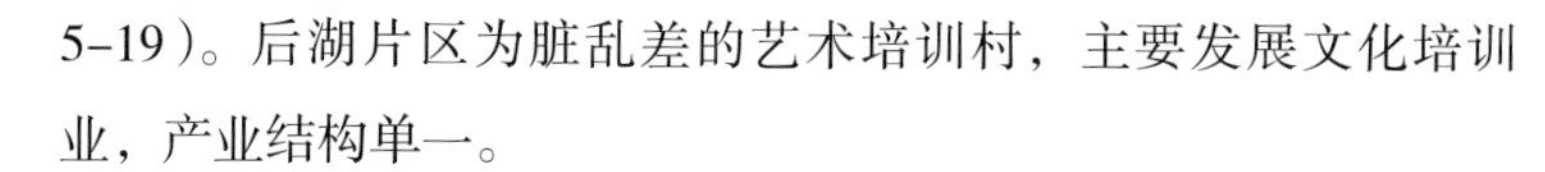

5-19）。后湖片区为脏乱差的艺术培训村，主要发展文化培训业，产业结构单一。

（4）城市更新时序安排优化

在对全域城市更新潜力及其因子做出识别后，研究再次深入片区单元，尝试对片区内部地块的不同重要因子进行识别。因此，分别选取极高城市更新潜力的后湖片区与较高城市更新潜力的湘湖片区2个案例（图5-20）进行实证分析。

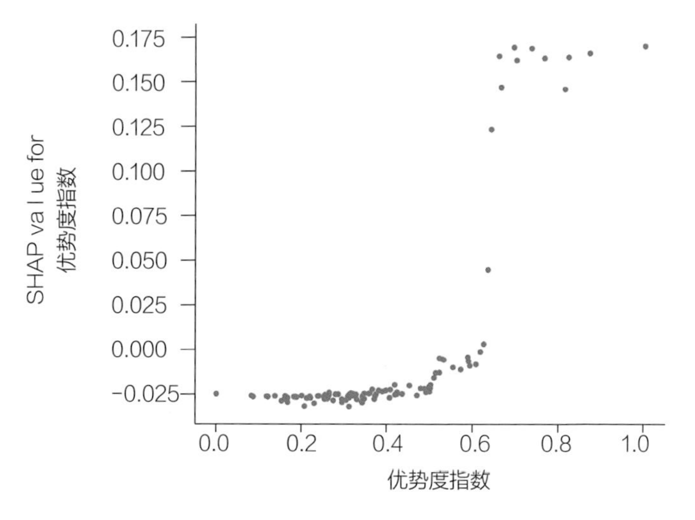

图5-18　优势度指数散点依赖图

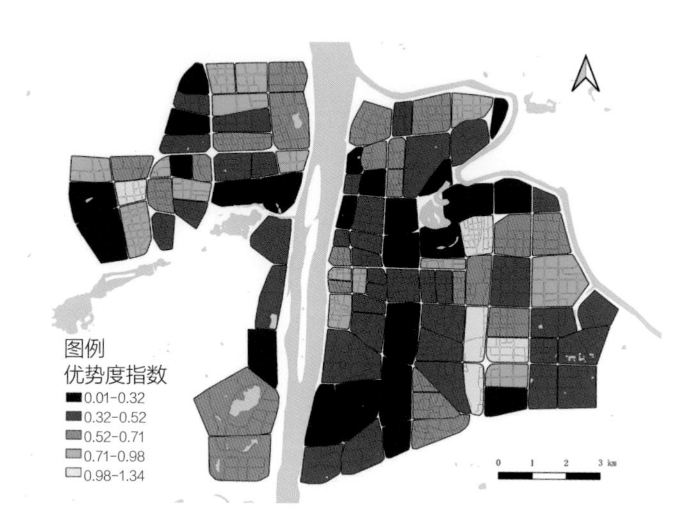

图5-19　优势度指数贡献度空间分布

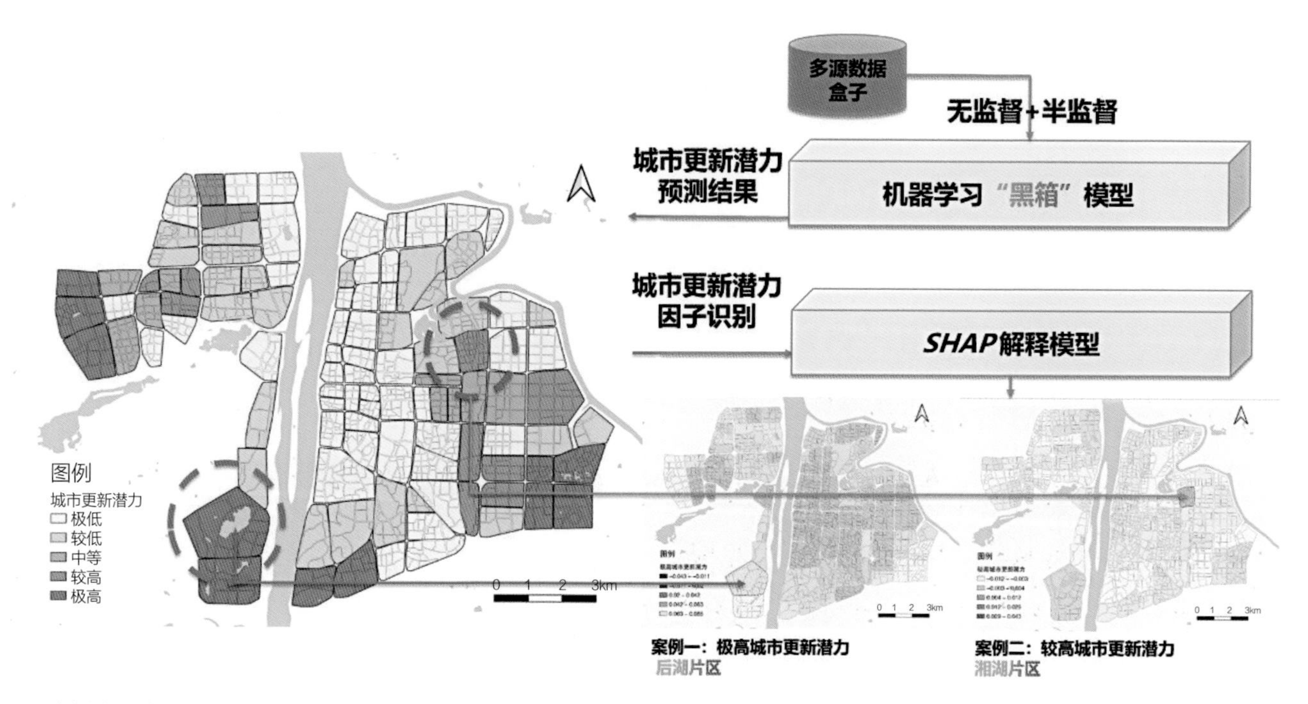

图5-20　案例选取结果

案例一：后湖片区城市更新智能“计划”。

后湖位于长沙市中心城区和岳麓山大学科技城核心区域。2015年以前，由于产业规模和流动人口过快增长，加上缺乏长远规划和系统治理，后湖成为被垃圾覆盖的黑臭水体，严重影响周边居民生活，给区域环境和产业发展带来恶劣影响。

研究发现SHAP识别出的后湖城市更新潜力关键因子多为生活服务维度指标。其中，公共休闲空间覆盖率作用强度较大，根据连续性原则筛选休闲空间、医疗设施和购物场所作为GA优化的约束因子。GA算法得出的近期更新地区多为休闲空间覆盖率较低的地区（图5-21）。

通过GA遗传算法优化求解，得到各地块的更新时序如图5-23所示。结合图片来看，近期开发地区多位于片区南部、中

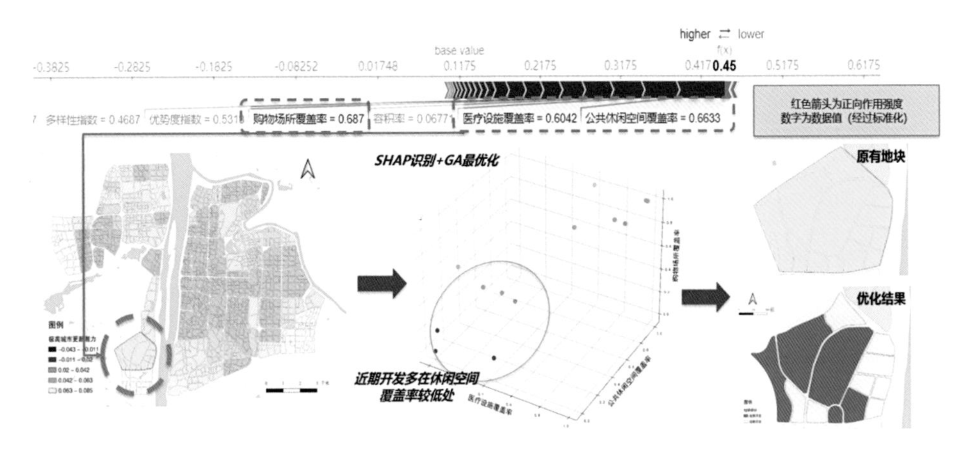

图5-21　后湖片区更新时序优化结果

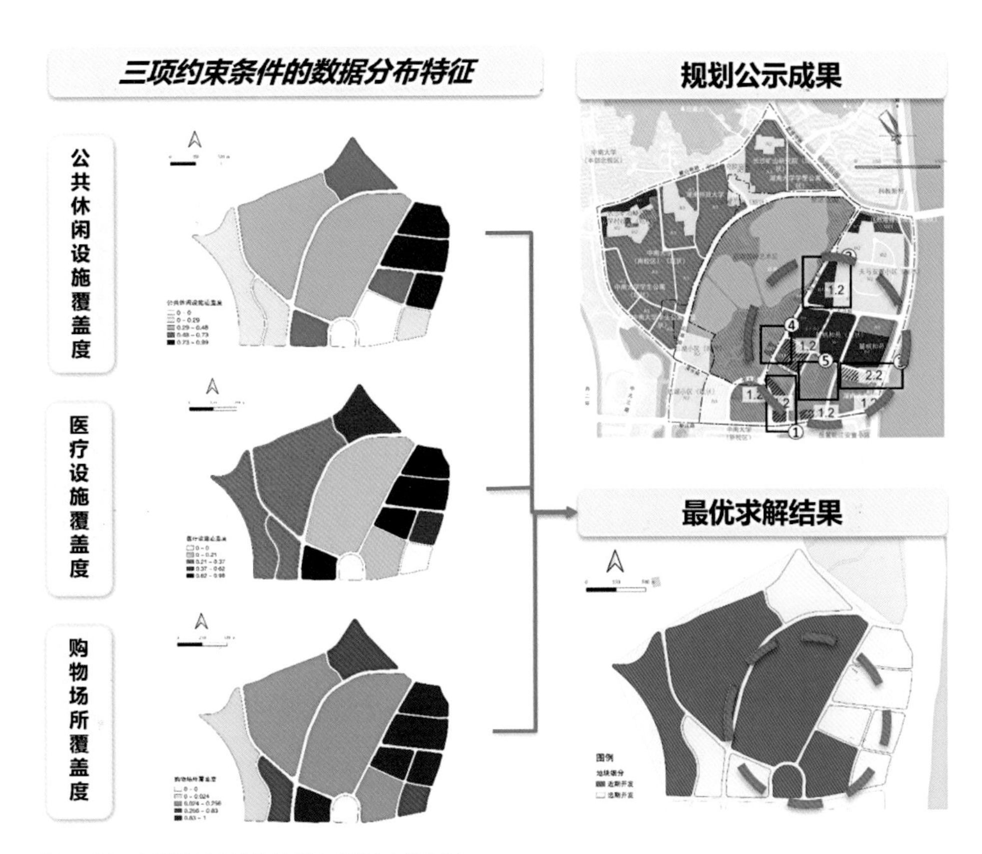

图5-22　后湖片区优化结果与规划文件对比

部、西部。这些地块设施覆盖率均为低值，服务体系不完善，难以满足居民诉求，对应的城市更新潜力较高，需要优先整改。将政府的更新工作安排与求解结果进行比对，吻合度较高，证明了模型的精确性。

案例二：湘湖片区城市更新智能“计划”。

湘湖片区紧邻长沙火车站，内部有京广铁路线。处于优越的交通位置，也使得其成为一个批发市场。

观察图5-23可发现：SHAP识别出的后湖城市更新潜力关键因子多为城市功能维度指标。其中，优势度指数作用强度较大，然后分别是均匀度指数和多样性指数，将其选出作为GA优化的约束因子。从三维图来看，GA算法得出的近期更新地区多为优势度指数较高的地区。

通过GA遗传算法优化求解，得到各地块的更新时序如图5-24所示。结合图片来看，近期开发地区位于片区的中部及南

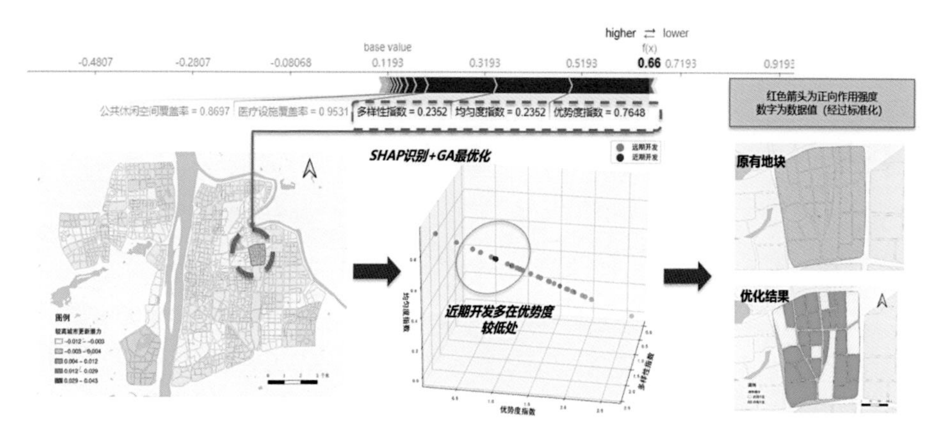

图5-23　湘湖片区更新时序优化结果

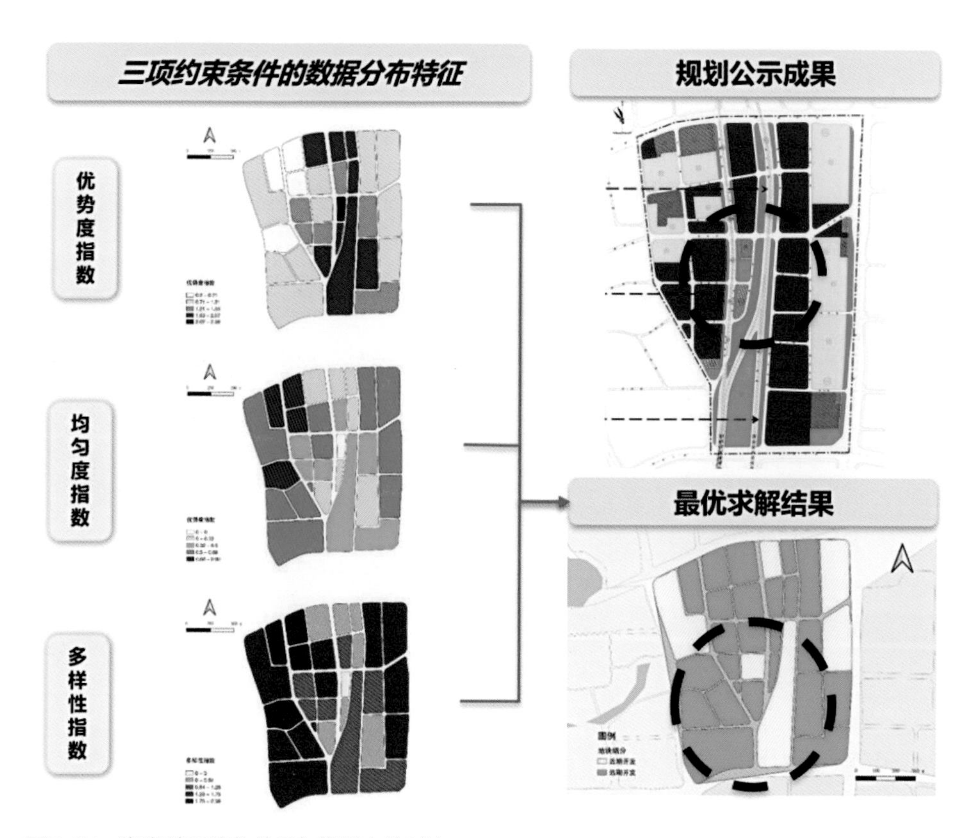

图5-24　湘湖片区优化结果与规划文件对比

部。这些地块多为优势度指数高值区，优势度指数又为该片区城市更新潜力的首要关键因子。地块产业功能单一，缺乏活力，对应的城市更新潜力高，需要优先整改。通过最优结果与政府公示更新工作对比，发现虽然结果存在一定误差，但仍然与片区中南部城市更新开发计划吻合，这也验证了模型的有效性，推测误差来源于指标体系构建的差异。

六、研究总结

1. 模型设计的特点

（1）结合大数据与机器学习进行城市更新潜力挖掘，具有现实意义

本研究运用网络化和数字化的手段增加了研究的样本数量，确保了数据来源的有效性与便捷性。此外，通过动态化的数据对城市更新绩效进行前后对比，也可以有效验证模型的精确度与适用性。

（2）提供片区针对性规划方案及时序开发，具备可落地性

模型整体基于片区现状评估及针对性短板判定结果，提出片区指引性规划方案，并针对规划方案提供落地范围建议。

多源数据体系与多维度指标体系耦合。通过指标体系构建，多维度评估片区建设现况，构建片区全生命周期建设完整性认知。

片区建设短板与片区关键因子耦合。通过SHAP和GA遗传算法，深度挖掘城市更新过程的内在动力，解译片区建设评估及发展决策依据。

（3）模型模块化程度高，具备易复用性

全套模型基于模块化理念设计，方便后续开发及模型集成，可复用性高，能减少规划一线人员的重复性劳动。

（4）量化算法模型与人本主义理念结合，智能规划更具韧性温度

利用机器学习和大数据分析的方式有效盘活潜力低值地区，既可以满足人民对高品质生活空间的需要，又精准、全面地把握好了经济效益。在指标构建方面侧重民生设施、建成品质方面的评价，实现了基于人本主义视角与既有规划指标的定性化理论范围整合及涵盖维度突破与定量化规划指标体系构建结构突破。

2. 应用方向或应用前景

通过响应和回归“人民的元需求”，依托数字化基础，探索“数智模型”，研发城市政府决策“数治平台”，形成可以推广的人本化、数字化、智能化模型。

提出一种“以人为本”和“数字化治理”的理念融合；建立一个基于机器学习的城市更新潜力空间评估、诊断和规划模型；架构一个面向存量空间与人本需求的数字治理平台。

参考文献

［1］许雪琳，马毅，朱郑炜，等．厦门市滨海空间更新潜力评估及更新策略研究［J］．规划师，2022, 38（2）：121-126.
［2］郭伟明．基于文献计量分析的国内城市更新研究综述［J］．上海房地，2019（5）：30-36.
［3］李子静．基于潜力评价的城市更新方法研究［D］．南京：东南大学，2019.
［4］钱固．多元数据支持下的老旧小区更新潜力评估研究［D］．苏州：苏州科技大学，2021.
［5］王景丽，刘轶伦，马昊翔，等．开放大数据支持下的深圳市城市更新改造潜力评价［J］．地域研究与开发，2019, 38（3）：72-77.
［6］叶耀先．城市更新的理论与方法［J］．建筑学报，1986（10）：5-11+83.
［7］莫琳君，肖映辉．不同目标导向下的城市更新研究［J］．福建建筑，2010（1）：32-34+23.
［8］姜博，吴煜．城中村更新改造潜力评估模型构建与应用［C］//面向高质量发展的空间治理——2021中国城市规划年会论文集（02城市更新）. 北京：中国建筑工业出版社，2021：1061-1068.
［9］王景丽．开放大数据支持下的城市更新改造潜力评价研究［D］．广州：华南农业大学，2017.
［10］张其邦．城市更新的更新地、更新时（期）与更新度理论研究［D］．重庆：重庆大学，2007.
［11］牟思聪．基于多源数据的中小城市存量空间更新价值评价模型研究［D］．南京：东南大学，2021.

[12] 李剑锋. 城市更新的模式选择及综合效益评价研究[D]. 广州：华南理工大学，2019.

[13] 刘雅芬，郑艺峰，江铃燚，等. 深度半监督学习中伪标签方法综述[J]. 计算机科学与探索，2022，16（6）：1279-1290.

[14] 张棠磊. 行人检测伪标签半监督学习算法[J]. 福建电脑，2021，37（8）：8-11.

[15] 赵彰. 机器学习研究范式的哲学基础及其可解释性问题[D]. 上海：上海社会科学院，2018.

[16] 申锦华. 区域城市更新开发建设时序策划探讨[J]. 智能建筑与智慧城市，2022（5）：67-69.

[17] 梁海锋. 基于混合遗传算法的城市更新优先改造项目选址研究[D]. 广州：华南农业大学，2017.

[18] 赵鹏军，罗佳，胡昊宇. 基于大数据的生活圈范围与服务设施空间匹配研究：以北京为例[J]. 地理科学进展，2021，40（4）：541-553.

[19] 季珏，高晓路. 基于居民日常出行的生活空间单元的划分[J]. 地理科学进展，2012，31（2）：248-254.

[20] 王斌，李鸿飞，梁争争. K-means算法应用现状与研究发展趋势[J]. 电脑编程技巧与维护，2021（12）：32-33.

[21] 杨国庆，郭本华，钱淑渠，武慧虹，韩静. 基于伪标签的无监督领域自适应分类方法[J]. 计算机应用研究，2022，39（5）：1357-1361.

[22] 张长帅. 基于图的半监督学习及其应用研究[D]. 南京：南京航空航天大学，2011.

[23] 方匡南，吴见彬，朱建平，等. 随机森林方法研究综述[J]. 统计与信息论坛，2011，26（3）：32-38.

[24] 纪守领，李进锋，杜天宇，等. 机器学习模型可解释性方法、应用与安全研究综述[J]. 计算机研究与发展，2019，56（10）：2071-2096.

[25] 周璞，陈基漓. 遗传算法综述[J]. 广西轻工业，2008（1）：84-85.

[26] 姚佳伟，黄辰宇，袁烽. 多环境物质驱动的建筑智能生成设计方法研究[J]. 时代建筑，2021（6）：38-43.

[27] 吴堑虹，刘琼，段雪刚. 土地利用结构指标新探及计算程序研究[J]. 地理与地理信息科学，2015，31（1）：110-114.

[28] 池娇，焦利民，董婷，等. 基于POI数据的城市功能区定量识别及其可视化[J]. 测绘地理信息，2016，41（2）：68-73.

[29] 杨俊闯，赵超. K-Means聚类算法研究综述[J]. 计算机工程与应用，2019，55（23）：7-14+63.

[30] 吕红燕，冯倩. 随机森林算法研究综述[J]. 河北省科学院学报，2019，36（3）：37-41.

[31] 廖彬，王志宁，李敏，孙瑞娜. 融合XGBoost与SHAP模型的足球运动员身价预测及特征分析方法[J/OL]. 计算机科学：1-13[2022-07-04].

[32] 梁海锋，刘轶伦，李波，等. 基于混合遗传算法的城市更新优先改造项目选址研究[J]. 科技通报，2018，34（4）：135-140.

[33] 丁凡，伍江. 城市更新相关概念的演进及在当今的现实意义[J]. 城市规划学刊，2017（6）：87-95.

[34] 史洁. 居民休闲生活与居住区公共开放空间品质[J]. 山东建筑大学学报，2006（4）：325-330.

[35] 周国华，贺艳华. 长沙城市土地扩张特征及影响因素[J]. 地理学报，2006（11）：1171-1180.

从“珠江的人民”到“人民的珠江”
——基于全息生活图景的珠江沿岸空间特色提升

工作单位：东南大学建筑学院、广州市城市规划勘测设计研究院、根特大学、东南大学信息科学与工程学院

报名主题：面向高质量发展的城市综合治理

研究议题：城市品质提升与生活圈建设

技术关键词：时空行为分析、探索式数据分析

参 赛 人：王锦忆、陆蝶、陈江、陈云、周苑卉、金探花

指导老师：曹俊

参赛人简介：本团队整合高校师生及设计院规划编制人员，整合包括城乡规划学、建筑学、地理学、信息科学与工程在内的多个专业，构成跨学科团队。团队聚焦于通过前沿的城市建模技术，深度挖掘海量城市数据背后的内在肌理，并以此作为数字化城市设计的起点。目前团队在TKDE（IEEE Transactions on Knowledge and Data Engineering），Transport Policy, Frontiers of Architectural Research, 城市规划学刊，国际城市规划等国内外知名刊物上发表成果，并获得国际及国家发明专利授权共计5项；团队同时将研究成果运用在广州、南京的城市设计工程实践中。

一、研究问题

1. 研究背景及目的意义

（1）选题背景及研究问题

一座城市的魅力不仅仅依附于其物质空间环境，从某种角度而言更蕴含于城市中广大人民生生不息、变换流转的时空行为中。城镇化的下半场，如何通过更以人为本的方式应对存量空间的品质提升？处在“两个一百年”奋斗目标的历史交汇点，如何更好地“为人民而设计”？传统规划决策，侧重对城市空间中的功能、风貌、形态等物质要素进行考察和研判，是一种从空间到空间的思维逻辑；在数字技术日趋成熟的当代，从人的视角切入，对人的行为活动进行建模计算，认知个体行为及群体特征，具有重要意义。面向现代化城市治理，广大规划工作者需要以互动的视角理解“人”和“空间”之间的关联，以人的特征反推物质空间的需求。基于此，本研究核心问题是：如何依托口径一致的基础数据库，深度挖掘城市人群及其活动的内在机理与特征规律，并以此作为数字化城市设计的起点？本研究选择广州市作为城市样本的典型代表，重点关注珠江沿岸的人群活动特征，建立珠江沿岸的全息生活图景，从而进一步为珠江沿岸的空间特色提升提供策略支撑。

（2）国内外研究现状及存在问题

时空行为分析可以追溯至20世纪60年代的时间地理学，哈格斯特朗运用时间地理学的分析方法，把时间和空间结合起来分析移民问题，成为时空间行为研究的最早案例之一。伴随着地理学人本主义思潮的兴起，以及地理学计量革命诸多弊端不断受到质疑，众多学者逐渐开始关注人类的时空行为与其所

处的经济、社会、文化等因素之间的关系，时间地理学作为一种表达和解释时空过程中人类行为的方法论被地理学学者广泛采用。

随着信息技术及计量科学的不断发展，时空行为研究从数据采集、存储、分析到可视化的全流程都取得极大的进步，地理信息系统的可视化以及空间分析功能，则帮助我们直观地观察个体时空轨迹，从而探寻其内在的模式规律。个体移动模式及其时空规律能够为城市规划和管理、交通监控与预测、旅游监测与管理等众多领域研究提供指导。近年来，伴随着以“大智移云”为代表的新兴技术的迅猛发展。基于大数据研究人群行为活动的时空规律以及时空交互模式，提出以人为本的地理信息服务，帮助了解个体的时空间行为决策，是目前规划学科的前沿问题。该类研究将“计量”和“行为”结合起来，重新审视人地关系，成为交通规划学、城市地理学和城市规划学中一个重要的手段。将时间维度纳入城市空间结构的形成和演化过程，研究城市居民日常生活行为的时空行为模式，并基于出行日志调查的地理信息系统时空模拟研究等。关于研究中前沿技术的应用，以及同实践的结合问题是被重点关注和广泛讨论的议题，本研究认为当前存在以下问题。

一是侧重于高精度数据的获取，相对忽视中等或较低精度数据的挖掘。部分既有研究过于注重原始数据精度，而忽视数据的“加工”；本研究认为，原始数据的精度和对原始数据进行深度挖掘的技术同等重要。从某种意义上而言，高精度的数据往往更局限于个案，对于全国城市样本缺乏可推广性。

二是侧重于相关性等解释性结论，对于规划决策的支撑作用相对局限。如果把数据采集、分析、应用于规划设计看作一个流程，那么既有研究中大部分更加重视流程的“前端”，但对于流程的“后端”，即设计应用则相对薄弱。

（3）研究意义

推动建立针对具有普遍性、非高精度时空数据的精细化挖掘方法。以联通智慧足迹提供的大尺度栅格数据为典型代表，通过探索式数据分析精细化挖掘数据中的隐含信息与价值，在分析过程中提炼可在更大层面推广的关键技术和方法流程。

通过典型案例揭示“人群—空间”的互动式设计策略。以广州珠江沿岸地区作为典型的空间样本，通过深度挖掘人群及其活动的特征规律，建立其中关键的信息、线索同规划设计决策的关联机制，以空间特色提升作为具体的应用场景，阐述以“人”为出发点、以“空间”为落脚点的数字化城市设计路径。

2. 研究目标及拟解决的问题

列举出项目的总体目标，指出该项目研究的瓶颈问题，并详细阐述如何解决。

（1）研究目标

本研究旨在探索以“人”为出发点、以“空间”为落脚点的数字化城市设计路径。基于大尺度栅格足迹数据库，挖掘其中的人群活动规律，关注有助于认知、增强乃至推动设计的关键信息，为科学规划决策提供理性支撑，尝试建构“人群—空间”的互动式设计策略，通过人群及其活动触发、支撑物质空间的场所营造。

（2）拟解决的问题

如何从大尺度栅格足迹数据库中提炼城市人群及其活动的特征规律，以应对规划设计决策的需要？

本次研究中的联通智慧足迹数据，空间精度为1 000m×1 000m的栅格，是一种非常典型的大尺度栅格足迹数据。大尺度栅格数据将原始的人群行为轨迹信息进行了二次处理，整合在地理尺度的空间栅格中，缺点在于精度不高，无法追溯到个体行为的轨迹。但是从本次大尺度栅格数据的内容上来看，除人口规模、人口活动信息之外，年龄结构、兴趣爱好、消费水平等系列人口特征信息较为丰富，这使得挖掘不同栅格内人群行为的群体性特征成为可能。关注群体性特征，而非个体性特征，是应对大尺度栅格足迹数据的重要策略。综合而言，本次研究中的联通智慧足迹数据是一种涉密性较低、可普及度较高，且待挖掘程度较高的数据类型。如何从这一类型的数据库中，面向规划设计决策，挖掘提炼出有价值的信息，成为本研究拟解决的重要问题。

应对此问题，研究中采用分层的方式进行精细化提炼，结合空间特色提升规划设计的实际需求，共提取三个图层的主要信息。

一是大众活动分布层。该图层主要对原始数据库进行表层信息的提取，将各级指标的绝对值数量，以及表征人口活动的OD连线数据映射到统一坐标系中的空间上，构成矢量地图，以期较为迅速地建立对目标区域人群构成及活动空间分布的整体印象。

二是都市聚落区划层。该图层主要对原始数据库中的各类标签进行综合考虑，对建成环境中的人群进行空间画像，捕捉物质空间背后的人群空间特征，并划分出聚落板块，以期从人的视角构建目标区域空间的结构性特征，辅助规划决策中的结构性判断。

三是特色足迹聚集层。该图层主要对原始数据库中的特色人群进行单独考量，深度挖掘城市目标区域中，具有典型地域特征，且对周边具有较强带动及影响的人群聚集点，并将这些特色足迹聚集的地方作为规划中的特色节点或近期工作中重点项目的落脚点。

以上大众活动分布层、都市聚落区划层、特色足迹聚集层三个图层叠合在一起，共同构成一整幅“全息生活图景”，用于印象认知、结构判断、行动计划等数字化城市设计的全流程中，为各阶段的规划决策提供有力支撑。

二、研究方法

1. 研究方法及理论依据

（1）探索式数据分析法

本研究采用探索式数据分析（Exploratory Data Analysis，简称EDA）作为主要研究方法和模型范式，是指对已有的数据（特别是调查或观察得来的原始数据）在尽量少的先验假定下，通过作图、制表、方程拟合、计算特征量等手段探索数据的结构和规律的一种数据分析方法。

探索式数据分析由普林斯顿大学的塔基（John Tukey）于20世纪60年代提出。适用于当研究中对涉及数据中的信息缺少足够的、确定的先验经验的情况，自提出之后被广泛运用于各领域的数据分析。近十年来，新兴数据科学方法与城市领域的研究不断融合，引发了以数据驱动城市研究的新浪潮。新城市科学时代存在三个较为明显的特征：城市模型“算力”显著增强，能够应对较大样本的城市数据库；领域知识呈“迭代式”增长，纳入更广泛的研究对象，建立创新研究框架并通过计算机算法实现；工具趋于“背景化”，关注核心问题，综合利用多种技术工具，回归学科本源。

本研究对城市人群及其活动进行深度挖掘，在充分考虑当代城市人群复杂性的基础上，选择使用探索式数据分析的研究方法。一方面，人群活动受到物质空间的较大影响，城市中不同功能及风貌的空间板块对于人群活动有塑造作用；另一方面，人群和空间之间也并不完全匹配。在当代都市中，人群是多样的、鲜活的，尤其在时空行为大数据研究的语境下，规模、通勤、偏好等大量的数据标签，为描绘都市人群的空间画像提供了大量依据；同时，这些数据标签的引入，也冲击着对人群认知的固有经验。基于此，本研究在探索式数据分析研究方法的基础之上，根据联通智慧足迹的大尺度栅格数据库的结构特征，对关键算法进行优化，形成适配模型。

（2）叠图法

叠图法（Mapping）是一种图像学和设计结合的研究方法，在景观及环境设计中广泛应用。为了在对城市人群及其活动进行深度挖掘的基础上，提炼其中能够支撑规划决策的有效信息，本研究在经典叠图法的基础上提出“全息生活图景”理念，将所有底层信息视作研究数据的基础沙盘，以设计营造的结论应用为导向，分层提取有效信息，并将其同城市物质空间进行叠合，为规划决策中关键信息的整合提供方法支撑。

2. 技术路线及关键技术

（1）技术路线

本研究主要包含前期基础准备、对人群及其活动的特征挖掘、基于人群需求的精细化场所营造三大步骤（图2-1）。通过对国内外文献的查阅，结合数据库的基本情况，建立案例目标场景，确定以广州（尤其是珠江沿岸地区）为对象，并对原始数据进行数据预处理，构成前期准备。

主体部分分为两大部分。“珠江的人民”，指代对人群及其活动的特征挖掘，从基础数据底层沙盘中分别提取出大众活动分布层、都市聚落区划层、特色足迹聚集层三个图层，通过叠图法整合建构珠江沿岸的“全息生活图景”。其中，都市聚落区划层及特色足迹聚集层的提取过程中，涉及本研究的两个关键技术（下文中详细展开）。“人民的珠江”，指代基于人群需求的精细化场所营造，根据已建构的全息生活图景中的关键信息，引导珠江沿岸空间特色提升的规划设计工作。全流程中包含印象认知、结构塑造、行动计划三个篇章，其中大众活动分布层的结论辅助认知目标区域，都市聚落区划层的结论支撑以新的视角开展对珠江沿岸的结构梳理及塑造，特色足迹聚集层的结论用于保障行动计划的针对性和有效性（图2-1）。

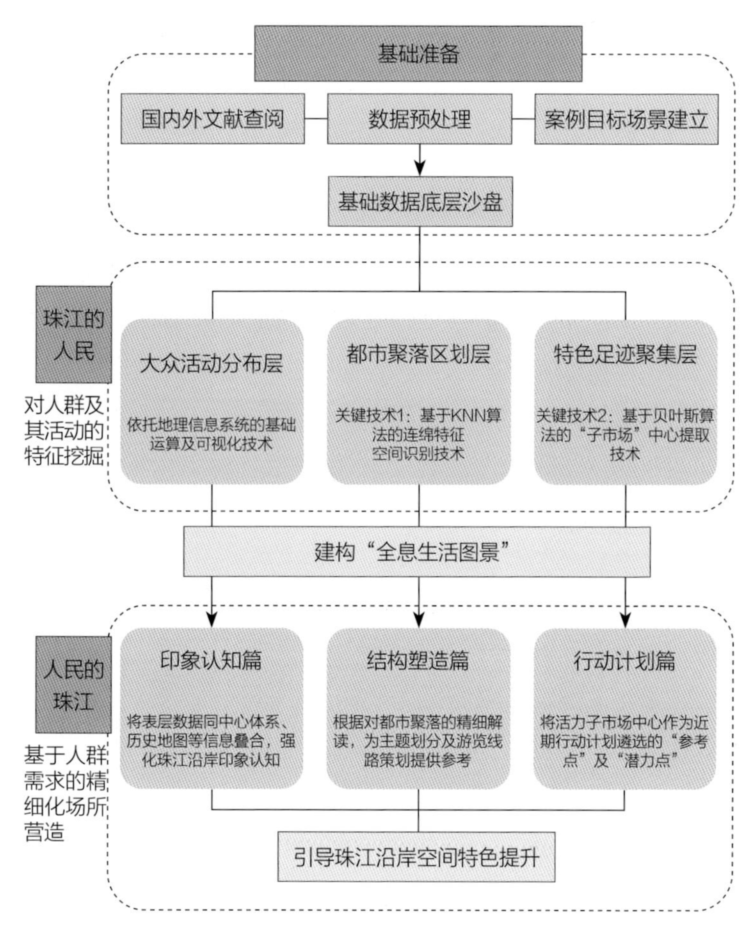

图2-1　本研究技术路线简图

（2）关键技术

关键技术1：基于KNN算法的连绵特征空间识别技术。

在都市聚落区划层的建构过程中，区别于传统通过功能及风貌识别城市板块分区的思路，本研究从人群及其活动规律的视角切入，对目标城市地区进行结构性梳理，划分都市聚落。涉及基于KNN算法的连绵特征空间识别技术，融合K近邻算法及层次聚类算法。以联通足迹数据库中的栅格为基本对象，选择相似度最小的簇类进行重复迭代并合并，对每个簇类都使用KNN算法为该簇类找到距离最近的k个邻居，然后计算该簇类与每个邻居的相似度，识别出不同簇类的连绵特征空间，支撑规划决策者认知都市聚落的结构特征。

关键技术2：基于贝叶斯算法的“子市场”中心提取技术。

在特色足迹聚集层的建构过程中，目的不在于提取人群活动强度的绝对值，即“哪里人多、哪里人少”的表层信息。而是深度挖掘城市空间中有哪些促成人群活力的特色机制，其中心如何分布，从而为规划决策中特色项目尤其是近期行动计划的选择提供参考信息。涉及基于贝叶斯算法的“子市场”中心提取技术，以假定高斯分布的协方差矩阵可以表征子市场的空间异质性，经由协方差矩阵的特征值计算目标区域中人群活力最具代表性的高斯分布中心点，并通过可视化表达，反推促成该中心点的活力来源机制，为设计中针对特殊人群需求的场所营造提供支撑。

三、数据说明

1. 数据内容及类型

（1）所涉及数据说明

本研究充分立足于主办方提供的基础数据库。通过对空间中人群及其活动的挖掘，反过来塑造适配于人群所需要的空间，因此选择联通智慧足迹数据库。联通智慧足迹数据库中，存在两种可选择的类型，一种是底层的CSV格式数据集文件，另一种可经由DaaS BI数据建模加工的模式。本研究选择具有更大普适性的CSV格式数据集。本研究还针对目标区域，通过高德地图公开数据集下载包括主要道路、水系、业态POI等辅助性数据图层，并同既有的大尺度栅格足迹数据相耦合，用作精细化分析人群及其活动的城市空间及功能参照。

（2）数据对模型设计所起的作用

以上数据在本研究中被视为底层基础沙盘，模型设计中并不会对沙盘中所有的信息进行呈现，而是采用“分层提炼”的方式，从中提取出不同图层的有效信息，共同作用于规划设计决策的不同阶段。此外，本研究同样重视使用目标区域的历史地图，现场实地调研的观察、照片、感受等信息。相对于在基础沙盘所体现的“大数据”，这些信息似乎更像是“小数据”——但正是这些小数据，对探索式数据挖掘得到的信息和初步结论起到对比校验的作用。

2. 数据预处理技术与成果

（1）数据预处理流程

本研究中的数据预处理大致包含三个流程：数据稀疏性判定、数据可解读性判定及数据标准化。

数据稀疏性判断。主要针对原始数据集中，以栅格为基本单元对应的部分数据标签采集量过小，和其他标签栏不在一个数据量级，例如动作游戏、文化教育、企业门户、家居服务、金融业、交通运输、手机数码等。因此，首先将这一部分数据标签栏进行删减，避免后续探索式数据分析过程中簇类特征被稀释。

数据可解读性判断。针对既有数据集中的部分标签，从其本身含义，以及落在城市空间中的可视化结果来看，都无法增强对于城市空间及人群的认知。对这一部分数据标签同样进行删减，对数据集做进一步简化，例如安全杀毒、浏览器、输入法、生活综合、政府机构、社会资源、词典翻译、时间天气、工具软件等。同时，还有一部分标签之间存在较为明显的关联性解读，对其进行合并，例如财经咨询、金融理财与手机银行合并，时政要闻与综合咨询合并等。

数据标准化。除大众活动分布层，将数据集本身信息标签的绝对数量进行呈现之外，构成全息生活图景的其余两个图层均需要通过探索式数据分析方法进行研判。数据标准化能够将不同数量级的数据标签整合在同一量纲中。

（2）数据预处理关键技术及数据结构

原始数据为2021年9月广州市主城区1km^{2}栅格数据，数据指标包含网格居住人口、网格工作人口、用户年龄结构分布、用户兴趣爱好等24维数据（图3-1）。为了消除指标的量纲和数量级影响，在聚类之前需对数据指标进行标准化，Z-Score标准化的公式如下：

$$x' = \frac{x - E(x)}{\sigma} \tag{3-1}$$

式中，$E(x)$为原始数据的期望，σ为原始数据的标准差。

经过预处理后的数据以24维指标的形式进行储存。在探索式数据分析中，将每个栅格对应的一条数据看作具有24个维度的特征向量。

四、模型算法

1. 模型算法流程及相关数学公式

（1）建构都市聚落区划层的模型算法流程

建构都市聚落区划层，基于上述KNN算法的连绵特征空间识别技术，对每个簇类都使用KNN算法为该簇类找到距离最近的k个邻居，然后计算该簇类与每个邻居的相似度，反复迭代得到最终结果（图4-1）。

在建模中涉及3个关键参数，分别是KNN算法的邻居数k、层

	car_info	age_15-64	age_0-14	taxi_app	social_net	travel	phone_read	100-150	150-200	200-250	below_50	home	online_sho	above_25
0	-0.635603	-0.608458	-0.221003	-0.636564	-0.637517	-0.641820	-0.641554	-0.611277	-0.492627	-0.537020	-0.619070	-0.693793	-0.638184	-0.49052
1	-0.365526	0.403659	0.067326	-0.367116	-0.368000	-0.374136	-0.382404	-0.312323	-0.344590	-0.188645	0.275579	-0.026880	-0.364427	-0.16696
2	-0.333204	-0.335634	-0.221003	-0.335129	-0.340028	-0.327134	-0.336393	-0.349693	-0.304937	-0.235542	-0.296740	-0.445182	-0.335323	-0.34345
3	0.087210	0.319733	-0.087928	0.084857	0.087690	0.088015	0.081554	-0.228792	-0.117248	-0.121650	0.295920	-0.057137	0.101908	-0.01253
4	-0.075204	0.079761	-0.087928	-0.078880	-0.079798	-0.074558	-0.069040	-0.040847	0.001711	0.588499	-0.013943	0.318245	-0.080076	-0.159611
...	...	...	...	...	...	...	...	...	...	...	...	...	...	..
1514	-0.596840	-0.602555	-0.221003	-0.598513	-0.601062	-0.602952	-0.604386	-0.598088	-0.513775	-0.496823	-0.611196	-0.674063	-0.598375	-0.44640
1515	-0.628816	-0.620264	-0.221003	-0.627645	-0.629492	-0.636009	-0.635786	-0.605781	-0.540211	-0.503522	-0.606439	-0.706456	-0.629487	-0.45375
1516	-0.517588	-0.477692	0.333476	-0.518725	-0.520585	-0.515920	-0.515055	-0.483782	-0.455618	-0.349433	-0.493911	-0.460569	-0.521991	-0.45375
1517	-0.619154	-0.589465	-0.221003	-0.619560	-0.621124	-0.625937	-0.623867	-0.602484	-0.521706	-0.496823	-0.558049	-0.665597	-0.621012	-0.38757
1518	-0.629507	-0.609869	-0.221003	-0.630261	-0.630753	-0.635364	-0.632839	-0.612376	-0.537567	-0.503522	-0.624319	-0.710137	-0.631382	-0.49052

1519 rows × 24 columns

图3-1　Z-Score标准化后的24维指标数据

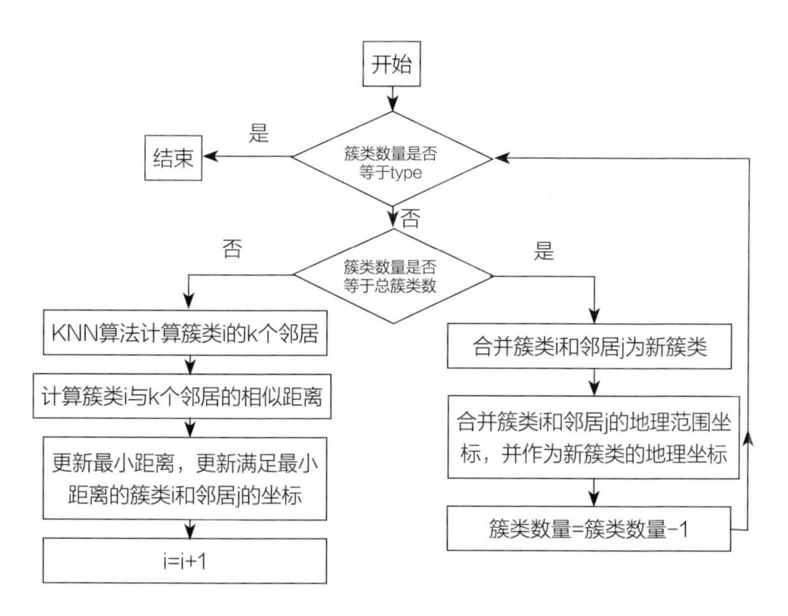

图4-1　基于KNN算法的连绵特征空间识别技术建构都市聚落区划层流程

次聚类中相似度度量d、控制聚类停止的簇类个数t。分别对三个参数的判定进行说明。

KNN算法中的邻居数k：邻居数k对层次聚类的结果影响很大，如果k选取得太小，则会导致在聚类的迭代过程中某些簇类得不到邻居，如果k选取得太大，则会导致两个地理距离较远的簇类合并在一起，使合并后新簇类的地理范围发生形变，严重影响聚类结果。综上考虑，选取k＝4进行实验，k＝5、k＝8的实验结果见第三部分实验结果分析。

层次聚类中相似度度量d：相似度度量主要对比余弦距离和欧氏距离，由于余弦距离更加注重两个向量在方向上的差异。考虑到本研究的应用场景，需要从多个维度的数值大小中体现数据的差异性，这使得我们最终选取欧氏距离作为相似度度量。

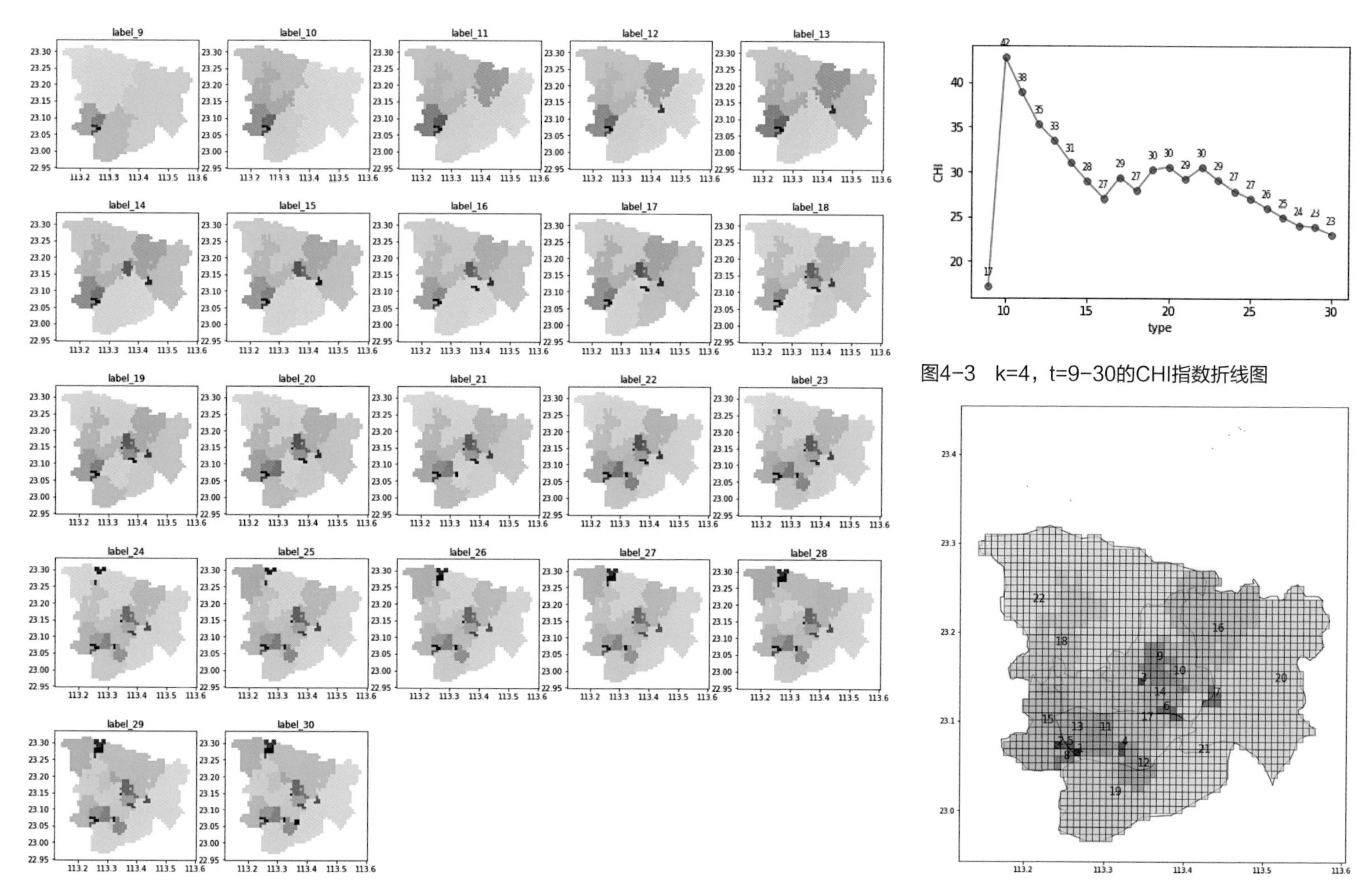

图4-2　k=4，t=9-30的都市聚落区划结果

图4-3　k=4，t=9-30的CHI指数折线图

图4-4　k=4，t=22的聚类结果同原始数据栅格叠合

控制聚类停止的簇类个数t：使用卡林斯基–哈拉巴斯指数（Calinski–Harabaz Index，简称CHI）对比迭代产生的聚类效果，CHI指数越高表示聚类效果越好。根据CHI指数的函数曲线拐点，同时结合规划从业人员感知地图的分辨率，以t＝22作为本次研究与实践结合的参考值。

进一步，为了更准确地计算k＝4，t＝22时所有类别下属的指标均值，首先去除聚类结果的异常点，将网格总数<10的类别数剔除剩余13类（图4–2 ~ 图4–5）。

（2）建构特色足迹聚集层的模型算法流程

首先提出城市活力“子市场”假设，即假设城市中有K个子市场，每个栅格都是子市场的成员。将每个栅格的子市场成员身份建模为一个潜在变量，该变量由一个K × 1的热二元向量zn表示，表示第n个栅格所属的子市场。在所提出的贝叶斯网络中，栅格特征hn、栅格位置ln和活力值yn是可观测的。所有这些观察值都依赖于子市场。hn→ yn部分可以看作是将yn回归到hn的特征活力模型。生成模型流程如图4–6所示。

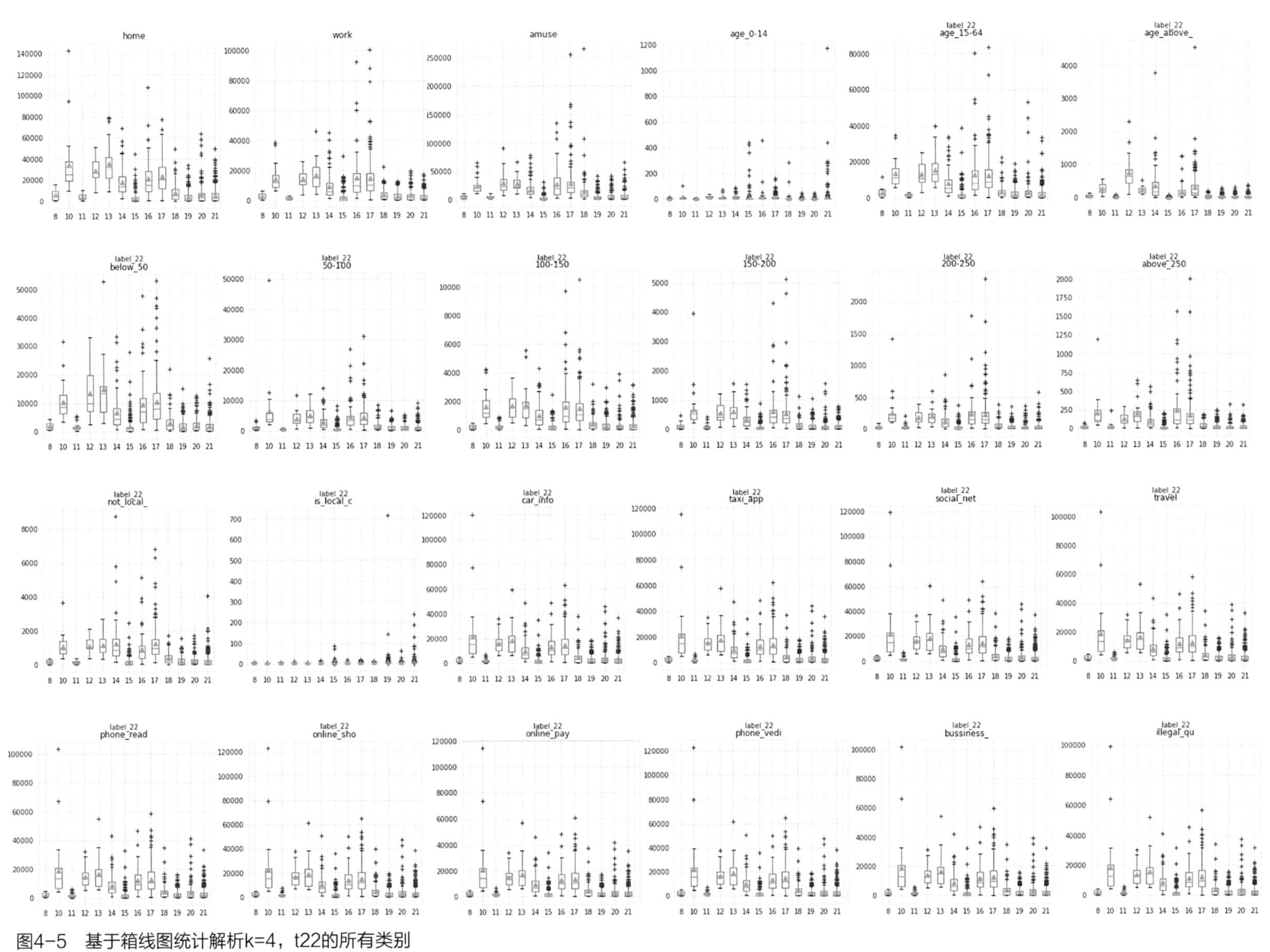

图4–5　基于箱线图统计解析k=4，t22的所有类别

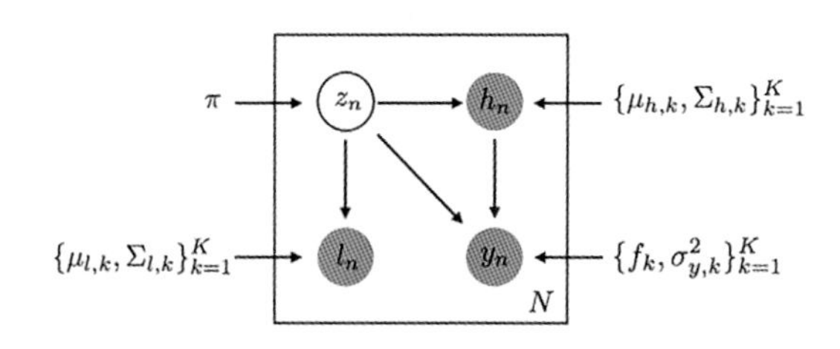

图4-6　贝叶斯网络中四个变量之间的相互关系图解

贝叶斯网络中的符号及其对应含义　　表4-1

符号	大小	描述
H	N	栅格样本集
Y	N	活力值
L	N	栅格的位置信息
K	1	子市场的个数
Z	$N\times K$	隶属度矩阵
π	$N\times 1$	所属子市场的先验概率

将潜变量表示为Z，超参数表示为Ω = {K} 观测数据为D={（ln，hn，yn）}Nn=1，其中Z，ln，hn，yn对应于表4-1中的符号。给定观测数据D和超参数Ω，使用最大似然原理来估计Θ。为了最大化上述对数似然，本研究期望最人化（EM）算法。EM迭代最大化Q（Γ Θ（t））函数，即：

$$\hat{\Theta}^{(t+1)} = \arg\max_{\Theta} Q(\Theta|\hat{\Theta}) \qquad (4\text{-}1)$$

其中，Q（ΘΓ Θ（t））定义为：

$$Q\left(\Theta|\hat{\Theta}^{(t)}\right) =$$

$$E_Z\left[\log \Pr(D,Z|\Theta)|D,\Theta^t\right] = \sum_Z \Pr\left(Z|D,\Theta^{(t)}\right)\log \Pr\left(D,Z|\Theta\right) \qquad (4\text{-}2)$$

为了证明子市场效应建模的有效性，引入数据科学领域常用的三个指标作为性能参数，分别为平均绝对百分比偏差（MAPD）、平均绝对误差（MAE）、均方根误差（RMSE）。将本研究提出的贝叶斯网络模型与以下五种输入为栅格属性的非子市场基线模型的估值精度进行了比较。

Lasso回归（Lasso）：它是一种具有L1正则化的普通最小二乘线性模型，用于执行特征选择。

岭回归（Ridge）：它是一个具有L2正则化的普通最小二乘线性模型。在传统的HPM中，Lasso和Ridge都被广泛用作回归模型，因为线性模型为领域专家提供了良好的解释性。

支持向量机（SVM）：具体来说，我们使用带有径向基函数的SVM来捕捉非线性。

人工神经网络（ANN）：ANN是一种强大的非线性模型。它可以自动学习有效的特征表示，并提供准确的预测。具体来说，ANN表示多层感知器。

梯度推进回归T树（GBRT）：它是一种基于树的加性模型，可以捕捉非线性并获得良好的解释性（表4-2）。

不同模型之间的性能参数对比　　表4-2

Model	MAPD	MAE	RMSE
Lasso	13.25%	3.01	6.64
Ridge	13.33%	2.99	6.51
ANN	13.31%	2.68	5.57
GBRT	10.98%	2.73	9.31
SVM	8.01%	2.47	8.39
Our Model	6.65%	2.34	7.86

从图4-7中可以看出，目标地区的城市活力“子市场”在40个左右性能达到稳定，综合考虑性能函数的曲线拐点，本研究选取32作为城市活力“子市场”的中心点数值（图4-8）。

将得到的32个子市场对应的高斯分布中心进行各项指标的均值统计分析（图4-9）。为了在一个完整的图纸范围内进行分析比较，在统计分析之前，将不同量纲的指标进行标准化处理，使得每个维度的数据均落在［-2, 2］的标准区间。

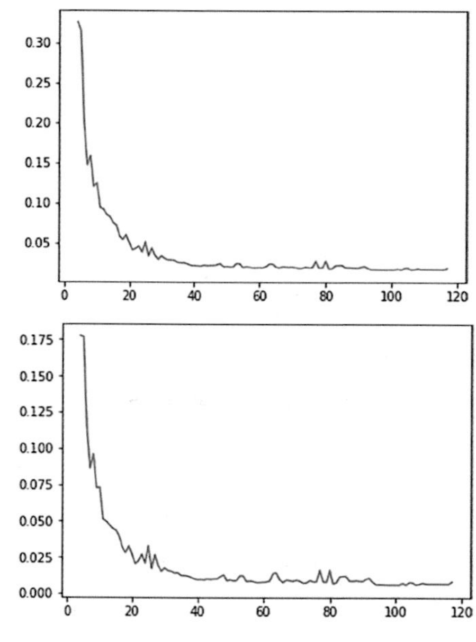

图4-7　基于MAPD（左）、MAE（右）的性能检测

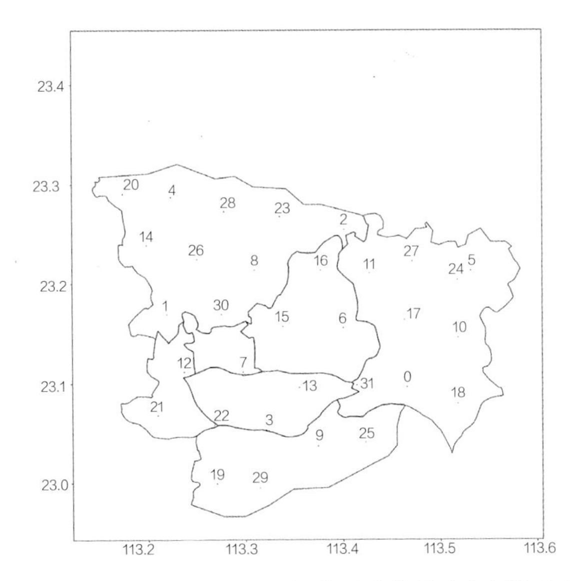

图4-8 目标地区城市活力“子市场”的中心点位置图

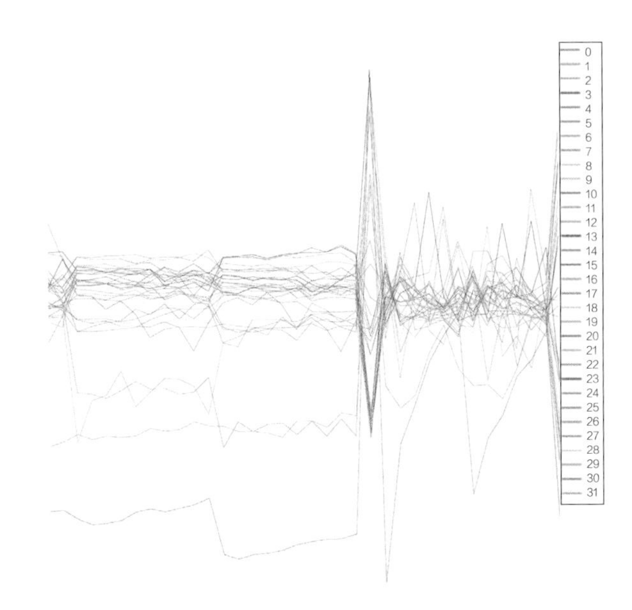

图4-9 对子市场中心点多维指标的均值统计分析

2. 模型算法相关支撑技术

本研究以Jupyter Notebook 1.0.0为开发平台，使用语言为Python 3.7.0，整体开发在x64服务器上实现，该服务器具有双核2.40GHz CPU和32 GB RAM。开发过程中基于Jupyter Notebook平台挂接系列模块及库，主要包括：geopandas 0.10.1、numpy 1.21.2、math 1.2.1、pandas 1.1.5、Shapely 1.7.1、matplotlib 3.4.3、pysal 2.6.0、seaborn 0.11.2、keplergl 0.3.2（表4-3）。

算法实现的过程实现列举 表4-3

列举编号	列举内容截图

1	Jupyter Notebook平台截图
	In [312]: import math
	import numpy as np
	import geopandas as gpd
	import pandas as pd
	import sys,os
	from shapely.geometry import LineString
	from shapely.geometry import Point
	from shapely.geometry import Polygon
	from shapely.geometry import MultiPoint
	from shapely.geometry import MultiPolygon
	from shapely.geometry import MultiLineString
	from shapely.ops import unary_union
	import matplotlib.pyplot as plt
	from pysal.lib import weights
	import seaborn as sns
	#显示所有列
	pd.set_option('display.max_columns', None)
	# 这两行代码解决 plt 中文显示的问题
	plt.rcParams['font.sans-serif'] = ['SimHei']
	plt.rcParams['axes.unicode_minus'] = False

2	对大尺度栅格的特征标签
3	初始化KNN算法为每个网格计算4个邻居
4	展示22个类别的聚类结果

五、实践案例

1. 模型应用实证及结果解读

（1）基于大众活动分布层建立珠江沿岸整体印象

印象1：广州作为国际化大都市，拥有体量庞大、数量众多、不同等级的城市中心，基于全体和分人群类别的工作地、商务类兴趣标签等数据的可视化分析，并将其耦合到珠江沿岸的城市空间中，能够认知到中心体系具有沿江分布、生长延展的特征。CBD作为城市的心脏，是商务办公类产业的主要集聚地，由不同等级中心区构成，承担了不同地点、不同收入的广大市民主要的工作活动。

印象2：老城是广州的城市根基，是岭南老城的历史名片。老城拥有独特的魅力，为广州奠定了富有老广东生活气息的基调。基于对老年人居住地、工作地等数据的可视化分析，并将其耦合到珠江沿岸的城市空间中，发现其与广州城的历史演替轮廓具有高度相似性，以荔枝湾涌为起点的老城地区是体现广州底蕴和魅力的重要原点（图5-1）。

印象3：中轴线是广州的城市骨架，表现出功能的集聚与空间的延续。新老中轴线不仅空间鲜明，还吸附了多样的人群活动。基于对全体和分人群类别的工作地、娱乐地、商务类兴趣标签等数据的可视化分析，并将其耦合到珠江沿岸的城市空间中，可以清晰看出广州已经形成的两条轴线，将沿江的活动沿南北向轴线延伸到广州腹地的特征。

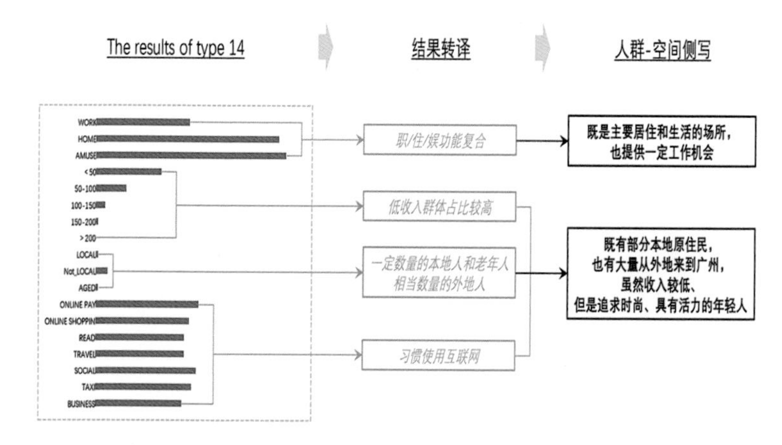

图5-2　对Type14聚落的人群画像解读

印象4：城中村是广州的城市肌肉，是低成本的、活力无穷的广州的细胞和血液，是居住功能的主要集聚地，承载了各种收入群体，特别是低收入群体选择的居住地活动。广州作为新中国最早进入城市化快速发展进程的城市之一，拥有数量众多、体量不一、纷繁复杂的城中村，基于对全体和分收入人群类别等数据的可视化分析，并将其耦合到珠江沿岸的城市空间中，不难看出这些城中村呈现出环绕中心分布的特点。

（2）基于都市聚落区划层梳理珠江沿岸结构系统

基于KNN算法的连绵特征空间识别技术建构都市聚落区划层，对划分得到的主要聚落板块进行后验式的数据统计，研判各聚落的主要人群画像表征（图5-2）。以Type14对应的“初出茅庐聚落”为例，箱线图的统计数据显示，其相较于其他聚落，具有“职/住/娱

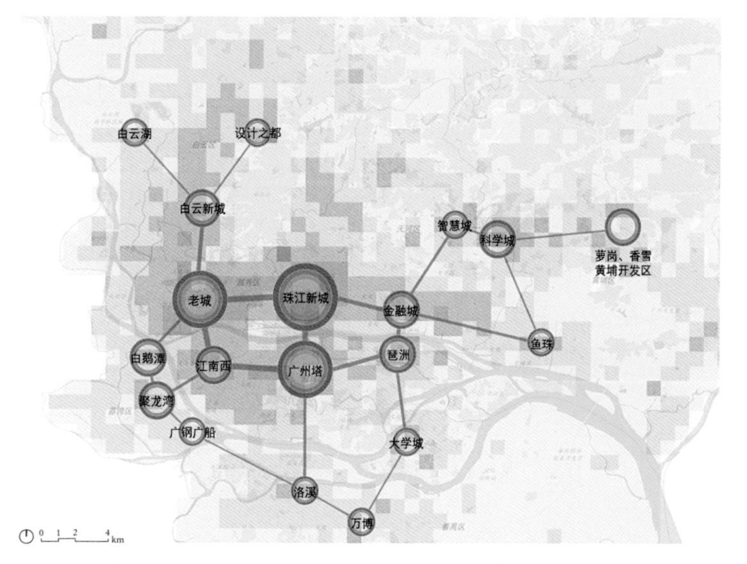

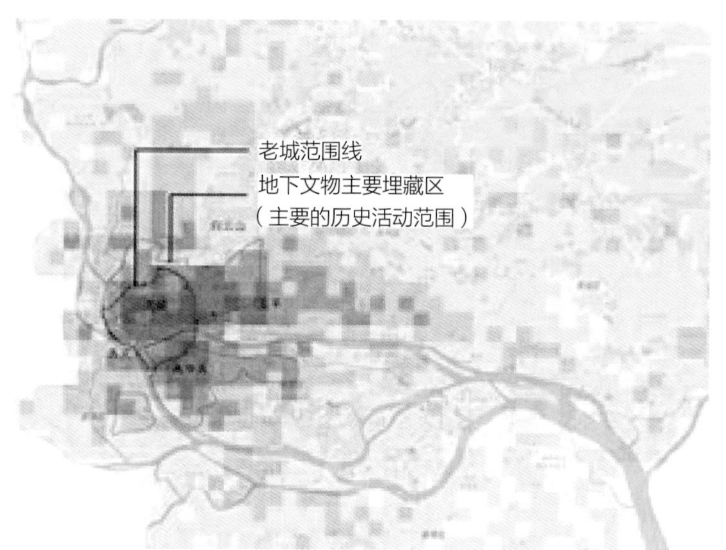

图5-1　珠江沿岸工作地同中心体系叠合分析（左），珠江沿岸老年人居住同部分历史信息叠合分析（右）

功能复合、低收入群体占比较高、一定数量的本地人和老年人、相当数量的外地人、习惯使用互联网"等方面特征，为此聚落提供了重要的人群画像侧写——既是主要居住和生活的场所，也提供一定工作机会；既有部分本地原有居民，也有大量从外地来到广州，虽然收入较低、但是追求时尚、富有活力的年轻人。通过实地考察校验，其紧邻珠江新城、琶洲、金融城、鱼珠等商务办公区，员村、棠下村、车陂村等规模较大的城中村分布其中，居住成本低廉，生活气息浓厚，同时也提供一定的工作机会；因此，成为从外地前来打拼的新人或刚毕业的学生落脚广州的第一站。上述现状同数据特征吻合程度较高，因此，采用"初出茅庐聚落"对其进行描述。

建构的都市聚落区划层，提供了极为独特的视角，由珠江沿岸人群特征向珠江沿岸空间特色的链接与转换，从全体人民的角度出发，强调珠江沿岸的公共功能与公共活动属性，将沿江空间主要分成5条功能带，11个主题区，沿线策划具有特色主题，并从江岸向城市腹地延伸拓展。规划设计中可以通过文化路径策划的方式，结合珠江沿岸段落主题和历史文化遗产资源体系，梳理现存各类资源，挖掘背后精神内涵，全景式、全息式再现珠江整体风貌，打造各类文化品牌。强调全年龄、全文化、全社会不同背景的人民在珠江都能够得到良好的体验，从文化体验和社会认同的角度塑造人民的珠江（图5-3，图5-4）。

（3）基于特色足迹聚集层遴选近期行动计划

划分基于贝叶斯算法的"子市场"中心提取技术，得到活力子市场中心。由于这些中心在活力生成机制上最具代表性，将这些中心作为近期行动计划遴选的"参考点"及"潜力点"，从而为后续项目实施的推进起到以点带面的作用。

例如，3号活力子市场中心为沥滘村，旧村活动人群以低收入人群为主，同时对手机短视频等软件具有较高的使用率，人群社交和公共活动的需求与匮乏的空间场所不匹配，因此，建议近期实施旧村广场绿地提升项目；7号活力子市场中心为东山社区，汽车、商务等指标标志着该地区观光化和中产化等自下而上的变化力量，因此，建议近期实施历史建筑活化利用项目；22号活力子市场中心为东洛围，其人群活力与滨水距离、业态等因素

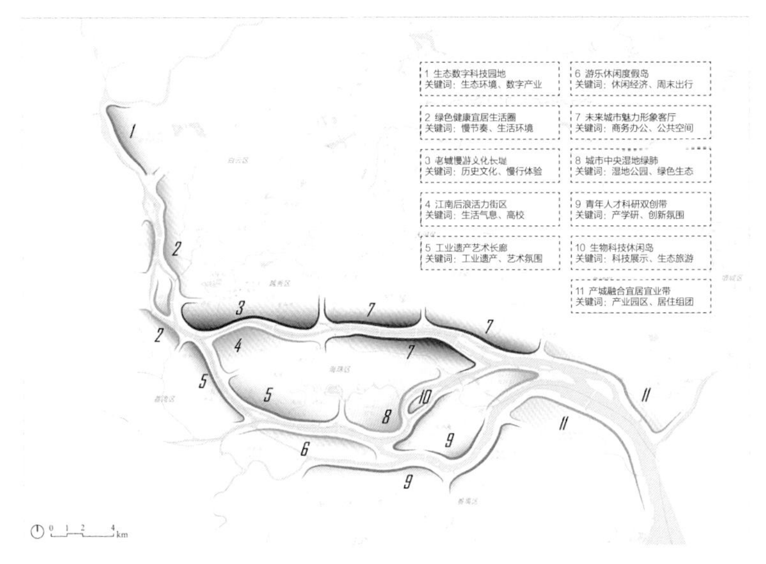

图5-3 珠江沿岸主题区段

图5-4 珠江沿岸特色游览线路策划

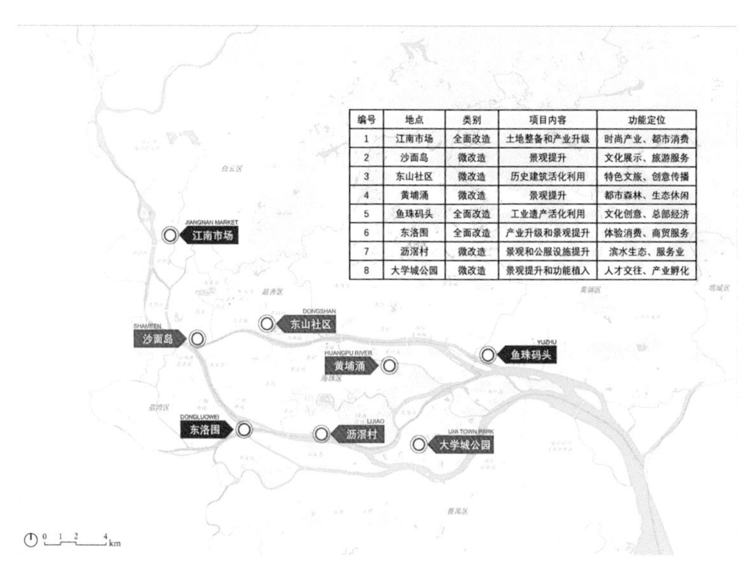

编号	地点	类别	项目内容	功能定位
1	江南市场	全面改造	土地整备和产业升级	时尚产业、都市消费
2	沙面岛	微改造	景观提升	文化展示、旅游服务
3	东山社区	微改造	历史建筑活化利用	特色文旅、创意传播
4	黄埔涌	微改造	景观提升	都市森林、生态休闲
5	鱼珠码头	全面改造	工业遗产活化利用	文化创意、总部经济
6	东洛围	全面改造	产业升级和景观提升	体验消费、商贸服务
7	沥滘村	微改造	景观和公服设施提升	滨水生态、服务业
8	大学城公园	微改造	景观提升和功能植入	人才交往、产业孵化

图5-5 珠江沿岸空间特色提升近期实施计划

相关，然而现实滨水空间割裂、被占用，业态相互孤立、缺乏体验，因此，建议近期实施滨水景观提升与产业升级项目（图5-5）。

2. 模型应用案例可视化表达

本研究中基于模型分析结果，引入ketoper.gl可视化模块，用于大规模地理定位数据集的可视化表达，并支持 csv、json 和 geojson 格式。在平台界面中，可以通过操作不同的图层，执行过滤或聚合等操作来浏览数据（图5-6、图5-7）。

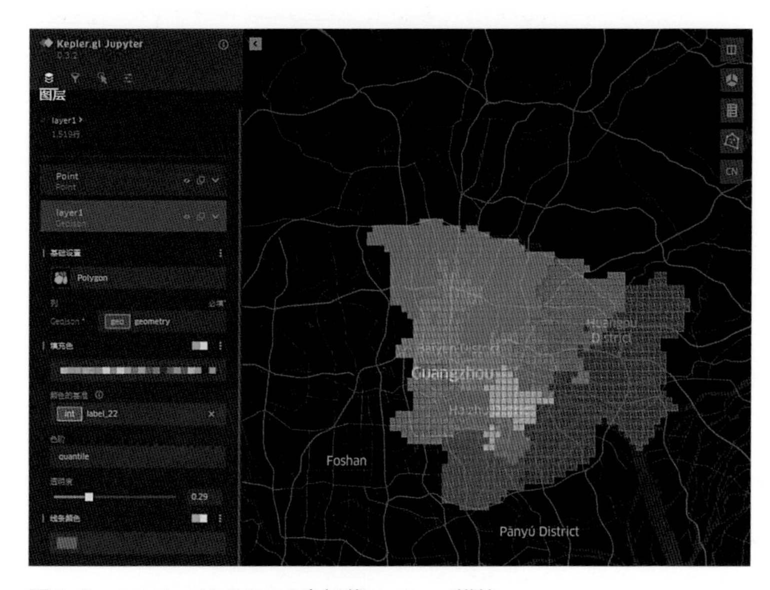

图5-6　Jupyter Notebook中加载kepler.gl模块

图5-7　使用kepler.gl模块考察都市聚落层的特征属性

六、研究总结

1. 模型设计的特点

（1）将以人民为中心的发展思想融入模型设计

人群及其活动是“触发”规划设计的重要线索之一。通过从“珠江的人民”到“人民的珠江”，试图探索一条以“人”为出发点、以“空间”为落脚点的数字化城市设计路径。在传统的从空间到空间的研究及设计思路基础上，将以人民为中心的发展思想融入模型设计。

（2）通过分层次模型算法深度挖掘底层数据沙盘

强调数据“加工”能力，避免过度注重原始数据精度，本研究通过“分层提炼”的思维模式，基于分层次算法从底层数据沙盘中挖掘建立大众活动分布层、都市聚落区划层、特色足迹聚集层，并以此建构珠江沿岸的全息生活图谱，有效支撑规划设计决策。

（3）模型输出端指向规划决策流程中的关键板块

相对于既有研究相对侧重前段分析，本研究重点关注分析结构如何融合成为规划设计决策的关键线索，并将模型输出端指向规划决策流程中的关键板块。基于各级指标的绝对值数量，以及表征人口活动的OD连线数据，提炼大众活动分布层，建立目标区域人群构成及活动空间分布的整体印象；基于栅格人群的各类标签综合对建成环境中的人群进行空间画像，提炼都市聚落区划层，从人的视角构建目标区域空间的结构性特征；基于对具有典型地域特征且对周边具有较强带动及影响的人群聚集点进行深度挖掘，提炼特色足迹聚集层，支撑特色节点规划，明确近期重点项目。

2. 应用方向或应用前景

（1）面向全国尺度城市统一量纲的“数字聚落画像”

站在城市规划工作者的角度，通过借助具有普遍性和广泛性的联通智慧足迹数据对比研判不同城市之间的规律特征，能够更加深化对地方特色的理解与认知。因此，运用本研究提供的方法范式，能够进一步建立面向全国尺度城市统一量纲的“数字聚落画像”，为以人群视角切入理解不同城市空间的分异提供重要参考。

（2）面向城市空间中富有特色的小众人群聚集点挖掘

当代城市人群趋向于多元化、个性化，行为模式日臻复杂因此促成了当代都市多元魅力。运用本研究的技术手段，将城市中不同行为模式的人群细分，尤其可以关注城市空间中富有特色的小众人群，识别其时空分异特征并进行刻画，挖掘其聚集点，能够为后续更加深入的研究提供线索。

参考文献

[1] Hagerstrand T.1970.What about people in regional science［J］_Papers in Regional Science, 24（1）：6–21.

[2] 柴彦威，王恩宙．时间地理学的基本概念与表示方法［J］. 经济地理，1997（3）：55–61.

[3] Kwan M–P.2000. Interactive geo visualization of activity–travel patterns using three–dimensional geographical information systems：a methodological exploration with a large data set［J］. Transportation Research C，8：1–6.

[4] Kwan M–P.2004.GIS methods in time–geographic research：geocomputation and geovisualization of human activity patterns［J］. Geografiska Annaler Series B：Human Geography，86（4）：267–280.

[5] 王兴中．中国城市生活空间结构研究［M］．北京：科学出版社，2004.

[6] Kraak.2005. A visualization environment for the space–time–cube［J］. Development in Spatial Data Handling，5：189–200.

[7] Lu Y, Liu Y.2012.Pervasive location acquisition technologies：opportunities and challenges for geospatial studies［J］. Computers, Environment and Urban Systems，36（2）：105–108.

[8] Batty M. The new science of cities［M］. MIT press, 2013.

[9] 刘嘉伟．基于GPS技术的时空行为研究综述［J］．山西建筑，2015，41（34）：3–4.

[10] Boeing G. A multi–scale analysis of 27 000 urban street networks［J］. Environment and Planning B：Urban Analytics and City Science, 2018.

[11] Dibble J, Prelorendjos A, Romice O, et al. On the origin of spaces：Morphometric foundations of urban form evolution［J］. Environment and Planning B：Urban Analytics and City Science, 2019, 46（4）：707–730.

[12] 林荣平，周素红，闫小培．1978年以来广州市居民职住地选择行为时空特征与影响因素的代际差异［J］．地理学报，2019，74（04）：753–769.

[13] Araldi A, Fusco G. From the street to the metropolitan region：Pedestrian perspective in urban fabric analysis［J］. Environment and Planning B：Urban Analytics and City Science, 2019, 46（7）：1243–1263.

[14] 朱玮，梁雪媚，桂朝，等．上海职住优化效应的代际差异［J］．地理学报，2020，75（10）：2192–2205.

[15] 龙瀛．颠覆性技术驱动下的未来人居——来自新城市科学和未来城市等视角［J］．建筑学报，2020（Z1）：34–40. DOI：10.19819/j.cnki.ISSN0529–1399.202003004.

[16] 丁亮，钮心毅，施澄．多中心空间结构的通勤效率——上海和杭州的实证研究［J］．地理科学，2021，41（9）：1578–1586.DOI：10.13249/j.cnki.sgs.2021.09.009.

[17] 甄峰，孔宇．“人—技术—空间”一体的智慧城市规划框架［J］．城市规划学刊，2021（6）：45–52.DOI：10.16361/j.upf.202106006.

[18] 王德，胡杨．城市时空行为规划：概念、框架与展望［J］. 城市规划学刊，2022（1）：44–50．DOI：10.16361/j.upf.202201006.

[19] 塔娜，柴彦威．行为地理学的学科定位与前沿方向［J］. 地理科学进展，2022，41（1）：1–15.

风·水·城
——城市路网规划模式识别与决策支持模型构建

工作单位：天津大学建筑学院

报名主题：面向高质量发展的城市综合治理

研究议题：空间发展战略与城市治理策略

技术关键词：机器学习、城市形态学研究、sDNA模型

参 赛 人：王华钊、任航萱、富羿程、郭淳锐、陈放、贺玺桦

指导教师：许涛

参赛人简介：团队成员来自天津大学建筑学院，人员涵盖高校教师、研究生和本科生，专业包含城乡规划与风景园林。团队近年来在城水关系方面有一定研究基础，在核心期刊上发表过多篇相关论文并在高水平学术会议上进行过相关报告。该研究项目基于国家自然科学基金青年项目“基于雨洪调蓄能力的城市绿地系统格局优化研究”（编号：51808385），在原有研究基础上进一步探讨城市路网和风环境及水系统的关系，并构建出城市路网规划模式识别与决策支持模型。

一、研究问题

1. 研究背景与意义

（1）研究背景

风水营城，道法自然。关注城市和风环境及水系统的关系是中西方共同的文化传统。中国传统的风水理论在百年前就已揭示了人与自然和谐共生的发展观，依据风水理念构建城市有机空间布局成为中式营城的重要手段。城市的建设与扩张在风水要素的影响下呈现出轴向化、河流同心化趋势，一定程度上呼应了中国传统的意识形态：饱含大同秩序的儒家思想以及与风水协调的营城理念。西方早期城市营建实践中同样将风、水等自然要素作为城市建设的重要依据。例如，罗马以水定城，大兴水利；威尼斯城水相融，流水穿城。

关注城市和风环境及水系统的关系同时也是现实需要的结果。首先，作为城市形态规划的重要依据，风水等自然要素的研究与分析是城市总体布局和城市空间营造的前提条件。由于城市风、水环境对城市局地环流以及城市热岛具有显著作用，因而会对城市形态布局与土地利用产生重要影响。其次，风水等自然要素对城市气候具有影响，例如，不同季节的城市风向风速、与水系的距离等因素使得城市气候特征产生分异并由此对城市交通通勤产生影响，城市人群出行方式的不同导致城市交通绩效的改变。此外，风环境和水系统还是影响城市人居环境建设的关键，如何将城市气候优化融入城市空间规划以达到改善人居环境的目的已经成为可持续背景下城市规划的重要议题。

关注城市和风环境及水系统的关系更是政策导向的要求。

随着国土空间规划体系的建立与“多规合一”工作的不断推进，在国土空间规划编制工作的前期开展“双评价”研究，为国土空间现代化治理提供保障。风、水是城市重要的自然要素，通过引入风、水等因子以完善双评价研究体系，有助于树立生态优先的价值位序，完善城市建设适宜性评价成果，创新促进要素流动的政策制度，推动建设人与自然和谐共生的美丽中国。

（2）研究意义

一是提出了研究城市路网规划的新视角和新方法。本研究创新性地从风环境和水系统的视角研究城市路网规划，为今后相关研究提供了参考。采用类型学方法对城市路网模式进行研究并构建数据库，为城市路网规划研究提供了新的工具。

二是为未来城市路网规划决策提供科学支撑。本研究着眼于城市路网规划的实践，具有很强的现实意义，有助于优化未来城市路网规划决策，推动营造高品质的城市空间，提高城市人居环境的舒适性和便捷性。

2. 理论依据

（1）相关研究进展

现有关于城市路网规划的研究主要可以分为规划视角研究、规划方法研究和规划案例研究三类。城市路网规划视角研究多是在某些特定的视角下对路网规划进行分析，以此探究影响路网规划的因素或路网规划的潜在影响。柏春提出了城市路网规划中的气候问题，许峰等研究了海陆风对填海造陆区路网规划的影响。N.Mohajeri等分析了城市路网的演变和复杂性，B. Gunay等从形态和路线的视角提出了城市路网的评价方法，W.E. Marshall等研究了不同类型路网的道路安全问题，G. E. Cantarella等讨论了城市多准则路网设计问题，Mehmood等研究了城市街道网络中心性与集疏点的空间耦合效应。

城市路网规划的方法研究多是在某些新理论或新技术支持下提出新的路网规划方法，并以某一地区或某些地区为例进行实例应用探索。裴玉龙等、王秋平等和虎啸等分别提出了基于城市区位势能、基于分形方法和基于ArcGIS的城市路网规划方法，邓一凌等研究了历史城区微循环路网分层规划方法。F. Russo提出了一种求解多准则城市路网设计问题后选择最优解的拓扑方法，E. Miandoabchi研究了基于混合元启发式的双目标双峰式城市路网设计方法，P.Luathep等对大尺度路网的脆弱性分析方法进行了探究。

城市路网规划案例研究多是通过对某一地区或某些地区的路网规划进行分析，从而提出具体的优化策略或总结出关于城市路网规划的一般规律。王清校等、申凤等分别对巢湖市和昆明呈贡新区核心区的路网规划进行了研究，E. A. Beukes等、Tein Y等分别对开普敦和曼哈顿的路网规划进行了分析。Geoff Boeing在全球范围内选取大样本进行了分析并以100个城市为例提出了新的路网规划案例研究方法。

（2）现有相关模型

自20世纪以来，不少学者提出了面向城市路网规划的相关模型。林柏梁等提出了路网发展规划模型，桂滨等提出了公路网改扩建决策优化双层规划模型，诸云等提出了基于拥堵辨识的城市路网优化模型，盖春英等提出了市域公路网布局优化模型研究，C. Fisk提出了用于详细交通分析的交通规划模型。此外，Geoff Boeing研究利用全球人类住区层（Global Human Settlement Layer）衍生的边界，对世界上多个城市区域的街道网络进行了建模和分析。

3. 研究目标

一是运用定量分析的手段探究城市路网方向与风向及水系方向的关系。本研究综合运用数字化的分析手段，定量探究城市路网方向与风向及水系方向之间的关系，并将研究结果进行可视化呈现。

二是对城市路网规划模式进行类型学总结。本研究通过对样本城市的聚类以及对各类别城市共性特征的识别，运用类型学的方法对城市路网规划模式进行总结，并提出针对各类城市的路网优化建议。

三是构建城市路网规划数据库。本研究将研究的样本城市数据进行整理，形成城市路网规划数据库，助力同类型及不同类型城市间的比较研究，为今后城市路网规划提供参考和借鉴。

四是构建城市路网规划模式识别与决策支持模型。本研究运用机器学习的方法构建城市路网规划模式识别与决策支持模型，并选取案例城市进行实践，对案例城市的路网规划模式进行识别并提出可行的优化策略。

二、研究方法

1. 研究内容与技术路线

本研究技术路线如图2-1所示，选取了30个人口300万以上的中国城市和30个世界不同地理环境区中的典型城市作为分析对象，利用多源数据对各城市的风向、水系方向和道路方向进行了统计分析，并对三者的香农熵进行了计算，以此探究各城市风、水系和路网的有序或无序程度。同时，对各城市风向、水系方向和道路方向的相关性进行了计算，依据计算结果运用层次聚类法和T-SNE降维算法将选取的城市归纳为适水规划型、机械规划型、有机规划型、统筹规划型、适地规划型和自由规划型六类；在KDE算法的支持下对各类型城市的特征进行了识别并选取了典型代表城市进行基于sDNA模型的深入分析，总结出各类城市的地理环境特征与路网规划特点。在此基础上，本研究比较了多种机器学习的方法，构建了城市路网规划模式识别与决策支持模型用以辅助提高城市建设水平，并选取了3个具有代表性的城市作为案例进行模型检验和情景模拟。

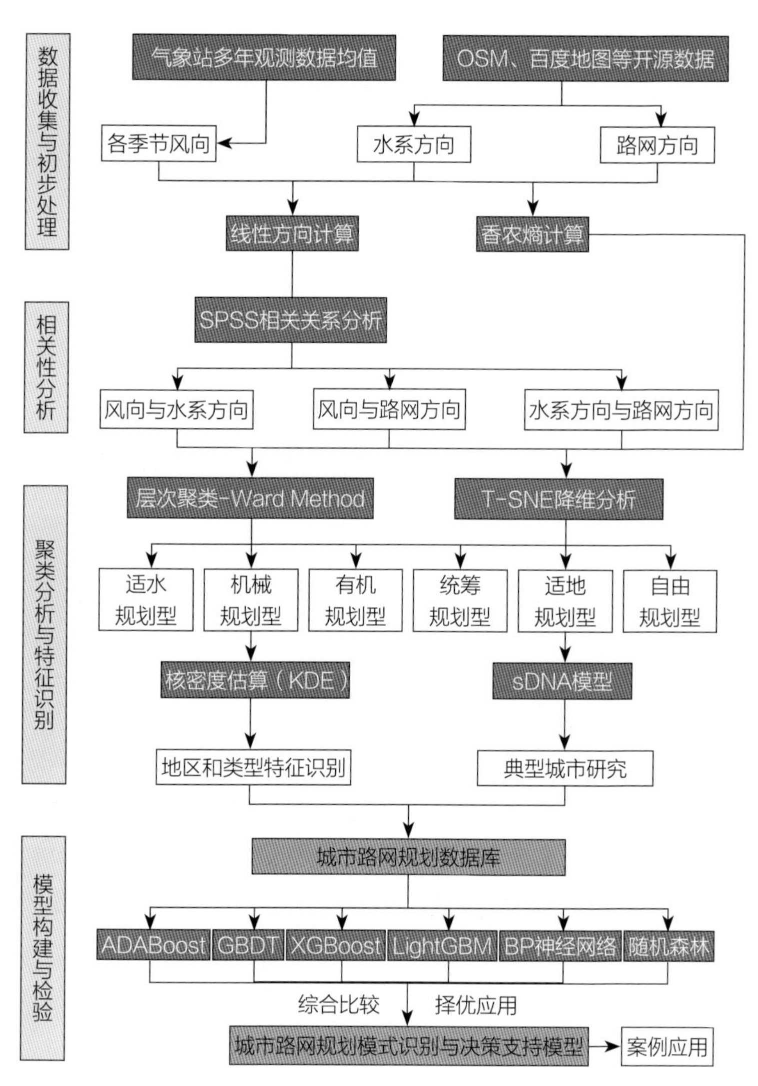

图2-1 技术路线图

2. 关键技术方法

本研究运用的关键技术方法可归纳为总体研究方法、数据处理方法和模型构建方法三个大类，各大类中具体的研究方法和应用说明如表2-1所示。

关键技术方法 表2-1

研究方法		应用说明
总体研究方法	实证研究法	通过定量研究探究各城市风向、水系方向和路网方向之间是否存在相关关系
	类型学研究法	将样本城市进行类型学归纳并总结各类别城市特征、提出路网规划建议
	对比研究法	对比不同地区和不同类别的城市以分析样本城市之间的共性和个性
	案例研究法	选取典型城市作为案例进行深入分析，通过案例研究总结类型城市共性特征
数据处理方法	线性方向计算	利用ArcGIS平台对各城市的路网和水系线性数据进行清洗和方向计算及统计
	香农熵计算	计算各城市风向、水系方向及路网方向的香农熵以探究其有序或无序程度
	相关性分析	定量分析各城市风向、水系方向和路网方向之间相关关系的强弱
模型构建方法	层次聚类（WARD-METHOD）	运用WARD-METHOD对样本城市进行层次聚类，依据其指标特征进行分类
	T-SNE降维算法	运用T-SNE降维算法将多维城市数据转换为二维数据并在平面坐标轴上展示
	核密度估算（KDE）	对各地区和各类别城市的重要指标进行核密度估算以探究其指标数值分布特征
	sDNA模型	运用sDNA模型对选取的典型样本城市路网结构进行深入分析
	机器学习分类	比较多种机器学习分类方法并择优选择两种作为构建城市路网模式识别的算法

3. 模型搭建与算法设计

本研究以60个样本城市作为初始样本构建了城市路网规划数据库。结合现有相关研究，同时通过比较涉及集成学习和神经网络的6种常见机器学习模型（各模型比较结果如表2–2所示），本研究选择了准确率、召回率和精确率都最高的XGBoost方法用以构建城市路网规划模式识别与决策支持模型（图2–2），并用精确率同样较高的BP神经网络作为检验方法（图2–3）。

机器学习方法比较　　表2–2

机器学习方法	准确率	召回率	精确率	F1
ADABoost	0.333	0.333	0.215	0.250
梯度决策树	0.750	0.750	0.756	0.694
XGBoost	0.917	0.917	0.944	0.917
LightGBM	0.833	0.833	0.875	0.833
BP神经网络	0.917	0.917	0.944	0.911
随机森林	0.917	0.917	0.861	0.883

备注：准确率表示预测正确样本占总样本的比例，召回率表示实际为正样本的结果中预测为正样本的比例，精确率表示预测出来为正样本的结果中实际为正样本的比例，F1则是精确率和召回率的调和平均。以上四个指标对于模型评估具有重要作用，其数值越大代表模型越精准。

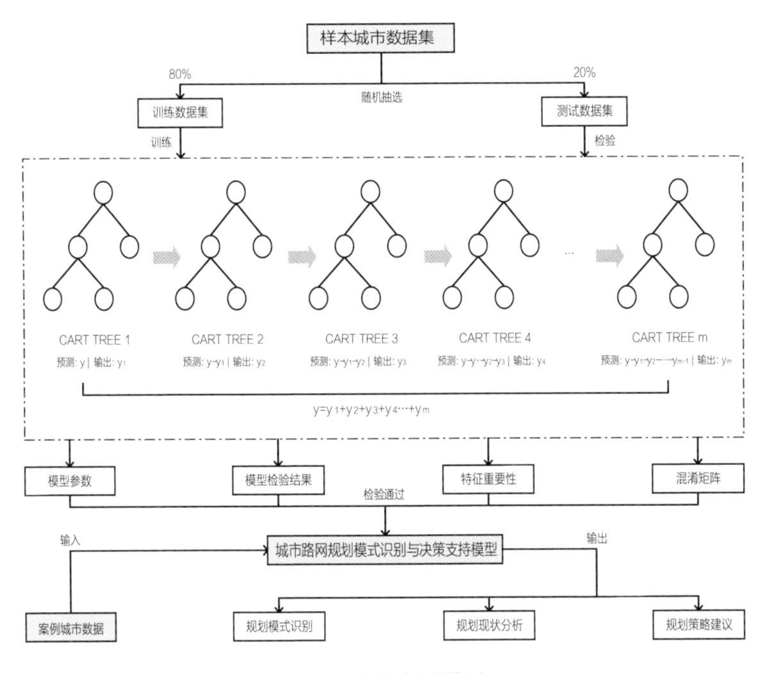

图2–2　城市路网规划模式识别与决策支持模型

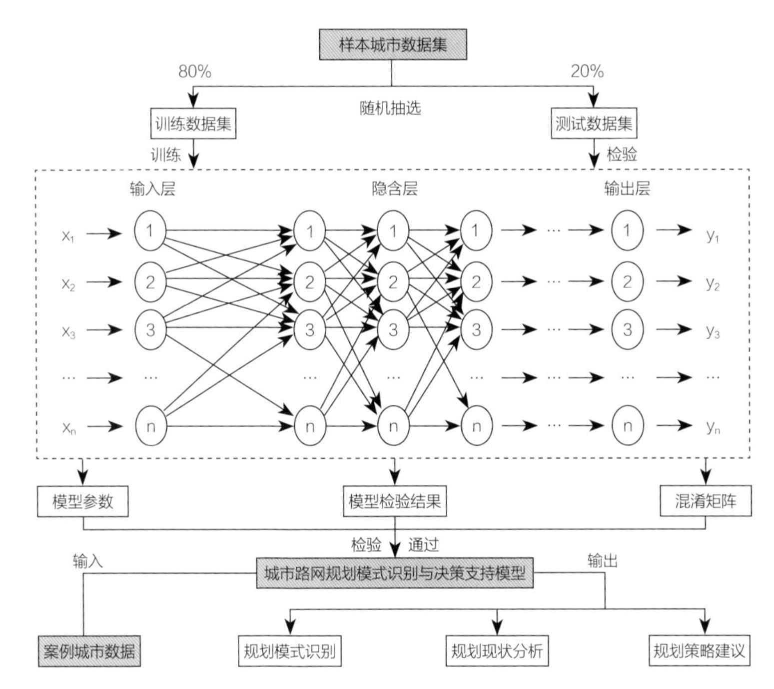

图2–3　模型检验方法

三、数据说明

1. 研究城市选取

（1）样本城市选取

本研究在全球范围共选取了60个样本城市用以分析，其中包括30个国内城市和30个国外城市，具体城市名单如表3–1所示。本研究选取了大陆地区2020年城区常住人口超过300万的城市（厦门因数据原因除外）及香港，共计30个城市作为国内城市样本；依据现有相关研究，从城市路网规划模式、地区代表性和城市知名度等方面综合考虑选取了30个城市作为国外城市样本。

（2）案例城市选取

在充分考虑城市区位和城市特征的基础上，本研究选取台州、布鲁塞尔和开普敦作为案例城市。

样本城市名单　表3-1

城市	City	城市	City	城市	City
北京	Beijing	哈尔滨	Harbin	沈阳	Shenyang
长春	Changchun	合肥	Hefei	深圳	Shenzhen
长沙	Changsha	香港	Hong Kong	石家庄	Shijiazhuang
成都	Chengdu	济南	Jinan	苏州	Suzhou
重庆	Chongqing	昆明	Kunming	太原	Taiyuan
大连	Dalian	南京	Nanjing	天津	Tianjin
东莞	Dongguan	南宁	Nanning	乌鲁木齐	Urumchi
福州	Fuzhou	宁波	Ningbo	武汉	Wuhan
广州	Guangzhou	青岛	Qingdao	西安	Xian
杭州	Hangzhou	上海	Shanghai	郑州	Zhengzhou
阿姆斯特丹	Amsterdam	火奴鲁鲁	Honolulu	内罗毕	Nairobi
雅典	Athens	伊斯坦布尔	Istanbul	巴黎	Paris
巴尔的摩	Baltimore	耶路撒冷	Jerusalem	罗马	Rome
巴塞罗那	Barcelona	卡拉奇	Karachi	圣保罗	Sao Paulo
波士顿	Boston	基辅	Kiev	萨拉热窝	Sarajevo
布达佩斯	Budapest	利马	Lima	斯德哥尔摩	Stockholm
布宜诺斯艾利斯	Buenos Aires	伦敦	London	东京	Tokyo
底特律	Detroit	洛杉矶	Los Angeles	多伦多	Toronto
迪拜	Dubai	莫斯科	Moscow	威尼斯	Venice
赫尔辛基	Helsinki	慕尼黑	Munich	华盛顿	Washington

2. 数据来源

本研究使用的主要数据来源和数据详细信息如表3-2所示。

主要数据来源及类型　表3-2

数据	风向数据	水系数据 & 路网数据	
		国内城市	国外城市
数据来源	Epwmap	百度地图	Open Street Map
获取方式	网站直接下载	通过软件“水经注”下载	通过镜像网站“Geofabrik”下载
数据年份	多年均值	2021年	2022年
数据格式	EXCEL文件	SHP文件	PBF文件

3. 数据预处理

（1）风向数据预处理

风向数据预处理流程如图3-1所示，分为下载、提取和统计分析三个步骤。该操作主要依托EXCEL软件进行。

（2）水系和路网数据预处理

水系和路网数据预处理流程如图3-2所示，分为下载、剪裁和字段筛选三个步骤，该操作主要依托QGIS和ArcGIS平台进行。

图3-1　风向数据预处理流程

图3-2　水系和路网数据预处理流程

四、模型算法

1. 要素实证计算

（1）线性方向计算

本研究依托ArcGIS平台对样本城市的水系和路网数据进行线性方向计算，并将预处理得到的各城市风向数据和线性方向计算后得到的各城市水系、路网方向数据进行可视化，得到如图4-1、图4-2和图4-3所示的样本城市风向、水系方向和路网方向示意图（垂直向上方向即为正北方向）。

需要说明的是，由于线段方向具有轴对称的性质，即同一平面内角度为$n°$的线段和角度为$n±180°$的线段是相互平行的。因此在统计线段方向时，每根线段都应被统计到其具体角度所对应的方向和与该方向轴对称的方向中。

（2）香农熵计算

本研究引入香农熵以衡量城市风向、道路方向和水系方向的有序或无序程度，其计算公式如下：

$$H(x) = -\sum_{i=1}^{n} P(x_i) \ln P(x_i) \tag{4-1}$$

式中，$H(x)$表示指标x的香农熵，x_i表示指标x在i方向上的统计值，$P(x_i)$表示指标x在i方向上的统计值占比。各城市风向、水系方向和道路方向的香农熵计算结果如表4-1所示。

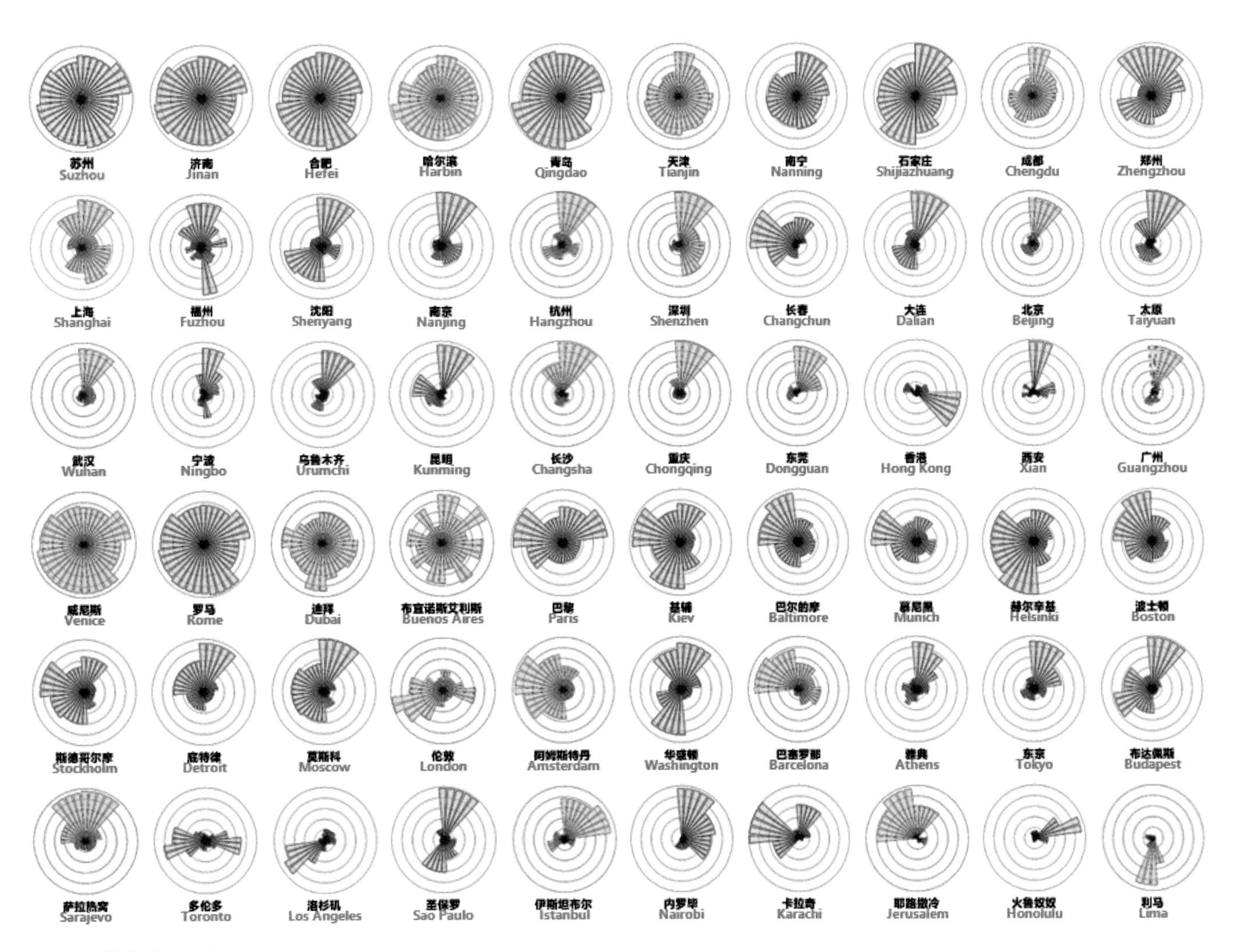

图4-1　样本城市风向示意图

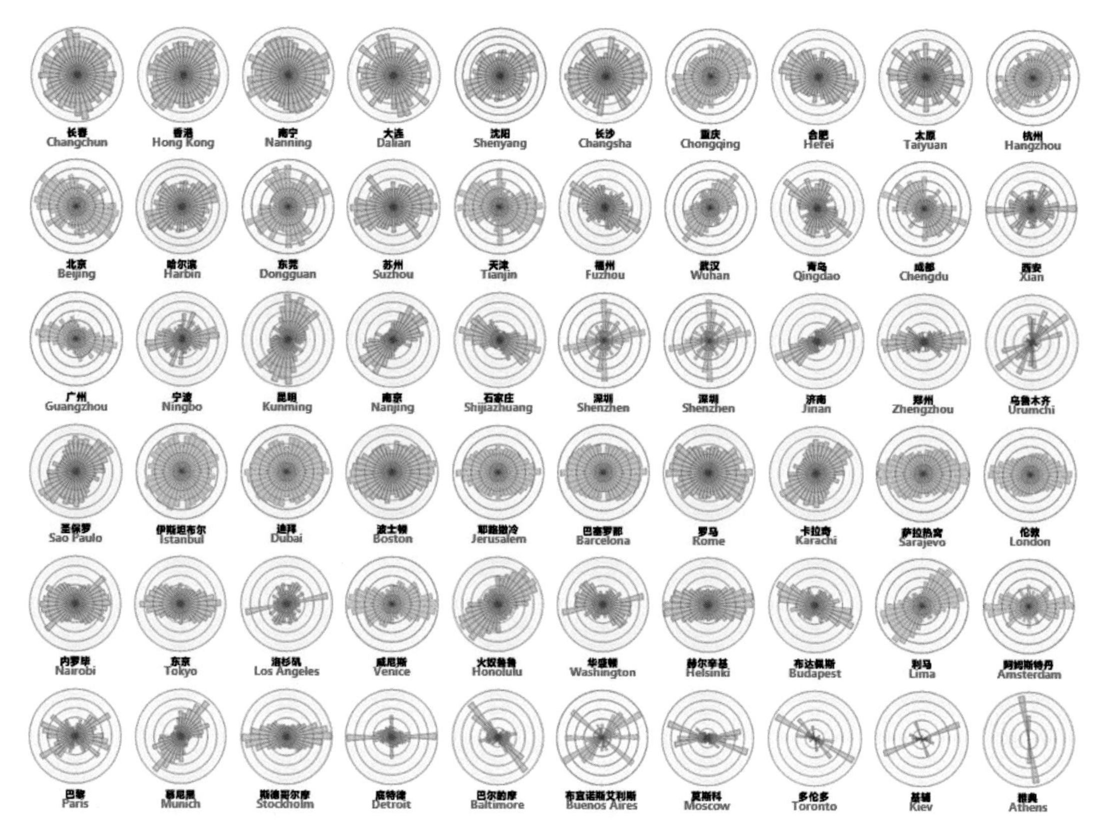

图4-2 样本城市水系方向示意图

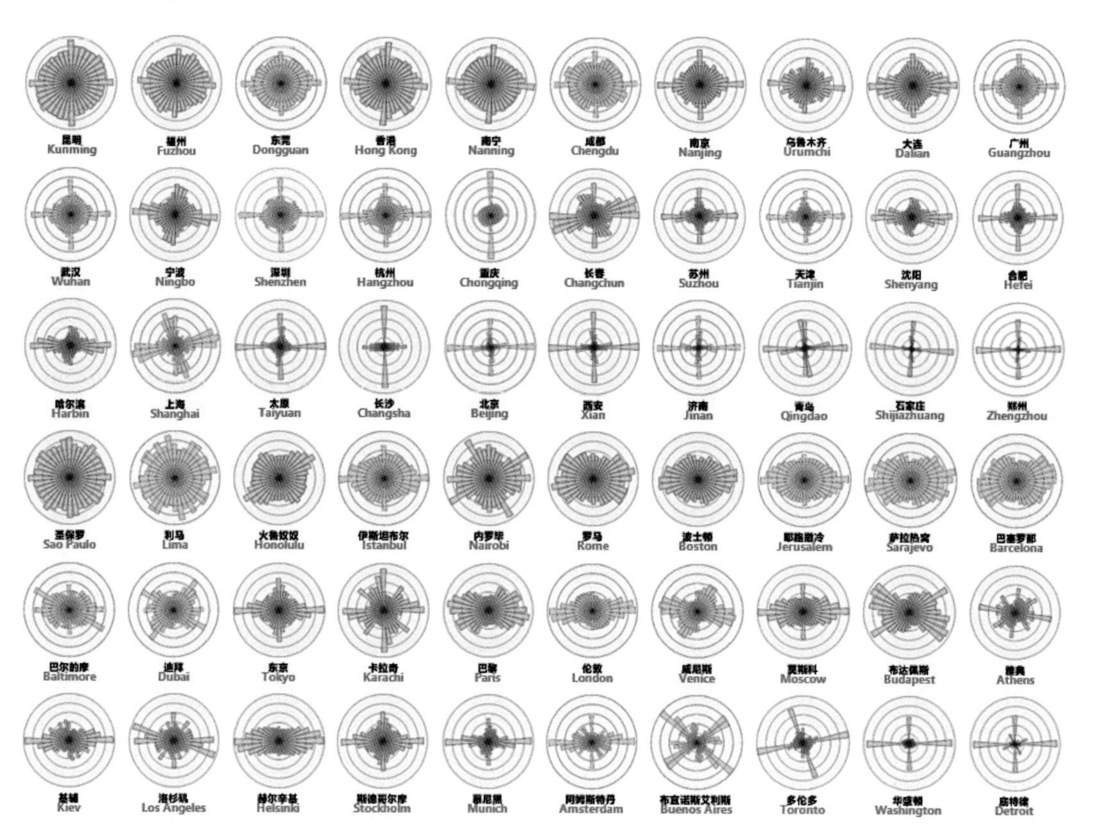

图4-3 样本城市路网方向示意图

样本城市风向、水系方向和路网方向香农熵　　表4–1

城市	风向熵（3–5月）	风向熵（6–8月）	风向熵（9–11月）	风向熵（12–2月）	风向熵	水系方向熵	路网方向熵	城市	风向熵（3–5月）	风向熵（6–8月）	风向熵（9–11月）	风向熵（12–2月）	风向熵	水系方向熵	路网方向熵
北京	3.388	3.252	3.108	3.204	3.259	3.546	3.255	阿姆斯特丹	3.508	3.357	3.419	3.39	3.438	3.477	3.439
长春	3.258	3.391	3.186	3.118	3.276	3.578	3.485	雅典	3.457	3.232	3.183	3.418	3.377	1.812	3.504
长沙	3.179	3.387	3	2.854	3.191	3.56	3.292	巴尔的摩	3.5	3.517	3.487	3.384	3.501	3.343	3.546
成都	3.537	3.546	3.538	3.517	3.536	3.512	3.569	巴塞罗那	3.452	3.44	3.368	3.114	3.405	3.564	3.553
重庆	3.177	3.253	3.019	3.016	3.142	3.558	3.487	波士顿	3.562	3.486	3.422	3.271	3.491	3.566	3.561
大连	3.267	3.291	3.213	2.95	3.268	3.564	3.551	布达佩斯	3.326	3.278	3.363	3.297	3.353	3.482	3.509
东莞	2.976	3.184	2.931	2.853	3.06	3.54	3.575	布宜诺斯艾利斯	3.534	3.527	3.522	3.545	3.538	3.325	3.422
福州	3.357	3.348	3.309	3.402	3.419	3.524	3.578	底特律	3.483	3.398	3.436	3.387	3.444	3.43	3.032
广州	3.177	3.253	3.019	3.016	3.038	3.507	3.546	迪拜	3.566	3.571	3.576	3.55	3.57	3.576	3.54
杭州	3.284	3.301	3.144	3.219	3.323	3.548	3.513	赫尔辛基	3.499	3.466	3.439	3.505	3.497	3.496	3.482
哈尔滨	3.574	3.571	3.57	3.576	3.576	3.541	3.466	火奴鲁鲁	2.929	2.615	2.572	3.404	3	3.505	3.569
合肥	3.577	3.573	3.575	3.579	3.578	3.555	3.469	伊斯坦布尔	3.335	2.932	3.229	3.163	3.221	3.579	3.564
香港	3.053	3.05	2.75	2.854	3.056	3.577	3.574	耶路撒冷	3.033	2.428	3.018	3.031	3.007	3.566	3.557
济南	3.577	3.577	3.577	3.575	3.578	3.378	3.213	卡拉奇	2.914	2.299	3.124	3.082	3.084	3.552	3.525
昆明	3.187	3.176	3.15	3.112	3.2	3.482	3.579	基辅	3.503	3.437	3.426	3.465	3.503	2.756	3.5
南京	3.371	3.402	3.059	3.243	3.326	3.452	3.556	利马	2.703	2.995	3.107	2.518	2.858	3.48	3.576
南宁	3.566	3.57	3.558	3.566	3.567	3.575	3.573	伦敦	3.388	3.316	3.455	3.431	3.442	3.546	3.514
宁波	3.231	3.276	3.167	2.868	3.219	3.505	3.537	洛杉矶	3.042	2.813	3.268	3.365	3.241	3.513	3.496
青岛	3.572	3.565	3.574	3.575	3.574	3.519	3.166	莫斯科	3.428	3.199	3.407	3.458	3.443	3.228	3.511
上海	3.462	3.414	3.289	3.324	3.464	3.395	3.441	慕尼黑	3.475	3.504	3.474	3.476	3.497	3.464	3.448
沈阳	3.299	3.243	3.382	3.336	3.383	3.562	3.474	内罗毕	3.001	3.01	3.047	2.855	3.103	3.54	3.563
深圳	3.317	3.315	3.102	3.065	3.286	3.428	3.528	巴黎	3.377	3.328	3.516	3.504	3.511	3.474	3.517
石家庄	3.564	3.558	3.563	3.567	3.564	3.43	3.027	罗马	3.568	3.574	3.575	3.579	3.576	3.561	3.561
苏州	3.577	3.569	3.579	3.578	3.578	3.537	3.479	圣保罗	3.235	2.98	3.254	3.289	3.235	3.579	3.581
太原	3.394	3.297	3.02	3.21	3.255	3.555	3.371	萨拉热窝	3.406	3.446	3.142	3.202	3.352	3.547	3.554
天津	3.571	3.568	3.561	3.561	3.569	3.528	3.475	斯德哥尔摩	3.477	3.524	3.37	3.392	3.479	3.458	3.478
乌鲁木齐	3.147	3.223	3.239	3.044	3.206	3.222	3.556	东京	3.404	3.367	3.2	3.168	3.355	3.53	3.533
武汉	3.194	3.372	3.019	3.201	3.229	3.521	3.543	多伦多	3.17	3.362	3.314	3.333	3.335	2.926	3.363
西安	3.265	3.174	2.656	2.966	3.051	3.508	3.215	威尼斯	3.577	3.572	3.575	3.581	3.577	3.509	3.511
郑州	3.512	3.482	3.414	3.445	3.506	3.352	2.968	华盛顿	3.426	3.446	3.403	3.34	3.427	3.499	3.196

为直观地反映各城市风向、水系方向和道路方向的有序或混乱程度，本研究对依据公式4–1计算得到的香农熵值进行标准化处理。对于风向，可能存在的最有序的风向是有且仅有一个方向上有风，此时风向熵为0；可能存在的最混乱的风向是36个方向上都有相等概率的风，此时风向熵为3.583 5；对于水系方向，由于水系线性数据的特征，因此可能的最有序的情况是有且仅有某一方向和与之轴对称的方向上有水系分布，此时水系方向熵为0.693 1；可能的最混乱的情况是36个方向上都有相等长度和的水系，此时水系方向熵为3.583 5；对于路网方向，考虑到现实中的城市路网必定相交，因此，可能的最有序的情况是有且仅有某两个方向和与之轴对称的两个方向（共4个方向）上有路网分布，此时路网方向熵为1.386 2，可能的最混乱的情况是36个方向上都有相等长度和的道路，此时路网方向熵为3.583 5；依据以上推断本研究采用极差法人为设定最大最小值进行标准化处理，计算公式如下：

$$Z_{ij}=\frac{(X_{ij}-X_{j\,min})}{(X_{j\,max}-X_{j\,min})} \tag{4–2}$$

式中，Z_{ij}为标准化后的指标，其取值范围为［0,1］；X_{ij}为原始值，X_{jmax}、X_{jmin}分别是j指标的最大值和最小值。各城市风向、水系方向和道路方向的标准熵计算结果如表4–2及图4–4、图4–5和图4–6所示。

样本城市风向、水系方向和路网方向标准熵 表4–2

城市	风向熵（3–5月）	风向熵（6–8月）	风向熵（9–11月）	风向熵（12–2月）	风向熵	水系方向熵	路网方向熵	城市	风向熵（3–5月）	风向熵（6–8月）	风向熵（9–11月）	风向熵（12–2月）	风向熵	水系方向熵	路网方向熵
北京	0.945	0.907	0.867	0.894	0.909	0.987	0.85	昆明	0.889	0.886	0.879	0.868	0.893	0.965	0.998
长春	0.909	0.946	0.889	0.87	0.914	0.998	0.955	南京	0.941	0.949	0.854	0.905	0.928	0.954	0.987
长沙	0.887	0.945	0.837	0.796	0.89	0.992	0.867	南宁	0.995	0.996	0.993	0.995	0.995	0.997	0.995
成都	0.987	0.989	0.987	0.981	0.986	0.975	0.993	宁波	0.901	0.914	0.884	0.8	0.898	0.973	0.979
重庆	0.886	0.908	0.842	0.842	0.877	0.991	0.956	青岛	0.997	0.995	0.997	0.998	0.997	0.977	0.81
大连	0.912	0.918	0.896	0.823	0.912	0.993	0.985	上海	0.966	0.953	0.918	0.927	0.966	0.935	0.935
东莞	0.83	0.888	0.818	0.796	0.854	0.985	0.996	沈阳	0.92	0.905	0.944	0.931	0.944	0.992	0.95
福州	0.937	0.934	0.923	0.949	0.954	0.979	0.997	深圳	0.925	0.925	0.865	0.855	0.917	0.946	0.974
广州	0.886	0.908	0.842	0.842	0.848	0.973	0.983	石家庄	0.994	0.993	0.994	0.995	0.995	0.947	0.746
杭州	0.916	0.921	0.877	0.898	0.927	0.988	0.968	苏州	0.998	0.996	0.999	0.998	0.998	0.984	0.952
哈尔滨	0.997	0.996	0.996	0.998	0.998	0.985	0.946	太原	0.947	0.92	0.843	0.896	0.908	0.99	0.903
合肥	0.998	0.997	0.998	0.999	0.998	0.99	0.948	天津	0.996	0.996	0.994	0.994	0.996	0.981	0.95
香港	0.852	0.851	0.767	0.796	0.853	0.998	0.995	乌鲁木齐	0.878	0.899	0.904	0.849	0.895	0.875	0.987
济南	0.998	0.998	0.998	0.998	0.998	0.929	0.831	武汉	0.891	0.941	0.842	0.893	0.901	0.978	0.981
西安	0.911	0.886	0.741	0.828	0.851	0.974	0.832	基辅	0.977	0.959	0.956	0.967	0.977	0.714	0.962
郑州	0.98	0.972	0.953	0.961	0.978	0.92	0.72	利马	0.754	0.836	0.867	0.703	0.797	0.964	0.996
阿姆斯特丹	0.979	0.937	0.954	0.946	0.959	0.963	0.934	伦敦	0.945	0.925	0.964	0.957	0.96	0.987	0.968
雅典	0.965	0.902	0.888	0.954	0.942	0.387	0.964	洛杉矶	0.849	0.785	0.912	0.939	0.904	0.976	0.96
巴尔的摩	0.977	0.981	0.973	0.944	0.977	0.916	0.983	莫斯科	0.956	0.893	0.95	0.965	0.961	0.877	0.967
巴塞罗那	0.963	0.96	0.94	0.869	0.95	0.993	0.986	慕尼黑	0.97	0.978	0.969	0.97	0.976	0.959	0.938

续表

城市	风向熵（3–5月）	风向熵（6–8月）	风向熵（9–11月）	风向熵（12–2月）	风向熵	水系方向熵	路网方向熵	城市	风向熵（3–5月）	风向熵（6–8月）	风向熵（9–11月）	风向熵（12–2月）	风向熵	水系方向熵	路网方向熵
波士顿	0.994	0.973	0.955	0.913	0.974	0.994	0.99	内罗毕	0.837	0.84	0.85	0.797	0.866	0.985	0.99
布达佩斯	0.928	0.915	0.938	0.92	0.936	0.965	0.966	巴黎	0.942	0.929	0.981	0.978	0.98	0.962	0.969
布宜诺斯艾利斯	0.986	0.984	0.983	0.989	0.987	0.91	0.926	罗马	0.996	0.997	0.998	0.999	0.998	0.992	0.99
底特律	0.972	0.948	0.959	0.945	0.961	0.947	0.749	圣保罗	0.902	0.831	0.908	0.918	0.902	0.998	0.999
迪拜	0.995	0.996	0.998	0.99	0.996	0.997	0.98	萨拉热窝	0.95	0.961	0.877	0.893	0.935	0.987	0.986
赫尔辛基	0.976	0.967	0.96	0.978	0.976	0.97	0.954	斯德哥尔摩	0.97	0.983	0.94	0.946	0.971	0.956	0.952
火奴鲁鲁	0.817	0.73	0.718	0.95	0.837	0.973	0.993	东京	0.95	0.939	0.893	0.884	0.936	0.981	0.977
伊斯坦布尔	0.93	0.818	0.901	0.882	0.899	0.998	0.991	多伦多	0.885	0.938	0.925	0.93	0.931	0.772	0.899
耶路撒冷	0.846	0.677	0.842	0.846	0.839	0.994	0.988	威尼斯	0.998	0.997	0.998	0.999	0.998	0.974	0.967
卡拉奇	0.813	0.642	0.872	0.86	0.861	0.989	0.973	华盛顿	0.956	0.961	0.949	0.932	0.956	0.971	0.823

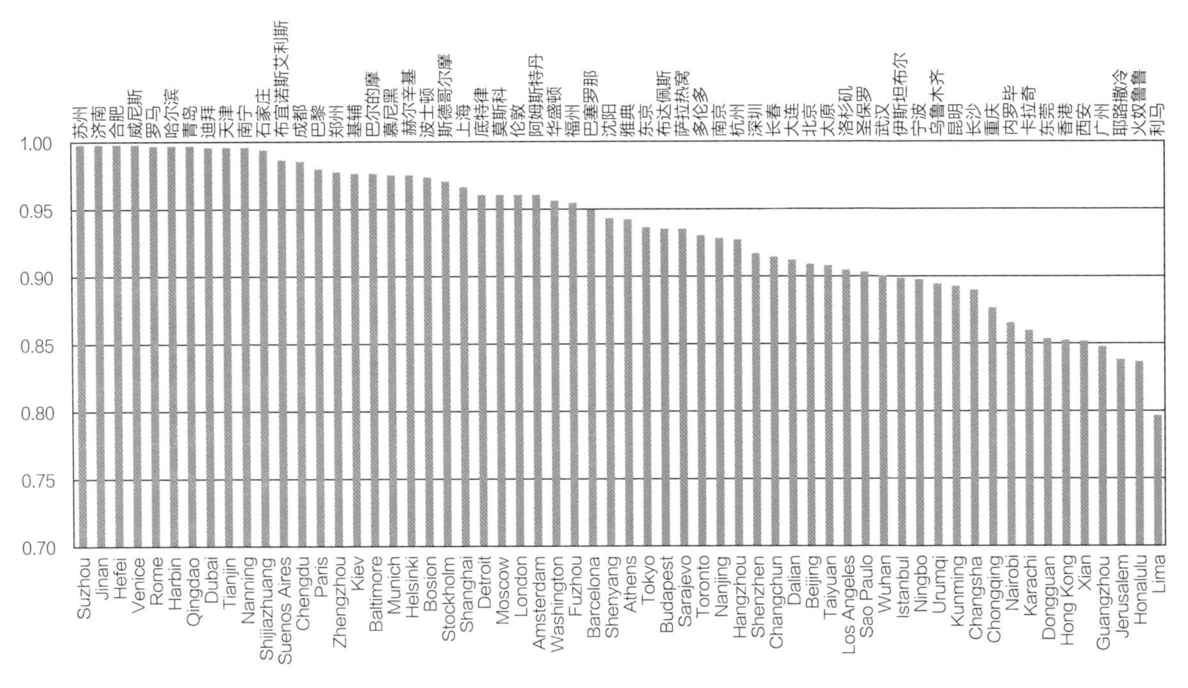

图4–4 样本城市标准风向熵

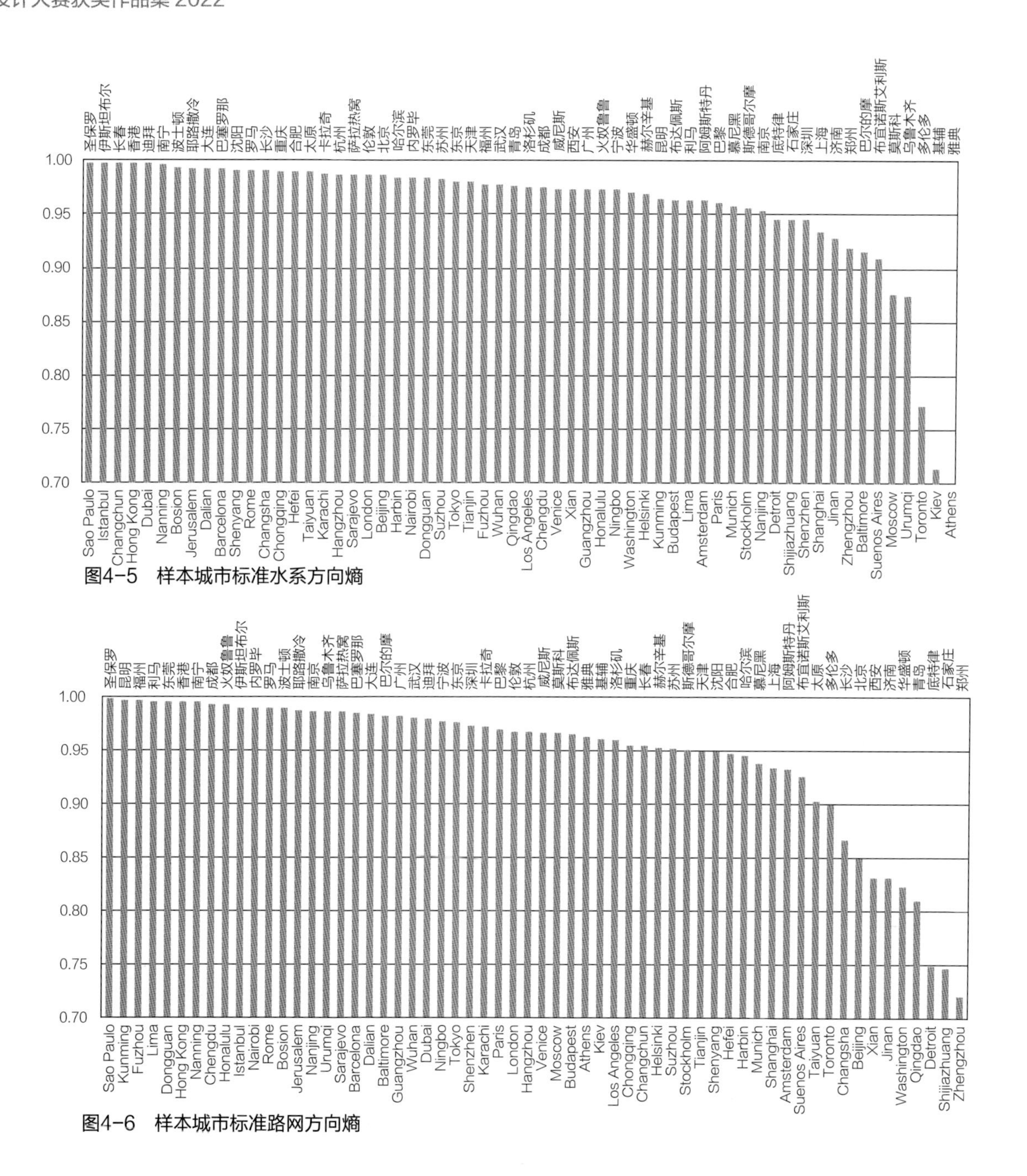

图4-5　样本城市标准水系方向熵

图4-6　样本城市标准路网方向熵

（3）相关性计算

本研究借助SPSS软件对各城市风向（包括总风向和季节风向）、水系方向和路网方向的相关性进行了计算，各指标代码如表4-3所示，样本城市的计算结果如表4-4所示。

相关性计算指标代码　　表4-3

指标	代码	指标	代码
风向（3-5月）-水系方向相关性	A	风向（9-11月）-路网方向相关性	G

续表

指标	代码	指标	代码
风向（6-8月）-水系方向相关性	B	风向（12-2月）-路网方向相关性	H
风向（9-11月）-水系方向相关性	C	总风向-水系方向相关性	I
风向（12-2月）-水系方向相关性	D	总风向-路网方向相关性	J
风向（3-5月）-路网方向相关性	E	水系方向-路网方向相关性	K
风向（6-8月）-路网方向相关性	F	/	/

样本城市风向、水系方向和路网方向相关性计算结果 表4-4

城市	A	B	C	D	E	F	G	H	I	J	K
北京	−0.517**	−0.536**	−0.507**	−0.506**	−0.052	−0.036	−0.035	−0.460	−0.522**	−0.042	0.159
长春	0.014	−0.117	−0.033	−0.014	−0.006	0.095	−0.030	−0.023	−0.032	0.001	−0.003
长沙	−0.202	−0.169	−0.155	−0.255	0.017	0.078	0.010	−0.088	−0.212	−0.008	−0.030
成都	−0.418*	−0.361*	−0.387*	−0.304	0.004	−0.024	−0.107	−0.069	−0.471**	−0.106	0.503**
重庆	−0.017	0.074	−0.015	0.017	0.205	0.267	0.199	0.212	0.012	0.220	0.183
大连	−0.275	−0.244	−0.229	−0.186	−0.121	−0.182	−0.059	−0.075	−0.256	−0.116	0.092
东莞	0.092	0.115	0.199	0.244	0.048	−0.050	−0.080	−0.019	0.177	−0.027	0.051
福州	−0.320	−0.025	−0.128	−0.208	−0.455**	−0.283	−0.155	−0.241	−0.198	−0.335*	0.161
广州	−0.529**	−0.526**	−0.395*	−0.405*	−0.064	−0.081	−0.017	−0.020	−0.477**	−0.039	0.504**
杭州	0.092	0.285	−0.057	−0.047	−0.019	0.027	−0.053	−0.048	0.050	−0.033	0.193
哈尔滨	0.106	0.068	0.092	0.169	−0.036	0.311	0.252	0.183	0.126	0.224	0.432**
合肥	−0.556**	−0.539**	−0.516**	−0.832**	−0.160	−0.166	−0.231	−0.162	−0.659**	−0.202	−0.060
香港	−0.016	−0.061	−0.017	0.005	0.214	0.312	0.204	0.176	−0.022	0.237	−0.170
济南	0.631**	0.193	0.610**	0.235	−0.052	−0.065	−0.148	−0.137	0.472**	−0.116	−0.061
昆明	−0.026	0.502**	0.552**	0.371*	0.144	0.348*	0.360*	0.255	0.388*	0.304	0.519**
南京	−0.129	0.095	0.154	0.210	−0.016	−0.038	0.009	0.013	0.109	−0.003	0.078
南宁	−0.296	−0.247	−0.341*	−0.300	−0.102	−0.084	−0.149	−0.050	−0.316	−0.105	0.182
宁波	−0.124	−0.108	−0.014	−0.030	0.007	−0.047	0.072	0.049	−0.069	0.030	0.506**
青岛	−0.296	−0.385*	−0.298	−0.222	−0.066	−0.075	−0.077	−0.053	0.231	0.117	−0.346*
上海	−0.345*	−0.400*	−0.249	−0.282	−0.141	−0.211	−0.146	−0.116	−0.421*	−0.206	0.797**
沈阳	0.203	0.029	−0.069	−0.071	0.026	0.010	−0.005	0.054	0.030	0.026	0.069
深圳	−0.055	0.096	0.070	0.192	−0.036	−0.002	0.100	−0.045	0.098	−0.021	0.448**
石家庄	−0.764**	−0.689**	−0.740**	−0.572**	−0.122	−0.029	−0.075	−0.011	−0.713**	−0.061	0.165
苏州	0.191	0.121	−0.116	0.218	−0.069	−0.073	−0.152	−0.058	0.137	−0.099	0.378*
太原	−0.294	−0.273	−0.147	−0.214	−0.069	−0.040	0.035	−0.013	−0.221	−0.012	0.267
天津	−0.161	−0.251	−0.168	0.065	0.103	0.026	0.156	0.187	−0.131	0.138	0.605**
乌鲁木齐	0.286	0.199	0.335*	0.293	−0.215	−0.347*	−0.148	−0.070	0.291	−0.191	−0.051
武汉	0.367*	0.366*	0.297	0.313	0.102	0.140	0.094	0.094	0.336*	0.106	−0.060
西安	−0.042	−0.044	−0.171	−0.108	0.206	0.194	0.197	0.223	−0.067	0.257	0.565**
郑州	−0.029	−0.653**	−0.329	−0.415*	−0.266	−0.129	−0.138	−0.098	−0.460**	−0.189	0.359**
阿姆斯特丹	0.076	0.136	0.192	−0.035	0.046	0.106	0.135	−0.035	0.099	0.069	0.861**
雅典	−0.069	−0.06	0.014	0.053	0.193	0.077	0.031	0.084	−0.016	0.09	−0.417*
巴尔的摩	0.229	−0.098	0.146	0.212	−0.001	0.075	−0.162	0.053	0.156	−0.007	0.177
巴塞罗那	0.292	0.373*	0.114	0.1	0.122	0.183	−0.043	−0.047	0.217	0.032	0.909**
波士顿	−0.381*	0.238	−0.081	−0.278	−0.167	0.289	0.006	−0.17	−0.143	−0.025	0.898**
布达佩斯	−0.274	−0.26	−0.326	0.028	−0.18	−0.171	−0.13	0.239	−0.228	−0.069	0.791**
布宜诺斯艾利斯	0.091	−0.194	−0.165	−0.13	−0.039	−0.088	−0.052	−0.085	−0.109	−0.07	0.699**
底特律	−0.117	−0.12	−0.187	0.079	0.009	0.012	−0.031	0.067	−0.086	0.017	0.886**
迪拜	0.106	0.107	0.097	−0.061	−0.087	0.054	0.049	−0.046	0.047	−0.021	0.564**

续表

城市	A	B	C	D	E	F	G	H	I	J	K
赫尔辛基	−0.326	−0.257	0.051	0.083	−0.316	−0.261	0.024	0.069	−0.117	−0.128	0.983**
火奴鲁鲁	0.23	0.43**	0.325	0.334*	0.146	0.425**	0.304	0.219	0.352*	0.307	0.581**
伊斯坦布尔	0.055	0.182	0.167	0.136	0.096	0.000	0.088	0.016	0.154	0.046	−0.420*
耶路撒冷	0.165	−0.173	−0.185	0.289	0.185	−0.196	−0.181	0.322	0.003	0.008	0.964
卡拉奇	0.024	−0.276	−0.09	0.309	−0.028	−0.005	−0.034	−0.059	−0.053	−0.035	0.165
基辅	−0.167	−0.194	−0.249	−0.034	−0.219	−0.208	−0.424**	0.067	−0.216	−0.27	0.319
利马	−0.127	−0.194	−0.111	−0.117	−0.297	−0.234	−0.292	−0.307	−0.136	−0.288	0.216
伦敦	0.903**	0.452**	0.300	0.503**	0.724**	0.346*	0.270	0.394*	0.503**	0.394*	0.843**
洛杉矶	0.248	0.186	0.3	0.28	−0.01	−0.105	−0.114	0.012	0.265	−0.067	−0.27
莫斯科	−0.292	−0.063	0.104	−0.249	−0.415*	−0.201	0.06	−0.372*	0.718**	0.836**	0.823**
慕尼黑	−0.282	−0.044	−0.038	−0.346*	0.342*	0.202	0.249	0.352*	−0.201	0.311	0.075
内罗毕	−0.275	−0.48**	0.093	0.343	−0.236	−0.312	−0.016	0.102	−0.107	−0.142	0.345*
巴黎	0.299	0.109	0.438**	0.286	0.353*	0.12	0.474**	0.293	0.362*	0.402*	0.8**
罗马	−0.369*	−0.018	−0.162	−0.101	−0.218	0.235	0.025	0.074	−0.205	0.01	0.798**
圣保罗	−0.282	−0.235	−0.121	−0.192	−0.131	−0.107	−0.111	−0.168	−0.227	−0.135	0.083
萨拉热窝	−0.302	−0.074	−0.405*	−0.339*	−0.329	−0.101	−0.392*	−0.369*	−0.33*	−0.346*	0.897**
斯德哥尔摩	−0.117	−0.02	−0.195	0.04	−0.095	−0.02	−0.176	0.074	−0.084	−0.06	0.987**
东京	−0.4*	0.069	−0.312	−0.321	−0.091	0.013	−0.071	−0.042	−0.29	−0.056	0.638**
多伦多	0.231	0.324	0.162	0.118	0.186	0.151	0.219	0.251	0.227	0.22	−0.016
威尼斯	−0.159	0.134	−0.043	0.034	−0.272	−0.009	−0.149	−0.256	−0.003	−0.163	0.836**
华盛顿	−0.557**	−0.523**	−0.517**	−0.507**	−0.084	−0.061	−0.103	−0.136	−0.567**	−0.107	0.099

表4–4中标红（**）的指标数值代表双尾检验在0.01水平，证明指标间具有非常显著的相关关系；标黄（*）的指标数值代表双尾检验在0.05水平，证明指标间具有显著相关关系。指标数值为正代表正相关，数值为负代表负相关。将上述三个主要指标计算结果绘制如图4–7、图4–8和图4–9所示。

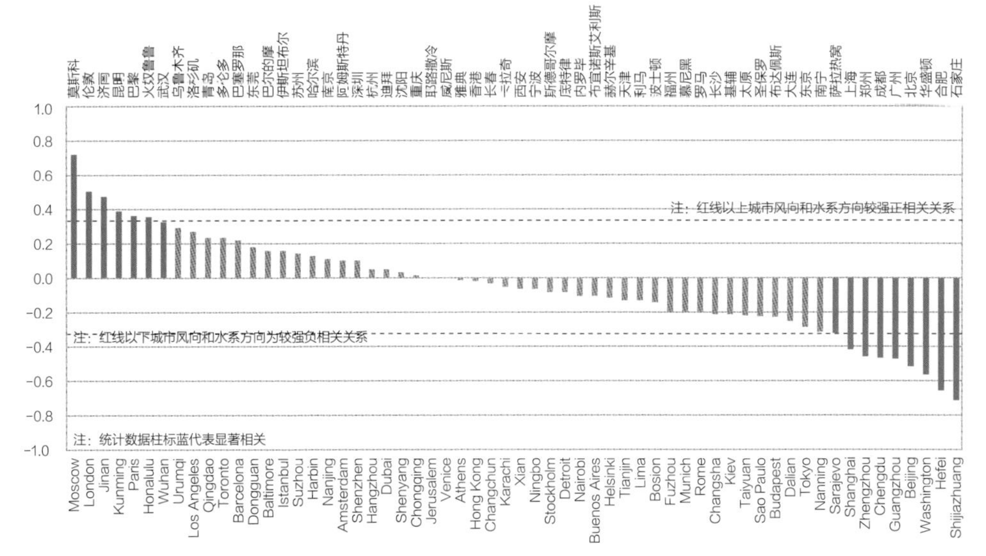

图4–7　样本城市风向和水系方向相关性

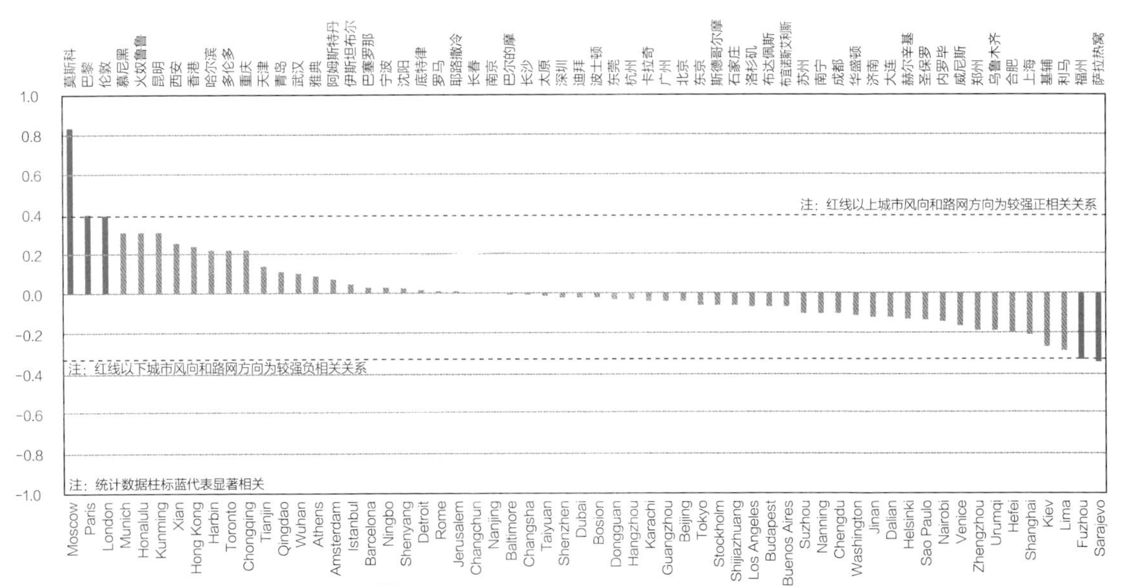

图4-8　样本城市风向和路网方向相关性

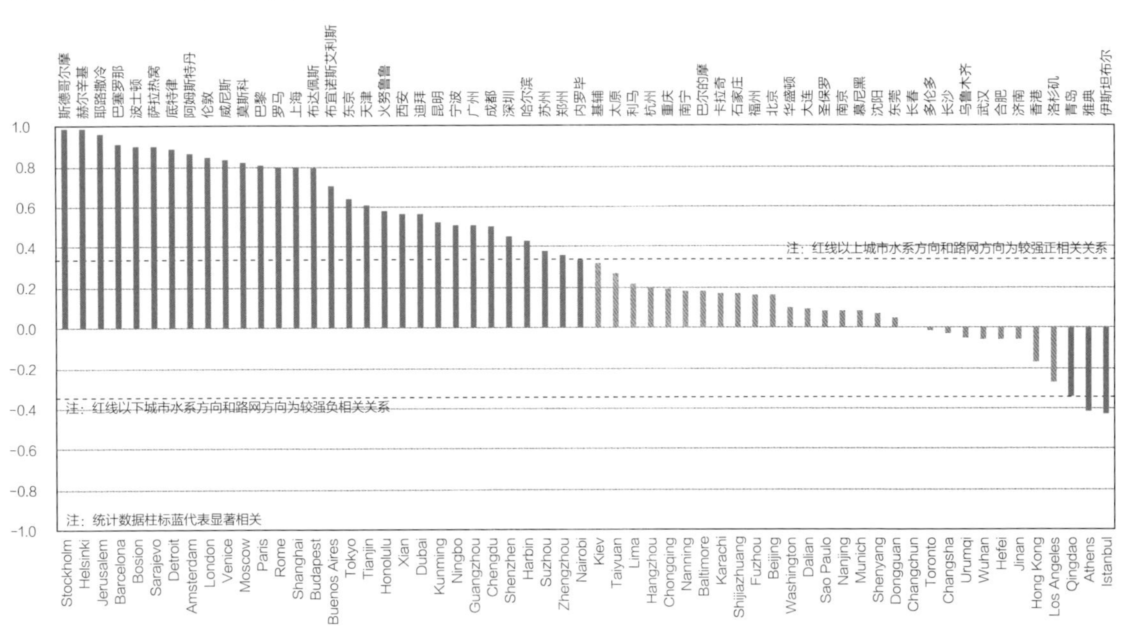

图4-9　样本城市路网方向和水系方向相关性

2. 模式识别结果

（1）层次聚类（Ward-Method）

根据样本城市的熵值及要素间相关性特征，本研究运用层次聚类法对样本城市进行聚类分析，依据聚类得到的谱系图结合实际情况将样本城市分为6个类别，聚类谱系图如图4-10所示。

（2）T-SNE 降维分析

本研究依托MATLAB平台运用t-SNE算法对高维城市样本（每个城市样本对应13个指标）进行降维并使之在平面坐标体系中实现可视化，得到降维后的样本城市散点如图4-11所示。观察降维后样本城市的散点分布图可知，同类别城市在降维后存在明显的聚集现象且各类别样本城市之间的分隔也较为清晰，反映出前文聚类操作的合理性与科学性。

（3）基于核密度估算的地区特征及类别特征识别

本研究首先对不同地区（中西亚和非洲、东亚和大洋洲、欧洲、北美洲、南美洲）城市的6个重要指标（总风向熵、水系方向熵、路网方向熵、总风向和水系方向相关性、总风向和路网方向相关性、水系方向和路网方向相关性）进行核密度估算，得到结果如图4-12所示。

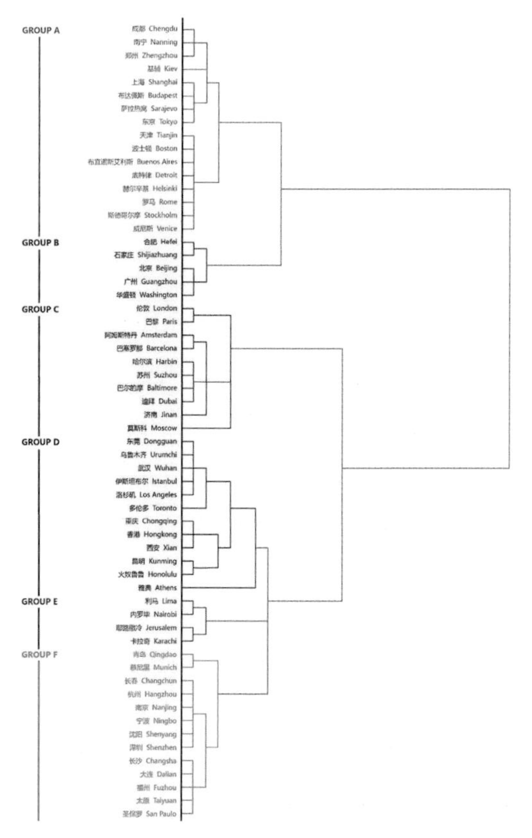

图4-10　样本城市聚类谱系图

图4-11　样本城市降维散点图

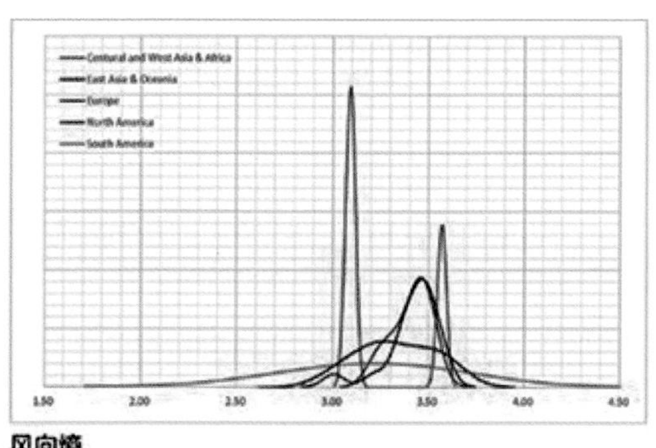

风向熵
Entropy of Wind Direction

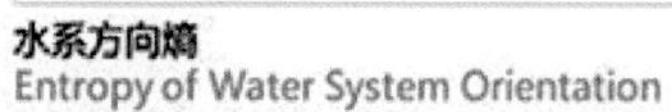
水系方向熵
Entropy of Water System Orientation

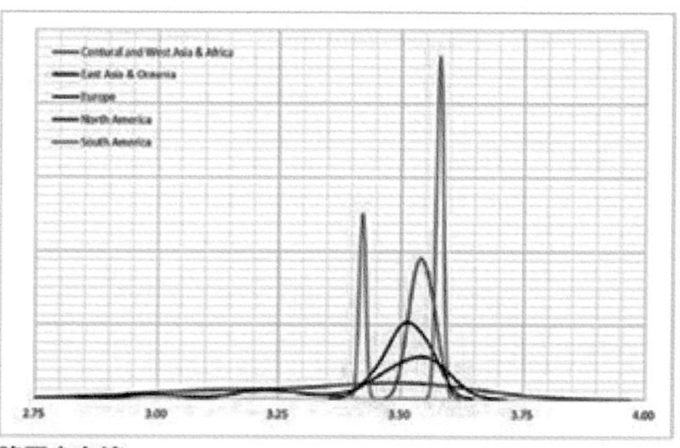

路网方向熵
Entropy of Street Network Orientation

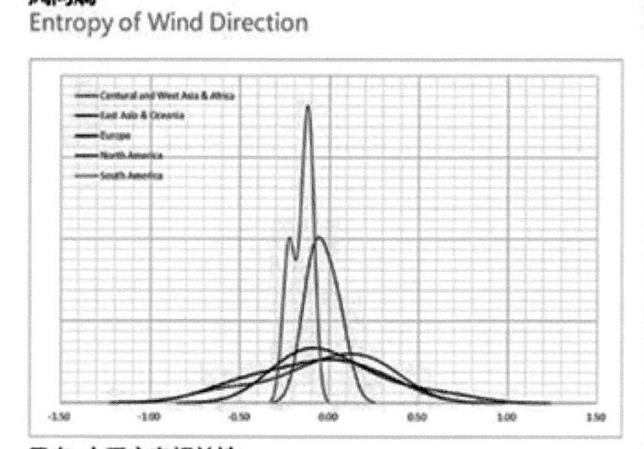

风向-水系方向相关性
Wind Direction - Water System Orientation

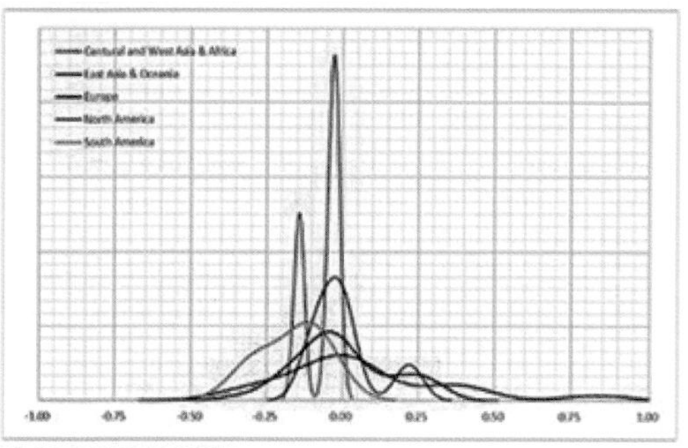

风向-路网方向相关性
Wind Direction - Street Network Orientation

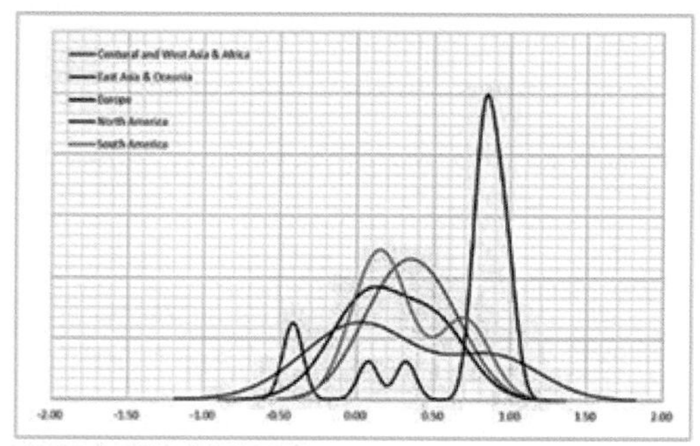

水系方向-路网方向相关性
Water System Orientation - Street Network Orientation

图4-12　不同地区城市重要指标核密度估算结果

基于核密度分析结果，同时结合各地区实际地理环境和城市建设情况，本研究总结出不同地区城市特征如下。

中西亚和非洲：气候干旱，水系欠发达，全年盛行风向较为恒定；城市形态受地形影响较大，路网方向与风向及水系方向无明显相关性。

东亚和大洋洲：城市类型多样，既有偏向于体现自然肌理，与风环境及水系统相呼应的城市，又有机械规划痕迹明显、几何特征显著的城市。

欧洲：城市历史悠久，形态复杂，既体现自然生长的肌理，又存在人为规划的痕迹；城市路网方向多与水系方向有较强的相关关系。

北美洲：城市形态规则，几何特征显著；路网多为正交方格网，其方向与风向及水系方向无明显相关性。

南美洲：平原和高原地区城市形态具有较强的几何特征，但与风向及水系方向存在一定相关关系；山地城市形态主要受地形地势影响较大。

在对不同地区城市的特征进行识别后，本研究又对从层次聚类分析中得到的6个类别城市的6个重要指标（总风向熵、水系方向熵、路网方向熵、总风向和水系方向相关性、总风向和路网方向相关性、水系方向和路网方向相关性）进行了核密度估算，得到结果如图4–13所示。

根据核密度估算结果，同时结合各类别城市实际情况，本研究将聚类得到的6类城市分别命名为适水规划型、机械规划型、有机规划型、统筹规划型、适地规划型和自由规划型，并将各类型城市在世界地图上进行了标注用以观察其地理分布特征，得到结果如图4–14所示；同时本研究总结出各类别城市特征如下。

适水规划型：适水规划型城市多为东亚和欧洲水系发达的城市，其形态受水系影响显著，气候宜人，水系发达，路网规划和水系有较强联系。该类别的样本城市有成都、南宁、郑州、基辅、上海、布达佩斯、萨拉热窝、东京、天津、波士顿、布宜诺斯艾利斯、底特律、赫尔辛基、罗马、斯德哥尔摩和威尼斯。

机械规划型：机械规划型城市多为东亚和北美的大型城市，其形态的人为规划痕迹显著，风环境和水系统联系不大，路网以正交方格网为主，呈圈层结构，路网方向与风向及水系方向几乎无相关性。该类别的样本城市有合肥、石家庄、北京、广州和华盛顿。

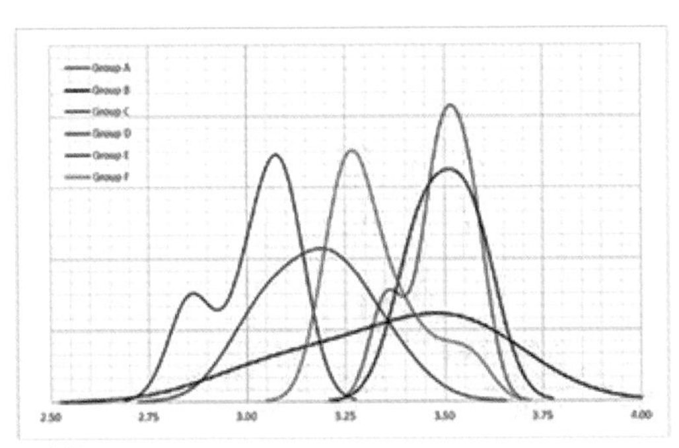
风向熵
Entropy of Wind Direction

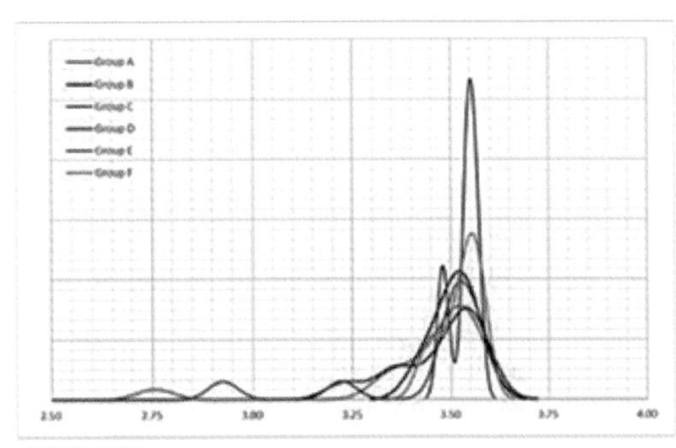
水系方向熵
Entropy of Water System Orientation

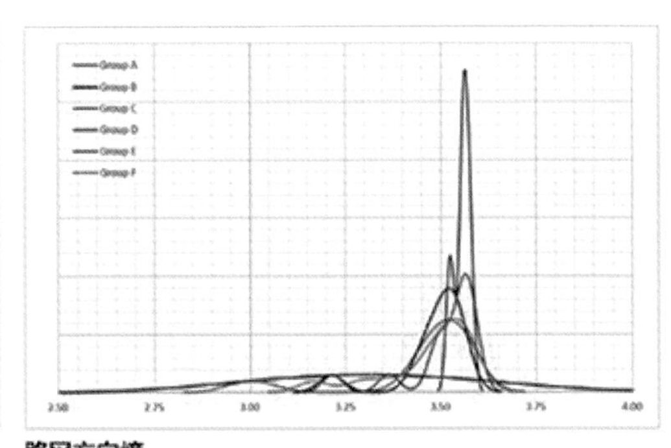
路网方向熵
Entropy of Street Network Orientation

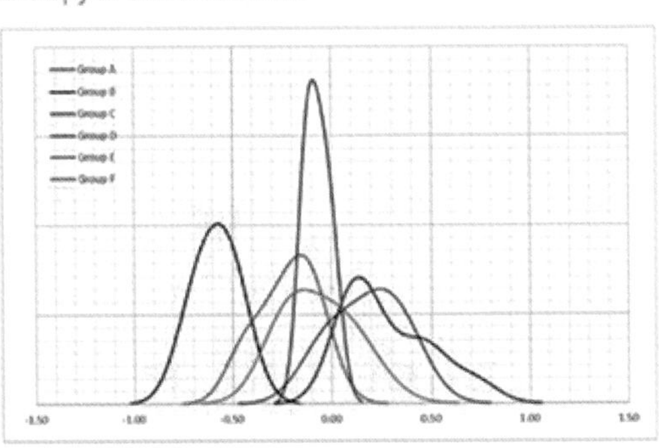
风向-水系方向相关性
Wind Direction - Water System Orientation

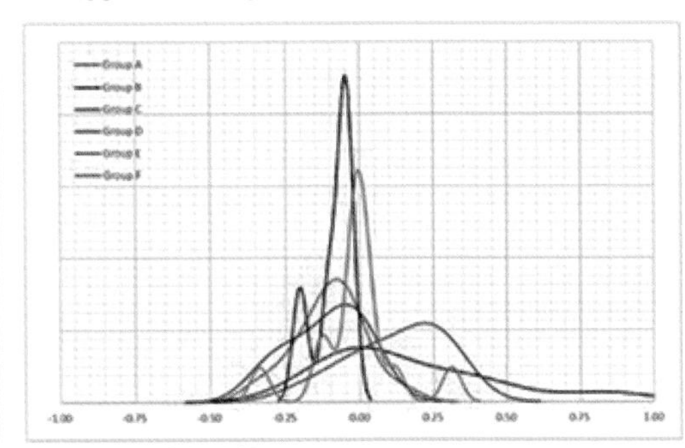
风向-路网方向相关性
Wind Direction - Street Network Orientation

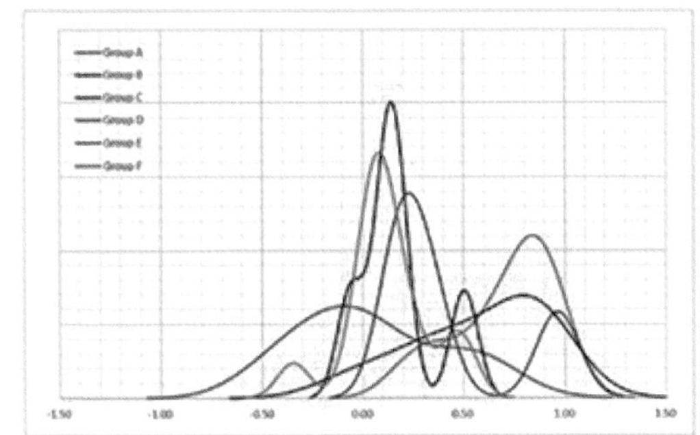
水系方向-路网方向相关性
Water System Orientation - Street Network Orientation

图4–13　不同类别城市重要指标核密度估算结果

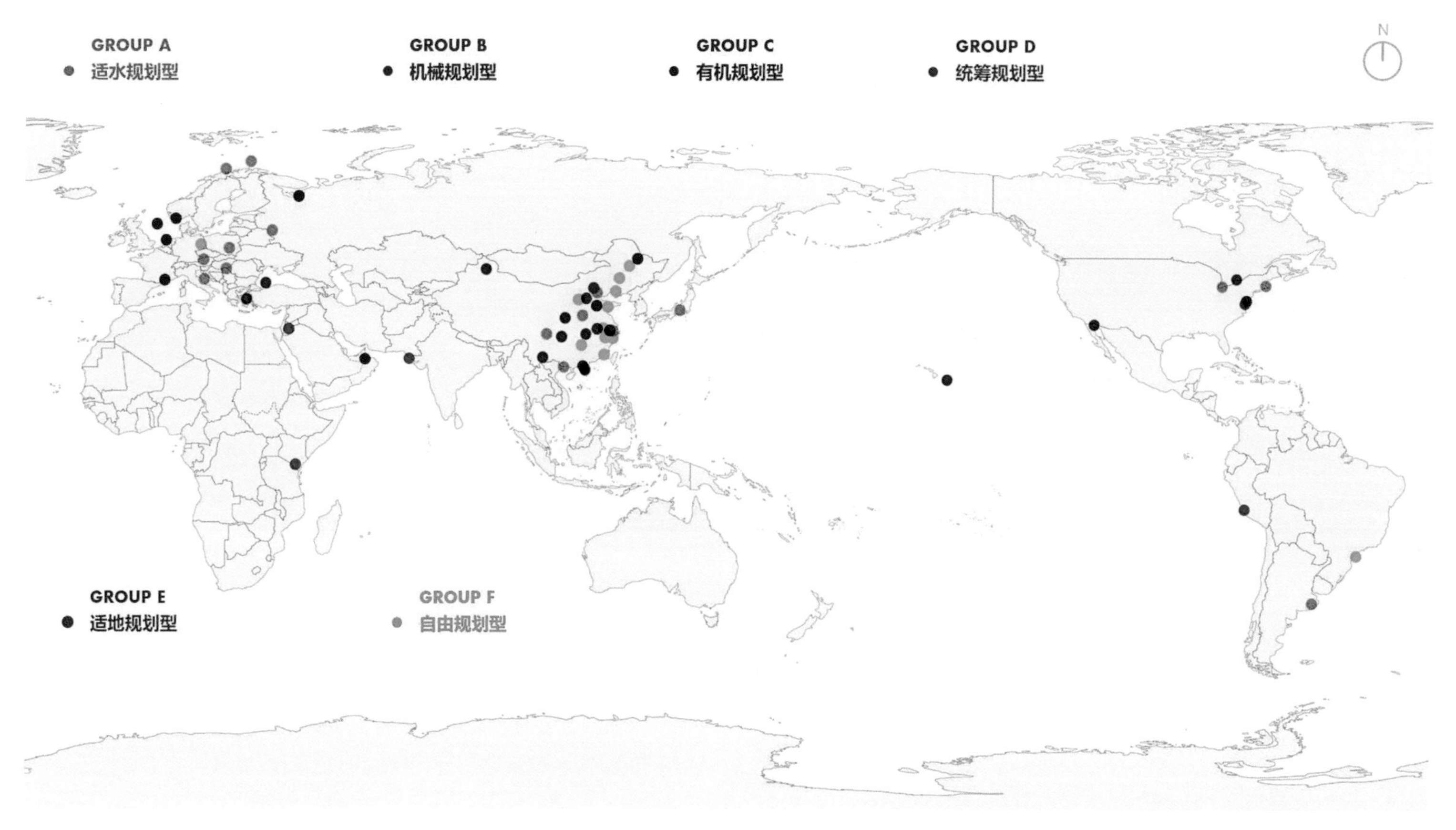

图4-14　各类型城市的地理分布情况

注：此图基于自然资源部标准地图服务系统的标准地图（审图号：GS（2016）1667号）绘制，底图无修改。

有机规划型：有机规划型城市多为历史悠久的大型城市，其风环境和水系统具有显著地区特征，城市自然生长肌理与人为规划特征并存，路网方向与水系方向及风向有一定相关性，呈现出受水系方向及风向影响的方格网形态。该类别的样本城市有伦敦、巴黎、阿姆斯特丹、巴塞罗那、哈尔滨、苏州、巴尔的摩、迪拜、济南和莫斯科。

统筹规划型：统筹规划型城市多为东亚、欧洲和北美的大型城市，其风环境及水系统无突出特征，城市形态几何特征显著，路网以正交网格为主，部分城市路网方向与风向具有一定相关性。该类别的样本城市有东莞、乌鲁木齐、武汉、伊斯坦布尔、洛杉矶、多伦多、重庆、香港、西安、昆明、火奴鲁鲁和雅典。

适地规划型：适地规划型城市多分布于有较强区域特征的地形区，城市形态和路网形态受地形地势影响显著，路网方向与风向及水系方向无明显相关性。该类别的样本城市有利马、内罗毕、耶路撒冷和卡拉奇。

自由规划型：自由规划型城市多分布于东亚和南美洲，其风环境和水系统具有一定地域特征，城市形态和路网系统呈现自由生长的肌理，路网方向与风向及水系方向无明显相关性。该类别的样本城市有青岛、慕尼黑、长春、杭州、南京、宁波、沈阳、深圳、长沙、大连、福州、太原和圣保罗。

（4）基于sDNA的典型城市分析

本研究通过对4种常见空间句法工具（Depth Map、Segment Map、sDNA和UNA）进行比较，同时结合现有相关研究成果，最后选用基于ArcGIS平台的sDNA（Spatial Design Network Analysis）工具对典型城市的路网进行深入分析。

考虑到一般城市路网的实际情况，同时结合车行交通和慢行交通的通常使用范围，本研究选取了800m、2 000m和全局三个尺度的搜索半径。对于适水规划型城市和自由规划型城市，由于其样本城市数量较多，因此各选取了两个典型城市进行基于sDNA的路网结构深入分析，对于其他各类型城市本研究各选取了一个典型城市进行分析。典型城市的路网结构分析结果如图4-15～图4-22所示。

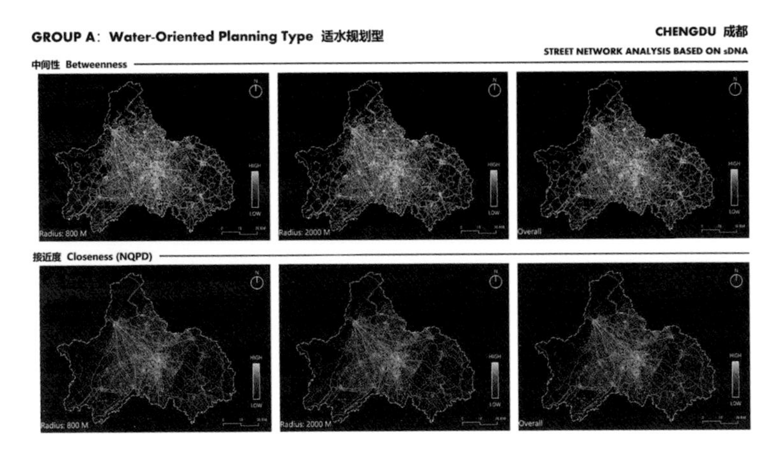

图4-15　成都路网结构分析（适水规划型）

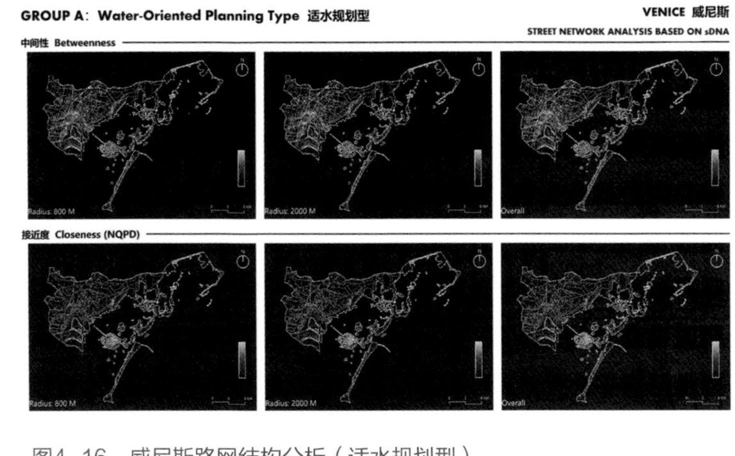

图4-16　威尼斯路网结构分析（适水规划型）

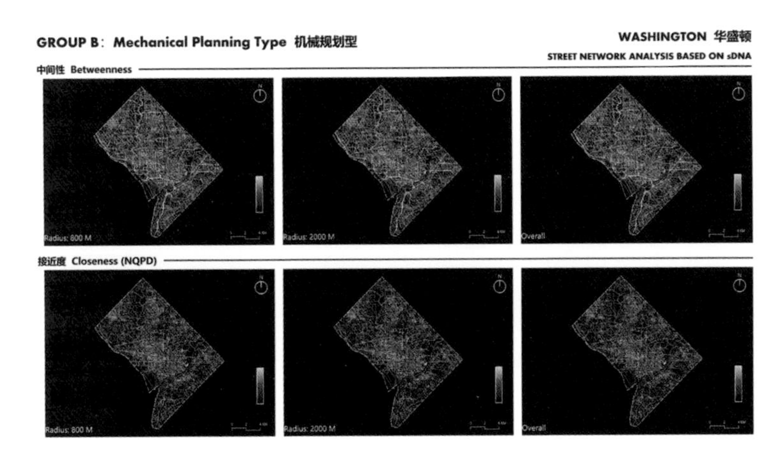

图4-17　华盛顿路网结构分析（机械规划型）

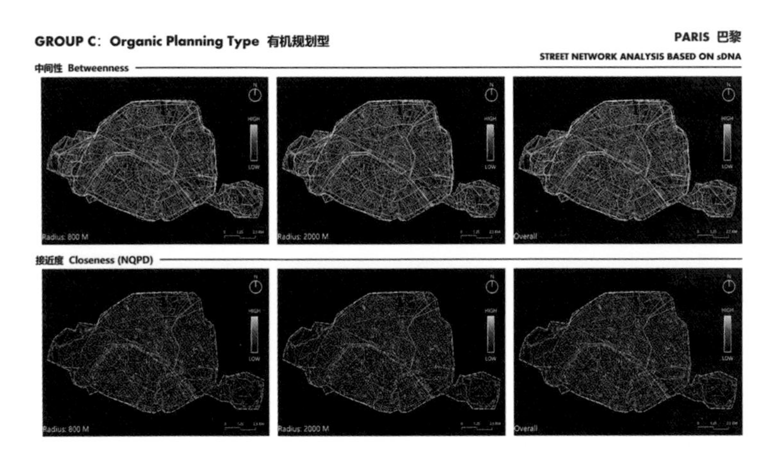

图4-18　巴黎路网结构分析（有机规划型）

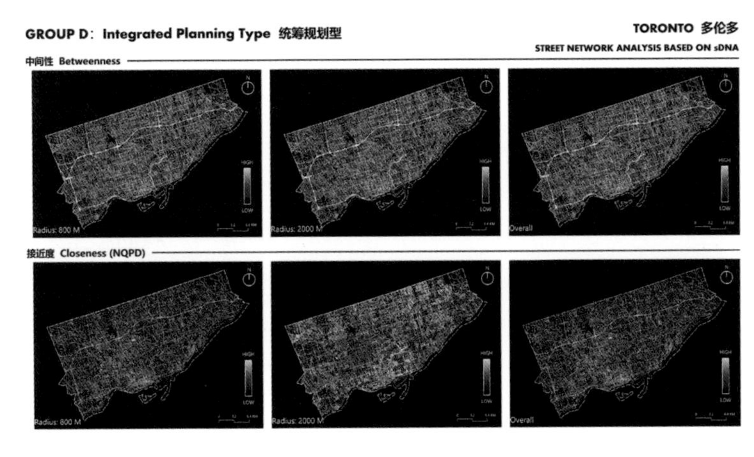

图4-19　多伦多路网结构分析（统筹规划型）

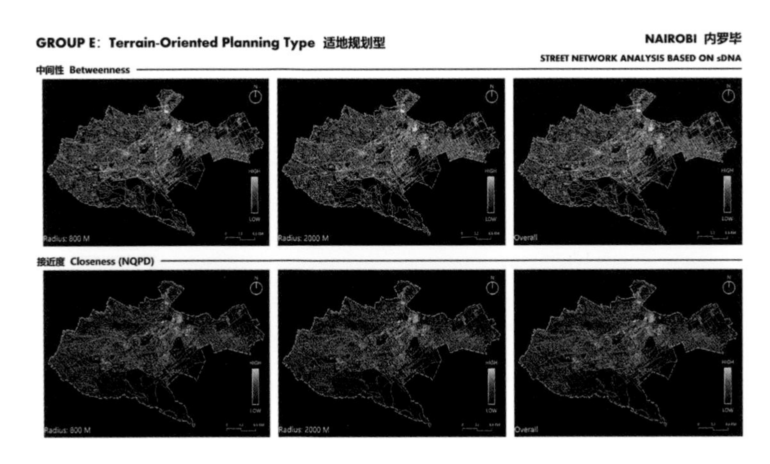

图4-20　内罗毕路网结构分析（适地规划型）

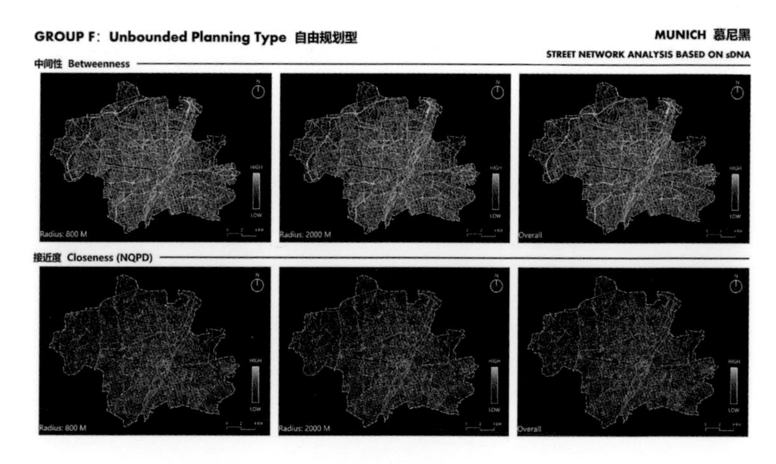

图4-21 慕尼黑路网结构分析（自由规划型）

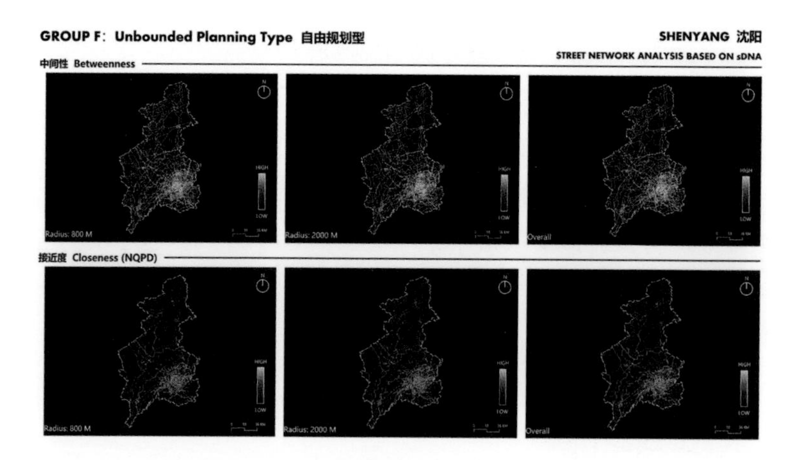

图4-22 沈阳路网结构分析（自由规划型）

根据分析结果，本研究将各典型城市特征总结如表4-5所示。同时参考各类别城市特征，提出针对各类型城市路网规划的策略建议如下。

典型城市路网结构分析总结　　表4-5

城市	地区	类别	特征识别
成都	东亚	适水规划型	城市规模较大，具有多个空间核心；各空间核心和核心内路网布局受水系影响显著
威尼斯	欧洲		城市形态和路网方向与水系具有极强的相关关系；水系周边道路大多中间性和接近度都较高
华盛顿	北美洲	机械规划型	城市路网以正交方格网为主，但水系周边道路的中间性和接近度较其他道路更高
巴黎	欧洲	有机规划型	城市形态具有明显的圈层结构，主要环路和水系周边道路的中间性和接近度较其他道路更高
多伦多	北美洲	统筹规划型	城市几何特征显著，路网以正交方格网为主，道路的中间性和接近度与水系分布无明显联系
内罗毕	非洲	适地规划型	城市空间结构复杂，受地形影响较大；主要空间连接性道路多沿水系方向分布
慕尼黑	欧洲	自由规划型	城市路网具有自然生长与人为规划相结合的肌理，主要水系周边道路的中间性和接近度较高
沈阳	东亚		城市核心部分布局于水系密集区，城市路网方向及道路的中间性和接近度与水系分布存在一定联系

适水规划型：适水规划型城市大多因水而生、依水而建，城市路网形态与水系关系密切，进而导致水系周边道路交通压力较大，容易出现拥堵现象，进而降低城市通行效率。此类城市在路网规划时应当强调疏解滨水地区的交通压力，可通过构建和优化环路等方式建立更加高效便捷的交通体系。

机械规划型：机械规划型城市路网以正交网格为主，虽然总体上看有利于提高城市通行效率，但忽略了水系等自然要素导致的不同区域交通需求的区别，且不利于展现城市个性。此类城市在路网规划时应加强对自然地理环境的重视，依据主导风向、水系等优化路网结构，提高城市人居环境品质。

有机规划型：有机规划型城市大多历史悠久且经历过多次城市更新，其路网结构一般较为复杂，在不同时期建设的区域可能存在较大的差别。此类城市在路网规划时应当综合考虑，并针对城市中不同特点的区域采用个性化的更新策略，在继承传统的基础上推陈出新，使路网不断适应城市发展需要。

统筹规划型：统筹规划型城市一般有多个空间核心，各核心布局多与地理环境相适应，但为提高通行效率一般采用方格路网，因此整体来看路网与地理环境的相关性较弱。此类城市在规划时应当注重加强不同核心之间的联系，同时合理安排各核心内部的道路密度和结构，构建高效有序的城市交通体系。

适地规划型：适地规划型城市受气候、地形地势等自然地理环境影响较大，城市形态及城市路网结构主要顺应地形走向，城市不同区域可达性差异较大。此类城市在路网规划时应结合地形地势合理规划交通枢纽和交通廊道，增强城市各组团之间的连通性，破解地形阻隔，提升城市路网整体效率。

自由规划型：自由规划型城市在总体形态和路网结构上体现自由生长的肌理，在一定程度上体现出城市发展的脉络，但随着城市社会经济发展原有的自由路网不再适应需求，通行效率不断降低。此类城市在路网规划时应注重整体性的原则，对原有道路资源进行整合，形成结构明确、便捷高效的路网体系。

五、实践案例

1. 案例城市分析

（1）台州

本研究构建的机器学习模型和检验模型均判定台州为“适水规划型”城市。此类城市大多因水而生、依水而建，城市路网形态与水系关系密切。台州东临东海，河流纵横，城市路网和城市形态受此影响较大，路网方向熵与水系方向熵都较高且路网方向与水系方向有很强的相关关系。受地形影响，台州城市核心区位于城市东南沿海，但北部和西部也有较大面积的城市组团分布，各组团间布置重要连接性道路。从可达性上看，台州水系沿线道路与重要性连接道路的中间性和接近度都较高，说明水系和城市活动有着较强的联系与互动，但也同时反映出水系周边道路交通压力过大的问题。

基于台州城市现状和“适水规划型”城市普遍特征，本研究提出以下路网优化策略：

一是增强路网形态和城市主导风向的呼应关系，结合水系构建城水通风廊道及城市防风屏障，优化城市建成环境，提高城市空间品质。

二是强化城市南北部连接，增加城市不同组团之间的道路密度及道路可达性，可在现有路网基础上沿水系方向构建重要交通连接廊道。

（2）布鲁塞尔

本研究构建的机器学习模型和检验模型均判定布鲁塞尔为“有机规划型”城市。此类城市大多历史悠久且经历过多次城市更新，其路网结构一般较为复杂，在不同时期建设的区域可能存在较大的差别。布鲁塞尔路网圈层结构明显，但圈层中一些重要道路的可达性较低，尚未形成完整高效的圈层交通体系。布鲁塞尔城市中心区域形态和路网结构受塞纳河影响显著，体现出塞纳河在布鲁塞尔城市形成与发展过程中的重要地位。此外，布鲁塞尔路网方向与秋季风向也有较强的相关关系，结合该地区的气候特征可知秋季西风也是影响布鲁塞尔城市建设的重要因素。

基于布鲁塞尔城市现状和“有机规划型”城市普遍特征，本研究提出以下路网优化策略。

一是依托水系构建城市活力廊道，提高水系周边道路可达性，助力加强城市日常活动和水系的耦合关系，推动构建协调的城水关系。

二是完善圈层结构路网，提高圈层中重要道路的中间性及接近度，完善主次分明、高效便捷的城市路网系统，促进提高城市人居环境品质。

（3）开普敦

本研究构建的机器学习模型和检验模型均判定开普敦为“机械规划型”城市。此类城市路网以正交网格为主，城市形态几何化特征显著。开普敦受地形和地理区位影响城市核心区布局在南部沿海地区，该片区城市建设量较大，人为机械规划痕迹较重。从路网可达性上看，开普敦路网结构较为混乱，除了少数重要连接性道路的中间性和接近度较高以外，其余道路的可达性分布无明显规律，反映出该地区不同时期的路网规划建设缺乏连续性和统筹性。开普敦地处好望角地区，风力强劲且主导风向占据较强优势，但城市路网规划与风向缺少呼应，需在未来改善优化。

基于开普敦城市现状和“机械规划型”城市普遍特征，本研究提出以下路网优化策略。

一是增强路网形态和城市主导风向的呼应关系，结合水系构建城水通风廊道及城市防风屏障，优化城市建成环境，提高城市空间品质。

二是合理安排路网密度，增强城市不同区域间的联系，提高水系周边及重要道路的可达性，优化城市交通网络，建设便捷舒适的城市环境。

2. 模型应用可视化表达（图5-1～图5-3）

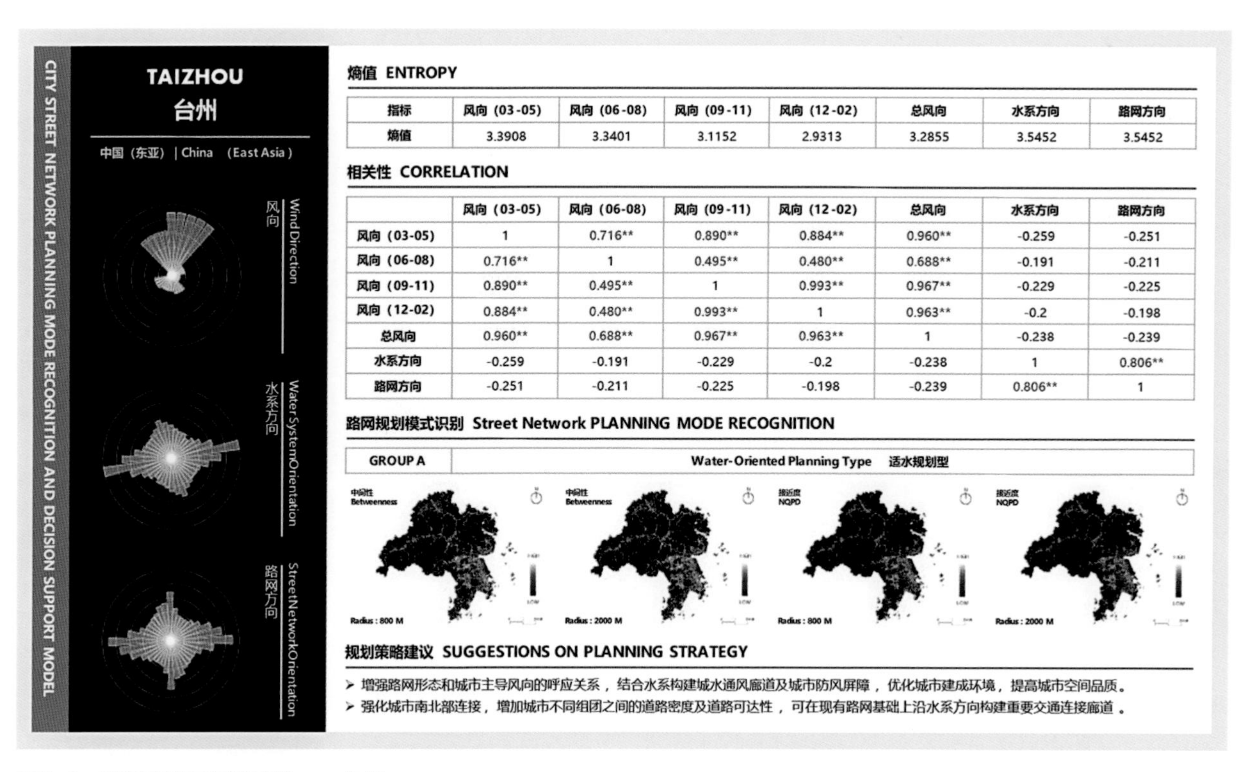

指标	风向（03-05）	风向（06-08）	风向（09-11）	风向（12-02）	总风向	水系方向	路网方向
熵值	3.3908	3.3401	3.1152	2.9313	3.2855	3.5452	3.5452

	风向（03-05）	风向（06-08）	风向（09-11）	风向（12-02）	总风向	水系方向	路网方向
风向（03-05）	1	0.716**	0.890**	0.884**	0.960**	-0.259	-0.251
风向（06-08）	0.716**	1	0.495**	0.480**	0.688**	-0.191	-0.211
风向（09-11）	0.890**	0.495**	1	0.993**	0.967**	-0.229	-0.225
风向（12-02）	0.884**	0.480**	0.993**	1	0.963**	-0.2	-0.198
总风向	0.960**	0.688**	0.967**	0.963**	1	-0.238	-0.239
水系方向	-0.259	-0.191	-0.229	-0.2	-0.238	1	0.806**
路网方向	-0.251	-0.211	-0.225	-0.198	-0.239	0.806**	1

图5-1　模型应用可视化表达——台州

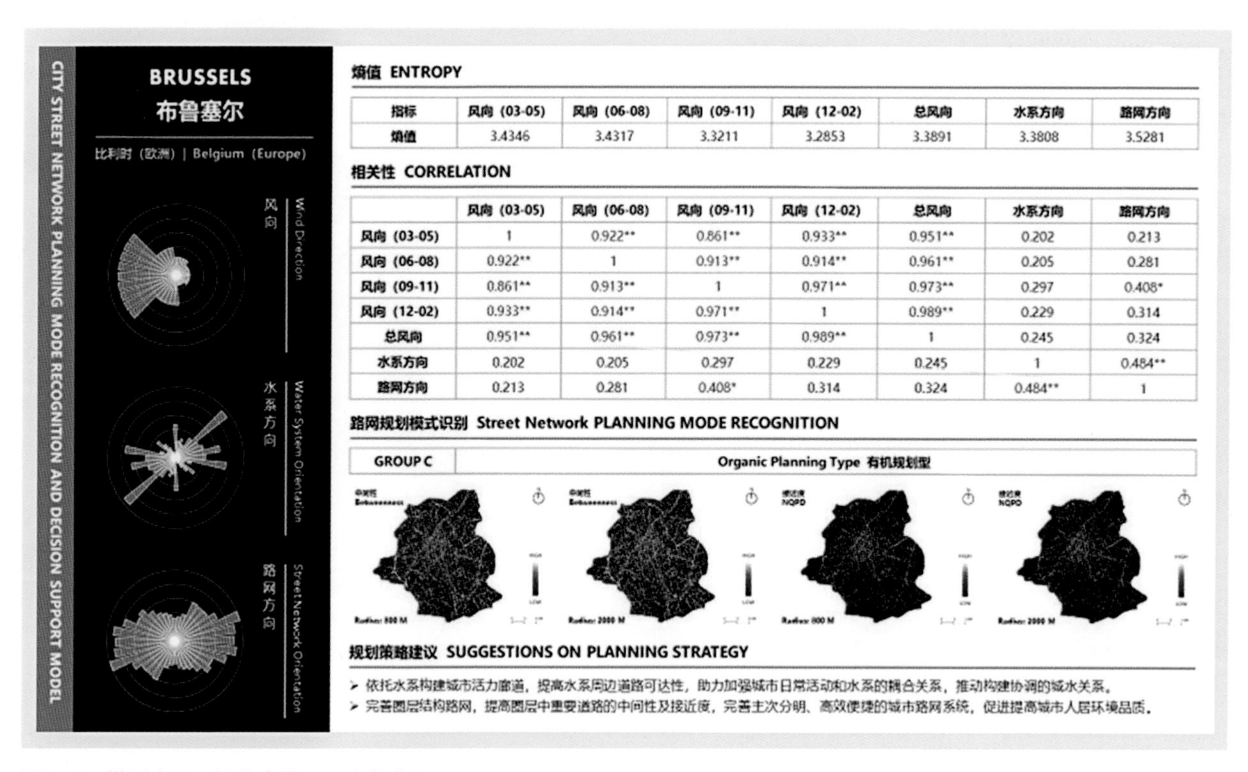

指标	风向（03-05）	风向（06-08）	风向（09-11）	风向（12-02）	总风向	水系方向	路网方向
熵值	3.4346	3.4317	3.3211	3.2853	3.3891	3.3808	3.5281

	风向（03-05）	风向（06-08）	风向（09-11）	风向（12-02）	总风向	水系方向	路网方向
风向（03-05）	1	0.922**	0.861**	0.933**	0.951**	0.202	0.213
风向（06-08）	0.922**	1	0.913**	0.914**	0.961**	0.205	0.281
风向（09-11）	0.861**	0.913**	1	0.971**	0.973**	0.297	0.408*
风向（12-02）	0.933**	0.914**	0.971**	1	0.989**	0.229	0.314
总风向	0.951**	0.961**	0.973**	0.989**	1	0.245	0.324
水系方向	0.202	0.205	0.297	0.229	0.245	1	0.484**
路网方向	0.213	0.281	0.408*	0.314	0.324	0.484**	1

图5-2　模型应用可视化表达——布鲁塞尔

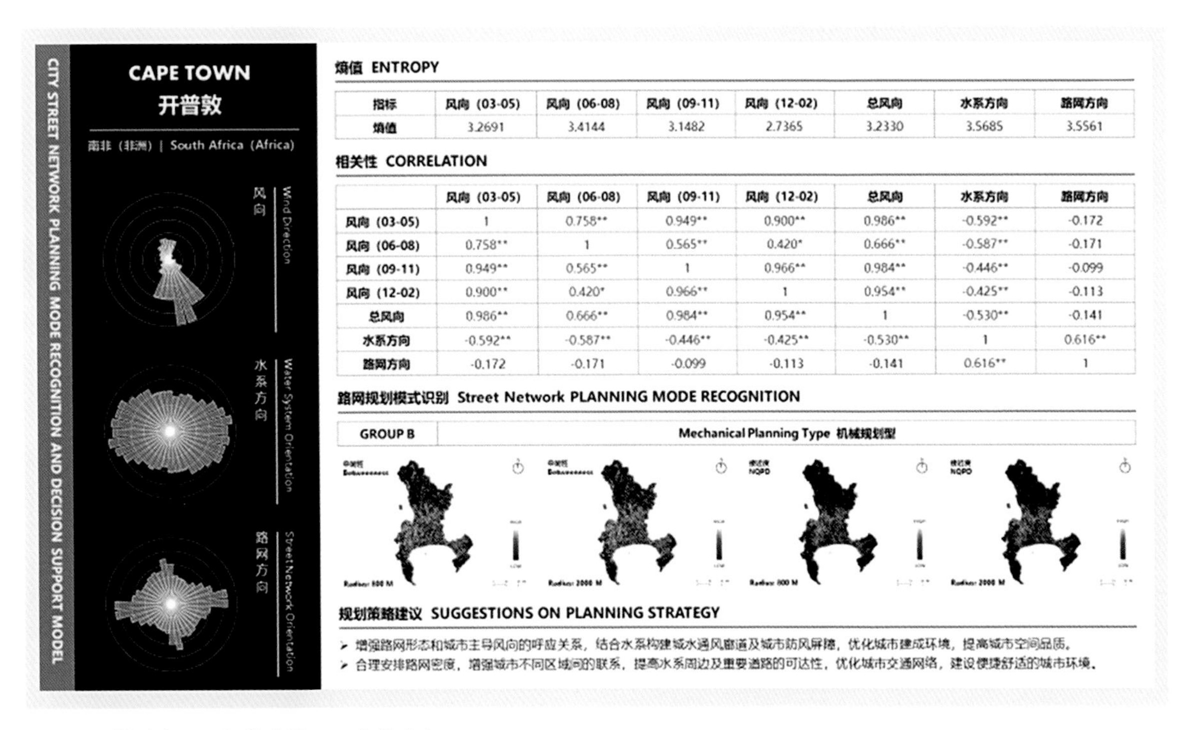

指标	风向（03-05）	风向（06-08）	风向（09-11）	风向（12-02）	总风向	水系方向	路网方向
熵值	3.2691	3.4144	3.1482	2.7365	3.2330	3.5685	3.5561

	风向（03-05）	风向（06-08）	风向（09-11）	风向（12-02）	总风向	水系方向	路网方向
风向（03-05）	1	0.758**	0.949**	0.900**	0.986**	-0.592**	-0.172
风向（06-08）	0.758**	1	0.565**	0.420*	0.666**	-0.587**	-0.171
风向（09-11）	0.949**	0.565**	1	0.966**	0.984**	-0.446**	-0.099
风向（12-02）	0.900**	0.420*	0.966**	1	0.954**	-0.425**	-0.113
总风向	0.986**	0.666**	0.984**	0.954**	1	-0.530**	-0.141
水系方向	-0.592**	-0.587**	-0.446**	-0.425**	-0.530**	1	0.616**
路网方向	-0.172	-0.171	-0.099	-0.113	-0.141	0.616**	1

图5-3 模型应用可视化表达——布鲁塞尔

六、研究总结

1. 主要研究结论

本研究以全球60个典型城市为例，创新性地探讨了城市路网方向与风向及水系方向的关系，同时总结了城市路网规划模式并构建了城市路网规划模式识别与决策支持模型。通过上述研究，主要得出了以下结论。

总体来看，城市路网方向与水系方向有较强的相关关系，与风向具有一定的相关关系。观察样本城市，多数城市的路网方向与水系方向有着较强的相关关系；风环境具有突出特点的城市路网方向与风向具有一定的相关关系。此外，不少城市的风向与水系方向具有相关关系，说明风向可能通过影响水系方向、构建通风廊道等方式间接影响城市形态。

相同文化背景下的城市常具有更相似的路网结构。文化背景常对城市规划有着深远的影响，因而地处相同文化圈或在历史上曾受相同文化影响的城市常在路网规划上体现出更强的相似性。例如，西欧各国的历史文化具有高度的相似性，因而其路网规划模式较为相似；在历史上有过被殖民经历的城市路网规划多受其殖民国的影响，如青岛和慕尼黑、莫斯科和哈尔滨的路网规划具有较强的相似性。

建设历史越悠久的城市路网越体现出自然生长的肌理，反之则越呈现出几何特征。欧洲城市大多历史悠久，城市路网与水系有着紧密联系，体现自然生长的肌理；北美城市大多建设历史较短，城市几何特征突出，路网结构多为正交方格网络。不过值得注意的是，东亚部分城市虽然历史悠久，但近代以来才开始大规模建设，因而其自然生长肌理不明显，更多体现出几何化的特征。

影响城市路网规划的因素复杂多样。不同条件下不同的因素可能会起到决定性的作用，例如，北美路网规划受历史因素影响较大，而欧洲城市路网规划则更多受气候和水系的影响。龙瀛等、叶宇等、杨俊宴等和李留通等的相关研究也指出，地形、区位、气候、水系、社会经济和文化传统等都是影响城市形态和路网规划的潜在因子，在分析具体城市的路网规划时应予以综合考虑。

2. 模型特点与改进设想

（1）模型特点

一是可操作性强。本研究模型搭建使用的风向数据、水系数据和道路数据均为开源数据，在互联网上均可直接下载使用，后续数据清理与预处理流程清晰，模型可操作性强。

二是合理性与科学性。本研究从风环境和水系统的视角探讨城市路网规划，并采用线性方向计算的方法进行实证探究，为未来城市路网规划提供了创新的视角和方法。

三是准确性高。本研究比较了多种常见机器学习方法，选用了准确性最高的XGBoost作为模型构建算法，选择准确性第二高的BP神经网络作为检验算法，总体识别精度很高。

四是普适性强。本研究以全球60个典型城市为样本搭建模型，范围涉及除南极洲外的世界各大洲，同时包含世界各主要地形气候区的样本，因此样本代表性强，可在世界范围内推广应用。

（2）模型不足及改进设想

一是城市路网规划数据库样本量较少。虽然本研究在搭建模型时所选样本代表性强，但绝对数量仍相对较少。设想在未来进行实践应用的过程中不断把新的案例城市转换为样本城市，以此不断扩展数据库样本量。

二是模型部分技术方法仍待整合优化。本研究模型结构清晰，但各步骤间缺少智能化衔接，仍待整合优化。设想在未来编写程序整合优化模型各部分算法，实现模型的一体化，进一步提升模型的可操作性。

参考文献

[1] Liao P, Gu N, Yu R, et al. Exploring the spatial pattern of historic Chinese towns and cities：A syntactical approach [J]. Frontiers of Architectural Research, 2021, 10（3）：598–613.

[2] 刘洁，王世福. 中国古都城水生态关系演变与思考 [C] // 活力城乡 美好人居：2019中国城市规划年会论文集（=08 城市生态规划）. 北京：中国建筑工业出版社，2019：489–496.

[3] 刘晓星. 中国传统聚落形态的有机演进途径及其启示 [J]. 城市规划学刊，2007（3）：55–60.

[4] Bach P M, Deletic A, Urich C, et al. Modelling characteristics of the urban form to support water systems planning [J]. Environmental Modelling & Software, 2018, 104：249–269.

[5] 蔡智，唐燕，刘畅，等. 三维城市空间形态演进及其地表热岛效应的规划应对：以北京市为例 [J]. 国际城市规划，2021, 36（5）：61–68.

[6] Bi H, Ye Z, Zhu H. Data–driven analysis of weather impacts on urban traffic conditions at the city level [J]. Urban Climate, 2022, 41：101065.

[7] 黄建中，胡刚钰，赵民，等. 大城市"空间结构–交通模式"的耦合关系研究：对厦门市的多情景模拟分析和讨论 [J]. 城市规划学刊，2017（6）：33–42.

[8] 孙斌栋，涂婷，石巍，等. 特大城市多中心空间结构的交通绩效检验：上海案例研究 [J]. 城市规划学刊，2013（2）：63–69.

[9] Reja R K, Amin R, Tasneem Z, et al. A review of the evaluation of urban wind resources：challenges and perspectives [J]. Energy and Buildings, 2022, 257：111781.

[10] 杨保军，陈鹏，董珂，等. 生态文明背景下的国土空间规划体系构建 [J]. 城市规划学刊，2019（4）：16–23.

[11] 方一舒，艾东，邢丹妮，等. 生态文明背景下"双评价"的国土空间优化与应用：以云南省为例 [J]. 城市发展研究，2021, 28（8）：33–40.

[12] 岳文泽，吴桐，王田雨，等. 面向国土空间规划的"双评价"：挑战与应对 [J]. 自然资源学报，2020, 35（10）：2299–2310.

[13] 董华斌，刘蒙罢，赵晨迪，等. 全域生态文明建设背景下我国国土空间用途管制研究 [J]. 国土资源导刊，2022, 19（1）：6–10+67.

[14] 林坚，吴宇翔，吴佳雨，等. 论空间规划体系的构建：兼析空间规划、国土空间用途管制与自然资源监管的关系 [J]. 城市规划，2018, 42（5）：9–17.

[15] 柏春. 城市路网规划中的气候问题 [J]. 西安建筑科技大学学报（自然科学版），2011, 43（4）：557–562.

[16] 许峰，陈天. 海陆风对填海区路网规划设计的影响研究：以天津东疆港为例 [J]. 天津大学学报（社会科学版），2015, 17（6）：518–522.

[17] Mohajeri N, Gudmundsson A. The Evolution and Complexity of Urban Street Networks：Urban Street Networks [J]. Geographical Analysis, 2014, 46（4）：345–367.

[18] Gunay B, Akgol K, Raveau S. Rationality of route layouts as a quality indicator of urban road networks [J]. Urban Design International, 2018, 23 (2): 132–144.

[19] Marshall W E, Garrick N W. Street network types and road safety: A study of 24 California cities [J]. Urban Design International, 2010, 15 (3): 133–147.

[20] Cantarella G E, Vitetta A. The multi–criteria road network design problem in an urban area [J]. Transportation, 2006, 33 (6): 567–588.

[21] Mehmood M S, Li G, Jin A, et al. The spatial coupling effect between urban street network's centrality and collection & delivery points: A spatial design network analysis–based study [J]. Plos One, 2021.

[22] 裴玉龙，徐慧智．基于城市区位势能的路网密度规划方法 [J]．中国公路学报，2007 (3): 81–85.

[23] 王秋平，张琦，刘茂．基于分形方法的城市路网交通形态分析 [J]．城市问题，2007 (6): 52–55+62.

[24] 虎啸，吴群琪，陈雪，等．基于ArcGIS的基础路网规划方法 [J]．交通运输工程学报，2009, 9 (5): 67–72.

[25] 邓一凌，过秀成，严亚丹，等．历史城区微循环路网分层规划方法研究 [J]．城市规划学刊，2012 (3): 70–75.

[26] Russo F, Vitetta A. A Topological Method to Choose Optimal Solutions after Solving the Multi–criteria Urban Road Network Design Problem [J]. Transportation, 2006, 33 (4): 347–370.

[27] Miandoabchi E, Farahani R Z, Szeto W Y. Bi–objective bimodal urban road network design using hybrid metaheuristics [J]. Central European Journal of Operations Research, 2012, 20 (4): 583–621.

[28] Luathep P, Sumalee A, Ho H W, et al. Large–scale road network vulnerability analysis: a sensitivity analysis based approach [J]. Transportation, 2011, 38 (5): 799–817.

[29] 王清校，孙磊．巢湖市城市规划路网梳理与整合对策 [J]．规划师，2018 (S1 vo 34): 60–63.

[30] 申凤，李亮，翟辉．"密路网，小街区"模式的路网规划与道路设计：以昆明呈贡新区核心区规划为例 [J]．城市规划，2016, 40 (5): 43–53.

[31] Beukes E A, Vanderschuren M J W A, Zuidgeest M H P. Context sensitive multimodal road planning: a case study in Cape Town, South Africa [J]. Journal of Transport Geography, 2011, 19 (3): 452–460.

[32] Chung T Y, Agrawal D P. Design and analysis of multidimensional Manhattan street networks [J]. IEEE Transactions on Communications, 1993, 41 (2): 295–298.

[33] Boeing G. Street Network Models and Indicators for Every Urban Area in the World [J]. Geographical Analysis, 2021.

[34] Boeing G. Urban Spatial Order: Street Network Orientation, Configuration, and Entropy [J]. SSRN Electronic Journal, 2018 [2022–05–12].

[35] 林柏梁，徐忠义，黄民，等．路网发展规划模型 [J]．铁道学报，2002 (2): 1–6.

[36] 桂滨，周伟，王健华，等．公路网改扩建决策优化双层规划模型 [J]．交通运输工程学报，2012, 12 (5): 79–84.

[37] 诸云，王建宇，高宁波，等．基于拥堵辨识的城市路网优化模型 [J]．东南大学学报 (自然科学版), 2017, 47 (3): 607–612.

[38] 盖春英，裴玉龙．市域公路网布局优化模型研究 [J]．公路交通科技，2005 (10): 88–92.

[39] Fisk C. A transportation planning model for detailed traffic analyses [J]. Canadian Journal of Civil Engineering, 1978, 5 (1): 18–25.

[40] 徐继伟，杨云．集成学习方法：研究综述 [J]．云南大学学报 (自然科学版), 2018, 40 (6): 1082–1092.

[41] 李小娟，韩萌，王乐，等．监督与半监督学习下的数据流集成分类综述 [J]．计算机应用研究，2021, 38 (7): 1921–1929.

[42] Sagi O, Rokach L. Ensemble learning: A survey [J]. Wiley Interdisciplinary Reviews: Data Mining and Knowledge Discovery, 2018, 8.

[43] Xia X, Li T. A fuzzy control model based on BP neural network arithmetic for optimal control of smart city facilities [J]. Personal and Ubiquitous Computing, 2019, 23 (3–4): 453–463.

[44] Nanda A K, Chowdhury S. Shannon's Entropy and Its Generalisations Towards Statistical Inference in Last Seven Decades [J]. International Statistical Review, 2021, 89 (1): 167-185.

[45] Ran Cao W J. Inter-annual variations in vegetation and their response to climatic factors in the upper catchments of the Yellow River from 2000 to 2010 [J]. Journal of Geographical Sciences, 2014, 24 (6): 963-979.

[46] Ogasawara Y, Kon M. Two clustering methods based on the Ward's method and dendrograms with interval-valued dissimilarities for interval-valued data [J]. International Journal of Approximate Reasoning, 2021, 129: 103-121.

[47] Liu H, Yang J, Ye M, et al. Using t-distributed Stochastic Neighbor Embedding (t-SNE) for cluster analysis and spatial zone delineation of groundwater geochemistry data [J]. Journal of Hydrology, 2021, 597: 126146.

[48] Zhong Z, Peng B, Elahi E. Spatial and temporal pattern evolution and influencing factors of energy-environmental efficiency: A case study of Yangtze River urban agglomeration in China [J]. Energy & Environment, 2021, 32 (2): 242-261.

[49] 宋小冬，陶颖，潘洁雯，等. 城市街道网络分析方法比较研究：以Space Syntax、sDNA和UNA为例 [J]. 城市规划学刊，2020 (2): 19-24.

[50] 龙瀛，李派，侯静轩. 基于街区三维形态的城市形态类型分析：以中国主要城市为例 [J]. 上海城市规划，2019 (3): 10-15.

[51] 龙瀛，毛其智，杨东峰，等. 城市形态、交通能耗和环境影响集成的多智能体模型 [J]. 地理学报，2011, 66 (8): 1033-1044.

[52] 叶宇，黄鎔，张灵珠. 量化城市形态学：涌现、概念及城市设计响应 [J]. 时代建筑，2021 (1): 34-43.

[53] 李留通，张森森，赵新正，等. 文化产业成长对城市空间形态演变的影响：以西安市核心区为例 [J]. 地理研究，2021, 40 (2): 431-445.

[54] 杨俊宴，吴浩，金探花. 中国新区规划的空间形态与尺度肌理研究 [J]. 国际城市规划，2017, 32 (2): 34-42.

城市生态系统综合承载力提升决策系统平台

工 作 单 位：中国气象局、北京师范大学环境学院

报 名 主 题：生态文明背景下的国土空间格局构建

研 究 议 题：生态系统提升与绿色低碳发展

技术关键词：城市系统仿真、物理环境模型、生态承载力

参　赛　人：王雪琪、杜淑盼、高原、吴铭婉

指 导 老 师：刘耕源

参赛人简介：参赛团队长期致力于城市生态资产与服务功能价值核算新方法学的研发，形成森林、草地、湿地、海洋、农业等30余篇系列方法学文章并发表于PNAS、Water Research、Ecosystem Services等期刊；开发生态资本服务价值实现平台，获得多项软件著作权。

一、研究问题

1. 研究背景及目的意义

（1）研究背景

城市发展如何与城市承载力相协调，关系到城市及其周边地区能否顺利实现高质量、可持续发展的目标。生态系统是城市生态系统的重要组成部分，其承载力制约着城市发展的速度和规模，如何科学定量评价城市生态系统承载能力，协调人地关系，指导城市空间布局，保障城市的可持续发展，是当前重要的理论问题和实践任务。生态承载力（ECC）是近些年新兴的，基于承载力理论，综合资源、环境等要素对生态系统进行研究的一个综合性的概念。生态承载力研究作为度量可持续发展的工具之一，其理论及方法受到国内外学者的高度关注。然而经过了数十载的研究，生态承载力研究仍然存在诸多争议，包括概念争议、评价方法争议、是否存在超载上限等问题，难以落实实际应用。国内外学者多采用供需平衡法、生态足迹法、综合指标法等方法评估城市生态承载状况。但现有研究中仍缺乏综合资源—环境—生态指标的长时间序列下的承载力评估和关键要素识别，尤其是如何落实城市生态承载能力监测预警，实现规范化、常态化、制度化管理，引导和约束各地严格按照生态承载能力谋划经济社会发展，是当前研究的重要瓶颈。

（2）当前生态承载力落地应用存在的难点

一是如何将生态承载力的提升作为生态修复工程是否成功的考核指标。由于生态指标本身较难监测，欧盟开发多个先进方法对生态指标与栖息地变化等进行量化，例如《欧盟水框架指令》（EU Water Framework Directive），其定位是“在成员国开展河流

生态状况评估的方法框架”，这个标准采用较多的“生物参数法”（Biotic Parameters）和“生物指数法”（Bioindicators）等。

二是如何进一步考虑生态系统修复中的协同效应。这种协同效应包括资源、环境与生态之间的协同。例如如何通过资源、环境协同优化促进物种多样性及群落结构提升，城市的生态提升是否也同时影响资源承载力与环境承载力等。

（3）北京市副中心对生态承载力的提升有迫切的需求

北京市副中心是中心城区功能疏解的集中承载地，在确定中心定位后，面临着前所未有的发展机遇。时任北京市长陈吉宁指出，落实副中心控制性详细规划，加快建设一批基础设施、公共服务、生态环境等重点工程，全面增强副中心综合承载力和吸引力。但是北京市副中心的快速规划建设阶段，资源—环境—生态仍有不容回避的压力和问题，包括：在快速规划建设要求下未来一段时期内将有大规模人口增量；水环境污染严重，存在内源污染、外源污染等多重污染物，包括上游闸坝放水后的污染问题；区域内水资源严重缺乏；区域内生态流量保障不足、生态功能丧失、河道湿地与区域生态湿地缺乏。副中心生态承载力提升与市委、市政府的要求和人民群众的期盼还有较大差距。因此，如何综合考虑城市扩张、经济发展和生态保护需求，从生态完整性和一体化协同发展角度，解析副中心生态承载力和生态健康格局，如何在副中心特殊需求下进行系统的生态承载力提升和城市的有机更新将是一项新课题、新挑战。

2. 研究目标及拟解决的问题

为了实现城市生态承载力提升的具体落地，本研究拟解决如下两个关键性问题。

（1）基于生态系统服务供需匹配的生态承载力提升区识别方法

传统的生态承载力研究聚焦于承载力的大小，以及是否超载，对探究承载潜力以及提升承载力的落地应用仍比较困难。本研究引用生态系统服务供需匹配的方法，反映一定区域内生态系统服务的供给能否承载人类需求或承载程度，反映生态系统服务的承载能力以及空间配置的均衡程度。利用供需关系来表征承载程度或承载状态，可进一步识别生态承载力提升的优先区域，精细挖掘承载力释放潜力。

（2）生态、资源、环境承载力潜力释放与协同提升的生态修复路径

探究研究区不同承载力提升方案对不同要素承载力的协同提升效果。例如增加局地水资源可以带来更高的资源承载力，同时也将提高水环境容量，从而提高水环境承载力；降水的多少会影响水资源承载力的大小，同时也会影响水源涵养等生态功能，影响生态承载力的大小；水、土壤、大气环境恶劣会影响生物资源的丰度和质量，从而影响生态承载力；水土流失造成生态承载力变化，也会影响环境容量，从而影响环境承载力。

因此，本次开发以北京市副中心为例，研究目标如下。

本研究面向解决城市在快速规划建设进程与资源、环境、生态的冲突问题，摸清北京市副中心生态承载力基线和历史欠账、健康关键节点和受损空间，确定不同技术措施情景下的城市生态承载力增容及减负潜力，为后续区域生态服务提升工程决策过程中的项目选址、生态效益潜力提升和项目技术方案制定提供评估服务和决策依据，集成针对案例区域发展特殊需求的生态系统调配—修复—运管三大类技术路径，提出健康的生态承载力评估指标体系和资源、环境、生态承载力综合提升框架和技术包，为北京副中心及周边地区提供以“资源调配、污染控制、生态修复”为核心的城市生态系统综合承载力评估与提升的解决方案。

二、研究方法

1. 研究方法及理论依据

（1）基于能量学视角的城市生态承载力评估方法

本研究基于生态系统服务理论建立承载力评价模型，其主要原因和优势在于：生态系统服务具有“系统性”的特点。生态系统服务是生态系统的特征，通过多种生态系统结构和过程之间的相互作用而体现出来，可以用来表征生态系统作为一个结构功能的统一体在一项或多项区域发展活动的作用下“整体上”受到了何种影响。而利用某一种或几种物理、化学、生物的指标，例如环境质量状况或者某种物种的生存状态都难以体现出生态系统结构和功能的变化。生态系统服务是指人类从生态系统中得到的收益，对人类福祉产生重要影响，人类通常会直观地感受到他们的变化。用生态系统服务来表征生态承载力是目前生态承载力研究的趋势。

本研究区分“综合承载力”和“生态承载力”，从生态视角出发，基于生态系统服务理论，提出生态系统综合承载力评估模型。生态系统通过提供生态环境条件与生态系统服务功能，来满足人类长期生存发展的需要，支撑经济发展和社会安定，保障人民生活和健康不受环境污染与生态破坏损害，从而实现区域生态安全。因此，将生态系统综合承载力定义为生态系统提供生态服务功能，预防生态问题，保障生态安全的能力，其中包括资源承载力、环境承载力、生态承载力。其中，将资源提供相关的功能（如水资源供给等）划分为资源承载力，污染物净化功能（如大气、水污染物净化等）划分为环境承载力，关键生态系统调节服务（如水源涵养、水土保持功能等）划分为生态承载力。

本研究建立了基于能值的承载力集成与耦合模型。能值（emergy）是产品或服务形成过程中直接或间接投入的一种能量（available energy）。它的基本逻辑是自然生态系统最重要的驱动来源是太阳能，并且生态系统服务的产生必须遵守热力学第一定律，即经济和生态过程的能量输入须与能量输出相等。利用相对稳定的和具有统一标准的能值转换率，将不同类别的能量、资源、服务等这种不可比、难核算的项目换算为统一的量纲——太阳能当量（*sej*）。

太阳能值（*sej*）= 能量（*J*）× 能值转换率（*sej/J*）　（2–1）

这种方法计算出的累积能量价值为稳定的标的物，不受人类偏好和市场偶然性的影响，打破大多数经济学方法以人类为中心的框架，从生态系统驱动力视角重新理解生态系统服务的产生，进一步关注生态系统对人类服务与支持的能力，为客观地评价生态系统服务价值及其对人类经济系统的贡献提供了一种崭新思路。该方法已用于全球、国家、城市等多个尺度的生态系统服务核算。如E. T. Campbell and Brown（2012）基于能值对美国国家森林系统的自然资本和生态系统服务进行了评估，杨青和刘耕源（2018a, 2018b）基于能值方法分别以京津冀城市群为例对森林生态系统服务进行核算，以珠江三角洲为例对湿地生态系统服务进行评估。

（2）基于生态系统服务供需匹配的城市生态承载力受损空间与关键调控节点识别方法

基于生态系统服务供需匹配的视角，结合多源空间数据和空间化的模型方法，分别对生态系统服务供给与需求进行空间量化，利用Urban InVEST模型定量分析城市生态系统服务供给潜力，基于夜间灯光数据、人口分布数据、城市道路数据、房价分布数据等，利用HEV风险评价法刻画城市生态系统服务需求的空间异质性，形成生态系统服务供需关系的空间分异，分别得到基于像元尺度和基于行政边界尺度的生态承载力提升关键调控分区，根据二级分区以及具体类型提出不同分区的生态承载力提升策略。

（3）生态、资源、环境承载力潜力释放与协同提升模拟方法

生态承载力与资源（能、水、食物、土地）和环境之间存在着联系。生态系统提供食物、水、能源（资源）的同时，还提供一些调节小气候、防止洪水、空气调节等服务，而水污染降低水质，会对周围和下游生态系统构成严重威胁，损害生态系统功能。研究指出，在土地管理或生态系统管理时，要借鉴关联（nexus）的理论，“集成”（integration）并综合管理，避免方案之间的重复和冲突。生态系统服务与水—粮食—能源、环境之间紧密联系，因此必须考虑他们之间的权衡和协同作用。该技术将建立生态、资源、环境承载力之间的关联程度识别与量化方法，分别考虑资源、环境、生态三类政策情景，测试在不同情景下，资源、环境、生态，以及综合承载力的变化情况，探究研究区不同承载力提升方案对不同要素承载力的协同提升效果。例如增加局地水资源可以带来更高的资源承载力，同时也将提高水环境容量，从而提高水环境承载力；降水的多少会影响水资源承载力的大小，同时也会影响水源涵养等生态功能，影响生态承载力的大小；水、土壤、大气环境恶劣会影响生物资源的丰度和质量，从而影响生态承载力；水土流失造成生态承载力变化，也会影响环境容量，从而影响环境承载力。本研究基于现有的生态承载力评价方法，提出了生态承载力与资源、环境承载力之间的关联关系框架，开发相关方法定量化其相互的协同性与带动性。针对案例区承载力提升的政策要求，搜集提升承载力的相关政策措施与技术手段，运用情景分析模拟不同政策措施下对不同要素承载力的提升效果，探讨某一部门的政策或资源变化对另一个部门的影响，充分考虑其在横向（部门）和纵向（跨尺度）方面的协调性，多角度显示政策实施的实际成效，统筹协调多个部门，避免不同政策方案之间的重复或冲突，为国家相关领域的政策制定和决策指导提供参考依据。

2. 技术路线及关键技术

（1）技术路线（图2-1）

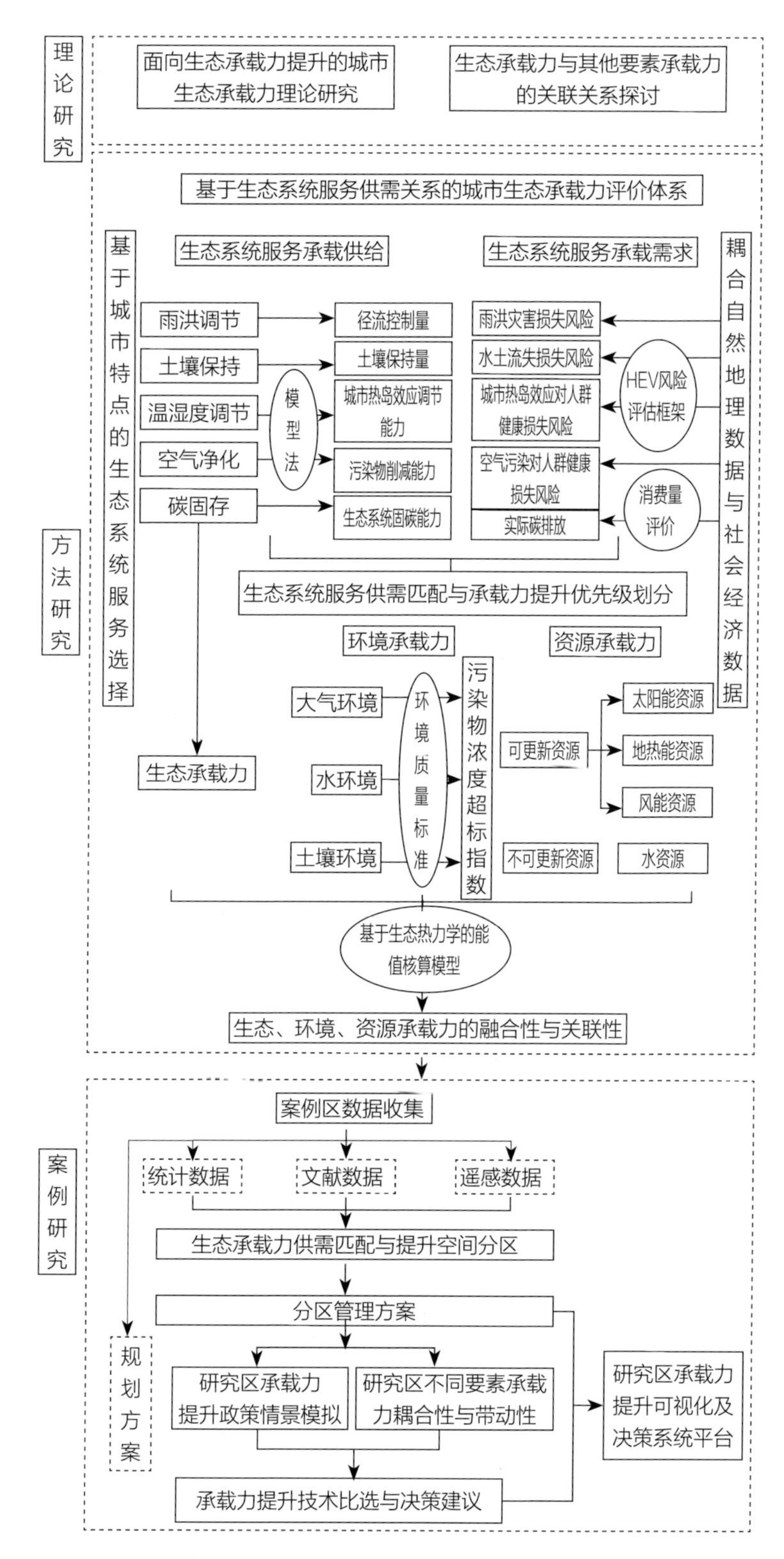

图2-1 技术路线

（2）关键技术

●城市生态承载力释放潜力分析

现有研究缺乏与实际工程技术措施的联系，研究结果难以实现与实际落地工程的对接。本研究针对案例区域各类发展规划相关要求，确定不同技术措施情景（再生水补给或景观构建、污水处理等）下的案例区域生态承载力增容及减负潜力，提出治理建议。

●城市生态承载力提升分区保障决策系统平台

开发城市生态承载力提升分区保障决策系统平台。以GIS开放式插件和组件设计技术为基础，采用Microsoft .net framework平台整合嵌入式GIS组件开发工具ArcEngine和Microsoft Visual Studio开发工具集，运用灵活、有效、方便、友好的C#编程语言，研发基于复杂系统的多要素、多元件、多模块相互嵌入、交互作用的城市生态承载力提升分区保障综合联动集成技术，实现不同功能模块的动态配置和动态调用，实现整体数据库、模型库和方法库的共享，实现将多个独立运行的承载力提升保障支持模块在统一界面上系统集成。

三、数据说明

1. 数据内容及类型

本研究主要涉及北京市副中心及周边区域多源空间数据、城市基础数据、城市生态系统各承载力评价指标数据和承载力提升技术比选数据。为了实现城市生态系统综合承载力空间精细化评价与提升，需要尽可能地获取分辨率较高的数据。

（1）空间数据

分别从中国科学院资源环境科学数据中心、地理空间数据云ASTER GDEMV2获取土地利用类型和高程数据，数据分辨率为30m，通过这些数据进行空间可视化分析。

（2）城市基础数据

房价的主要数据来源是CEIC数据库（https://www.ceicdata.com），利用ArcGIS Spatial Analyst工具箱中密度分析模块中线密度分析工具生成道路密度数据，人口数据来源World pop，人均GDP数据、农村贫困人口比例、水土流失治理面积比例、常住人口、乡镇及建制村农林牧渔业从业人员、农业总产值均来源于北京市统计局。

（3）生态系统服务核算所需数据（城市生态系统综合承载力）

从资源、环境、生态承载力三个方面对城市承载力进行评估，计算各项指标所需的数据、数据类型及分辨率、数据来源及获取方式如表3-1～表3-3所示。

资源承载力指标数据列表　　表3-1

分项承载力	计算指标	所需数据	数据类型及分辨率	来源及获取方式
资源承载力	太阳能资源	2018年全国总辐射台站数据（每月）	空间插值	中国气象数据网国家气象科学数据中心，中国国家地面站太阳总辐射估算数据集(V1.0)
	地热能资源	地表地热能分布数据	2°	参考文献
	风能资源	2018全国风速台站数据（每月）	空间插值	中国气象数据网国家气象科学数据中心，中国地面气候资料月值数据集
	水资源	水资源总量及用水量	公报数据	北京市水资源公报2018

环境承载力指标数据列表　　表3-2

分项承载力	计算指标	所需数据	数据类型及分辨率	来源及获取方式
资源承载力	大气环境	空气污染浓度台站数据	空间插值	北京市空气质量历史数据
		环境空气功能区	查表数据	根据北京市环境保护监测中心网站(http://www.bjmemc.com.cn/hbkp_getOneInfo.action?infoID=1699)，北京市按照二类功能区标准评价各地空气质量的达标情况
		空气污染物浓度限值	查表数据	环境空气质量标准GB 3095-2012
	水环境	水污染数据	—	暂未获取
		水环境功能区	—	暂未获取
		水污染浓度限值	查表数据	地表水环境质量标准GB 3838-2002
	土壤环境	土壤污染数据	—	暂未获取
		土壤污染浓度限值	查表数据	土壤环境质量农用地土壤污染风险管控标准（试行）GB 15618-2018[24]和土壤环境质量建设用地土壤污染风险管控标准（试行）GB 36600-2018[25]

生态承载力指标数据列表　　表3-3

分项承载力	计算指标	所需数据	数据类型及分辨率	来源及获取方式
生态承载力	雨洪调节	暴雨事件降雨量	文献数据	http://www.cma.govcn/2011xzt/kpbd/rainstorm/2018050901/201805/t20180509 468007.html
		土壤水文性质	250m	参考文献
		CN值	文献数据	参考文献
		城市道路数据	矢量数据	OpenStreetMap数据http://download.geofabrik.de/asia.html
		城市房价数据	矢量数据	主要来源是CEIC数据库（https://www.ceicdata.com），缺失的数据通过查询安居客房地产网站（https://www.anjuke.com）获得并补充
		城市建筑数据	矢量数据	https://mp.weixin.qq.com/s/tKXmlTJPT0btrVvqP iqcQ
	土壤保持	2018全国降水台站数据（每月）	空间插值	中国气象数据网国家气象科学数据中心，中国地面气候资料月值数据集
		土壤粗砂含量，粉沙含量，黏粒含量,有机碳含量，砾石含量	30"	第二次全国土地调查1：100万土壤数据
		水土保持工程措施因子	文献数据	参考文献
	水源涵养	植被覆盖因子NDVI	250m	MODIS13Q1
	温湿度调节	潜在蒸散发数据(多年平均月值)	30"	全球干旱指数和潜在蒸散发数据集
		植被冠层盖度	30m	https://lcluc.umd.edu/metadata/global-30m-landsat-tree-canopy-version-4（Sexton et al., 2013)
		地表反射率	文献数据	参考文献
		Kc	文献数据	参考文献
		地表温度数据	70m	https://ecostress.jpl.nasa.gov
	空气净化	空气污染浓度台站数据	空间插值	北京市空气质量历史数据
		植被净化大气污染物能力	文献数据	参考文献
	碳固存	NPP数据	约500m	MODIS17A3HGF006数据
		NEP转换系数	文献数据	http://www.iuems.com/
		VIIRS夜间灯光数据	约500m	https://eogdata.mines.edu/products/vnl/

（4）技术比选信息

技术成本分析采用的数据来自中国环境统计年鉴、购物平台、网络资源等。承载力提升情景设置采用的技术数据来自北京市水务年鉴、北京城市总体规划（2016—2035）、南水北调中线工程规划。

2. 数据预处理

收集的数据具有不同的类型、空间范围、坐标系和分辨率，为方便后续模型计算，需将原始数据进行预处理，主要包括：站点数据的空间插值，统一空间范围、坐标系、栅格大小和对齐方式，转换查表数据为空间数据等。

四、模型算法

1. 模型算法流程及相关数学公式

（1）城市生态系统服务供给能力核算方法开发

一是雨洪调节服务供给能力。城市的雨洪调节能力在减少雨洪风险以及缓解城市内涝等方面发挥着重要的作用。美国自然资本项目组开发的InVEST模型[1]其最新版本增加了城市雨洪削减模型（Urban Flood Risk Mitigation model）和城市热岛效应缓解模型（Urban Cooling Model），特别适用于更小尺度的、切合城市关注的生态问题的城市生态系统服务评估。本研究利用InVEST模型中城市雨洪削减模型（Urban Flood Risk Mitigation model），来评估雨洪调节服务的供给量。

二是土壤保持服务供给能力。一般地，土壤保持服务是利用潜在土壤流失与实际土壤流失的差值进行量化，潜在土壤流失即为模拟无地表覆被以及无人类活动影响下的土壤流失量，实际土壤流失量为在实际地表覆被以及人类管理措施下的土壤流失量，可利用通用或修正的土壤流失方程（USLE/RUSLE）进行计算。本节利用InVEST沉积物保留模型计算土壤保持服务，其计算基础也是通用土壤流失方程，但在计算沉积物保留量方面，该模型考虑了地块本身拦截上游沉积物的能力，计算结果更加科学准确，本文利用模型的输出结果Sediment Retention来表征土壤保持服务供给量。

三是温湿度调节服务供给能力。采用InVEST中城市热岛效应缓解模型（Urban Cooling Model），该模型考虑树阴、蒸散发和地表反射率这三个影响城市热岛效应的主要指标。同时该模型还采用距离加权平均法考虑大于2公顷的绿地对周边的降温效应。

四是空气净化服务供给能力。生态系统对大气污染物具有净化能力，而植被吸附净化污染物与植被LAI指数密切相关，可认为生态系统提供空气净化服务的供给能力随植被LAI指数不同而变化，利用LAI指数表征生态系统空气净化服务的供给能力。LAI指数可基于NDVI数据模拟进行模拟（式4–1、式4–2），利用MOD13Q1 16–day 250 m NDVI数据，目视筛选去掉云量较多的影像，选择145, 161, 177, 225, 241五期影像，去掉被云覆盖的像元，并利用最大值合成法，生成北京2018年250 m分辨率的NDVI数据。

对森林而言，叶面积指数计算公式为：

$$LAI_i = 9.7471 \times NDVI_i + 0.3718 \qquad (4\text{–}1)$$

对于草地、农田等其他用地，叶面积指数计算公式为：

$$LAI_i = 3.227 \times NDVI_i / NDVI_{avg} \qquad (4\text{–}2)$$

式中，$NDVI_i$为i栅格的归一化植被指数；$NDVI_{avg}$为研究区域其他用地的平均归一化植被指数。

五是碳固存服务供给能力。生态系统的固碳量可以利用净生态系统生产力（Net Ecosystem Productivity，NEP）来衡量，*NEP*可由净初级生产力（*NPP*）减去异氧呼吸消耗（土壤呼吸消耗）得到，或根据*NPP*与*NEP*的转换系数换算得到，计算公式为：

$$NEP = \alpha \times NPP\ (R, E) \qquad (4\text{–}3)$$

式中，*NPP*数据采用MODIS17A3HGF006数据，对于湿地水域和城市绿地位置的缺省值采用文献数据进行补充；*NPP*与*NEP*的转换系数参考相关文献。

（2）基于生态系统服务供需匹配的生态受损空间识别与关键调控节点识别

利用Urban InVEST等模型定量分析城市生态系统服务供给潜力，基于夜间灯光数据、人口分布数据、城市道路数据、房价分布数据等，利用HEV风险评价法刻画城市生态系统服务需求

1　InVEST是基于模型模拟法评估生态系统服务功能供给量及其经济价值、支持生态系统管理和决策的模型系统，评估结果相对客观且能够对生态系统服务进行空间表达，已受到广泛应用。

的空间异质性，基于Z-Score标准化方法进行供需关系匹配（式4-4～4-6），识别生态受损空间，划分承载力提升优先区。当供给标准化结果大于0，需求标准化结果小于0，表示高供给低需求（H-L）；供给、需求标准化结果均大于0，表示高供给高需求（H-H）；供给、需求标准化结果均小于0，表示低供给低需求（L-L）；供给标准化结果小于0，需求标准化结果大于0，表示低供给高需求（L-H）。低供给高需求说明人地关系较为紧张，生态系统服务的功能在空间上无法满足居民需求，生态系统处于弱承载状态，在考虑城市承载力提升时处于第一优先级；低供给低需求表明生态系统服务较低，但可满足现有较低经济发展水平，生态系统处于较弱承载状态，为生态承载力提升第二优先级；高供给高需求说明生态保护与经济发展相协调，生态系统处于较强承载状态，为生态承载力提升第三优先级；高供给低需求说明生态系统服务较为充足，生态系统处于强承载状态，处于生态承载力提升最后的优先级。

$$x = \frac{x_i - \bar{x}}{s} \quad (4\text{-}4)$$

$$\bar{x} = \frac{1}{n}\sum_{i=1}^{n} x_i \quad (4\text{-}5)$$

$$s = \sqrt{\frac{1}{n}\sum_{i=1}^{n}(x_i - \bar{x})^2} \quad (4\text{-}6)$$

式中，x为标准化后的生态系统服务供给量/需求量，x_i为第i个栅格的生态系统服务供给量/需求量，$\bar{x}$为评价区域的平均值；s为评价区域的标准差。

（3）基于能量学的生态系统综合承载力评估方法

生态承载力由各关键生态系统服务的能值加和计算得来：

$$Em_{cc}=Em_{fm}+Em_{sc}+Em_{hm}+Em_{eQf}+Em_{cs} \quad (4\text{-}7)$$

其中，

$$Em_{fm}=R_{fm}\times UEV_{runoff} \quad (4\text{-}8)$$

$$Em_{sc}=SR_{oc}\times UEV_{soil-oc} \quad (4\text{-}9)$$

$$Em_{hm}=AET\times UEV_{water} \quad (4\text{-}10)$$

$$Em_{EQf} = \sum_{i=1}^{n} Em_{EQfi} = \sum_{i=1}^{n}\sum_{j=1}^{n}\left(M_{aij} \times PDF_{aj} \times 0.0001 \times Em_{spfi}\right) \quad (4\text{-}11)$$

$$Em_{sc}=NEP\times UEV_{NEP} \quad (4\text{-}12)$$

式中，Em_{cc}为生态承载力。Em_{fm}为雨洪调节服务的能值，R_{fm}为年雨洪调节量，UEV_{runoff}径流势能能值转换率。Em_{sc}为土壤保持服务的能值，SR_{oc}土壤中有机质含量，$UEV_{soil-oc}$土壤有机质的能值转换率。Em_{hm}为温湿度调节服务的能值，AET为实际蒸散量，UEV_{water}水的能值转换率。Em_{EQf}为空气净化服务的能值，Em_{EQfi}表示生态系统i净化大气污染物后生态系统损失减少量的能值（sej/yr）；M_{aij}为生态系统i净化第j种大气污染物的能力（kg/ha/yr），数据来自文献，数据以林地为主，其余土地利用类型的净化能力根据LAI指数按比例进行折算；PDF_{aj}表示受每kg大气污染物j影响的物种潜在灭绝比例（$PDF \times m^2 \times yr/kg$）；0.000 1为单位转换系数（$m^2$转化为公顷/ha）；$Em_{spfi}$表示维持区域物种所需的能值，可用区域可更新资源对应的能值计算，即$MAX(R_{fi})$（sej/yr）。Em_{cs}为碳固存服务的能值，NEP为净生态系统生产力，用来衡量生态系统的固碳量，UEV_{NEP}为碳的能值转换率。

资源承载力采用式4-13进行核算。能值转换率取值及参考来源见表4-1。

$$Em_R=MAX[SUM(Em_{solar}, Em_{geo}, Em_{tide}), MAX(Em_{wind}, Em_{rain}, Em_{runoff})]+(W_{diversion}+W_{reuse}-W_E)\times G\times UEW_{water} \quad (4\text{-}13)$$

其中，

$$Em_{solar}=E_{solar}\times UEV_{solar} \quad (4\text{-}14)$$

$$Em_{geo}=E_{geo}\times UEV_{geo} \quad (4\text{-}15)$$

$$Em_{tide}=E_{tide}\times UEV_{tide} \quad (4\text{-}16)$$

$$Em_{wind}=E_{wind}\times UEV_{wind} \quad (4\text{-}17)$$

$$Em_{rain}=E_{rain}\times UEV_{water} \quad (4\text{-}18)$$

$$Em_{runoff}=E_{runoff}\times UEV_{runoff} \quad (4\text{-}19)$$

式中，Em_R为资源承载力。Em_{solar}为研究区域的太阳能资源承载力，E_{solar}为输入系统的单位面积太阳辐射能，UEV_{solar}为太阳能的能值转换率。Em_{geo}为研究区域的地热能资源承载力，E_{geo}为输入系统的单位面积地热能，UEV_{geo}为地热能的能值转换率。Em_{tide}为研究区域的潮汐能资源承载力，E_{tide}为输入系统的单位面积潮汐能，UEV_{tide}为潮汐能的能值转换率。Em_{wind}为研究区域的风能资源承载力，E_{wind}为每平方米地表吸收的风的能量，UEV_{wind}为风能的能值转换率。Em_{rain}为研究区域的降雨资源承载力，E_{rain}为降雨量，UEV_{rain}为水的能值转换率。Em_{runoff}为研究区域径流的资源承载力，E_{runoff}为径流量，UEV_{runoff}径流势能能值转换率。$W_{diversion}$为外界调水，W_{reuse}为再生水，W_E为因环境污染不可利用的水资源（劣水），G为水的吉布斯自由能（4.72 J/g）。

能值转换率　　表4-1

项目	UEV	参考来源
太阳能	1sej/J	[45]
地热能	4900 sej/J	[45]
风能	520 sej/J	[45]
水化学势能	23600 sej/J	[45]
蒸散发化学势能	23600 sej/J	[45]
径流重力势能	3220 sej/J	[45]
土壤有机质	1.84×10^8 sej/g	[46]
NEP	183.31×10^6 sej/gC	[47]

在环境承载力中，利用自然补偿法，采用稀释模型，若污染浓度超过环境质量标准，计算自然生态需要额外多投入多少能值来稀释净化污染物，为负服务，若污染物浓度不超过环境质量标准，为正服务（图4-1）。

以大气环境为例，大气环境承载力表达式为：

$$E_{airi} = -\frac{(F_{airi} - C_{airi})}{C_{airi}} \times Em_{wind} = CC_{airi} \times Em_{wind} \quad (4\text{-}20)$$

式中，E_{airi}为大气环境承载力。CC_{airi}为某一污染物的承载系数，F_{airi}为该污染物的实际监测值，C_{airi}为某一污染物的大气环境标准，若$C_{aq}>F_{aq}$，承载力为正；若$C_{aq}=F_{aq}$，承载力为0；若$C_{aq}<F_{aq}$，承载力为负。Em_{wind}为研究区域的风能能值，也就是风能资源承载力。

根据短板效应，取各种污染物环境承载服务的最小值作为总大气环境承载服务。

$$E_{air} = \min(E_{airi}) \quad (4\text{-}21)$$

水环境和土壤环境与大气环境类似，把式（4-20）风能能值换成水的能值和土壤的能值即可。

由于大气、水、土壤为自然界三种不同的要素，因此，根据加和原则，环境承载力为：

$$E_{Ev} = E_{air} + E_{water} + E_{soil} \quad (4\text{-}22)$$

（4）生态、资源、环境承载力协同提升效果测算方法

生态系统综合承载力认为是资源、环境、生态承载力的集成，则：

$$CECC = Em_R + E_{Ev} + Em_{CC} \quad (4\text{-}23)$$

式中，$CECC$为生态系统综合承载力，Em_R为资源承载力，E_{Ev}为环境承载力，Em_{CC}为生态承载力。

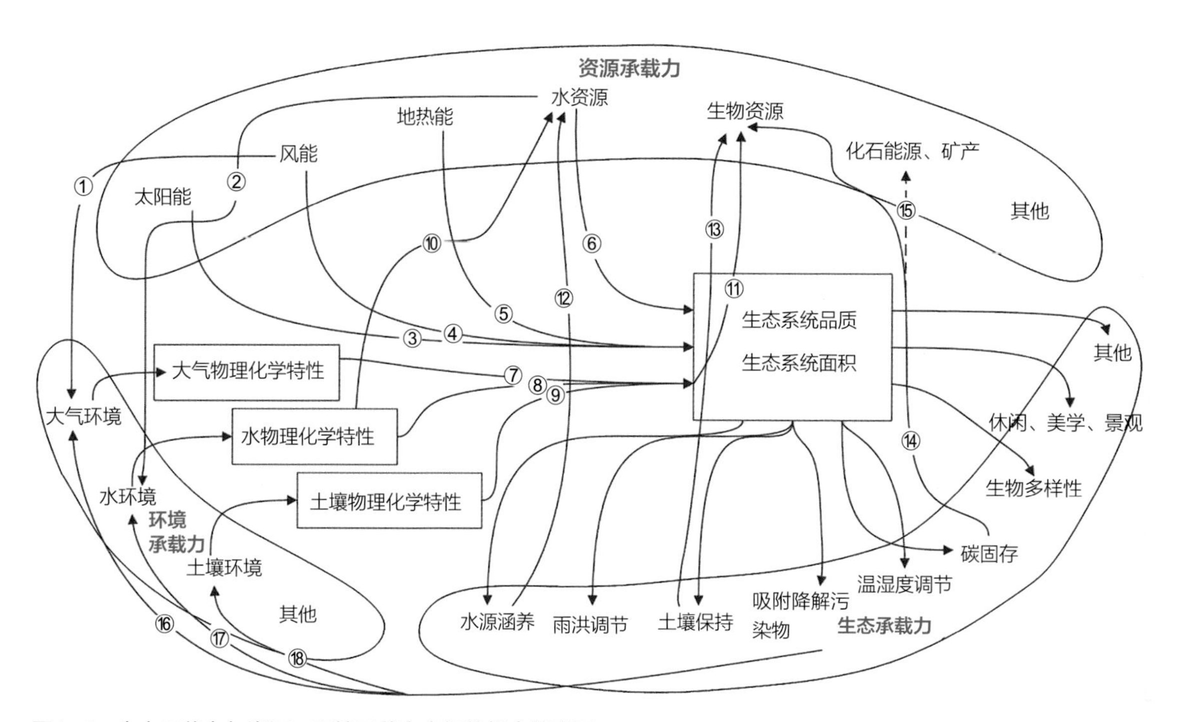

图4-1　生态承载力与资源、环境承载力之间的耦合关联图

连接①：风能资源承载力影响大气环境承载力。

根据箱式模型，单位面积上单位时间的大气环境容量可表达为：

$$W_{air}=(C_s-C_0)\ (u\cdot H\cdot L)+W_b \tag{4-24}$$

式中，C_s为大气污染浓度的环境标准限值，C_0为区域大气环境污染物本底值，u为风速，H为污染物可达到的高度，取大气环境混合层厚度，L为箱的边长，W_b为包括沉降、污染物衰减、植被吸附降解等其他因素造成的自净容量。

连接②：水资源承载力影响水环境承载力。

根据河流稀释混合模型，水环境容量的计算方法可概化为：

$$W_{water}=C_s\left(Q_p+Q_E\right)-Q_p\cdot C_p+W_b=Q_p\cdot\left(C_s-C_p\right)+C_s\cdot Q_E+W_b \tag{4-25}$$

式中，C_s为控制水质标准，Q_p为上游来水设计流量，C_p为上游来水水质，Q_E为污水设计流量，W_b为包括污染物衰减、植被吸附降解等其他因素造成的自净容量。

连接③：太阳能资源承载力通过影响生态系统品质或面积影响生态承载力。

根据基于光能利用率的CASA模型，植被净初级生产力计算方法为：

$$NPP=FAPAR\left(x,t\right)\times\varepsilon_{max}\left(x,t\right)\times T_{\varepsilon1}\left(x,t\right)\times T_{\varepsilon2}\left(x,t\right)\times W_{\varepsilon}\left(x,t\right) \tag{4-26}$$

式中，NPP为植被净初级生产力，$FAPAR$为光合有效吸收辐射，ε_{max}为最大光能利用率，$T_{\varepsilon1}$、$T_{\varepsilon2}$均为温度胁迫系数，W_{ε}为水分胁迫系数。

连接④：风能资源承载力通过影响生态系统品质或面积影响生态承载力。

适宜的风速有利于植物生长发育。风是植物花粉、种子传播的动力；风力还能促使环境中氧、二氧化碳和水汽均匀分布，并加速他们的循环，形成有利于植物正常生活的环境；风力的扩散作用，可降低大气污染对植物的危害。但是长期的单向风使植物迎风方向的生长受抑制，过大的风速造成倒伏、折枝、落花、落果等，对植物造成危害。

连接⑤：地热能资源承载力通过影响生态系统品质或面积影响生态承载力。

地热区水与土壤温度较高，并且水热蚀变作用影响土壤的酸碱性，使其形成的生态系统营养物质相对贫乏，植物群落结构简单。

连接⑥：水资源承载力通过影响生态系统品质或面积影响生态承载力。

植被净初级生产力NPP、植被覆盖参数$NDVI$与降水量P的相关性。

$$NPP\propto P \tag{4-27}$$

$$NDVI\propto P \tag{4-28}$$

连接⑦：大气环境承载力变化改变大气物理化学特性，通过影响生态系统品质影响生态承载力。

根据Eco-Indicator 99评估方法，可将污染物对生态系统的损害进行评估。对生态系统质量的损害用潜在物种灭绝比例（Potentially Disappeared Fraction（PDF）of species）衡量，单位为PDF × m^2 × yr/kg，PDF为10（%）表示污染物会导致当年该区域1%物种从10 m^{2}的面积中灭绝，或者10%的物种从1 m^{2}的面积中灭绝。

$$C_{Ecoi}{}'=\sum\nolimits_{i=1}^{n}(1-M_i\times PDF_i)\times C_{Ecoi} \tag{4-29}$$

式中，C_{Ecoi}表示与物种有关的生态服务功能，例如水源涵养、吸附降解污染物、碳固存、生物多样性等；$C_{Ecoi}{}'$表示受环境影响后的生态服务功能；M_i表示影响物种的第i种污染物的质量；PDF_i为第i种污染物PDF值，可从Eco-indicator 99方法手册中查取（表4-2）。

对于其他大气污染物，例如$PM_{2.5}$、PM_{10}等，暂无对应的PDF值，但并不代表该污染物对生态系统品质无损害，只是损害关系较为复杂，暂无可参考的数据，因此暂时不列入讨论范围。

各污染物对应PDF值（单位：%·m^2·yr/kg） 表4-2

污染物	SO_2	NO_x
PDF	1.04	5.71

连接⑧、⑨与⑦类似。

连接⑩：水环境承载力通过影响可利用的水资源量影响水资源承载力。

当水污染较严重时，水并不能被用于生产生活，造成水质性缺水，因此水环境影响可利用的水资源量，定义可利用水资源量用下式表达。

$$W_{water}=W_s+W_g+W_{in}-W_{out}+W_{diversion}+W_{reuse}-W_E \qquad (4\text{-}30)$$

式中，W_{water}为可利用的水资源量，W_s与W_g为分别为降水产生的地表水与地下水，W_{in}为河流入流，W_{out}为河流出流，$W_{diversion}$为外界调水，W_{reuse}为再生水，W_E为因环境污染不可利用的水资源（劣水）。

连接⑪：水环境承载力、土壤环境承载力通过影响生态系统的品质和面积影响生物资源承载力。

水环境、土壤环境污染影响植物生长，超过植物忍耐限度时，对植物产生损害，影响农作物、木材等生物资源的产量。

连接 ：水源涵养通过影响地下水资源影响水资源承载力。

一般认为水源涵养量（TQ）＝下渗量＝降水（P）－径流（R）－蒸散发（ET）[12, 56]，如式（4–31）所示。下渗即能补充地下水资源，增加地下水（W_g）。

$$TQ=P-R-ET \qquad (4\text{-}31)$$

式中，TQ为水源涵养量，P为降水量，R为径流量，ET为蒸散发量。

连接⑬：土壤保持通过影响土地生产力影响生物资源承载力。

土壤流失会造成土壤肥力下降，降低土地生产力，影响农作物产量，减少人类可利用的生物资源。

连接⑭：碳固存变化影响生物资源承载力。

生态系统的固碳能力增加，净初级生产力增加，增加了例如木材等人类可利用的生物资源。

连接⑮：碳固存能力变化影响化石能源的生成（极为缓慢）影响资源承载力。

生态系统固的碳经过长时间的生化、地质作用，形成煤炭、石油等化石能源，但该过程极为缓慢，在短时间尺度下可忽略不计。

连接⑯：空气净化服务变化导致生态系统对大气污染物吸附降解量变化影响大气环境承载力。

生态面积增加对大气污染物的吸附降解量增加，提升大气环境质量。

$$Q_{pej}=Q_j-Q_{pj} \qquad (4\text{-}32)$$

式中，Q_{pej}为某区域内大气中现存的第j种污染物量（kg/yr），Q_{pj}为生态系统对大气污染物j的削减量（kg/yr），Q_j为大气中j污染物总量。其中，Q_{pej}、Q_{pj}计算方法为：

$$Q_{pej}=C_{pj}\times A\times H\times 10^{-9}\times 365\times 24 \qquad (4\text{-}33)$$

$$Q_{pj}=\sum_{i=1}^{n} q_{ij}\times a_i \qquad (4\text{-}34)$$

式中，C_{pj}为污染物j浓度（$\mu g/m^3$），A为区域面积（m^2），H为混合层高度（m），q_{ij}为生态系统i净化第j种大气污染物的能力（kg/ha/yr），数据来自文献，a_i为生态系统i的面积（m^2）。

在污染物总量不变的条件下，增加生态面积，增加Q_{pj}，减少Q_{pej}，减小污染物浓度C_{pj}，提升环境质量，提升环境承载力。

连接⑰、⑱与⑲方法类似，通过生态系统品质或面积的改变，提升环境承载力。

2. 模型算法相关支撑技术

（1）InVEST模型和ArcGIS

利用InVEST模型中城市雨洪削减模型评估雨洪调节服务的供给量；利用InVEST沉积物保留模型计算土壤保持服务；采用InVEST中城市热岛效应缓解模型计算温湿度调节服务。

利用ArcGIS完成空间数据预处理，包括站点数据的空间插值，空间数据预处理，查表数据的空间呈现等，并进行融合性与关联性的空间计算。

（2）承载力提升决策与可视化系统平台架构设计

搭建基于地理信息系统的北京市副中心承载力提升分区保障决策支持与可视化平台，系统平台采用三层架构，符合“高内聚，低耦合”思想，把各个功能模块划分为表示层（UI）、业务逻辑层（BLL）和数据访问层（DAL）三层架构，各层之间采用接口相互访问，并通过对象模型的实体类（Model）作为数据传递的载体（图4–2）。

以GIS开放式插件和组件设计技术为基础，采用Microsoft .net framework平台整合嵌入式GIS组件开发工具ArcEngine和Microsoft Visual Studio开发工具集，运用灵活、有效、方便、友好的C#编程语言，研发基于复杂系统的多要素、多元件、多模块相互嵌入、交互作用的城市生态承载力提升分区保障综合联动集成技术，实现不同功能模块的动态配置和动态调用，实现整体数据库、模型库和方法库的共享，实现将多个独立运行的承载力提升保障支持模块在统一界面上系统集成。

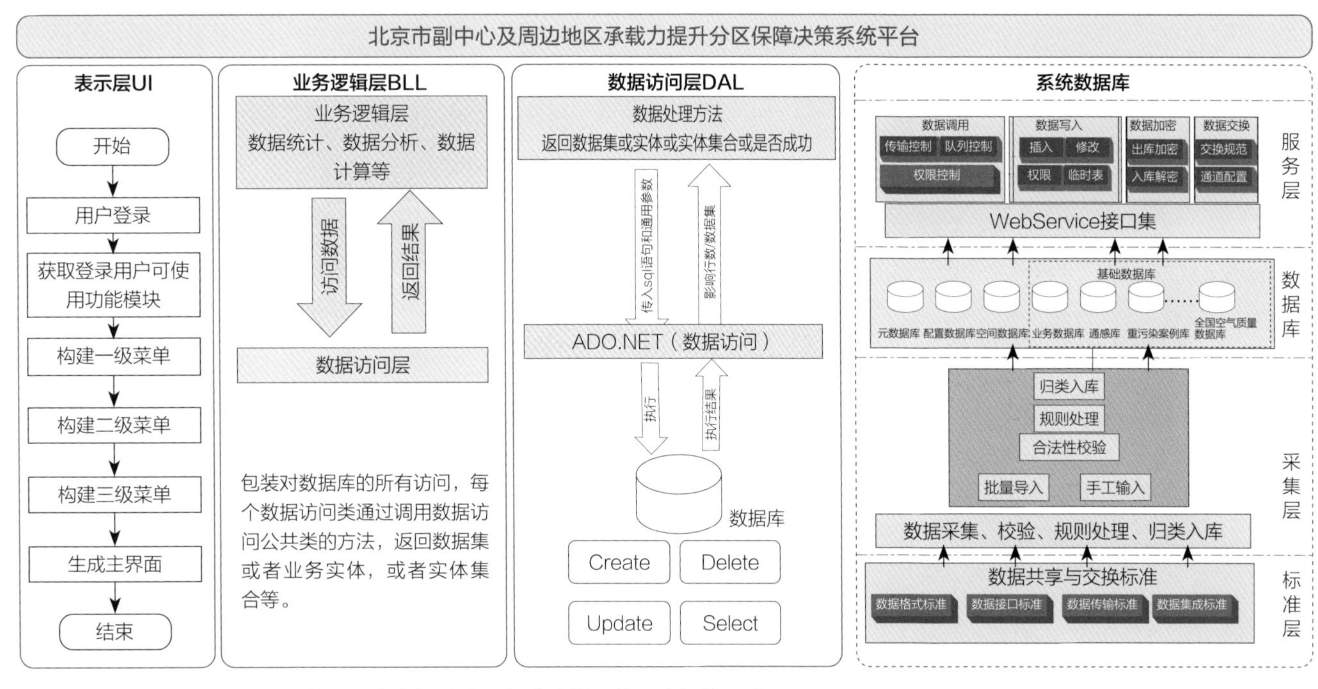

图4-2　北京市副中心及周边地区承载力提升分区保障决策系统平台架构设计

五、实践案例

1. 模型应用实证及结果解读

北京城市副中心（Beijing Municipal Administrative Center）为北京新两翼中的一翼，是为调整北京空间格局、治理大城市病、拓展发展新空间的需要，也是推动京津冀协同发展、探索人口经济密集地区优化开发模式的需要而提出的，副中心将成为中心城区功能和人口疏解的重要承载地。规划范围为原通州新城规划建设区，总面积约155km^2。外围控制区即通州全区约906km^2，进而辐射带动廊坊北三县地区协同发展。通州区地处北运河流域，北运河是京杭大运河的重要组成部分，贯穿城市副中心南北，北京城市副中心控制性详细规划（街区层面）（2016—2035年）指出，要把北京城市副中心建设成为水城共融的生态城市、蓝绿交织的森林城市、自然生态的海绵城市，北运河及其两岸将成为城市副中心的生态文明带、文化传承带。而城市副中心处于北运河水系下游，因此北运河水系上游以及副中心周边地区的生态环境状况直接影响着城市副中心生态环境状况。

因此，本研究将研究区定为北京城市副中心及其周边地区（包括通州区及其上游北运河流域全境），将城市外围区域的生态环境对城市生态环境的支持与影响作用考虑在内，图5-1为研究区土地利用类型示意图。

（1）基于供需关系的生态承载力提升优先区域识别

分别从像元尺度和行政区域尺度划分北京副中心及周边区域生态承载力提升优先级。栅格尺度的副中心及周边区域生态系统

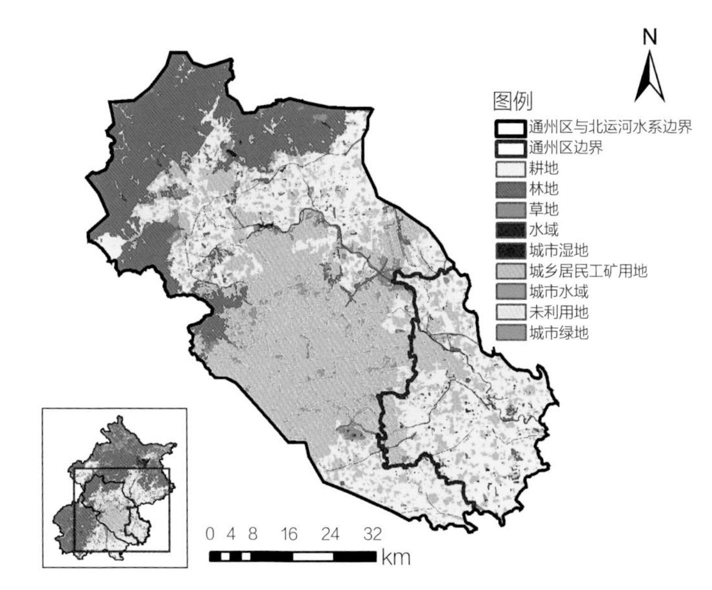

图5-1　研究区范围示意（北京城市副中心及其周边地区）

服务供给与需求空间分布结果如图5-2所示，雨洪调节、温湿度调节、空气净化、碳固存四种服务的供需关系在北运河水系上游昌平区山区以及延庆区、怀柔区部分区域基本处于高供给—低需求状态，处于较好的承载状态；中游城市中心及副中心附近具有较大面积的、接连成片的低供给—高需求区域，承载状态较差，急需提升；下游除了碳固存服务存在较多高供给—低需求区域，雨洪调节、温湿度调节、空气净化服务大部分处于低供给—低需求状态；土壤保持服务在上游山区具有较分散的低供给—高需求区域，其他区域基本处于低供给—低需求，而城市中心由于大部分是建设用地的不透水表面，不存在土壤保持服务，也无相应需求，不存在承载力供需关系。

将五种服务的供需关系（图5-2 a3、b3、c3、d3、e3）进行基于栅格的像元统计，取其中最高优先级，生成通州及周边区域基于像元尺度的生态承载力提升优先区的空间分布数据，结果如图5-3（a）所示，其中第一优先级的区域主要位于北运河水系中游，城市中心及副中心附近，具有较大面积的且接连成片，占整个区域的一半以上（56.93%），第二、三、四优先级占38.89%、1.45%、2.73%。图5-3（b）即为通州及周边区域像元尺度的分

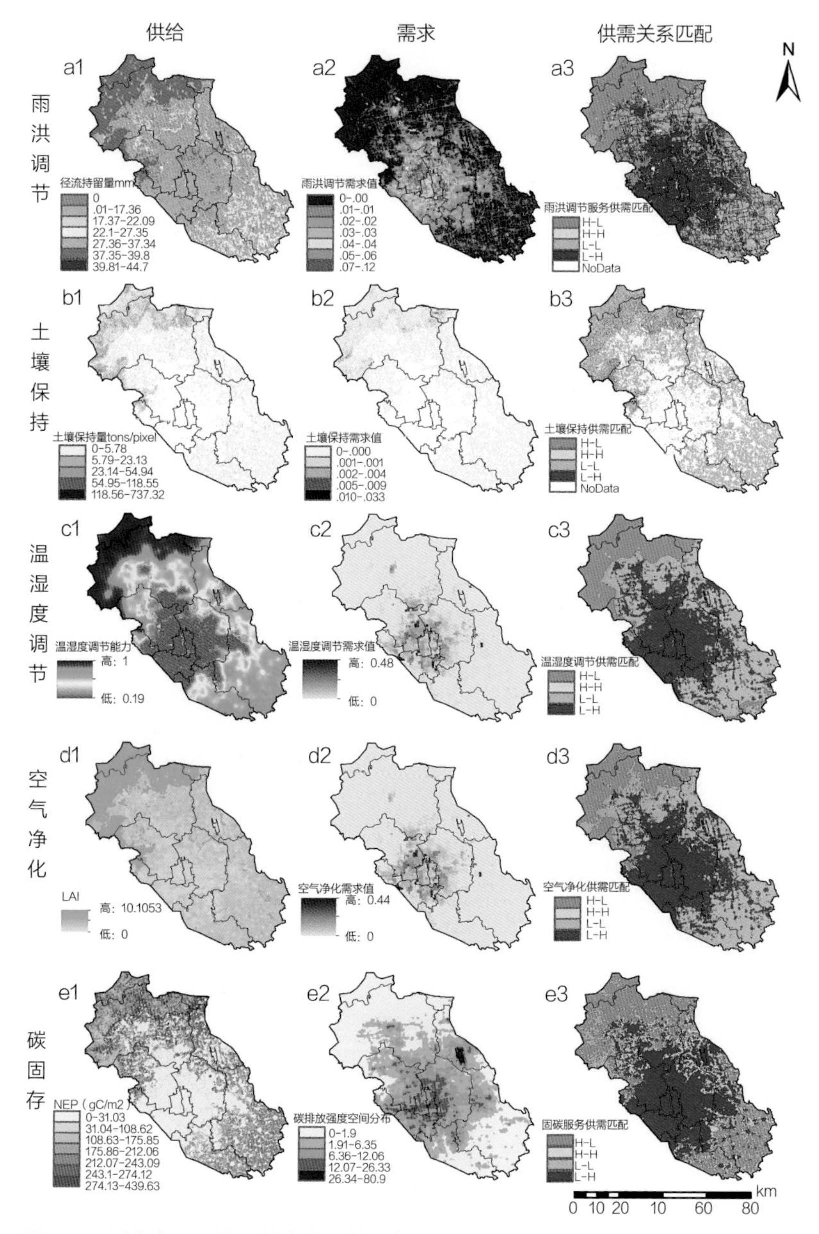

图5-2　副中心及周边区域生态系统服务供需关系空间匹配结果

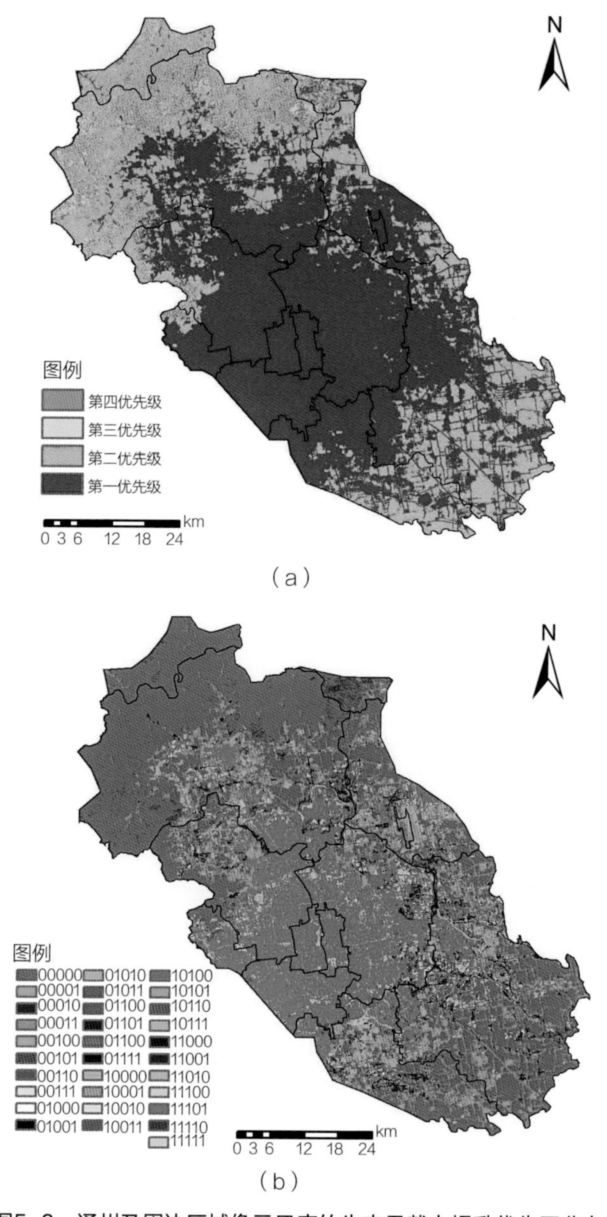

图5-3　通州及周边区域像元尺度的生态承载力提升优先区分布

类别生态承载力提升优先区分布，可根据表5-1进行对照识别每一像元的优先提升服务类型。

采用二进制bit法对具体提升类型进行编号。位自右向左1-5位分别代表雨洪调节、土壤保持、温湿度调节、空气净化和碳固存，1代表该地块该服务为第一优先提升，0代表其他次优先级如表5-1所示。

二进制编码对照表　　表5-1

从左至右	碳固存	空气净化	温湿度调节	土壤保持	雨洪调节
第一优先级	1	1	1	1	1
其他次优先级	0	0	0	0	0

依据乡镇街道边界数据，得到在乡镇街道尺度生态承载力综合提升优先级分区（图5-4 a），由图可以看出，在副中心及周边地区大部分乡镇街道都处于生态承载力提升第一优先级，仅有昌平区北部、通州区南部、大兴区南部少数乡镇街道处于第二优先级，无第三优先级，只有昌平区流村镇处于第四优先级。按照各乡镇街道具有第一优先级的服务类型数量进行二次划分，颜色越深急需提升的服务越多，越需要进行综合提升，如图5-4 b所示。利用图5-4 c可以更直观看出具体某个乡镇街道需要做哪些服务的提升，图中可以看出共有五种组合类型，中心城区附近大部分区域处于雨洪调节、温湿度调节、空气净化、碳固存四重复合优先提升区，通州区宋庄镇处于雨洪调节、空气净化、碳固存三重复合优先提升区，周边其余乡镇街道分散着少数雨洪调节、碳固存二重复合优先提升区，温湿度调节、碳固存二重复合优先提升区，和碳固存单一优先提升区。

（2）不同政策情景下北京副中心的生态、资源、环境承载力的耦合提升效果与成本分析

根据北京市规划、年鉴、土地利用数据等，例如北京市水务年鉴、北京城市总体规划（2016年—2035年）、南水北调中线工程规划、耕地面积、屋顶面积等，列出下表情景，参考公开的规划、网络资源等，估算各技术的实施成本（表5-2）。根据人口比例、面积比例等估算副中心及周边地区政策实施的总成本，利用第四章中生态、资源、环境承载力协同提升效果测算方法，计算资源、环境、生态、综合承载力协同提升效果（表5-3）。

根据表5-3计算结果，进一步计算单位成本（每亿元）的承载力提升效果，为技术比选提供参考（表5-4，图5-5）。

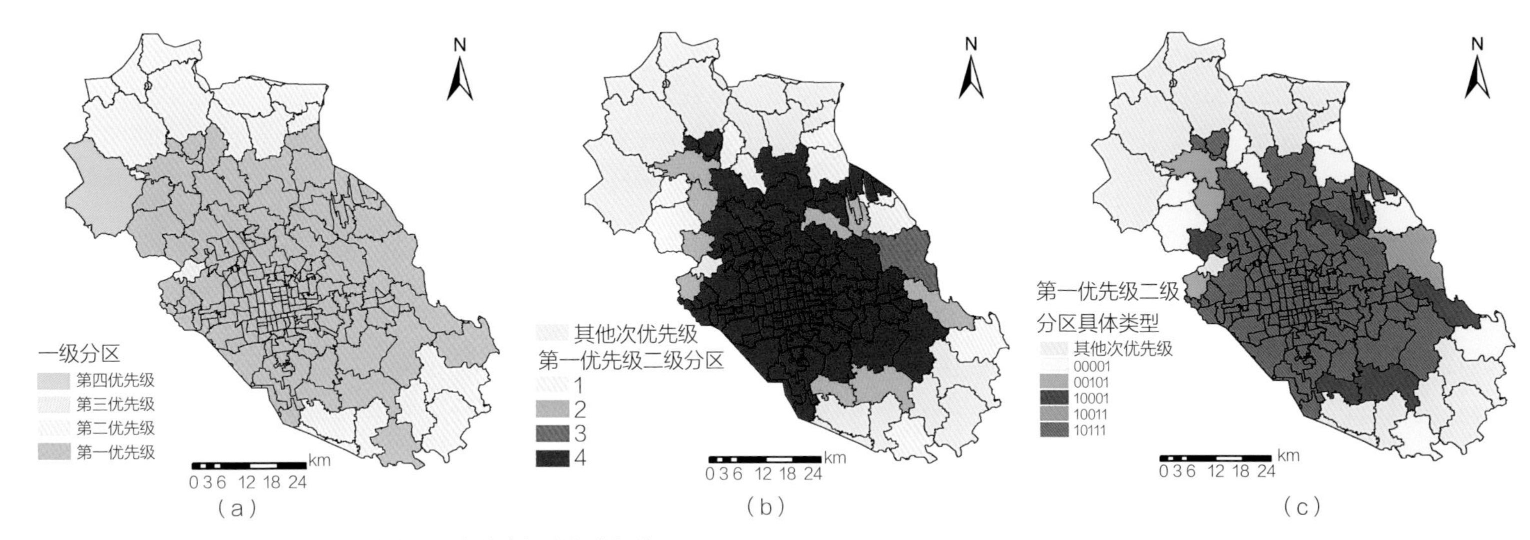

图5-4　通州及周边区域行政区划尺度生态承载力综合提升优先级分区

资源、环境、生态承载力提升技术列表及相应成本 表5-2

	技术名称	单项技术	技术描述	单价	参考来源
资源承载力	水资源调配技术	跨流域调水技术	包括明渠输水技术、管道输水、隧洞输水技术等	20元/m^3	南水北调中线工程单方水投资额约20多元(http://lfinance.sina.com.cn/china/20140614103261941l109.shtml
	生活节水技术	安装节水器具	安装节水便器、节水淋浴喷头、节水水龙头，节水洗衣机等	3 336.1～4 192.2元/户	本研究根据京东平台商品价格测算
	工业废水回用技术	再生水回用	分为物化处理工艺和生物处理工艺	3.5元/m^3	参考北京市再生水价格（http://swj.beijing.gov.cn/bmxx/sjxx/201912/t20191219_1311044.htmi）
	农业节水技术	滴灌	利用塑料管道将水通过直径约10mm毛管上的孔口或滴头送到作物根部进行局部灌溉	100元/亩	参考网络资源（https://www.zhihu.com/question/359838200）
		膜下滴灌	在膜下应用滴灌技术	300元/亩	参考网络资源（https://tieba.baidu.com/p/5123070080?red_tag=2120926848)
		痕灌	利用土壤毛细力根据植物生长需要自动吸取水分	2 000～5 000元/亩	参考网络资源（https://baike.baidu.com/item/%E7%97%95%E7%81%8C/2474263?fr=aladdin）
	雨水利用技术	蓄水池	用人工材料修建、具有防渗作用的蓄水设施	43～60元/m^3	参考网络资源（https://www.docin.com/p-1845186822.html）
	海水淡化	海水淡化	利用海水脱盐生产淡水	8元/吨	参考网络资源（https://bj.jjj-qq.com/a/20171208/001838.htm）
环境承载力	污水治理技术	污水处理	包括预处理技术、生物处理技术、物化处理技术等	4.02元/吨	由中国环境统计年鉴计算得出
生态承载力	河流生态修复技术	生态袋护岸	土工网袋装填草籽和种植土	300元/m^2	本研究估算
	海绵城市改造技术	屋顶绿化	在屋顶上增加绿地面积	38～61元/m^2	参考网络资源计算（http://www.greenroof.org.cn/roof/index.php?s=/Home/Article/detail/id/270.html）

北京副中心及周边地区承载力提升情景总成本及总提升效果 表5-3

	技术名称	单项技术	情景	总成本	资源承载力提升	环境承载力提升	生态承载力提升	综合承载提升
资源承载力	水资源调配技术	跨流域调水A1	南水北调中线工程规划近期有效调水量95亿m^3/年，向北京调12亿m^3/年，2018年调水11.92亿m^3/年，后期可达130～140亿m^3/年，按同比例，北京可调配15.7亿m^3/年，预期增加调水3.78亿m^3，若按人口分配，副中心及周边区域分得约2.96亿m^3	约59.3亿元	14.96%	11.63%	12.23%	29.89%
	生活节水技术	安装节水器具A2	假设为未安装节水器具的家庭（约占3.5%）每户换一个节水便器、一个节水淋浴喷头、三个节水水龙头，一台节水洗衣机，按人口分配，副中心及周边区域约46833户	1.56亿元～1.96亿元	0.51%～1.19%	0.40%～0.92%	0.42%～0.97%	1.03%～2.37%
	工业废水回用技术	再生水回用A3	2018年再生水10.8亿m^3（北京市水资源公报2018），预计2035年14.4亿m^3［依照北京城市总体规划（2016年—2035年）处理能力提升进行估算］，增加3.6亿m^3，若按人口分配，副中心及周边区域约2.82亿m^3	约9.88亿元	14.24%	11.07%	11.64%	28.46%

续表

	技术名称	单项技术	情景	总成本	资源承载力提升	环境承载力提升	生态承载力提升	综合承载提升
资源承载力	农业节水技术	滴灌A4	假设将当前所有灌溉面积换成滴灌，水利用系数从2018年0.742提升为0.95，农业用水从4.2亿m^3（北京市水务年鉴）减少到3.28亿m^3，减少农业用水0.9196亿m^3，按耕地面积比例分配，副中心及周边区域减少农业用水0.286亿m^3，约有65.96千公顷灌溉面积	约0.99亿元	1.44%	1.12%	1.18%	2.88%
		膜下滴灌A5	假设将当前所有灌溉面积换成膜下滴灌，节约灌溉水40%~60%	约2.97亿元	2.64%~3.95%	2.05%~3.07%	2.15%~3.23%	5.27%~7.90%
		痕灌A6	假设将当前所有灌溉面积换成痕灌，比滴灌的农业用水再减一半	19.8亿元~49.5亿元	2.57%	2.00%	2.10%	5.14%
	雨水利用技术	蓄水池A7	假设30%的屋顶装蓄水池，最多可蓄这些屋顶面积上的所有降雨，副中心及周边区域约3.37千万m^3	14.5亿元~20.2亿元	1.70%	1.32%	1.39%	3.40%
	海水淡化	海水淡化A8	北京每年预计接收海水淡化10亿m^3，按人口分配，副中心及周边区域将分得约7.84亿m^3	约62.8亿元	39.57%	30.76%	32.35%	79.07%
环境承载力	污水治理技术	污水处理B1	将副中心及周边区域2018年约有1.6851亿m^3的超标地表水进行治理	约6.77亿元	8.50%	96.85%	0.00%	70.34%
生态承载力	河流生态修复技术	生态袋护岸C1	根据土地利用数据，假设河渠10%的面积采用生态袋护岸，副中心及周边区域约3997530 m^2	约12亿元	0.047%	0.000067%	0.051%	0.075%
	海绵城市改造技术	屋顶绿化C2	假设将30%的屋顶进行屋顶绿化，采用简单式，使用年限15年，副中心及周边区域约6.21千万m^2	约23.7亿元	0.74%	0.00104%	0.79%	1.17%

副中心及周边地区承载力提升情景单位成本（每亿元）提升效果　　表5-4

承载力分项	技术名称	情景	资源承载力提升	环境承载力提升	生态承载力提升	综合承载力提升
资源承载力	水资源调配技术	A1	0.25%	0.20%	0.21%	0.50%
	生活节水技术	A2	0.33%~0.61%	0.26%~0.47%	0.27%~0.49%	0.66%~1.21%
	工业废水回用技术	A3	1.44%	1.12%	1.18%	2.88%
	农业节水技术	A4	1.46%	1.13%	1.19%	2.91%
		A5	0.89%~1.33%	0.69%~1.03%	0.73%~1.09%	1.77%~2.66%
		A6	0.05%~0.13%	0.04%~0.10%	0.04%~0.11%	0.10%~0.26%
	雨水利用技术	A7	0.08%~0.12%	0.07%~0.09%	0.07%~0.10%	0.17%~0.23%
	海水淡化	A8	0.63%	0.49%	0.52%	1.26%
	污水治理技术	B1	1.26%	14.31%	0.00%	10.39%
生态承载力	河流生态修复技术	C1	0.0039%	0.0000056%	0.0042%	0.0063%
	海绵城市改造技术	C2	0.031%	0.000044%	0.033%	0.049%

（3）结果解读及政策建议

考虑到提升承载力的管理工作须由相关部门和各级政府统筹实施，根据图5-4不同分区类型，制定适应各分区特征的生态承载力提升调控策略，例如通州区宋庄镇属于第一优先级的三重复合优先提升区，需要对雨洪调节、空气净化、碳固存服务的综合提升。

根据图5-5的计算结果，可以看出A4、A3情景对资源承载力提升更加高效，分别是农业节水技术—滴灌和工业废水回用技术—再生水回用；B1情景污水治理技术对环境承载力提升最为高效；A4、A3情景对生态承载力提升更为高效，而生态承载力提升的情景（C1、C2）对生态承载力本身的提升并不明显，可能是生态提升的技术手段成本较高导致。单位成本下，B1、A4、A3对综合承载力提升效益较好，B1的效益最好，说明了副中心及周边地区水环境问题还是较严重的，相比之下是最急迫解决的问题，解决之后获得承载力提升的效果最为明显。其次是水资源问题，而生态情景对综合承载力的提升效益最不明显。

在当前的技术条件下，利用生态优化、修复、重建等手段提升副中心及周边地区承载力的成本较高，当前应优先选择水资源、水环境提升的手段来提升综合承载力。针对特定区域，可多技术综合应用。

在环境承载力提升方面，要对城市的点源和面源进行综合治理，控制污染与治理污染同时进行，对工业废水、生活污水要严格控制，处理达到排放标准后方可排入城市水体，同时，要采取有效措施控制城市面源污染。在副中心区内建设高效率的污水处理厂，探索中小及分散型城市污水处理适用模式及方法技术，提高城市污水处理率，探索低成本、高效低耗污水处理工艺，如城市污水生态工程处理技术、城市污水物理化学生物综合处理技术等，促进污水处理厂长期稳定运行。

在资源承载力提升方面，加强副中心及周边地区水资源调配和管理，如北运河上游、下游水资源调配，拦河坝水位调控管理等，调控居民生活用水、工业用水、农业用水、景观用水水资源的调配。大力发展污水回用技术，使有限的水资源得以循环利用。发展城市居民节水技术，普及农业节水技术。

在生态承载力提升方面，应加强生态空间政府统一规划，合理布局，增加人均占有面积。大尺度造林与身边增绿相结合，在通州区采取水城共融的生态空间拓展模式，发挥森林涵养水源、净化水质的功能，恢复近自然植被为主的滨水森林；对副中心及周边地区湖塘进行修复，充分发挥蓄水防洪和生态用水的功能；对于城区部分推进立体绿化、空置用地增设绿地等方式，在有限的绿地空间内增加绿量和绿视率。

2. 模型应用案例可视化表达

决策及可视化系统平台主要包括系统登录、数据管理模块、情景模拟模块和系统管理模块。

（1）系统登录：打开浏览器输入正确的访问地址，即可访问北京市副中心承载力提升分区决策系统（图5-6）。

（2）数据管理模块：主要是对生态、资源、环境承载力各图层基于GIS的空间展示及空间格局演化过程（图5-7）。

（3）情景模拟模块：针对副中心承载力提升的情景模拟效果。展示资源、环境、生态相关的技术应用情况（图5-8）。

（4）系统管理模块：是对系统资源目录、用户权限的配置管理（图5-9）。

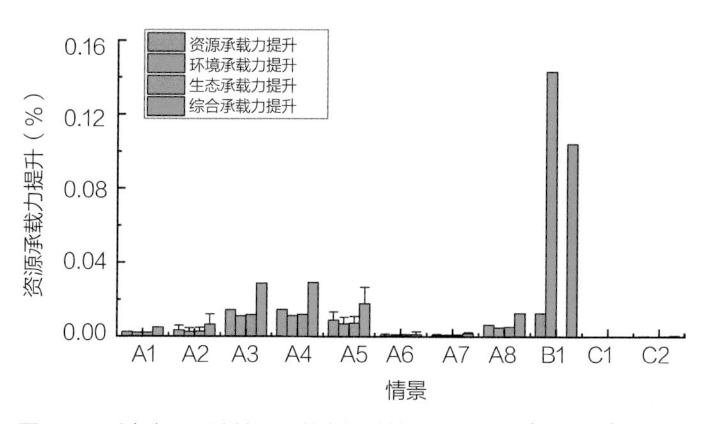

图5-5　副中心及周边地区承载力提升情景单位成本（每亿元）提升效果

图5-6　决策系统平台用户登录界面

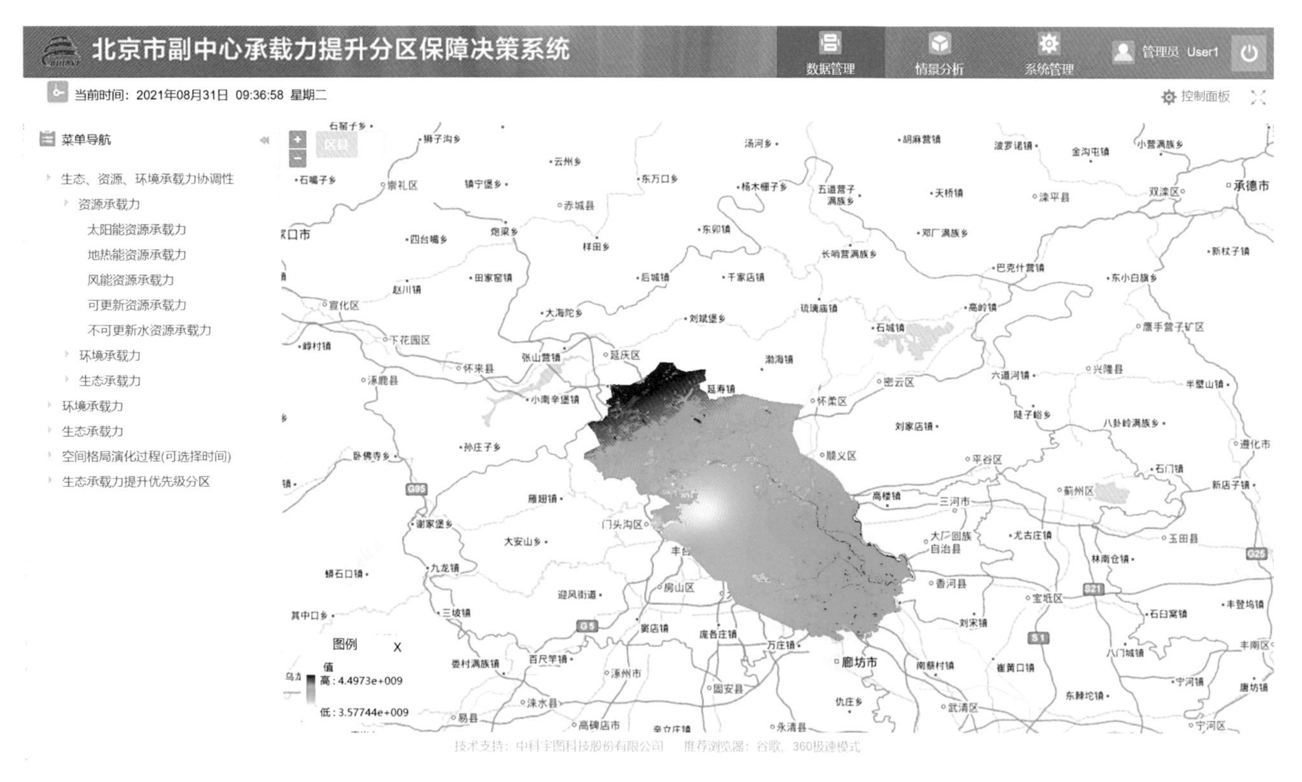

图5-7　决策系统平台数据管理和地理空间可视化界面

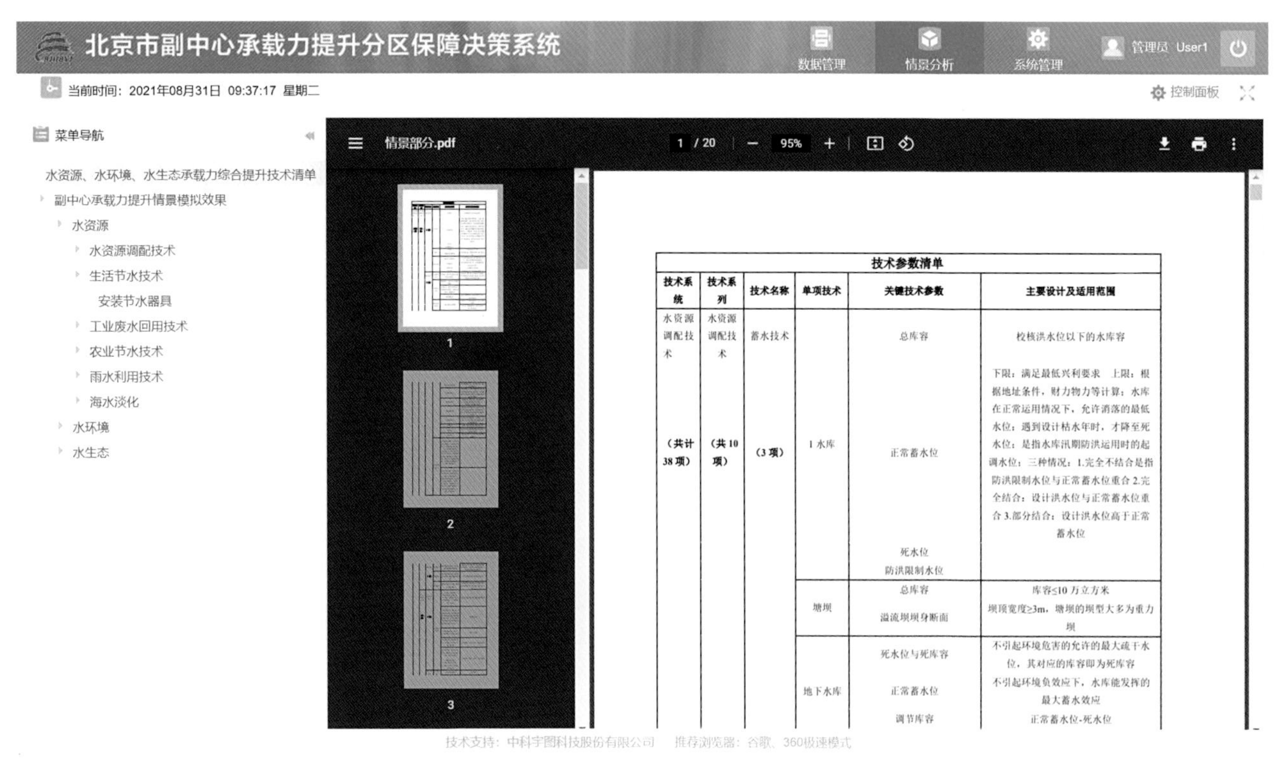

技术参数清单

技术系统	技术系列	技术名称	单项技术	关键技术参数	主要设计及适用范围
水资源调配技术（共计38项）	水资源调配技术（共10项）	蓄水技术（3项）	1 水库	总库容	校核洪水位以下的水库容
				正常蓄水位	下限：满足最低兴利要求　上限：根据地址条件，财力物力等计算；水库在正常运用情况下，允许消落的最低水位；遇到设计枯水年时，才降至死水位；是指水库汛期防洪运用时的起调水位；三种情况：1.完全不结合是指防洪限制水位与正常蓄水位重合 2.完全结合：设计洪水位与正常蓄水位重合 3.部分结合：设计洪水位高于正常蓄水位
				死水位 防洪限制水位	
			塘坝	总库容 溢流坝坝身断面	库容≤10万立方米 坝顶宽度≥3m，塘坝的坝型大多为重力坝
			地下水库	死水位与死库容	不引起环境危害的允许的最大疏干水位，其对应的库容即为死库容
				正常蓄水位	不引起环境负效应下，水库能发挥的最大蓄水效应
				调节库容	正常蓄水位-死水位

图5-8　决策系统平台情景模拟界面

图5-9 决策系统平台系统管理界面

六、研究总结

1. 模型设计的特点

特点1：考虑了自然本底、上下游关联影响、供需平衡的生态承载力提升优先区识别。

结合多源空间数据和空间化的模型方法，分别对生态系统服务供给与需求进行空间量化，基于生态系统服务供需匹配的视角，识别承载力提升优先区，提出有针对性的提升策略。

特点2：体现了不同政策情景下的生态、资源、环境承载力耦合提升效果。

结合生态系统服务功能原理，基于生态热力学将各要素巧妙串联，强调各要素承载力间的融合性与关联性，呈现不同情景下承载力的提升效果，探究提升研究区承载力的最佳途径，实现承载力精准调控及提升。

2. 应用方向或应用前景

优化、提升城市承载力，是我国重要的、前沿的科技问题。本研究致力于面向城市生态系统综合承载力提升构建承载力评价模型，支持面向未来的智慧城市生态规划，为国家相关领域的政策制定和决策指导提供理论基础和实践指引。

应用前景1：本模型通过对城市综合生态承载力动态可视化展示，基于空间分区和工程强度的生态承载力提升方案输入模型，对比承载力调控提升的效果与成本比选出最优提升方案，未来可辅助城市综合承载力提升的重大决策和重大工程安排，释放城市承载潜力，以实现城市的可持续发展。

应用前景2：本研究的研究成果将来可结合百度慧眼、联通智慧足迹等智慧城市大数据平台，除城市指挥中心、智能能源、智能交通、智能水等模块外，为城市生态系统综合承载力模块提供支持，并梳理与集成最新的承载力提升技术，提供全方位、多模块的决策支持和强化，助力城市系统的智能评估、空间诊断和空间治理，实现更高水平的经济、社会、环境可持续性。

参考文献

［1］ 张茂省，王尧，薛强．资源环境承载力评价理论方法与实践［J］．西北地质，2019, 52（2）：1–11.

[2] 肖瑞，宋娅娅，刘泽淼，等. 基于“双评价”的生态经济区划优化模型及应用——以海南岛为例［J］. 现代城市研究，2021（5）：36-41+44.
[3] 封志明，李鹏. 承载力概念的源起与发展：基于资源环境视角的讨论［J］. 自然资源学报，2018, 33（9）：1475-1489.
[4] 廖慧璇，籍永丽，彭少麟. 资源环境承载力与区域可持续发展［J］. 生态环境学报，2016, 25（7）：1253-1258.
[5] 叶菁，谢巧巧，谭宁焱. 基于生态承载力的国土空间开发布局方法研究［J］. 农业工程学报，2017, 33（11）：262-271.
[6] 樊杰，王亚飞，汤青，等. 全国资源环境承载能力监测预警（2014版）学术思路与总体技术流程［J］. 地理科学，2015, 35（1）：1-10.
[7] 樊杰，周侃，王亚飞. 全国资源环境承载能力预警（2016版）的基点和技术方法进展［J］. 地理科学进展，2017, 36（3）：266-276.
[8] 张林波. 城市生态承载力理论与方法研究：以深圳为例［D］. 北京：中国科学院地理科学与资源研究所，2007.
[9] Costanza R, D'Arge R , Groot R D , et al. The value of the world's ecosystem services and natural capital［J］. Ecological Economics, 1997, 25（1）：3-15.
[10] Millennium Ecosystem Assessment（MEA）. Ecosystems and Human Well-Being：Synthesis［M］. Washington DC：Island Press, 2005：1-137.
[11] 曾琳. 区域发展对生态系统的影响分析模型及其应用［D］. 北京：清华大学，2015.
[12] 徐卫华，杨琰瑛，张路，等. 区域生态承载力预警评估方法及案例研究［J］. 地理科学进展，2017, 36（3）：306-312.
[13] Odum H T. Environmental Accounting：Emergy and Environmental Decision Making［M］. New York：Wiley, 1996.
[14] Campbell E T, Brown M T. Environmental accounting of natural capital and ecosystem services for the US National Forest System［J］. Environment Development & Sustainability, 2012, 14（5）：691-724.
[15] 杨青，刘耕源. 森林生态系统服务价值非货币量核算：以京津冀城市群为例［J］. 应用生态学报，2018a, 29（11）：3747-3759.
[16] 杨青，刘耕源. 湿地生态系统服务价值能值评估——以珠江三角洲城市群为例［J］. 环境科学学报，2018b, 38（11）：4527-4538.
[17] 中国气象数据网国家气象科学数据中心. 中国国家地面站太阳总辐射估算数据集（V1.0）. http：//data.cma.cn/, 2018.
[18] DAVIES J H. Global map of solid Earth surface heat flow［J］. Geochemistry, Geophysics, Geosystems, 2013, 14（10）：4608-4622.
[19] 北京市水务局. 北京市水资源公报2018［R］. 2018.
[20] Ross C W, Prihodko L, Anchang J, Kumar S, Ji W, Hanan N P. Global Hydrologic Soil Groups（HYSOGs250m）for Curve Number-Based Runoff Modeling. ORNL Distributed Active Archive Center, https：//daac.ornl.gov/cgi-bin/dsviewer.pl?ds_id=1566, 2018.
[21] NRCS-USDA. National Engineering Handbook. Chapter 9 Hydrologic Soil-Cover Complexes：United States Department of Agriculture, 2007.
[22] 卢玲，刘超. 基于世界土壤数据库（HWSD）的中国土壤数据集（v1.1）. 国家冰川冻土沙漠科学数据中心，http：//www.ncdc.ac.cn/, 2019.
[23] 刘宝元，等. 北京土壤流失方程［M］. 北京：科学出版社，2010.
[24] 毕小刚. 北京山区坡面土壤流失方程研究［D］. 北京：北京林业大学，2007：120.
[25] DIDAN K. MOD13Q1 MODIS/Terra Vegetation Indices 16-Day L3 Global 250m SIN Grid V006. NASA EOSDIS Land Processes DAAC, https：//doi.org/10.5067/MODIS/MOD13Q1.006, 2015.
[26] TRABUCCO A, ZOMER R. Global Aridity Index and Potential Evapotranspiration（ET0）Climate Database v2. figshare, https：//doi.org/10.6084/m9.figshare.7504448.v3, 2019.
[27] Liu Z, Shao Q, Tao J, Chi W. Intra-annual variability of satellite observed surface albedo associated with typical land cover types

in China［J］. Journal of Geographical Sciences, 2014, 25（1）: 35–44.

［28］冯淼，冯海霞. 北京地区地表反照率TM数据反演与分析［J］. 测绘科学，2012, 37（5）：164–166.

［29］李素晓. 京津冀生态系统服务演变规律与驱动因素研究［D］. 北京：北京林业大学，2019.

［30］肖玉，王硕，李娜，等. 北京城市绿地对大气PM2.5的削减作用［J］. 资源科学，2015, 37（6）：1149–1155.

［31］Running S, Zhao M. MOD17A3HGF MODIS/Terra Net Primary Production Gap–Filled Yearly L4 Global 500 m SIN Grid V006. NASA EOSDIS Land Processes DAAC, https：//doi.org/10.5067/MODIS/MOD17A3HGF.006, 2019.

［32］环境保护部，中国科学院. 全国生态环境十年变化（2000～2010年）遥感调查与评估［M］. 北京：科学出版社，2016.

［33］Elvidge C D, Baugh K E, Zhizhin M, Hsu F–C. Why VIIRS data are superior to DMSP for mapping nighttime lights［J］. Asia–Pacific Advanced Network, 2013, 35：62.

［34］章维鑫，吴秀芹，于洋，等. 2005–2015年小江流域生态系统服务供需变化及对石漠化的响应［J］. 水土保持学报，2019，33（5）：139–150.

［35］段晓男，王效科，逯非，等. 中国湿地生态系统固碳现状和潜力［J］. 生态学报，2008,（2）：463–469.

［36］赖瑾瑾. 城乡生态绿地空间的碳汇功能评估：以北京市延庆县为例［J］. 河南科技学院学报（自然科学版），2013, 41（4）：30–34.

［37］董潇楠. 承灾脆弱性视角下的生态系统服务需求评估与供需空间匹配［D］. 北京：中国地质大学（北京），2019.

［38］中国生物多样性国情研究报告编写组. 中国生物多样性国情研究报告［M］. 北京：中国环境科学出版社，1998.

［39］Lee D J, Brown M T. Renewable Empower Distribution of the World［J］. Journal of Environmental Accounting and Management, 2019, 7（1）.

［40］刘耕源，杨志峰. 能值分析理论与实践：生态经济核算与城市绿色管理［M］. 北京：科学出版社，2018.

［41］Lee D J, Choi M B. Ecological value of global terrestrial plants［J］. Ecological Modelling, 2020, 438：109330.

［42］Liu G, Yang Z, Chen B, Ulgiati S. Monitoring trends of urban development and environmental impact of Beijing, 1999–2006［J］. Sci Total Environ, 2011, 409（18）：3295–3308.

［43］Pan H, Zhuang M, Geng Y, Wu F, Dong H. Emergy–based ecological footprint analysis for a mega–city：The dynamic changes of Shanghai［J］. Journal of Cleaner Production, 2019, 210：552–562.

［44］吕翠美，凌敏华，吴泽宁. 基于能值理论的水污染损失量化方法研究［J］. 人民黄河，2018, 40（4）：76–78+82.

［45］欧阳晓光. 大气环境容量A–P值法中A值的修正算法［J］. 环境科学研究，2008,（1）：37–40.

［46］汤军. 风对植物生产的影响［J］. 黑龙江科技信息，2015,（8）：14.

［47］周左萍. 云南洱源地热生态系统中真菌多样性、热适应性及其系统发育关系研究［D］. 昆明：昆明理工大学，2014.

［48］Goedkoop M, Spriensma R. The Eco–Indicator 99：A Damage Oriented Method for Life Cycle Impact Assessment［M］. The Netherland：PR é Consultants B.V., 2001.

［49］苏贤保，李勋贵，赵军峰. 水资源：水环境阈值耦合下的水资源系统承载力研究［J］. 资源科学，2018，40（5）：1016–1025.

专家采访

吴志强：以更宏观的眼光、全球的视野、历史的长度，推动城市迭代创新

吴志强
同济大学教授
中国工程院院士
德国工程科学院院士
瑞典皇家工程科学院院士
美国建筑师学会荣誉院院师
上海市政府参事
世界规划教育组织主席
2010上海世博会园区总规划师

专访吴志强院士，聊聊：

规划如何把控未来城市迭代过程中的挑战？
城市生命体与城市智慧性之间的关系？
不同的社会主体应形成怎样的合力，为规划创新添砖加瓦？
……

一、关于规划与未来

记者：作为城市的规划者来说，我们面临的一个重要的挑战是城市发展的难以预知性，毕竟我们的城市发展得太快了。过去我们所积累的经验方法，往往很难应用于未来，甚至是当下的规划实践活动。您认为，应该如何把握城市发展的未来呢？

吴志强：非常好一个问题。大家以为城市是不变的，实际上假如放到一个大的尺度上，城市不仅仅是在变，而且从能级上来说是质变。从农业社会的城市农产品的交易，再到工业化的城市大规模生产，再到现在科技创新城市，是过去不曾有过的。到了今天我们移动数据出现，又是完全不一样。

当然，历史上也是出现了大量的过去没有经历过的新技术。比方说，突然之间出现了电梯，城市密度就开始大规模提升，高楼就出现；后来出现了自来水，城市的每一块土地上可以供养的人数就完全不一样。所以说，一方面是生产生活方式的代际迭代，另一方面是技术的不断武装，造成了城市进入现代社会以后，两百年来没有停止过（变革）。

并不是说今天我们面临一个新一代的城市诞生——智能的、生态的、百姓都可以参与的后工业的城市。而是在这样一个历史背景下，我们应该看到，我们必须以更宏观的眼光、全球的视野、历史的长度，来把控城市本身迭代过程中间，会碰到的挑战、问题、路径，来平稳地提升。这些东西都是我们在更大的视

角、全球的观察下来做这些事情，我觉得只有这样才可以让城市的升级换代、由量变到质变的过程中，在“爬不上去”的时候，脚力要站得住，别一脚就踩空，然后造成“骨折”，要看到爬楼梯过程的每一个风险。

二、关于城市生命体与城市智慧性

记者：智慧城市从提出至今已经十余年了，而大家一直以来都在探讨的一个问题，是智慧城市究竟如何体现智慧性。您早在上海世博园规划中就提出，城市是一个“生命体”。那么，您认为这种生命体的概念，会不会就是我们理解城市智慧性的关键所在？

吴志强：提出城市是个“生命体”，实际上有两个含义。

第一，给了城市自主性。城市并不是说我们的一个简单的产品，城市不是简单地被动地被你造成怎么样，它也在“制造”着我们的后代，在每个城市里面出生、成长，被这个城市培育，它有非常大的对人的影响。

第二，给了城市非常重要的规律的隐喻。既然是生命体，就具有生命规律，这种生命规律体现在空间的布局上、体现在它的流动上、体现在不断发育的生命过程中间。这句话说了以后，大家都会来好好地学习、发现这些规律，进而尊重城市规律。

因为有了自主性以及规律的隐喻，也就为智能城市是个智能的生命体的理论搭建了坚实的基础。而且城市有生命的高级和低级之分——全世界13,800多个城市，它自己分级分类很多——这就是我们今天说的，城市要更加智慧化理论基础。

三、关于规划竞赛

记者：世界规划教育组织是此次的城垣杯大赛的主办方之一，同时咱们WUPENiCity也长期举办国际城市设计竞赛。您认为，像这类竞赛赛事，对于当前的规划学科和事业发展，具有怎样的积极意义？

吴志强：第一，通过这些探索，培养了一批未来的城市的主人——今天的学生，明天城市的主人。城市迭代太快，我们不得不去寻求，明天的主人在需要什么？明天主人在想什么？明天主人在创新什么？这些学生不仅是队员，还是明天整个赛场的主人。所以说（通过竞赛）培养了一批学生如何去思考、观察、创造、创新明天的城市，这是最大的（意义）。

第二，发现了一批获奖者，发现了一批有创新意义的方案，发现了一批创新的年轻的学子，也发现了一批能够培养创新学子的教授、指导老师。这个是巨大的财富，这是我们中国的财富，也是明天世界城市的财富。所以（这个过程）非常认真，非常谨慎，尽量不漏掉一个好方案，尽量不漏掉一个好学生，尽量不漏掉一个好老师，一层层地挖掘。我非常高兴看到世界规划教育组织（WUPENiCity），（大家）在一块都来支持，把世界的明天交给这些有创新精神的青年学子，发现那么多创新的想法，这些想法是人类的财富。

四、关于规划合力创新

记者：规划的创新发展是一个长线条的工作，这两年我们越来越多地看到，有多样化的社会主体，包括政府部门、高校、企业等在内，都在探讨和推动规划创新工作。您认为，不同的社会主体之间，应该形成怎样的合力呢？

吴志强：各个社会的力量都是城市创新的一个侧面，合成才能形成合力。很多人学规划、教规划，教到后面以为规划是一种固定模式的思想方法和工作，一种流程的规范。

实际上是这些规范本身每天都在适应新的城市、新的人群、新的技术，天天在变。只是大家忘记了，城市在创新过程中，在面临巨大的、各方面的挑战，需要各方面的人才、力量一块来贡献。政府官员可以认真剖析这个城市正在面临的挑战和具体的问题，然后提出创新的方案来解决这些问题；高校老师可以充满科学的敏锐，去把握明天的城市应该是怎么样的，明天的城市的挑战是什么样，这些老师就会去启发学生；学生们又是一种角色，能够在这个过程中间去考虑我们作为明天的城市，需要什么。

所以说每个人都不一样，不是说阶层的差别，而是我们的社会角色中，每个人都很不一样，但是我们推动社会进步、推动人的生活更美好、推动未来的城市对地球的能源资源消耗更少的这些创新性的想法都集中在一起，这种力量就是正能量的汇聚！这就是我们看到明天的希望！

五、对选手的寄语

记者：今年的城垣杯大赛即将拉开序幕，在此次采访的最后，您对于今年的参赛选手，有哪些宝贵建议呢？

吴志强：第一，我们要回归我们的生活——城市生活、城乡生活真正面临的挑战。比方说，（因为疫情）我从3月9日进了自己的书房，就足不出户，这是历史上从来没有过的事儿。食品、生活、人和人的交往，都是实实在在的事情。城垣杯的选手们要看真实的生活，百姓需要什么。

第二，我希望城垣杯的选手们要敢于张开眼睛看世界，博采众长。不仅仅是看外面的世界，这个世界也包含我们中国自己，也包含我们中国古代的城市的智慧，应该建立一个完整的世界观。

第三，要敢于创新，要提出创造性的想法。不敢，怎么会做成创新？一辈子要做那么多的事情，前面都不敢，后面就没有办法来真正地创造更美好的城市。一个世博会，我提出近200项创新的想法，最后落实了百分之三十，我已经很幸福了。但是假如没有前面的近200项的创新，我后面还有啥东西？因为真做的时候，会碰到资金问题、组织能力问题、实践问题、安全问题。所以先放开想，同学们首先要敢于想，敢于创新，后面我们再来克服困难，一块来推动各种力量，一块来实现更美好的梦想！

石晓冬：
不忘初心、保持耐心、富有匠心，愿我们与新时代的规划工作一道成长

石晓冬
教授级高级工程师
北京市规划和自然资源委员会党组成员、总规划师（兼）
北京市城市规划设计研究院党委书记、院长
首都区域空间规划研究北京市重点实验室副主任
中国城市规划学会常务理事

专访石晓冬院长，聊聊：

“城垣杯”大赛的变化历程是怎样的？
今年大赛的两个主题如何理解？
新技术如何助力规划院发挥智库作用？
……

一、大赛的变化历程

记者：从2017年城垣杯首次开赛到现在已有6年时间。这段时间内，在国土空间规划改革背景下，我们经历了规划持续转型的过程。大赛在6年的时间内发生了什么变化呢？

石晓冬：总而言之是初心不变。

大赛从最初以城乡规划为主，覆盖面相对较窄，到现在随着生态和城市发展建设的紧密融合，增加了区域发展战略、自然资源调查监测、城市感知、城市更新等相关议题，并且随着计算水平不断提高，人工智能模型技术也在大赛中提出并鼓励开展。比如2020年第四届大赛设置了以技术方法为导向的模型系列，而现在改为了以解决城市问题为引导的系列专题，特别增加了城市卫生健康专题，引发了对于如何支持健康城市建设的思考。2021年大赛主题设置更加开放，如生态文明背景下的国土空间格局、高质量发展下的城市综合治理，这为大赛提供了新视野、新格局、新应用场景以及新的创新策源地。

随着以往几届大赛的成功举办及其知名度不断提高，更多单位参与到大赛的组织筹划工作中，尤其去年以吴志强院士为首的世界规划教育组织加入，并且引入百度地图慧眼、中国联通智慧足迹等著名企业提供开源数据，为大赛提供国家尺度、城市尺度的数据资源支撑，鼓励参赛者利用多元数据提升在城市及国土空间规划方面的应用。

虽然经历了各种挑战，但城市为人服务，为未来服务的意愿不变。大赛搭建的平台激励了规划、城市研究及其他领域有兴趣的人不断参与进来。感谢走过的6年时间里，全国各地的规划学者、规划从业人员、城市研究者、高校的老师同学们一如既往地关注和支持，谢谢。

二、大赛的两大主题方向

记者：今年大赛设置了两个主题，“生态文明背景下的国土空间格局构建”及“面向高质量发展的城市综合治理”，怎么理解这两个主题，当时为什么选择这两个主题呢？

石晓冬：到了新时代，全球、全人类层面的发展以及中华民族伟大复兴、可持续发展等都对国土空间格局的安排及空间规划发挥的作用提出了更高要求。新时代意味着高质量的发展方式，即在生态文明的要求下永续发展、科学发展。在此背景下，规划也在转向多规合一，转向历史现状未来相统筹，转向运用多元综合的方式，从治理的视角推动规划的研究、编制和实施。

规划的方法手段也在不断调整，今年大赛主题与数字化技术应用相契合，用规划决策知识模型看现状、历史和未来，能更好地配置空间资源、综合表达人们的诉求，同时也能提供对未来的想象、模拟。用数字化的方式构建这些想象和模拟，可以比较、研判多种可能性，及时暴露一些问题，进而辅助选择较优化的方式去实现相应的目标。在今天，我们谈论的国土空间规划格局一定是多规合一、多要素叠加、远期近期相契合，同时考虑多方面的综合因素，汇聚城市区域发展运行的各个主体，凝聚共识与动力形成多元治理，集成行政、科技、市场多种手段进行综合治理。在这些过程中，数字化手段会发挥很好的作用，人机交互、情景模拟、在线数字化、数字孪生技术、平行城市愿景等都能将治理推向更科学、更综合的方向。

规划决策支持模型系统对于国土空间规划体系的不同层级也会发挥重大的作用。无论国家尺度、区域尺度、城市群、都市圈、城市内部，抑或从县区级到最基层的街道乡镇，都是在不同尺度下嵌套的规划和实施。监测评价自然资源资产，以及调度自然资源更好地为发展建设和人居环境服务，也都需要在数字化基础上不断地推演实现，用规划模型的方式进行规划、预设、执行、后评价、修正，进而支撑决策以及加强对规划执行的把控。国土空间规划多尺度的特点也给数字化规划决策支持模型大赛提出了很好的命题。

此外，国土空间规划是综合的规划，各个专业、各类要素都在其中交会、交叉、交融。无论基础设施、自然生态要素还是产业、发展、居住所要求的人工要素均汇集在其中，需要用数字化的方式把他们再现、综合、碰撞，从而发现问题，解决问题。数据的特点、规划及实施的特点等给规划决策支持模型大赛提供了丰富的应用场景。

所以我认为大赛聚焦于这两个主题契合了未来发展的方向，也能发挥国土空间规划在其中的作用。因为规划是基于长远、远见考虑各种可能性，预判各种问题，然后针对出现的新变化、新情况、新问题，用相应的综合、多元的手段去解决。这也就是规划治理在国土空间规划格局当中所能够发挥的作用。

三、新技术助力规划院发挥智库作用

记者：您一直讲我们做的北京规划不仅是北京的规划，更是首都的规划。请您从北规院日常工作或业务组织的角度来谈一谈，怎么样利用新技术来发挥北规院在国土空间规划以及实施评估方面的“智库”作用？

石晓冬：北京规划院定位是为首都规划和北京国土空间规划进行研究、编制、维护和评估的规划机构，其既有规划设计的职能，更有为首都规划的长远发展进行决策支撑的职能。

基于这样的定位，北规院在2020年和2021年，先后联合国内多个头部科技企业组成了“规划大数据联合实验室”和“数字孪生城市创新实验室”。以这些实验室的建立运行为契机，大家共同研究，共同发挥决策支持的作用。在技术业务方面服务了如城市体检、总体规划评估、地下空间研究、城市违法建设拆除等工作，通过地理信息、大数据、人工智能等技术推动工作进展；其次，开展构建城市计算、平行城市等核心技术体系的谋划和推进，面向智慧规划的要求做出长期方案并不断推动实施。结合首都中长期城市规划战略，聚焦首都特性，站在超大城市区域治理的高度，预先推演城市多尺度、长时序发展场景，为首都中长期规划战略提前谋划。

院里为相关科技团队建设、组织以及科技人才的培养提供良好环境及条件，鼓励科研课题组织申报等。我院参与并承担了如

《城市物联网与智慧城市关键技术及示范》《智慧城市交通系统若干关键技术和数学理论算法》等科技部重点研发课题；我们也作为主要的承担单位申请并开展北京市的科技计划课题，如《首都城市安全的社会风险评估以及关键技术的研究示范应用》，发挥了非常重要的作用。

四、对参赛团队的期许

记者：第六届城垣杯大赛正在进行当中，您作为规划界的前辈，对参赛团队有哪些建议或期许？

石晓冬：大胆提问，大胆求证。城垣杯大赛是一个基于远见、预想的实验平台，需要放下包袱，多个角度构思，涉及城市区域发展的方方面面。我也特别期待选手们能够提出多个场景，多个假设，多种挑战。而且自己提出的问题，自己通过科学的思考、关键技术的突破去解决，在这种科学问题的提出和求证过程中，大家会有特别大的获得感。也预祝本次大赛圆满成功，谢谢大家。

何捷：
跨界交融，促进规划教育与规划业务创新

何捷
哈尔滨工业大学（深圳）建筑学院城乡规划系教授，“智慧城市与数字空间规划”特色学科方向联合负责人
中国城市规划学会城市规划新技术应用学术委员会委员
中国建筑学会计算性设计学术委员会委员
中国考古学会数字考古专业委员会委员

专访何捷教授，聊聊：

定性研究与定量研究应当怎样结合？
行为研究与行为规划有何要点？
如何更好地掌握新技术新方法？
如何推进跨界交流促进合力创新？
……

一、关于城垣杯

记者：非常感谢您在百忙之中接受我们的专访。您是我们“城垣杯”大赛的忠实参与者了。您组织的参赛团队在多次大赛中均取得了不俗的战绩。您认为“城垣杯”这类竞赛在规划教育中的意义是什么？

何捷：首先非常感谢“城垣杯”组织团队多年来一直坚持给高校师生这样的很好的机会。“城垣杯”的历史基本上也和天津大学开设的“城市规划数字化方法应用”课程同步。在同步成长的过程中我也有一些感想。

我认为“城垣杯”在规划教育中有两个方向的作用。第一是建立专业取向的价值观。实际上建筑大类的其他专业，如建筑学专业已经比较早地完成了数字化转型。在规划学科，数字和模型在城市规划中应用的理念还不那么普及，也没有像建筑学那样成为比较嵌入的、明确的内容。在“城垣杯”的推动下，学生们能够把数字化方法应用到课程设计中，慢慢地在这种过程中受益。我们在四年级开设了相关课程，同学们可以随着课程参与到“城垣杯”等专业竞赛。受到了竞赛得奖的激励和鼓舞，在更高年级的时候，他们就更乐于引入新技术、新方法。我觉得在教育体制上，除了技术方法的教学之外，将数字技术融入专业核心课程也很重要。我觉得“城垣杯”在建立专业导向的过程中起到了很好的推进作用。

另外，我觉得“城垣杯”这几年产生的获奖作品给规划教育提供了很多范例性内容，给学生展示了多种可能。由于各种条件的制约，学生从更实际的规划实践项目中看到的数字化应用，其实是比较难以掌握的。反而像“城垣杯”的获奖作品相对更完整，可以帮助学生来学习。这些作品也给教育界展示了行业上的新趋向。我觉得“城垣杯”给规划教育提供了很多高层次的导向，我们做教育的人应该往这个方向去努力。

二、关于人文与数字

记者：有人认为在规划等领域，定性研究与定量研究呈现一定的割裂状态。作为数字人文研究的领军者，您力求通过数据驱动的定量方法考察史料背后的社会与人文逻辑。您如何看待定性与定量相割裂的这种论断？数据导向的“数字人文”量化研究范式与纯逻辑推演的质性研究范式应当怎样结合？

何捷：这是一个非常好的问题，也是一个很困难的问题，我个人也不敢说有什么明确的心得，只是在两个角度上有一些思考。

首先，城市规划是一个综合性的学科。城市规划除了建设、生态等相对较科学化的内容之外，其社会导向也非常重要。在大多数的社会科学中，定量和定性并行发展也是学科的常态。不同的方向有它适合解决的问题，不一定说哪一个更高明。在规划工作中，定量和定性都有发挥作用的途径。但是随着国土空间规划的发展，定量可能成为规划行业中底层的需求。很多的工作都需要汇总到定量上。虽然科研、学术方面可能有不同的做法，但是从真正落实到规划操作、规划实践的角度上来讲，还应关注定量作为汇总的角色。很多以往觉得定性可以解决的，或者是定性可以去操作的内容也需要在定量的角度进行更多的思考。

从另外一个角度看，量化方法未必是直接回答问题或直接产生结果的途径，更多的是通过量化方法，通过数据驱动或数据挖掘的方法发现新内容、新现象，进而可根据这些新发现进行解释。由于数据条件以及计算能力的增强，量化方法能提供的材料可能会超越以前。数字人文就是比较典型的例子。虽然数字人文也存在种种争议，有些定量方法还没有成为学术共识，但是数字人文提供了考察问题的新视角。使用定量方法重新分析一些以前很难想象的内容，可能会提供很多新的启发。我个人认为定性和定量未必是一对矛盾，他们可以并行解决问题。这二者的结合也会产生很多的新的途径。其中定量方法作为产生材料、产生论据的途径，跟规划这样一种决策性质的工作应该是更贴切的。它可以提供更多元的材料来帮助决策工作。

三、关于人的行为

记者：人与环境的互动问题无论在规划、景观还是地理学领域都是重中之重的基石问题。您团队的研究也在大数据与空间行为、人群行为仿真、景观地理设计等方面颇有建树，部分研究还曾在我们“城垣杯”大赛中获奖。您认为以行为为基础、以行为为目标的行为规划如何才能与以空间为抓手的城市规划更好地结合起来？有哪些要点需要进一步突破？

何捷：行为研究是几年来城市规划、地理学领域中非常热门的话题，也是一个经久不衰的话题。它是结合人和空间的重要途径和抓手。建筑大类学科所讲的“空间”就是“Place”也就是“场所”的概念，它从来都没有分割理性的空间和人的空间。这是建筑大类学科区别于其他学科的一个重要区别。“Place”一直是我们工作的核心。人的活动无法在空间中被抽离出来，空间与行为是相互交融的。无论是实体的活动、感知性的活动，还是更复杂的生理性活动，还是个体的活动或是群体的活动，都是在不同尺度的空间中进行的。我认为对空间的干预都是以应对人的行为作为前提条件，所以不能把空间和行为明确地分开。在“以人为本”的价值导向背景下，对行为本身，人与人的行为互动，以及人和环境互动机制，都需要进一步讨论，发展出一些新的可能。对行为的研究能够更好地帮助规划、设计回应、满足人的行为。从规划范式上看，对过去的行为进行研究，可以帮助对未来行为的预测和指引，这也是非常重要的。

当然空间规划不是只以人的行为为核心。即使我们把广义的“行为”所形成的体制、经济、政治等问题剥离出来，只考虑通常语境上的直接的行为，这种行为也不是唯一的内容。我们需要在考虑行为的同时，反映和呼应其他的很多内容，行为是参数之一或者是中间条件之一。

另外，行为并不只是以人的导向为最终目的。当前对行为与生态等其他要素的互动上，很多的研究还不是特别到位。在生态学和景观生态学领域有很多讨论关于人作为生态系统中的一个环节。空间行为也可能是一个整体生态系统的空间行为。从这种角度看，人有主动性来调节、应对环境，会以更主动的方式产生新的行为模式，这为行为研究提出了很多新的可能。

在规划专业中，我们需要更深入地考虑空间的设计和生成，是怎么与行为发生关系？这里面涉及的东西非常广，也是一个很大的挑战，也需要空间行为、环境行为研究从理论的方向上更好地配合。这几年“城垣杯”很多获奖项目也体现出这样的努力，这也是一个很好的让行业关注行为问题的途径。

四、关于新技术与新方法

记者：您的研究领域横跨城市规划、风景园林、文化遗产保护等多个方向，但这些研究都是数据与计量方法驱动的。能否谈谈您的经验，您认为哪些基本的理念、概念、方法是这些领域的研究所通用的？最后，也是我们“城垣杯”大赛的很多学生参赛者所关心的问题，若学者想在这些领域有所突破，需要有哪些核心竞争力？

何捷：这是一个非常核心的话题。由于规划专业的专业特点，我们更多地从问题导向的角度进行定量分析以及空间布局等工作。数据可以产生材料，也可以作为分析方法，但是需要更明确的还是“问题”。首先要明确问题角度，然后根据研究问题来设计选择技术方法。当然现在有很多比较成熟的套路性的方法，但是这些方法、技术都需要根据问题的导向来选择。由于经验相对少以及学习内容不系统，学生常见的一个问题是更容易从方法或者技术的角度进行研究。当然这样的误区也很正常，因为学习的过程就是初期学习技术体系和技术方法，然后进一步去跟问题的解决来建立联系。作为学习的过程没什么问题，但是如果去参与“城垣杯”这样的竞赛，还是需要更多地从问题导向的角度考虑。在教学中，我们更多教授的是选型工作，这也是规划学科中相对比较通用的方式。规划专业涉及的很多的方法和技术也是借鉴自其他领域。需要明确的是这些技术、方法如何支撑问题的解决。虽然说掌握这样的能力需要过程，但在一开始就需要有这样的理念。对理念的学习可以看更多的例子。像“城垣杯”这几大本书对学生是一个非常重要的参考资料。

同学们通常会遇到的困难就是对技术的学习和掌握。这的确是一个比较实际的问题，但是以我的经验来讲，现在的小同学们学这些东西已经非常快。虽然对具体的技术未必很熟悉，但是能力还是可以达到的。像我自己在两个学校课程教学中发现，学生学习新方法、新技术都非常快。

我觉得多个学科发展的具体的技术和方法应该已经可以满足规划专业的需要，不太需要自己发明太多的新技术。反而是对方法和技术的了解和认知成为规划专业工作的核心素质；更高的层面上，学科带头人、规划项目主持人所需要具备的基本素质也包括了发掘和组织技术方法的能力。可能不需要每个人都在长期从业的时间里掌握具体技术方法，更重要的是他作为一个主持人，如何去更好地整合知识资源和专业需求。总之，需要了解这些可能性，在自己的工作里组织这些内容。

当然技术的掌握本身是无止境的，对技术掌握的深度也很大程度上影响着方法的应用和执行。对方法和技术的熟悉乃至创造性方法的使用也都是非常必要的。对学生来讲，尽量掌握一些自己特长的东西对未来的发展和成长也会有一定的优势。但是也不一定贪多求全，也和个人的专业定位有关系。

五、关于跨学科交流

记者：您的研究领域经常“跨界”，您本人的教育背景也发生过“跨界”，相信您在研究过程中也会接触很多不同领域的专家学者。现在规划业界面临的问题越来越广泛，合作人员的背景也越来越多元，但也出现了沟通不畅等问题。您认为不同学术背景的专家、学者、从业者在合作中应注意哪些要点才能实现合力创新？

何捷：这个问题现在也的确是一个越来越普遍的一个问题，我觉得各个专业都需要有个相互理解和磨合的一个过程。

其实我自己一开始工作的时候也遇到过好多这种情况。我们那时候刚跟遥感专业一起合作，跑到中科院遥感所，经历了一个比较漫长的过程，最后他大概才知道我想要点什么，我大概知道他可以给我些什么。由于受教育背景的关系，相对来讲还是更集中在自己专业的线索上。这个问题现在应该还是很普遍，各专业一起合作工作的话，大家就不能在自己的房子打转，当然项目主持人应该更主动地营造交流的环境。

在建筑大类的专业教育里面，也应该更好地去培养作为专业负责人角度上的领导能力，你需要去了解将来有可能配合工作的其他领域的情况。当然不一定培养对所有专业的了解，或是了解得非常深入，但是应该培养对话能力，知道大概是怎么样，我可以从别人那里面了解和得到什么？怎么去更好地帮助对方工作？我觉得建筑大类的专业作为一项工作的主导专业，它天然会有主动磨合的责任。从更深一层看，多专业的合作可能也是对价值观的重塑。当然途径上肯定需要一个过程，在大学专业教育阶段可以让学生更多地去体验，去了解。另外，接受过建筑类系统教育的人员也有这样的优势。因为建筑、规划本身一直在跨界和数字化转型的过程中。我们这一代人正好也经历了这种转型的过程，经历了以数字化为主要代表途径的转型过程。我们比较深入地知道自己学科在转型过程中的优势和劣势，那么我们对于不同专业的体会就会更深更强烈一点。这给了我们更好的条件去跟其他专业对话。

跨界的磨合与对话可能是恒久远的问题，这需要各方面的努力。现在更年轻的一代他们有更开放的心态，相对于我们老的这一代有更便利的交流磨合的条件。规划专业从事综合职能，他需要有积极性，另外也需要迫切性。规划专业作为这样的角色有天然的优势，当然也有天然的责任。大家要更主动地去思考。

六、关于对城垣杯选手的期许

记者：谢谢何老师，最后请您对我们的选手留下一些期许。

何捷：不管是从年轻专业人员，还是从学生的角度，数字化在规划行业中的应用都是未来非常重要的内容，也越来越成为更硬性的需求。不管是专门从事数字化，还是对数字化有一些了解和学习，在行业的新发展以及国家新发展的前提下，都能帮助在专业上更快成长，做出更好的工作。其实我们自己培养出来的学生也有这样的体会。他们在本科接受的相对来讲还是传统和规范性的教育，在高年级或研究生的时候接触数字化、模型的话，进入到规划行业后就会有更好的机会。特别是国土空间规划的背景下人才有更高的需求，掌握一些方法和技术就能够更深入地与各专业对话，甚至进一步引领跨专业团队。从行业角度上，大家如果能够在学习中或是专业初期更好地去学习和掌握这些内容，对将来的专业发展会有很大的推进作用，毕竟发展更多需要靠年轻人来推进。

还是希望参赛者更好地来利用“城垣杯”的机会。我觉得得奖只是一方面，通过“城垣杯”这样的机会来更好地锻炼自己，学习一些新方法，在不同的专业间相互学习和交流，这是帮助大家更好成长的非常重要的机会。

邹哲：以创新应变势，数字化赋能规划设计转型

邹哲
天津市城市规划设计研究总院有限公司总工程师
中国城市规划学会理事
中国城市交通规划学术委员会副主任委员
美国交通工程师学会（ITE）会员

专访邹哲总工程师，聊聊：

当前规划行业面临怎样的转变？
数字化如何驱动规划设计工作转型？
应对转型规划设计单位如何转变思路？
规划设计人员着重提升哪方面的能力？
……

一、关于时代变革的机遇和挑战

记者：近年来城市相关的众多转变中，新时代国土空间规划体系建设与城市精细化、智能化治理是无可争议的基调色，也是每个规划人身处其中的时代洪流。您认为行业当前面临的最重要的转变是什么？

邹哲：我认为概括应对规划行业面临的时代变革——概括地说，应该认识、遵循、顺应城市规律、坚持以人为本，引领和适应新时代国土空间规划体系建设新要求，转变和提升规划理念、方法、内容、能力。

中央城市工作会议提出了“一个规律、五大统筹”的要求，我认为这就是我们规划设计行业新时代规划工作的根本遵循，也是新时代规划设计行业面对变革、应对变革的出发点和落脚点。

展开一点来说，我们面临的挑战和机遇，就是怎么去落实和实现：发现城市发展规律、认识城市发展规律，尊重城市发展规律，坚持以人民为中心的发展思想，在推进“以人为核心的城镇化”的宏观背景下，高质量地做好城市规划工作。

从新时代社会变革和行业发展来说，规划设计行业当前面临的最重要的挑战：国土空间规划体系建立和健全过程中，规划设计行业如何在规划理念、技术、方法发挥引领作用、如何适应新要求？在国家治理体系和治理能力现代化过程中，如何提高规划治理能力现代化水平？在大数据、物联网、人工智能等新一代信

息技术大发展的背景下，如何适应数字化、信息化、智能化带给规划技术进步和创新的要求？

从《中共中央、国务院关于建立国土空间规划体系并监督实施的若干意见》的要求来说，《意见》作为新时期空间规划改革的顶层设计，明确了重构国土空间规划体系的目标和方向。对规划人员来说，要求在理念、内容、目标、成果上转变。在理念上，要优先体现生态文明建设要求，适应治理能力现代化的要求；在内容上，要从过去主要服务城市开发建设转向自然资源的保护和利用，服务全域国土空间全要素、全空间的规划，服务自然资源的统一管理；在目标上，要围绕全面实现高水平治理、高质量发展和高品质生活做工作。在成果上，要着力提高规划的科学性、严肃性、权威性、可实施性。但目前城市规划行业发展的态势还不能完全适应国家空间治理能力现代化的要求。

从规划的公共政策属性来说，规划作为一项具有强烈公共政策属性的政府职能和技术工作，是国家空间治理的重要政策工具。规划人员或者说规划设计单位，作为规划编制的被委托方，在规划行业市场化、事业单位改革过程中，如何保持规划的政策性，在关键问题上能不能坚持原则、坚守底线？在规划科学性、严肃性方面，如城市性质和定位的论证客观不客观？有没有科学论证过程和分析依据？城镇化水平和城镇人口规模的预测是不是科学合理？城市交通和用地开发之间到底是怎样的关系，城市交通发展有怎样的客观规律？如果不能揭示、认识、遵循城市发展规律，规划过程和结果就会缺乏科学性、严肃性。

因此，从国土空间规划体系建设和规划治理能力现代化要求来看，新的国土空间规划体系要求落实国家战略、一张蓝图干到底、加强自上而下的管控和传导，规划设计人员、规划设计单位要在价值导向和政策执行力上有根本性的转变；新的国土空间规划体系的重构，要求强调规划的持续跟踪、评估、反馈，建立规划预警评估监测信息系统，这需要保持规划的延续性、稳定性，强化规划实施评估；进入存量规划的时代以后，旧城区的存量更新和城市环境品质提升将成为巨大的规划市场需求，规划编制需要对过往的规划、产权、地籍情况等有充分的了解，需要与各利益主体进行协商、博弈，需要对不断变化的情况进行持续跟踪。因此，规划不是墙上挂挂，不仅是完成规划编制项目审批就完事，而是需要后续持续的技术服务。也就是说，规划行业的服务模式需要进行变革，不仅是提供规划方案蓝图，而是要提供全过程规划技术服务；城市规划行业长期以来最明显的技术短板，就是定量分析不足，主要依靠经验判断和主观构想，缺乏严谨的科学分析和高质量的空间模拟技术支持，规划编制的信息化程度低，这就要求规划设计人员提高数理分析能力，提高新技术的运用能力。

二、关于数字化驱动

记者：您在很早之前就将GPS技术应用到综合交通调查关键技术并在天津市开展了实践，交通领域也一直都是城市规划、建设，数字化转型的排头兵。数字化驱动也是城垣杯大赛在数字技术井喷期、规划学科转型期应运而生的主要动力。您认为，数字驱动应如何在当前城市规划、建设和管理工作中发挥创新驱动作用，您参与或了解到的实际案例中有哪些是具备典型意义的？

邹哲：数字化不断赋能城市规划技术进步、引导传统规划转型升级、推动互联网科技公司跨界与融合。

展开来说，数字化驱动其实不仅是数字，而是数据及其所反映的信息。交通规划应该是规划领域对数据及其信息运用比较早的专业。比如，交通调查、综合交通模型开发等。其中，1981年我们天津在中心城区开展了全国首次居民出行调查，通过调查数据来分析城市交通现状，建立了中心城区综合交通模型，一直到2019年，在将近40年的时间段中，我们先后开展了五次大规模的综合交通调查以及历年的小样本调查。近年来，随着手机信令数据、公交和地铁卡数据、车载GPS、POI数据、互联网、物联网等技术的发展，更多地采取抽样调查、大数据等信息技术来做交通调查和综合交通模型的动态维护，这些新数据的获取成本低、时效性强，取得了很好的效果，也是大数据等新一代信息技术推动交通、城市规划和治理数字化的进步。

应该说，从早些年的统计调查、定量分析、数理模型等，到地理信息技术、数字化技术、信息化软件系统开发等，许多规划设计院都在围绕数字化、信息化技术开展规划创新与实践。包括北规院这些年，以城垣杯竞赛方式积累了大量城市规划方面的数字化应用模型；我们天津规划总院也开展了城市模型研究与开发，包括最近依托企业重点实验室正在开发的城市推演仿真模型等，这些都是数字化、信息化方面的创新与实践。

另外，以百度、联通等互联网公司和科技企业，利用大数据、人工智能等对人口、交通、城市运行的分析与应用，都是数字化、信息化技术在城市规划、城市治理方面的表现和趋势。可以说，数字化不仅是驱动规划设计行业的传统规划转型与升级，也是互联网等科技公司利用新技术向规划领域的跨界，同时，两者之间还有业务和技术的融合。比较有代表性的就是在雄安新区数字孪生城市建设中，规划设计单位与阿里等互联网科技公司的合作。通过时空大数据，结合人工智能技术，为城市规划提供人口挖掘、客群分析、出行研究、位置评估等从宏观到微观的人、地、物研究，极大地提高城市规划的信息化、数字化、甚至是智慧化水平，也推动城市治理体系和治理能力现代化。

三、关于竞赛助力从业者数字技能提升

记者：您曾经深入参与并指导世界智能大会等面向全球的数字化城市相关路演活动，对于数字化、定量化赋能的城市研究竞赛非常了解，其实城垣杯大赛也属于这类竞赛范畴，旨在促进行业从业人员的数字化转型。您认为，这类数字创新竞赛应如何与当前的工作转型结合，应着重提高从业者哪些专业技能？

邹哲：数字化技能是比较广泛的一个概念，而且城市规划工作也越来越成为一个需要多学科交叉融合的专业，对数字化应用也非常广泛。如，单从数字化能力来说，包括数据采集、分析、建模、模拟、评估、监测研究与应用等；从规划专业来说，涵盖了国土空间规划体系及空间治理工作的各个专业、各个环节的应用，它是全要素、全空间、全过程的。我觉得，作为规划人员，应该围绕国土空间规划与治理的场景需求。要以行业场景需求为导向，推动数字化技能提升。这就如同当前倡导数字技术与实体经济的深度融合一样。数字技能一定要与场景结合，也就数字技术技能一定是要在应用场景中转化才有价值。在数字化时代，没有数据的场景是花架子，没有场景的数据是死数字，数据与场景一起相依相伴融合生长。

计算机、地理信息技术等IT专业，或者搞统计、数学等专业的人，他们善于数理分析和信息计划开发应用，他们可以说是模型师或数据工程师；相比于模型师或数据工程师，规划师的优势在于更加了解规划业务流程和城市规划建设发展机制，更理解城市问题和城市规划的实际需求。只有技术与需求结合，才能推动技术应用，才能发挥数据价值。因此，不论是规划设计单位的数字化转型、还是规划技术人员的数字化技术能力提升，都要围绕当前和未来的行业发展需求、以实际应用场景为导向。

四、关于规划设计单位转型

记者：规划设计单位是推动规划数字化转型的重要驱动力量，城垣杯大赛近年来规划设计单位参与度有逐年攀升趋势。天津市城市规划设计研究院在数字化城市研究、定量化城市分析、智能化城市规划等领域一直位居全国前列。您认为，针对当前的行业变革和数字化转型趋势，规划设计单位应采取怎样的方式转变观念、拓新思路，把握行业发展机遇？

邹哲：当前规划设计单位转型我觉得主要来自四个方面。

一是面对国土空间规划体系建设与行业变革，按照新的国土空间规划要求，将山、水、林、田、湖、海、草作为一个“生命共同体”，进行统一规划和管理。这就要求规划设计单位从过去主要服务城镇空间开发，转向全域、全要素规划和全过程治理服务，弥补林业、农业、海洋、水务、生态环境等专业领域的知识缺陷和人才短板，推动规划业务为向流域规划、海域规划、森林规划、国土整治规划等领域拓展做好充分的技术和人才储备。

二是面对规划设计市场化和事业单位深化改革的要求，规划设计单位需要在专业技术服务、单位组织运行管理上改革创新，提高行业服务水平、拓展服务模式、提高市场竞争力，包括市场化改革中的自我生存和发展能力。

三是面对城镇高质量发展、社会经济转型升级，以往新区、新城建设为主导的城镇空间大规模扩张的时期已经过去，进入存量发展时代，旧城区的存量更新和品质提升将成为巨大的规划市场需求。国土空间规划体系下，“非法定规划”业务类型和数量将发生转变，城市研究和规划决策咨询需求将越来越受到重视，城市规划行业的服务对象、业务范围、研究范畴将拓展到更广泛的领域。

四是面对新技术进步和规划治理能力现代化的要求，规划数字化、信息化、智慧化要求日益提高，将对规划设计单位的业务和能力转型升级提出挑战，也为具备相应技术能力及经验积累的单位提供新的发展机遇。

以上这些转型升级形势和挑战，将给规划设计单位在组织架

构、人才队伍、技术创新方面带来全面的挑战，甚至推动规划设计行业重新洗牌。

五、关于对参赛选手的寄语

记者：谢谢邹总，今年的城垣杯大赛即将拉开序幕，在此次采访的最后，您对于今年的参赛选手，有哪些寄语和宝贵意见？

邹哲：互联网、大数据及人工智能等新兴技术的发展，已经深刻地改变了经济、社会生活的各个方面，也同样推动规划设计行业深刻的技术变革。城垣杯模型大赛的举办，不仅适应了规划设计数字化、信息化、智慧化发展趋势的要求，更对引领和推动规划设计行业技术升级和人才培育具有重要的意义。希望广大参赛选手“放眼城市治理现代化场景、数字赋能规划智慧化升级”。祝愿选手们在竞赛中启迪智慧、斩获佳绩。同时，预祝北规院组织的此次竞赛活动取得圆满成功，为行业不断孵化与培养数字化创新人才，“汇集数字智慧、赋能规划变革”。

选手
采访

张梦宇：
色彩识城市，理性谈美学

本团队作品《人本视角下的城市色彩谱系——“建筑-街道-街区”城市色彩量化计算模型实证研究》获第五届城垣杯大赛特等奖，团队成员来自北京工业大学、北京市城市规划设计研究院。其中：张梦宇是北京工业大学城建学部2020级博士生，主要研究方向国土空间规划监测预警、城市体检评估；顾重泰是北京市城市规划设计研究院工程师，2020年于武汉大学城市规划专业取得硕士学位，主要研究方向为城市大数据，计量城市规划。陈易辰是北京市城市规划设计研究院工程师，2014年于北京大学城市与环境学院资源环境与城乡规划管理专业取得学士学位，研究方向为计算机视觉，数据挖掘；王良是北京市城市规划设计研究院工程师，2015年于北京师范大学数学科学学院计算数学专业取得硕士学位，主要研究兴趣是数据支持的城市规划。

记者：张梦宇你好，对于城垣杯，您有过多次参赛经历，终于在去年获得了特等奖的优异成绩。今年是城垣杯举办的第六年，您认为这类竞赛举办的意义是怎样的？

张梦宇：我从2018年就接触到了“城垣杯”大赛，并且连续三年报名参加了大赛，这期间个人经历了两年的工作实践然后进入到博士研究，现在我已经是博士二年级的学生，也有了明确的研究方向。回顾我从一名懵懂的规划菜鸟到能够独当一面进行研究和规划实践工作的成长历程，“城垣杯”不仅为我打开了一扇认识世界的新大门，更像一位智者伴随着我成长，不断激励着我在实践中探索理论和技术方法。

其实，第一次参加“城垣杯”是机缘巧合，当时认识了第一届一等奖获得者，从她的分享中我对这个大赛产生了浓厚的兴趣，又正值研究生刚毕业，对新鲜事物充满着热情，于是我在对规划大数据分析与城市计算领域还非常陌生的情况下果断报名了当年的大赛。迈开这一步后，我才发现这里面困难重重，与传统规划竞赛定性分析为主定量分析为辅的思路完全不同，需要学习大量大数据理论，找到合适的开源数据，构建模型算法，编写运算程序等，这些都是我在过去城乡规划专业学习中没有接触过的板块。很显然，第一次我失败了，但是不服输的性格让我迅速调整了心态，重新寻找合适的合作伙伴，第二年我找到一位计算机博士加入研究团队，在第一年的基础上深化了理论研究并初步编写了模型程序，幸运的是这过程中引起了相关专家的注意，在专家的推荐下组成了与北京市城市规划设计研究院的联合团队，实现了技术上的重大突破。可以说，参加“城垣杯”大赛是我生命中非常宝贵的一段经历，它教会了我在城乡规划领域的新技术中不断学习探索，始终保持对新事物的热诚，勇于创新，在探索的过程中学会合作共赢，这些都为我博士研究生涯奠定了重要基础。所以，我相信每一位参加过大赛的成员，都会在这座“知识宝库”中获益良多。

记者：您在去年城垣杯大赛上的参赛作品《人本视角下的城市色彩谱系——“建筑—街道—街区”城市色彩量化计算模型实

证研究》给人留下了深刻的印象，城市色彩是现如今城市规划建设中人们关注的热点。能再介绍一下您和您的团队开展这项研究的初衷吗？

张梦宇：首先，我国在遥远的古代就开始了有关城市色彩的实践，而有意识的现代城市色彩规划大约从20世纪90年代开始。近年，我们国家出台了一系列政策标准，指导城市色彩的保存、传递、交流和识别等。比如2020年10月，自然资源部就发布了《国土空间规划城市设计指南》，要求总体规划对中心城区城市天际线、色彩等要素进行系统构建提出导控要求，详细规划加强对建筑体量、界面、风格、色彩、第五立面等要素的管控。这些文件的提出，大大提高了城市色彩的重要性，色彩本身作为第一视觉感知要素，反映着一个城市的民族文化，承载着重要历史、美学信息，管控好城市色彩不仅能够延续城市文脉，塑造城市特色，还能有效提高城市人居环境品质。

相比国际上来说，我们国家的城市色彩规划起步较晚，北京作为最早开始实施色彩管控的城市，从2000年起通过多项规划工作和多部法规条例保护和改善城市色彩风貌，之后全国各个城市也开始了相关实践。但是，纵观这些年的发展，城市色彩依然存在诸多问题，技术层面较为突出的是色彩基础数据缺乏，未形成系统数据库，主要原因是目前我国城市色彩调研基本通过实时拍摄和物卡比对的方式进行采集，采集数量非常有限，调研本身局限性较大。但是近年来大数据技术的发展已经从计算机领域扩大到城市设计、城市治理等领域，弥补了规划传统数据的弊端，也为城市色彩数据库提供了新的手段。因此，我们团队尝试引入大数据的方法对城市色彩管控的技术体系进行完善，助力色彩数据库的普遍推广。

记者：您在构建数据模型时运用了复杂适应系统这一理论方法，请问这一方法的优势是什么？

张梦宇：目前，我国的城市色彩规划主要通过色彩总谱和分区分谱的方式进行管控，这些专家导向型的色谱与实际建成环境存在较大差异，真实的色彩环境是自下而上构建形成的复杂系统。一个好的城市色彩，对于个体色彩感知来说，是种审美体验，是独特的、创造性的、不可重复的，但对于群体来说，却存在共同的体验。因此，城市色彩及其演化规律不能通过其构成要素的简单相加来理解，以经典物理学方法对城市色彩的构成层次和要素进行功能性剖析而形成的色彩图谱往往实施困难，必须以不可分割的整体观、相互联系有机观、每个要素的能动观来重现城市的复杂性。本团队引入复杂适应系统（CAS）理论，就是借助复杂性科学对于系统耦合及系统适应性的关注，对色彩系统的特征和机制进行剖析，用于重构城市色彩管控方法，适应真实环境，建立自上而下的城市决策与自下而上的城市建造之间的关系，也是解决目前管控实施难的突破口。

记者：大数据已经成为城市研究中十分重要的方法，您的作品之中也运用到了大数据。但是过去城市色彩往往基于美学理论偏感性，那么如何利用大数据实现向理性分析的转变？可以结合您的研究谈一谈吗？

张梦宇：目前，对于大数据的描述很多，之前广泛运用的是4V描述大数据的特征，之后发展为5V，包括Volume（大量），Velocity（高速），Variety（多样），Value（低价值密度），Veracity（真实），其中Veracity（真实）是我们本轮研究关注的重点。Veracity（真实性）指大数据的质量，大数据的内容是与真实世界息息相关的，真实不一定代表准确，但一定不是虚假数据，这也是数据分析的基础。所以，在这轮研究中，我们首先依据CAS理论和城市设计理论构建了城市色彩识别的技术体系，将过去定性评价转化为定量评价。然后，通过数据限定的方式，定向获取大数据，保证数据获取的信息质量。对获取后的数据通用城市预训练数据集cityscape的方法，结合样本标定利用模糊神经网络进行信息分割，贴合人本视角的色彩感知值。在读取有效信息后，对色彩感知、色彩校正、色彩协调度评价等核心数值指标进行处理和分析，总结“建筑—街道—街区”不同层级色彩空间结论，形成色彩管控谱系，该谱系具备了大规模，多尺度，长线条城市色彩监测的技术基础，使得一向难以量化的城市色彩具备了纳入控制性详细规划层面指标管控体系并且长期管控的基础条件。

记者：大数据的应用现在非常广泛，大数据提升城市治理现代化水平成为当下的一个热门话题，您认为有什么办法可以提升大数据面向城市治理的服务能力？

张梦宇：现代化城市治理是基于多元需求的价值体系，所以加强公众参与，搭建公众参与平台是提升治理能力的重要手段。与传统的调研方式不同，大数据能够基于研究者的需求快速定向抓取海量数据，并顺应大众生活习惯，避免对受访者的主动干扰。结合我们的研究来说，是通过截取百度、大众点评、马蜂窝等社交网络平台，获取研究区域的相关照片进行分析，由于获取的照片经过上传者主观选择或者艺术加工，一定程度上反映了公众心目中较协调的色彩意向，而照片中反复出现的区域或建筑即景观节点，需给予更高的关注。此外，我们还将色彩分析结果转化为引导手册，下发至责任规划师，集合社区治理进一步落实管理。所以，分类大数据信息，解析数据隐含的公众需求和价值观，可以有效提升大数据面向城市治理的服务能力。

记者：您和您的团队是如何分工合作的呢？

张梦宇：我们团队是高校与科研院所的联合团队，具备了理论研究和规划实践的基础，团队成员有多学科背景，包含城乡规划、计算机、数学等专业。每位成员各有所长，有的对最新专业动态敏感，能够快速检索出对选题有意义的最新成果；有的擅长大数据图形分析，能够准确分离图形数据，快速抓取有效信息；有的是算法模型小能手，能根据团队需要开展算法编写，实现工作处理自动化；有的擅长数学公式，能够快速生成大数据运算结果，为本次竞赛提供强有力的分析支撑。所以，我们在团队分工时，基于各自擅长，划分相应的研究板块，制定了详细的进度安排，采用实时分享和定期交流结合的方式推进研究进程。在整个过程中，我们重视规划实践，并依托规划院的平台将最新研究成果运用到实际工作，反馈实践中的经验和问题，及时修正研究，这种反馈机制是一种高效的研究模式。

记者：对于今年的比赛，您有什么建议和期许？

张梦宇：今年已经是大赛的第六年，这六年里看着大赛在一直创新，越办越好，并不断向选手提供大数据方面的支持，去年参加团队数量空前，在专业领域得到了众多专家学者的关注，所以非常期待今年的选手们能够在创新方面提供更多思路，让数据和模型更好反映城市温度，真正为人服务。预祝选手们在大赛中收获知识和友谊，并取得优异的成绩！

蒋金亮：
以居民行为轨迹服务城市空间精准治理

本团队作品《多源数据支撑下的城市绿道智能选线规划研究》获第五届城垣杯大赛特等奖，团队成员来自江苏省规划设计集团有限公司数据信息中心，具有城市规划、地理信息系统、计算机等知识背景，长期致力于大数据和人工智能方法辅助规划及规划分析系统开发，在《sustainability》《自然资源学报》《现代城市研究》等国内外期刊上发表多篇学术文章，取得发明专利、软件著作权等多项。团队曾获第二届“江苏大数据开发与应用大赛（华录杯）”一等奖等。

记者：蒋金亮老师你好。对于“城垣杯”，您有过多次参赛经历，而且都获得了奖项。今年已经是“城垣杯”举办的第六年，您认为这类竞赛举办的意义是怎样的？

蒋金亮：2017年，我们团队参赛作品《基于综合分析方法的城市通风廊道划定研究》获得了第一届“城垣杯”规划决策支持模型大赛三等奖。当时是从宏观、中观和微观三个尺度建立城市、街道以及建筑群风环境分析模型，构建城市风环境综合分析体系，并自主研究基于GIS、RS和CFD的城市风环境分析应用平台，满足不同尺度城市规划设计需求，侧重从平台应用层面辅助规划设计。2021年团队参赛作品《多源数据支撑下的城市绿道智能选线规划研究》以经典设计理论作为理论支撑，收集多源城市大数据，借助机器学习、人工智能算法，提出城市绿道选线分析框架，侧重从算法层面提出人工智能辅助规划分析的应用框架。无论是平台应用或者是算法层面，不同的参赛作品都得到了专家的认可，也说明城垣杯比赛对不同类型和方向信息化应用的支持和认可。

从2017年到2021年，“城垣杯·规划决策支持模型设计大赛”已举办五届，推动了规划量化研究的理论方法水平提升和实践应用。大赛设立的初衷虽然在于规划决策支持，但是更强调对城市发展过程中实际问题的把握，以新技术驱动规划编制和研究。作为规划行业的全国性的赛事，城垣杯比赛为信息化应用研究的个人和团队提供了一个契机，个人和团队能够以此使用新数据，融合新技术、新方法进行创新性研究，结合规划设计实际问题，对传统方法进行一定改进，进而开发相应软件，提高规划设计效率。对规划编制和研究机构来说，在“城垣杯”赛事的宣传和推广影响下，积极鼓励规划师或研究团队开展数字化研究，激发信息化应用创新，也提升了研究成果的集成水平。从行业来说，赛事为相关团队和机构提供展示舞台，不同参赛团队参与同台竞技，经过初赛、复赛等环节以及决赛的专家点评，既能让不同团队相互切磋和学习，也能够以技会友、共同进步。整体来说，历年城垣杯比赛的成功举办，无形中不断促进行业信息化发展，带动行业技术方法更新。

记者：您在第五届“城垣杯”大赛上的获奖作品《多源数据支撑下的城市绿道智能选线规划研究》从居民的时空间行为入手，自下而上开展研究，是一篇十分具有新意的作品。相比于传统的指标评价方法，这种研究范式的优势在哪里？另外，我们知道时空间行为研究方兴未艾，您对城市规划实践中如何应用时空间行为研究有何见解？

蒋金亮：团队参赛作品整合基础地理数据、POI数据、手机信令数据、居民活动数据、街景数据、土地利用数据等多源数据，从分析居民真实出行时空特征入手，测度绿道选线的影响要素，进而结合LSTM神经网络模型模拟居民真实出行行为，识别运动轨迹道路属性的变化规律，提取潜在城市绿道网络，形成绿道选线规划方案。这种方法有别于传统的基于指标体系综合评估的分析方法，将居民真实活动轨迹融入空间要素分析中，融合居民出行行为特征与街道环境要素，借助基于人工智能的量化评估方法，为绿道选线规划和建设提供指导。

在研究过程中，我们借鉴和使用了时空分析的方法，通过公开网站收集居民慢行运动数据，分析起讫点空间分布特征，研究居民出行行为。在出行行为模拟中，将运动轨迹属性变化规律纳入机器学习模型中进行模拟，验证真实路径和预测路径的相关性，得到科学合理的预测模型。最后，选取绿道起讫点，进一步模拟居民出行行为，将高频线路作为未来绿道选线的潜力空间。

时间地理学强调将时间和空间在微观个体层面相结合，通过时空棱柱、时空路径等概念及符号系统构建理论框架。目前，时空行为研究正在逐渐从传统问卷调查或访谈方法转变为利用GPS、移动互联网等新技术手段获取研究数据，呈现出研究方法科学化、研究对象个体化、研究主题应用化等趋势。我们认为，借助于时空分析的方法在数据层面可以收集居民真实的出行数据，包括轨迹、出行目的、停驻点等信息，数据量巨大，颗粒度精细，且有时空多维度信息，可以较好地支撑城市研究及居民活动分析。在方法层面，随着区域和城市空间从“场所空间”转向“流的空间”，流分析、时空棱柱等方法为流空间研究提供方法基础，优化传统的调查与分析方法。特别是在存量规划阶段，居民需求日趋多样化和个性化，对于人本尺度的分析显得尤为重要，时空行为分析能够支撑交通、公共服务、社区治理等各方面研究，为空间结构、设施配置提供优化建议，服务于城市空间精准治理。

记者：健康城市研究与规划已成为学界热点话题，您的作品也聚焦在城市绿道这一与居民健康息息相关的要素上，请问您团队选择这一选题的初衷是什么？您可以向我们介绍一下您团队的研究工作开展的背景吗？

蒋金亮：本研究来源于课题组在《宿迁市生态园林体系规划》编制过程中绿道分析和研究的延伸和拓展，旨在采集居民活动数据，借助时空行为分析、机器学习等方法提出城市绿道智能选线方法。当前，随着物质生活水平的提高和对健康生活的向往，城市居民日益关注日常休闲健身活动和空间，绿道系统的构建成为健康导向下城市建设的现实需求。广州、上海等城市都先后开展了绿道系统建设，从交通、生态、设施等多方面构建绿道指标体系，对绿道选线进行评价。综合现有绿道系统规划研究来看，更多采用自上而下的分析视角，借助物理空间静态指标进行综合评估，在分析中较少考虑自下而上的人本视角和时空间行为分析方法，缺乏对于居民在绿道上活动的行为方式研究，方法上对于机器学习的应用仍然处于探索阶段。因此，本文提出了多源数据支撑下的城市绿道智能选线规划研究，拟解决如下问题：一是基于居民行为模拟的绿道数据收集和应用；二是人工智能算法在绿道规划的应用；三是出行行为模拟的科学性和应用。

记者：您作品的一大亮点是应用了LSTM神经网络方法对居民的绿道选线进行了模拟。请问这样的方法将来的推广价值如何？您如何看待人工智能方法在城市规划领域的应用？如何基于智能技术打造智慧规划方法体系呢？

蒋金亮：在研究基础上，团队目前已经初步形成了基于街景图像的道路要素识别模型、LSTM支撑的绿道选线模型等模块。一方面，结合机器学习的方法，利用开源街景图片数据，提取绿视率、天空开阔度、慢行道宽度等道路属性指标，为分析街道空间，提升街道环境品质提供数据支撑。另一方面，开发形成人工智能算法支撑的绿道选线模块，辅助进行绿道选线，提升规划师运算效率，提高规划科学性。

本研究提出的绿道选线规划方法，除可应用于慢行系统外，也可进一步推广到其他线路选线研究，包括通学路、旅游线路等路线研究，规划更符合真实出行行为的线路，营造以人为中心的城市空间环境。未来，基于人工智能的规划方法在城市规划和建设领域可进一步推广，延伸到用地布局、公共服务设施配置、交通走廊规划等领域，测度不同空间的要素特征，识别其变化规律，进而构建智慧规划方法体系。

记者：您所在的江苏省规划设计集团有限公司在城市规划大数据应用领域深耕多年。您能否向我们介绍一下您团队所在单位？贵单位在规划新技术领域近期有何进展？另外，对规划设计单位纷纷拥抱新技术、新数据的潮流，您有何看法？

蒋金亮：江苏省规划设计集团数据信息中心是集团的数据资源中心、信息技术应用研究及信息技术产品研发部门，是集团信息化建设的技术支撑与管理部门。数据信息中心落实集团发展战略要求，以“一中心两平台”建设引领集团数字化发展。主要负责统筹集团及各部门发展需求，制定并组织实施信息化年度实施计划；统筹内外资源，推进数据资源中心和数据库建设，促进数据资源共建共享，构建数据中台；建设和运维各信息平台及应用服务系统，赋能集团生产管理提质增效；推进数字规划研究，组织开展大数据、云计算、人工智能、CIM等新技术在规划设计、智慧城市领域的应用实践；集成新技术应用研究成果，强化技术方法总结与推广，对内辅助规划编制，对外拓展以信息技术为核心的新型业务和数字产品服务。

日前，数据信息中心以业务需求为主导、实践应用为导向、课题攻关为抓手，与各专业技术方向及生产院所联动，加大数据资源整合共享及CIM、虚拟现实、大数据等技术的应用研究与推广力度，大力推进规划设计业务与信息技术融合，促进技术创新。完成全省手机信令数据、专利数据、企业数据等数据库建设，自主研发机器学习、人工智能等算法及实用性辅助软件，从区域格局与联系、市域格局与旅游、城市形态与结构、城市宜居与活力、三维场景应用等方面构建应用数字化技术的相关场景，完成“大运河国家文化公园（江苏段）数字云平台”“规划师云下乡平台”“数字沿海时空大数据平台”“江阴绮山湖科创谷虚拟现实展示平台”等平台研发。

当前，随着城镇化步入下半场，城市发展从增量扩张逐步向存量更新过渡，面临的问题将更加复杂和不确定，这就要求规划师不断适应社会和城市发展的需要，借助新的数据、新的技术更加精细分析城市问题，辅助规划设计。新技术应用已经从初期的数据存储、可视化等逐步向以人工智能、机器学习等技术演进。在技术迭代背景下，规划设计应尽快转换数据思维，借助新技术赋能规划的基础数据收集和调研整理、规划评估、规划编制、实施监管各个阶段，促使规划由传统的经验案例模式向量化客观的智慧化模式发展。同时在信息化应用过程中，针对不同尺度规划编制，数据应用要考虑其精细程度和适用性。此外，虽然新技术应用能够改进规划方法，但更要注重人文主义关怀，推进以人为本的规划。

记者：今年的第六届大赛也已经拉开帷幕，您对于今年的大赛有什么期许？有什么话想对今年的参赛选手说？

蒋金亮：城垣杯规划决策支持模型大赛旨在推动规划决策支持理论方法与实践应用的深入结合，提高我国规划量化研究的综合实力，因此对于参赛，应该注重以问题为导向，强调底层创新与方法可操作性。参赛作品可以是对传统城市问题提出新的解决方法，引入人工智能、机器学习等方法，改进和创新传统模型算法；也可以是利用新兴的互联网地理标签数据、个体时空轨迹数据等，从数据入手使研究更加精细、科学，发现新现象、新问题；也可以是结合规划实践，解决规划设计过程中的实际问题，改进传统方法，开发软件模块，提高规划决策支持效率和科学性。

希望随着城垣杯比赛的逐步推进，不断涌现出新数据、新方法、新选手、新团队，洞察城市发展中的现象和问题，解决空间环境改善的现实需求，并最终形成可复制、可推广的方法体系，更新规划研究方法和手段。

段要民：
新技术应落地解决现实问题

本团队作品《碳中和愿景下城市交通碳排测定与模拟——以上海为例》获第五届城垣杯大赛一等奖，团队成员均来自同济大学建筑与城市规划学院城乡规划系，成员的研究背景多元复合，来自同济大学的不同导师团队，包括大数据、智慧城市、区域与城市以及城市社区等团队。其中：段要民是同济大学建筑与城市规划学院城市规划系20级研究生，研究方向为城市规划大数据、教育迁居行为研究等；许惠坤是同济大学建筑与城市规划学院城市规划系20级研究生，研究方向为城市智能场景；王海晓是同济大学建筑与城市规划学院城市规划系20级研究生，研究方向为城乡统筹和乡村振兴；张静是同济大学建筑与城市规划学院城市规划系20级研究生，研究方向为健康城市；吴琪是同济大学建筑与城市规划学院城市规划系20级研究生，研究方向为区域与城市空间战略发展；李振男是同济大学建筑与城市规划学院城市规划系20级研究生，研究方向为城市住房、全龄友好城市。

记者：您在第五届城垣杯大赛上的获奖作品《碳中和愿景下城市交通碳排测定与模拟——以上海为例》选题方向聚焦目前火热的“碳达峰、碳中和”方向，令人印象深刻。可以介绍一下您和您的团队开展这项研究的初衷吗？

段要民：2020年，我国在联合国大会上明确提出二氧化碳排放力争于2030年前达到峰值，努力争取2030年前实现碳中和。在2021年全国两会上，“碳达峰”“碳中和”被首次写入了政府工作报告。自此，这一话题被各界广泛关注，热议讨论，在规划界也掀起了研究的浪潮，自然也引起了我们的关注。作为城乡规划学的在读研究生，我们热切希望将自己在书本上学习到的理论知识付诸实践，让规划实现真正的造福于民，实现“人民城市人民建，人民城市为人民”。因此，我们将“碳中和”选定为此次大赛研究的主题，致力于通过我们微小的探索为城市可持续发展贡献力量。此外，我们也希望通过此次大赛不断提升自己的专业能力，增进团队感情，在实践中学习，在实践中提升，也在实践中不断磨合，增进我们的友谊。

记者：您认为未来的城市交通还应在哪些方面做出变革，以助力“碳达峰、碳中和”目标的实现？对此，我们应该如何应对呢？

段要民：经过我们的建模和研究，目前大城市职住不平衡的问题依然十分严重，交通问题主要体现在大量低效的长距离通勤。为解决这个问题，一方面，要以长远的目光促进城市功能疏解和副中心发育，另一方面，也要通过合理的住宅政策、城市更新引导居民的居住决策。此外，城市采取集约低碳的交通方式也很重要，不仅要使用传统的公交优先政策，更要利用智能化的手段提升、优化公交的运行效率和服务能力，创新智能化的公交服务供给，美好的未来都是创新出来的。

记者：您在作品中使用了系统动力学模型方法，构建了城市通勤交通的SD流图。这一方法令人耳目一新，可以介绍一下这一方法的原理、含义，以及您是如何构建通勤模型的？这一模型的主要特点是什么？

段要民：系统动力学（system dynamics，简称SD）“被认为是研究社会系统动态行为的计算机仿真方法”，是一门沟通自然科学和社会科学等领域的横向学科。具体而言，系统动力学包括如下几点：①系统动力学将生命系统和非生命系统都作为信息反馈系统来研究，并且认为，在每个系统之中都存在着信息反馈机制，而这恰恰是控制论的重要观点，所以，系统动力学是以控制论为理论基础的；②系统动力学把研究对象划分为若干子系统，并且建立起各个子系统之间的因果关系网络，立足于整体以及整体之间的关系研究，以整体观替代传统的元素观；③系统动力学的研究方法是建立计算机仿真模型——流图和构造方程式，实行计算机仿真试验，验证模型的有效性，为战略与决策的制定提供依据。基于系统动力学的理论，我们构建了通勤交通的交通模型。由于城市是一个复杂的巨系统，而通勤交通系统是城市发展的结构性要素，具有一定的规律性，因此我们将城市通勤交通系统设定为一个多要素相互作用的系统。首先，我们基于城市通勤交通的影响因素，梳理其因果关系。在因果关系图中主要包含以下两条逻辑回路：①城市发展→ +城市人口→ +城市建筑开发量→ +通勤交通量→+通勤交通碳排；②城市发展→城市用地布局→平均通勤距离→绿色交通方式分担率→通勤交通碳排放。再者，我们根据各个要素间的正负反馈情况，确定了要素参数，在确定演化时间后进行仿真模拟分析。我们基于上述假设，运用Venism软件，构建了城市通勤交通动力学系统SD流图。其中的参数关系式是通过对原始数据的搜集与整理，采用回归分析和数学推导等方法建立的。

记者：在大赛中，我们更多了解的是您的作品，能否更多地介绍一下您的研究方向？您是如何走进城市规划大数据研究的大门的？

段要民：我们团队成员是多元复合的，虽然都是城市规划专业，但来自于不同的研究梯队，其中包括了城市规划大数据研究方向、区域与城市空间发展方向、住宅发展方向、城乡统筹和乡村振兴方向以及城市智能场景方向等。随着大数据的发展，利用大数据去研究城市现象和城市问题已经成为信息化时代的一种重要趋势，而对于数据的分析能力和数据分析之后对于城市规划问题的思考和解决是我们共同需要培养的能力。因此，我们也具备了获取城市大数据和利用城市大数据的敏锐度。

我们从本科开始对城市大数据就有了一定的了解，但认识并不深刻，也不全面。进入研究生阶段后，受老师的熏陶和影响，对城市大数据有了更加深层次的理解。同时也能够获得更加多源丰富的大数据，学习到更为科学、严谨的方法。在不断的学习和思考中，我们逐渐意识到城市大数据是研究城市现象、解决城市问题的另一种方法，从定量的角度对城市进行研判。在这样的心路历程下，本着对规划的定量化和科学化发展目标的追求，逐步走向了探索大数据与规划思维契合的道路。

记者：您和您的团队是如何分工合作的呢？

段要民：我们是生活中很好的朋友，虽然这是第一次组队参加竞赛，但是我们却出奇地团结、默契。我们没有从一开始就严格制定具体的分工，而是在逐步探索中让每个人去做自己擅长的事情。

第一个是基础了解的阶段，因为我们是第一次参加这个竞赛，很多东西不是特别了解，所以前期我们团队成员学习了“城垣杯”大赛的优秀获奖作品，了解这些优秀作品的模型方法、研究思路、表达技巧以及选题方向，从而有了一个大的方向。

第二个是研究选题的阶段，在我们看来，选题是非常重要的一个阶段，因此在前期每个人都拿出1～2个选题方案和研究设计，我们小组内也进行了多次讨论，激发出很多优秀的选题。最后结合研究方法以及对未来发展趋势的考量，我们最终确定了“碳中和”方向的选题。

第三个是研究成果的阶段，在这个阶段，最主要的是研究方法、模型构建以及文字表达。在这个过程中，我们发挥了各自的优势和长处，分别负责基础理论的收集整理、研究方法的设计与组合、数据的清洗与预处理、模型框架的搭建与优化、结果的分析与表达。多线同步，高效合作。

记者：研究中遇到的挑战有哪些？是怎么解决的？

段要民：研究中最大的问题有三个，一是研究方法的确定，要寻找现有研究的不足，还要组合、改进相关研究所使用的方法，这个阶段需要大家集思广益，反复讨论问题是否有价值，方法是否合理；二是数据处理，要对数据集进行清洗、切分，分析，必须根据研究的目的确定操作的原则；最后重要的一环是汇报，可以请老师来把把关，老师更能够把握汇报的重点，也是我们学习的大好机会。

记者：今年的第六届大赛也已经拉开帷幕，您有什么可以分享给今年参赛选手的成功经验？

段要民：首先是组建团队，我们团队是依托研一智慧城市课程组合的小组，有意参赛的在校生可在校内组织有意愿与相关经验的同学。其次是选题，最初我们就不同选题进行了初期筛选，在当下热点内容中，结合本专业特点进行了研究题目的拟定。我们初期的选题包括“疫情防控下的城市空间”，以及我们最终确定的“面向碳中和的城市规划策略”。我们认为有必要使用新技术解决城市热点问题。再次是研究过程中对每个细节问题的攻坚克难。从研究设计到模型建立，每一步都有难点。比如，在对城市交通碳排放进行测算时，对于较困难的方法与计算过程，我们也请教了学姐与老师，最终这些问题在他们的帮助下都被一一破解了。最后就是认真准备演讲，在答辩过程中，模型可解决的实际问题、理论概念与模型的构建都至关重要，一个好的表述会让他人更理解模型建立的意义。

刘梦雨：以人为本，以人为策，科学描绘新城新区发展蓝图

本团队作品《新城新区商业设施人流网络预测——基于VGAE神经网络模型》获第五届城垣杯大赛二等奖，成员均来自南京大学“智城至慧”团队，导师为沈丽珍副教授。其中：刘梦雨为2019级硕士，研究方向为大数据与经济地理，相关研究成果已在《地理科学进展》等期刊发表；张书宇为2019级硕士，研究方向为流动空间与城乡融合，已有两篇相关论文被2020年中国城市规划年会论文集收录；仲昭成为2019级硕士，研究方向为流动空间下的智慧产业，相关研究成果已在《经济地理》等期刊发表；刘笑千为2020级硕士，研究方向为经济地理；李悦为2020级硕士，研究方向为区域产业研究与规划；黄劲为2020级硕士，研究方向为流动空间下的城市与区域资源配置。“智城至慧”团队是国内大数据和智慧城市领域的先行者，在甄峰、沈丽珍、张敏等老师的带领下取得了诸多成绩。

记者：刘梦雨您好。对于“城垣杯”，您有过两次参赛经历，而且都获得了奖项。请问您认为城垣杯对您和您的团队有着怎样的意义？

刘梦雨：在研究生一年级时我接触到了“城垣杯”规划决策支持模型大赛，当时我正处于将工科院校的规划设计思维和地理院校的系统研究思维结合学习应用，对于硕士期间要专攻的城市大数据和规划新技术广泛探索并尝试入门的关键时期。“城垣杯”竞赛给了我一个很好的实践机会，是一个把学习到的机器学习技术落实到某些特定的规划应用的过程，快速提高了对技术的理解运用能力和对规划的科学逻辑理解能力。我们的团队成员都是处于一个类似的跃升阶段，“城垣杯”大赛的优秀成果也极大地开拓了我们的研究视野，使我们受益良多。因此“城垣杯”对我们来说不仅是一次或两次竞赛，更是我们在规划新技术学习路上的启蒙和助力。

记者：您在第五届“城垣杯”大赛上的获奖作品《新城新区商业设施人流网络预测——基于VGAE神经网络模型》选题方向新颖，切合如火如荼的新城新区建设，令人印象深刻。可以介绍一下您和您团队开展此项研究的原因吗？

刘梦雨：目前新城、城市副中心、开发区等新城新区的建设如火如荼，建设新区就一定要引进人，有人的城区才能继续运转。商业设施作为必要的生活服务设施，一般随新城新区一同规划建设，而且适当带有超前性。和老城区或者主城区相比，新城区缺乏丰富的现状基础和规划依据，所以在规划发展初期，不可避免会出现“一厢情愿”的蓝图式的愿景。比如盲目引进高端市场；商业设施建设高度饱和，长期空置；商业设施与人流增量的配给不均衡，“冷门”和“热门”商业设施两极分化严重等问题，普遍存在用地布局与人口使用“不匹配”现象。

为满足新城新区远景高质量发展的需求，具有市场配置特性

的商业服务业设施在增量预测、供给调整等方面有着特殊性与重要性。只有科学合理地结合当地活动特征、按照城市发展时序与需求进行商业设施规划和建设，才能达到供需平衡，打造具有活力的商业生活空间。目前，关于城市商业设施的规划尚停留在“过去”与“现在”的研究与诊断，方法也相对传统，相关规划研究和规划标准仍较为薄弱。既然成熟的城区内部商业设施与人流特征已经形成一定的匹配规律，那么这种模式在某种意义上来说就是具有一定道理的。在海量的数据背后，机制可能会异常复杂，但其展现出的路径规律是值得分析和借鉴的。所以我们从2017—2020年商业设施空间布局的变化、人员流动网络的分析的空间耦合对比分析出发，利用海量的人员流动数据，通过VGAE变分图自编码器和图卷积神经网络GCN等机器学习技术，构建可用的人流网络预测模型，以期为优化城市商业设施建设引导提供较为合理的分析评价思路和决策方式。

记者：您作品的一大特点是应用了VGAE神经网络模型对人流网络的学习和模拟。能否为我们介绍一些这种模型方法的原理、含义和主要特点？未来在哪些方面能够有所研究和应用呢？

刘梦雨：我们应用的主要技术是图与复杂网络，以及图卷积神经网络。图与复杂网络已经是很成熟、应用比较广泛的方法了，主要应用于人流网络的搭建。我们选用的预测模型是图卷积神经网络模型。GCN是处理图结构的一种很经典的方式，可以对图进行节点分类、图分类边预测等。VGAE变分图自编码器其实是图卷积神经网络的一种，是一个对图数据进行编码和解码的过程，输入图的拓扑结构和节点信息，中间的卷积核和编码器对原始图进行重构，输出重构之后的矩阵，就可以用于链路预测和推荐任务。

对于本项目来说，我们把带有起讫点信息的人流OD数据抽象成为拓扑结构，产生人流复杂网络；根据这个网络，利用GCN的特性，通过VGAE算法对人流网络进行学习、训练网络链接预测模型，尝试本模型在预测新城新区人流网络趋势上的应用。VGAE作为一种可以用作网络链接预测和推荐的算法，可以应用在非常多场景下。例如人流网络预测、产业发展路径推荐、选址偏好推荐等。

记者：您认为，未来的新城新区建设还应在哪些方面着重规划和研究？您和您团队的研究模型在后续又应该怎样完善甚至投入使用呢？

刘梦雨：新城新区的规划建设需要纳入考量的要素很多，比如土地综合管理和土地效益、道路交通方面的车流量和人流量预测、产业规划方面的产业门类选择、绿色生态空间的布局和系统化治理、各类公共服务设施的科学布点、住区生活圈的统筹布局和设计等，以及大家都很关心的“留人”问题，怎样避免新城新区成为潮汐式的“睡城”或假日“鬼城”，“人产城”三要素的发展时序和发展规律等，都是亟待研究和探索的重要方面。建造一座城市不仅仅是图上画画，城市作为复杂巨系统，其与周边区域的链接关系都需要在实践中摸索总结。

本项目涉及的人流网络自然变化规律只是城市建设预测框架的一小分支。本模型包含的节点信息和边数据信息较为简单，在真正的复杂应用场景下还需进行很多的提升，比如添加空间交互数据，为模型中的区域空间网格添加更多的空间属性标签，以更好地从人地关系的角度出发进行人流预测；利用大量的时间序列数据，真正对城区各类设施的建设时序进行推荐；以及基于更丰富的属性数据、图像识别等对小尺度的街区进行特征向量分类，使预测更好地适用于不同类型的街区等方式，都有助于使预测推荐模型更有针对性。

记者：作为地理背景院校的研究生，您在规划的学习与研究中有什么不同的体验吗？能否为我们分享一下？

刘梦雨：我的本科是传统工科院校，可以说是在规划学科的传统教育体系下入门的，同时也参与过一些实际项目，当时作为“规划小白”，面对业界和学界关于专业发展的各种声音，也在思考我们专业的核心竞争力、独特性在哪些方面，特别是作为一门学科的“科学性”如何体现？规划的生成和传导是否能够依靠当时如火如荼的大数据和新技术变得更加科学？在规划的理论研究领域会不会已经有所突破？这也是我硕士院校选择南京大学的初衷。南京大学的规划学科脱胎于地理，学科培养具有极强的整体性全局意识和系统性战略思维，而这两点则是规划工作者非常需要的两种素质；同时，在系统性思维的影响下，我的规划学术研究能力也逐渐得到提高，视角从微观走向宏观，从理论概念走向实践应用。

历经硕士三年的拓展学习，沉淀本科规划系统知识，再回到规划业界时，我个人认为我们很多理论研究都有些“高高在上”，脱离土地，无法真正落实到规划的实践应用上。规划是一门实践科学，理论变革和技术方法都需要在大量的实践中进行摸索试错、归纳总结。原则上讲，新技术算法模型与规划实践工作应该是相辅相成的，但实际总是存在脱节、各管一摊，变成“你分析你的，我规划我的”。而在大数据被带入规划领域时，就有诸多学者提出“大数据”与“小数据”的互补。

我一直认为，数据算法只是一种工具，规划从业者和研究者应该利用好这种工具，为规划的生成和落地达成更好的结果，规划最终是以人为本的，关键核心并不是分析了多么海量的数据，也不是应用了多么高端的算法，而是规划工作者利用数据工具支撑所做出的科学决策。只有宏观尺度和中微观尺度结合、科学规律与文化治理结合、方案生成和实施传导结合，才能真正做好、落实好规划。

记者：今年的第六届大赛也已经拉开帷幕，您会持续关注吗？有什么话对今年的参赛选手说？

刘梦雨：“城垣杯”不仅是我在学业生涯中的新技术应用启蒙，也是算法研究走向实践应用的引领，在走上工作岗位后我会持续关注“城垣杯”，持续跟进新技术应用的最新动态。目前，我周围越来越多的老师同学们开始关注到了“城垣杯”竞赛，这次竞赛不仅是实现自己创新点的契机，更会是与大量优秀的规划从业者、学者互相交流学习的平台。希望大赛越办越好，诸位选手都能够顺利完成自己的课题、取得优异的成绩！

影像记忆

01
全体合影

专家合影

选手合影

02
选手
精彩瞬间

BLINDERS

03
专家讨论及会场花絮

石晓冬
潘峰华
龙瀛
张晓东
09:00

附录

2022年“城垣杯·规划决策支持模型设计大赛”获奖结果公布

作品名称	工作单位	参赛选手	指导老师	获得奖项
CarbonVCA：微观地块尺度的城市碳排放核算、模拟与预测系统	中国地质大学（武汉）地理与信息工程学院	周广翔、刘晨曦、魏江玲、孙振辉、李林龙、程涛	姚尧	特等奖
基于线上线下融合视角的生活圈服务设施评价与预测模型	南京大学建筑与城市规划学院	魏玺、欧亚根、李晟、黄伊婧、肖徐玏、邹思聪	甄峰、张姗琪	特等奖
融合社交媒体数据的城市空间应灾弹性测度	天津大学建筑学院	张智茹、郭淳锐、陈彦天翔	米晓燕、孙德龙	一等奖
顾及公众情绪的城市骑行空间友好度评价及选线优化研究	湖南省建筑设计院集团股份有限公司、武汉大学城市设计学院	方立波、游想、胡鹏亮、肖勇、孙昱、段献	—	一等奖
谁造成了拥堵？基于模拟的交通拥堵智能溯源系统与应用	同济大学建筑与城市规划学院	涂鸿昌、陈珂苑、陈子浩、许梧桐	王德、晏龙旭	一等奖
基于 GeoAI 的大城市周边农田未来空间布局优化模型——以常州市为例	南京大学地理与海洋科学学院	郑锦浩、陈逸航、李希明、孔佳棋	黄秋昊、陈振杰	一等奖
面向生态和低碳融合目标的小区景观构建智慧决策工具	北京师范大学环境学院	霍兆曼、刘畅、叶雨洋、颜宁聿、陈钰	刘耕源	一等奖
适应多水准地震—暴雨复合灾害的避难疏散规划多准则决策集成模型	北京工业大学城市建设学部	高崯、庄园园、魏米铃、张博骞、杨佩	王威	二等奖
城市生活必需品供应网络仿真模拟与韧性评估——以广州为例	华南理工大学建筑学院	黄浩、王俊超、张问楚、胡雨珂、陈铭熙、谢苑仪、甄子霈、吴玥玥	赵渺希、王成芳	二等奖
基于安全感知和犯罪风险的安全路径推荐系统	香港大学建筑学院	陈桂宇、陈泳鑫、彭静怡、闫旭	赵展	二等奖
基于人流网络的南京都市圈跨界地区识别与结构特征研究	南京大学建筑与城市规划学院	谢智敏、魏玺、易柳池、叶澄、李晟、冷硕峰、李智轩	席广亮、甄峰	二等奖
基于多重网格耦合模型的城市风环境模拟及通风廊道规划应用研究	中国生态城市研究院、法国美迪公司、天津大学建筑学院	陈鸿、吴丹、郭晶鹏、尚雪峰、蒋紫虓、吴若昊	—	二等奖
基于视觉感知信息量的城市街道空间变化与影响特征研究	浙江理工大学建筑工程学院、华东勘测设计研究院有限公司、南京林业大学风景园林学院、浙江理工大学信息学院	刘子奕、叶晓敏、游书航、谭喆、陈慧琳、李鑫	麻欣瑶、卢山、胡立辉	二等奖

续表

作品名称	工作单位	参赛选手	指导老师	获得奖项
“创-城”融合视角下土地利用模拟与创新潜力用地识别	华中科技大学建筑与城市规划学院	韩叙、方云皓、王云琪、刘凯丽	赵丽元	二等奖
基于街景图像和机器学习的街道女性关怀度建模研究	北方工业大学建筑与艺术学院、华东建筑设计研究院有限公司、深圳大学建筑与城市规划学院、深圳市新城市规划建筑设计股份有限公司、北方工业大学信息学院	公丕欣、张书羽、崔秦毓、阳珖、单爽	罗丹、黄晓然	二等奖
基于机器学习的城市更新潜力区域识别、分类及治理决策模型	湖南师范大学地理科学学院、长沙市规划勘测设计研究院、司空学社、武汉大学城市设计学院、苏州大学建筑学院	梁超、张宝铮、林予朵、胡议文、黄军林、张泽	—	二等奖
从“珠江的人民”到“人民的珠江”——基于全息生活图景的珠江沿岸空间特色提升	东南大学建筑学院、广州市城市规划勘测设计研究院、根特大学、东南大学信息科学与工程学院	王锦忆、陆蝶、陈江、陈云、周苑卉、金探花	曹俊	二等奖
风·水·城——城市路网规划模式识别与决策支持模型构建	天津大学建筑学院	王华钊、任航萱、富羿程、郭淳锐、陈放、贺玺桦	许涛	二等奖
城市生态系统综合承载力提升决策系统平台	中国气象局、北京师范大学环境学院	王雪琪、杜淑盼、高原、吴铭婉	刘耕源	二等奖

后记

《城垣杯·规划决策支持模型设计大赛获奖作品集》已经出版到了第四集，我们欣喜地看到，在第六届大赛中，越来越多的青年才俊在大赛舞台上展现风采，创作出一件件构思精巧、研究扎实、技术新颖、特色鲜明、贴合实践的参赛作品。编委会精选优秀作品收录成册，以飨读者。本《作品集》不仅仅是对这场学术盛宴的实录，更是规划行业新技术创新发展的见证。我们欣慰地见到，各个学科在大赛上交汇、交流、交融，学者们在大赛中碰撞思维，激荡火花。规划行业和学科正是在这一次次的融汇、碰撞中向着更加科学、更加严谨、更加精细的方向发展，展现出了一幅新时代智慧规划技术的崭新图景。

大赛从筹备到举办，再到此次作品集的成书，受到了业内专家的鼎力支持。在此，特别向大赛主席、中国工程院院士吴志强对大赛的指导表示由衷的感谢！感谢参与大赛评审的专家学者：邬伦、党安荣、门晓莹、汤海、柴彦威、王卷乐、潘峰华、黄弘、龙瀛、杨一帆、张永波、聂小建、刘金松、张铁军、张晓东。他们不仅对于赛事的举办给予了充分肯定与帮助，而且秉承公平、公正的原则，以严谨的学术视角和深厚的实践经验对参赛作品进行了一丝不苟的审定和鞭辟入里的点评！感谢对本次大赛提供悉心指导与帮助的专家学者：詹庆明、钟家晖、甄峰、钮心毅、何捷、邹哲、王芙蓉、周宏文、欧阳汉峰、何正国。感谢主办单位北京城垣数字科技有限责任公司、世界规划教育组织、北规院弘都规划建筑设计研究院有限公司的各位同仁在大赛筹办中做出的周密细致的工作！感谢百度地图慧眼、中国联通智慧足迹为大赛提供国内多个城市的大数据资源！感谢北京城市实验室（BCL）对大赛的鼎力支持！感谢国匠城、WUPENiCity、CityIF平台对赛事的持续宣传报道！

感谢中国城市规划学会城市规划新技术学术委员会对规划决策支持模型领域创新工作的长期关心与指导！

在规划新技术大数据应用蓬勃发展的今天，规划决策支持模型的研究工作仍应坚持创新，矢志不渝，笃行不怠。"城垣杯"规划决策支持模型设计大赛，仍将继续为各位有志于规划量化模型研究工作的杰出人才提供展现作品的舞台，欢迎业界同仁持续关注！

《作品集》难免有疏漏之处，敬请各位读者不吝来函指正！

编委会

2022年10月

Postscript

The Planning Decision Support Model Design Compilation has been published to the Fourth episode. We are so glad to see that in the contest of 2022, more and more young entrants are showcasing their elegant demeanor on the stage of the contest. They created entries with exquisite ideas、solid research、cutting-edge technology、distinctive characteristics and practice. The Organizing Committee of the contest collected the wonderful works in this collection. This collection is not only a record of the academic feast, but also a witness to the innovation and development of new technologies in the planning industry. We are pleased to see that various disciplines meet、communicate and blend in the contest, and scholars collide with each other and stir sparks in the contest. Urban and spatial planning in China is developing towards a more scientific、rigorous and refined approach in this integration and collision, showing a new picture of intelligent planning technology in the new era.

From the preparation to the holding, and then to the completion of this collection of works, the contest has been widely concerned and strongly supported by the industry. Here, we would like to express our heartfelt thanks to Prof. Wu Zhiqiang, the Chinese Academy of Engineering (CAE) academician and chairman of the contest. Thanks to the experts who participated in the evaluation of works in the contest: Wu Lun、Dang Anrong、Men Xiaoying、Tang Hai、Chai Yanwei、Wang Juanle、Pan Fenghua、Huang Hong、Long Ying、Yang Yifan、Zhang Yongbo、Nie Xiaojian、Liu Jinsong、Zhang Tiejun、Zhang Xiaodong. They not only gave full affirmation and help to the holding of the contest, but also adhered to the principles of fairness and impartiality in the contest. They also made meticulous examination and penetrating comments on the entries from a rigorous academic perspective! Thanks to the experts who provided careful guidance and help for the contest: Zhan Qingming、Zhong Jiahui、Zhen Feng、Niu Xinyi、He Jie、Zou Zhe、Wang Furong、Zhou Hongwen、Ouyang Hanfeng、He Zhengguo. Thanks to the colleagues of Beijing Chengyuan Digital Technology Co. LTD., World Urban Planning Education Network and Homedale Urban Planning and Architects Co. Ltd. of BICP for their meticulous work in the preparation of the contest! In addition, we would like to thank Baidu Map Insight and China Unicom Smart Steps for providing big data resources of many cities for the contest! Thanks to Beijing City Lab (BCL) for the great support to the contest! Thanks to CAUP.NET、WUPENiCity、CityIF for their continuous publicity and coverage of the contest!

Thanks to China Urban Planning New Technology Application Academic Committee in Academy of Urban Planning for its long-term concern and guidance for the innovation in the field of planning decision support model!

With the rapid development of big data application and new technology applications in the field of planning, the research work of planning decision support model still needs to be innovated, explored and unswerved. The Planning Decision Support Model Design Contest will continue to provide a stage for talents who are interested in planning model research. We welcome the industry colleagues to continue to follow it!

Some mistakes in the collection of works may be unavoidable. It would be pleasure to hear from you for correction!

Editorial Board

October, 2022